수학 좀 한다면

디딤돌 초등수학 기본 4-2

펴낸날 [개정판 1쇄] 2023년 11월 10일 [개정판 3쇄] 2024년 7월 15일 | **펴낸이** 이기열 | **펴낸곳** (주)디딤돌 교육 | **주소** (03972) 서울특별시 마포구 월드컵북로 122 청원선와이즈타워 | **대표전화** 02-3142-9000 | **구입문의** 02-322-8451 | **내용문의** 02-323-9166 | **팩시밀리** 02-338-3231 | **홈페이지** www.didimdol.co.kr | **등록번호** 제10-718호 | 구입한 후에는 철회되지 않으며 잘못 인쇄된 책은 바꾸어 드립니다.

내 실력에 딱!
최상위로 가는 '맞춤 학습 플랜'

STEP 1 On-line

나에게 맞는 공부법은?
맞춤 학습 가이드를 만나요.

교재 선택부터 공부법까지! 디딤돌에서 제공하는 시기별
맞춤 학습 가이드를 통해 아이에게 맞는 학습 계획을 세워 주세요.
(학습 가이드는 디딤돌 학부모카페 '맘이가'를 통해 상시 공지합니다.
cafe.naver.com/didimdolmom)

STEP 2 Book

맞춤 학습 스케줄표
계획에 따라 공부해요.

교재에 첨부된 '맞춤 학습 스케줄표'에 맞춰 공부 목표를
달성합니다.

STEP 3 On-line

이럴 땐 이렇게!
'맞춤 Q&A'로 해결해요.

궁금하거나 모르는 문제가 있다면,
'맘이가' 카페를 통해 질문을 남겨 주세요.
디딤돌 수학쌤 및 선배맘님들이 친절히 답변해 드립니다.

STEP 4 Book

다음에는 뭐 풀지?
다음 교재를 추천받아요.

학습 결과에 따라 후속 학습에 사용할 교재를 제시해 드립니다.
(교재 마지막 페이지 수록)

★ 디딤돌 플래너 만나러 가기

디딤돌 초등수학 기본 4-2

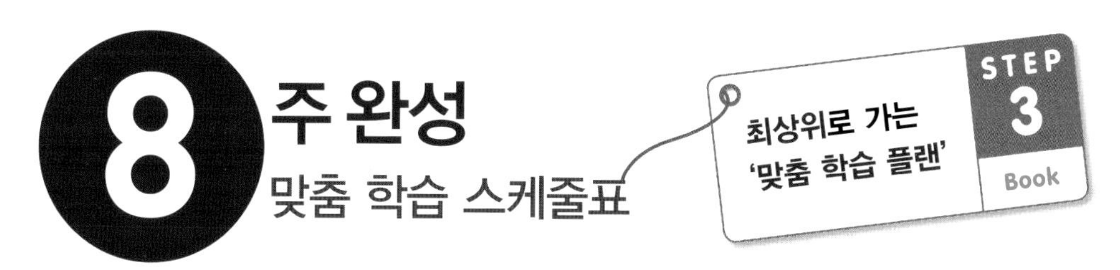

짧은 기간에 집중력 있게 한 학기 과정을 완성할 수 있도록 설계하였습니다.
방학 때 미리 공부하고 싶다면 주 5일 8주 완성 과정을 이용해요.

공부한 날짜를 쓰고 하루 분량 학습을 마친 후, 부모님께 확인 check ☑를 받으세요.

1 분수의 덧셈과 뺄셈						
1주 ☐	☐	☐	☐	☐	2주 ☐	☐
월 일	월 일	월 일	월 일	월 일	월 일	월 일
8~11쪽	12~15쪽	16~17쪽	18~21쪽	22~23쪽	24~26쪽	27~29쪽

2 삼각형			3 소수의 덧셈과 뺄			
3주 ☐	☐	☐	☐	☐	4주 ☐	☐
월 일	월 일	월 일	월 일	월 일	월 일	월 일
46~47쪽	48~50쪽	51~53쪽	56~59쪽	60~63쪽	64~67쪽	68~71쪽

3 소수의 덧셈과 뺄셈	4 사각형					
5주 ☐	☐	☐	☐	☐	6주 ☐	☐
월 일	월 일	월 일	월 일	월 일	월 일	월 일
84~86쪽	90~93쪽	94~97쪽	98~101쪽	102~105쪽	106~109쪽	110~112쪽

5 꺾은선그래프				6		
7주 ☐	☐	☐	☐	☐	8주 ☐	☐
월 일	월 일	월 일	월 일	월 일	월 일	월 일
126~129쪽	130~133쪽	134~136쪽	137~139쪽	142~145쪽	146~149쪽	150~151쪽

MEMO

자르는 선 ✂

월 일	월 일	월 일
22~23쪽	24~26쪽	27~29쪽

월 일	월 일	월 일
46~47쪽	48~50쪽	51~53쪽

월 일	월 일	월 일
74~75쪽	76~77쪽	78~79쪽

월 일	월 일	월 일
100~102쪽	103~105쪽	106~107쪽

5 꺾은선그래프

월 일	월 일	월 일
128~129쪽	130~131쪽	132~133쪽

월 일	월 일	월 일
152~153쪽	154~156쪽	157~159쪽

효과적인 수학 공부 비법

X 시켜서 억지로 / O 내가 스스로

억지로 하는 일과 즐겁게 하는 일은 결과가 달라요.
목표를 가지고 스스로 즐기면 능률이 배가 돼요.

X 가끔 한꺼번에 / O 매일매일 꾸준히

급하게 쌓은 실력은 무너지기 쉬워요.
조금씩이라도 매일매일 단단하게 실력을 쌓아가요.

X 정답을 몰래 / O 개념을 꼼꼼히

정답 / 개념

모든 문제는 개념을 바탕으로 출제돼요.
쉽게 풀리지 않을 땐, 개념을 펼쳐 봐요.

X 채점하면 끝 / O 틀린 문제는 다시

왜 틀렸는지 알아야 다시 틀리지 않겠죠?
틀린 문제와 어림짐작으로 맞힌 문제는 꼭 다시 풀어 봐요.

자르는 선

디딤돌 초등수학 기본 4-2

여유를 가지고 깊이 있게 한 학기 과정을 완성할 수 있도록 설계하였습니다.
학기 중 교과서와 함께 공부하고 싶다면 주 5일 12주 완성 과정을 이용해요.

공부한 날짜를 쓰고 하루 분량 학습을 마친 후, 부모님께 확인 check ☑를 받으세요.

1 분수의 덧셈과 뺄셈						
1주 ☐ 월 일	☐ 월 일	☐ 월 일	☐ 월 일	☐ 월 일	2주 ☐ 월 일	☐ 월 일
8~9쪽	10~11쪽	12~13쪽	14~15쪽	16~17쪽	18~19쪽	20~21쪽

2 삼각형						
3주 ☐ 월 일	☐ 월 일	☐ 월 일	☐ 월 일	☐ 월 일	4주 ☐ 월 일	☐ 월 일
32~33쪽	34~35쪽	36~37쪽	38~39쪽	40~41쪽	42~43쪽	44~45쪽

3 소수의 덧셈과 뺄셈						
5주 ☐ 월 일	☐ 월 일	☐ 월 일	☐ 월 일	☐ 월 일	6주 ☐ 월 일	☐ 월 일
56~58쪽	59~61쪽	62~63쪽	64~65쪽	66~67쪽	68~70쪽	71~73쪽

3 소수의 덧셈과 뺄셈			4 사각형			
7주 ☐ 월 일	☐ 월 일	☐ 월 일	☐ 월 일	☐ 월 일	8주 ☐ 월 일	☐ 월 일
80~81쪽	82~83쪽	84~86쪽	90~92쪽	93~95쪽	96~97쪽	98~99쪽

4 사각형						
9주 ☐ 월 일	☐ 월 일	☐ 월 일	☐ 월 일	☐ 월 일	10주 ☐ 월 일	☐ 월 일
108~109쪽	110~111쪽	112~113쪽	114~115쪽	116~118쪽	122~125쪽	126~127쪽

5 꺾은선그래프		6 다각형				
11주 ☐ 월 일	☐ 월 일	☐ 월 일	☐ 월 일	☐ 월 일	12주 ☐ 월 일	☐ 월 일
134~136쪽	137~139쪽	142~143쪽	144~145쪽	146~147쪽	148~149쪽	150~151쪽

2 삼각형		
월 일	월 일	월 일
32~37쪽	38~41쪽	42~45쪽

셈		
월 일	월 일	월 일
72~75쪽	76~79쪽	80~83쪽

		5 꺾은선그래프
월 일	월 일	월 일
113~115쪽	116~118쪽	122~125쪽

각형		
월 일	월 일	월 일
152~153쪽	154~156쪽	157~159쪽

효과적인 수학 공부 비법

억지로 하는 일과 즐겁게 하는 일은 결과가 달라요.
목표를 가지고 스스로 즐기면 능률이 배가 돼요.

급하게 쌓은 실력은 무너지기 쉬워요.
조금씩이라도 매일매일 단단하게 실력을 쌓아가요.

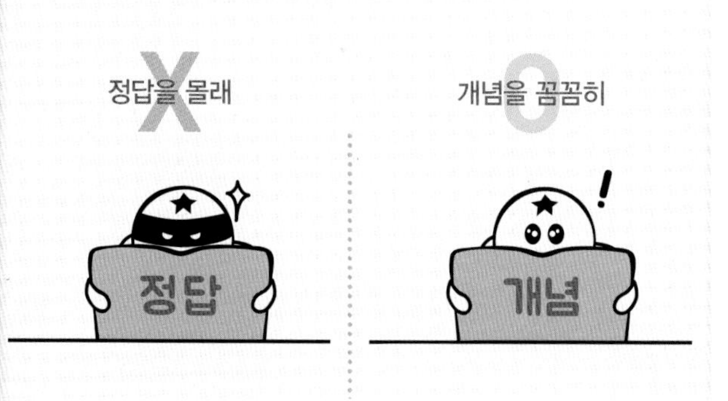

모든 문제는 개념을 바탕으로 출제돼요.
쉽게 풀리지 않을 땐, 개념을 펼쳐 봐요.

왜 틀렸는지 알아야 다시 틀리지 않겠죠?
틀린 문제와 어림짐작으로 맞힌 문제는 꼭 다시 풀어 봐요.

수학 좀 한다면

초등수학 기본

상위권으로 가는 기본기

4-2

개념 학습으로 잡는 올바른 공부 습관!

HELP!
공부했는데도
중요한 개념을 몰라요.

1 이 단원에서 꼭 알아야 할 핵심 개념!

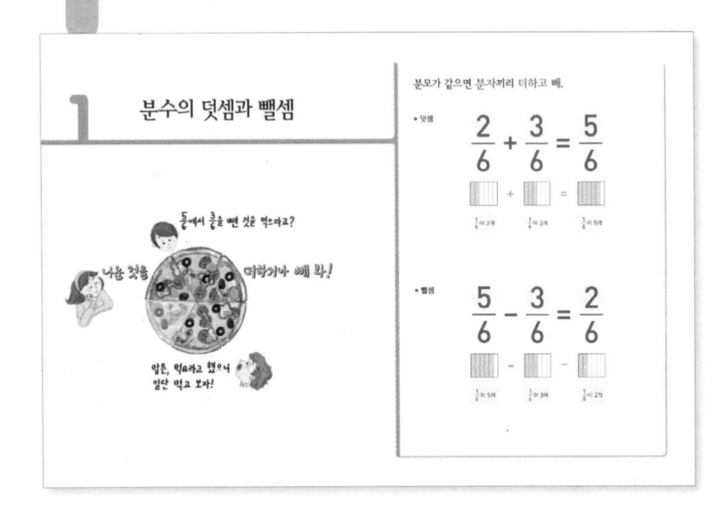

이 단원의 핵심 개념이 한 장의 사진처럼 뇌에 남습니다.

HELP!
개념을 생각하지 않고
외워서 풀어요.

2 한 눈에 보이는 개념 정리!

개념 강의로 어렵지 않게 혼자 공부할 수 있어요.

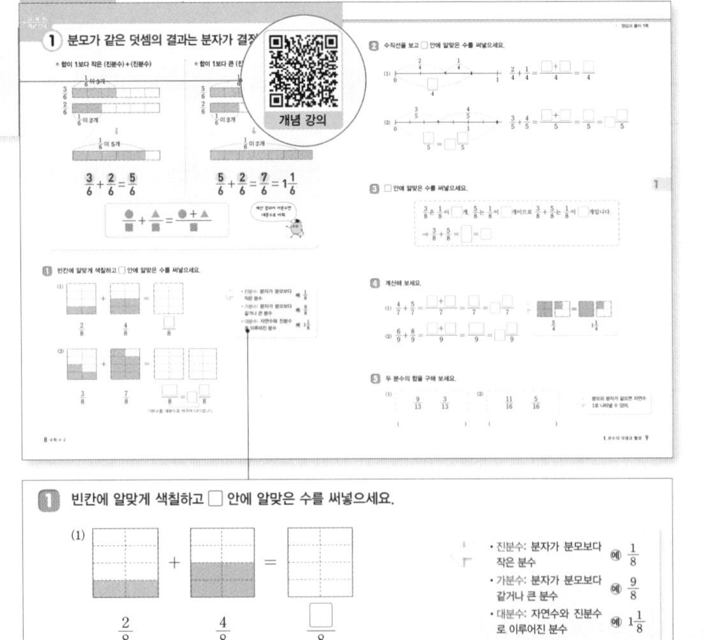

글만 줄줄 적혀 있는 개념은 이제 그만! 외우지 않아도 개념이 한눈에 이해됩니다.

문제를 외우지 않아도 배운 개념들이 떠올라요.

HELP!
같은 개념인데 학년이
바뀌면 어려워 해요.

개념으로 문제 해결!

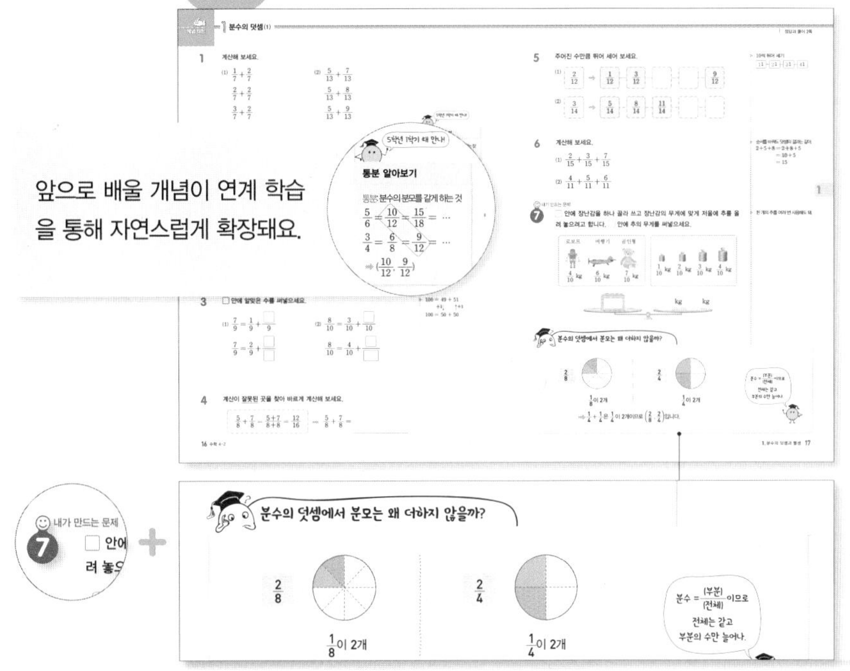

치밀하게 짜인 연계학습 문제들을 풀다보면 이미 배운 내용과 앞으로 배울 내용이 쉽게 이해돼요.

개념 이해가 완벽한지 확인하는 방법!
내가 문제를 만들어 보기!

HELP!
어려운 문제는
풀기 싫어해요.

발전 문제로 개념 완성!

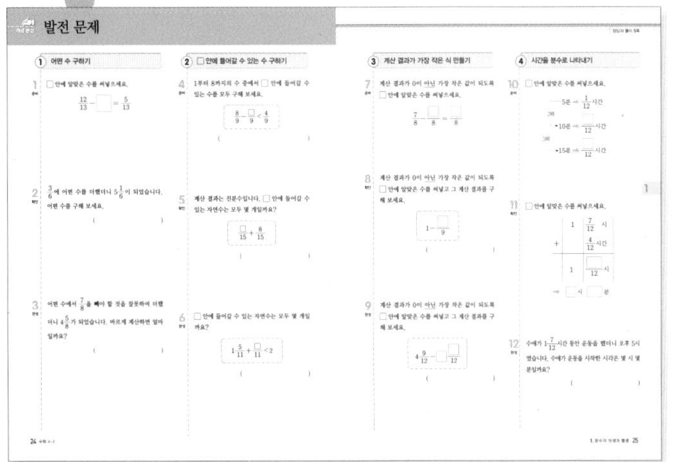

핵심 개념을 알면 어려운 문제는 없습니다!

1 분수의 덧셈과 뺄셈

$\frac{5}{6}$에서 $\frac{3}{6}$을 뺀 것을 먹으라고?

암튼, 먹으라고 했으니
일단 먹고 보자!

분모가 같으면 분자끼리 더하고 빼.

- 덧셈

$$\frac{2}{6} + \frac{3}{6} = \frac{5}{6}$$

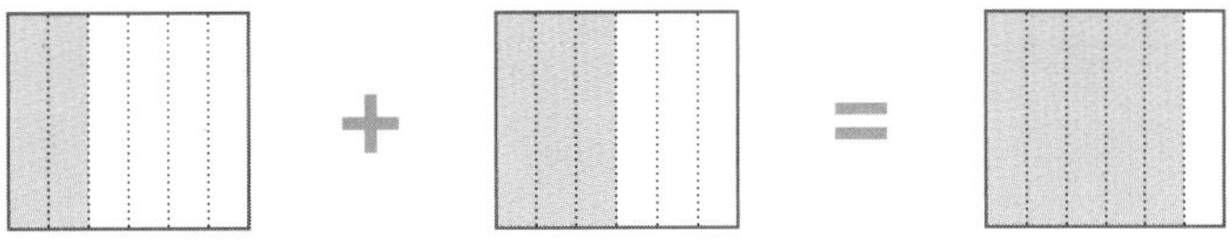

$\frac{1}{6}$이 2개 + $\frac{1}{6}$이 3개 = $\frac{1}{6}$이 5개

- 뺄셈

$$\frac{5}{6} - \frac{3}{6} = \frac{2}{6}$$

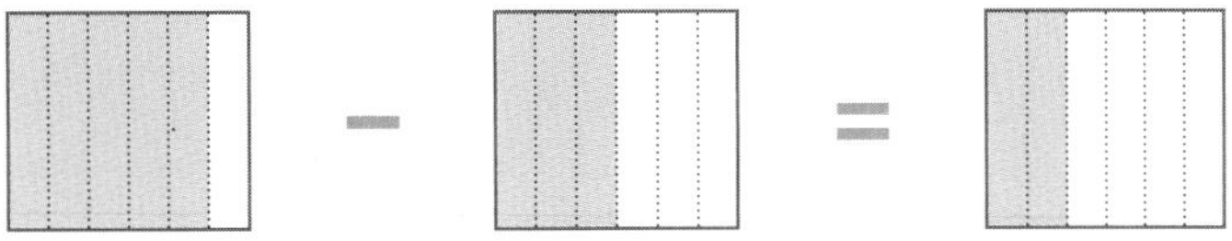

$\frac{1}{6}$이 5개 − $\frac{1}{6}$이 3개 = $\frac{1}{6}$이 2개

1 분모가 같은 덧셈의 결과는 분자가 결정해.

● 합이 1보다 작은 (진분수) + (진분수)

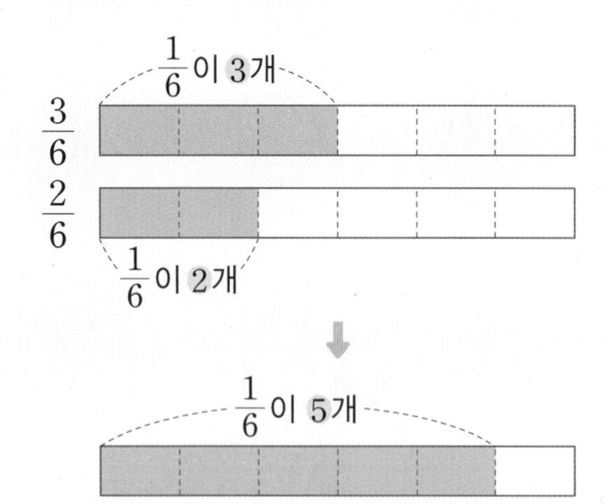

$$\frac{3}{6}+\frac{2}{6}=\frac{5}{6}$$

● 합이 1보다 큰 (진분수) + (진분수)

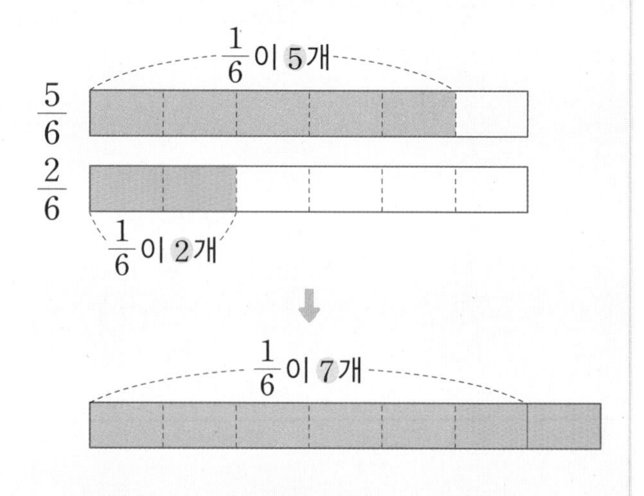

$$\frac{5}{6}+\frac{2}{6}=\frac{7}{6}=1\frac{1}{6}$$

$$\frac{●}{■}+\frac{▲}{■}=\frac{●+▲}{■}$$

1 빈칸에 알맞게 색칠하고 □ 안에 알맞은 수를 써넣으세요.

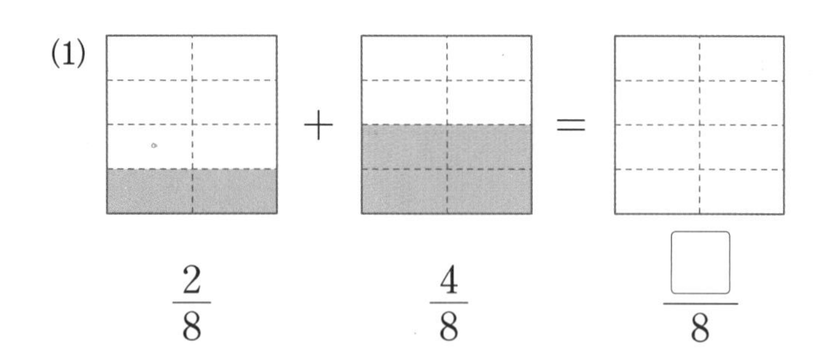

(1) $\frac{2}{8}$ + $\frac{4}{8}$ = $\frac{\square}{8}$

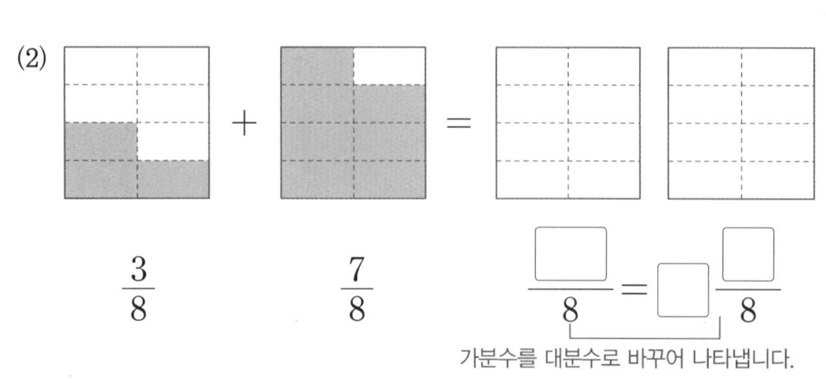

(2) $\frac{3}{8}$ + $\frac{7}{8}$ = $\frac{\square}{8}=\square\frac{\square}{8}$

가분수를 대분수로 바꾸어 나타냅니다.

- 진분수: 분자가 분모보다 작은 분수 예 $\frac{1}{8}$
- 가분수: 분자가 분모보다 같거나 큰 분수 예 $\frac{9}{8}$
- 대분수: 자연수와 진분수로 이루어진 분수 예 $1\frac{1}{8}$

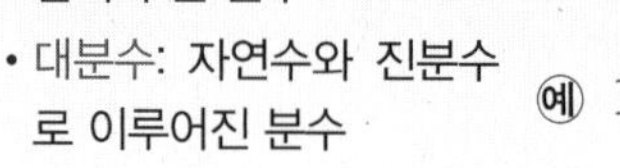

2 수직선을 보고 □ 안에 알맞은 수를 써넣으세요.

(1)

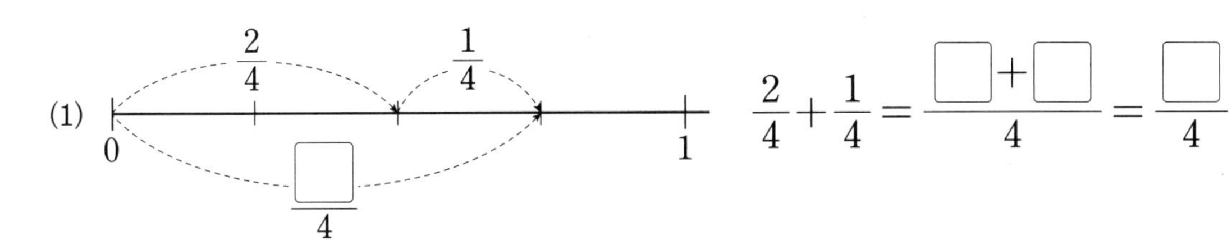

$\frac{2}{4}+\frac{1}{4}=\frac{\square+\square}{4}=\frac{\square}{4}$

(2)

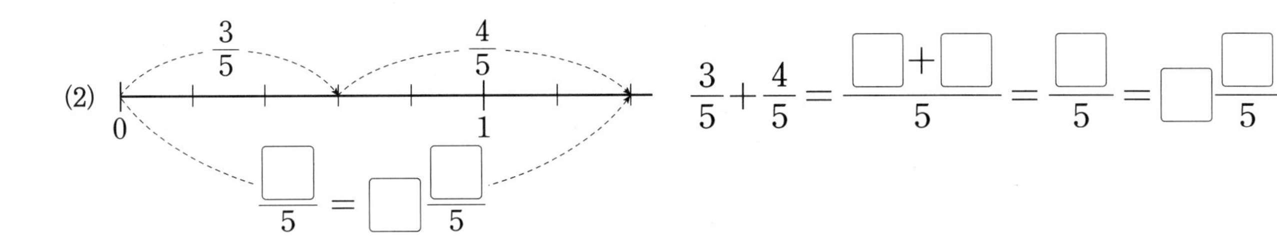

$\frac{3}{5}+\frac{4}{5}=\frac{\square+\square}{5}=\frac{\square}{5}=\square\frac{\square}{5}$

3 □ 안에 알맞은 수를 써넣으세요.

$\frac{3}{8}$은 $\frac{1}{8}$이 □개, $\frac{5}{8}$는 $\frac{1}{8}$이 □개이므로 $\frac{3}{8}+\frac{5}{8}$는 $\frac{1}{8}$이 □개입니다.

➡ $\frac{3}{8}+\frac{5}{8}=\square=\square$

4 계산해 보세요.

(1) $\frac{4}{7}+\frac{5}{7}=\frac{\square+\square}{7}=\frac{\square}{7}=\square\frac{\square}{7}$

(2) $\frac{6}{9}+\frac{8}{9}=\frac{\square+\square}{9}=\frac{\square}{9}=\square\frac{\square}{9}$

$\frac{5}{4}$ = $1\frac{1}{4}$

5 두 분수의 합을 구해 보세요.

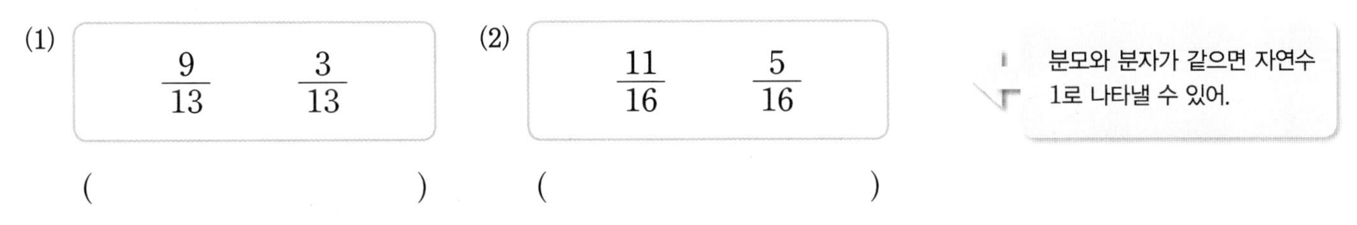

(1) $\frac{9}{13}$ $\frac{3}{13}$

( )

(2) $\frac{11}{16}$ $\frac{5}{16}$

( )

분모와 분자가 같으면 자연수 1로 나타낼 수 있어.

2 분모가 같은 뺄셈의 결과는 분자가 결정해.

● (진분수) − (진분수)

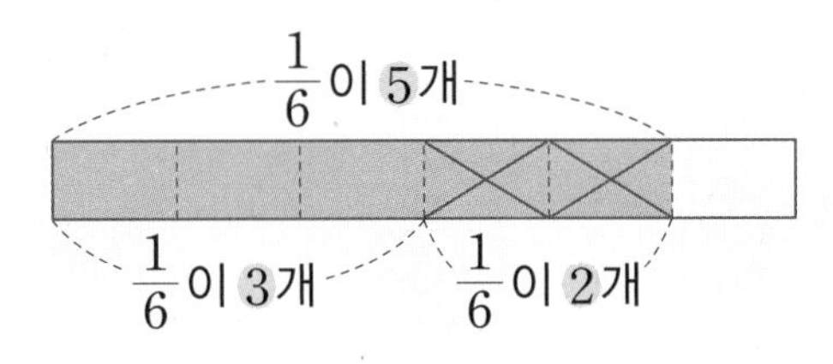

$$\frac{5}{6}-\frac{2}{6}=\frac{3}{6}$$

● 1 − (진분수)

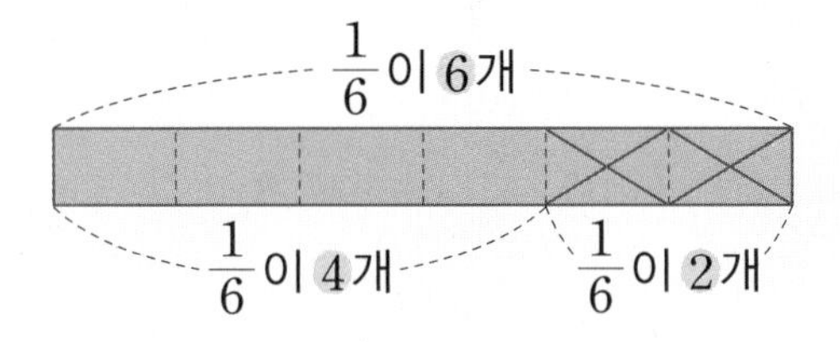

$$1-\frac{2}{6}=\frac{6}{6}-\frac{2}{6}=\frac{4}{6}$$

$$\frac{▲}{■}-\frac{●}{■}=\frac{▲-●}{■}$$

1 색칠된 부분에 빼는 수만큼 ×표 하고 □ 안에 알맞은 수를 써넣으세요.

(1)

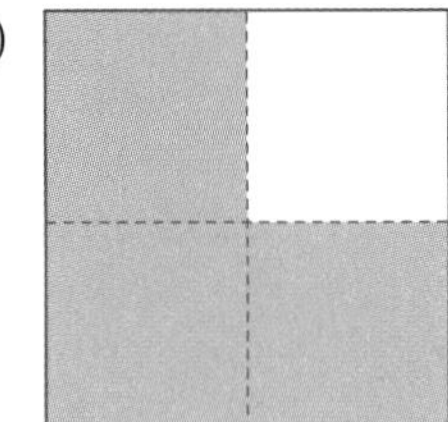

빼는 수

$$\frac{3}{4}-\frac{2}{4}=\frac{\square}{4}$$

(2)

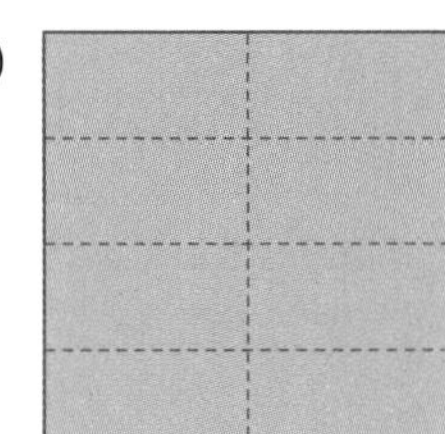

빼는 수

$$1-\frac{2}{8}=\frac{\square}{8}-\frac{2}{8}=\frac{\square}{8}$$

2 수직선을 보고 □ 안에 알맞은 수를 써넣으세요.

(1)

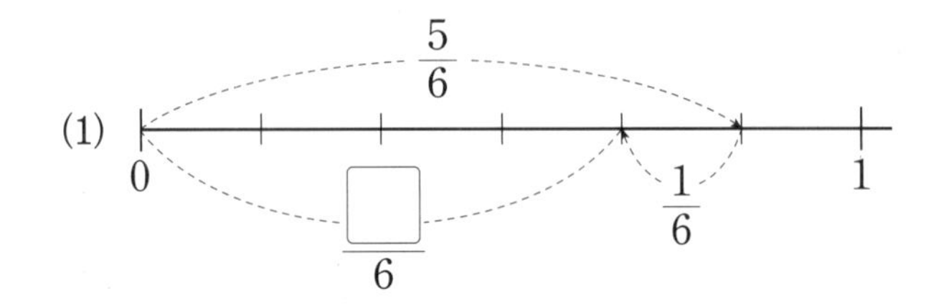

$$\frac{5}{6}-\frac{1}{6}=\frac{\square-\square}{6}=\frac{\square}{6}$$

(2)

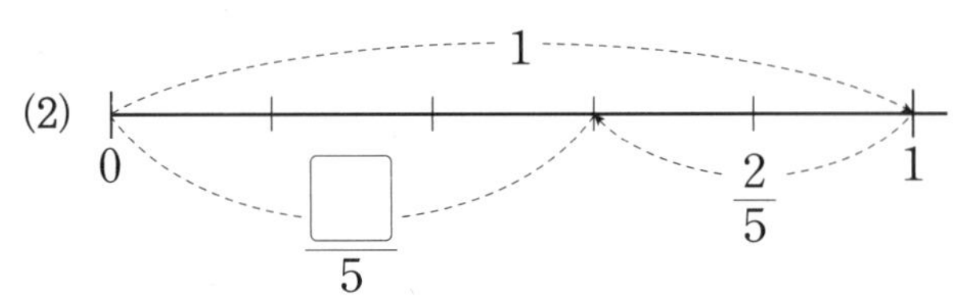

$$1-\frac{2}{5}=\frac{\square}{5}-\frac{2}{5}=\frac{\square-\square}{5}=\frac{\square}{5}$$

3 □ 안에 알맞은 수를 써넣으세요.

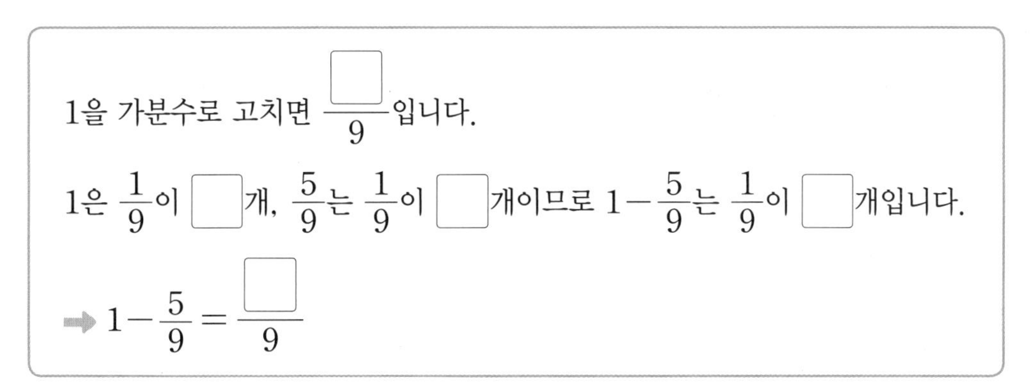
1을 가분수로 고치면 $\frac{\square}{9}$입니다.

1은 $\frac{1}{9}$이 □개, $\frac{5}{9}$는 $\frac{1}{9}$이 □개이므로 $1-\frac{5}{9}$는 $\frac{1}{9}$이 □개입니다.

➡ $1-\frac{5}{9}=\frac{\square}{9}$

$1=\frac{■}{■}=\frac{●}{●}=\cdots$

4 계산해 보세요.

(1) $\frac{6}{10}-\frac{2}{10}=\frac{\square-\square}{10}=\frac{\square}{10}$

(2) $\frac{10}{13}-\frac{5}{13}=\frac{\square-\square}{13}=\frac{\square}{13}$

(3) $1-\frac{1}{7}=\frac{\square-\square}{7}=\frac{\square}{7}$

(4) $1-\frac{14}{16}=\frac{\square-\square}{16}=\frac{\square}{16}$

1

5 빈칸에 알맞은 수를 써넣으세요.

−	$\frac{1}{15}$	$\frac{2}{15}$	$\frac{3}{15}$	$\frac{4}{15}$	$\frac{5}{15}$
$\frac{5}{15}$	$\frac{4}{15}$				

빼는 수의 분자가 1씩 커지면 계산 결과의 분자는 1씩 작아져.

6 자연수 1을 두 분수의 합으로 나타내어 보세요.

(1)

1	
$\frac{4}{10}$	$\frac{\square}{10}$
$\frac{\square}{11}$	$\frac{6}{11}$

(2)

1	
$\frac{\square}{7}$	$\frac{3}{7}$
$\frac{3}{12}$	$\frac{\square}{12}$

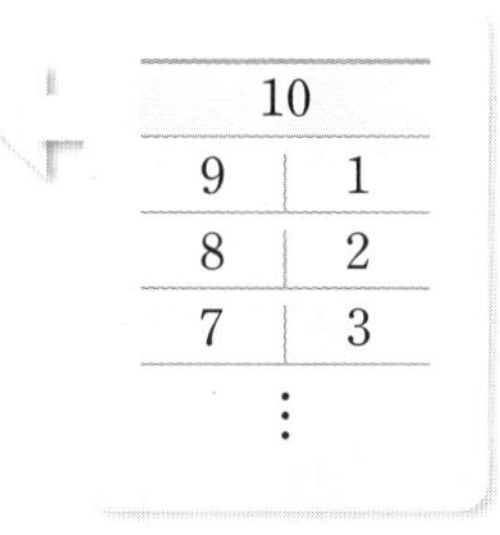

10	
9	1
8	2
7	3
⋮	

3 자연수는 자연수끼리, 분수는 분수끼리 더해.

● 받아올림이 없는 (대분수) + (대분수)

	자연수	분수
	1	$\frac{1}{4}$
+	1	$\frac{2}{4}$
	2	$\frac{3}{4}$

➡ 자연수 | 분수

● 받아올림이 있는 (대분수) + (대분수)

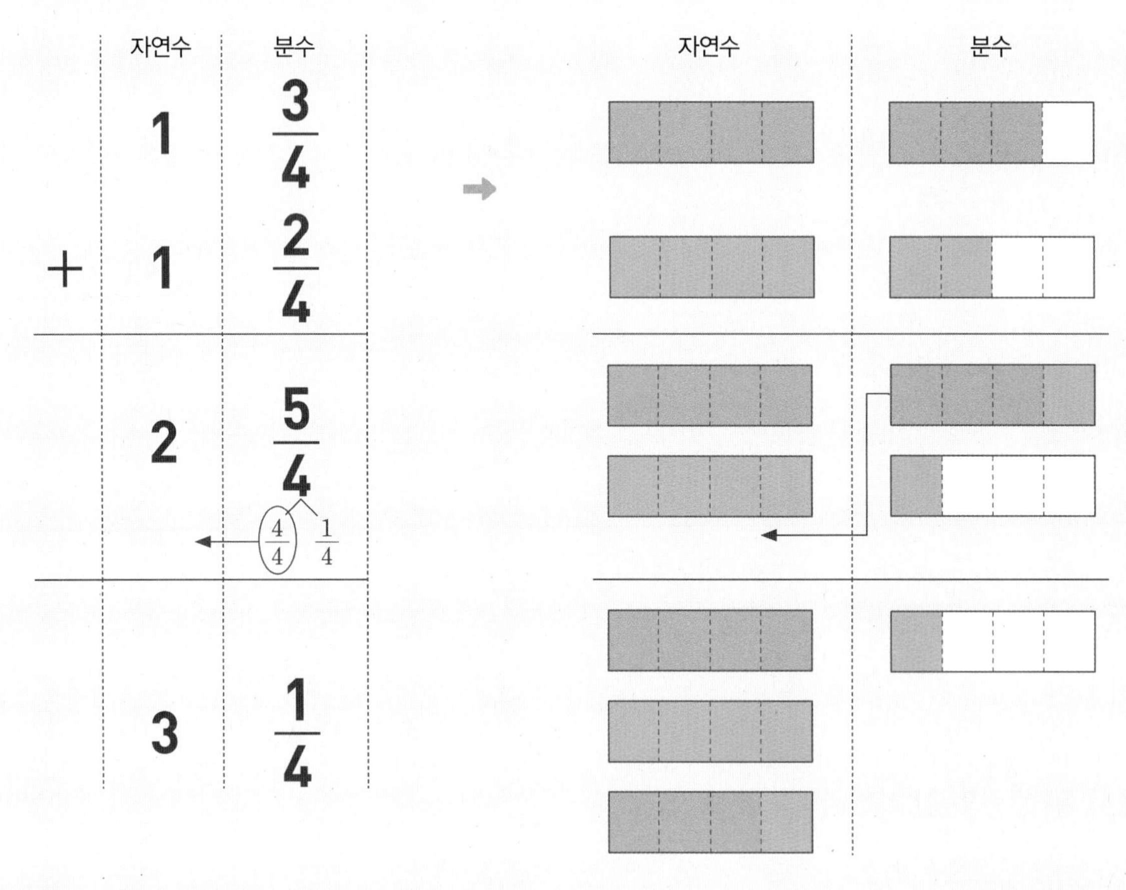

$$1\frac{3}{4}+1\frac{2}{4}=\frac{7}{4}+\frac{6}{4}=\frac{13}{4}=3\frac{1}{4}$$

받아올림이 번거로우면
가분수로 바꾸어 계산할 수 있어.

1 그림을 보고 □ 안에 알맞은 수를 써넣으세요.

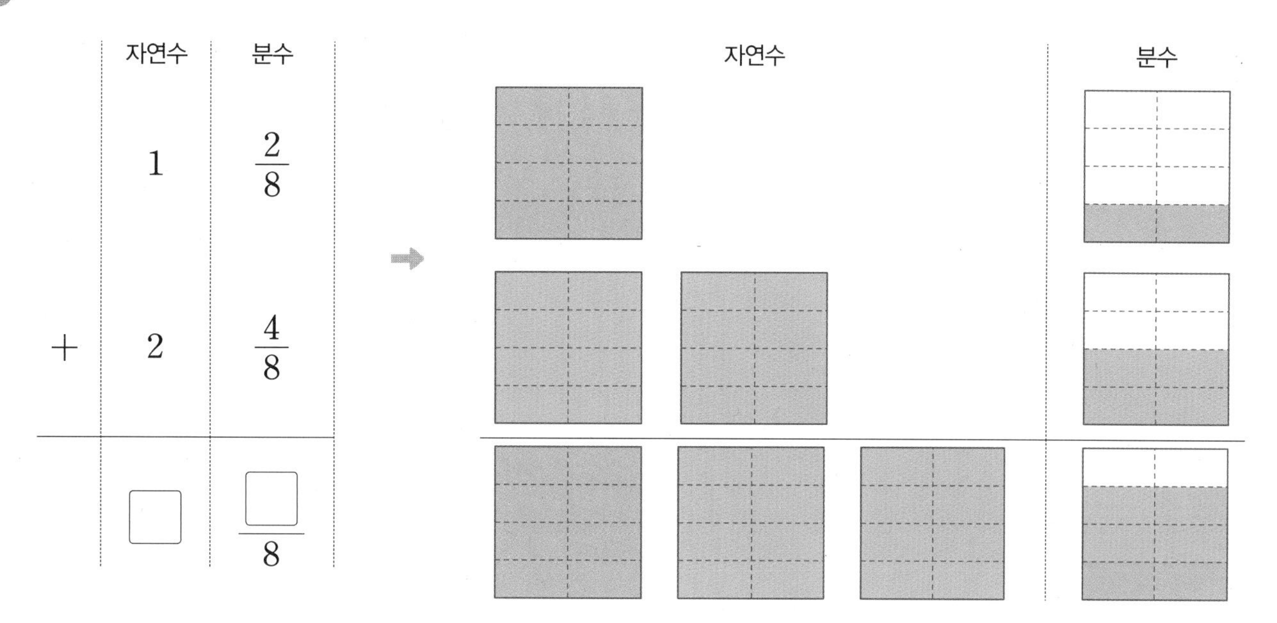

2 계산해 보세요.

(1) $1\frac{5}{7}+2\frac{3}{7}=(\square+\square)+\left(\frac{\square}{7}+\frac{\square}{7}\right)=\square+\frac{\square}{7}=\square+\square\frac{\square}{7}=\square\frac{\square}{7}$

(2) $1\frac{5}{7}+2\frac{3}{7}=\frac{\square}{7}+\frac{\square}{7}=\frac{\square}{7}=\square\frac{\square}{7}$

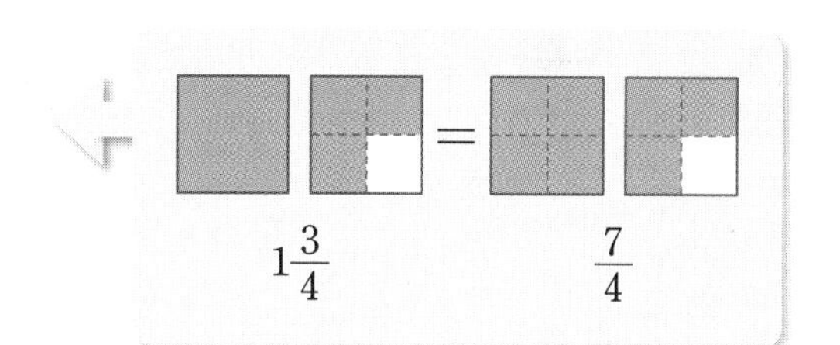

3 세로셈으로 계산해 보세요.

(1)

	자연수	분수
	2	$\frac{7}{12}$
+	5	$\frac{3}{12}$

(2)

	자연수	분수
	5	$\frac{7}{10}$
+	3	$\frac{6}{10}$

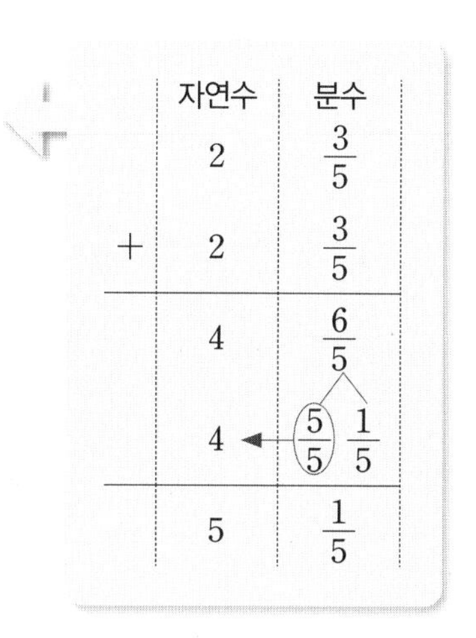

4 분수끼리 못 빼면 자연수에서 1만큼을 분수로 보내.

● 받아내림이 없는 (대분수) − (대분수)

	자연수	분수
	2	$\frac{3}{4}$
−	1	$\frac{2}{4}$
	1	$\frac{1}{4}$

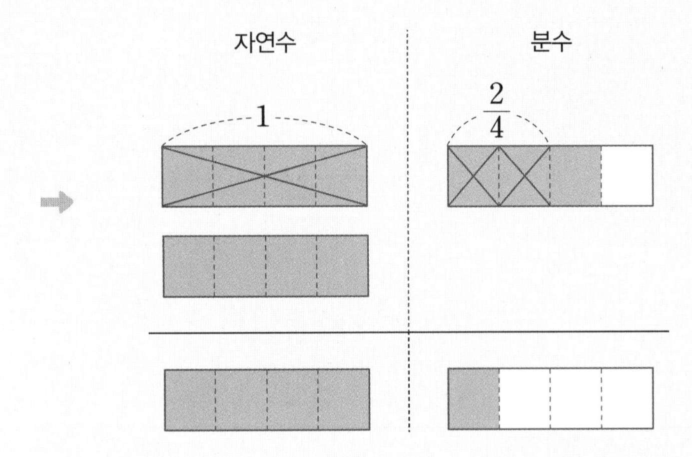

● (자연수) − (대분수)

자연수 1을 분수로 바꿔줘.

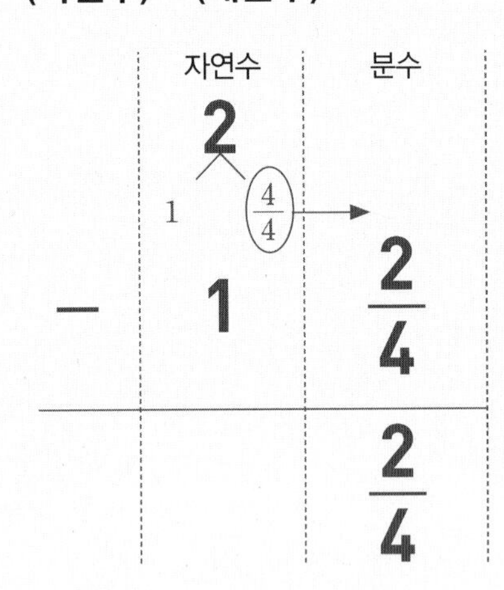

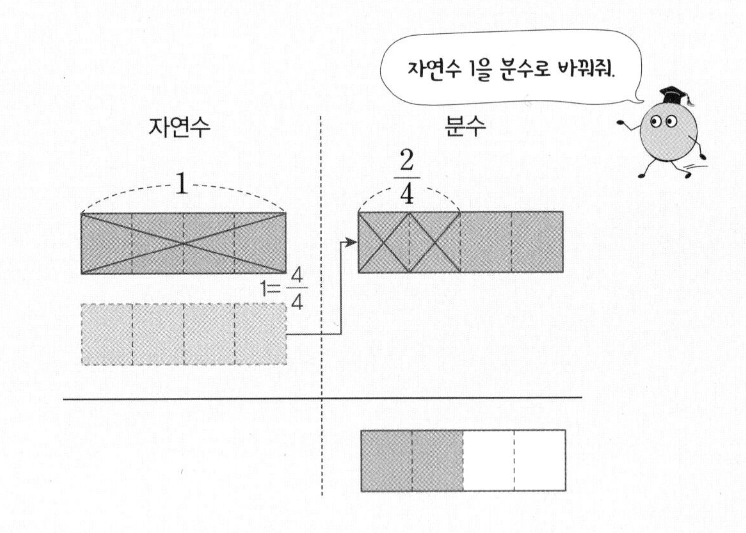

● 받아내림이 있는 (대분수) − (대분수)

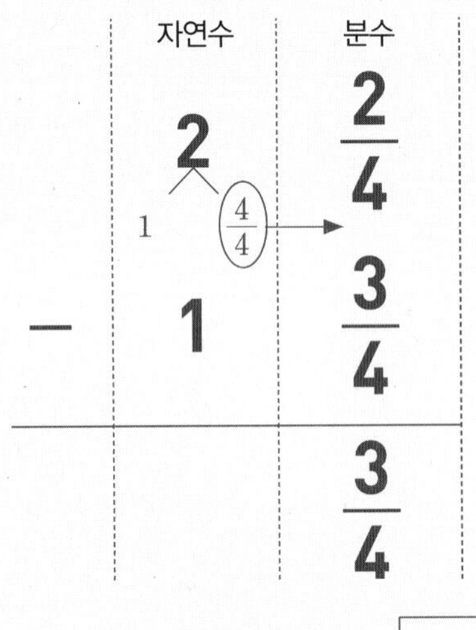

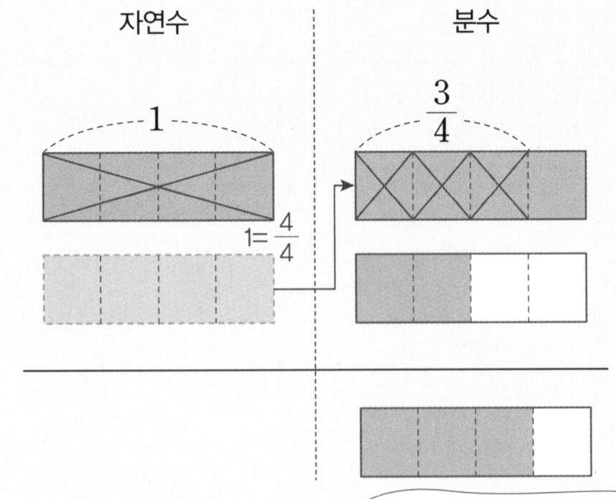

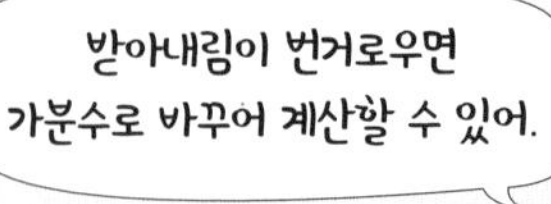

$$2\frac{2}{4}-1\frac{3}{4}=\frac{10}{4}-\frac{7}{4}=\frac{3}{4}$$

1 그림을 보고 □ 안에 알맞은 수를 써넣으세요.

	자연수	분수
	3	$\frac{5}{8}$
−	1	$\frac{3}{8}$
	□	$\frac{□}{8}$

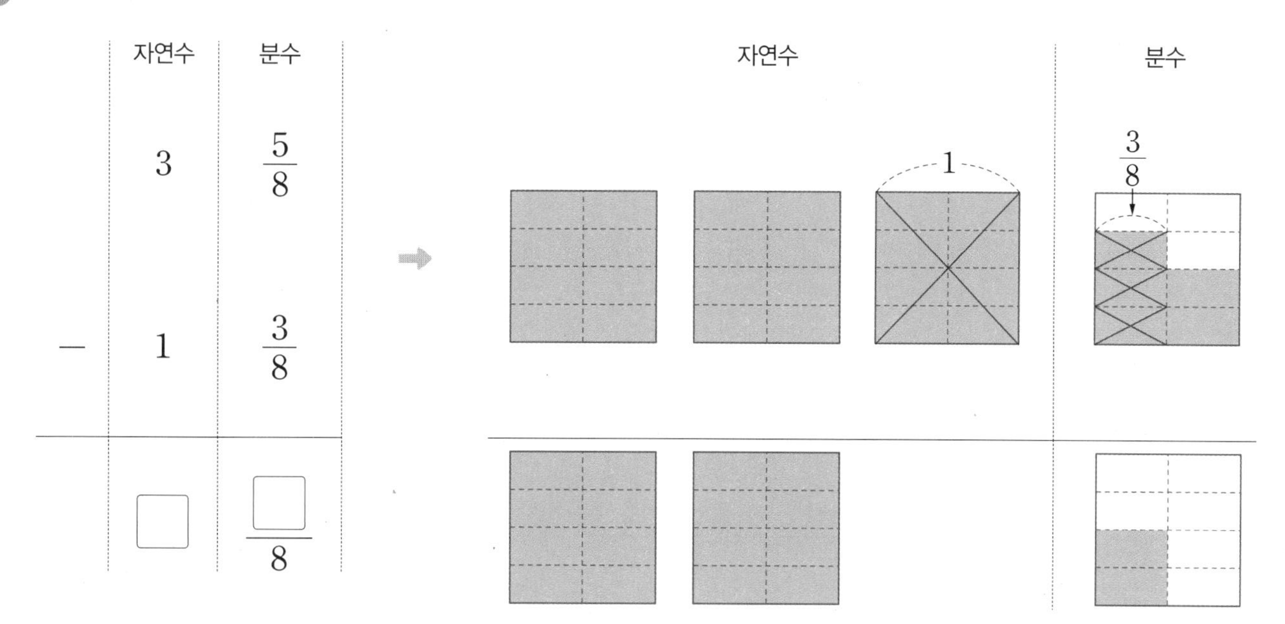

1

2 계산해 보세요.

(1) $4\frac{6}{9}-2\frac{8}{9}=3\frac{□}{9}-2\frac{8}{9}=(3-□)+\left(\frac{□}{9}-\frac{□}{9}\right)=□\frac{□}{9}$

(2) $4\frac{6}{9}-2\frac{8}{9}=\frac{□}{9}-\frac{□}{9}=\frac{□}{9}=□\frac{□}{9}$

대분수를 가분수로 나타내는 방법

$4\frac{1}{5}=4+\frac{1}{5}=\frac{20}{5}+\frac{1}{5}=\frac{21}{5}$

3 세로셈으로 계산해 보세요.

(1)

	자연수	분수
	5	$\frac{3}{9}$
−	3	$\frac{2}{9}$

(2)

	자연수	분수
	4	$\frac{1}{3}$
−	1	$\frac{2}{3}$

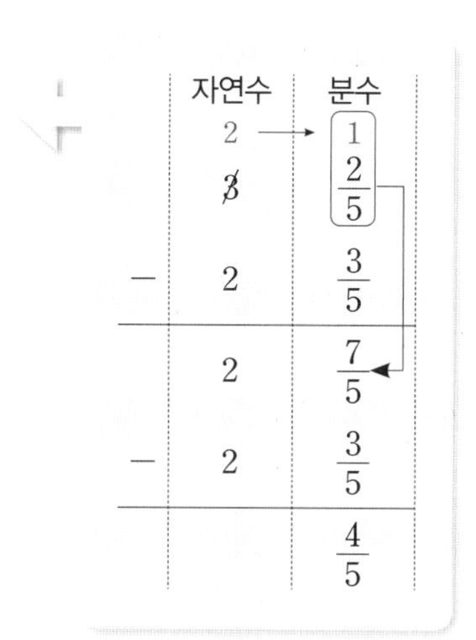

1 분수의 덧셈(1)

1 계산해 보세요.

(1) $\frac{1}{7}+\frac{2}{7}$

$\frac{2}{7}+\frac{2}{7}$

$\frac{3}{7}+\frac{2}{7}$

(2) $\frac{5}{13}+\frac{7}{13}$

$\frac{5}{13}+\frac{8}{13}$

$\frac{5}{13}+\frac{9}{13}$

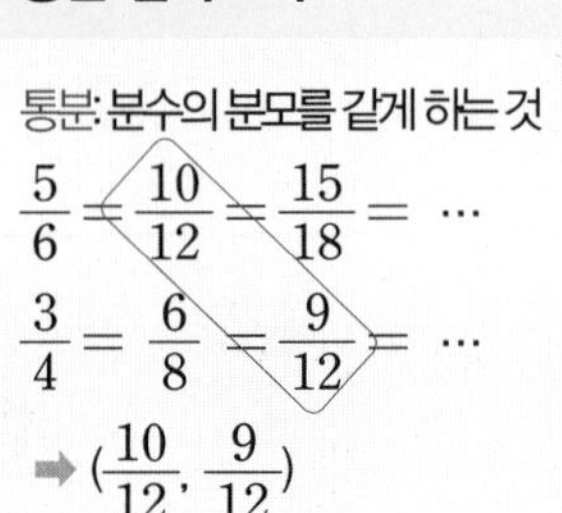

➕ 계산해 보세요.

$$\frac{4}{5}+\frac{1}{2}=\frac{8}{10}+\frac{5}{10}=\frac{\square+\square}{10}=\frac{\square}{10}=\square\frac{\square}{10}$$

2 직사각형의 가로와 세로의 합을 구해 보세요.

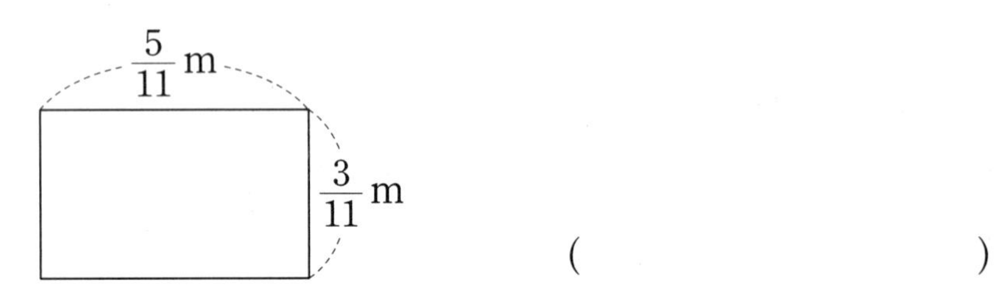

(　　　　　　　　　　)

3 □ 안에 알맞은 수를 써넣으세요.

▶ $100=49+51$
+1↓　↑+1
$100=50+50$

(1) $\frac{7}{9}=\frac{1}{9}+\frac{\square}{9}$

$\frac{7}{9}=\frac{2}{9}+\frac{\square}{\square}$

(2) $\frac{8}{10}=\frac{3}{10}+\frac{\square}{10}$

$\frac{8}{10}=\frac{4}{10}+\frac{\square}{\square}$

4 계산이 <u>잘못된</u> 곳을 찾아 바르게 계산해 보세요.

$\frac{5}{8}+\frac{7}{8}=\frac{5+7}{8+8}=\frac{12}{16}$ ➡ $\frac{5}{8}+\frac{7}{8}=$ ....

5 주어진 수만큼 뛰어 세어 보세요.

▶ 10씩 뛰어 세기
11 – 21 – 31 – 41

(1)
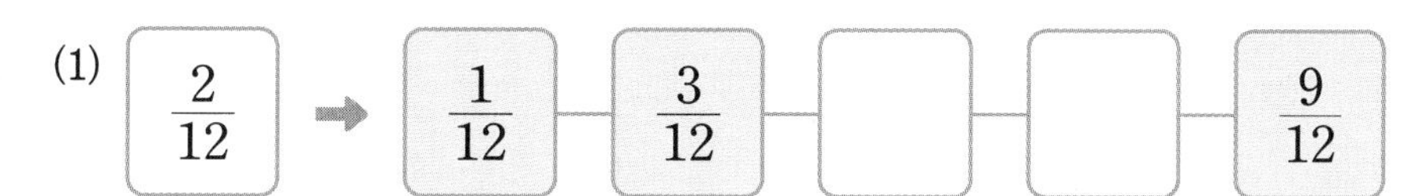

(2) $\frac{3}{14}$ ➡ $\frac{5}{14}$ – $\frac{8}{14}$ – $\frac{11}{14}$ – ☐ – ☐

6 계산해 보세요.

▶ 순서를 바꿔도 덧셈의 결과는 같아.
$2+5+8=2+8+5$
$=10+5$
$=15$

(1) $\frac{2}{15}+\frac{3}{15}+\frac{7}{15}$

(2) $\frac{4}{11}+\frac{5}{11}+\frac{6}{11}$

내가 만드는 문제

7 ☐ 안에 장난감을 하나 골라 쓰고 장난감의 무게에 맞게 저울에 추를 올려 놓으려고 합니다. ☐ 안에 추의 무게를 써넣으세요.

▶ 한 개의 추를 여러 번 사용해도 돼.

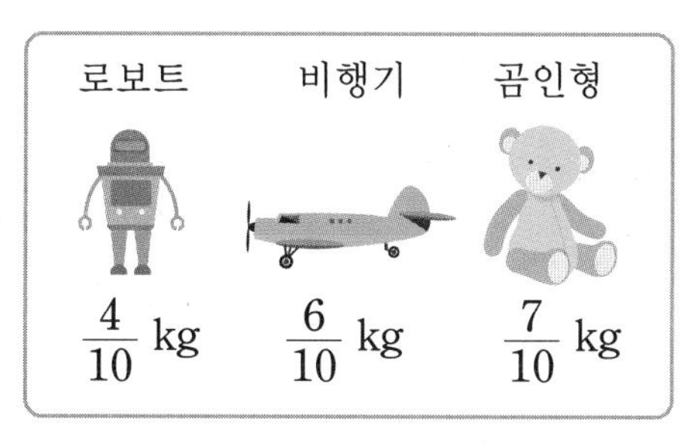

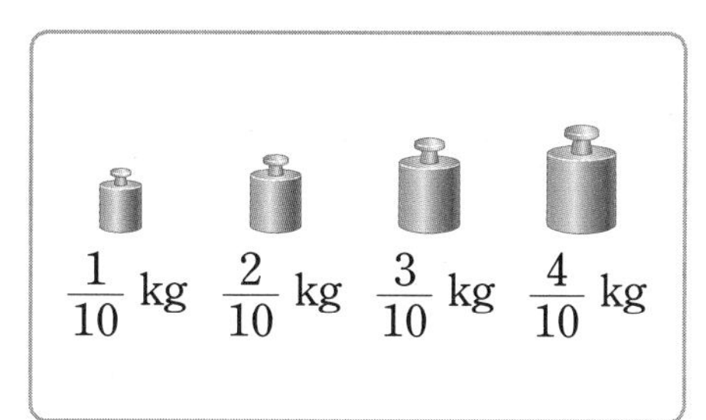

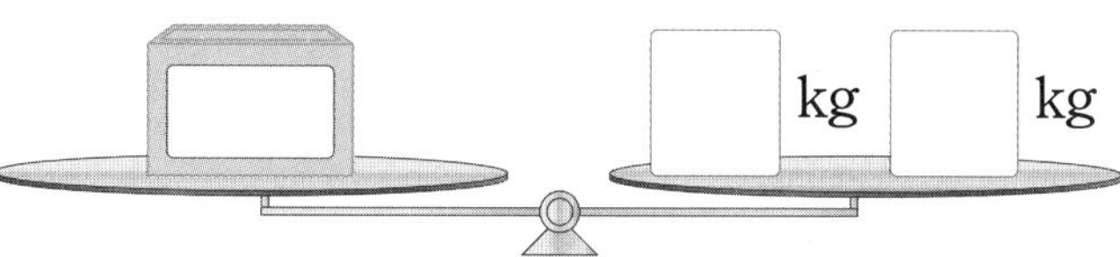

분수의 덧셈에서 분모는 왜 더하지 않을까?

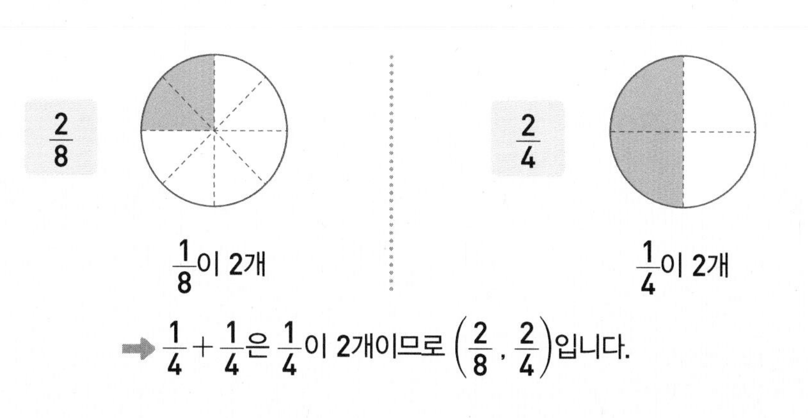

➡ $\frac{1}{4}+\frac{1}{4}$은 $\frac{1}{4}$이 2개이므로 $\left(\frac{2}{8}, \frac{2}{4}\right)$입니다.

8 계산해 보세요.

(1) $\frac{6}{7}-\frac{3}{7}$

$\frac{5}{7}-\frac{3}{7}$

$\frac{4}{7}-\frac{3}{7}$

(2) $\frac{8}{9}-\frac{2}{9}$

$\frac{8}{9}-\frac{3}{9}$

$\frac{8}{9}-\frac{4}{9}$

▶ • 큰 수에서 뺄수록 계산 결과는 커져.
• 큰 수를 뺄수록 계산 결과는 작아져.

9 □ 안에 알맞은 수를 써넣으세요.

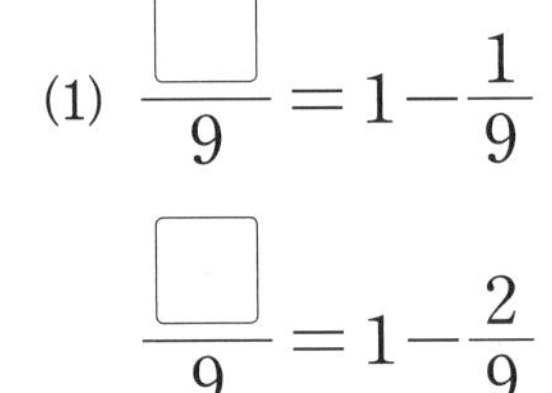

(1) $\frac{\square}{9}=1-\frac{1}{9}$

$\frac{\square}{9}=1-\frac{2}{9}$

(2) $\frac{10}{11}=1-\frac{\square}{11}$

$\frac{9}{11}=1-\frac{\square}{11}$

▶ 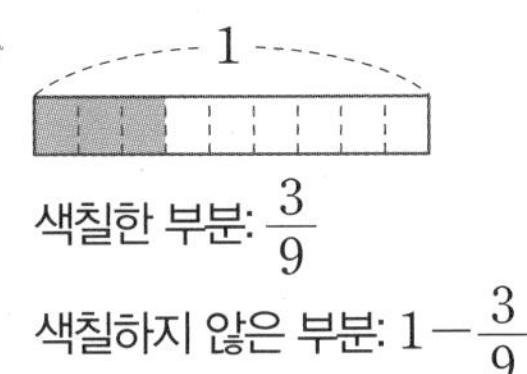

색칠한 부분: $\frac{3}{9}$

색칠하지 않은 부분: $1-\frac{3}{9}$

10 가와 나의 차를 구해 보세요.

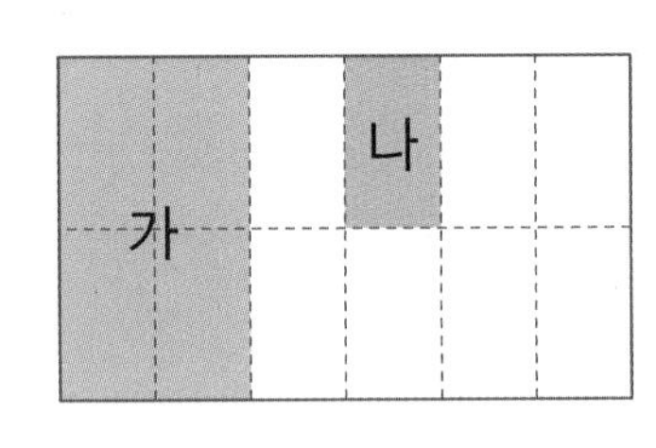

가 $\frac{\square}{12}$

나 $\frac{\square}{12}$

➡ 가−나 $=\frac{\square}{\square}$

▶ 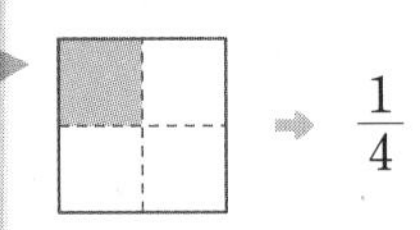
➡ $\frac{1}{4}$

분모가 다른 분수의 뺄셈

$\frac{1}{3}-\frac{1}{6}=\frac{2}{6}-\frac{1}{6}=\frac{1}{6}$

$\frac{1}{3}$ − $\frac{1}{6}$ = $\frac{1}{6}$

⊕ $\frac{1}{2}-\frac{1}{5}$을 구해 보세요.

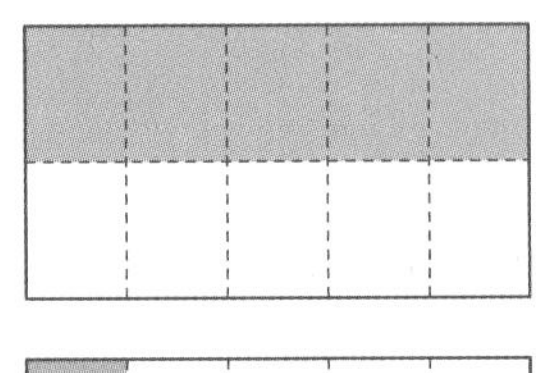

$\frac{1}{2}=\frac{\square}{10}$

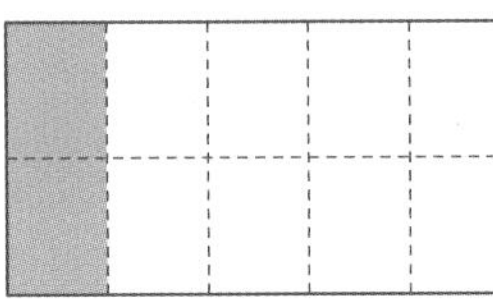

$\frac{1}{5}=\frac{\square}{10}$

➡ $\frac{1}{2}-\frac{1}{5}=\frac{\square-\square}{10}=\frac{\square}{10}$

11 계산해 보세요.

▶ 앞에서부터 차례로 계산해.

(1) $1-\frac{1}{5}-\frac{1}{5}$

(2) $\frac{7}{8}-\frac{3}{8}-\frac{2}{8}$

12 보기 와 같이 계산 결과가 $\frac{2}{9}$인 뺄셈식을 써 보세요.

▶ $9-8=1$
$8-7=1$
$7-6=1$
$\vdots$

보기

$\frac{8}{9}-\frac{6}{9}=\frac{2}{9}$

식 ....

내가 만드는 문제

13 1 L의 주스 중 마실 주스의 양을 정하고, 마시고 난 후 남아 있는 주스의 양을 구해 보세요.

▶ 주스의 양 1 L보다 적게 마실 수 있어.

마실 주스의 양: $\frac{\square}{10}$ L

남은 주스의 양: $\frac{\square}{10}$ L

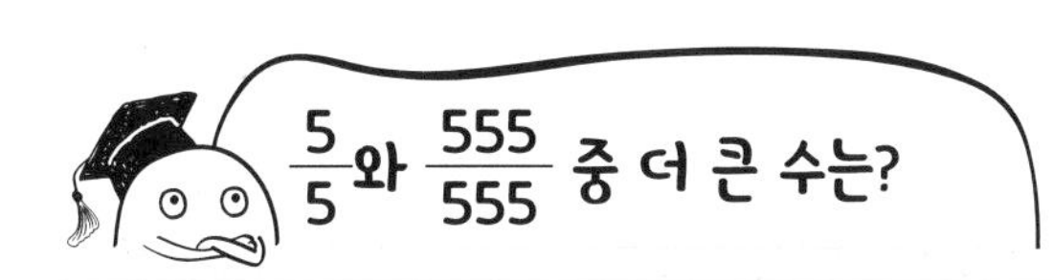

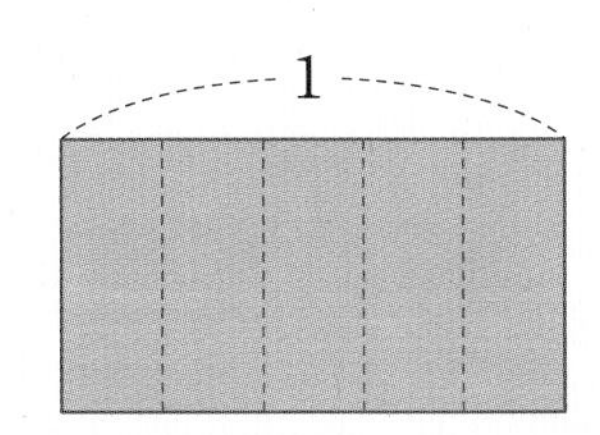

5개로 나눈 것 중의 5개 $=\frac{5}{5}$

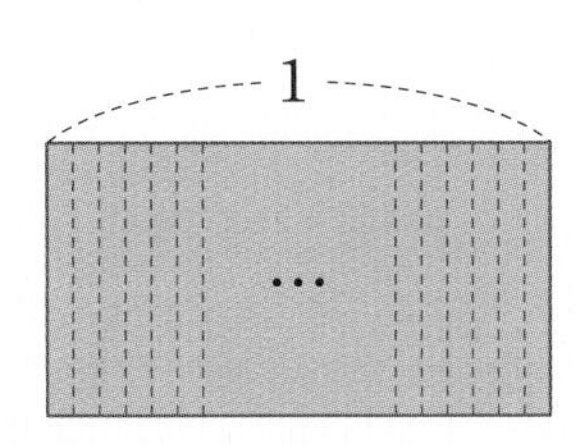

555개로 나눈 것 중의 555개 $=\frac{555}{555}$

➡ 분자와 분모가 같은 두 분수의 크기는 항상 (같습니다 , 다릅니다).

14 설명하는 수를 구해 보세요.

▶ ■보다 ●만큼 더 큰 수 = ■+●

(1) $2\frac{1}{3}$보다 $1\frac{1}{3}$만큼 더 큰 수

( )

(2) $1\frac{3}{6}$보다 $2\frac{5}{6}$만큼 더 큰 수

( )

15 계산해 보세요.

(1) $4\frac{6}{10}+2\frac{3}{10}$

$5\frac{6}{10}+2\frac{3}{10}$

$6\frac{6}{10}+2\frac{3}{10}$

(2) $2\frac{8}{10}+7\frac{2}{10}$

$2\frac{8}{10}+7\frac{3}{10}$

$2\frac{8}{10}+7\frac{4}{10}$

16 계산 결과가 6과 7 사이의 수인 덧셈식을 찾아 ○표 하세요.

▶ 자연수끼리, 분수끼리 나누어 어림해 봐.

$3\frac{6}{11}+2\frac{4}{11}$	$5\frac{2}{10}+1\frac{5}{10}$	$4\frac{3}{5}+2\frac{3}{5}$

17 몸길이가 140 cm에서 160 cm 정도인 표범은 사슴이나 영양과 같은 동물을 먹이로 하며 1초에 $18\frac{1}{5}$ m를 달릴 수 있다고 합니다. 표범이 2초 동안 달릴 수 있는 거리는 몇 m일까요?

( )

18 ○ 안에 >, =, <를 알맞게 써넣으세요.

(1) $3\frac{2}{13}+4\frac{12}{13}$ ○ $7\frac{1}{13}$　　(2) $4\frac{2}{15}$ ○ $2\frac{11}{15}+1\frac{13}{15}$

▶ • 자연수 부분이 다를 때

$1<2$

$1\frac{2}{3} < 2\frac{1}{3}$

• 자연수 부분이 같을 때

$2>1$

$1\frac{2}{3} > 1\frac{1}{3}$

19 같은 모양은 같은 수를 나타냅니다. 각 모양에 알맞은 수를 구해 보세요.

(1) ● + ● = $2\frac{2}{6}$ ➡ ● = (　　　　　　)

(2) ▲ + ▲ + ▲ = $4\frac{6}{9}$ ➡ ▲ = (　　　　　　)

▶ ■+■+■+■
= ■×4

20 수직선에서 자유롭게 두 분수를 정해 덧셈식을 만들어 계산해 보세요.

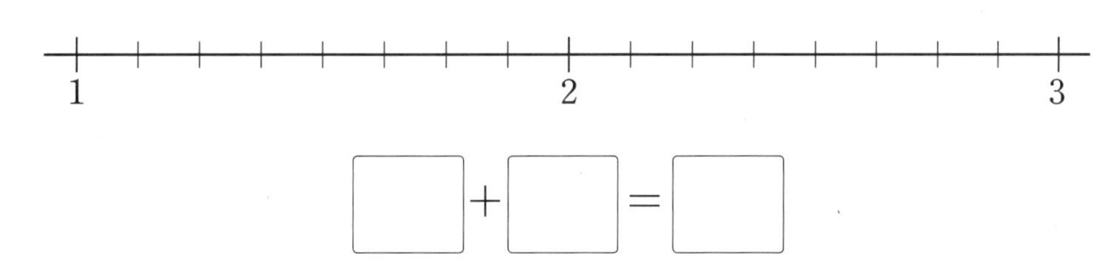

□ + □ = □

▶ 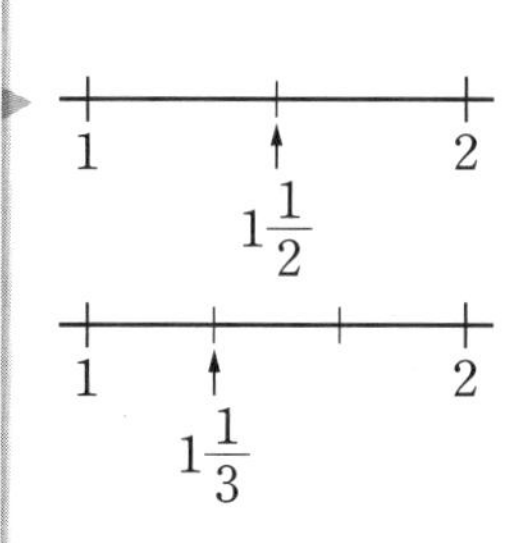

반드시 자연수는 자연수끼리, 분수는 분수끼리 더해야 할까?

• 받아올림이 없을 때

$1\frac{1}{3}+1\frac{1}{3}=(1+1)+\left(\frac{1}{3}+\frac{1}{3}\right)=\square\frac{\square}{3}$

$1\frac{1}{3}+1\frac{1}{3}=\frac{4}{3}+\frac{4}{3}=\frac{\square}{3}=\square\frac{\square}{3}$

• 받아올림이 있을 때

$1\frac{2}{3}+1\frac{2}{3}=(1+1)+\left(\frac{2}{3}+\frac{2}{3}\right)$

$=2+\frac{4}{3}=2+1\frac{1}{3}=\square\frac{\square}{3}$

VS

$1\frac{2}{3}+1\frac{2}{3}=\frac{5}{3}+\frac{5}{3}=\frac{10}{3}=\square\frac{\square}{3}$

둘 중에 편한 방법으로 계산해.

21 빈칸에 알맞은 수를 써넣으세요.

▶ $100-99=1$
$-1 \downarrow \quad \downarrow +1$
$100-98=2$

(1)

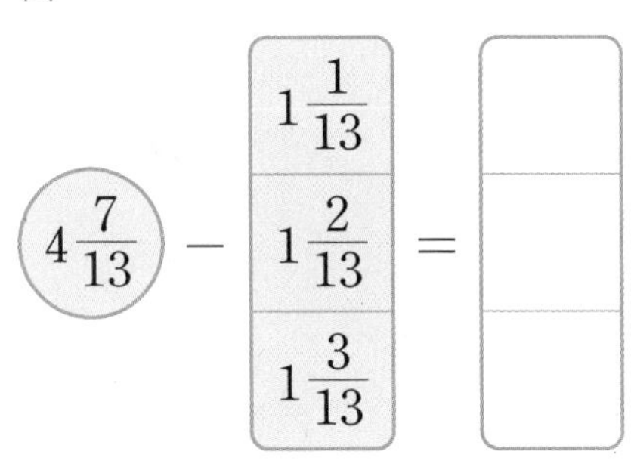

$4\frac{7}{13}$ − $1\frac{1}{13}$, $1\frac{2}{13}$, $1\frac{3}{13}$ = □, □, □

(2)

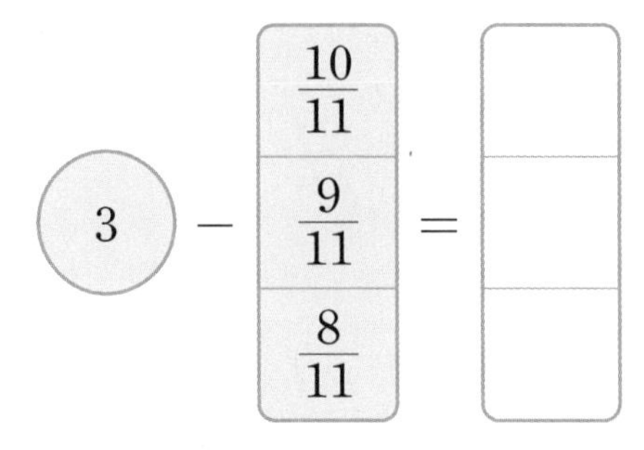

3 − $\frac{10}{11}$, $\frac{9}{11}$, $\frac{8}{11}$ = □, □, □

22 빈칸에 알맞은 수를 써넣으세요.

▶ 저울이 균형을 이루면 양쪽의 무게는 같아야 해.

(1)

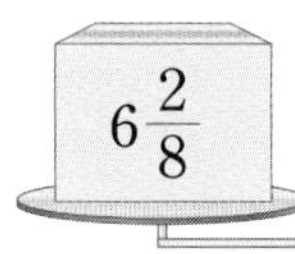

$5\frac{7}{10}$ | $3\frac{4}{10}$, □

(2)

$6\frac{2}{8}$ | $3\frac{6}{8}$, □

23 계산 결과가 5보다 작은 뺄셈식을 찾아 ○표 하세요.

(1) $8\frac{3}{7}-3\frac{4}{7}$ | $9\frac{2}{7}-3\frac{1}{7}$

(2) $7\frac{2}{9}-2\frac{1}{9}$ | $6\frac{3}{9}-1\frac{8}{9}$

24 뺀 수를 다시 더해서 계산이 맞았는지 확인해 보세요.

▶ 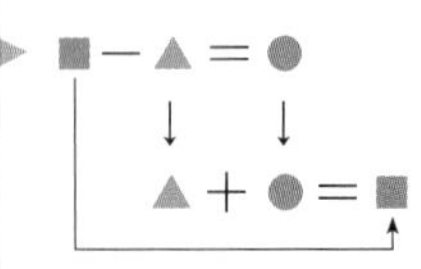

(1) $6\frac{7}{15}-3\frac{3}{15}=$ ______

$3\frac{3}{15}+$ ______ $=$ ______

(2) $8\frac{5}{12}-2\frac{6}{12}=$ ______

$2\frac{6}{12}+$ ______ $=$ ______

25 자연수를 두 분수의 합으로 나타내어 보세요.

▶ $8=7\frac{2}{2}=7\frac{3}{3}=\cdots$

(1) $3=1\frac{2}{5}+\square\frac{\square}{5}$　　　(2) $4=2\frac{3}{6}+\square\frac{\square}{6}$

26 산은 위로 올라갈수록 시원해집니다. 100 m 올라갈 때마다 기온이 $\frac{10}{13}$ ℃만큼 낮아지는 산이 있습니다. 현재 높이의 기온이 15 ℃일 때, 200 m 더 올라간 지점의 기온은 몇 ℃인지 구해 보세요.

(　　　　　　　　　)

내가 만드는 문제

27 A와 B에서 분수를 각각 하나씩 골라 계산해 보세요.

▶ 여러 가지 방법으로 계산해 봐.

A	B
$2\frac{5}{12}$　$3\frac{8}{12}$　$4\frac{4}{12}$	$\frac{10}{12}$　$\frac{11}{12}$　$1\frac{9}{12}$

A−B= ……………………

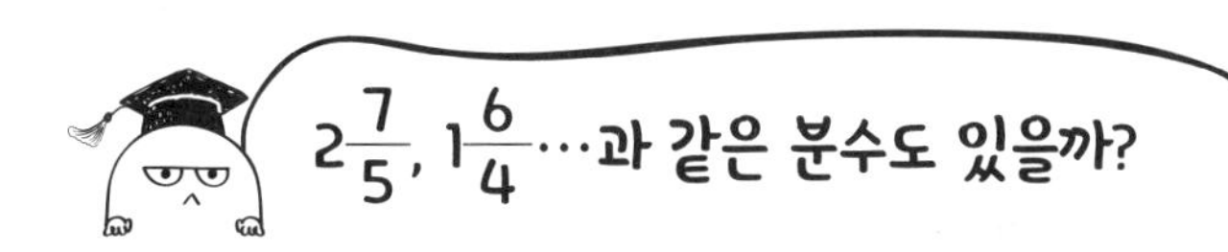

대분수는 (자연수)+(진분수)로 이루어진 수입니다.

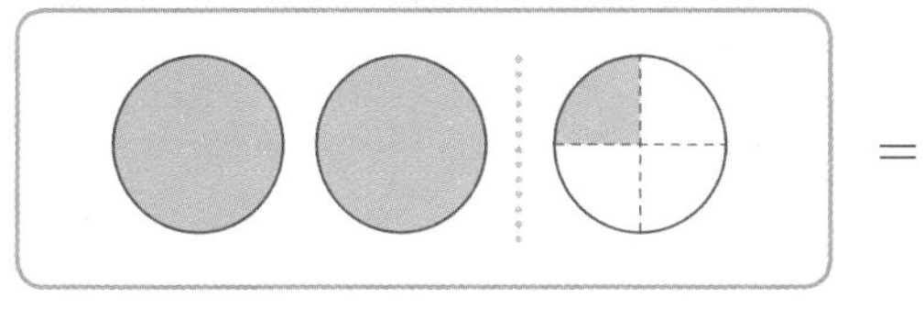

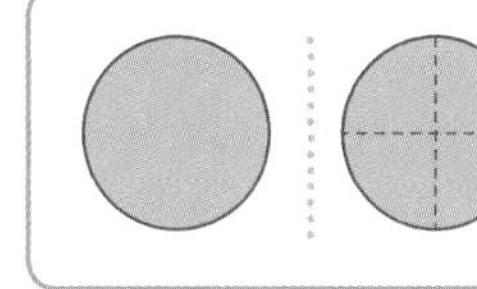

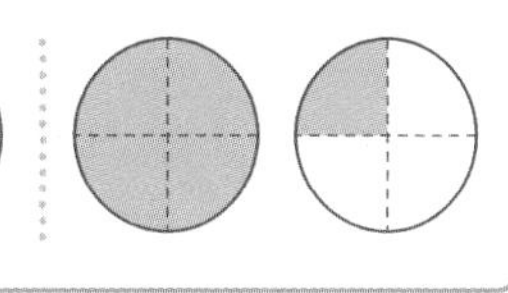

2　　$\frac{1}{4}$　　　　1　　$\frac{4}{4}$　$\frac{1}{4}$

$\frac{\square}{4}$

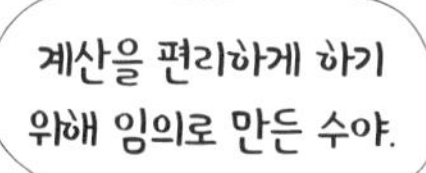

$2\frac{1}{4}-1\frac{3}{4}=1\frac{\square}{4}-1\frac{3}{4}=(1-1)+(\frac{\square}{4}-\frac{3}{4})=\frac{\square}{4}$

개념 완성

발전 문제

1 어떤 수 구하기

1 준비

□ 안에 알맞은 수를 써넣으세요.

$$\frac{12}{13} - \square = \frac{5}{13}$$

2 확인

$\frac{3}{6}$에 어떤 수를 더했더니 $5\frac{1}{6}$이 되었습니다. 어떤 수를 구해 보세요.

(　　　　　　　　)

3 완성

어떤 수에서 $\frac{7}{8}$을 빼야 할 것을 잘못하여 더했더니 $4\frac{5}{8}$가 되었습니다. 바르게 계산하면 얼마일까요?

(　　　　　　　　)

2 □ 안에 들어갈 수 있는 수 구하기

4 준비

1부터 8까지의 수 중에서 □ 안에 들어갈 수 있는 수를 모두 구해 보세요.

$$\frac{8}{9} - \frac{\square}{9} < \frac{4}{9}$$

(　　　　　　　　)

5 확인

계산 결과는 진분수입니다. □ 안에 들어갈 수 있는 자연수는 모두 몇 개일까요?

$$\frac{\square}{15} + \frac{8}{15}$$

(　　　　　　　　)

6 완성

□ 안에 들어갈 수 있는 자연수는 모두 몇 개일까요?

$$1\frac{5}{11} + \frac{\square}{11} < 2$$

(　　　　　　　　)

3 계산 결과가 가장 작은 식 만들기

7 준비

계산 결과가 0이 아닌 가장 작은 값이 되도록 □ 안에 알맞은 수를 써넣으세요.

$$\frac{7}{8}-\frac{\square}{8}=\frac{\square}{8}$$

8 확인

계산 결과가 0이 아닌 가장 작은 값이 되도록 □ 안에 알맞은 수를 써넣고 그 계산 결과를 구해 보세요.

$$1-\frac{\square}{9}$$

(　　　　　　　　)

9 완성

계산 결과가 0이 아닌 가장 작은 값이 되도록 □ 안에 알맞은 수를 써넣고 그 계산 결과를 구해 보세요.

$$4\frac{9}{12}-\square\frac{\square}{12}$$

(　　　　　　　　)

4 시간을 분수로 나타내기

10 준비

□ 안에 알맞은 수를 써넣으세요.

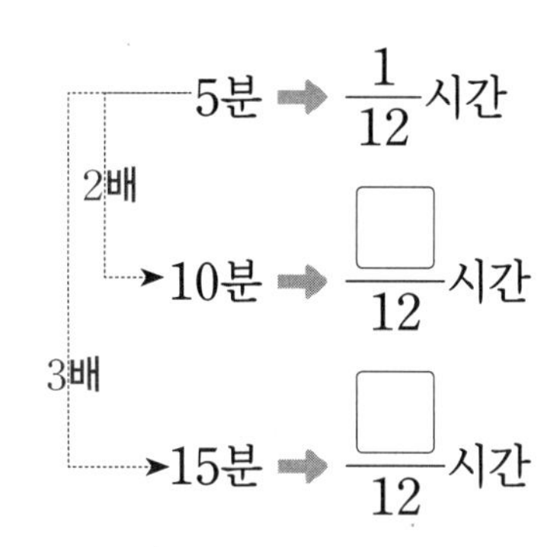

11 확인

□ 안에 알맞은 수를 써넣으세요.

	1	$\frac{7}{12}$ 시
+		$\frac{4}{12}$시간
	1	$\frac{\square}{12}$시

➡ □시 □분

12 완성

수애가 $1\frac{7}{12}$시간 동안 운동을 했더니 오후 5시였습니다. 수애가 운동을 시작한 시각은 몇 시 몇 분일까요?

(　　　　　　　　)

5 조건을 만족하는 수 구하기

13 준비

분모가 4인 진분수를 모두 써 보세요.

(　　　　　　　　　　)

14 확인

분모가 10인 진분수 2개가 있습니다. 합이 $\frac{9}{10}$, 차가 $\frac{3}{10}$인 두 진분수를 구해 보세요.

(　　　　　　　　　　)

15 완성

분모가 6인 가분수 2개가 있습니다. 합이 $2\frac{5}{6}$, 차가 $\frac{1}{6}$인 두 가분수를 구해 보세요.

(　　　　　　　　　　)

6 식을 만족하는 수 구하기

16 준비

대분수끼리의 뺄셈식입니다. 계산 결과가 가장 크게 되도록 □ 안에 알맞은 수를 써넣으세요.

$$7\frac{\square}{9}-5\frac{\square}{9}$$

17 확인

대분수끼리의 덧셈식입니다. ㉠−㉡이 가장 클 때의 값을 구해 보세요.

$$3\frac{㉠}{14}+4\frac{㉡}{14}=7\frac{12}{14}$$

(　　　　　　　　　　)

18 완성

대분수끼리의 뺄셈식입니다. ㉠+㉡이 가장 클 때의 값을 구해 보세요.

$$6\frac{㉠}{11}-2\frac{㉡}{11}=3\frac{8}{11}$$

(　　　　　　　　　　)

단원 평가

점수 | 확인

1 $\frac{4}{7}+\frac{2}{7}$를 그림에 색칠하고 □ 안에 알맞은 수를 써넣으세요.

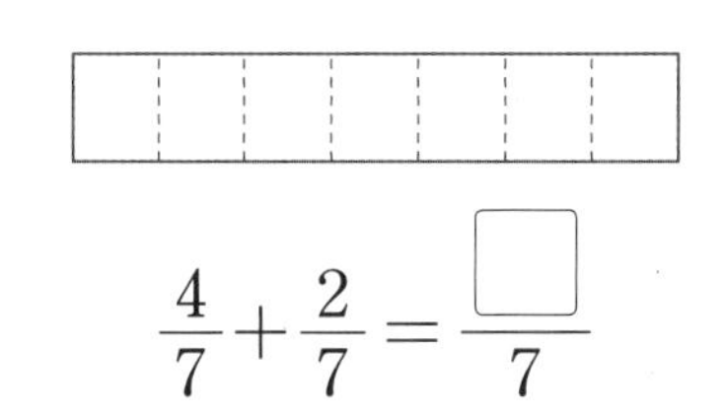

$\frac{4}{7}+\frac{2}{7}=\frac{\square}{7}$

2 수직선을 보고 □ 안에 알맞은 수를 써넣으세요.

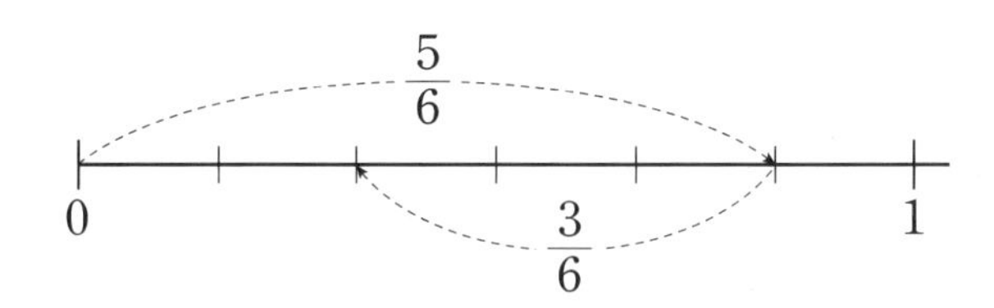

$\frac{5}{6}-\frac{3}{6}=\frac{\square}{6}$

3 계산해 보세요.

(1) $\frac{10}{8}+2\frac{5}{8}$

(2) $2\frac{8}{9}-1\frac{6}{9}$

4 설명하는 수를 구해 보세요.

5보다 $\frac{7}{11}$만큼 더 작은 수

(　　　　　　　　)

5 계산이 잘못된 곳을 찾아 바르게 계산해 보세요.

$\frac{6}{9}+\frac{7}{9}=\frac{6+7}{9+9}=\frac{13}{18}$

↓

$\frac{6}{9}+\frac{7}{9}=$ ....

6 두 분수의 합과 차를 써 보세요.

$\frac{1}{10}$이 42개인 수	$\frac{1}{10}$이 9개인 수

합 (　　　　　　　　)

차 (　　　　　　　　)

7 직사각형에서 가로는 세로보다 몇 cm 더 긴지 구해 보세요.

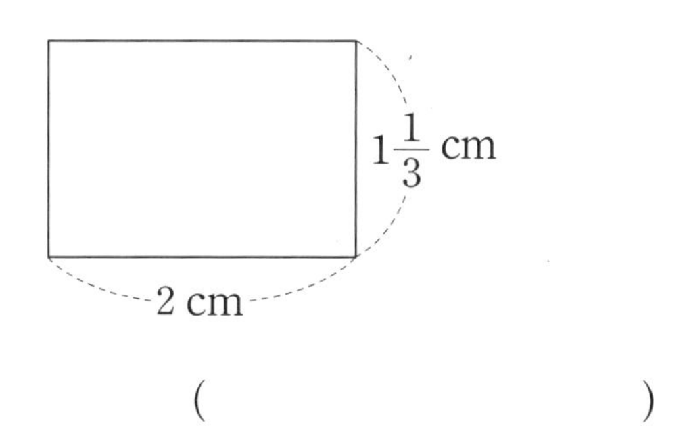

(　　　　　　　　)

8 계산 결과가 5와 6 사이의 수인 식을 찾아 ○표 하세요.

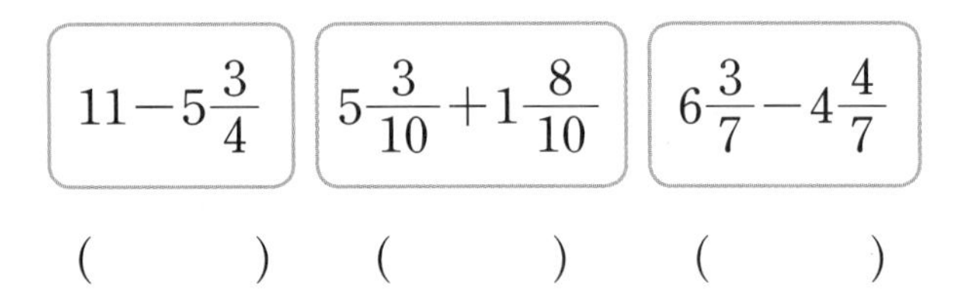

$11-5\frac{3}{4}$　　$5\frac{3}{10}+1\frac{8}{10}$　　$6\frac{3}{7}-4\frac{4}{7}$

(　　　)　(　　　)　(　　　)

9 ○ 안에 >, =, <를 알맞게 써넣으세요.

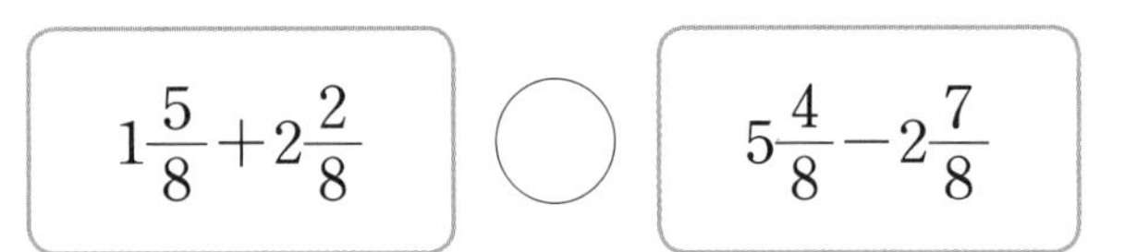

$1\frac{5}{8}+2\frac{2}{8}$ ○ $5\frac{4}{8}-2\frac{7}{8}$

10 가장 큰 수와 가장 작은 수의 차는 얼마일까요?

$1\frac{5}{9}$　　$\frac{7}{9}$　　$\frac{26}{9}$

(　　　　　　)

11 □ 안에 알맞은 수를 써넣으세요.

$\square+3\frac{8}{11}=5\frac{6}{11}$

12 수직선에서 ㉠, ㉡이 나타내는 분수의 합을 구해 보세요.

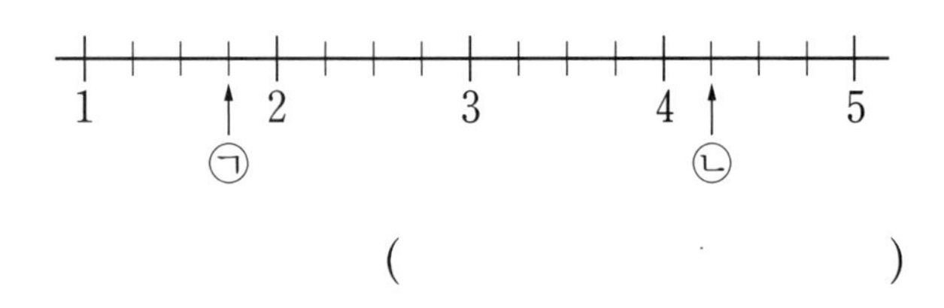

(　　　　　　)

13 보기 와 같이 계산 결과가 $\frac{4}{13}$인 뺄셈식을 써 보세요.

보기

$\frac{12}{13}-\frac{8}{13}=\frac{4}{13}$

식 ....

14 ㉠에 알맞은 수를 구해 보세요.

$1\frac{3}{7}+4\frac{5}{7}=㉠+2\frac{2}{7}$

(　　　　　　)

15 같은 모양은 같은 수를 나타냅니다. ● 모양에 알맞은 수를 구해 보세요.

$●+●+●=3\frac{3}{8}$

(　　　　　　)

16 어떤 수에서 $\frac{8}{15}$을 빼야 할 것을 잘못하여 더했더니 $2\frac{2}{15}$가 되었습니다. 바르게 계산하면 얼마일까요?

(　　　　　　　　　)

17 창현이가 $2\frac{3}{12}$시간 동안 공부를 했더니 오후 4시가 되었습니다. 창현이가 공부를 시작한 시각은 몇 시 몇 분일까요?

(　　　　　　　　　)

18 계산 결과가 0이 아닌 가장 작은 값이 되도록 □ 안에 알맞은 수를 써넣고 그 계산 결과를 구해 보세요.

$$3\frac{6}{11}-\square\frac{\square}{11}$$

(　　　　　　　　　)

정답과 풀이 6쪽

술술 서술형

19 □ 안에 알맞은 수를 구하려고 합니다. 풀이 과정을 쓰고 답을 구해 보세요.

$$\frac{9}{10}=\frac{6}{10}+\frac{\square}{10}$$

풀이

답

20 대분수끼리의 덧셈식입니다. ㉠－㉡이 가장 클 때의 값을 구하려고 합니다. 풀이 과정을 쓰고 답을 구해 보세요.

$$2\frac{㉠}{14}+5\frac{㉡}{14}=8\frac{3}{14}$$

풀이

답

2 삼각형

나는 두(이) 개의 같은(등) 변이 있는지 볼게!

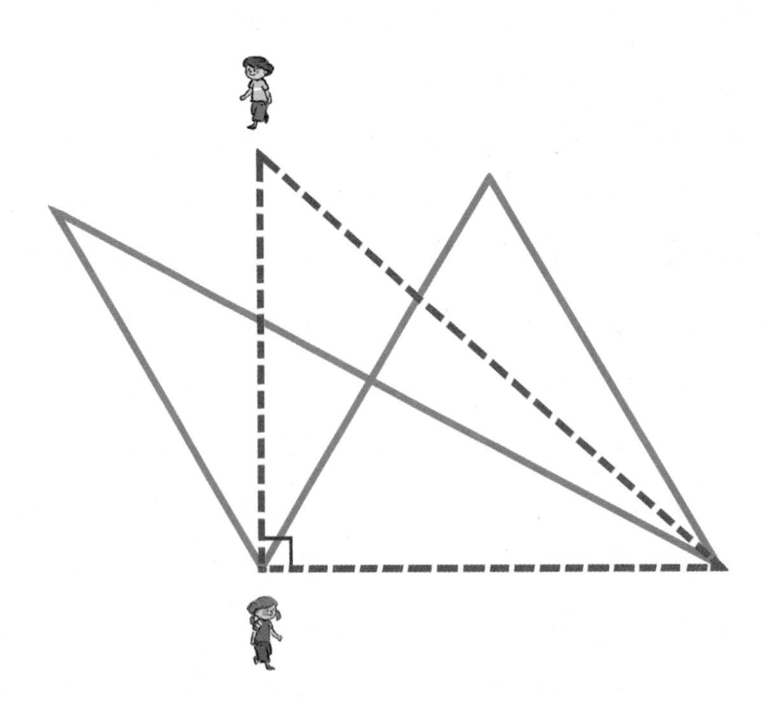

그럼 나는 각의 크기가 직각보다

예리한지(예각), 둔한지(둔각)를 볼게!

변의 길이와 각의 크기에 따라 삼각형을 나눌 수 있어!

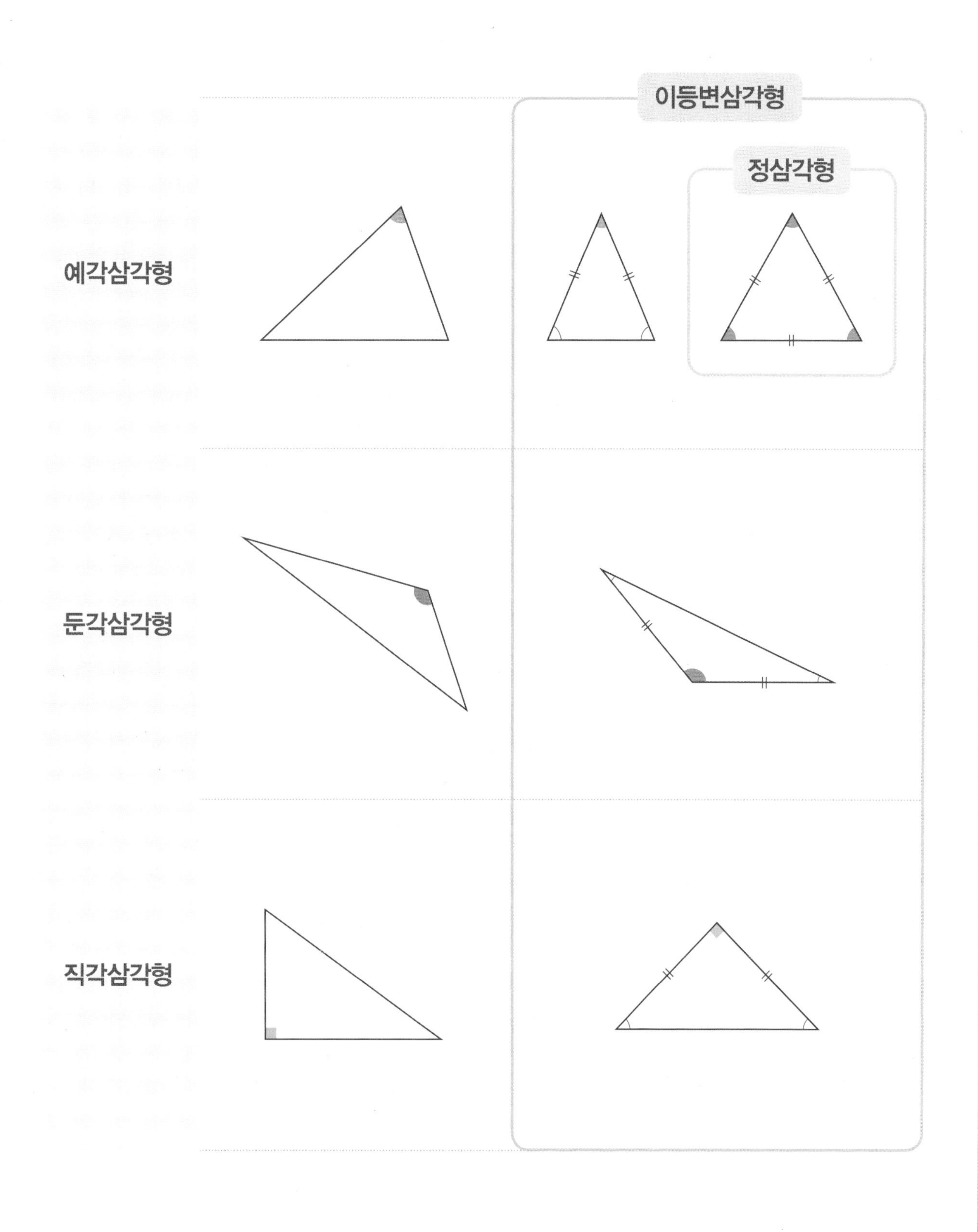

1 변의 길이에 따라 삼각형의 이름이 정해져.

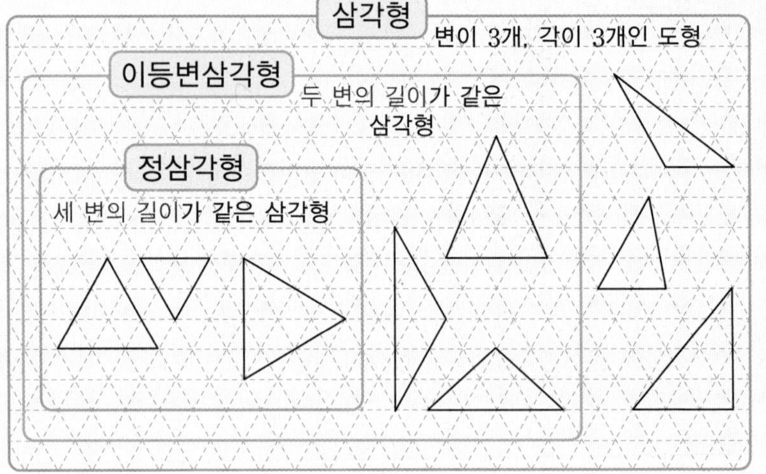

1 삼각형을 보고 ☐ 안에 알맞은 수나 기호를 써넣으세요.

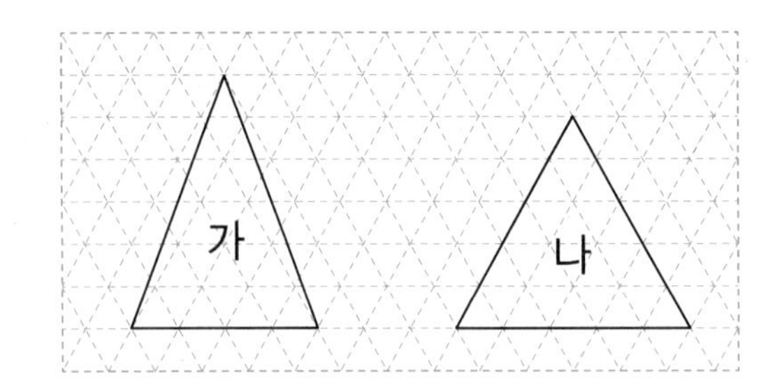

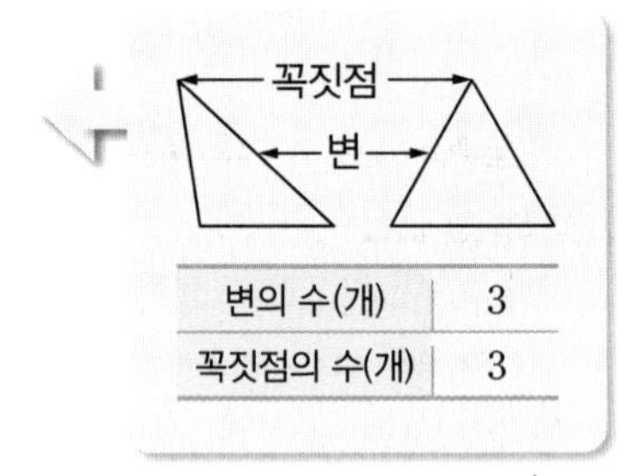

변의 수(개)	3
꼭짓점의 수(개)	3

(1) 가에서 길이가 같은 변은 ☐개입니다.

나에서 길이가 같은 변은 ☐개입니다.

(2) 두 변의 길이가 같은 이등변삼각형은 ☐, ☐입니다.

세 변의 길이가 같은 정삼각형은 ☐입니다.

2 세 변의 길이를 비교하여 알맞게 이어 보세요.

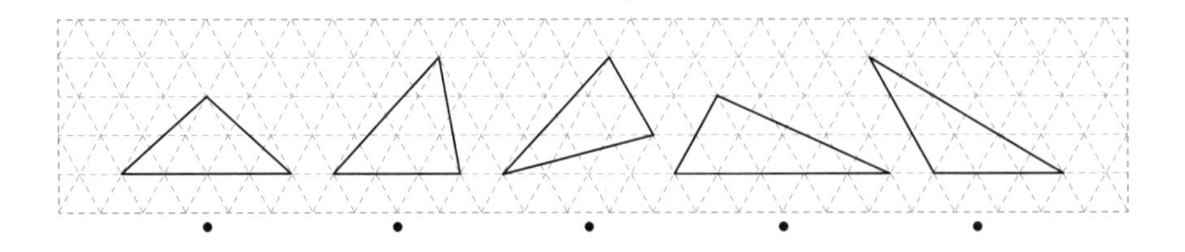

세 변의 길이가 모두 다른 삼각형

두 변의 길이가 같은 삼각형

정답과 풀이 8쪽

2 두 각의 크기가 같은 삼각형은 이등변삼각형이야.

● 이등변삼각형의 성질

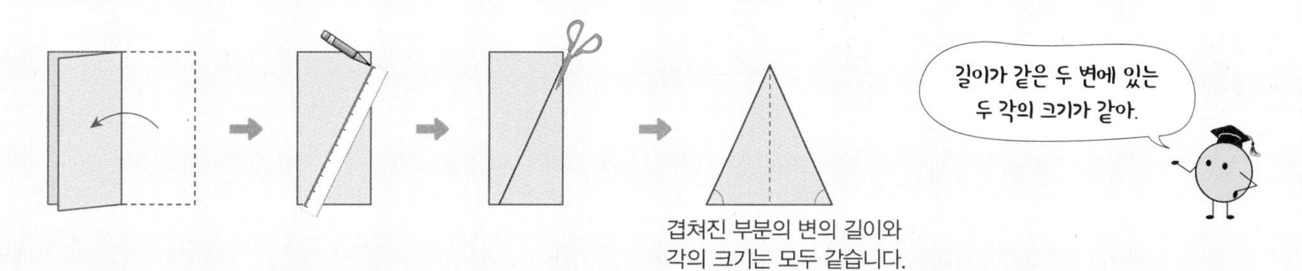

겹쳐진 부분의 변의 길이와 각의 크기는 모두 같습니다.

● 자로 이등변삼각형 그리기

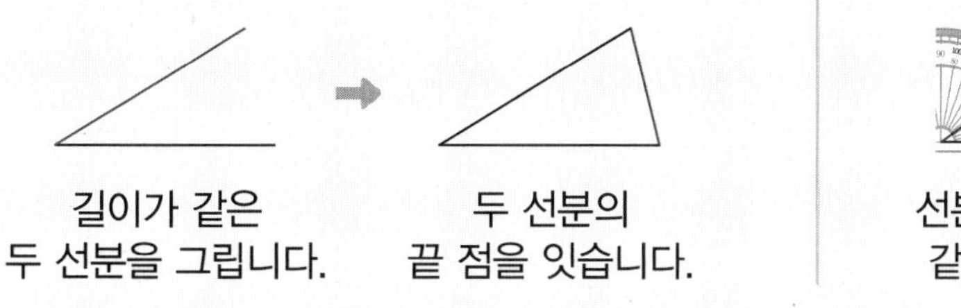

길이가 같은 두 선분을 그립니다. → 두 선분의 끝 점을 잇습니다.

● 각도기로 이등변삼각형 그리기

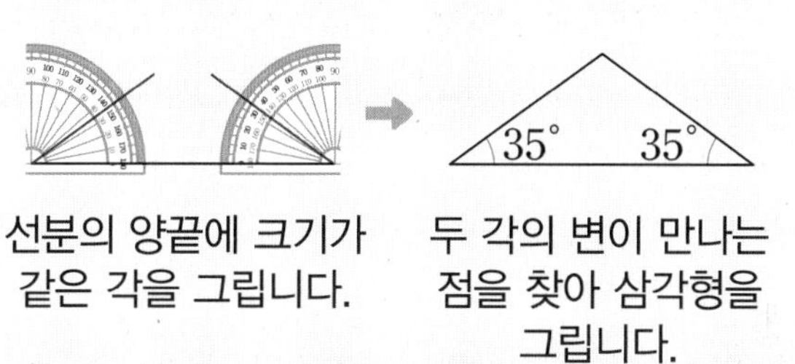

선분의 양끝에 크기가 같은 각을 그립니다. → 두 각의 변이 만나는 점을 찾아 삼각형을 그립니다.

1 색종이로 이등변삼각형을 만들었습니다. 알맞은 말에 ○표 하세요.

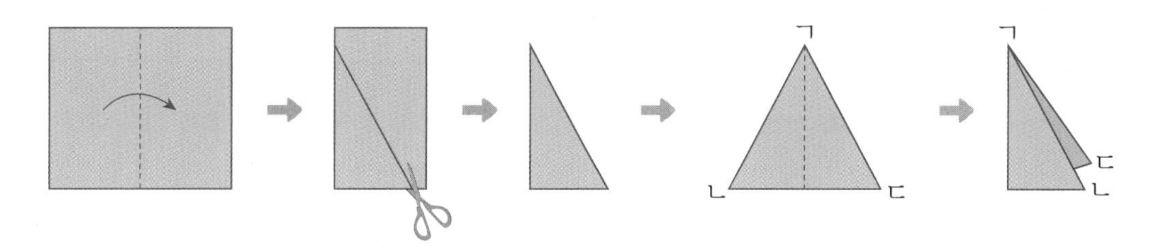

(1) 펼친 삼각형 ㄱㄴㄷ을 다시 반으로 접으면 완전히 (겹쳐집니다 , 겹쳐지지 않습니다).

(2) 변 ㄱㄴ과 변 ㄱㄷ의 길이는 서로 (같습니다 , 다릅니다).

(3) 각 ㄱㄴㄷ과 각 ㄱㄷㄴ의 크기는 서로 (같습니다 , 다릅니다).

2 이등변삼각형입니다. 크기가 같은 두 각을 찾아 ○표 하세요.

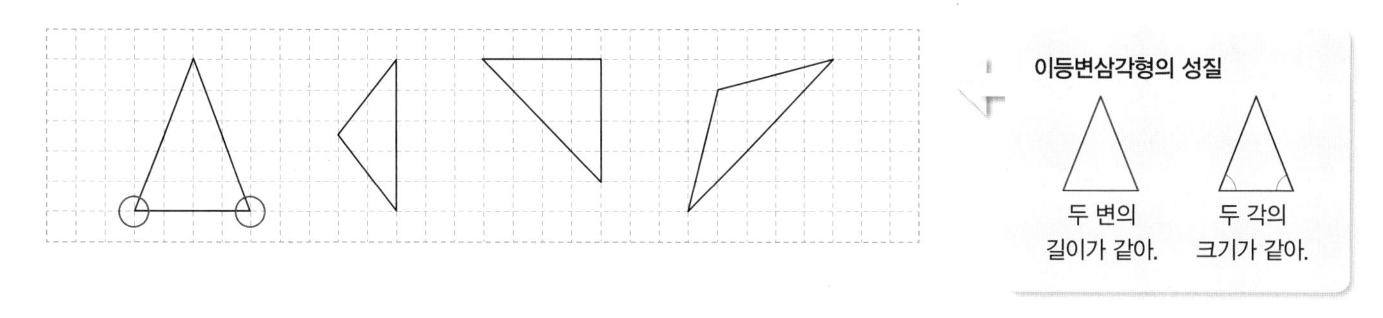

이등변삼각형의 성질

두 변의 길이가 같아. / 두 각의 크기가 같아.

3 세 각의 크기가 같은 삼각형은 정삼각형이야.

● 정삼각형의 성질

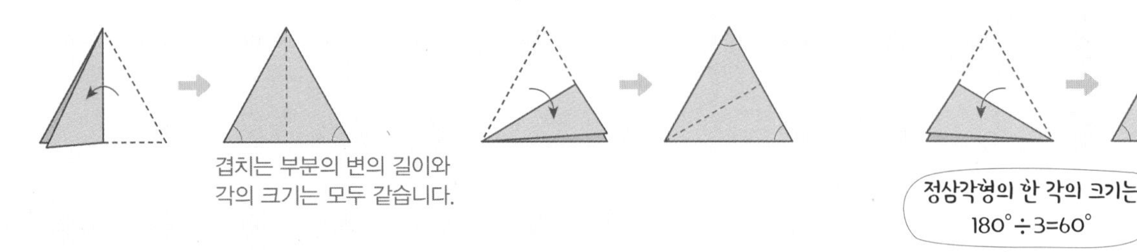

● 컴퍼스로 정삼각형 그리기

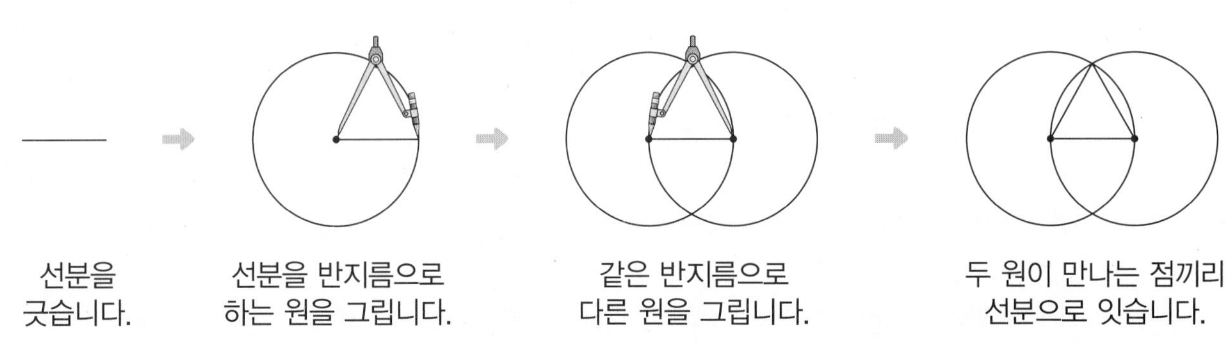

1 정삼각형 모양의 종이를 여러 번 접었다 펼쳤습니다. 알맞은 말에 ○표 하세요.

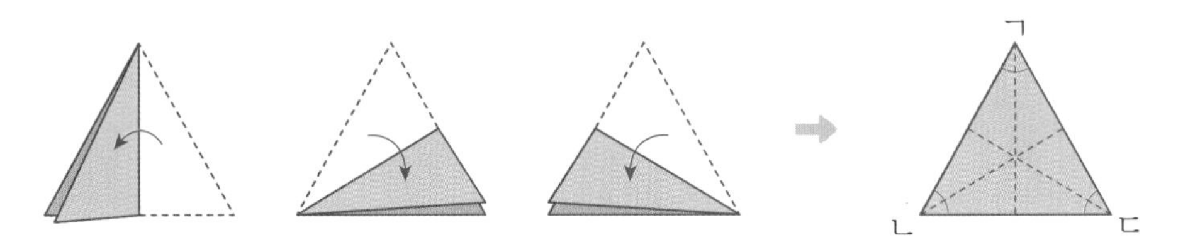

(1) 각 ㄱㄴㄷ과 각 ㄱㄷㄴ의 크기는 서로 (같습니다 , 다릅니다).

(2) 각 ㄴㄱㄷ과 각 ㄴㄷㄱ의 크기는 서로 (같습니다 , 다릅니다).

(3) 각 ㄷㄱㄴ과 각 ㄷㄴㄱ의 크기는 서로 (같습니다 , 다릅니다).

2 정삼각형입니다. 자와 각도기를 이용하여 □ 안에 알맞은 수를 써넣으세요.

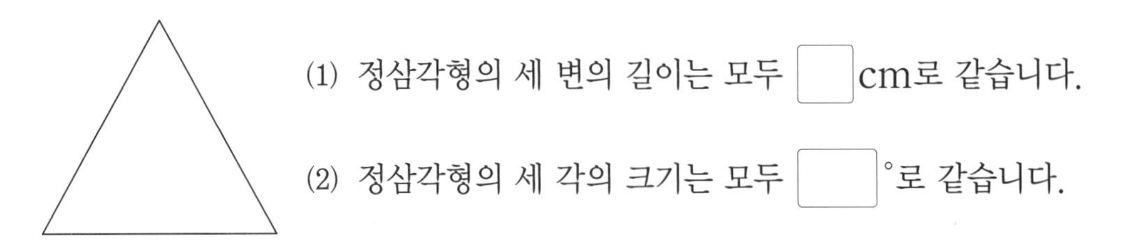

(1) 정삼각형의 세 변의 길이는 모두 □cm로 같습니다.

(2) 정삼각형의 세 각의 크기는 모두 □°로 같습니다.

정답과 풀이 8쪽

4 각의 크기에 따라 삼각형의 이름이 정해져.

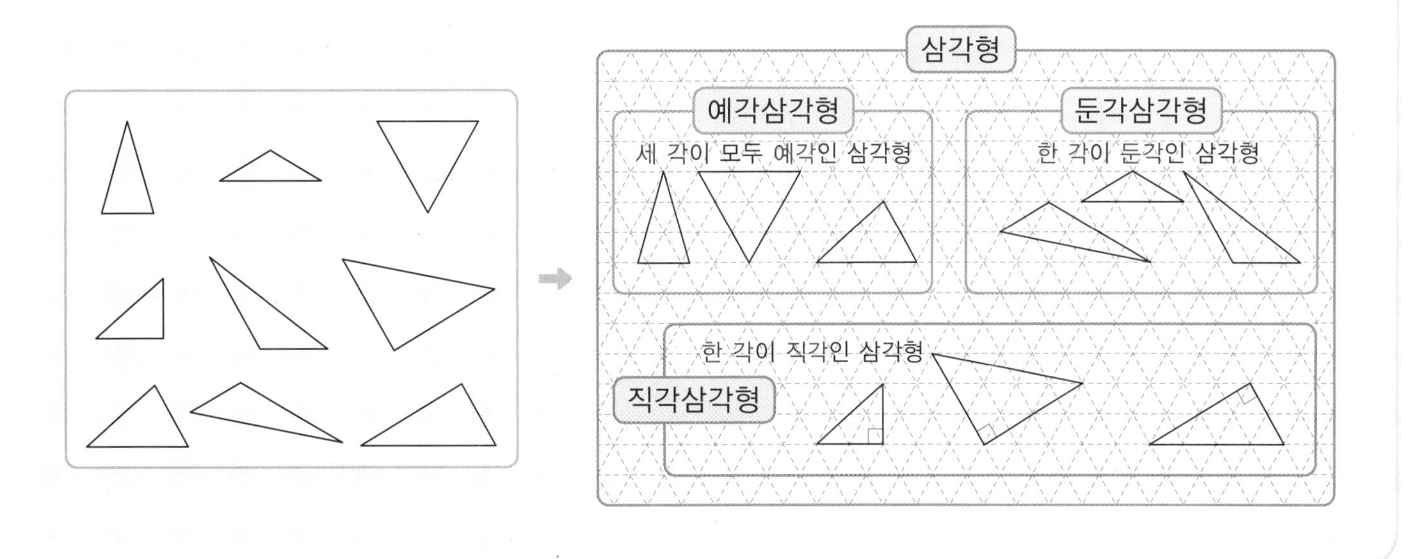

1 삼각형을 보고 □ 안에 알맞은 기호를 써넣으세요.

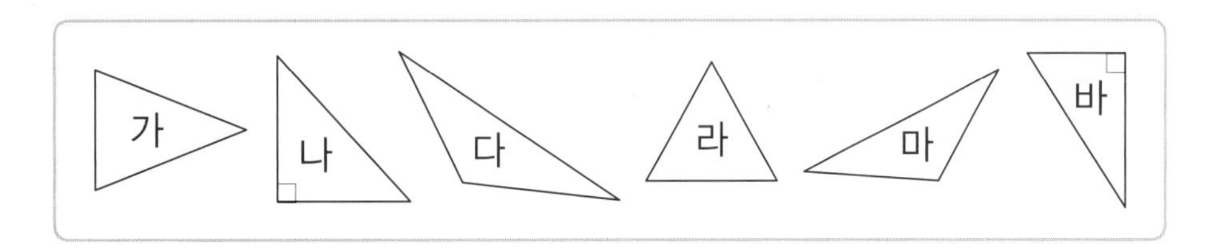

(1) 세 각이 모두 예각인 삼각형은 □, □로 예각삼각형이라고 합니다.

(2) 한 각이 직각인 삼각형은 □, □로 직각삼각형이라고 합니다.

(3) 한 각이 둔각인 삼각형은 □, □로 둔각삼각형이라고 합니다.

2 각 삼각형에서 예각에 □표, 둔각에 △표를 하고, 알맞은 말에 ○표 하세요.

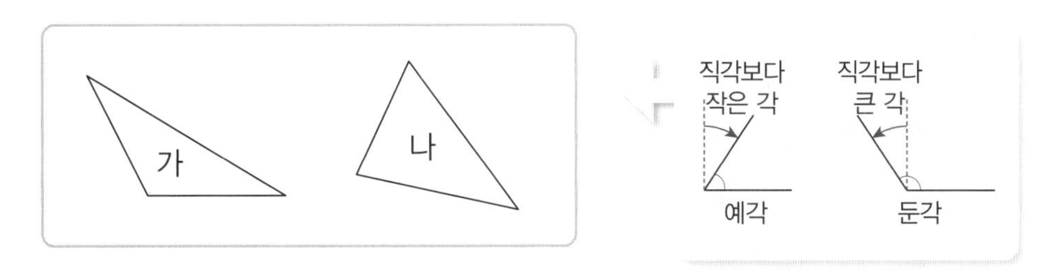

(1) 가는 (한 , 두 , 세)각이 둔각이므로 (예각삼각형 , 둔각삼각형)입니다.

(2) 나는 (한 , 두 , 세)각이 예각이므로 (예각삼각형 , 둔각삼각형)입니다.

5 각의 크기와 변의 길이로 삼각형을 분류해.

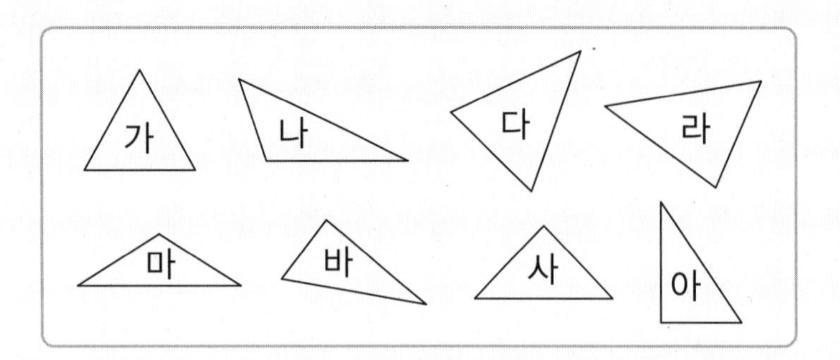

정삼각형은 예각삼각형,
이등변삼각형은 각의 크기에 따라
모든 삼각형이 될 수 있어!

	예각삼각형	둔각삼각형	직각삼각형
정삼각형	가		
이등변삼각형	가, 다	마	사
세 변의 길이가 모두 다른 삼각형	라	나	바, 아

1 삼각형을 분류하려고 합니다. 빈칸에 알맞은 기호를 써넣으세요.

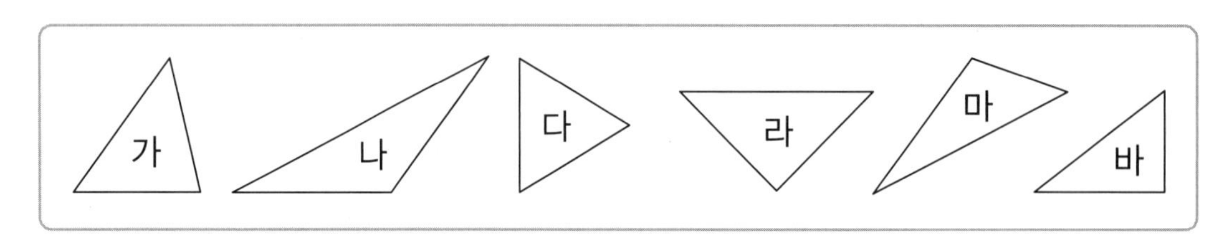

(1) 변의 길이에 따라 ➡

세 변의 길이가 모두 다른 삼각형	이등변삼각형	정삼각형

(2) 각의 크기에 따라 ➡

예각삼각형	직각삼각형	둔각삼각형

(3) 변의 길이와 각의 크기에 따라 ➡

	예각삼각형	직각삼각형	둔각삼각형
정삼각형			
이등변삼각형			
세 변의 길이가 모두 다른 삼각형			

2 □ 안에 알맞은 삼각형의 이름을 써넣으세요.

(1)

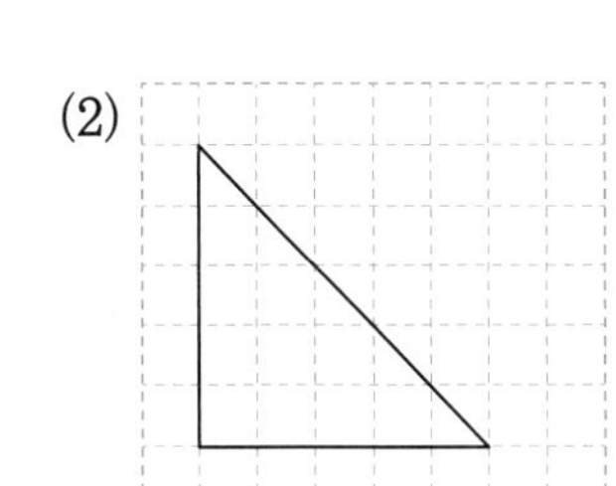

- 세 변의 길이가 같으므로 □ 입니다.
- 예각이 3개 있으므로 □ 입니다.
- 두 각의 크기가 같으므로 □ 입니다.

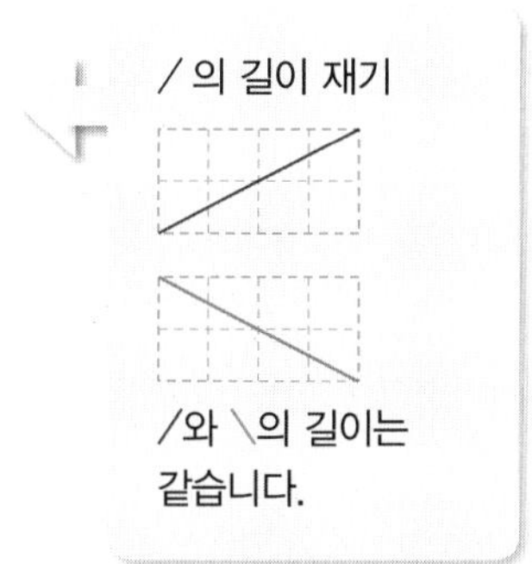

(2)

- 두 변의 길이가 같으므로 □ 입니다.
- 직각이 있으므로 □ 입니다.
- 두 각의 크기가 같으므로 □ 입니다.

3 삼각형을 보고 알맞은 것끼리 이어 보세요.

이등변삼각형 •

정삼각형 •

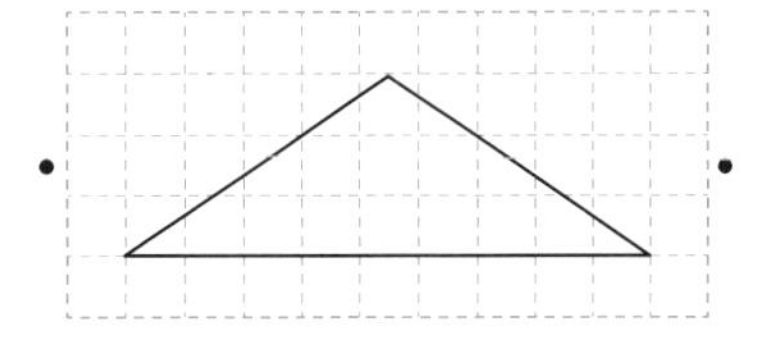

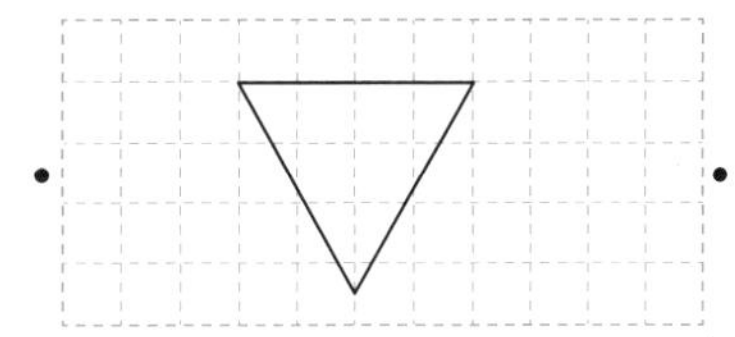

• 예각삼각형

• 둔각삼각형

• 직각삼각형

4 보기 에서 설명하는 도형을 찾아 기호를 써 보세요.

보기
- 두 변의 길이가 같습니다.
- 두 각만 예각입니다.

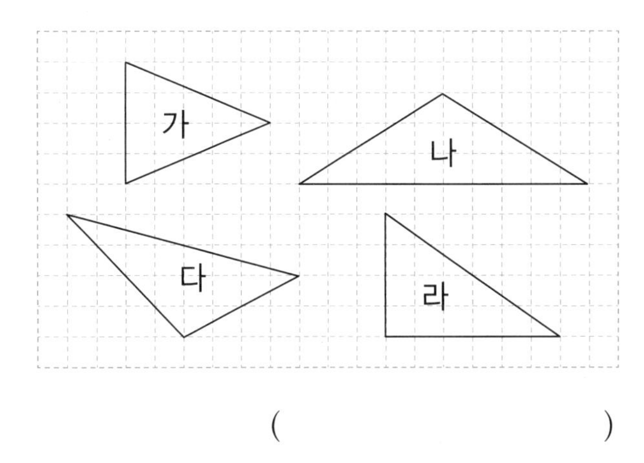

(　　　　　　　　)

2

개념 적용

1 변의 길이에 따라 삼각형 분류하기

1 삼각형을 변의 길이에 따라 분류하고, 삼각형의 이름을 써 보세요.

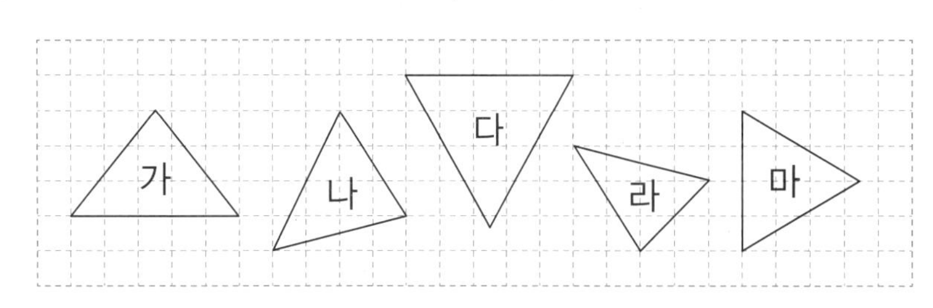

	두 변의 길이가 같은 삼각형	세 변의 길이가 같은 삼각형
기호		
이름		

▶ 세 변의 길이가 같은 삼각형

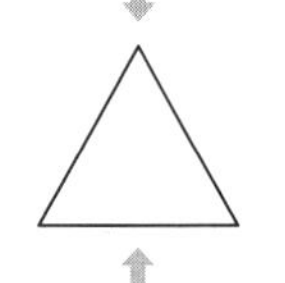

두 변의 길이가 같은 삼각형

2 생활 주변에서 볼 수 있는 삼각형 모양입니다. 정삼각형 모양을 모두 찾아 ○표 하세요.

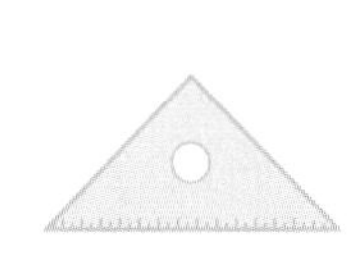

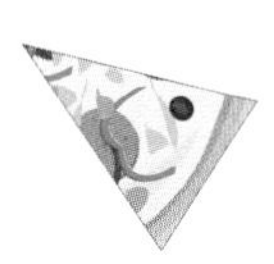

( ) ( ) ( ) ( )

➕ 변의 길이와 각의 크기가 모두 같은 도형을 모두 찾아 ○표 하세요.

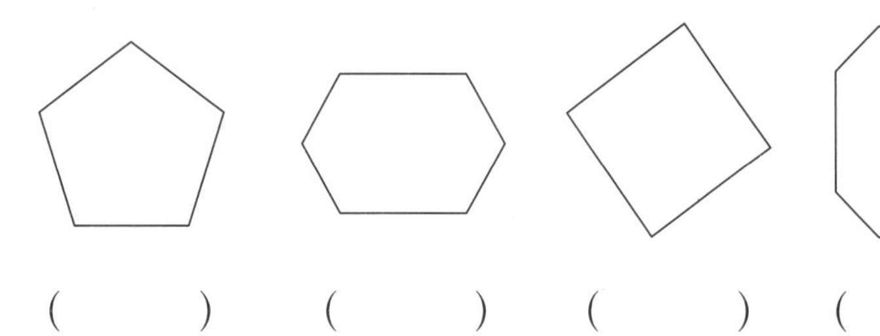

( ) ( ) ( ) ( )

정다각형 알아보기

정다각형: 변의 길이가 모두 같고 각의 크기가 모두 같은 다각형

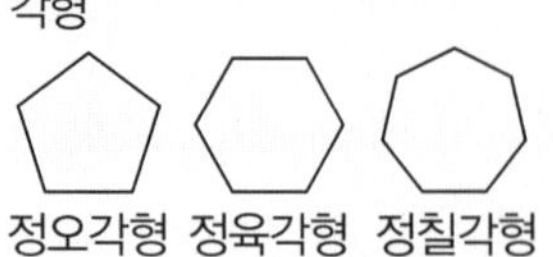

정오각형 정육각형 정칠각형

3 주어진 막대를 세 변으로 하는 이등변삼각형을 만들려고 합니다. 이등변삼각형을 만들 수 있는 막대 묶음의 기호를 써 보세요.

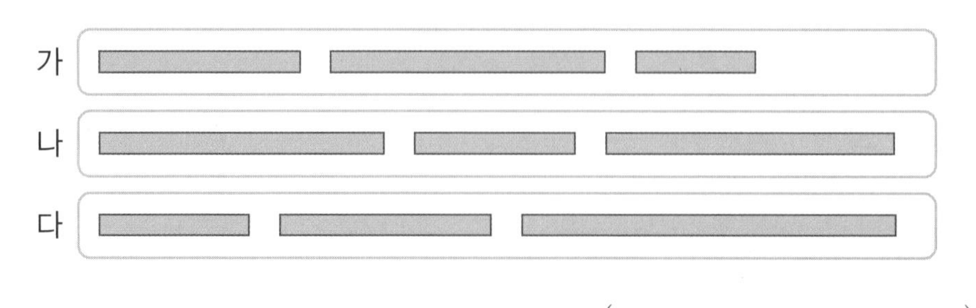

( )

▶

이등변삼각형
= 두 변의 길이가 같은 삼각형

4 프랑스의 미요대교는 연결 부분이 이등변삼각형이고 총 길이는 2460 m, 폭 32 m, 최고 높이 343 m로 지어졌습니다. 오른쪽 그림은 미요대교의 일부분을 앞에서 보았을 때의 모양입니다. □ 안에 알맞은 수를 써넣으세요.

▶ 미요대교는 차량용 다리로 옆모습은 아름다운 삼각형 모양으로 세계의 10대 대교로 뽑히기도 했어.

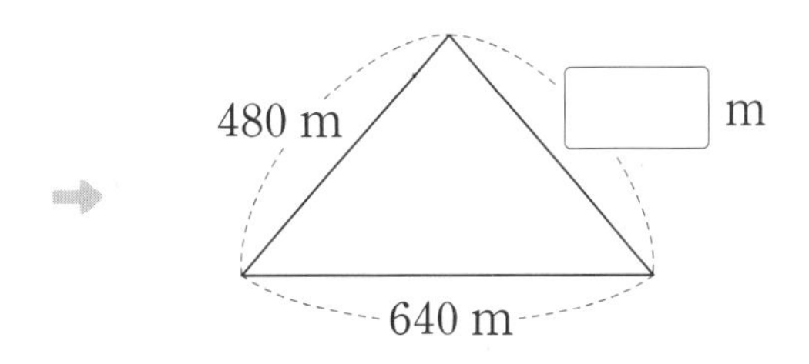

내가 만드는 문제

5 정삼각형 안에 이등변삼각형이 있도록 그려 보세요.

▶ 

나는 세 변의 길이가 같은 이등변삼각형(정삼각형)이야.

이등변삼각형은 정삼각형이라고 할 수 있을까?

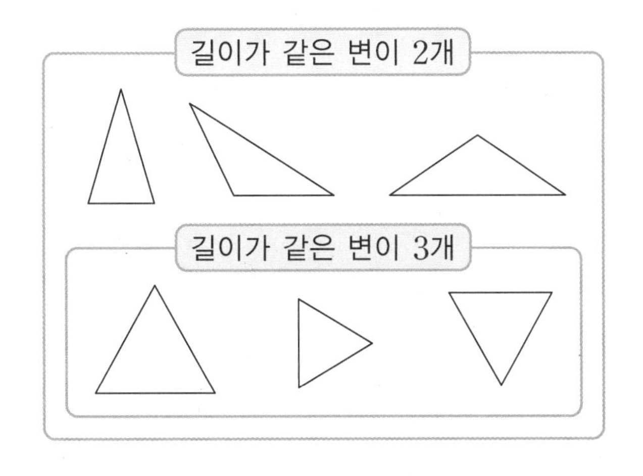

➡ 정삼각형은 이등변삼각형(이) (입니다 , 아닙니다).
이등변삼각형은 정삼각형(이) (입니다 , 아닙니다).

6 이등변삼각형입니다. □ 안에 알맞은 수를 써넣으세요.

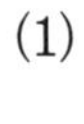

(1)

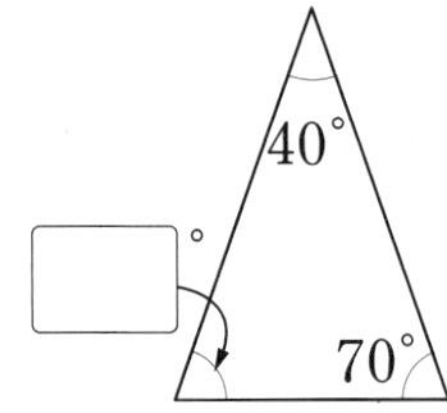

(2)

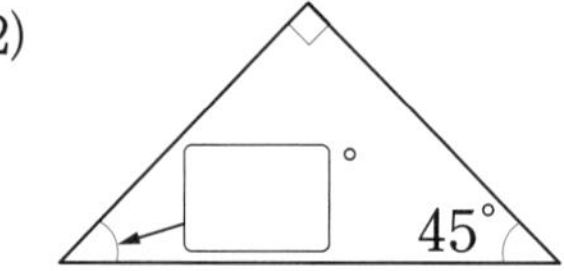

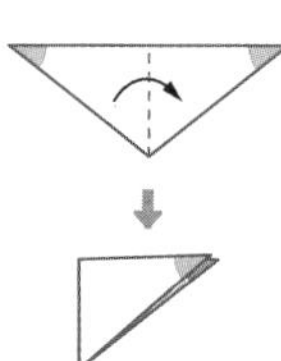

겹쳐져.

7 직각삼각형을 거울에 비치면 전체 모양은 어떤 삼각형이 되는지 써 보세요.

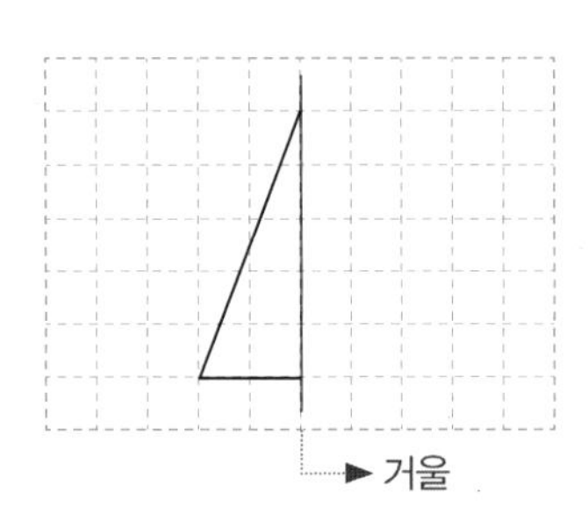

(　　　　　　　　　　)

▶ 거울에 비친 모양은 종이를 접어서 펼친 모양과 같아.

5학년 2학기 때 만나!

대칭축 알아보기

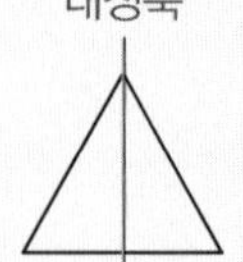

한 직선을 따라 접어서 완전히 겹치는 도형에서 한 직선을 대칭축이라고 합니다.

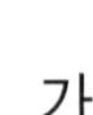 빨간 직선을 따라 접었을 때 도형이 완전히 겹쳐지지 않는 것을 찾아 기호를 써 보세요.

가

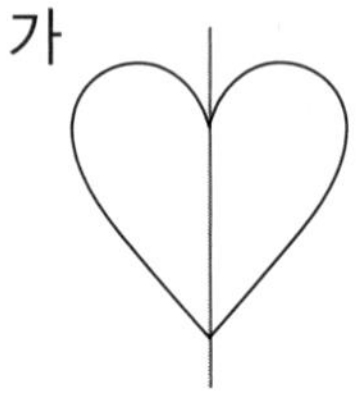

나 다

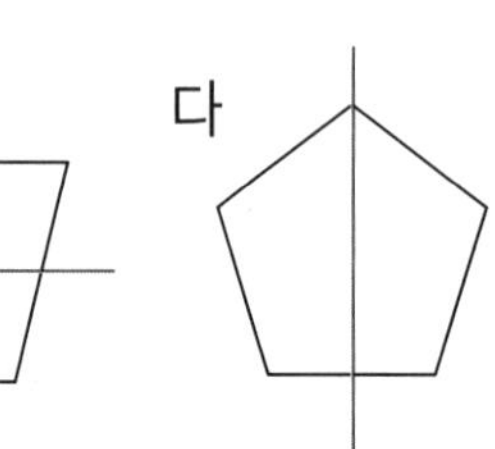

라

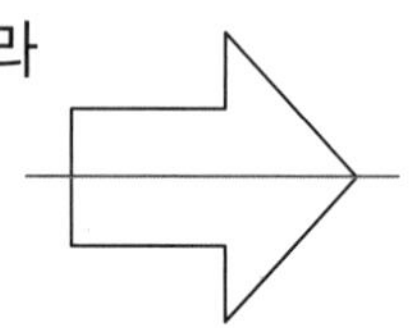

(　　　　　　　　　　)

8 이등변삼각형입니다. 세 변의 길이의 합은 몇 cm일까요?

(1)

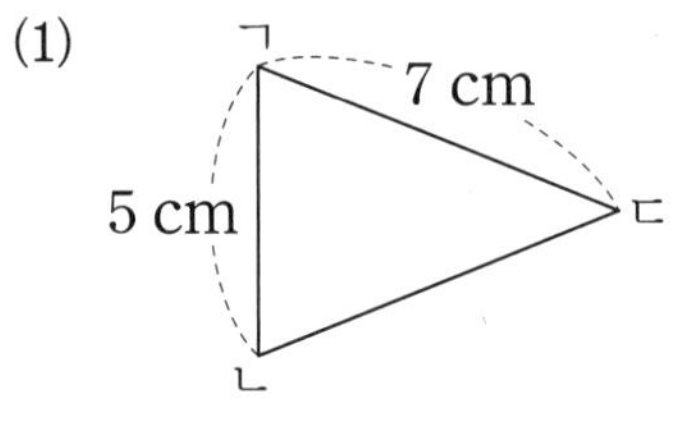

(2)

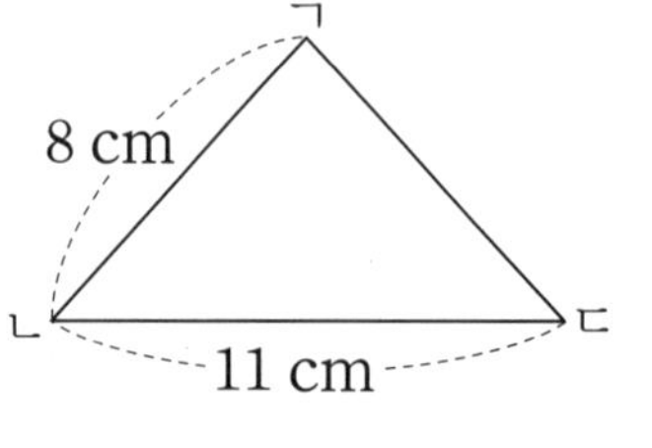

(　　　　　　　　　　)　(　　　　　　　　　　)

9 도형 안에 선 2개를 그어 이등변삼각형을 만들어 보세요.

(1) (2)

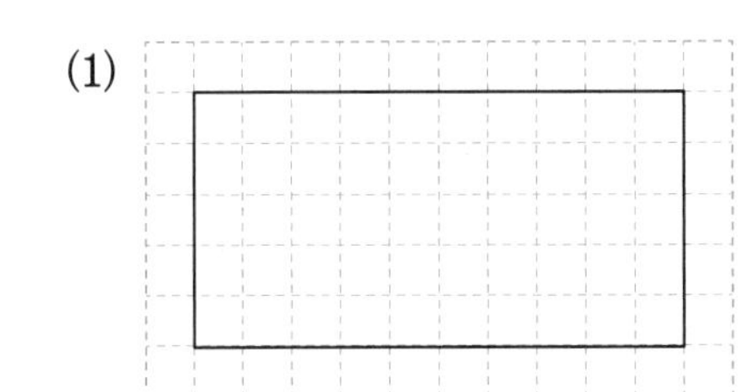

10 삼각형의 세 각 중 두 각을 나타낸 것입니다. 이등변삼각형을 모두 찾아 기호를 써 보세요.

㉠ 30°, 30°　　㉡ 60°, 20°

㉢ 100°, 40°　　㉣ 115°, 25°

(　　　　　　　　)

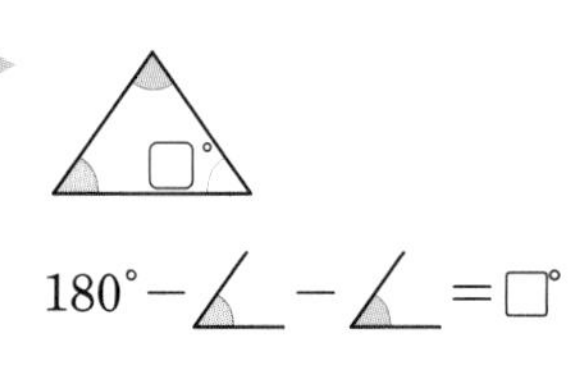

11 주어진 선분을 한 변으로 하는 서로 다른 모양의 이등변삼각형 2개를 각각 그려 보세요.

▸ 이등변삼각형은 두 변의 길이가 같아.

이등변삼각형에서 두 변의 길이를 알 때, 남은 한 변의 길이는?

• 3 cm, 5 cm가 주어졌을 때

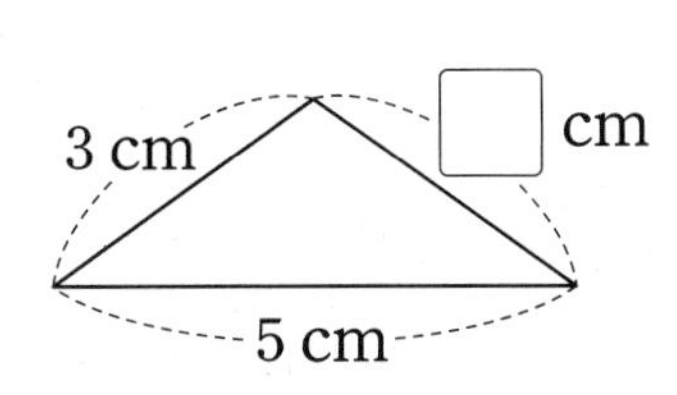

3 cm　□ cm　5 cm

➡ 이등변삼각형은 두 변의 길이가 같기 때문에
나머지 한 변의 길이는 3 cm 또는 5 cm가 될 수 있습니다.

12 정삼각형으로 바꾸어 그리려고 합니다. 점 ㄱ을 어느 점으로 옮겨 그려야 할까요? (   )

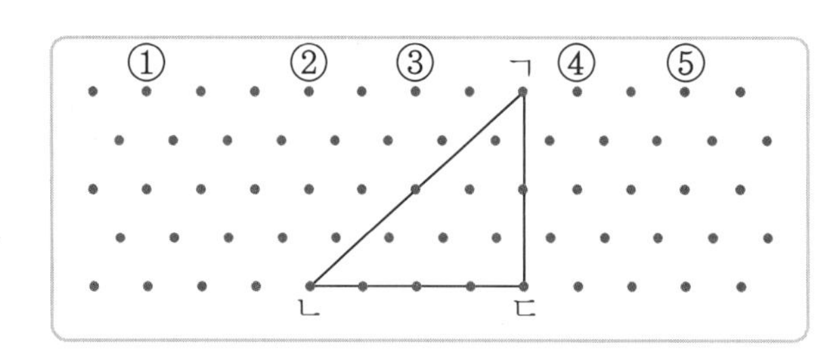

13 정삼각형과 이등변삼각형의 관계를 잘못 설명한 사람의 이름을 써 보세요.

▶ 세 변의 길이가 같으면 두 변의 길이도 같겠지?

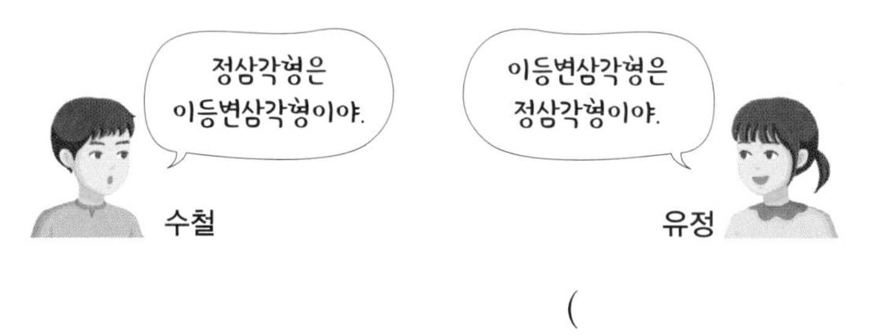

(   )

14 정삼각형으로 만든 모양입니다. □ 안에 알맞은 수를 써넣으세요.

▶ 180°

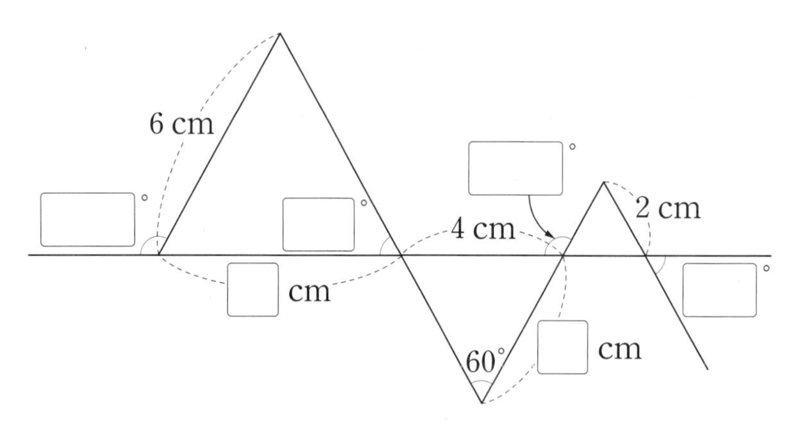

15 정삼각형입니다. 세 변의 길이의 합은 몇 cm일까요?

▶ 정삼각형은 한 변의 길이만 알아도 나머지 두 변의 길이를 알 수 있어.

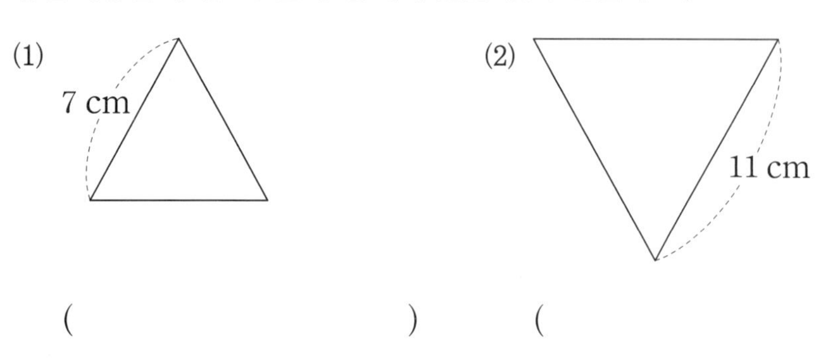

(   )   (   )

16 주어진 삼각형보다 크기가 큰 정삼각형과 작은 정삼각형을 각각 하나씩 그려 보세요.

▶ 모든 정삼각형의 각의 크기는 같지만 변의 길이는 달라.

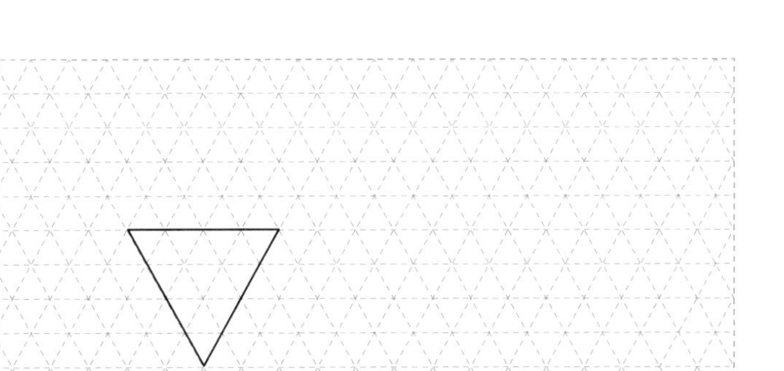

 내가 만드는 문제

17 자유롭게 삼각형을 여러 개 그리고, 만든 삼각형 중 정삼각형은 몇 개인지 써 보세요.

▶ 정삼각형을 반으로 접으면 각이 완전히 포개어져.

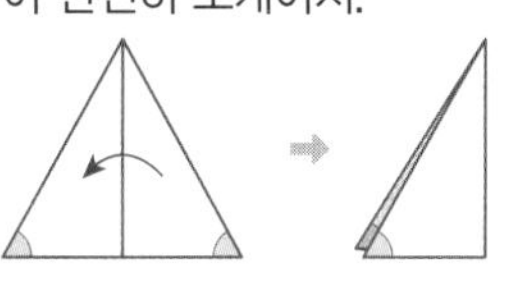

( )

정삼각형을 그리는 방법은?

점판 간격이 3칸인 점들을 이어 정삼각형을 그려 보세요.

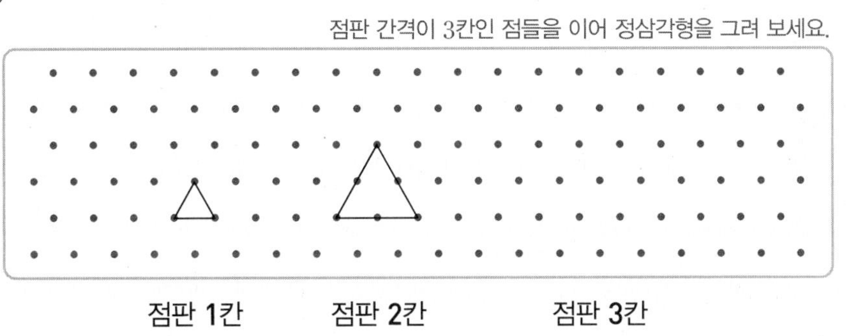

점판 1칸 점판 2칸 점판 3칸

같은 칸 수만큼 떨어진 세 점을 연결해 봐.

4 각의 크기에 따라 삼각형 분류하기

18 각의 크기에 따라 삼각형을 분류해 보세요.

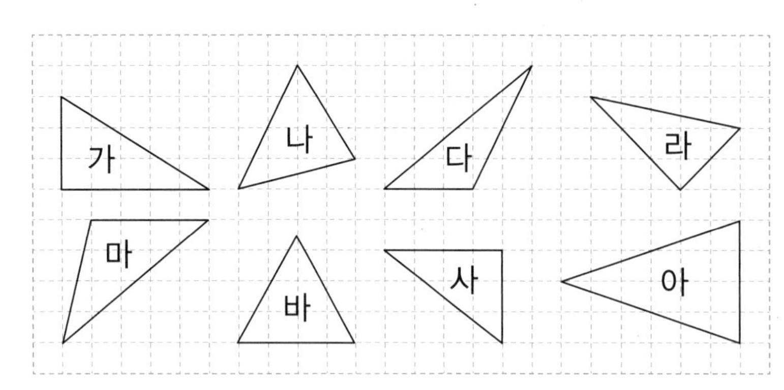

예각삼각형	직각삼각형	둔각삼각형

▶ 삼각형에 따른 각의 수

예각삼각형	예각 3개
직각삼각형	직각 1개 예각 2개
둔각삼각형	둔각 1개 예각 2개

19 예각삼각형을 그리려고 합니다. 점 ㄴ과 점 ㄷ을 어느 점과 이어야 할까요? (　　　)

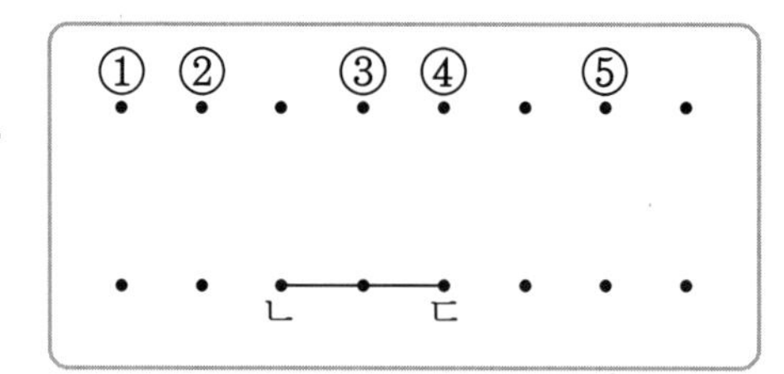

▶ ①~⑤ 중 하나를 점 ㄱ으로 정해 삼각형 ㄱㄴㄷ을 그려 봐.

20 □ 안에 알맞은 수를 써넣으세요.

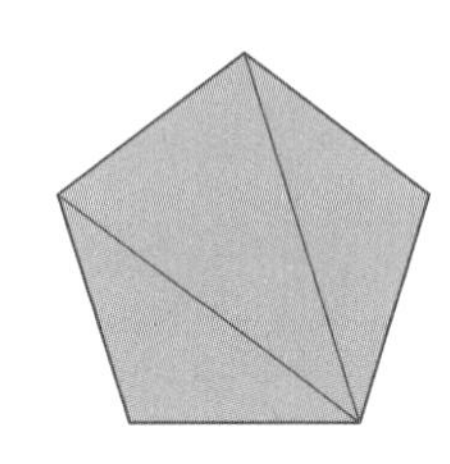

그림과 같이 오각형의 꼭짓점을 이었더니 예각삼각형이 □개, 둔각삼각형이 □개 생겼어.

➕ 빨간 점과 이웃하지 않는 꼭짓점끼리 선분을 모두 그어 보세요.

(1)

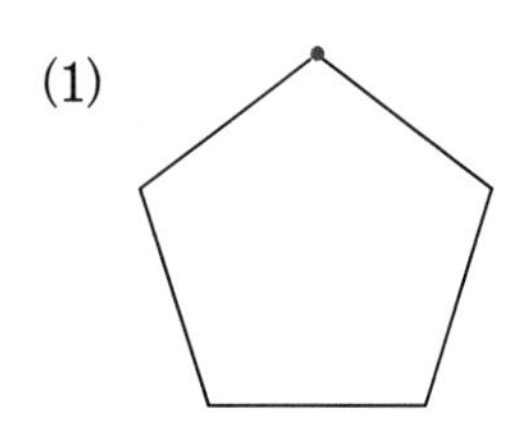

(2)

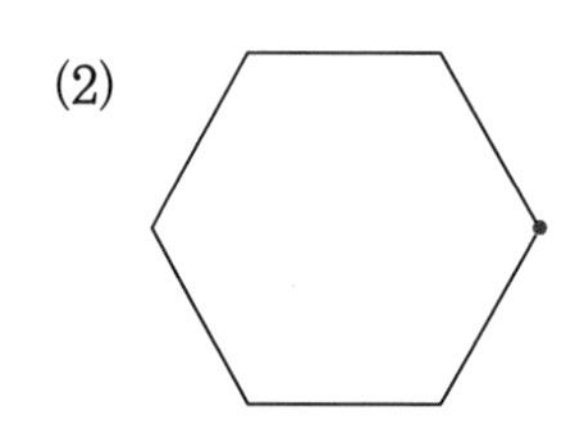

대각선 알아보기

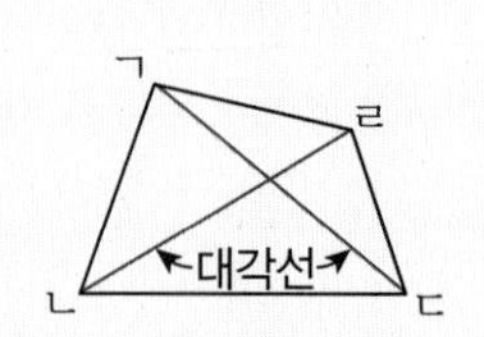

대각선: 다각형에서 선분 ㄱㄷ, 선분 ㄴㄹ과 같이 이웃하지 않는 두 꼭짓점을 이은 선분

*다각형: 선분으로만 둘러싸인 도형

21 원 위에 일정한 간격으로 점을 찍었습니다. 원 위의 세 점을 연결하여 예각삼각형과 둔각삼각형을 각각 하나씩 그려 보세요.

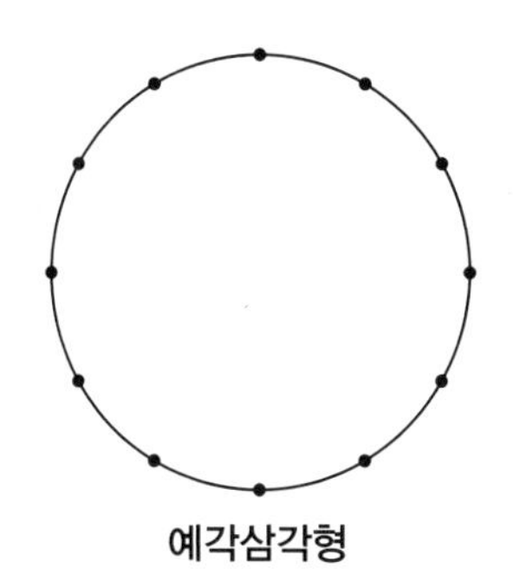

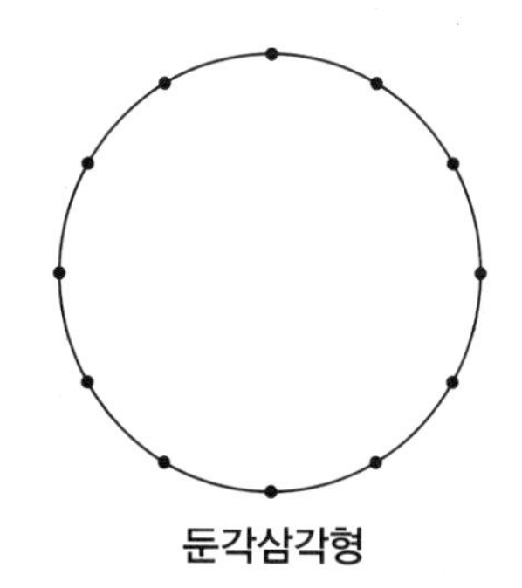

▶ 원의 중심을 지나면 직각삼각형이 만들어 져.

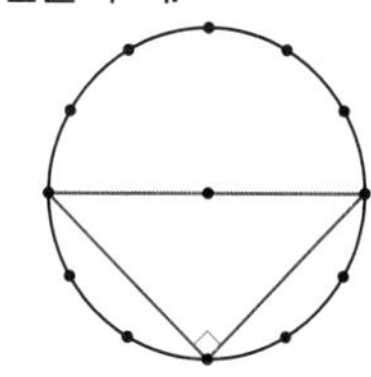

22 물건에 닿지 않게 점 종이에 예각삼각형, 둔각삼각형, 직각삼각형을 1개씩 그려 보세요.

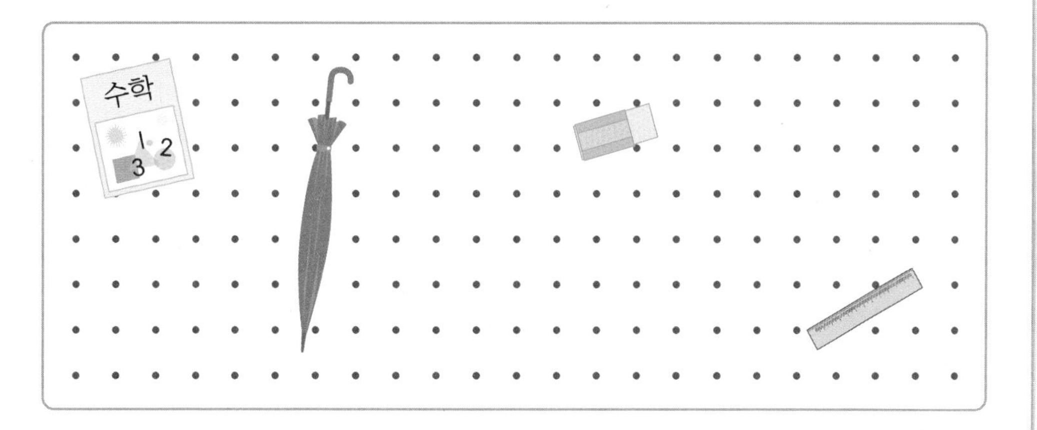

▶ $0° <$ 예각 $< 90°$
$90° <$ 둔각 $< 180°$
직각 $= 90°$

2

예각삼각형과 둔각삼각형의 예각과 둔각의 수는?

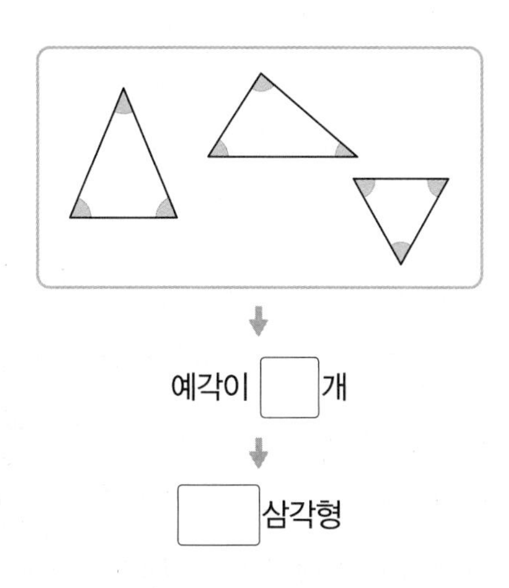

예각이 □개

□삼각형

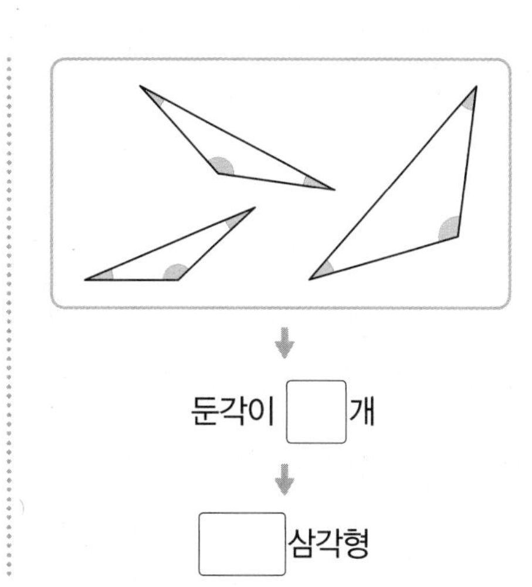

둔각이 □개

□삼각형

23 변의 길이와 각의 크기에 따라 삼각형을 분류하여 기호를 써 보세요.

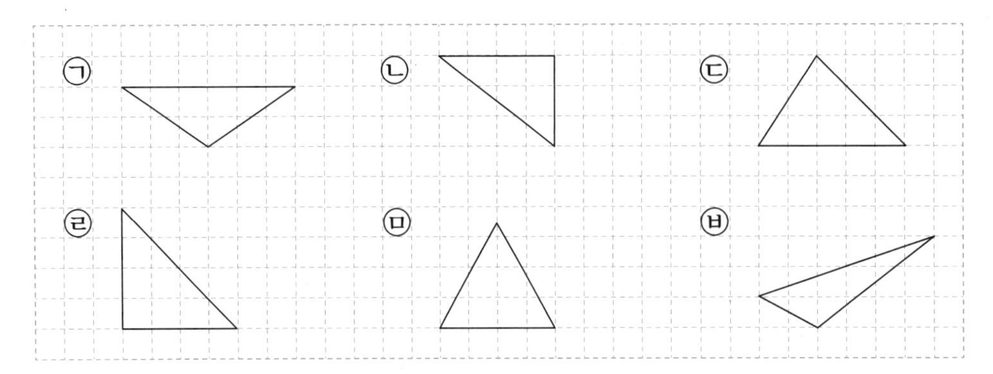

	예각삼각형	직각삼각형	둔각삼각형
이등변삼각형			
세 변의 길이가 모두 다른 삼각형			

24 설명하는 도형을 그려 보세요.

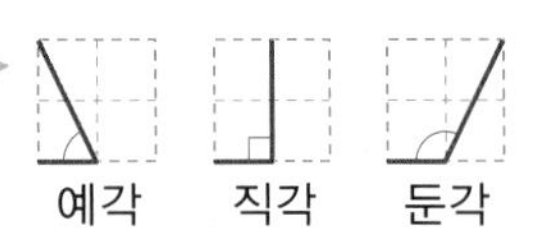

(1)
- 두 변의 길이가 같습니다.
- 세 각이 예각입니다.

(2)
- 두 변의 길이가 같습니다.
- 한 각이 둔각입니다.

25 삼각형의 일부가 지워졌습니다. 어떤 삼각형인지 보기 에서 이름을 모두 찾아 써 보세요.

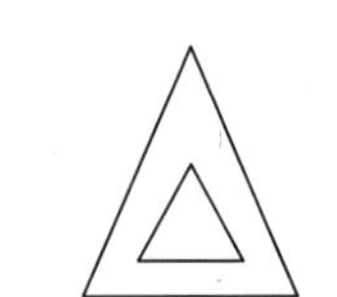

정삼각형 ⇒ 이등변삼각형
이등변삼각형 ⇏ 정삼각형

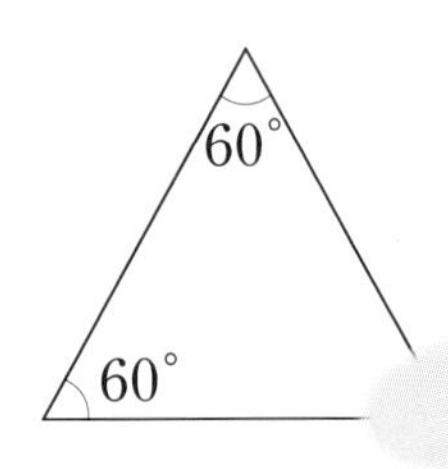

보기
이등변삼각형 정삼각형
예각삼각형 둔각삼각형 직각삼각형

( )

26

모든 변의 길이가 같은 육각형 안에 선을 그었습니다. 설명에 알맞은 삼각형의 이름을 모두 써 보세요.

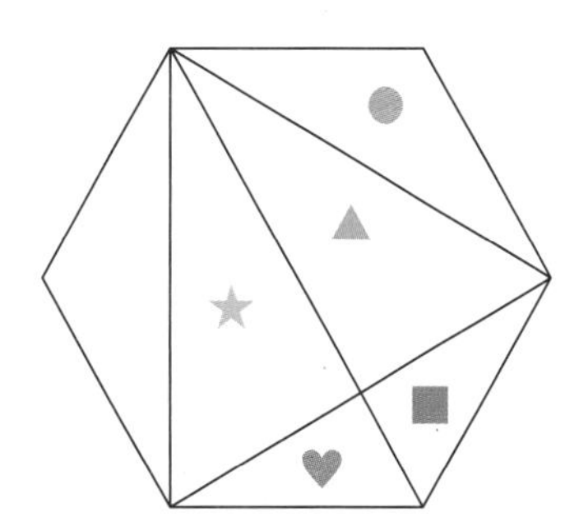

(1) 삼각형 안에 ★과 ▲가 모두 있습니다.

(　　　　　　　　　　　　　　　)

(2) 삼각형 안에 ■와 ♥가 모두 있습니다.

(　　　　　　　　　　　　　　　)

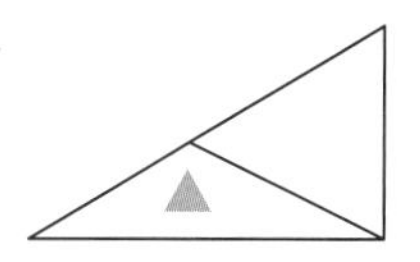

▲가 있는 삼각형은 둔각삼각형과 직각삼각형이야.

☺ 내가 만드는 문제

27

왼쪽과 오른쪽에서 각각 하나씩 골라 조건에 맞는 삼각형을 그려 보세요.

세 변의 길이가 모두 다른	예각삼각형
두 변의 길이가 같은	직각삼각형
세 변의 길이가 모두 같은	둔각삼각형

▶ 세 변의 길이가 모두 같은 직각삼각형과 둔각삼각형은 만들 수 없음에 주의해.

삼각형의 이름은 한 가지일까?

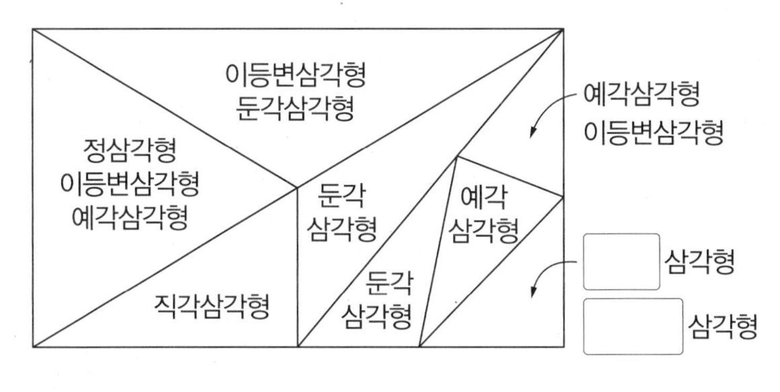

이름이 반드시 하나는 아니야. 변의 길이와 각의 크기에 따라 여러 개가 될 수 있어.

발전 문제

1 삼각형의 한 변의 길이 구하기

1 준비

삼각형 ㄱㄴㄷ은 세 변의 길이의 합이 60 cm인 정삼각형입니다. 변 ㄴㄷ의 길이는 몇 cm일까요?

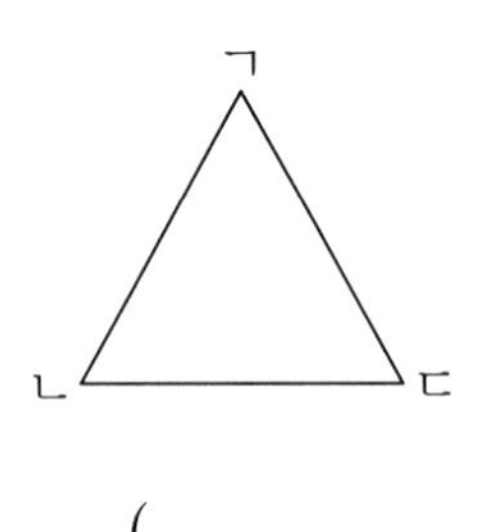

(　　　　　　　　)

2 확인

삼각형 ㄱㄴㄷ은 세 변의 길이의 합이 50 cm인 이등변삼각형입니다. 변 ㄴㄷ의 길이는 몇 cm일까요?

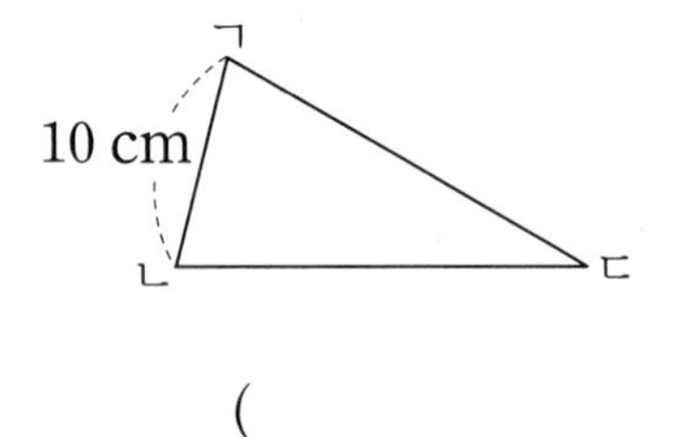

(　　　　　　　　)

3 완성

이등변삼각형과 정삼각형을 이어 붙였습니다. 삼각형 ㄱㄴㄷ의 세 변의 길이의 합이 27 cm일 때 변 ㄱㄹ의 길이는 몇 cm일까요?

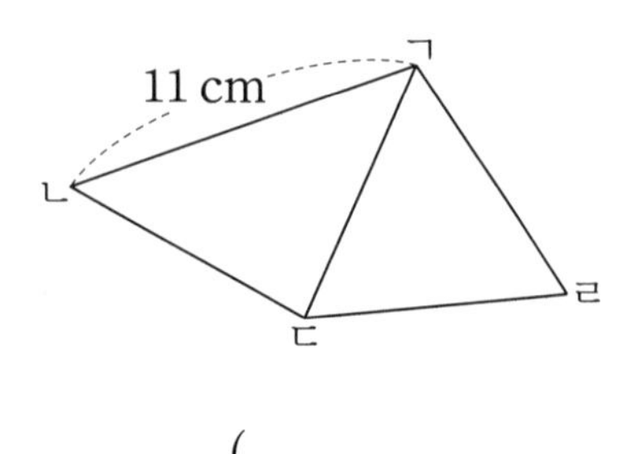

(　　　　　　　　)

2 삼각형 나누기

4 준비

□ 안에 알맞은 수를 써넣으세요.

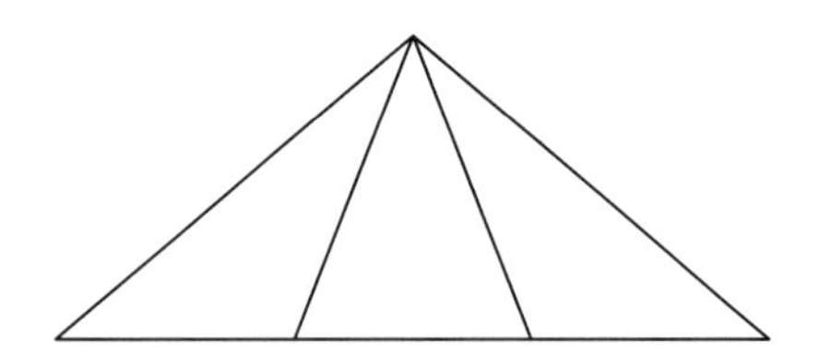

둔각삼각형을 나누어 예각삼각형 □개, 둔각삼각형 □개를 만들었습니다.

5 확인

정삼각형 안에 선분 2개를 그어 직각삼각형 1개, 예각삼각형 1개, 둔각삼각형 1개를 만들어 보세요.

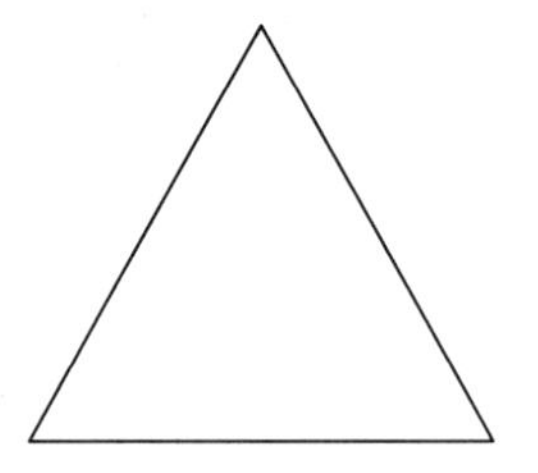

6 완성

직각삼각형 안에 선분 2개를 그어 예각삼각형 1개와 둔각삼각형 2개를 만들어 보세요.

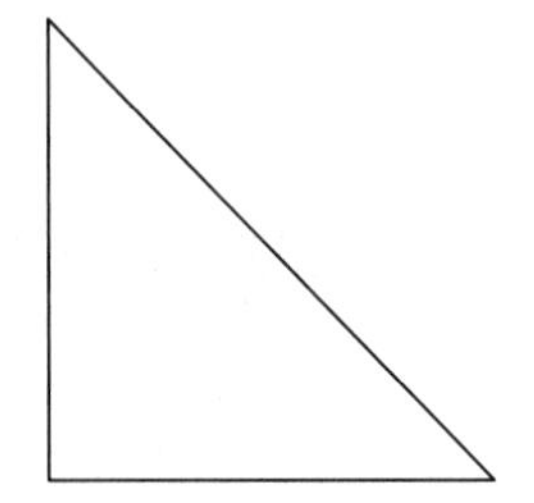

3 원 위의 세 점을 연결하여 삼각형 만들기

7 준비

원 위에 일정한 간격으로 점 6개를 찍었습니다. 원 위의 세 점을 연결하여 예각삼각형 1개를 그려 보세요.

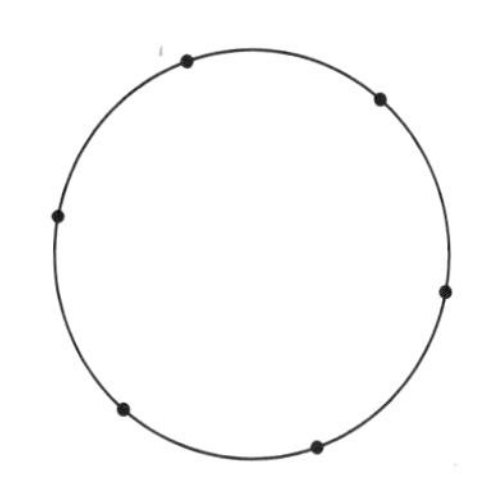

8 확인

원 위에 일정한 간격으로 점 6개를 찍었습니다. 원 위의 세 점을 연결하여 만들 수 있는 정삼각형은 모두 몇 개일까요?

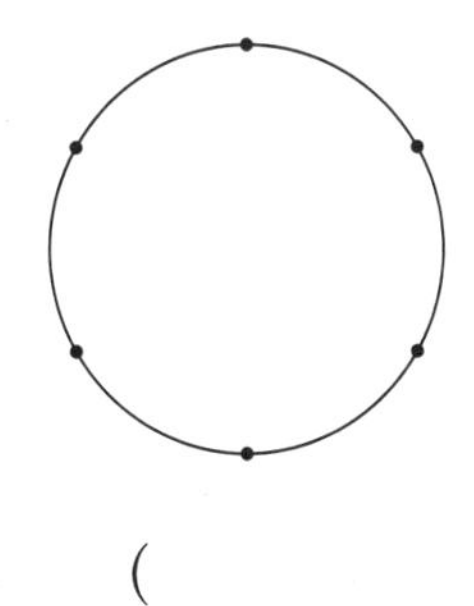

(　　　　　　　　)

9 완성

원 위에 일정한 간격으로 점 4개를 찍었습니다. 원 위의 세 점을 연결하여 만들 수 있는 이등변삼각형은 모두 몇 개일까요?

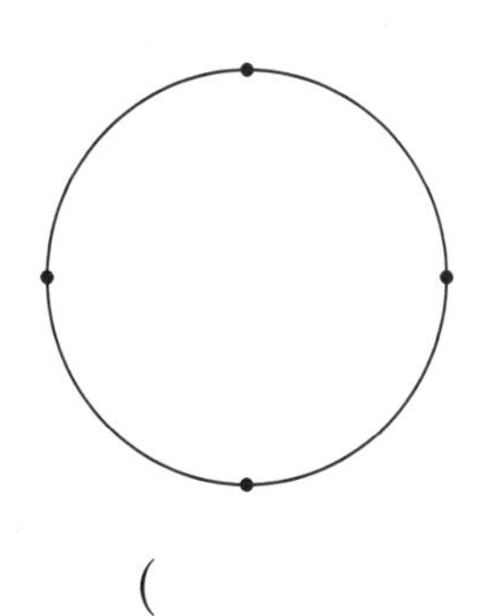

(　　　　　　　　)

4 이등변삼각형과 정삼각형의 활용

10 준비

삼각형 ㄱㄴㄷ은 이등변삼각형입니다. 각 ㄴㄱㄷ의 크기를 구해 보세요.

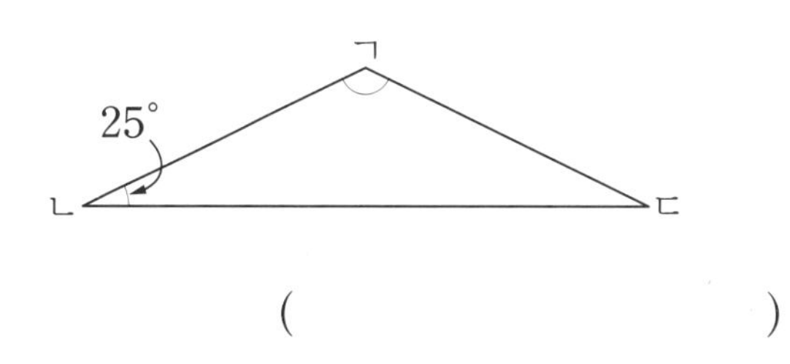

(　　　　　　　　)

11 확인

삼각형 ㄱㄴㄹ은 정삼각형입니다. 각 ㄴㄹㄷ의 크기를 구해 보세요.

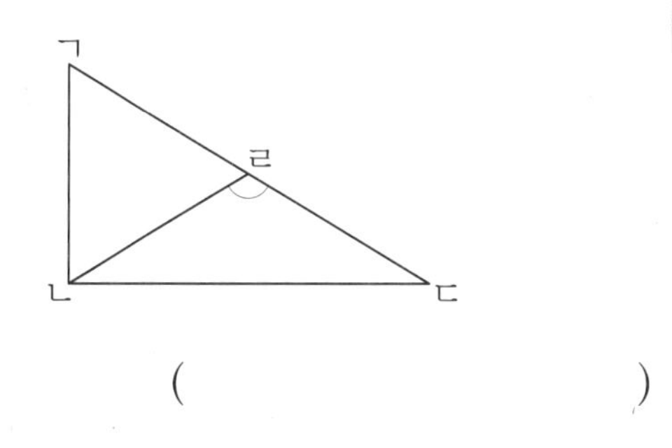

(　　　　　　　　)

12 완성

삼각형 ㄱㄴㄷ은 정삼각형이고 삼각형 ㄱㄷㄹ은 이등변삼각형입니다. 각 ㄱㄹㄷ의 크기를 구해 보세요.

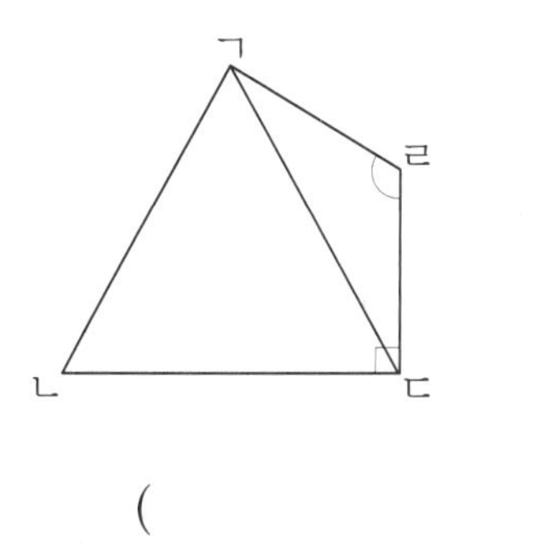

(　　　　　　　　)

2

5 일직선이 이루는 각도의 활용

13 준비

정삼각형입니다. □ 안에 알맞은 수를 써넣으세요.

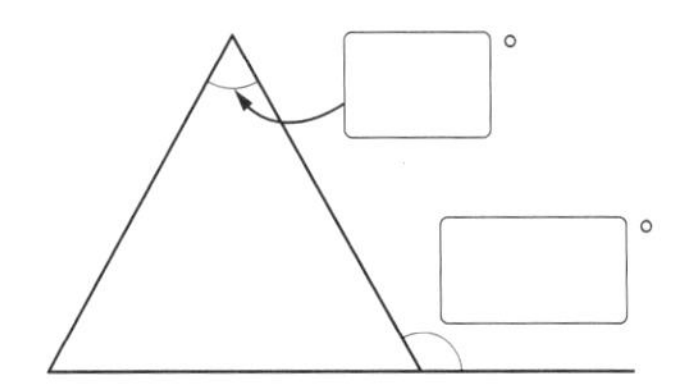

14 확인

삼각형 ㄱㄴㄷ은 이등변삼각형입니다. □ 안에 알맞은 수를 써넣으세요.

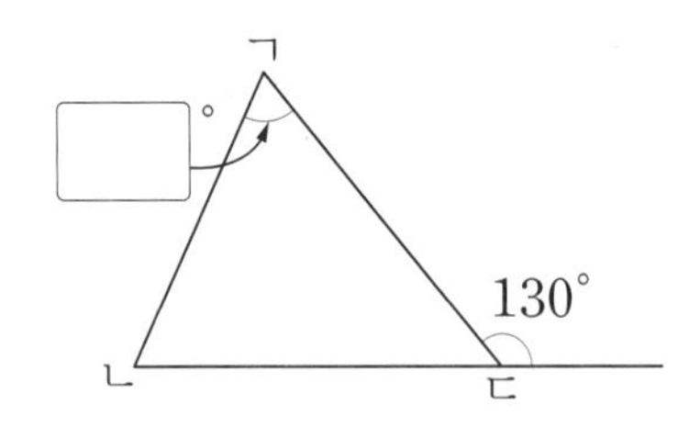

15 완성

삼각형 ㄱㄴㄷ은 정삼각형, 삼각형 ㄷㄹㅁ은 이등변삼각형입니다. □ 안에 알맞은 수를 써넣으세요.

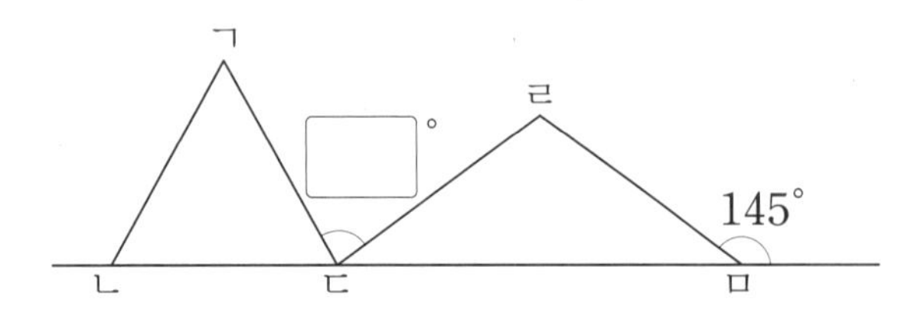

6 크고 작은 삼각형의 수 구하기

16 준비

도형에서 찾을 수 있는 크고 작은 예각삼각형은 모두 몇 개일까요?

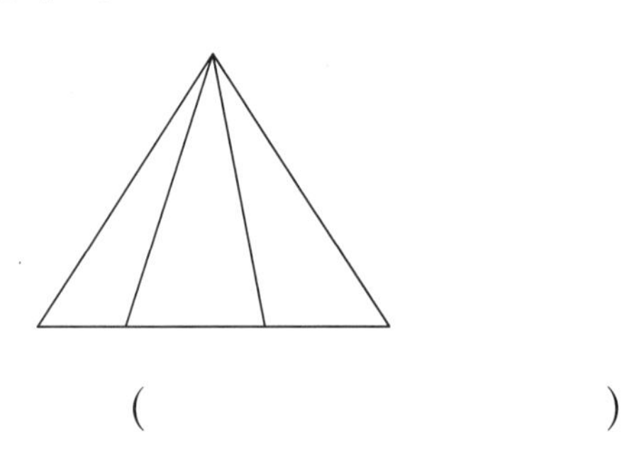

(　　　　　　　)

17 확인

도형에서 찾을 수 있는 크고 작은 예각삼각형은 모두 몇 개일까요?

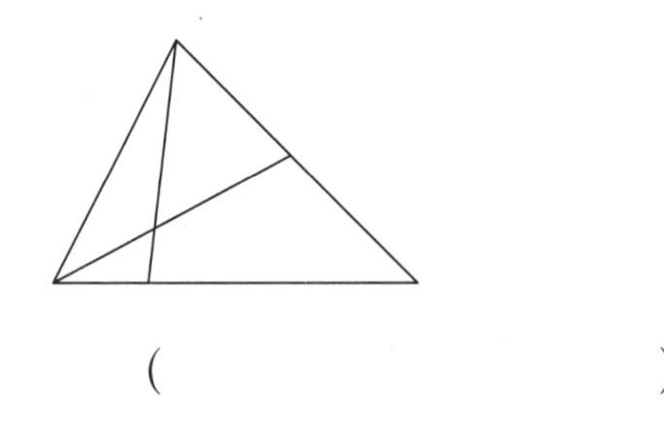

(　　　　　　　)

18 완성

도형에서 찾을 수 있는 크고 작은 둔각삼각형은 모두 몇 개일까요?

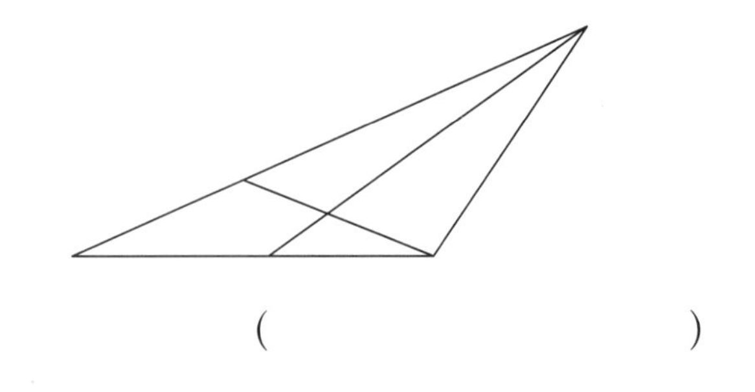

(　　　　　　　)

단원 평가

점수	확인

1 삼각형을 변의 길이에 따라 분류해 보세요.

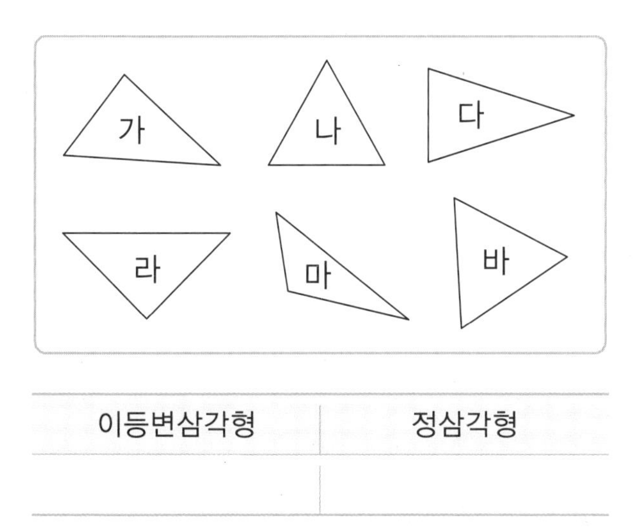

이등변삼각형	정삼각형

2 이등변삼각형입니다. □ 안에 알맞은 수를 써넣으세요.

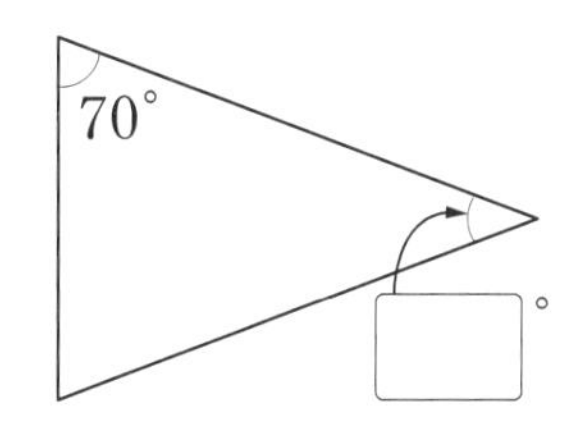

3 정삼각형입니다. 세 변의 길이의 합은 몇 cm일까요?

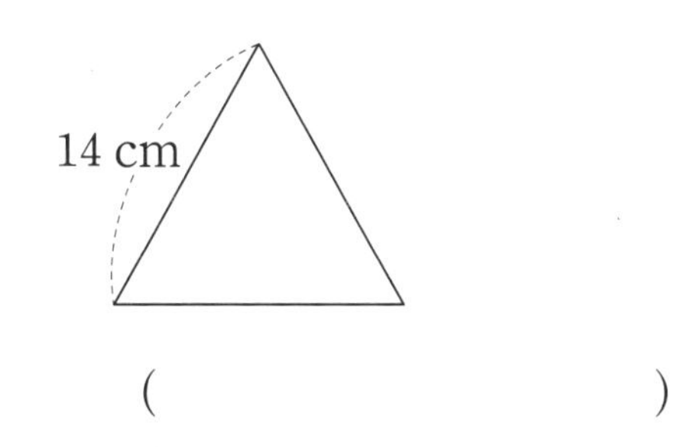

( )

4 예각삼각형은 '예', 둔각삼각형은 '둔', 직각삼각형은 '직'을 □ 안에 써넣으세요.

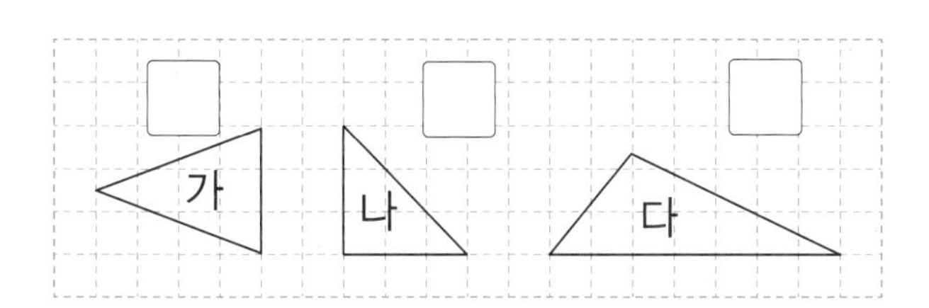

5 주어진 선분을 한 변으로 하는 이등변삼각형을 각각 그려 보세요.

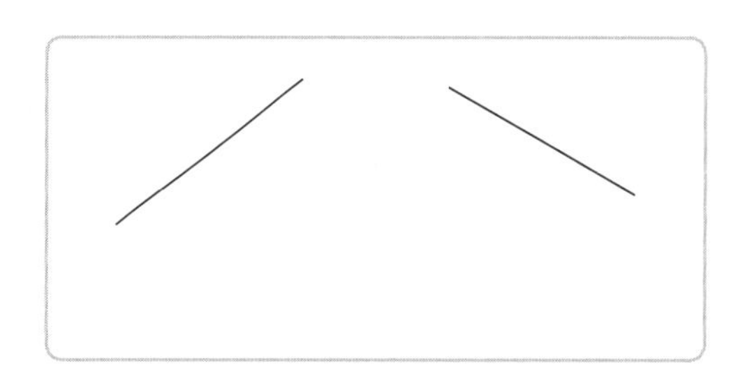

6 둔각삼각형을 그리려고 합니다. 점 ㄱ과 점 ㄴ을 어느 점과 이어야 할까요?

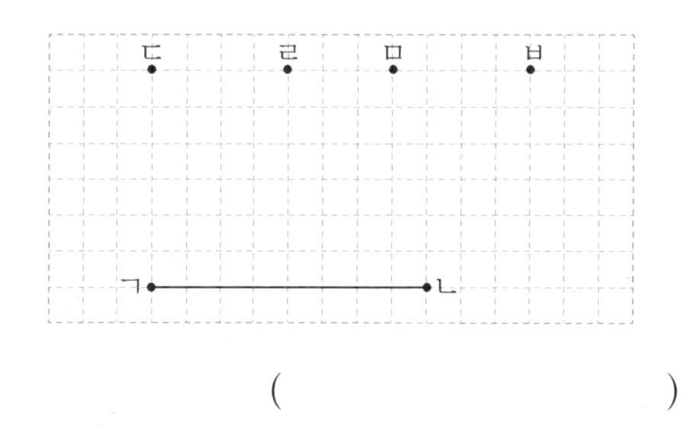

( )

7 삼각형에서 각 ㄱㄴㄷ의 크기를 구해 보세요.

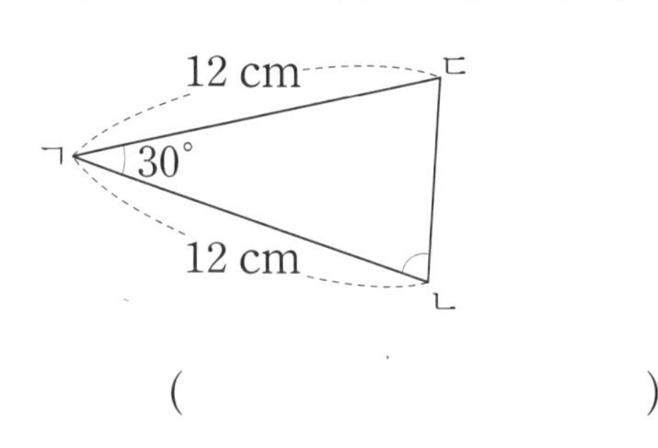

( )

단원 평가

8 삼각형의 세 변의 길이를 보고 만들 수 있는 삼각형을 써 보세요.

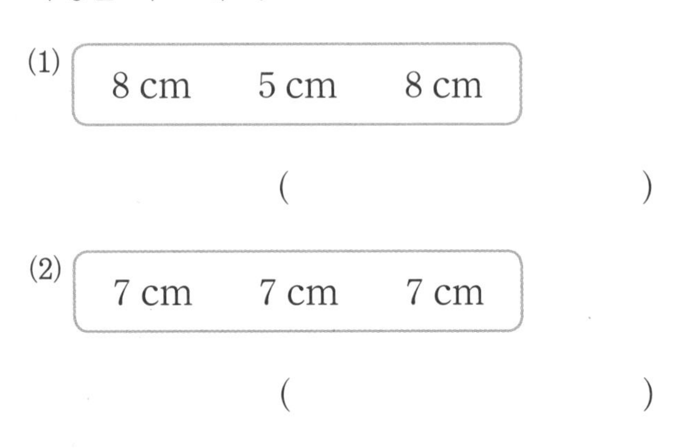

(1) (　　　　　　　　)

(2) (　　　　　　　　)

9 딸기를 둘러싸도록 모눈종이에 둔각삼각형인 이등변삼각형을 그려 보세요.

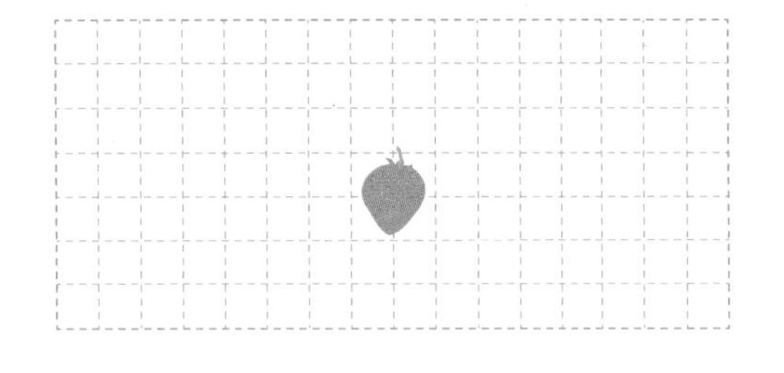

10 삼각형의 세 각의 크기가 각각 30°, 30°, 120°입니다. 이 삼각형은 어떤 삼각형인지 이름을 모두 써 보세요.

(　　　　　　　　)

11 사각형 안에 선분 한 개를 그어 예각삼각형 1개와 둔각삼각형 1개를 만들어 보세요.

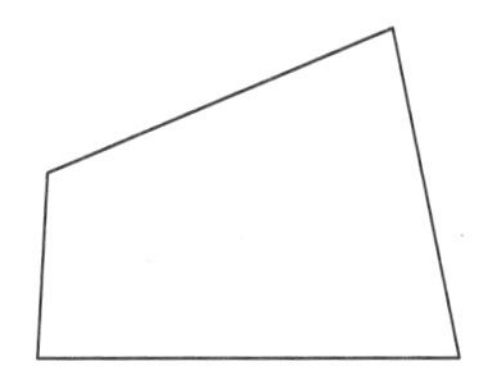

12 두 변의 길이가 7 cm, 10 cm인 이등변삼각형이 있습니다. 나머지 한 변이 될 수 있는 길이를 모두 써 보세요.

(　　　　　　　　)

13 색종이 한 장을 반으로 접은 다음 선을 따라 잘라서 펼쳤습니다. ㉠의 각도는 몇 도인지 구해 보세요.

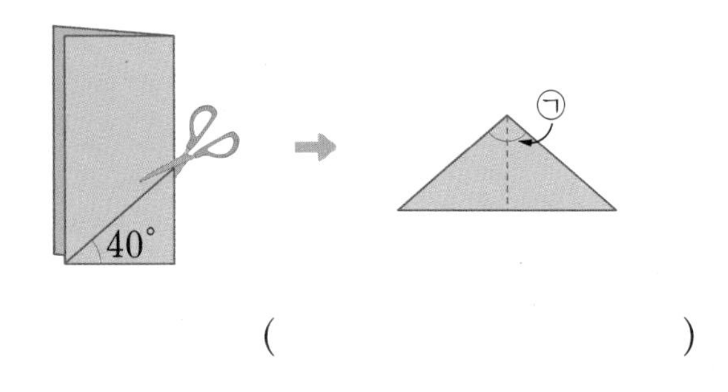

(　　　　　　　　)

14 주어진 빨대를 세 변으로 하여 만들 수 있는 삼각형의 이름을 모두 써 보세요.

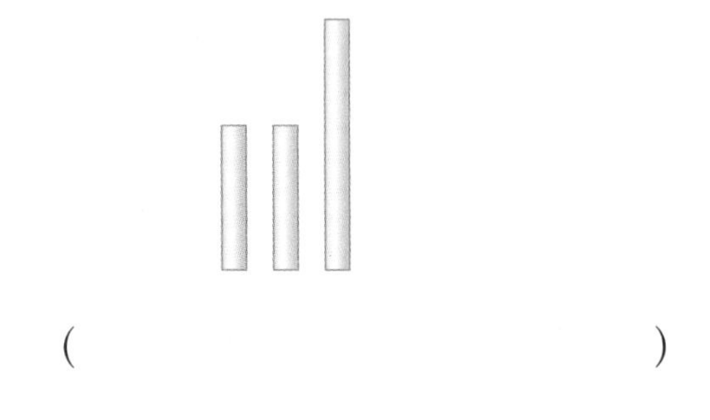

(　　　　　　　　)

15 삼각형 ㄱㄴㄷ은 세 변의 길이의 합이 32 cm인 이등변삼각형입니다. 변 ㄱㄴ의 길이는 몇 cm일까요?

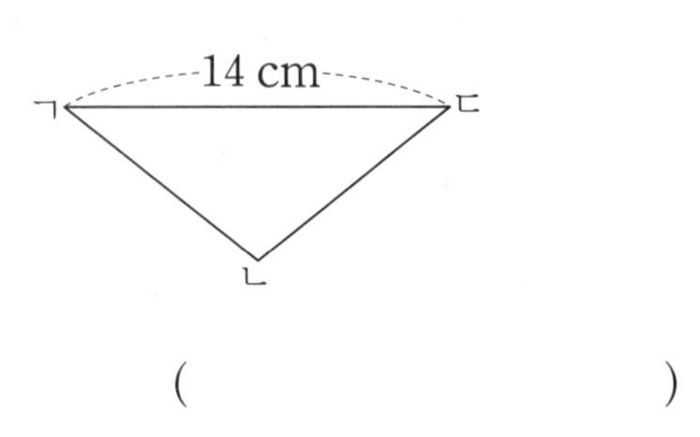

(　　　　　　　　)

정답과 풀이 13쪽 술술 서술형

16 삼각형 ㄱㄴㄷ의 이름으로 알맞은 것을 모두 찾아 ○표 하세요.

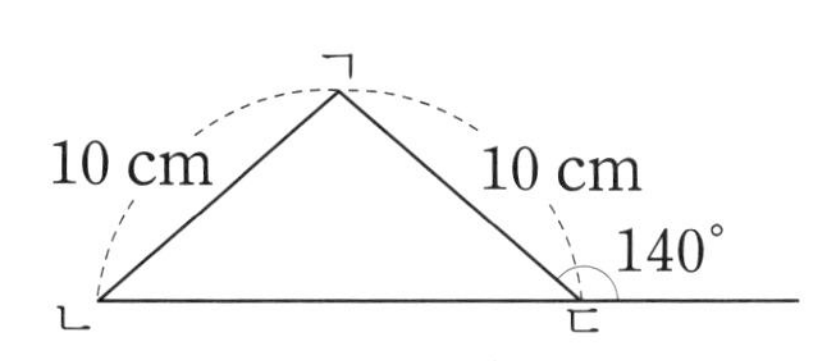

예각삼각형	직각삼각형	둔각삼각형
이등변삼각형	정삼각형	

17 삼각형 ㄱㄴㄷ은 이등변삼각형입니다. 각 ㄱㄷㄹ의 크기를 구해 보세요.

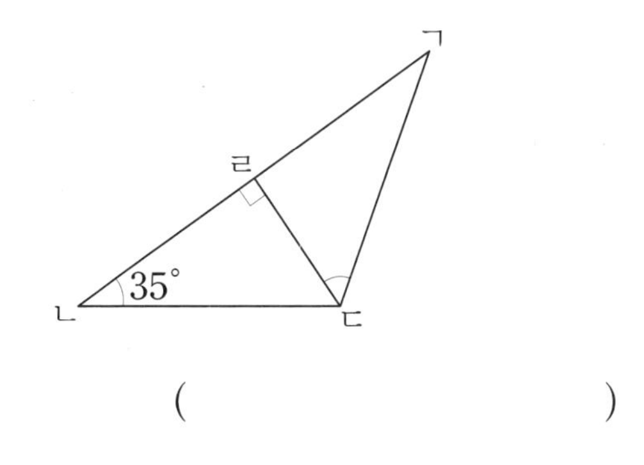

(　　　　　　　　)

18 원 위에 일정한 간격으로 점 4개를 찍었습니다. 원 위의 세 점을 연결하여 만들 수 있는 직각삼각형은 모두 몇 개일까요?

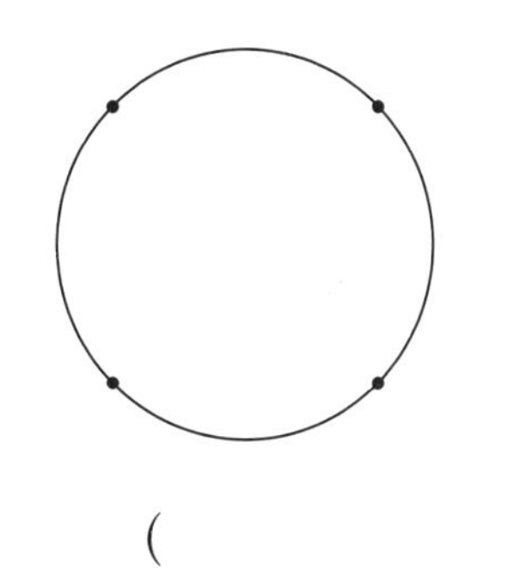

(　　　　　　　　)

19 이등변삼각형이 아닌 이유를 설명해 보세요.

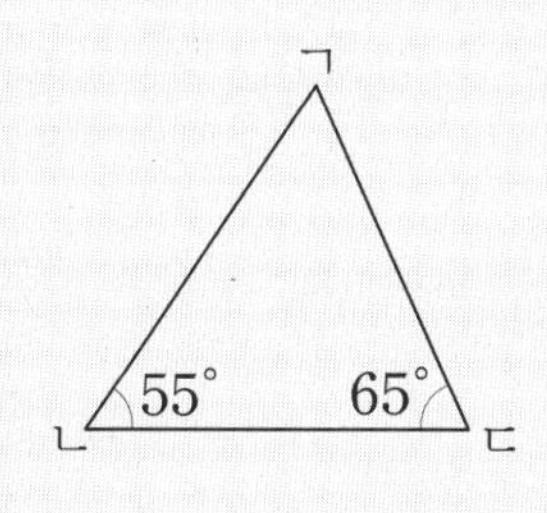

이유 ....

20 이등변삼각형 가와 정삼각형 나의 세 변의 길이의 합이 같을 때 정삼각형 나의 한 변의 길이를 구하려고 합니다. 풀이 과정을 쓰고 답을 구해 보세요.

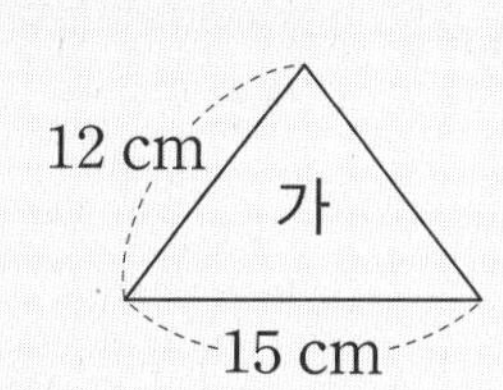

나

풀이 ....

답 ....

3 소수의 덧셈과 뺄셈

음? 오른쪽으로도 자릿값이?

9.12345··· 끝이 없군···

내가 기준이지!

소수, 일의 자리보다 작은 자릿값을 갖는 수.

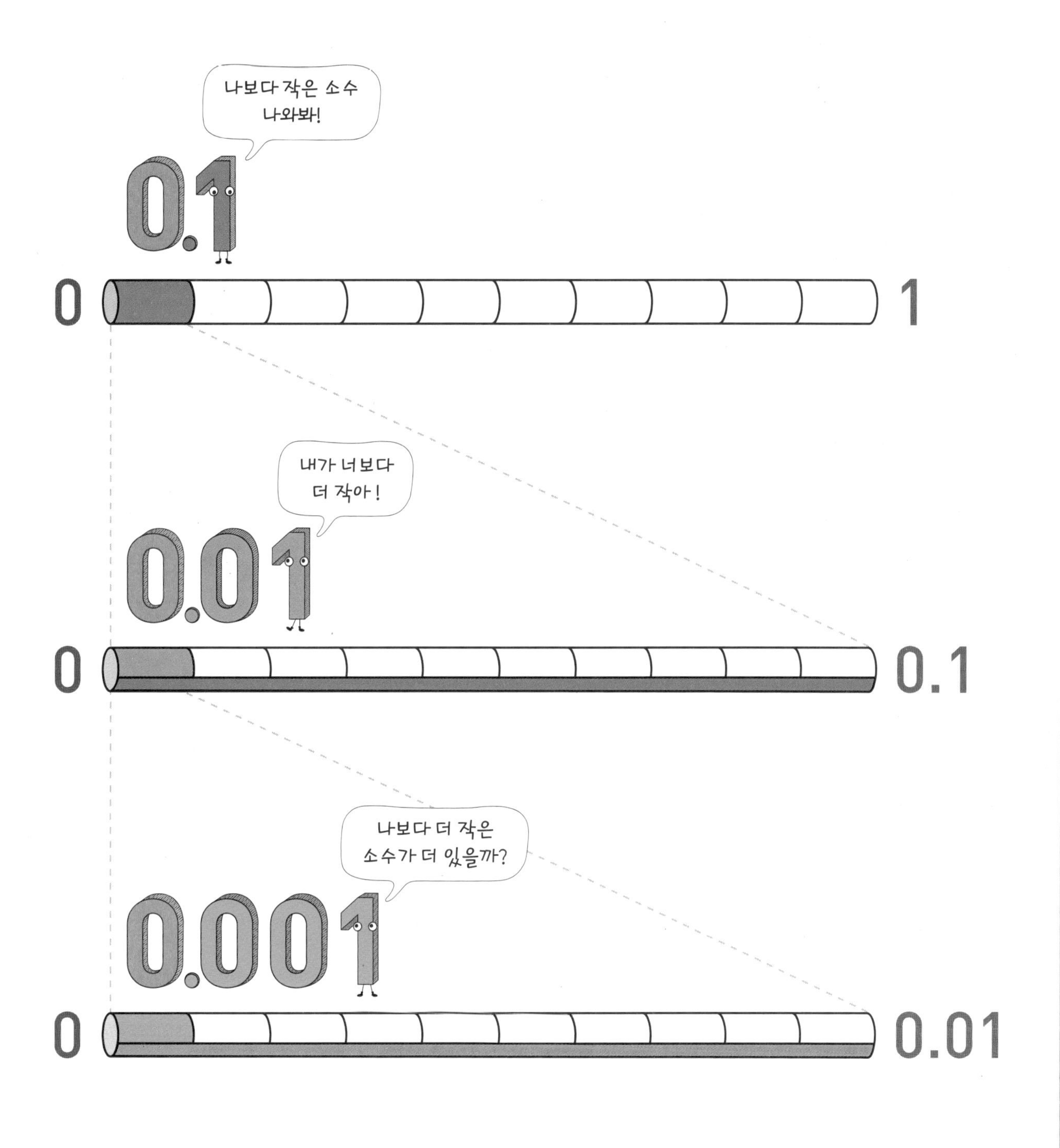

1 $\frac{■▲}{100}$는 0.■▲, $\frac{■▲●}{1000}$는 0.■▲●

$\frac{1}{10}=0.1$, $\frac{1}{100}=0.01$, $\frac{1}{1000}=0.001$

● 소수의 자릿수 알아보기

$\frac{1}{10}$ $\frac{2}{10}$ $\frac{3}{10}$ $\frac{4}{10}$ $\frac{5}{10}$ $\frac{6}{10}$ $\frac{7}{10}$ $\frac{8}{10}$ $\frac{9}{10}$

0 0.1 0.2 0.3 0.4 0.5 0.6 0.7 0.8 0.9 1

쓰기 0.1

읽기 영 점 일

소수 두 자리 수

$\frac{1}{100}$ $\frac{2}{100}$ $\frac{3}{100}$ $\frac{4}{100}$ $\frac{5}{100}$ $\frac{6}{100}$ $\frac{7}{100}$ $\frac{8}{100}$ $\frac{9}{100}$

0 0.01 0.02 0.03 0.04 0.05 0.06 0.07 0.08 0.09 0.1

쓰기 0.01

읽기 영 점 영일

소수 세 자리 수

$\frac{1}{1000}$ $\frac{2}{1000}$ $\frac{3}{1000}$ $\frac{4}{1000}$ $\frac{5}{1000}$ $\frac{6}{1000}$ $\frac{7}{1000}$ $\frac{8}{1000}$ $\frac{9}{1000}$

0 0.001 0.002 0.003 0.004 0.005 0.006 0.007 0.008 0.009 0.01

쓰기 0.001

읽기 영 점 영영일

● 1보다 큰 소수

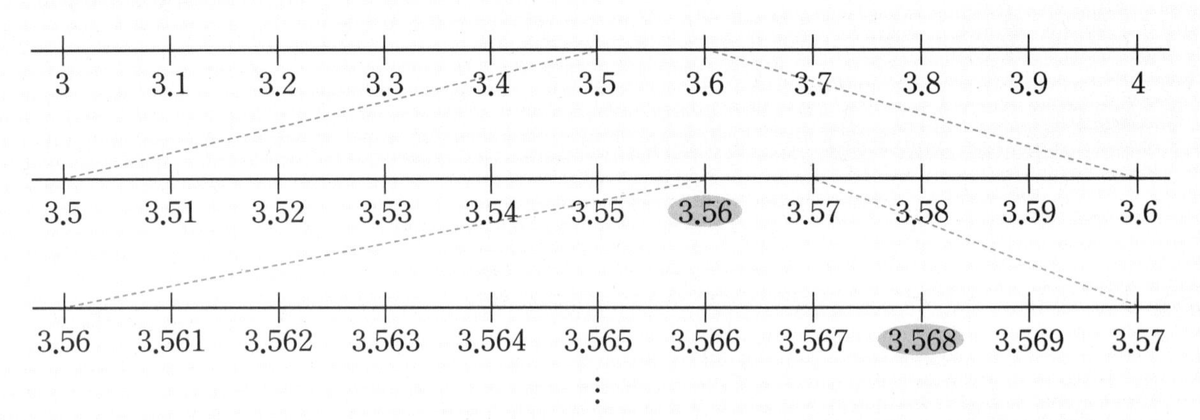

소수점의 오른쪽 수는 숫자만 읽어.
삼 점 오십육(X)

소수 세 자리 수
소수 두 자리 수

일의 자리		소수 첫째 자리	소수 둘째 자리	소수 셋째 자리
3				
0	.	5		
0	.	0	6	
0	.	0	0	8
3	.	5	6	
3	.	5	6	8

쓰기 3 . 5 6 **쓰기** 3 . 5 6 8

읽기 삼 점 오육 **읽기** 삼 점 오육팔

← $3.56 = 3 + 0.5 + 0.06$

← $3.568 = 3 + 0.5 + 0.06 + 0.008$

1 □ 안에 알맞은 수를 써넣으세요.

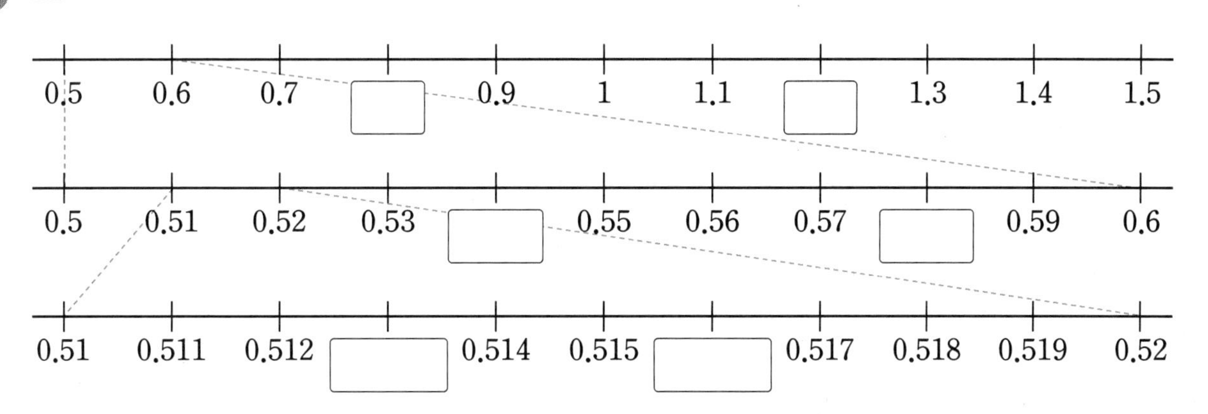

2 전체 크기가 1인 모눈종이에서 색칠한 부분의 크기를 소수로 나타내고 읽어 보세요.

(1)

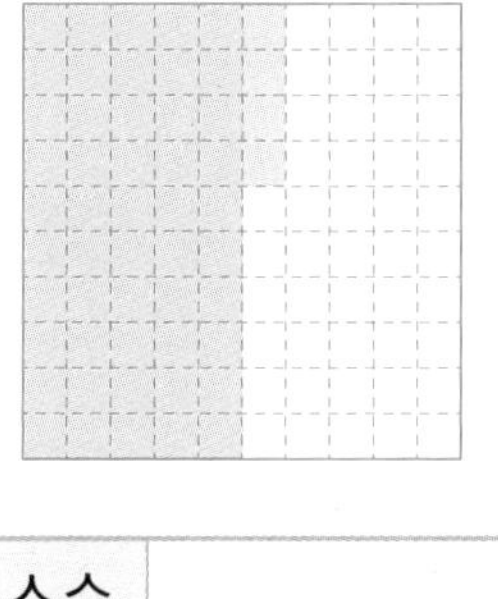

소수	
읽기	

(2)

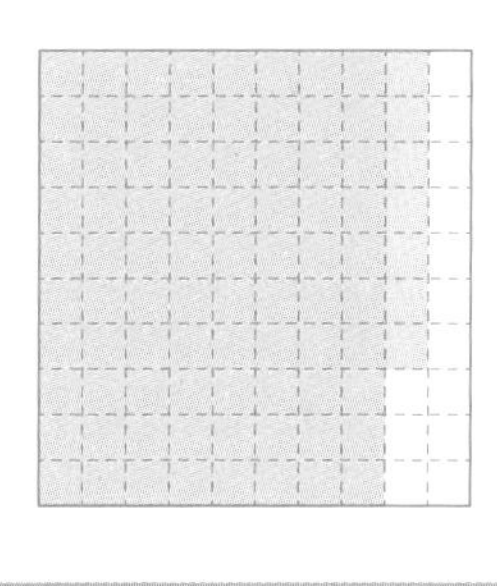

소수	
읽기	

소수	0.7
읽기	영 점 칠

3 분수를 소수로 나타내어 보세요.

(1) $\frac{24}{100}$ (　　　　　　)　(2) $\frac{423}{1000}$ (　　　　　　)

(3) $1\frac{37}{100}$ (　　　　　　)　(4) $4\frac{806}{1000}$ (　　　　　　)

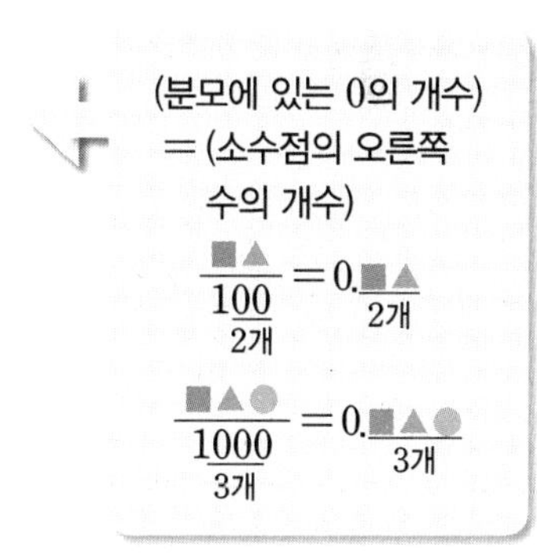

4 □ 안에 알맞은 수를 써넣으세요.

(1) 2.57

2 …… 1이 □개
5 …… 0.1이 □개
7 …… 0.01이 □개

(2) 5.238

5 …… 1이 □개
2 …… 0.1이 □개
3 …… 0.01이 □개
8 …… 0.001이 □개

2 높은 자리 숫자가 더 클수록 큰 수야.

크기가 같은 소수

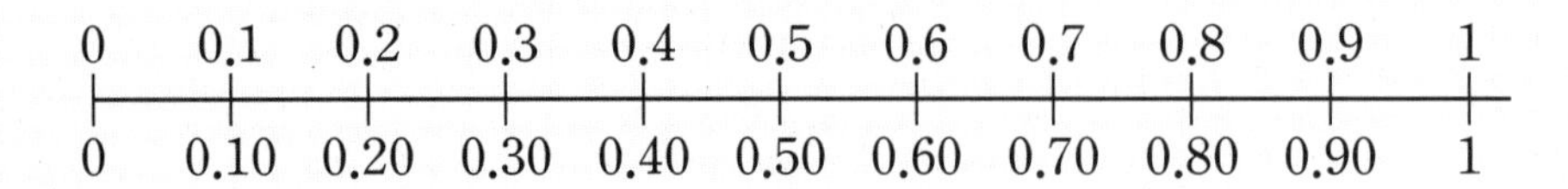

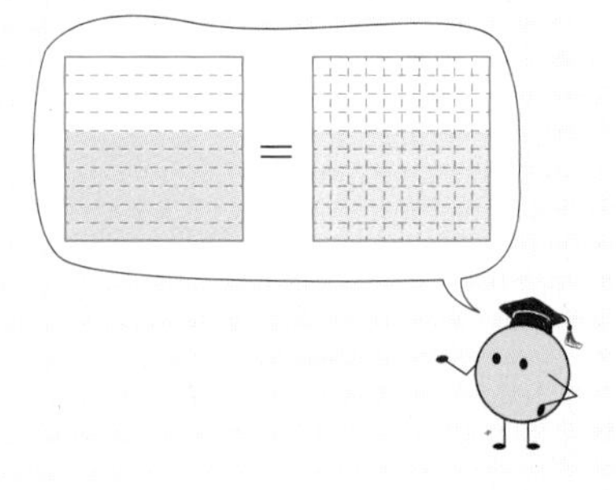

➡ 소수 오른쪽 끝자리에 0을 붙일 수 있습니다.

0.1 = 0.10, 0.2 = 0.20, 0.3 = 0.30, ...

소수의 크기 비교

① 자연수 부분이 다른 경우

13.23 15.19

자연수 부분이 큰 쪽이 더 큰 수

13.23 < 15.19

② 자연수 부분이 같은 경우

3.456 3.924

소수 첫째 자리 숫자가 큰 쪽이 더 큰 수

3.456 < 3.924

③ 소수 첫째 자리까지 같은 경우

0.352 0.371

소수 둘째 자리 숫자가 큰 쪽이 더 큰 수

0.352 < 0.371

④ 소수 둘째 자리까지 같은 경우

7.532 7.538

소수 셋째 자리 숫자가 큰 쪽이 더 큰 수

7.532 < 7.538

1 크기를 비교하여 ○ 안에 >, =, <를 알맞게 써넣으세요.

(1) 11.64 ○ 13.24

(2) 9.87 ○ 9.624

(3) 7.555 ○ 7.539

(4) 6.572 ○ 6.578

높은 자릿수부터 차례로 비교해.
327 < 501 (3 < 5)   907 > 903 (7 > 3)

2 □ 안에 알맞은 수를 써넣으세요.

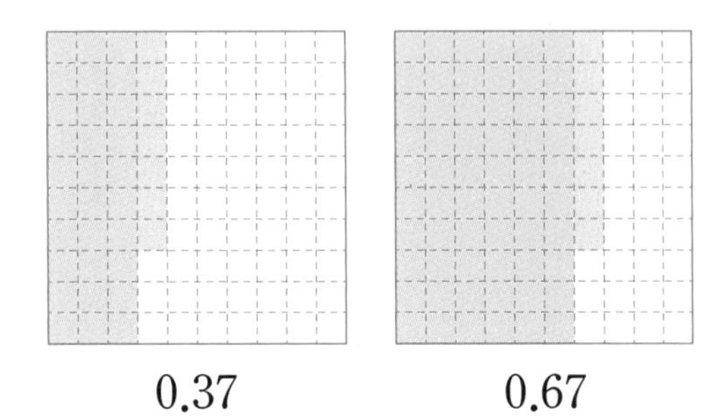

(1) 0.37은 0.01이 □개, 0.67은 0.01이 □개입니다.

(2) 0.37과 0.67 중에서 더 큰 수는 □입니다.

정답과 풀이 15쪽

3 수는 10배 하면 커지고 $\frac{1}{10}$하면 작아져.

● 1, 0.1, 0.01, 0.001 사이의 관계

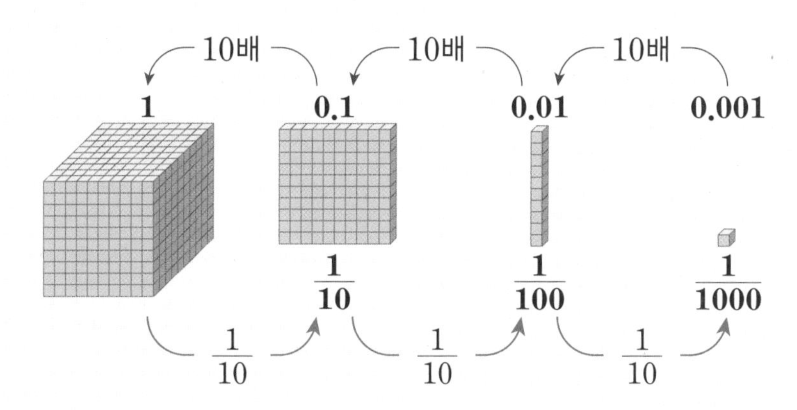

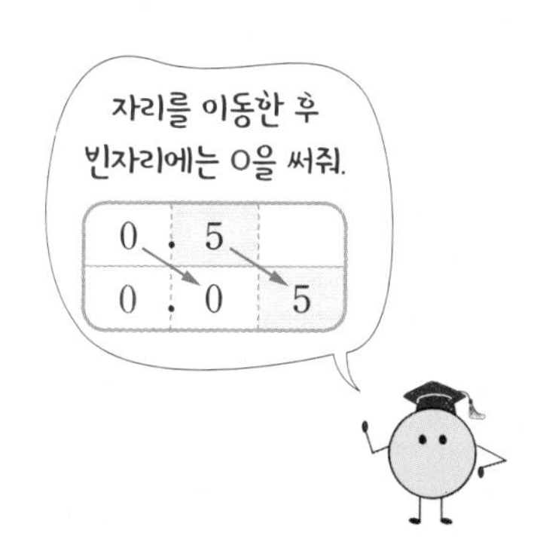

● 소수 사이의 관계

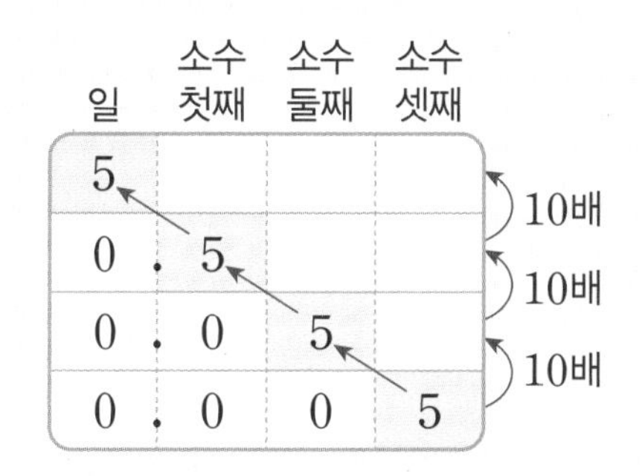

➡ 10배를 하면 소수점을 기준으로 수가 왼쪽으로 한 자리 이동합니다.

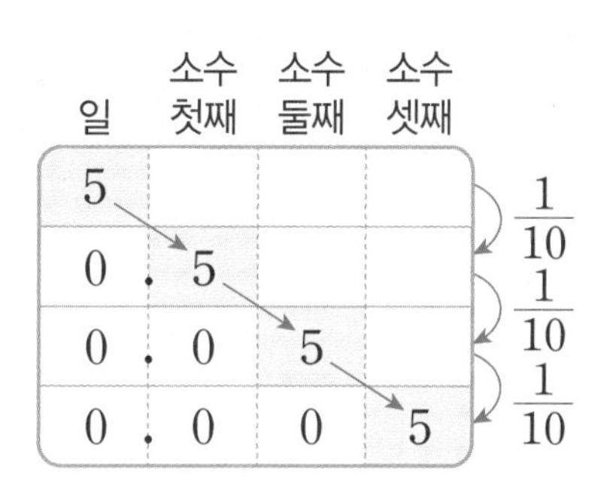

➡ $\frac{1}{10}$을 하면 소수점을 기준으로 수가 오른쪽으로 한 자리 이동합니다.

1 □ 안에 알맞은 수를 써넣으세요.

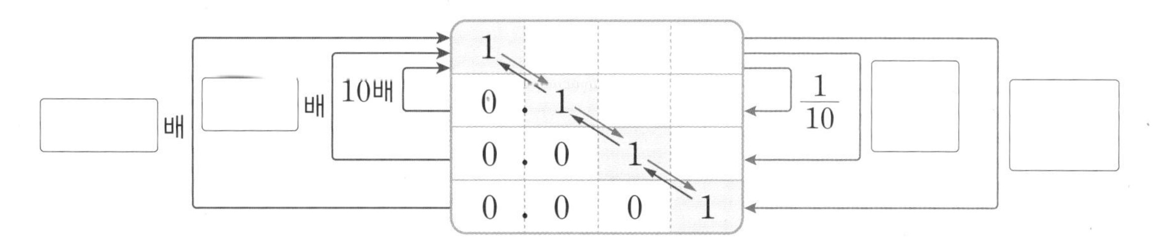

2 □ 안에 알맞은 수를 써넣으세요.

(1)

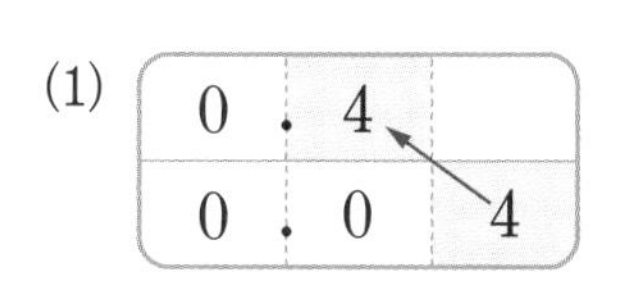

➡ 0.4는 0.04의 □배

(2)

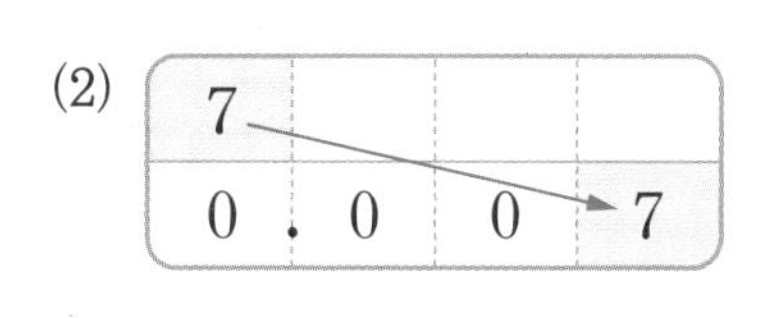

➡ 0.007은 7의 □

1-1 소수 두 자리 수

1 그림이 나타내는 소수를 써 보세요.

▶ 구슬의 수는 각 자리 수의 숫자야.

(1)

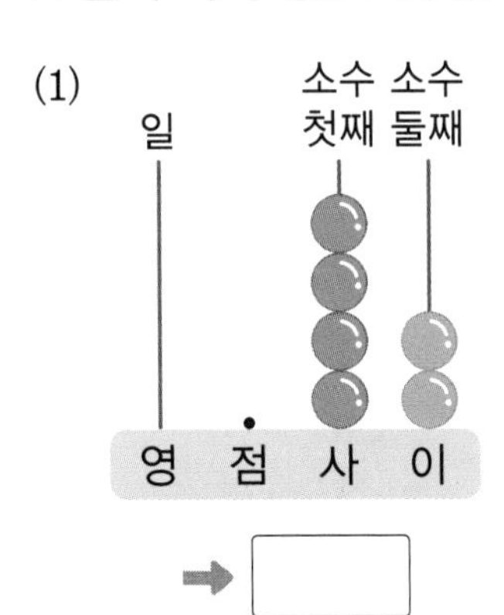

➡ ☐

(2)

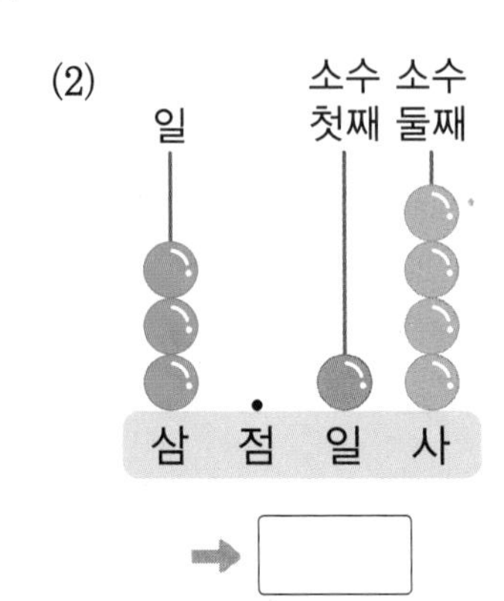

➡ ☐

2 빈칸에 알맞은 수를 써넣으세요.

▶ 같은 숫자라고 같을 줄 알아?
5.55 → 5, 0.5, 0.05
➡ 자리에 따라 달라.

6.82

	일의 자리	소수 첫째 자리	소수 둘째 자리
숫자	6		2
나타내는 수		0.8	

3 ☐ 안에 알맞은 수를 써넣으세요.

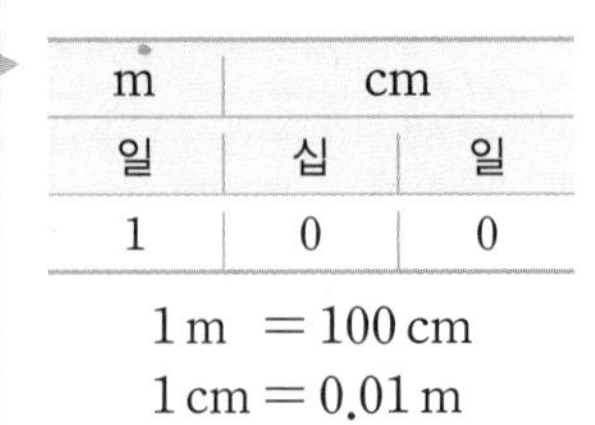

m	cm	
일	십	일
1	0	0

1 m = 100 cm
1 cm = 0.01 m

(1) 3 m 68 cm = 3 m + 60 cm + 8 cm
= 3 m + ☐ m + ☐ m = ☐ m

(2) 43 m 9 cm = 43 m + 9 cm
= 43 m + ☐ m = ☐ m

(3) 68 m 41 cm = ☐ m (4) 100 m 4 cm = ☐ m

4 빈 곳에 알맞은 수를 써넣으세요.

▶ $\frac{1}{10}$이 ■개 ➡ 0.■
$\frac{1}{100}$이 ▲개 ➡ 0.0▲

(1) 0.1이 2개, 0.01이 5개인 수 (2) $\frac{1}{10}$이 6개, $\frac{1}{100}$이 3개인 수

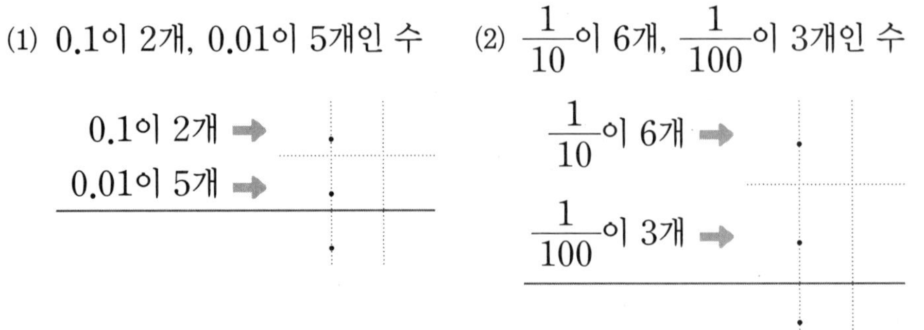

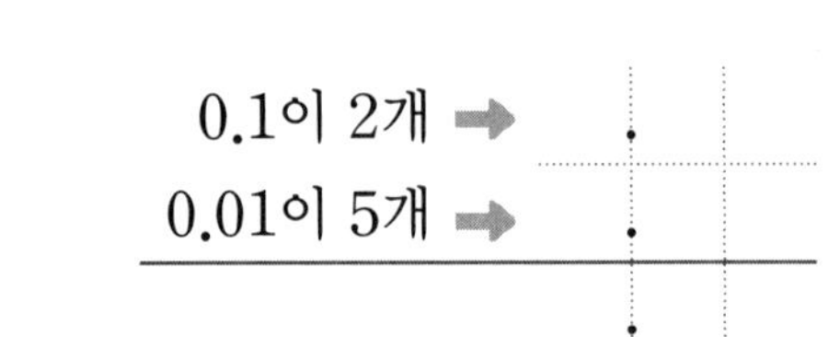

0.1이 2개 ➡ .
0.01이 5개 ➡ .

$\frac{1}{10}$이 6개 ➡ .
$\frac{1}{100}$이 3개 ➡ .

5 수들을 수직선과 연결하고 주어진 수와 가장 가까운 소수를 찾아 써 보세요.

▶ 수직선에서 주어진 수와 가장 가까운 소수를 찾아봐.

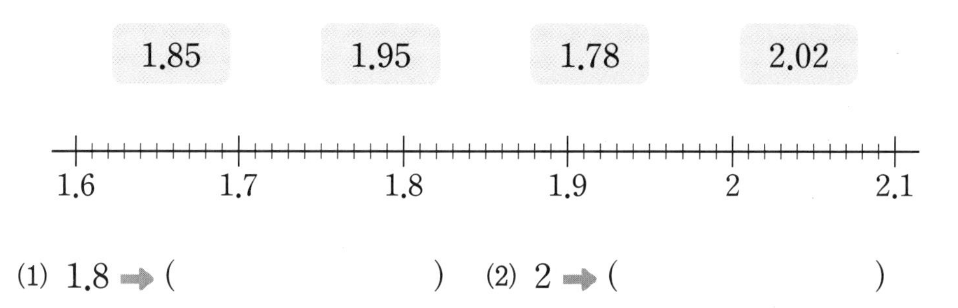

(1) 1.8 ➡ (　　　　　　)　(2) 2 ➡ (　　　　　　)

내가 만드는 문제

6 □ 안에 1부터 9까지의 수를 자유롭게 써넣고 알맞게 색칠한 후 색칠한 수가 나타내는 소수 두 자리 수를 쓰고 읽어 보세요.

▶ • 0.■▲
= 0.■ + 0.0▲
• 1.■▲
= 1 + 0.■ + 0.0▲

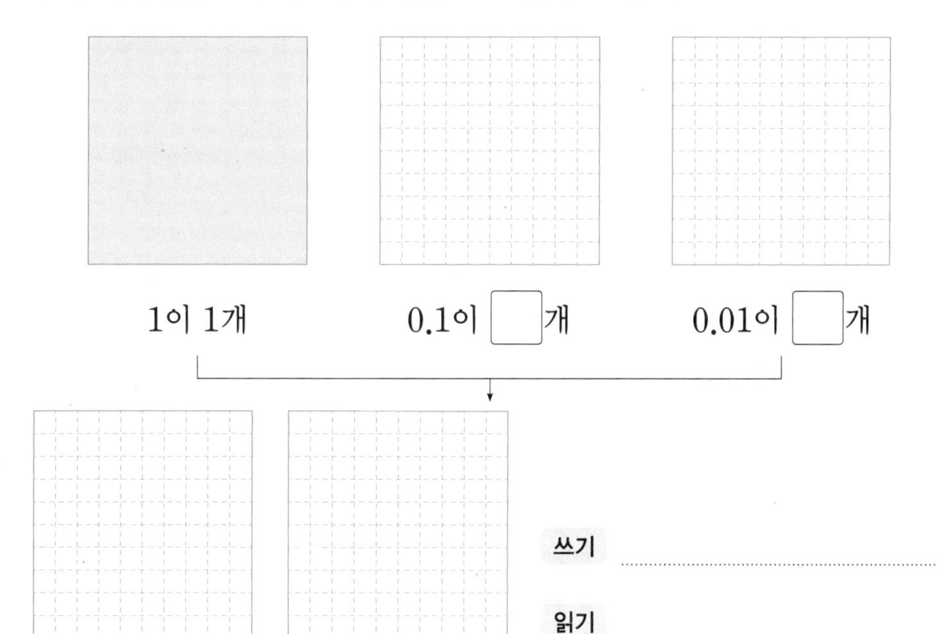

쓰기 ....

읽기 ....

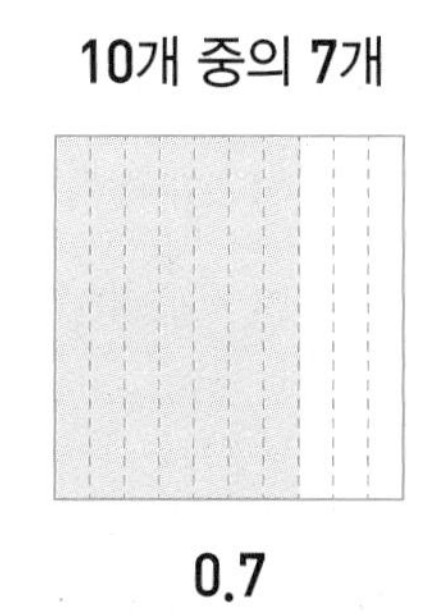

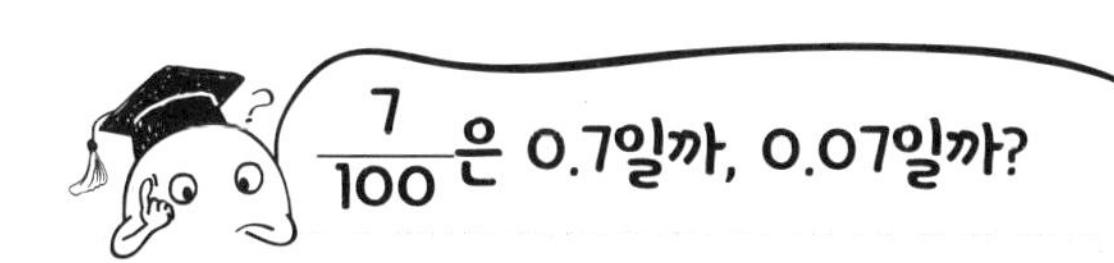

10개 중의 7개 | 100개 중의 7개 | 100개 중의 70개

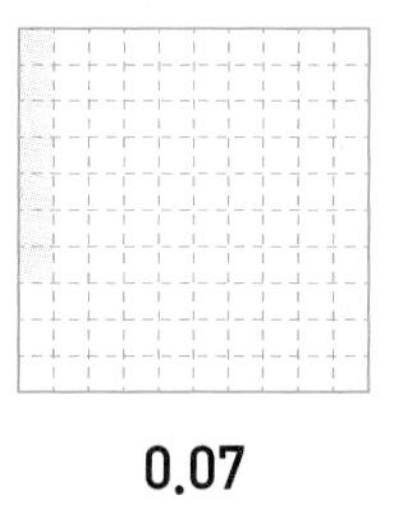
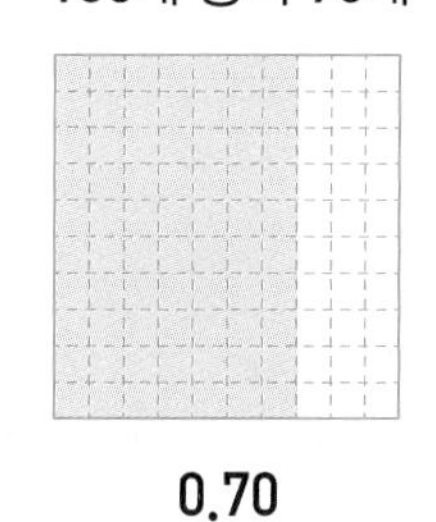

0.7 | 0.07 | 0.70

$\frac{7}{100}$은 분모에서 0의 수가 □개이므로 소수 □ 자리 수입니다.

➡ 소수 두 자리 수인 소수는 (0.7 , 0.07)입니다.

분모에서 0의 수가 1개면 소수 한 자리 수, 2개면 소수 두 자리수야.

7 분수를 소수로 나타내고 읽어 보세요.

(1) $1\frac{138}{1000}$

쓰기 ....

읽기 ....

(2) $3\frac{46}{1000}$

쓰기 ....

읽기 ....

➕ 어느 해의 계절별 강수량을 나타낸 그래프입니다. 여름의 강수량을 쓰고 읽어 보세요.

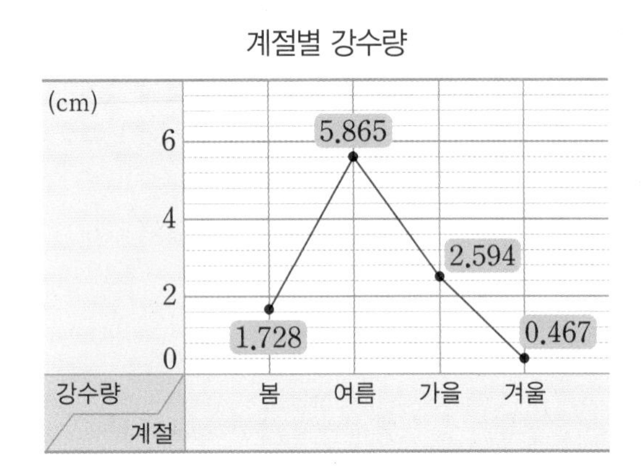

쓰기 ....

읽기 ....

꺾은선그래프

꺾은선그래프: 연속적으로 변화하는 양을 점으로 표시하고, 그 점들을 선분으로 이어 그린 그래프

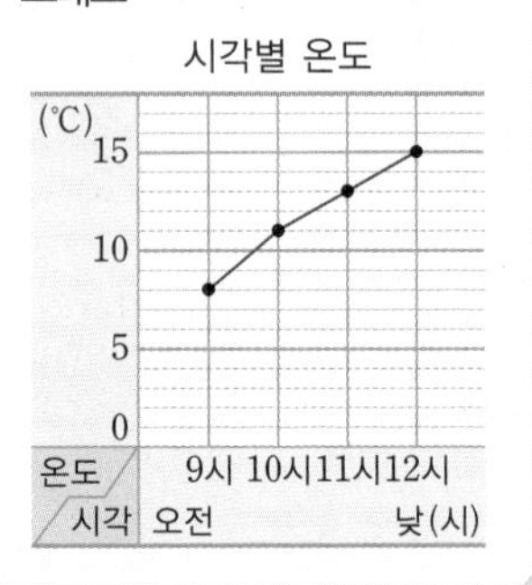

8 □ 안에 알맞은 수를 써넣으세요.

(1) $8\,\text{km}\ 374\,\text{m} = 8\,\text{km} + 300\,\text{m} + 70\,\text{m} + 4\,\text{m}$

$= 8\,\text{km} + \square\,\text{km} + \square\,\text{km} + \square\,\text{km}$

$= \square\,\text{km}$

(2) $10\,\text{L}\ 67\,\text{mL} = 10\,\text{L} + 60\,\text{mL} + 7\,\text{mL}$

$= 10\,\text{L} + \square\,\text{L} + \square\,\text{L} = \square\,\text{L}$

(3) $4\,\text{km}\ 459\,\text{m} = \square\,\text{km}$

(4) $6\,\text{L}\ 203\,\text{mL} = \square\,\text{L}$

▶

km	m		
일	백	십	일
2	4	0	0

2400 m = 2.4 km

L	mL		
일	백	십	일
2	4	0	0

2400 mL = 2.4 L

9 □ 안에 알맞은 수를 써넣으세요.

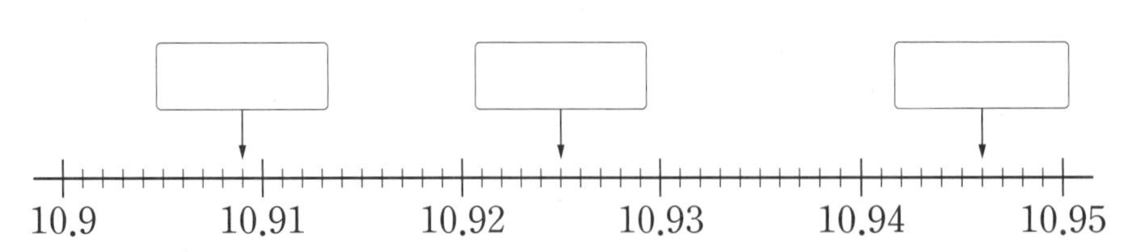

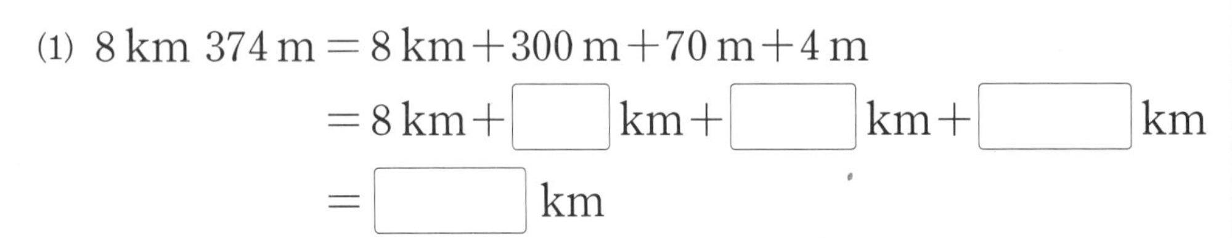

▶ 5.354
➡ 5보다 0.354만큼 더 큰 수

10 빈칸에 알맞은 수를 써넣으세요.

1.367	0.001 작은 수		0.001 큰 수	
	0.01 작은 수	1.368	0.01 큰 수	1.378
	0.1 작은 수		0.1 큰 수	

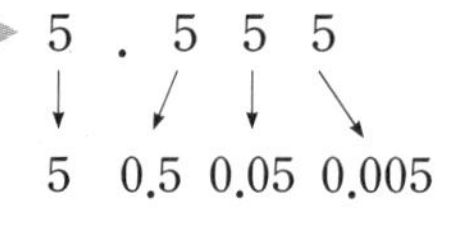

11 숫자 8이 나타내는 수가 가장 큰 수에는 ○표, 가장 작은 수에는 △표 하세요.

8.632 9.508 3.681 80.01 0.803

▶ 5 . 5 5 5 → 5 0.5 0.05 0.005

내가 만드는 문제

12 □ 안에 0부터 9까지의 수를 자유롭게 써넣고 빈 곳에 알맞은 수를 써넣으세요.

▶ 분수를 소수로 바꾸어 생각해.

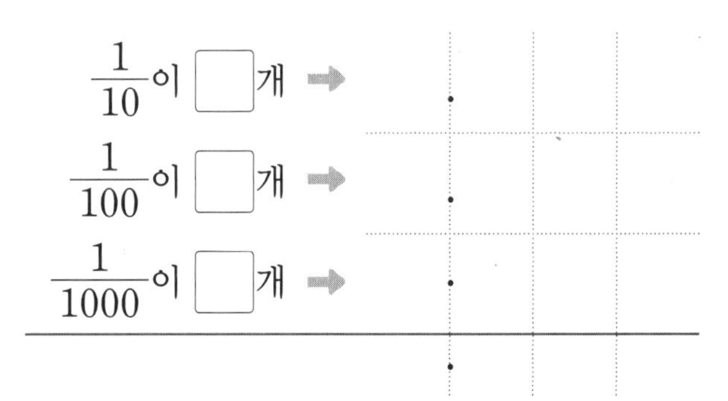

소수는 어디까지 작아질까?

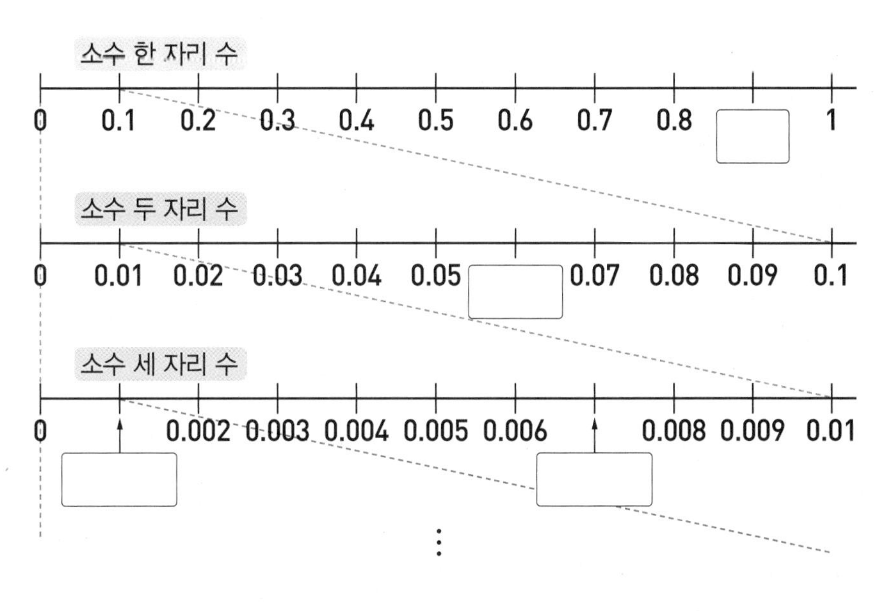

13 모눈종이 전체의 크기를 1이라고 할 때, 색칠된 부분을 소수로 나타내고, 크기를 비교하여 ○ 안에 >, =, <를 알맞게 써넣으세요.

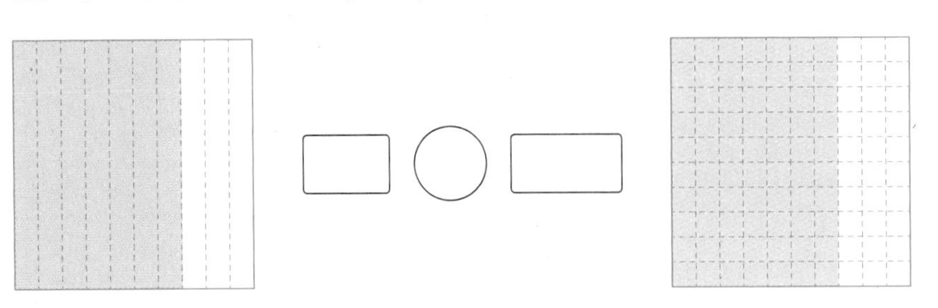

▶ 필요한 경우 소수의 오른쪽 끝자리에 0을 붙일 수 있어.

14 나타내는 수의 크기를 비교하여 ○ 안에 >, =, <를 알맞게 써넣으세요.

(1) $3+0.3+0.04+0.005$ ○ $3+\frac{6}{10}+\frac{2}{100}+\frac{7}{1000}$

(2) $5+0.2+0.07+0.009$ ○ $5+\frac{2}{10}+\frac{7}{100}+\frac{4}{1000}$

▶ 1.005
➡ 1보다 0.005만큼 더 큰 수
➡ $1+0.005$
➡ $1+\frac{5}{1000}$

15 두 수끼리 비교하여 큰 수와 작은 수를 각각 빈칸에 써넣으세요.

3.775 3.79

5.021 5.82

큰 수	작은 수

▶ 자리의 개수가 달라도 수의 크기를 비교할 수 있어.
$0.3(=0.30) < 0.42$

16 7.243, 7.225, 7.238을 수직선에 ↑로 나타내고 작은 수부터 차례로 써 보세요.

➡ ☐ < ☐ < ☐

▶ • 소수 한 자리 수 사이를 10칸으로 나누면
➡ 소수 두 자리 수
• 소수 두 자리 수 사이를 10칸으로 나누면
➡ 소수 세 자리 수

17

보기 의 수를 한 번씩만 사용하여 □ 안에 알맞게 써넣으세요.

보기
7.59 7.059

$7.02<$ □, $7.102<$ □

▶ 수를 한 번씩만 사용해야 해.
7, 9
⇒ $6<7.9$
$8<9$

18

오존은 대기 구성 성분의 하나로 기관지, 폐, 눈 등을 자극하여 여러 질병을 일으키기도 합니다. 어느 날 지역별 오존 농도를 나타낸 그림입니다. 서울, 대전, 부산 중 오존 농도가 가장 높은 지역을 찾아 써 보세요.

( )

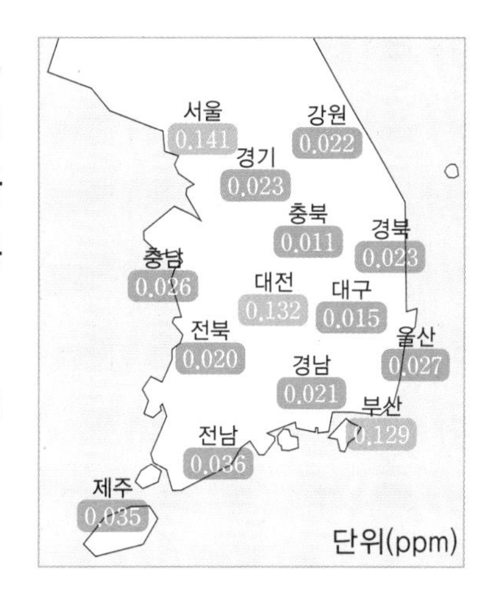

▶ 좋음 0~0.030(ppm)
보통 0.031~0.090(ppm)
나쁨 0.091~0.150(ppm)
매우 나쁨 0.151(ppm)~

내가 만드는 문제

19

작은 수부터 차례로 쓰려고 합니다. 빈칸에 자유롭게 소수 두 자리 수 또는 소수 세 자리 수를 써넣으세요.

1.05 — 1.223 — 2.55 — □ — □ — □

▶ $0.199<0.3<1.25<\cdots$

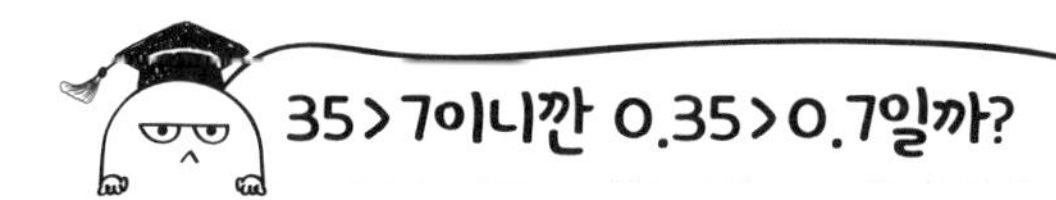

십의 자리	일의 자리	소수 첫째 자리	소수 둘째 자리
3	5		
	7		

⇒ 35 ○ 7

십의 자리	일의 자리	소수 첫째 자리	소수 둘째 자리
	0 .	3	5
	0 .	7	

⇒ 0.35 ○ 0.7

소수는 수의 개수에 상관없이 높은 자리 숫자가 클 수록 큰 수야.

20 빈 곳에 알맞은 수를 써넣으세요.

(1)

(2)

배수 알아보기

배수: 어떤 수를 1배, 2배, 3배, ...한 수

2의 배수 ➡ 2, 4, 6, 8, 10, ...

➕ 빈 곳에 알맞은 수를 써넣으세요.

(1)

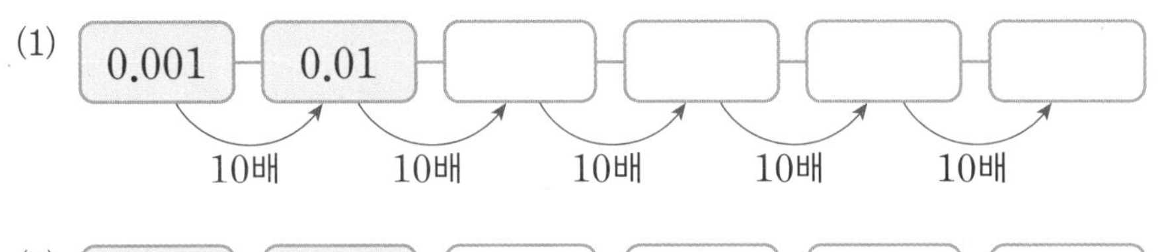

(2)

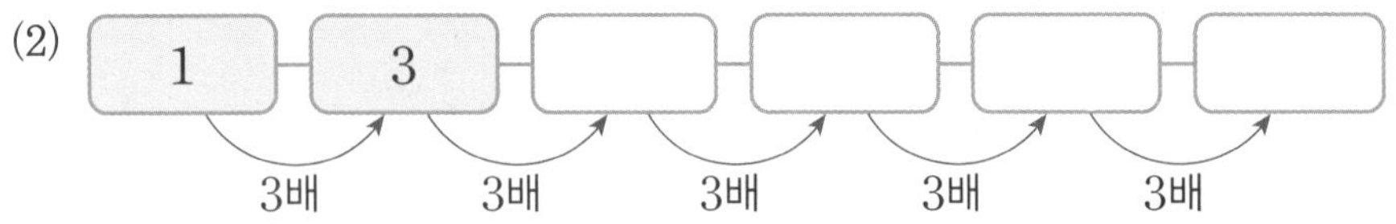

21 과일의 무게를 구해 보세요.

(1) (2)

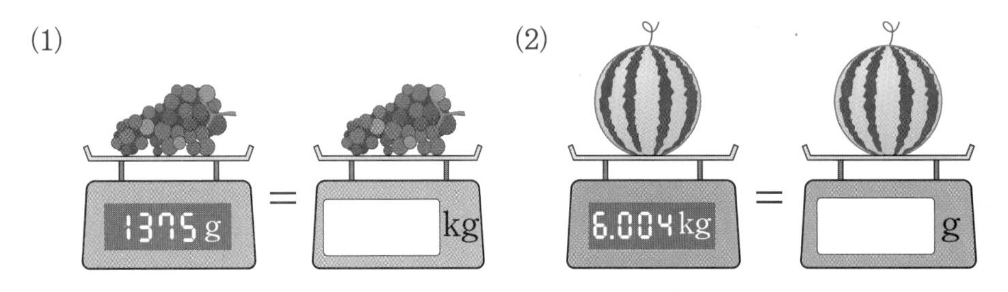

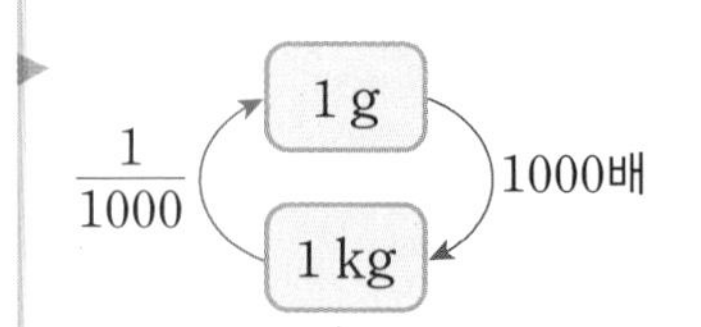

22 설명하는 수가 다른 사람을 찾아 이름을 써 보세요.

( )

▶ 자리를 이동한 후 빈자리에는 0을 써.

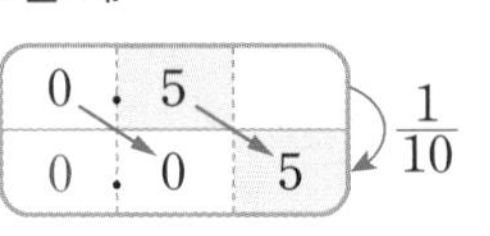

23 보기 와 같은 규칙으로 빈칸에 알맞은 수를 써넣으세요.

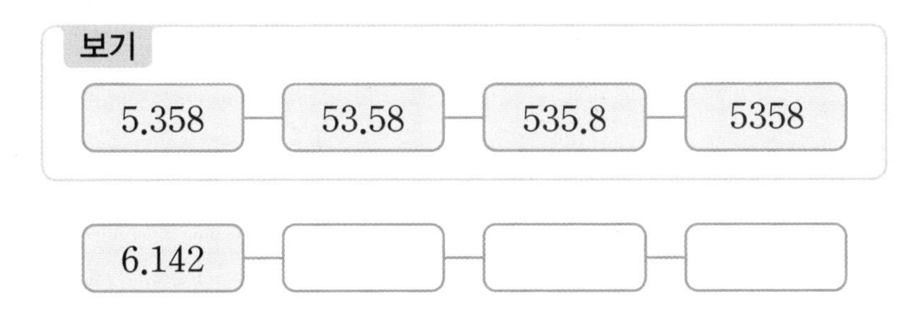

▶ 어랏, 숫자는 같은데 소수점의 위치가 달라지네.

24 □ 안에 알맞은 수를 써넣으세요.

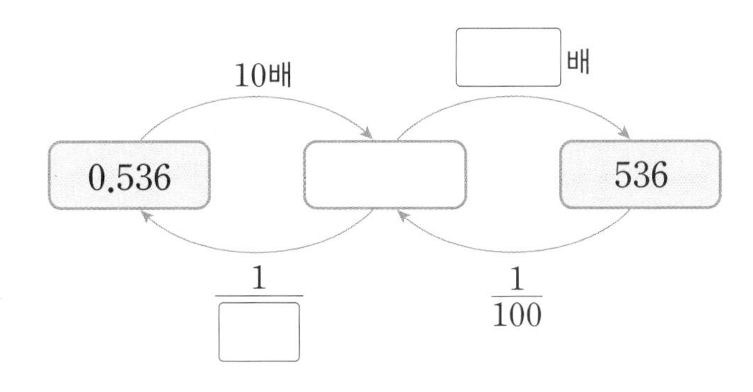

▶

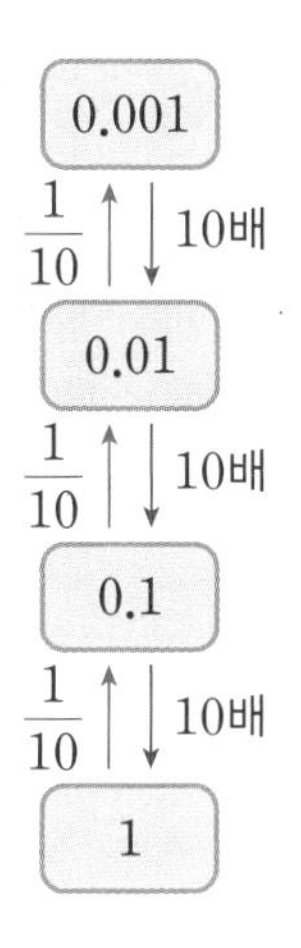

내가 만드는 문제

25 □ 안에 소수 두 자리 수를 자유롭게 써넣고, 빈 곳에 알맞은 수를 써넣으세요.

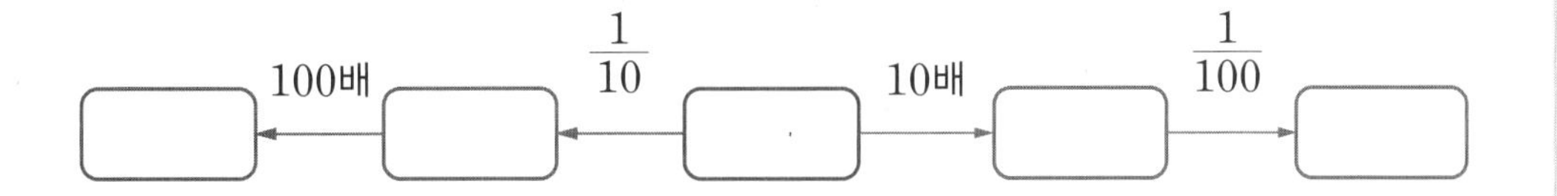

▶

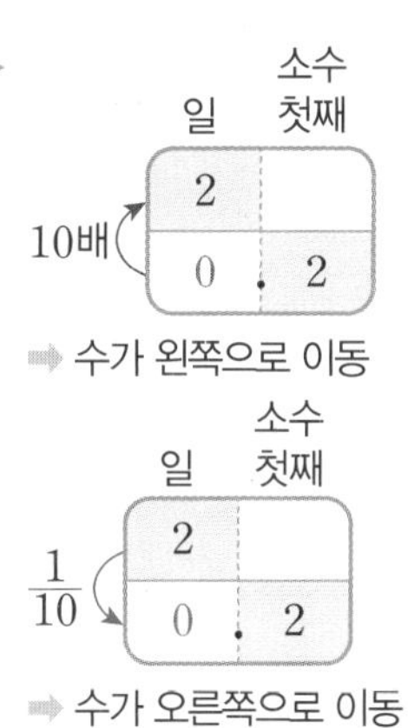

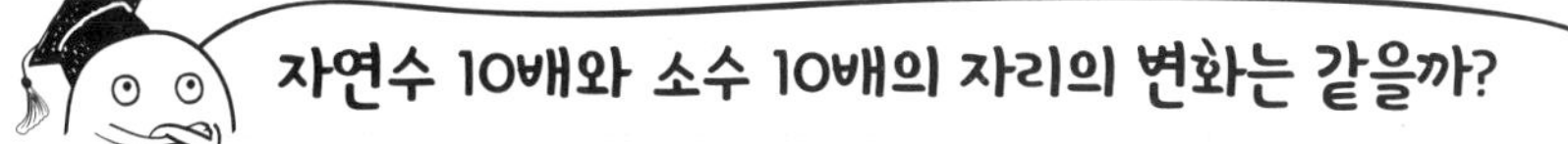

• 자연수

• 소수

수가 앞으로 한 자리씩 나아가는게 같구나.

4 (몇십몇)+(몇십몇)의 계산에 소수점을 찍으면?

● 받아올림이 없는 경우

3.5 —(+2.4)→ 5.9
3.5 —(+2)→ 5.5 —(+0.4)→ 5.9

3.5	→	0.1이 35개
+ 2.4	→	0.1이 24개
5.9	←	0.1이 59개

● 받아올림이 있는 경우

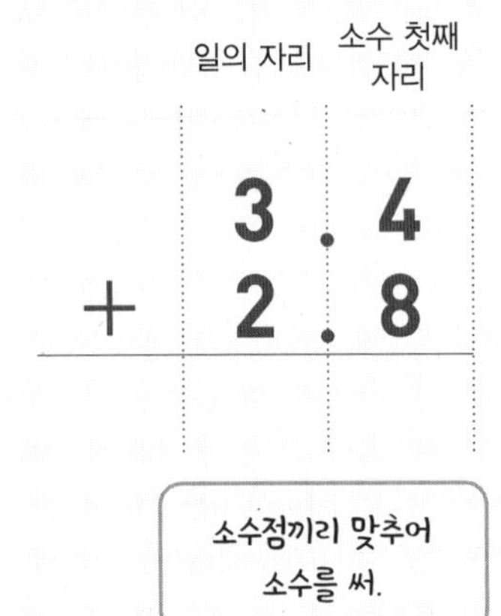

소수점끼리 맞추어 소수를 써.

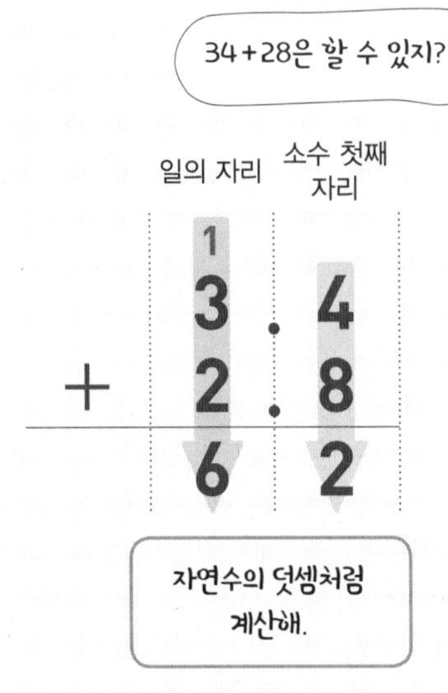

자연수의 덧셈처럼 계산해.

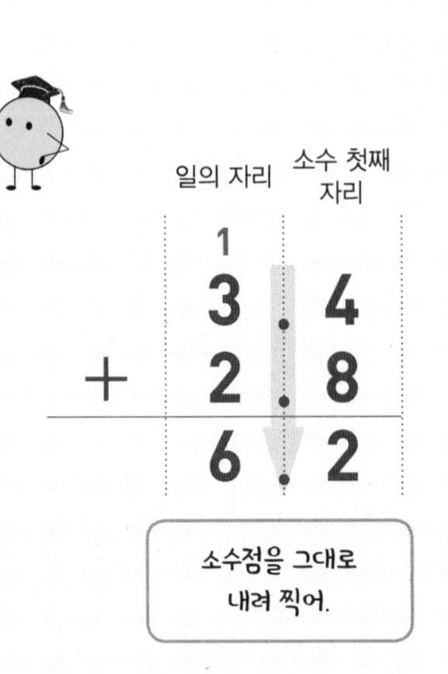

소수점을 그대로 내려 찍어.

1 0.3+0.4를 계산하려고 합니다. 물음에 답하고 □ 안에 알맞은 수를 써넣으세요.

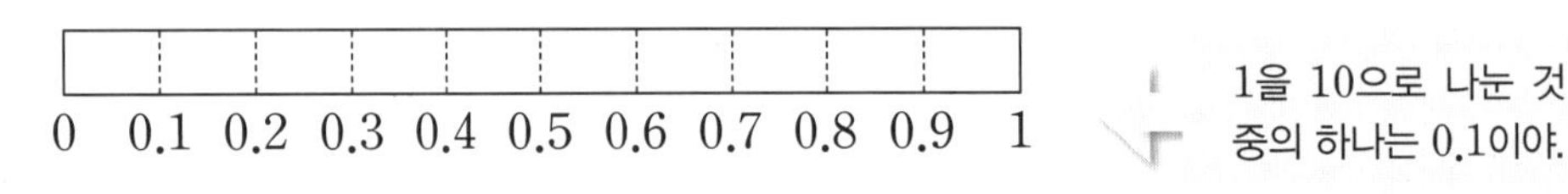

1을 10으로 나눈 것 중의 하나는 0.1이야.

(1) 0.3만큼 빨간색으로 색칠하고 이어서 0.4만큼 파란색으로 색칠해 보세요.

(2) 0.3은 □칸을 색칠하고 0.4는 □칸을 색칠하였으므로 색칠한 칸은 모두 □칸입니다.

(3) 0.3+0.4=□입니다.

2 □ 안에 알맞은 수를 써넣으세요.

(1)

2.6	→	0.1이 26 개
+ 5.3	→	0.1이 □개
□	←	0.1이 □개

(2)

2.6	→	0.1이 26 개
+ 5.4	→	0.1이 □개
□	←	0.1이 □개

정답과 풀이 17쪽

5 (몇십몇)−(몇십몇)의 계산에 소수점을 찍으면?

● 받아내림이 없는 경우

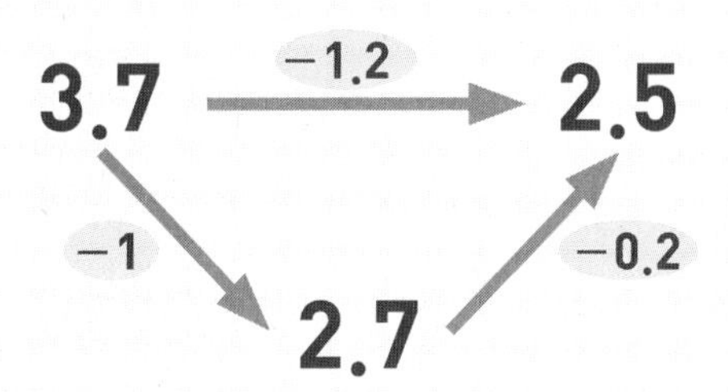

$$\begin{array}{r} 3.7 \rightarrow 0.1\text{이 } 37\text{개} \\ -\ 1.2 \rightarrow 0.1\text{이 } 12\text{개} \\ \hline 2.5 \leftarrow 0.1\text{이 } 25\text{개} \end{array}$$

● 받아내림이 있는 경우

43−27의 계산 방법과 같네!

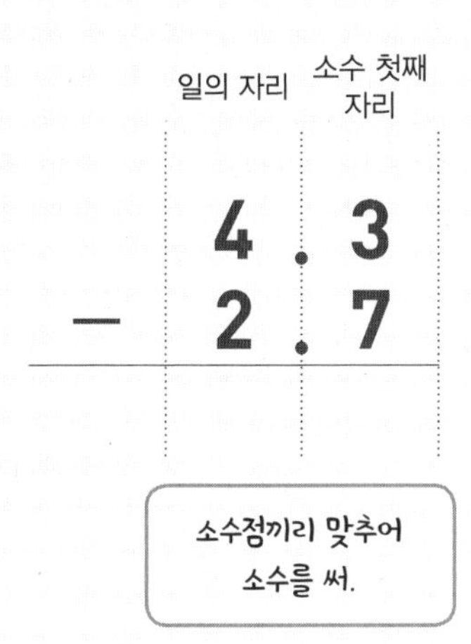

소수점끼리 맞추어 소수를 써.

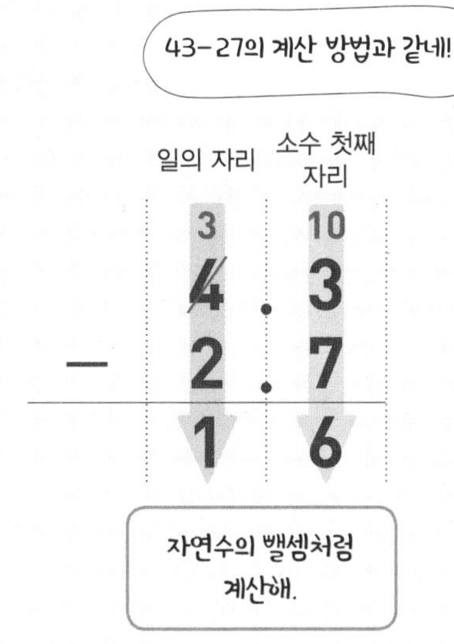

자연수의 뺄셈처럼 계산해.

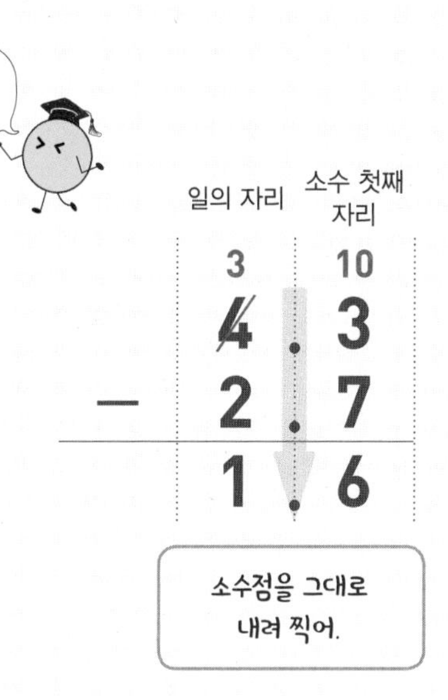

소수점을 그대로 내려 찍어.

1 0.7−0.3을 계산하려고 합니다. 물음에 답하고 □ 안에 알맞은 수를 써넣으세요.

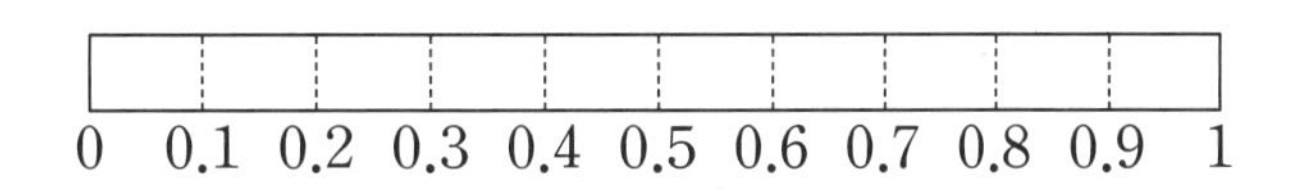

(1) 0.7만큼 색칠하고 색칠한 부분에서 0.3만큼 ×로 지워 보세요.

(2) 0.7은 □ 칸을 색칠하고 0.3은 ×로 □ 칸을 지웠으므로 남은 부분은 □ 칸입니다.

(3) 0.7−0.3= □ 입니다.

2 □ 안에 알맞은 수를 써넣으세요.

(1)
$$\begin{array}{r} 7.8 \rightarrow 0.1\text{이 } 78\text{ 개} \\ -\ 3.7 \rightarrow 0.1\text{이 } \square\text{ 개} \\ \hline \square \leftarrow 0.1\text{이 } \square\text{ 개} \end{array}$$

(2)
$$\begin{array}{r} 7.5 \rightarrow 0.1\text{이 } 75\text{ 개} \\ -\ 3.6 \rightarrow 0.1\text{이 } \square\text{ 개} \\ \hline \square \leftarrow 0.1\text{이 } \square\text{ 개} \end{array}$$

6 (몇백몇)+(몇백몇)의 계산에 소수점을 찍으면?

● 받아올림이 없는 경우

0.71 —(+2.15)→ 2.86
0.71 —(+2)→ 2.71 —(+0.1)→ 2.81 —(+0.05)→ 2.86

	0.71	→ 0.01이	71개
+	2.15	→ 0.01이	215개
	2.86	← 0.01이	286개

● 받아올림이 있는 경우

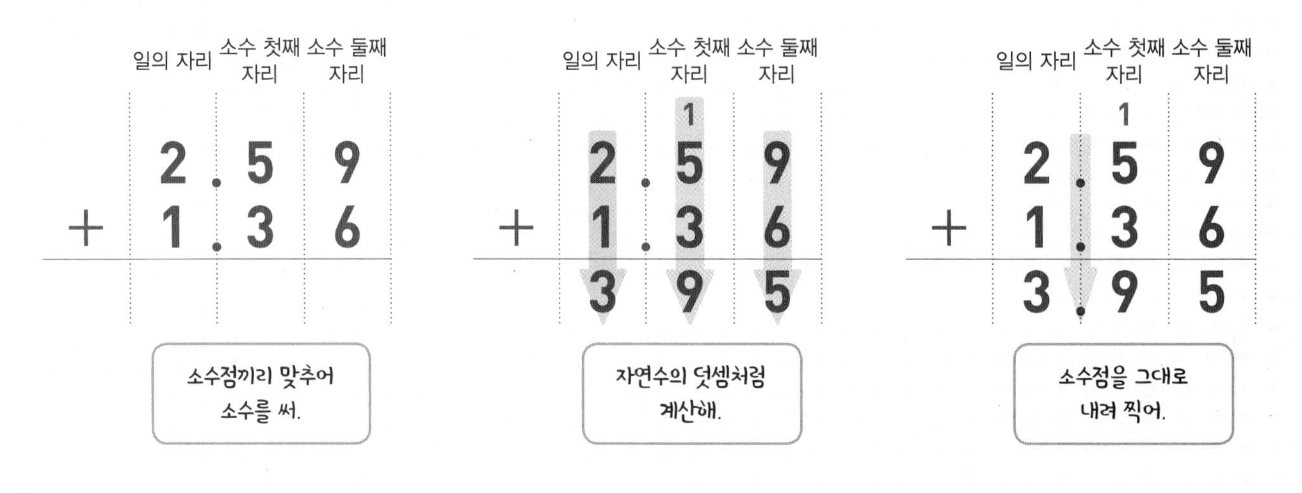

1 모눈종이 전체 크기가 1이라고 할 때 물음에 답하고 □ 안에 알맞은 수를 써넣으세요.

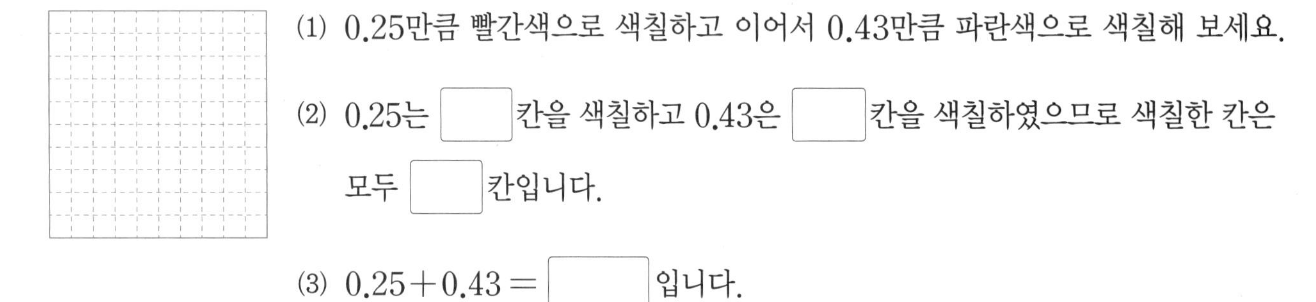

(1) 0.25만큼 빨간색으로 색칠하고 이어서 0.43만큼 파란색으로 색칠해 보세요.

(2) 0.25는 □칸을 색칠하고 0.43은 □칸을 색칠하였으므로 색칠한 칸은 모두 □칸입니다.

(3) 0.25+0.43=□입니다.

2 □ 안에 알맞은 수를 써넣으세요.

(1)

	3.71	→ 0.01이	371 개
+	4.18	→ 0.01이	□개
	□	← 0.01이	□개

(2)

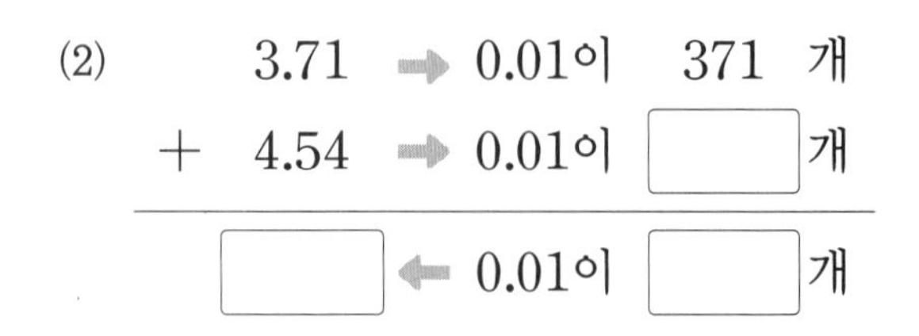

	3.71	→ 0.01이	371 개
+	4.54	→ 0.01이	□개
	□	← 0.01이	□개

정답과 풀이 18쪽

7 (몇백몇)−(몇백몇)의 계산에 소수점을 찍으면?

● 받아내림이 없는 경우

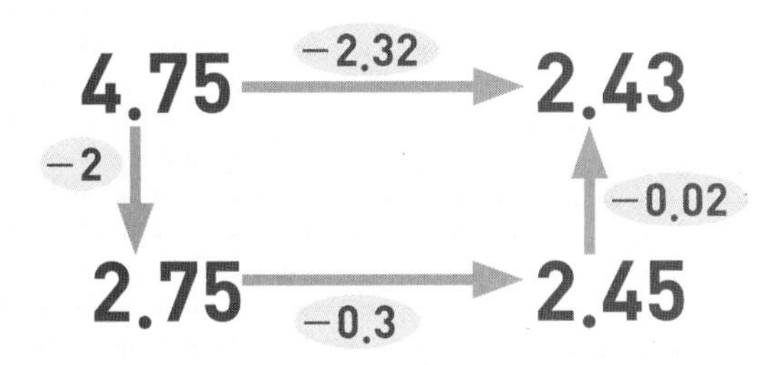

	4.75	→	0.01이 475개
−	2.32	→	0.01이 232개
	2.43	←	0.01이 243개

● 받아내림이 있는 경우

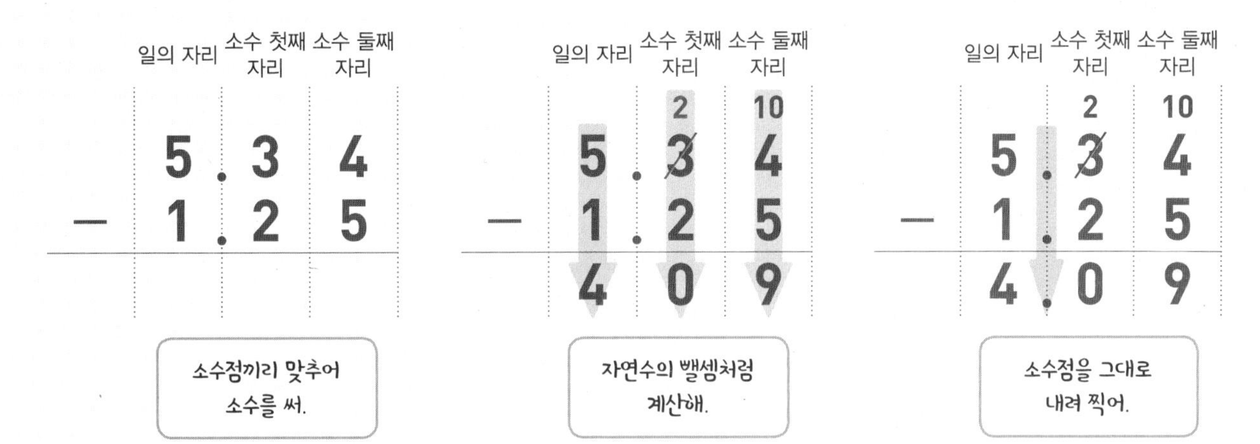

1 모눈종이 전체 크기가 1이라고 할 때 물음에 답하고 □ 안에 알맞은 수를 써넣으세요.

(1) 0.52만큼 색칠하고, 색칠한 부분에서 0.26만큼을 ×로 지워 보세요.

(2) 0.52는 □ 칸을 색칠하고 0.26은 ×로 □ 칸을 지웠으므로 남은 부분은 모두 □ 칸입니다.

(3) $0.52-0.26=$ □ 입니다.

2 □ 안에 알맞은 수를 써넣으세요.

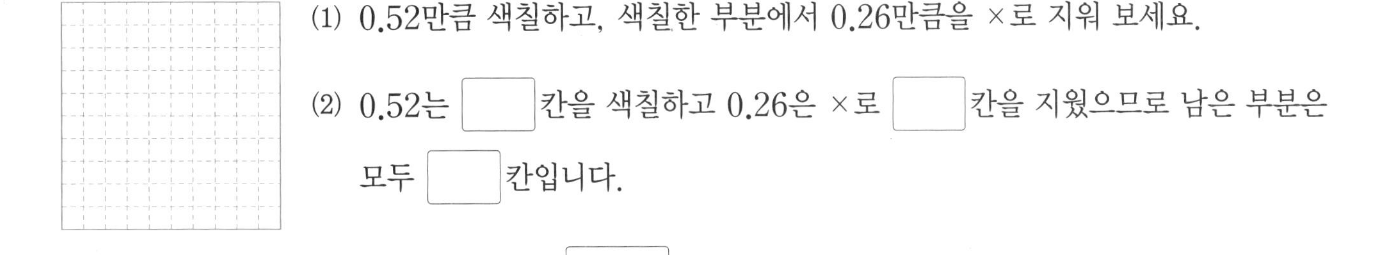

(1)

	6.17	→	0.01이 617 개
−	3.04	→	0.01이 □ 개
	□	←	0.01이 □ 개

(2)

	6.17	→	0.01이 617 개
−	3.08	→	0.01이 □ 개
	□	←	0.01이 □ 개

4 소수 한 자리 수의 덧셈

1 □ 안에 알맞은 수를 써넣으세요.

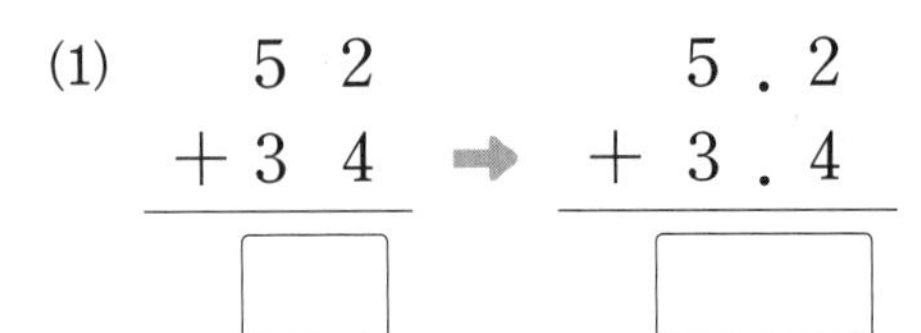

(1)
$$\begin{array}{r} 5\ 2 \\ +3\ 4 \\ \hline \square \end{array} \Rightarrow \begin{array}{r} 5.2 \\ +3.4 \\ \hline \square \end{array}$$

(2)
$$\begin{array}{r} 4\ 8 \\ +2\ 6 \\ \hline \square \end{array} \Rightarrow \begin{array}{r} 4.8 \\ +2.6 \\ \hline \square \end{array}$$

▶ 소수와 자연수의 덧셈 방법은 같아.

2 계산해 보세요.

(1) $1.4+2.6$
$1.4+3.6$
$1.4+4.6$

(2) $5.5+2.1$
$5.4+2.1$
$5.3+2.1$

▶ 소수점 오른쪽 끝자리의 0은 생략해도 되지만 계산 결과 중간의 0은 생략하면 안 돼.

$$\begin{array}{r} 0.8 \\ +0.2 \\ \hline 1.\not{0} \end{array} \quad \text{(O)} \qquad \begin{array}{r} 0.7 \\ +0.2 \\ \hline \not{0}.9 \end{array} \quad \text{(X)}$$

3 소수점끼리 맞추어 세로셈으로 나타내어 계산해 보세요.

(1) $1.8+5 \Rightarrow +$

(2) $2+3.2 \Rightarrow +$

▶ 자연수도 소수가 될 수 있어.
$2=2.0$
$3=3.0$
⋮

4 빈칸에 알맞은 수를 써넣으세요.

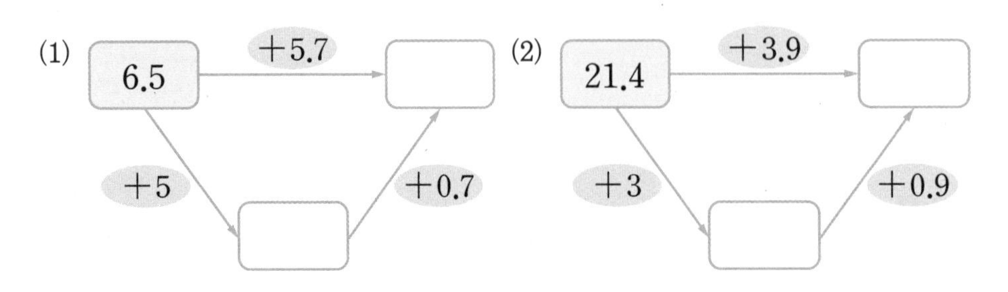

▶ $10+5=10+2+3$

5 두 막대의 길이의 합은 몇 cm인지 구해 보세요.

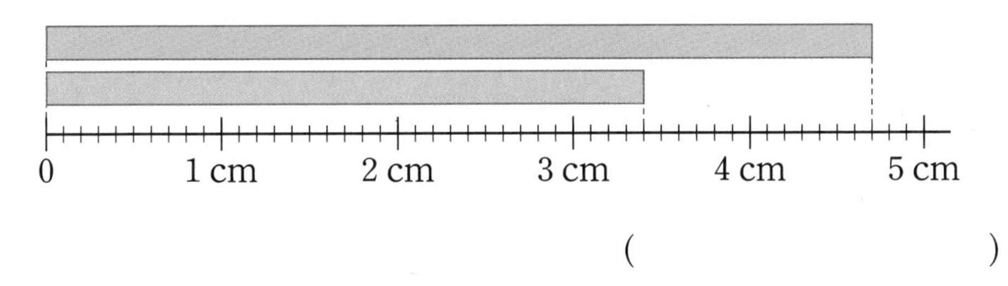

( )

▶ 수직선의 작은 눈금 한 칸의 크기는 0.1 cm야.

1 cm
1 mm
0 1 2

1 mm = 0.1 cm

6 같은 모양은 같은 수를 나타냅니다. 각 모양에 알맞은 수를 구해 보세요.

(1) ● + ● = 1.8 ➡ ● = ( )

(2) ▲ + ▲ + ▲ = 3.6 ➡ ▲ = ( )

▶ 계산 결과를 자연수로 생각하여 계산해 봐.

● + ● = 0.6 ➡ ● = 0.3

6 ÷ 2 = 3

내가 만드는 문제

7 소수 막대를 사용하여 소수의 덧셈을 하려고 합니다. 보기 와 같이 소수 막대를 그려 1이 되도록 모양을 만들고 식을 써 보세요.

보기

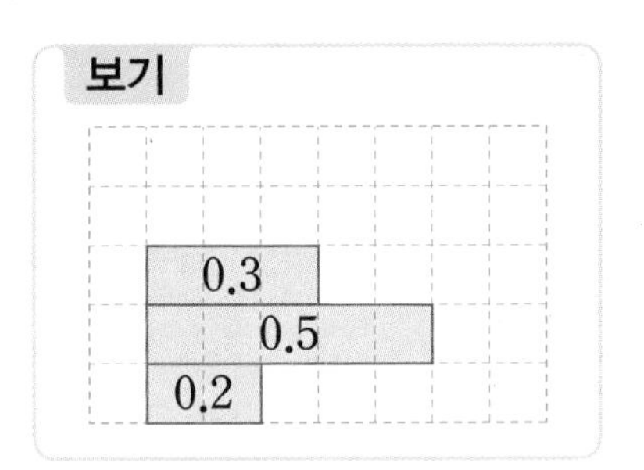

식 $0.3+0.5+0.2=1$

식 ....

▶ 소수 막대를 세로로 만들 수도 있어.

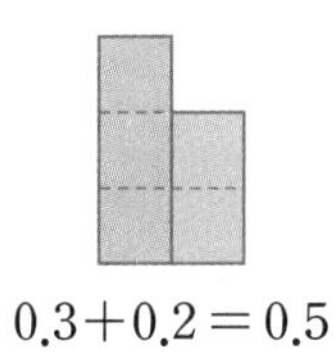

$0.3+0.2=0.5$

3

소수끼리 더하면 항상 소수만 나올까?

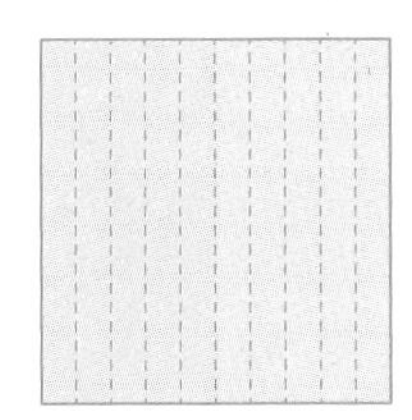

$0.5+0.5=1$

$0.4+0.6=$ □

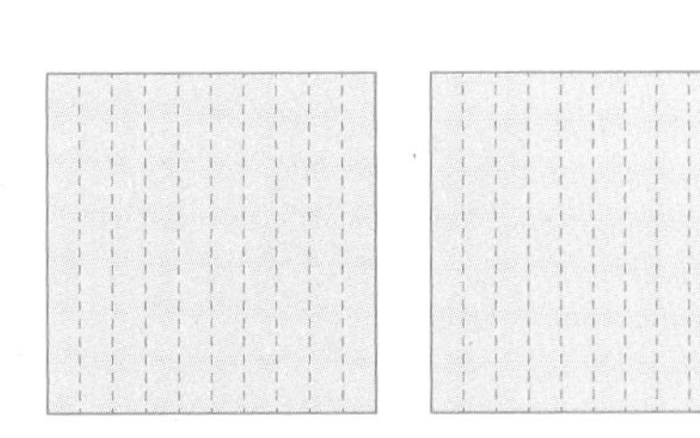

$1.3+0.7=$ □

8 □ 안에 알맞은 수를 써넣으세요.

▶ 소수와 자연수의 뺄셈 방법은 같아.

(1) 87 − 23 = □ ➡ 8.7 − 2.3 = □

(2) 87 − 33 = □ ➡ 8.7 − 3.3 = □

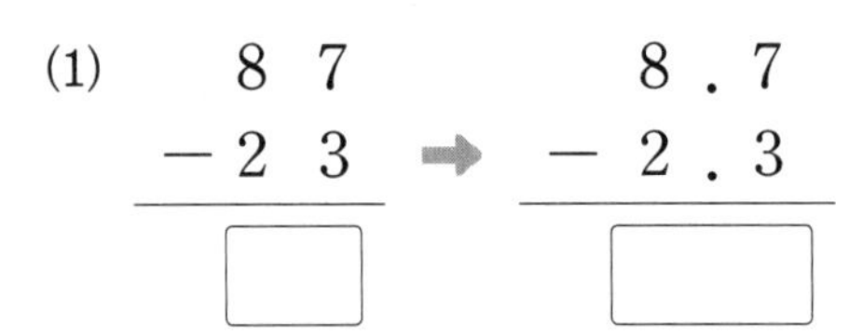

9 □ 안에 알맞은 수를 써넣으세요.

▶ 계산이 맞았는지 확인해 봐.

(1) 8.9 − 1.2 = □, □ + 1.2 = □

(2) 6.2 − 4.8 = □, □ + 4.8 = □

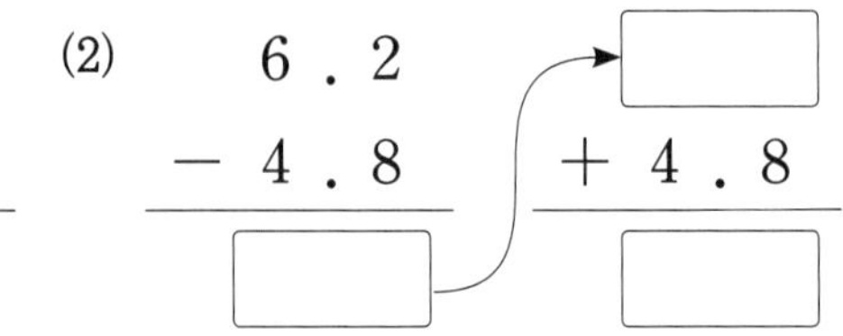

10 계산이 잘못된 곳을 찾아 바르게 계산해 보세요.

$$\begin{array}{r} 5.3 \\ -\ 2.8 \\ \hline 50.2 \end{array}$$ ➡ □

11 두 수 중 계산 결과가 작은 수를 따라 선을 긋고 계산해 보세요.

▶ 같은 수에서 큰 수를 뺄수록 계산 결과가 작아져.

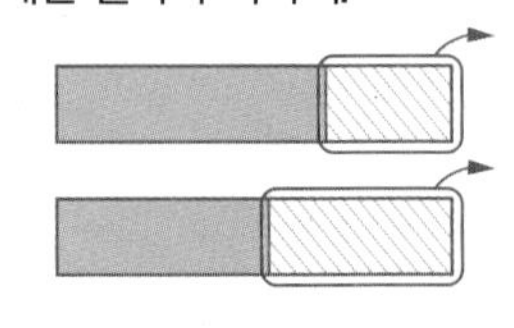

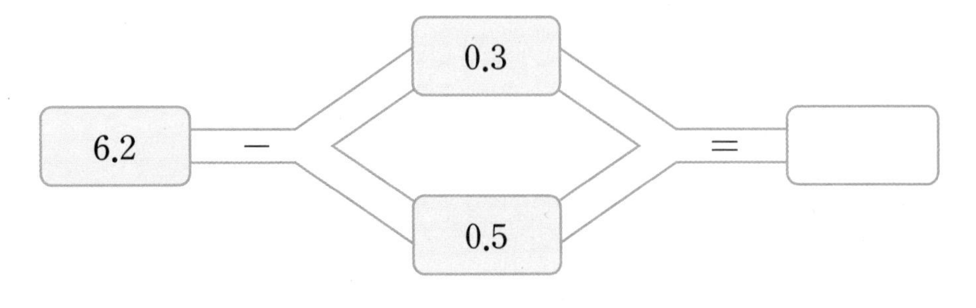

12 설명하는 수보다 2.9만큼 더 작은 수는 얼마인지 구해 보세요.

1이 6개, 0.1이 23개인 수

( )

▶ ■보다 ●만큼 더 작은 수 ➡ ■ − ●

13 각 변의 합이 10이 되도록 빈칸에 알맞은 수를 보기 에서 찾아 써 보세요.

보기
1.2 3.75
6.2 5.1 3.5
2.7 5.14

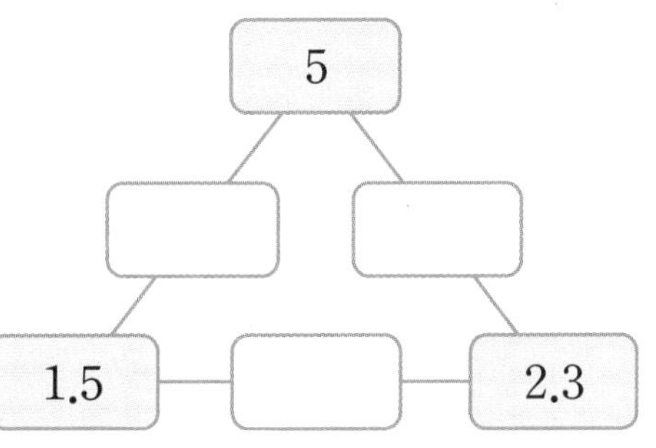

▶ 10에서 꼭짓점의 두 수를 빼.

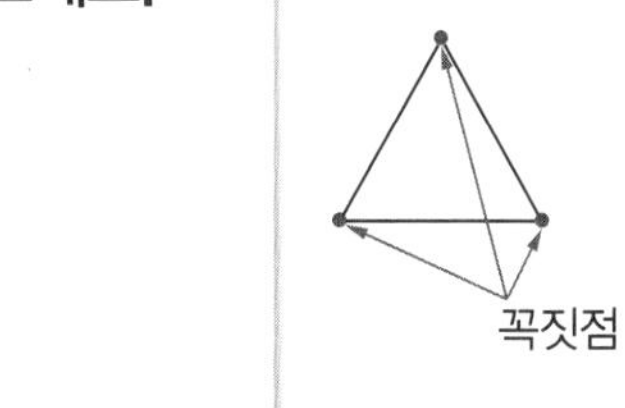

내가 만드는 문제

14 빈칸에 1부터 9까지의 수를 자유롭게 써넣어 덧셈식을 완성해 보세요.

□.□ + □.□ = □

▶ 먼저 색칠된 칸에 수를 써넣은 후 소수 한 자리 수를 정해 그 수를 빼.

소수의 덧셈과 뺄셈도 한 가족일까?

덧셈

$0.8 + 1.4 =$ □

$1.4 + 0.8 =$ □

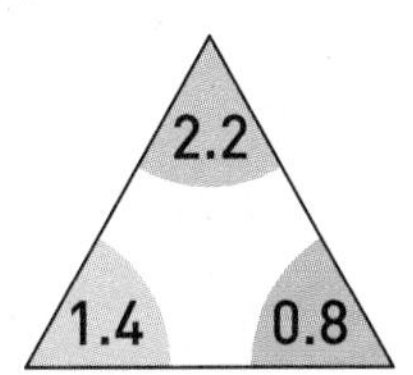

뺄셈

$2.2 - 0.8 =$ □

$2.2 - 1.4 =$ □

자연수와 마찬가지로 소수의 덧셈과 뺄셈도 한 가족이야.

15 □ 안에 알맞은 수를 써넣으세요.

▶ ●+■=■+●

(1) $0.45+1.23=\square$
$1.23+0.45=\square$

(2) $2.52+3.2=\square$
$3.2+2.52=\square$

(3) $8.34+1.47=\square$
$1.47+8.34=\square$

(4) $9.28+12.9=\square$
$12.9+9.28=\square$

16 수의 크기를 비교하여 ○ 안에 $>$, $=$, $<$를 알맞게 써넣으세요.

▶ ■보다 ▲만큼 더 큰 수
➡ ■+▲

(1) 1.82보다 0.08만큼 더 큰 수 ○ $0.82+1.08$

(2) $3+0.7+0.05$ ○ $1.32+2.43$

17 □ 안에 알맞은 수를 써넣으세요.

▶ 소수와 자연수의 계산 방법은 같아.

	□	4	1
+	5	1	□
	8	□	6

➡

	□.	4	1
+	5.	1	□
	8.	□	6

18 보기 를 보고 □ 안에 알맞은 수를 써넣으세요.

▶ $5+0.3+0.01$
$=5.31$

보기

●$=11$	●$=9$
▲$=0.7$	▲$=0.5$
■$=0.06$	■$=0.03$

●+▲+■$=\square$
$+$ ●+▲+■$=\square$
$\square$

19 닭새우는 전체 몸길이가 약 0.25 m에 이르는 대형 새우로 머리가 닭 벼슬 모양입니다. 다른 새우와 달리 이마뿔 대신 몸길이를 2번 더한 길이 정도의 굵은 더듬이가 있는 것이 특징입니다. 닭새우의 더듬이는 약 몇 m일까요?

( )

(소수)×(자연수) 알아보기

- 덧셈식으로 계산하기
  $0.2\times3=0.2+0.2+0.2$
  $=0.6$
- 자연수의 곱셈으로 계산하기
  $2\times3=6 \Rightarrow 0.2\times3=0.6$

➕ □ 안에 알맞은 수를 써넣으세요.

$0.6\times3=0.6+\square+\square$
$=\square$

20 두 수를 골라 합이 가장 크게 되도록 식을 만들어 보세요.

5.21	8.32	5.99	6.01

$\square+\square=\square$

내가 만드는 문제

21 수 카드를 자유롭게 골라 소수 두 자리 수를 2개 만들고, 두 수의 합을 구해 보세요.

▶ 하나의 수 카드를 여러 번 사용해도 돼.

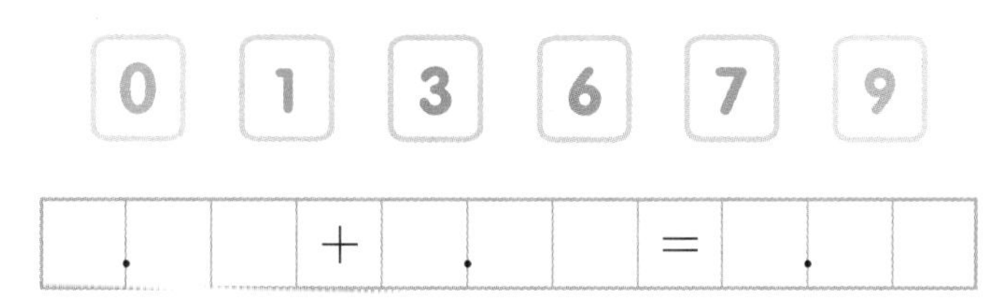

□.□□ + □.□□ = □.□□

자연수의 덧셈과 소수의 덧셈 방법의 차이는?

- 42＋325
  - 낮은 자리에 맞추어 계산: 42 + 325 = □□□ (O)
  - 높은 자리에 맞추어 계산: 42 + 325 = 745 (X)
- 4.2＋3.25
  - 낮은 자리에 맞추어 계산: 4.2 + 3.25 = 3.67 (X)
  - 소수점끼리 맞추어 계산: 4.2 + 3.25 = □.□□ (O)

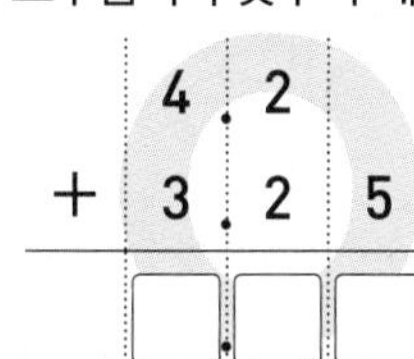

7 소수 두 자리 수의 뺄셈

22 □ 안에 알맞은 수를 써넣으세요.

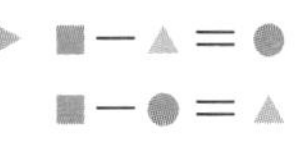

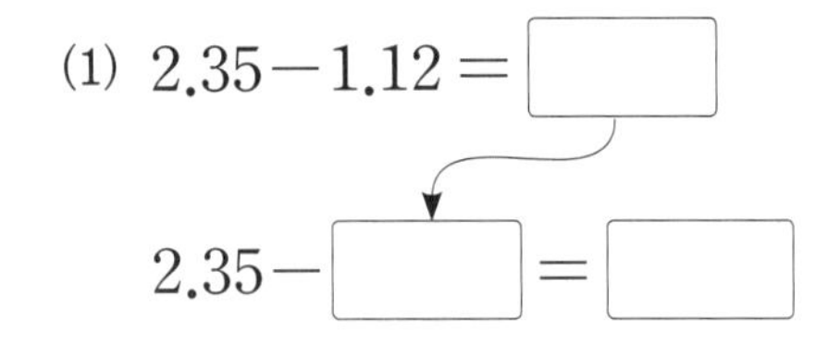

(2) $4.65-2.31=\square$

$4.65-\square=\square$

23 주어진 수를 이용하여 덧셈식 2개와 뺄셈식 2개를 각각 만들어 보세요.

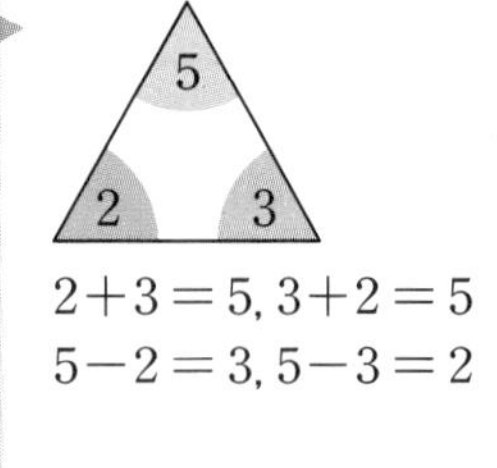

$2+3=5$, $3+2=5$
$5-2=3$, $5-3=2$

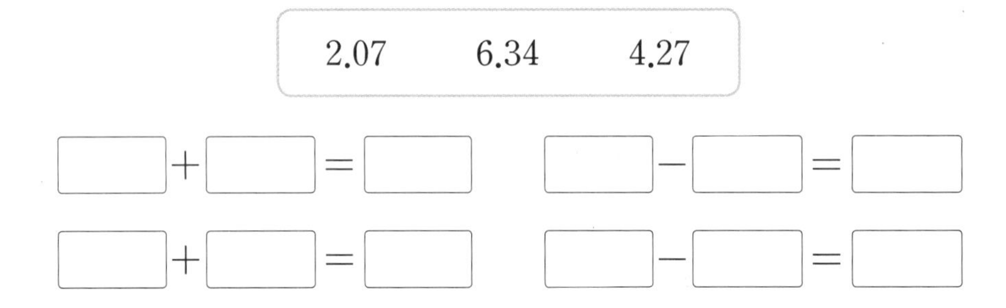

24 □ 안에 알맞은 수를 써넣으세요.

0.9를 빼는 것은 1을 뺀 다음 0.1을 더하는 것과 같아.
$2-0.9=2-1+0.1$

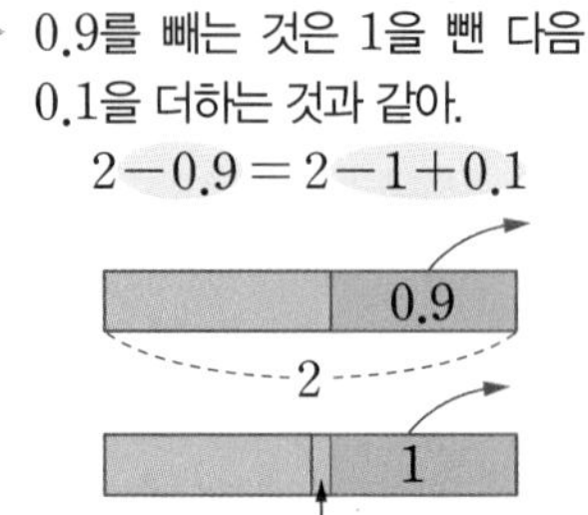

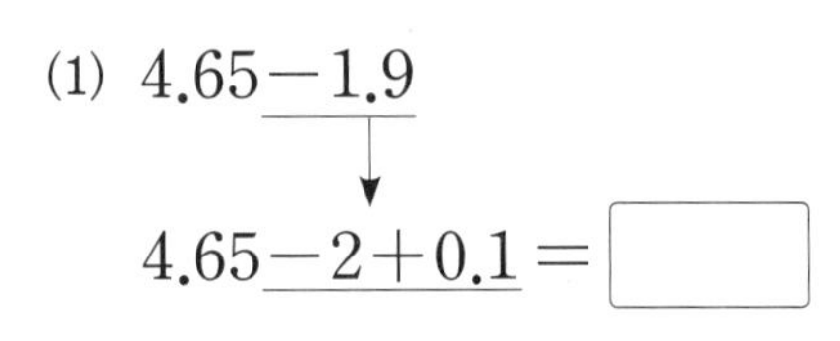

(2) $1.5-0.99$

$1.5-\square+0.01=\square$

25 □ 안에 알맞은 수를 써넣으세요.

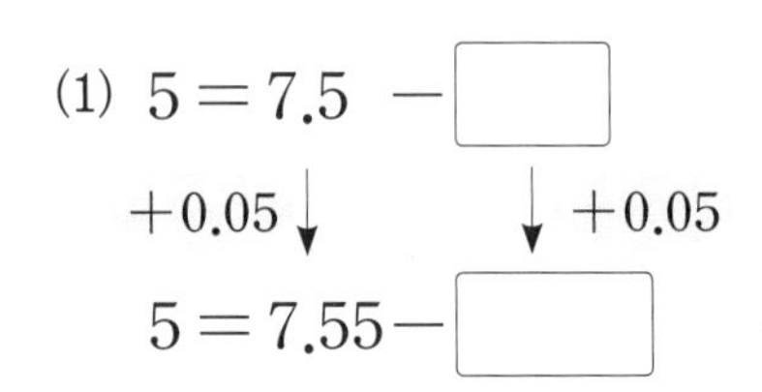

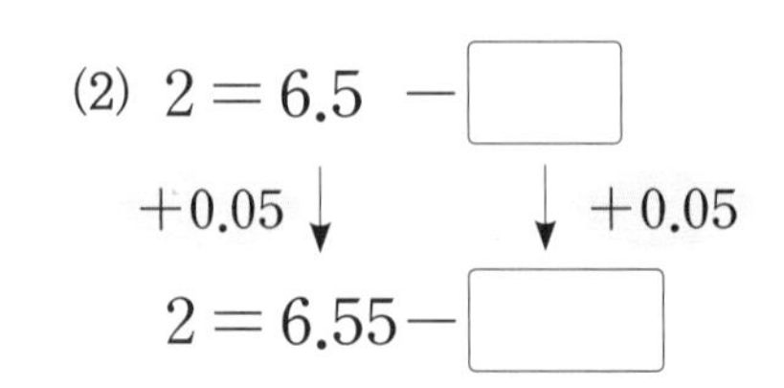

26 화살표를 따라가며 계산하여 빈칸에 알맞은 수를 써넣으세요.

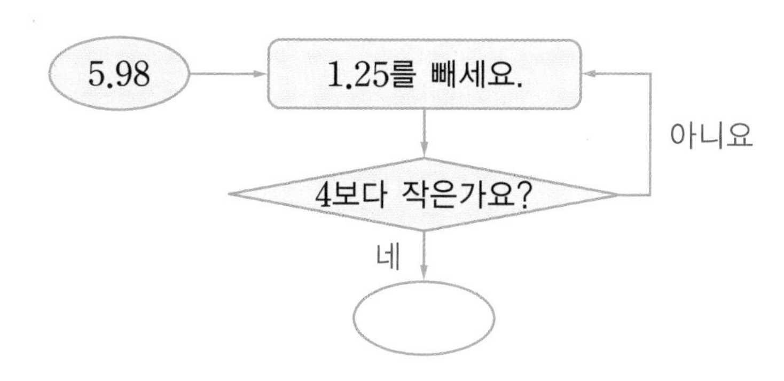

▶ 명령들을 순서대로 따라가며 '아니요'가 나오면 전 단계로 돌아가.

27 규칙을 찾아 빈칸에 알맞은 수를 써넣으세요.

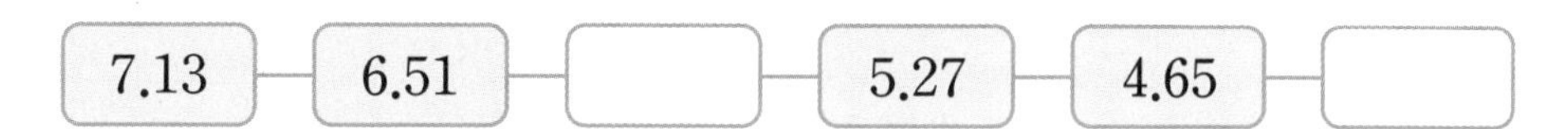

▶ 몇씩 작아지는지 찾아봐.

내가 만드는 문제

28 수직선에서 두 소수를 고르고 두 소수의 차를 계산해 보세요.

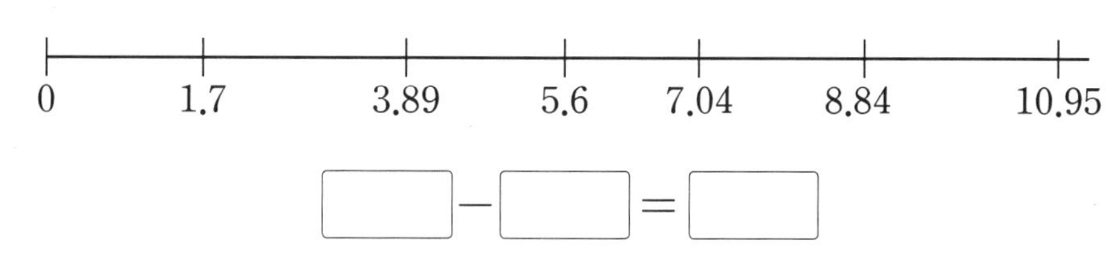

▶ 수직선에서 두 수의 차는 두 수 사이의 거리를 뜻해.

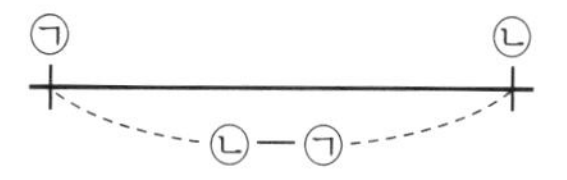

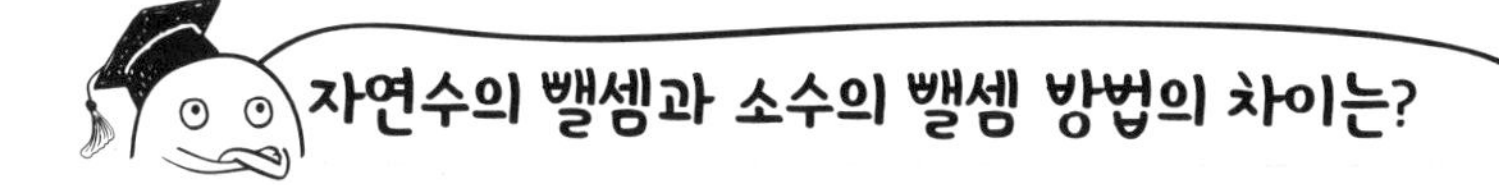

• 857 − 24

낮은 자리에 맞추어 계산　　높은 자리에 맞추어 계산

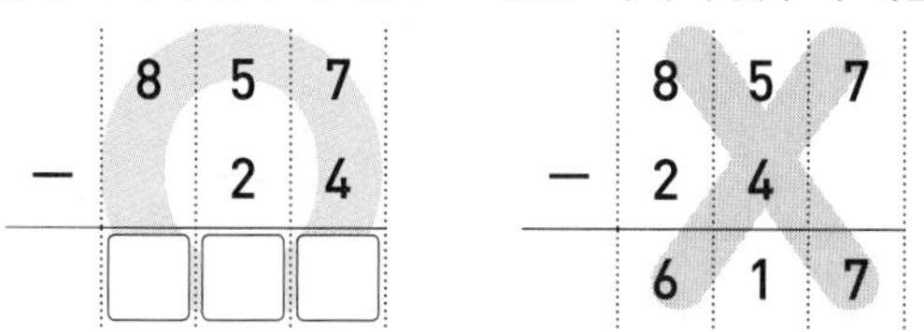

• 8.57 − 2.4

낮은 자리에 맞추어 계산　　소수점끼리 맞추어 계산

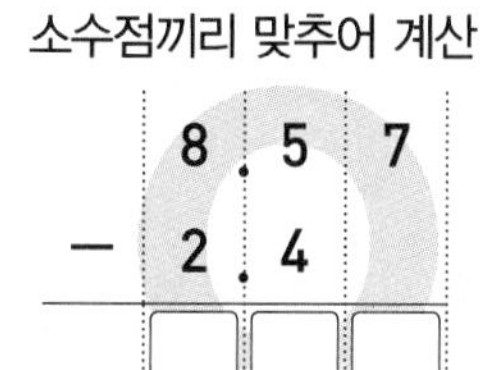

개념 완성

발전 문제

1 소수의 자릿값 비교하기

1 준비

숫자 3이 나타내는 수가 더 큰 소수에 ○표 하세요.

0.351 4.238

2 확인

숫자 7이 나타내는 수가 큰 수부터 차례로 써 보세요.

7.14 71.4 0.714

( )

3 완성

㉠이 나타내는 수는 ㉡이 나타내는 수의 몇 배일까요?

12.525 (㉠: 2, ㉡: 2)

( )

2 수의 크기 비교하기

4 준비

□ 안에 들어갈 수 있는 수에 모두 ○표 하세요.

(1) 3.2□ $<$ 3.25

(1 , 2 , 3 , 4 , 5 , 6 , 7 , 8 , 9)

(2) 6.27 $<$ □.98

(1 , 2 , 3 , 4 , 5 , 6 , 7 , 8 , 9)

5 확인

0부터 9까지의 수 중에서 □ 안에 들어갈 수 있는 수를 모두 구해 보세요.

7.□4 $>$ 7.52

( )

6 완성

0부터 9까지의 수 중에서 □ 안에 들어갈 수 있는 수는 모두 몇 개일까요?

5.37 − 1.29 $<$ 4.0□

( )

3 ×10과 ÷10 계산하기

7 준비

×10은 주어진 수를 10배로 만듭니다. □ 안에 알맞은 수를 써넣으세요.

(1)

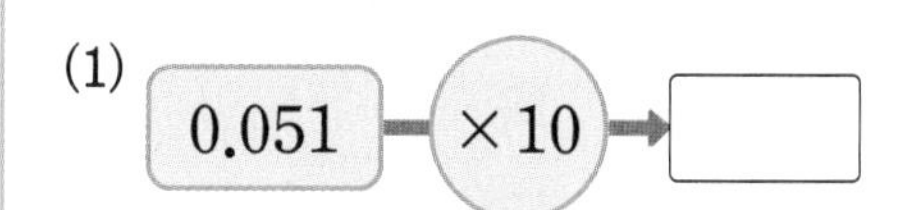

(2) 2.613 → ×10 → ×10 → □

8 확인

÷10은 주어진 수를 $\frac{1}{10}$로 만듭니다. □ 안에 알맞은 수를 써넣으세요.

(1) 4.71 → ÷10 → □

(2) 64.2 → ÷10 → ÷10 → □

9 완성

×10은 주어진 수를 10배, ÷10은 주어진 수를 $\frac{1}{10}$로 만듭니다. □ 안에 알맞은 수를 써넣으세요.

(1) 5.084 → ×10 → ÷10 → □

(2) 12.6 → ÷10 → ×10 → □

4 조건에 맞는 두 수의 합과 차 구하기

10 준비

두 수의 합을 구해 보세요.

- 0.1이 5개, 0.01이 4개인 수
- $\frac{1}{10}$이 2개, $\frac{1}{100}$이 9개인 수

( )

11 확인

두 수의 차를 구해 보세요.

- 0.1이 34개, 0.01이 5개인 수
- $\frac{1}{10}$이 12개, $\frac{1}{100}$이 5개인 수

( )

12 완성

두 수의 합과 차를 구해 보세요.

- 0.1이 68개, 0.01이 15개인 수
- $\frac{1}{10}$이 35개, $\frac{1}{100}$이 17개인 수

합 ( )

차 ( )

5 등식 완성하기

13 준비

□ 안에 알맞은 수를 써넣으세요.

(1) $4.5-3.9=\square$

(2) $9.32-7.81=\square$

14 확인

□ 안에 알맞은 수를 써넣으세요.

(1) $9.4-2.5=3+\square$

(2) $8.31-3.29=\square+1$

15 완성

□ 안에 알맞은 수를 써넣으세요.

(1) $8.2-3.17=1.3+\square$

(2) $15.98-11.03=\square+2.71$

6 조건을 만족하는 소수 구하기

16 준비

조건을 만족하는 소수 두 자리 수를 구해 보세요.

- 2보다 크고 3보다 작습니다.
- 소수 첫째 자리 숫자는 5입니다.
- 소수 둘째 자리 숫자는 3입니다.

(　　　　　　　　)

17 확인

조건을 만족하는 소수 두 자리 수는 모두 몇 개인지 구해 보세요.

- 0보다 크고 1보다 작습니다.
- 소수 첫째 자리 숫자와 소수 둘째 자리 숫자는 같습니다.

(　　　　　　　　)

18 완성

조건을 만족하는 소수 두 자리 수를 구해 보세요.

- 4보다 크고 5보다 작습니다.
- 소수 첫째 자리 숫자는 짝수입니다.
- 소수 둘째 자리 숫자는 6입니다.
- 소수 첫째 자리 숫자는 소수 둘째 자리 수보다 큽니다.

(　　　　　　　　)

7 카드로 소수 만들기

19 준비

4장의 카드를 한 번씩 모두 사용하여 소수 두 자리 수를 만들려고 합니다. 만들 수 있는 가장 큰 수와 가장 작은 수를 구해 보세요.

2 4 6 .

가장 큰 수 (   )

가장 작은 수 (   )

20 확인

4장의 카드를 한 번씩 모두 사용하여 만들 수 있는 가장 큰 소수 한 자리 수와 가장 작은 소수 두 자리 수의 차를 구해 보세요.

5 8 4 .

(   )

21 완성

4장의 카드를 한 번씩 모두 사용하여 소수 두 자리 수를 만들려고 합니다. 만들 수 있는 가장 큰 수와 가장 작은 수의 차를 구해 보세요.(단, 소수점 오른쪽 끝자리에는 0이 오지 않습니다.)

0 1 9 .

(   )

8 음료의 수 구하기

22 준비

오렌지 주스와 포도 주스는 같은 개수로 있습니다. 주영이가 가지고 있는 주스의 들이의 합은 2 L입니다. 주스는 모두 몇 병일까요?

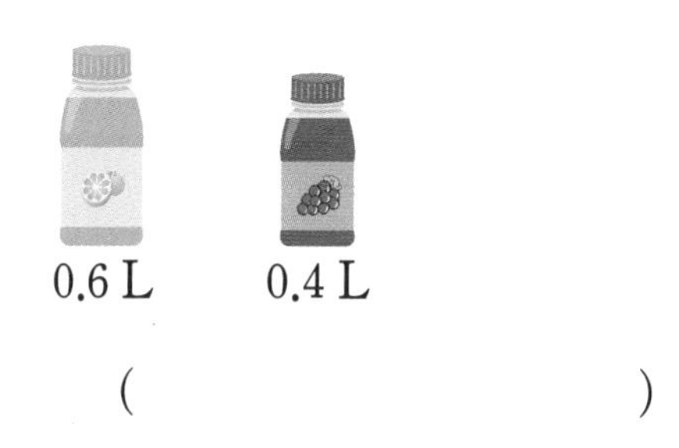

(   )

23 확인

콜라와 사이다는 같은 개수로 있습니다. 희철이가 가지고 있는 음료의 들이의 합은 3.3 L입니다. 음료는 모두 몇 캔일까요?

(   )

24 완성

딸기, 바나나, 초코 우유는 같은 개수로 있습니다. 수진이네 반이 받은 우유의 들이의 합은 3.6 L입니다. 우유는 모두 몇 갑일까요?

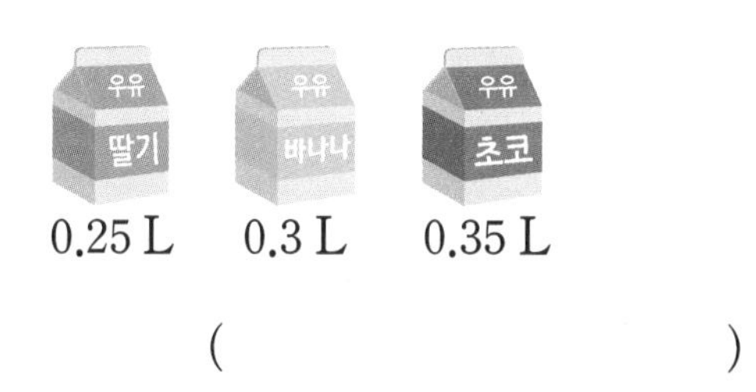

(   )

단원 평가

점수 | 확인

1 모눈종이 전체 크기가 1이라고 할 때 색칠한 부분을 소수로 쓰고 읽어 보세요.

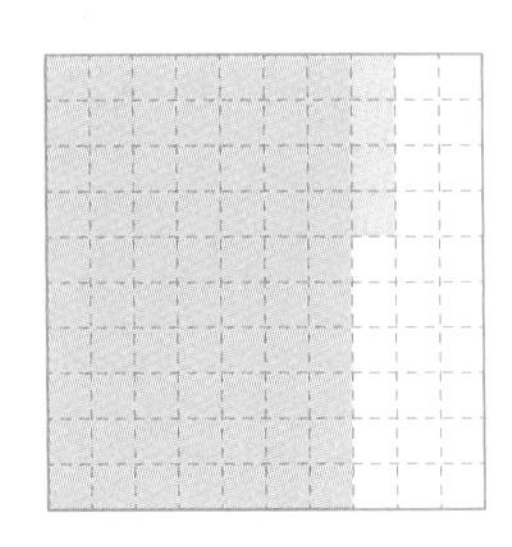

쓰기 ....

읽기 ....

2 분수를 소수로 나타내어 보세요.

(1) $\frac{58}{100}$ ➡ (   )

(2) $5\frac{604}{1000}$ ➡ (   )

3 □ 안에 알맞은 소수를 써넣으세요.

6.32 ... 6.33 ... 6.34 (수직선 위 화살표 두 곳에 □)

4 7 m 18 cm를 m 단위로 나타내어 보세요.

7 m 18 cm = 7 m + 10 cm + 8 cm

7 m ...... 7 m

10 cm ...... □ m

\+ 8 cm ...... □ m

7 m 18 cm = □ m

5 소수에서 밑줄 친 숫자가 나타내는 수를 써 보세요.

(1) 3.<u>2</u>15 ➡ (   )

(2) 5.13<u>6</u> ➡ (   )

(3) 7.6<u>4</u>8 ➡ (   )

6 두 수의 합과 차를 구해 보세요.

0.5   0.05

합 (   )

차 (   )

7 □ 안에 알맞은 수를 써넣으세요.

(1)

0	. 8	
0	. 0	8

➡ 0.8은 0.08의 □배

(2)

5			
0	. 0	0	5

➡ 5는 0.005의 □배

8 두 수의 크기를 비교하여 ○ 안에 >, =, <를 알맞게 써넣으세요.

(1) 7.51 ○ 5.83

(2) 4.917 ○ 4.93

9 빈 곳에 알맞은 수를 써넣으세요.

(1) 0.1이 2개, 0.01이 5개, 0.001이 4개인 수

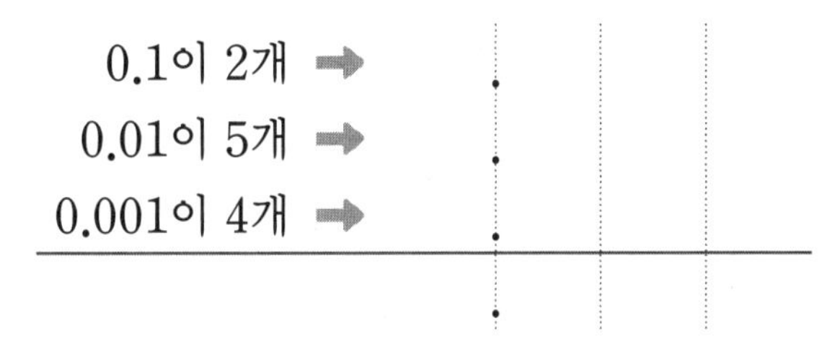

(2) $\frac{1}{10}$이 3개, $\frac{1}{1000}$이 6개인 수

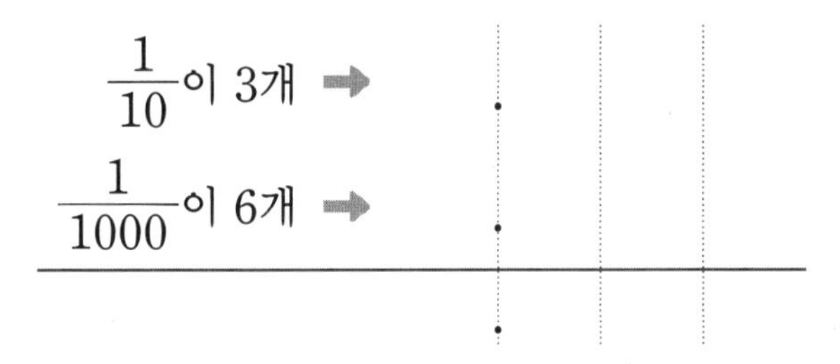

10 현서와 유민이의 멀리뛰기 기록의 차는 몇 m일까요?

현서	5.04 m
유민	5.4 m

(　　　　　　　　)

11 1.63과 1.636 사이에 있는 소수 세 자리 수는 모두 몇 개일까요?

(　　　　　　　　)

12 계산이 잘못된 곳을 찾아 바르게 계산해 보세요.

$$\begin{array}{r} 2.95 \\ +4.26 \\ \hline 6.11 \end{array} \Rightarrow \boxed{}$$

13 빈 곳에 알맞은 수를 써넣으세요.

(1)

5.68	
	2.91

(2)

10.24	
0.75	

14 ㉠이 나타내는 수는 ㉡이 나타내는 수의 몇 배일까요?

63.216 (㉠: 6, ㉡: 1)

(　　　　　　　　)

15 □ 안의 수는 같은 수입니다. □ 안에 알맞은 수를 써넣으세요.

8.6−□=□

3

16 ×10은 주어진 수를 10배, ÷10은 주어진 수를 $\frac{1}{10}$로 만듭니다. □ 안에 알맞은 수를 써넣으세요.

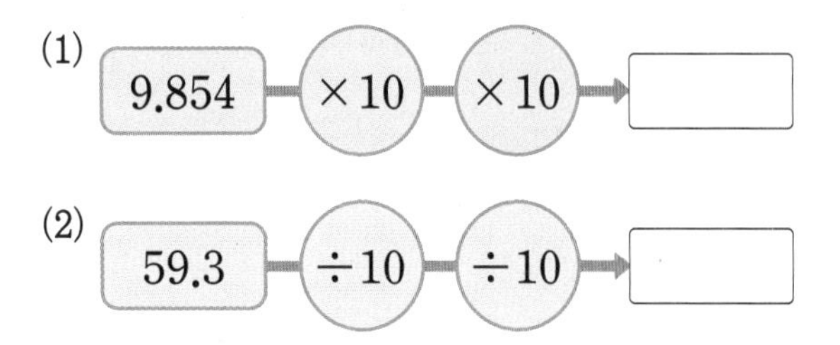

17 수 카드를 한 번씩 모두 사용하여 만들 수 있는 가장 큰 소수 한 자리 수와 가장 작은 소수 두 자리 수의 차를 구해 보세요.

1 3 8 .

( )

18 사과 주스와 딸기 주스는 같은 개수로 있습니다. 선희가 가지고 있는 주스의 들이의 합은 5 L입니다. 주스는 모두 몇 병일까요?

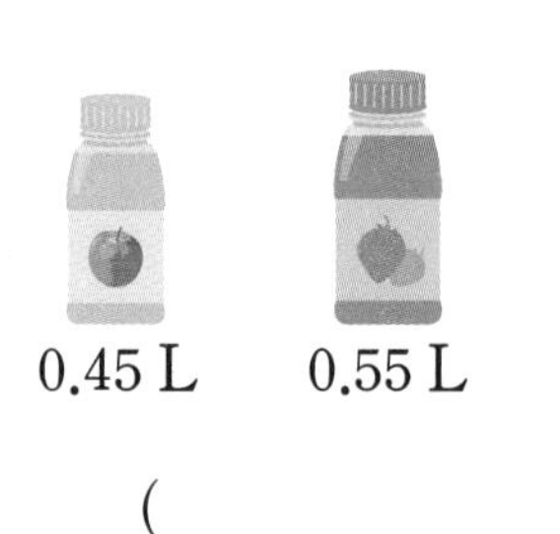

( )

정답과 풀이 22쪽

술술 서술형

19 민호는 고구마를 6230 g 캤고, 승희는 6.25 kg을 캤습니다. 누가 고구마를 몇 kg 더 캤는지 풀이 과정을 쓰고 답을 구해 보세요.

풀이

답

20 설명하는 두 수의 차를 구하려고 합니다. 풀이 과정을 쓰고 답을 구해 보세요.

- 1이 30개, 0.01이 23개인 수
- 1이 9개, 0.1이 37개인 수

풀이

답

사고력이 반짝

● 성냥개비 1개를 빼서 올바른 식을 만들려고 합니다. 빼야 하는 성냥개비에 ×표 하세요.

(1)

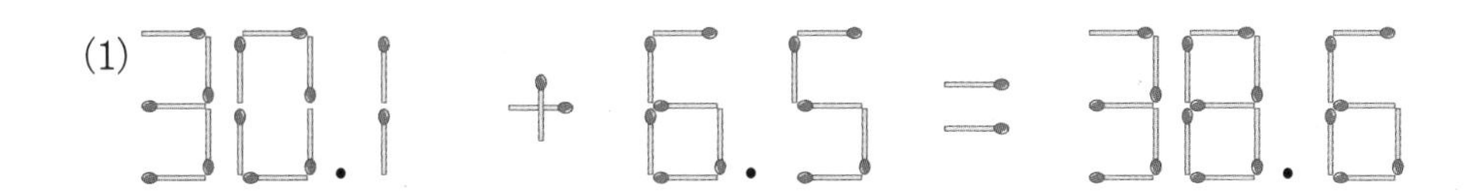

(2)

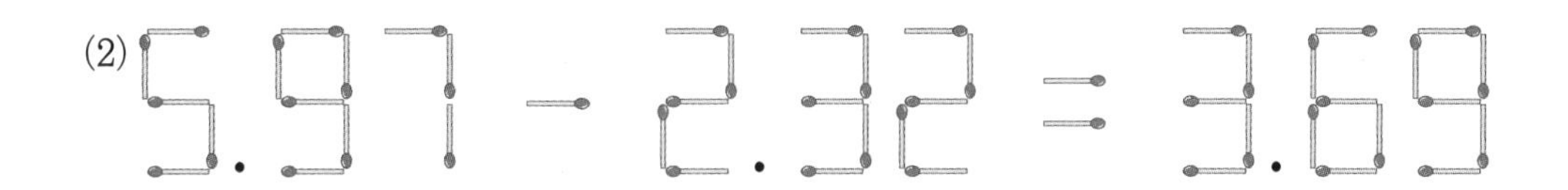

TIP 성냥개비로 숫자를 0·1·2·3·4·5·6·7·8·9와 같이 나타냅니다.

4 사각형

쟤네들? 나의 특별한 경우의 도형들이지.
즉, 내가 사각형의 왕이란 말씀!

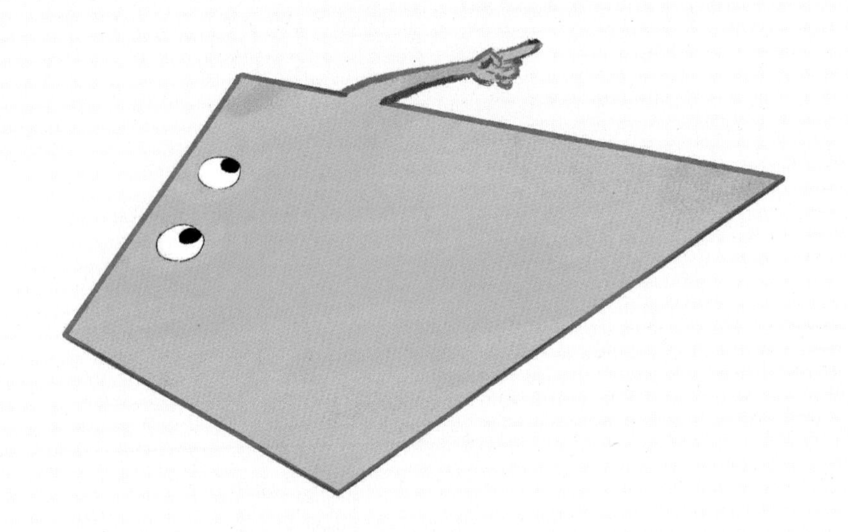

평행한 변이 있는 사각형들

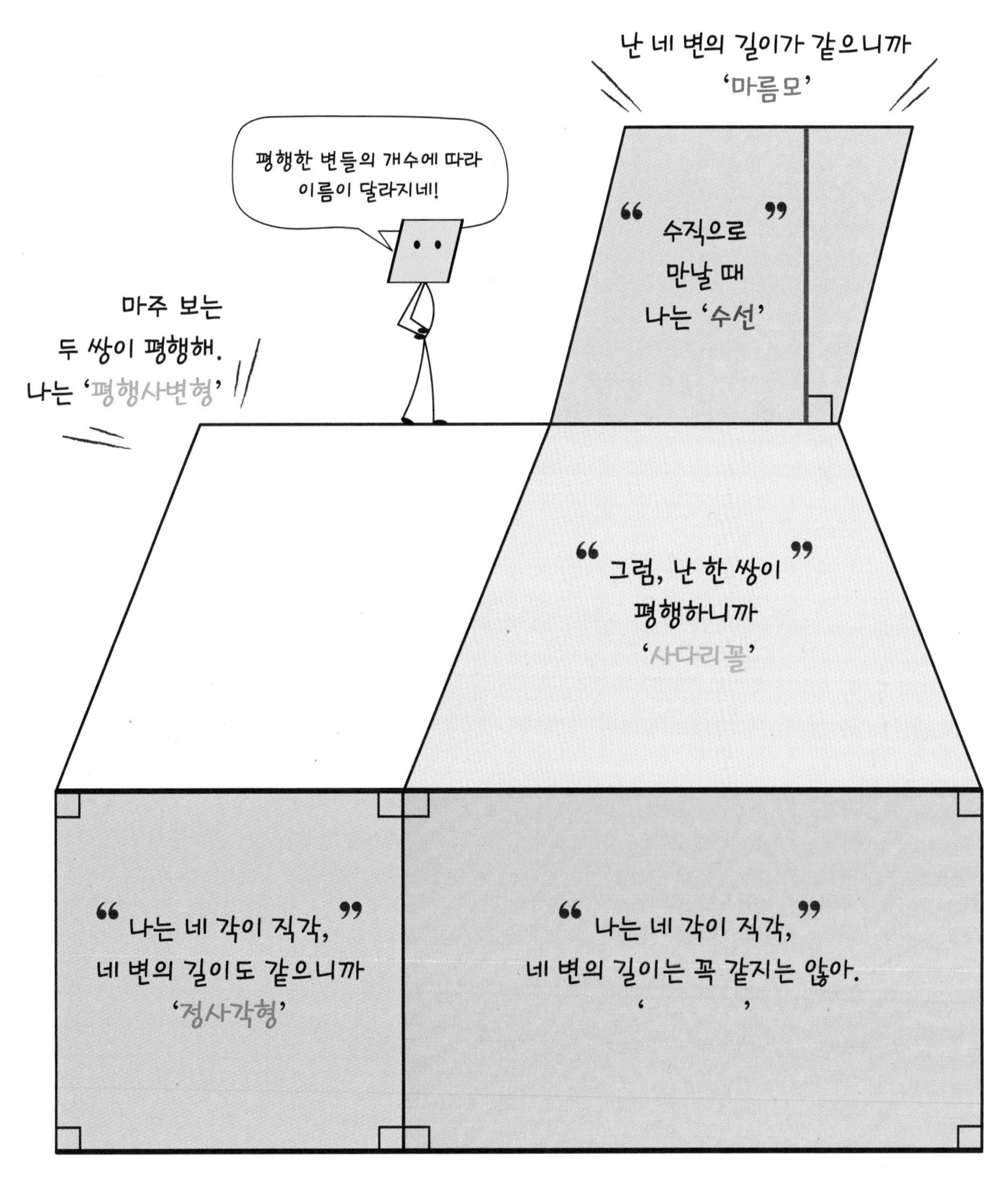

" 평행하고 만나지 않으니 '평행선' "

1 두 선이 만나서 생긴 각이 직각이면?

- 수직: 두 직선이 만나서 이루는 각이 직각일 때, 두 직선은 서로 수직입니다.

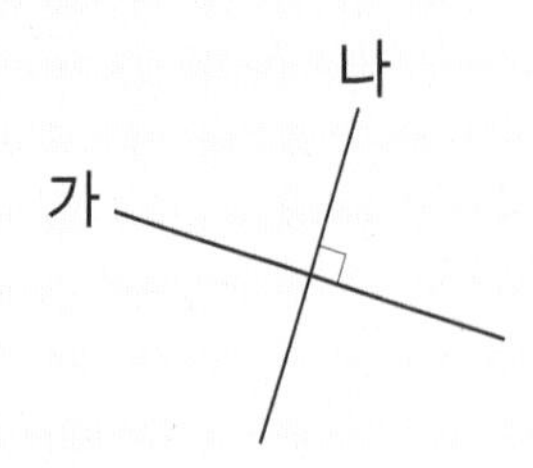

- 수선: 두 직선이 서로 수직으로 만나면 한 직선을 다른 직선에 대한 수선이라고 합니다.
  - ➡ 직선 가에 대한 수선 직선 나
  - ➡ 직선 나에 대한 수선 직선 가

한 직선에 대한 수선은 셀 수 없이 많아.

수선 긋기

- 삼각자를 이용하기

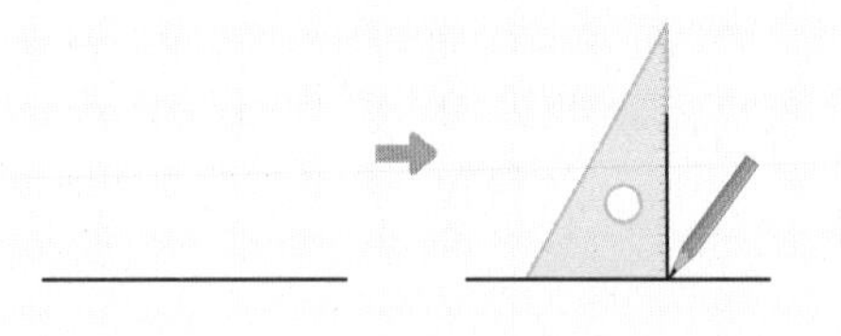

직각을 낀 변에 따라 선을 그어.

- 각도기를 이용하기

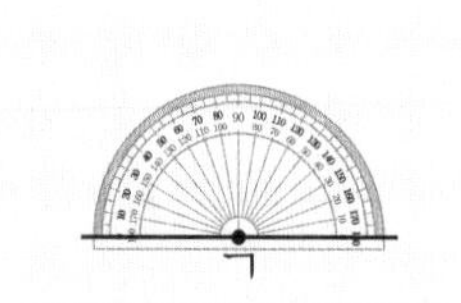

각도기의 중심을 점 ㄱ에 맞춰.

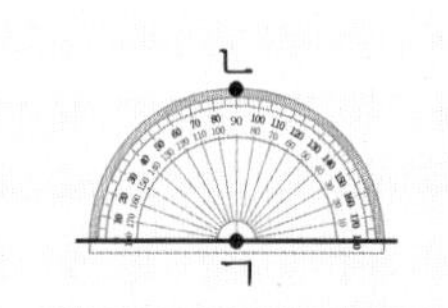

90° 눈금 위에 점 ㄴ을 찍어.

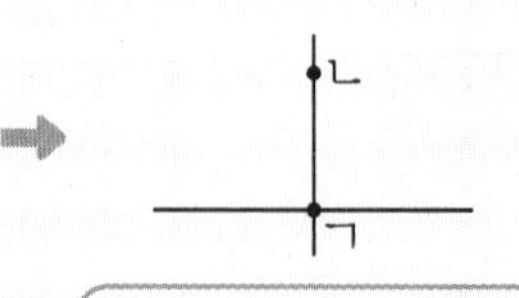

점 ㄱ과 점 ㄴ을 직선으로 이어.

1 삼각자를 이용하여 수선을 바르게 그은 것을 모두 찾아 기호를 써 보세요.

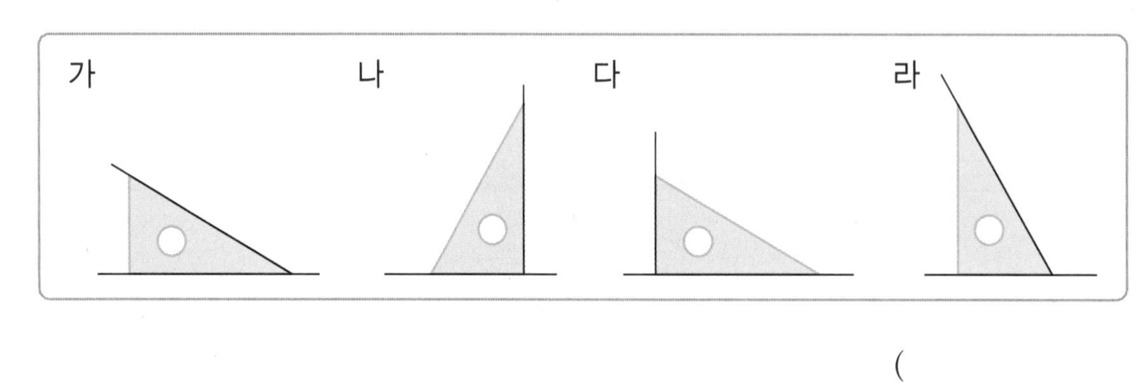

(　　　　　　　　　　)

2 두 직선이 서로 수직인 것을 찾아 ○표 하세요.

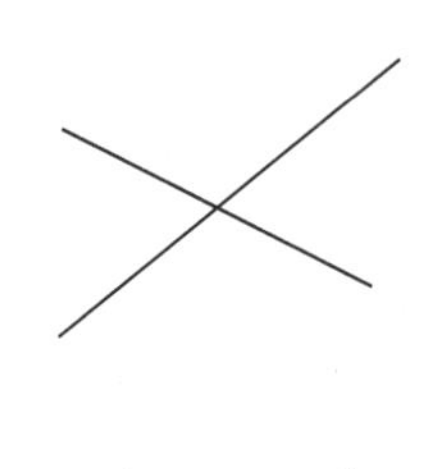

(　　)

(　　)

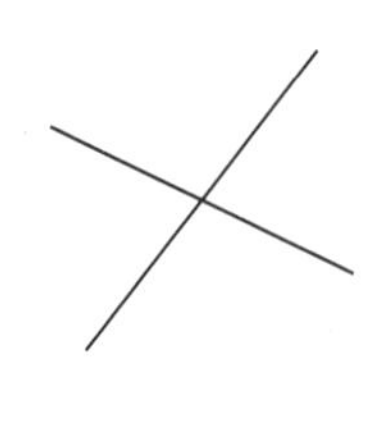

(　　)

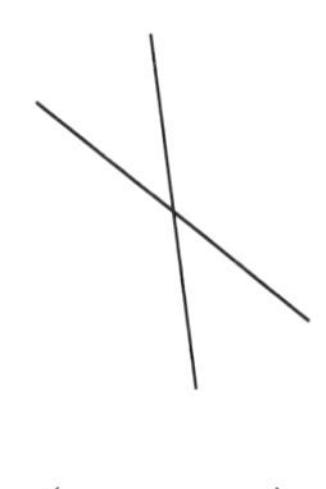

(　　)

3 그림을 보고 물음에 답하세요.

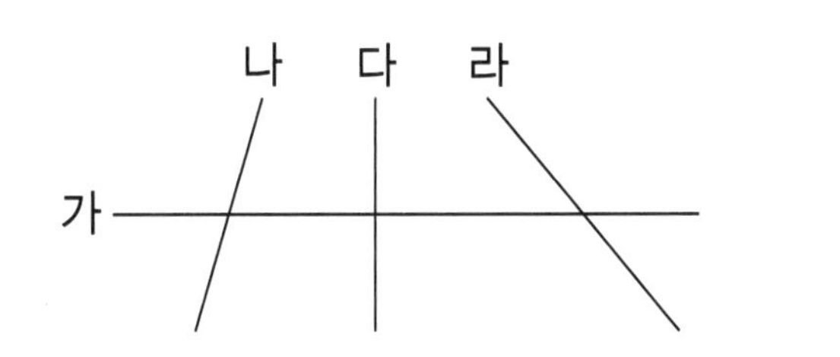

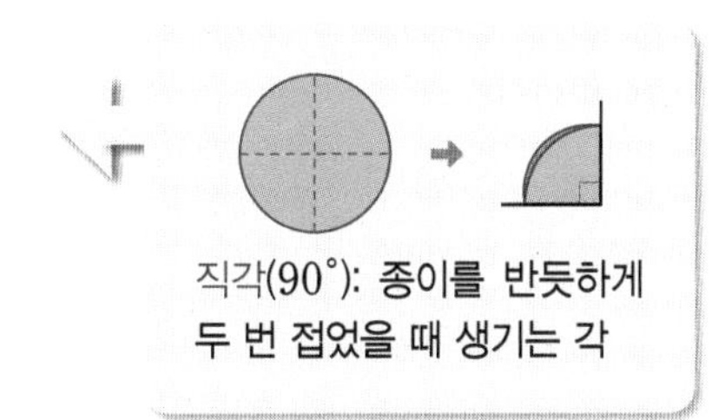

(1) 두 직선이 만나서 이루는 각이 직각인 곳을 찾아 ∟ 로 표시해 보세요.

(2) □ 안에 알맞은 말을 써넣으세요.

• 직선 가와 직선 □는 서로 수직입니다.

• 직선 가는 직선 □에 대한 □입니다.

4 도형에서 수직인 부분을 모두 찾아 ○표 하세요.

(1)

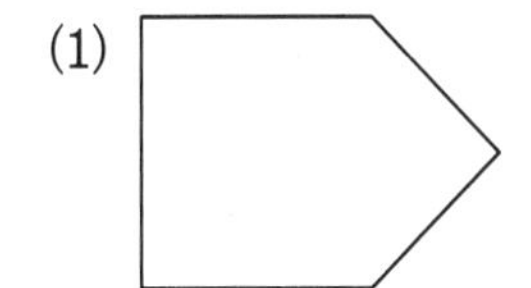

(2)

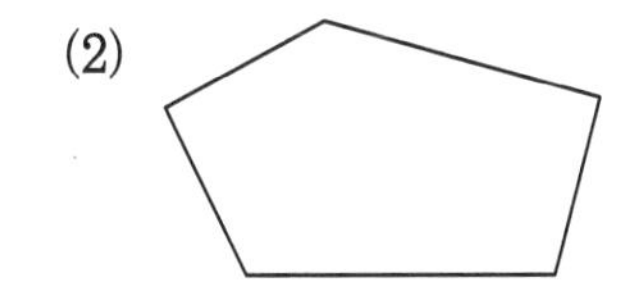

(3)

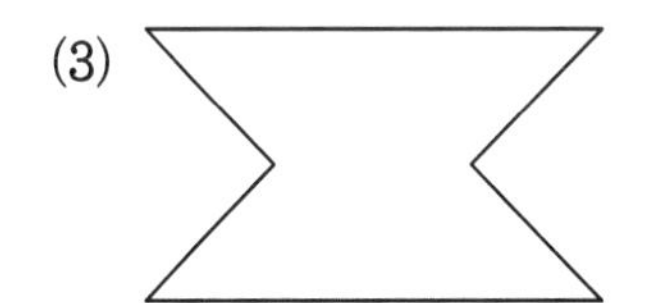

5 각도기를 이용하여 주어진 직선에 대한 수선을 그어 보세요.

(1)

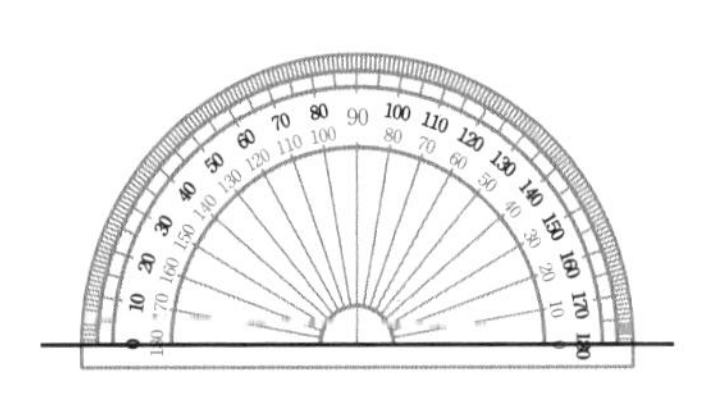

(2)

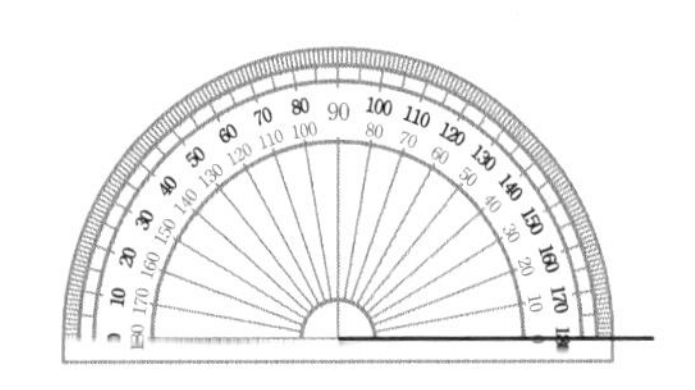

수직일 때 각도는 직각(90°)이야.

6 모눈종이를 이용하여 주어진 선분에 대한 수선을 그어 보세요.

2 아무리 길게 늘여도 만나지 않는 두 직선은?

• 평행: 한 직선에서 수직인 두 직선을 그었을 때, 그 두 직선은 서로 만나지 않습니다.
서로 만나지 않는 직선을 평행하다고 합니다.

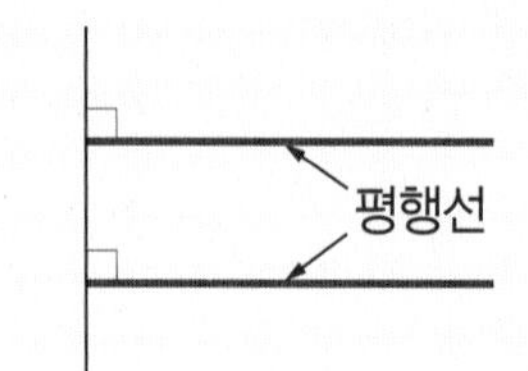

• 평행선: 평행한 두 직선을 평행선이라고 합니다.

• 평행선 긋기

• 주어진 직선과 평행한 직선 긋기

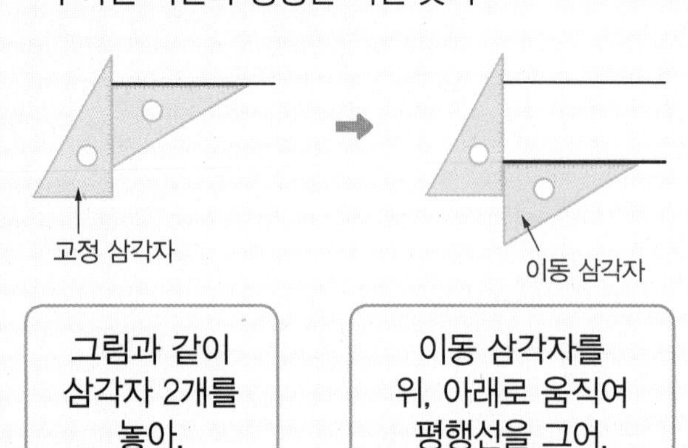

그림과 같이 삼각자 2개를 놓아.

이동 삼각자를 위, 아래로 움직여 평행선을 그어.

• 한 점을 지나고 주어진 직선과 평행한 직선 긋기

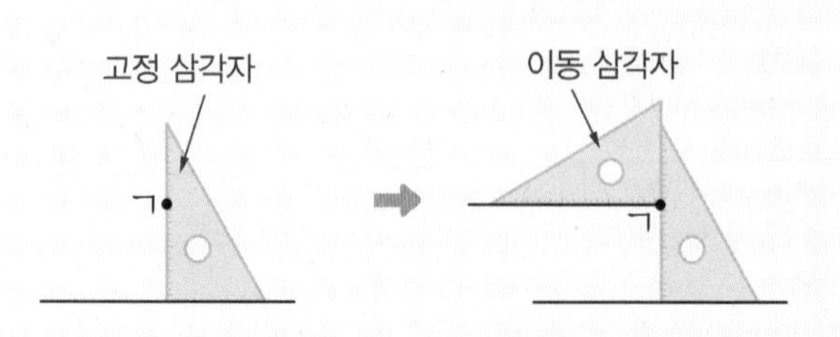

고정 삼각자의 한 변을 직선에 맞추고 다른 한 변이 점 ㄱ을 지나도록 놓아.

이동 삼각자를 움직여 점 ㄱ을 지나는 평행선을 그어.

1 그림을 보고 □ 안에 알맞은 말을 써넣으세요.

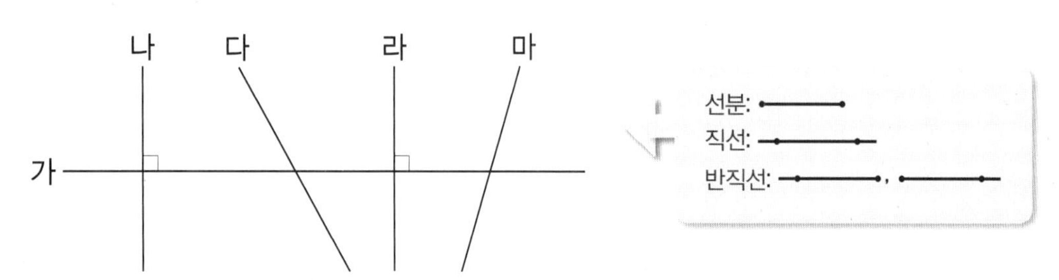

(1) 직선 가에 수직인 직선은 직선 □와 직선 □이고 이 두 직선은 서로 만나지 않습니다.

(2) 서로 만나지 않는 직선을 □하다고 하고, 평행선은 직선 □와 직선 □입니다.

2 평행선을 잘못 그은 것을 찾아 ×표 하세요.

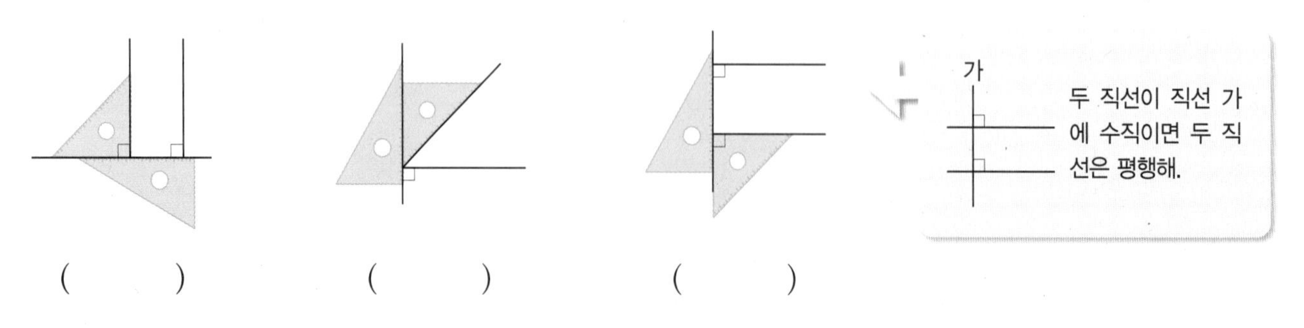

( ) ( ) ( )

정답과 풀이 24쪽

3 두 평행선 사이에 수직인 선분을 찾아보자.

• 평행선 사이의 거리: 평행선의 한 직선에서 다른 직선에 수직인 선분을 그었을 때 이 수직인 선분의 길이

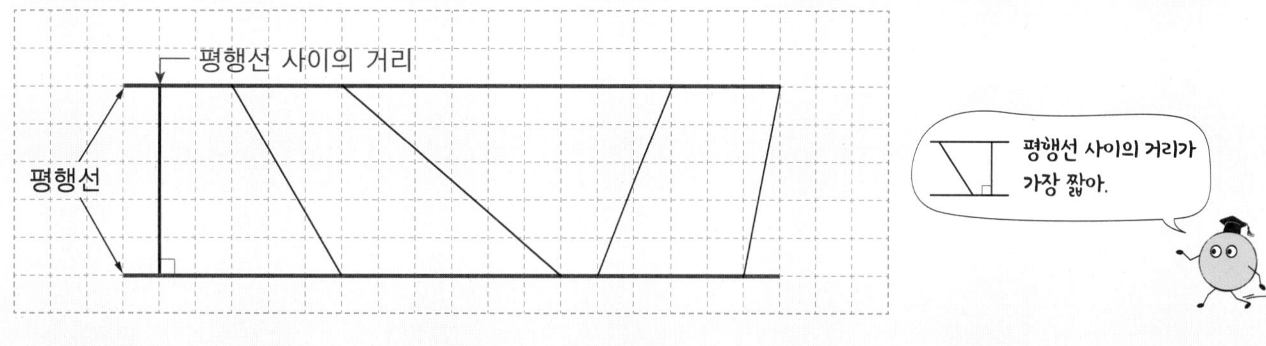

➡ 두 평행선 사이의 거리는 항상 같습니다.

1 직선 가와 직선 나는 서로 평행합니다. □ 안에 알맞게 써넣으세요.

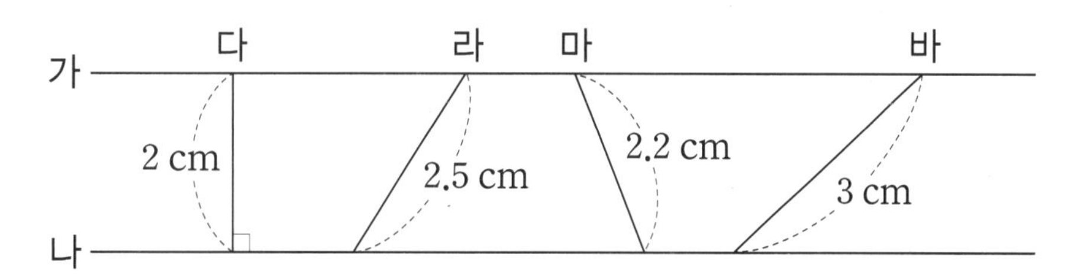

(1) 직선 가와 직선 나 사이에 그은 선분 중 길이가 가장 짧은 선분은 선분 □입니다.

(2) 평행선 사이에 그은 가장 짧은 선분과 직선 가, 나가 만나서 이루는 각도는 □°입니다.

(3) 평행선 사이의 거리는 □ cm입니다.

2 직선 가와 직선 나는 서로 평행합니다. 물음에 답하세요.

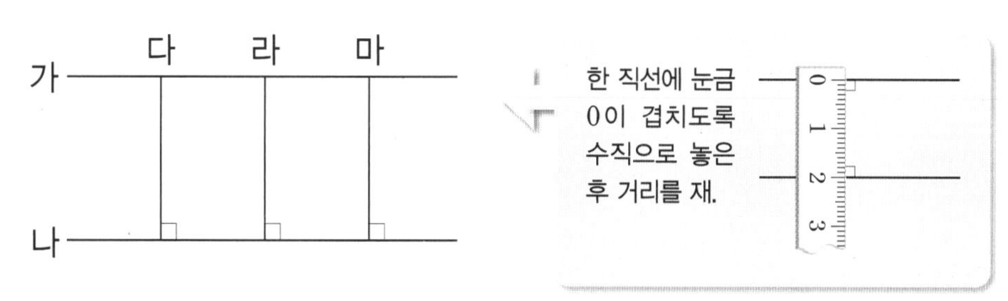

(1) 자를 이용하여 선분의 길이를 재어 보세요.

선분 다: (　　　　　) 선분 라: (　　　　　) 선분 마: (　　　　　)

(2) 직선 가와 직선 나의 평행선 사이의 거리는 항상 (같습니다 , 다릅니다).

1 수직

1 점을 연결하여 수직이 되도록 두 선분을 그어 보세요.

(1)

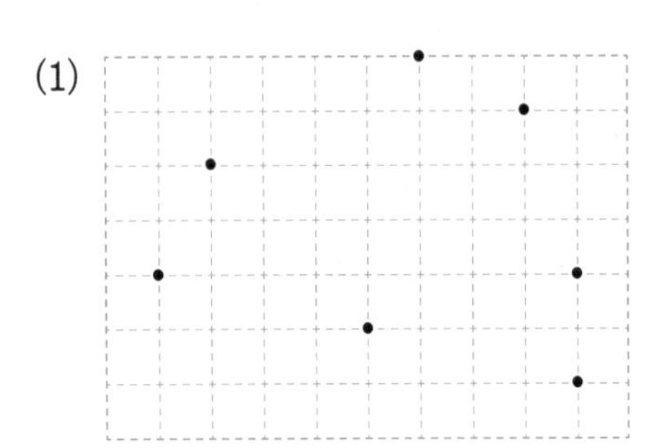

(2)

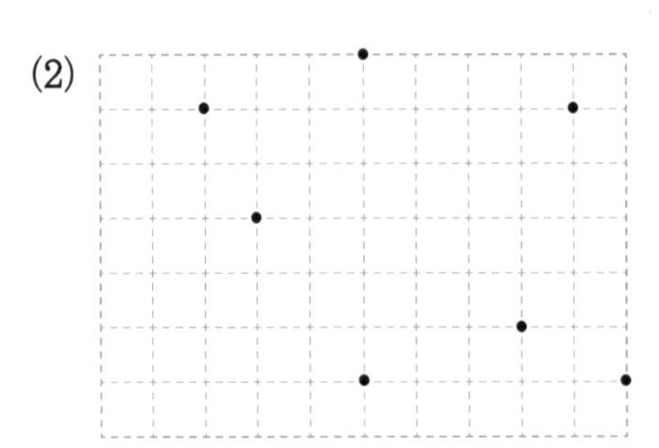

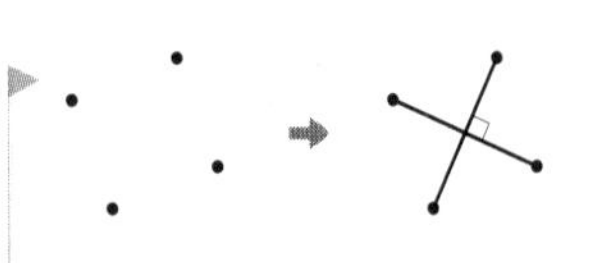

2 직선 가에 대한 수선을 찾아 점선을 따라 그어 보세요.

(1)

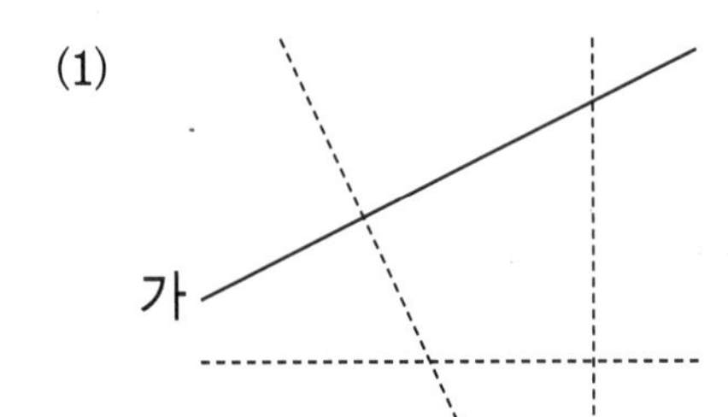

(2)

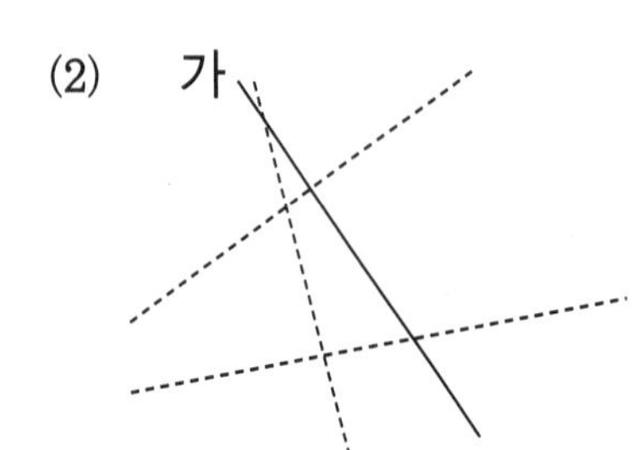

3 점 ㄱ을 지나고 직선 가에 수직인 직선을 그려 보세요.

▶ 삼각자나 각도기가 없다면 직각이 있는 물건을 이용해서 그어 봐.

(1)

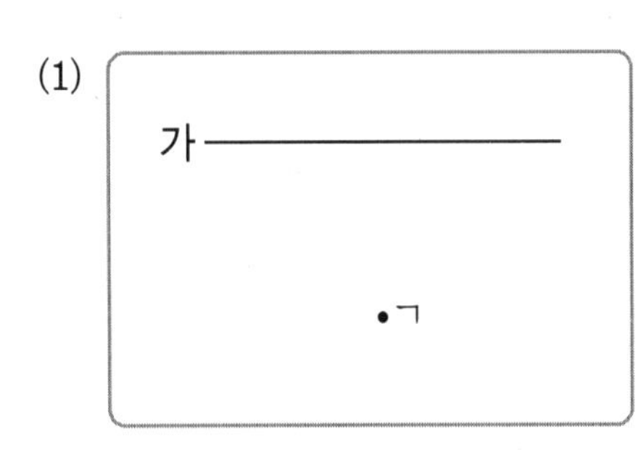

(2)

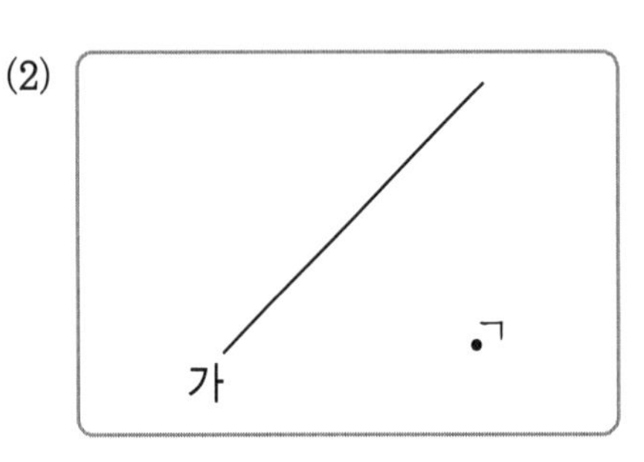

4 직선 가는 직선 나에 대한 수선일 때, ㉠의 각도를 구해 보세요.

▶ 수선은 직각을 이뤄.

(1)

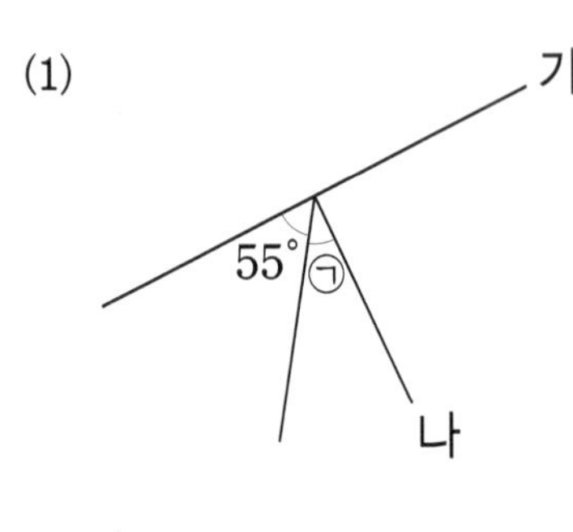

(　　　　　　　　)

(2)

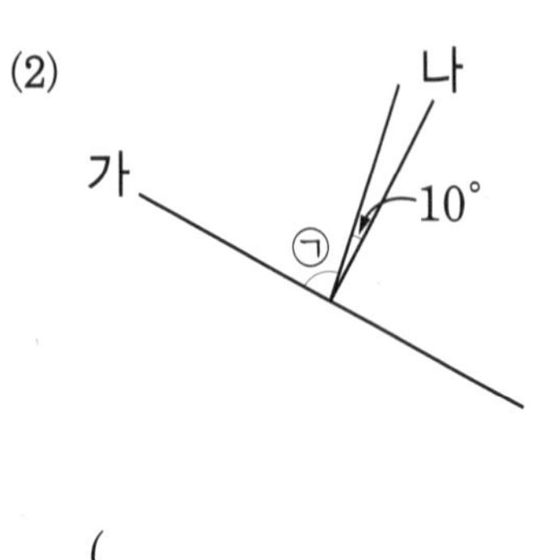

(　　　　　　　　)

5 삼각자를 이용하여 직사각형을 완성하고 수직인 곳을 모두 찾아 ⌞ 로 표시해 보세요.

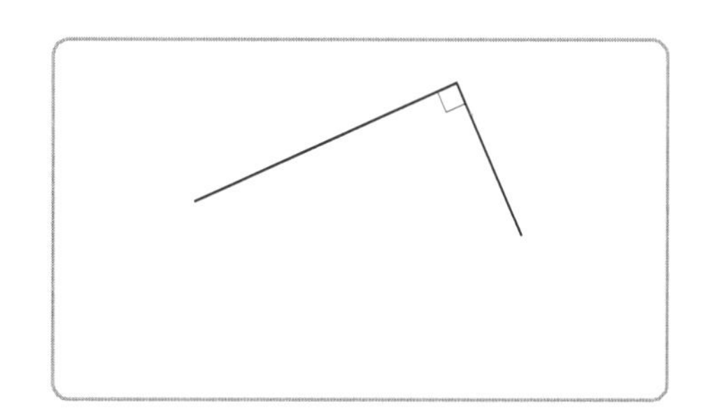

➕ 밑변과 수직인 선분을 높이라고 할 때 삼각형의 높이를 찾아 ○표 하세요.

(1)

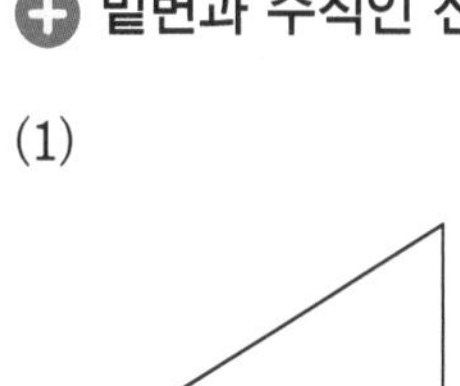

(2)

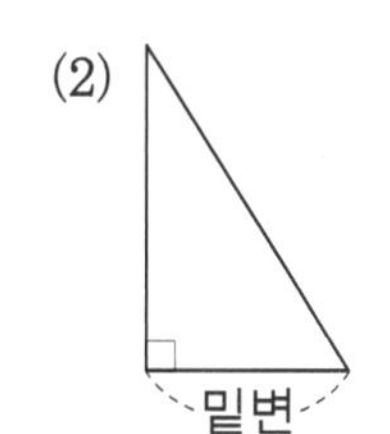

밑변과 높이 알아보기

밑변: 기준이 되는 한 변
높이: 밑변과 마주 보는 꼭짓점에서 밑변에 수직으로 그은 선분의 길이

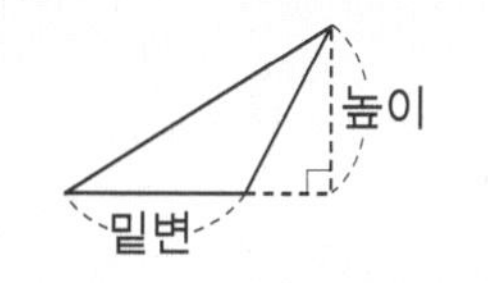

내가 만드는 문제

6 본인의 이름을 쓰고 이름에서 수선은 모두 몇 쌍인지 써 보세요.

( )

수직은 반드시 곧은 선에서만 찾을 수 있을까?

• 곧은 선

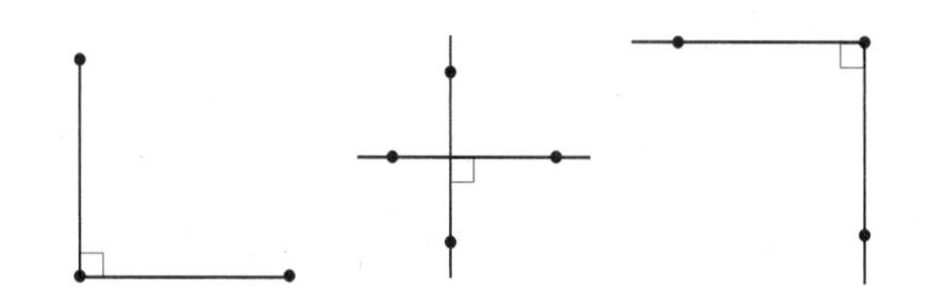

수직을 찾을 수 (있습니다 , 없습니다).

• 곡선

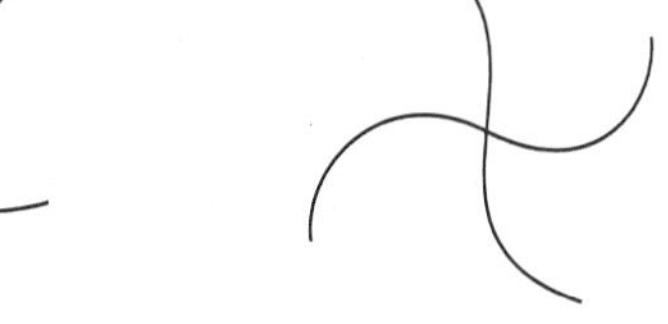

수직을 찾을 수 (있습니다 , 없습니다).

7 평행선을 찾아 기호를 써 보세요.

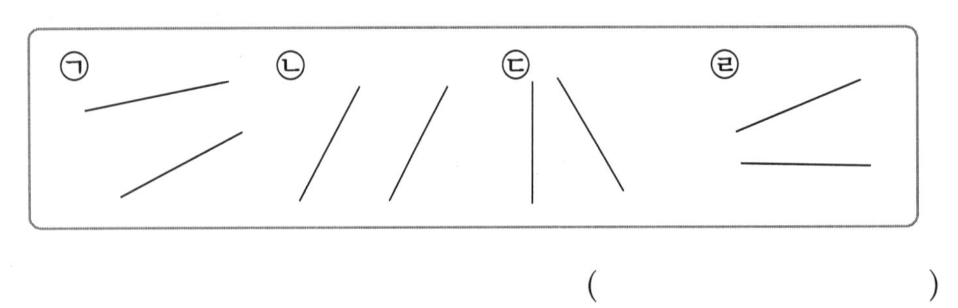

( )

▶ 평행하지 않아.

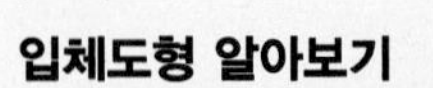

평행해.

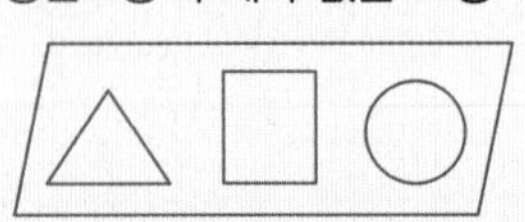

6학년 2학기 때 만나!

입체도형 알아보기

평면도형: 두께가 없는 도형

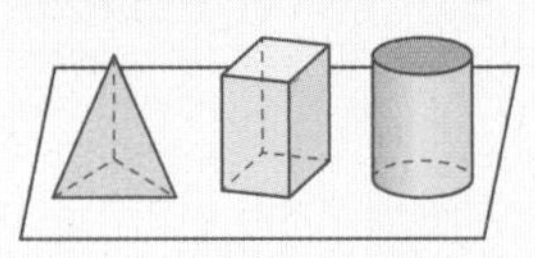

입체도형: 두께가 있는 도형

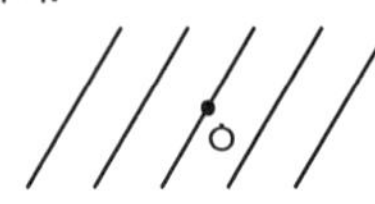

➕ 평행선이 있는 입체도형을 찾아 ○표 하세요.

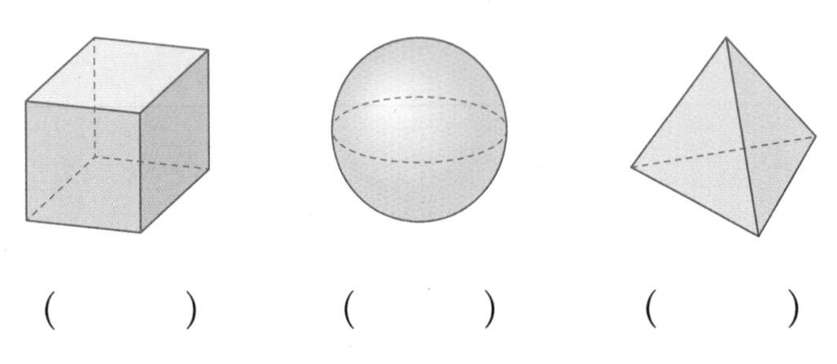

( ) ( ) ( )

8 삼각자를 이용하여 주어진 직선과 평행한 직선을 그려 보세요.

(1)

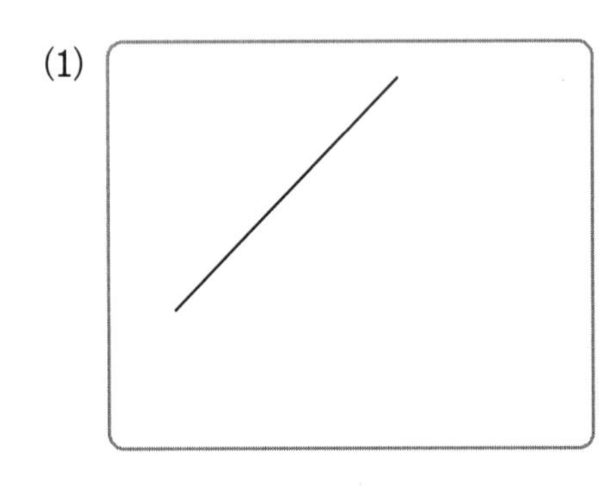

(2)

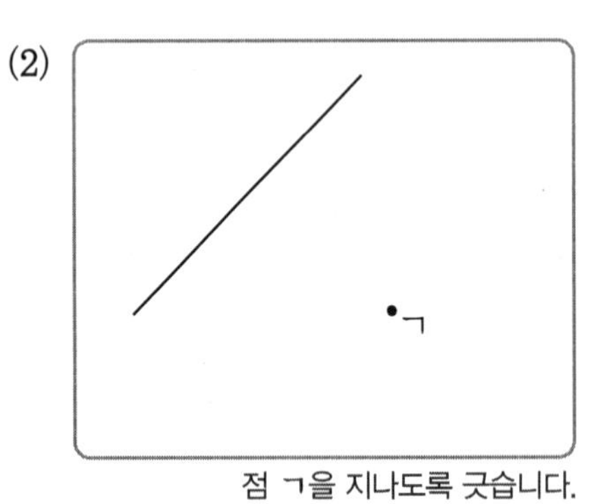

점 ㄱ을 지나도록 긋습니다.

▶ 무수히 많은 평행선 중에서 점 ㅇ을 지나는 평행선은 오직 하나야.

9 직선 나에 대한 평행선을 찾아 쓰고, 그 직선과 직선 가와 만나 생기는 작은 각의 크기를 구해 보세요.

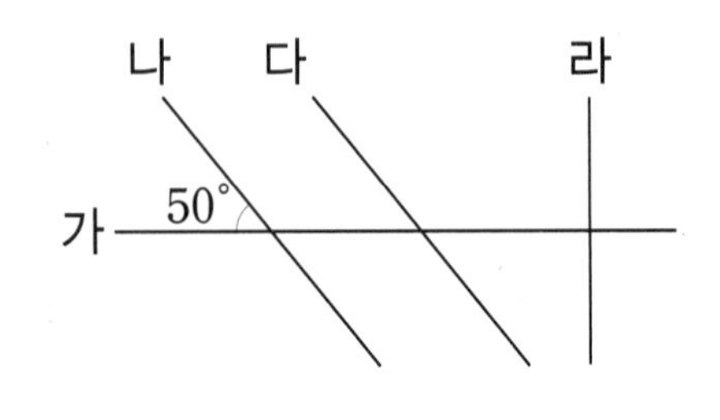

평행선 ( )

각도 ( )

▶ 마주 보는 두 각의 크기는 같으니까 한 각만 재어 봐도 되겠지?

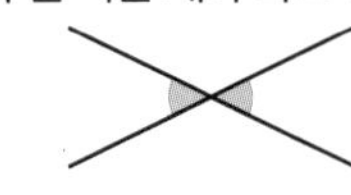

10 주어진 두 선분을 이용하여 평행선이 두 쌍인 사각형을 그려 보세요.

(1)

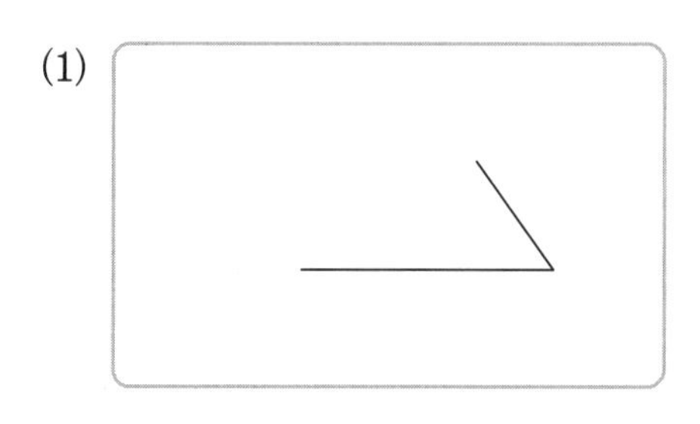

(2)

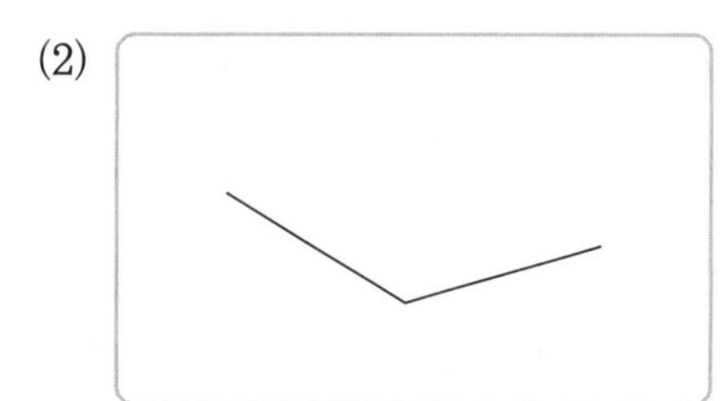

▶ 평행선이 두 쌍인 사각형을 평행사변형이라 불러.

11 수직인 선분도 있고 평행한 선분도 있는 글자를 모두 찾아 써 보세요.

ㄱ ㄹ ㅂ ㅅ ㅈ ㅎ

(　　　　　　　　　　)

내가 만드는 문제

12 핸드폰 잠금 화면 패턴을 설정하려고 합니다. 보기 와 같이 평행선이 있도록 패턴을 설정해 보세요.

보기

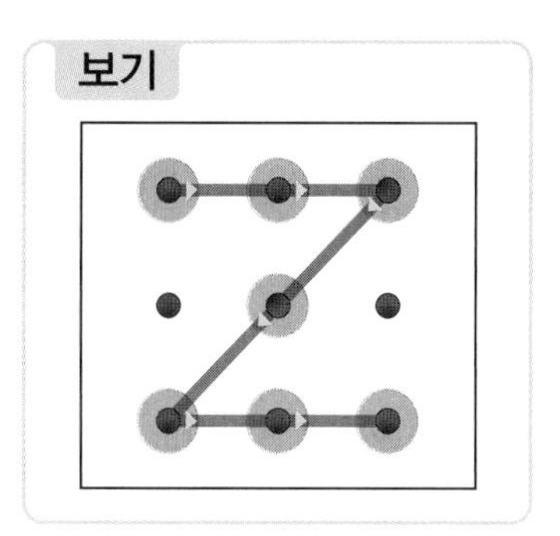

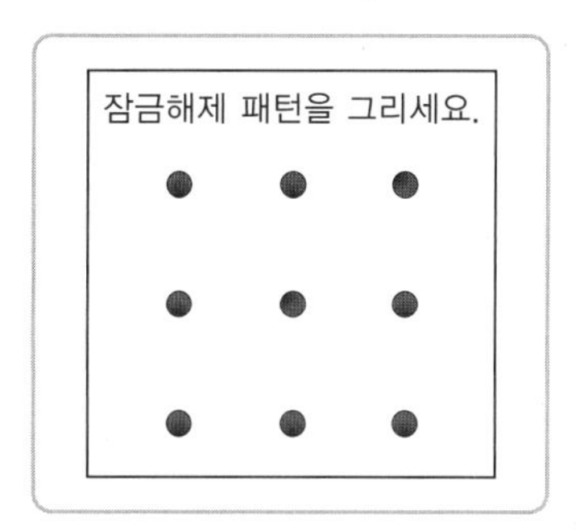

▶ 패턴은 선을 연결해서 그려야지.

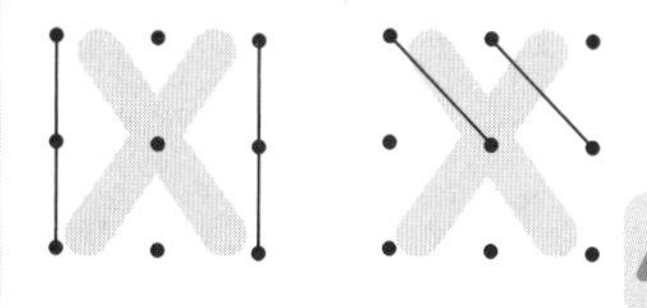

4

만나지 않는 두 선은 무조건 평행일까?

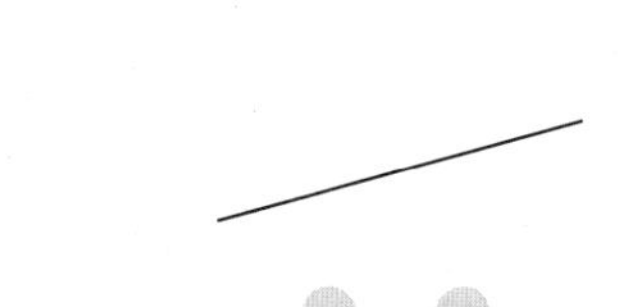

두 선이 만나지 않으므로 평행합니다.

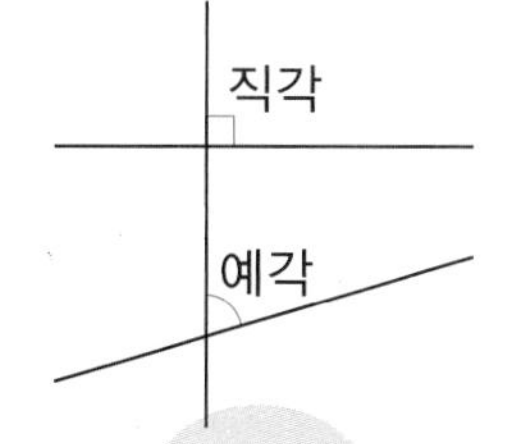

한 직선에 수직인 두 직선을 그을 수 없으므로 [　　]하지 않습니다.

선을 늘려보면 평행인지 아닌지 알 수 있어.

3 평행선 사이의 거리

13 평행선 사이의 거리를 바르게 나타낸 것을 찾아 써 보세요.

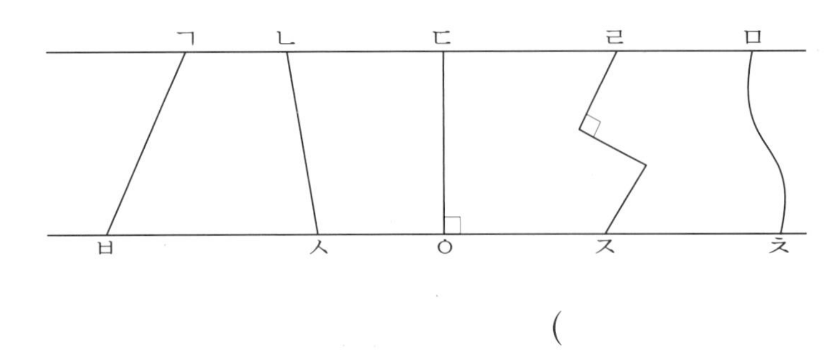

(　　　　　　　　)

14 도형에서 평행선 사이의 거리는 몇 cm인지 구해 보세요.

▶ 평행선을 먼저 찾아봐.

(1)

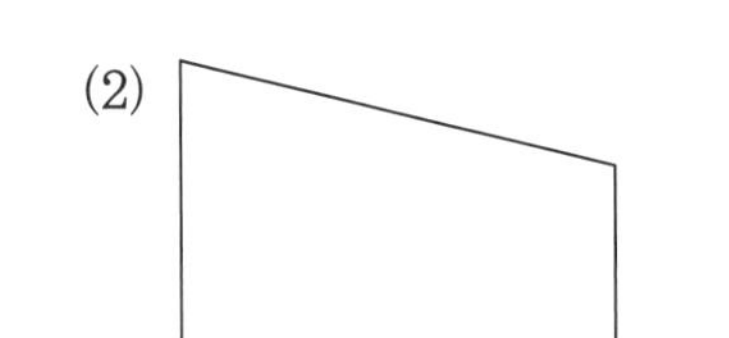

(　　　　　　　　)

(2)

(　　　　　　　　)

15 직선 가와 직선 나가 평행할 때 평행선 사이의 거리를 그려 보세요.

(1)

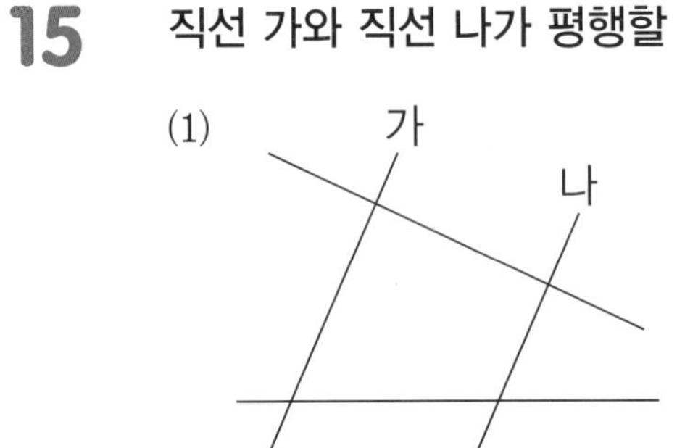

(2)

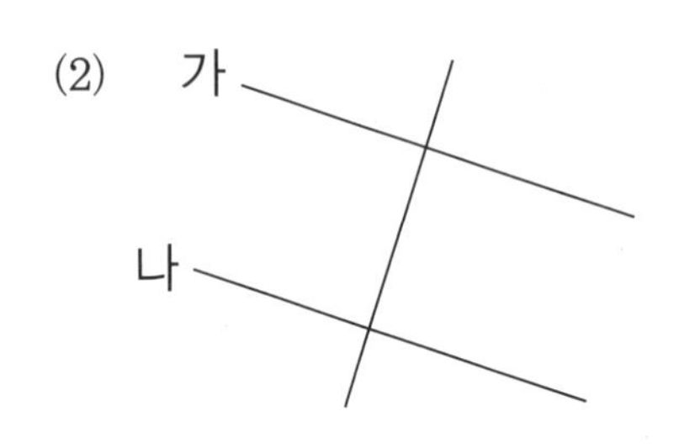

16 4호선을 나타내는 파란색 선과 6호선을 나타내는 갈색 선은 평행한 구간이 있습니다. 4호선과 6호선 사이의 평행선 사이의 거리를 구해 보세요.

▶ 파란색 선과 갈색 선 사이의 거리를 자로 재어 봐.

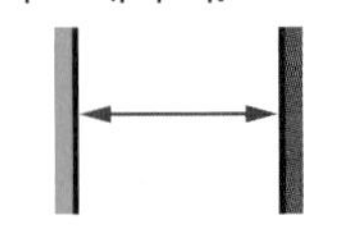

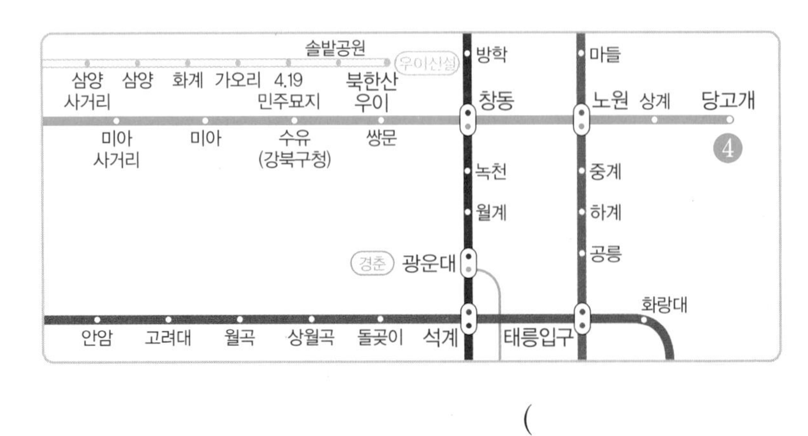

(　　　　　　　　)

17 점 ㄱ을 지나고 직선 가와 평행한 직선을 그리고, 평행선 사이의 거리를 재어 보세요.

▶ 한 점을 지나고 한 직선에 평행한 직선은 1개뿐이야.

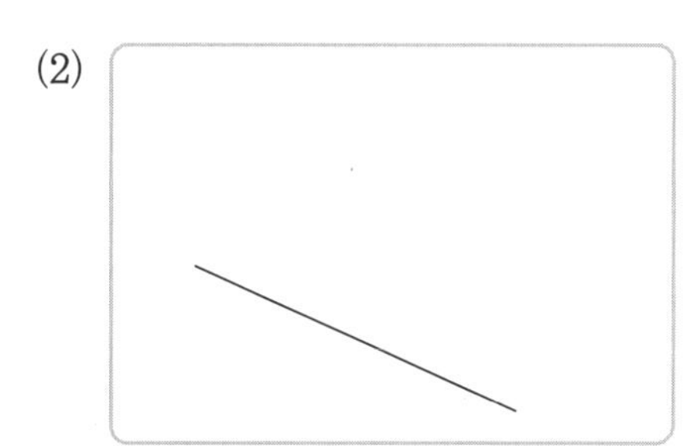

( ) ( )

18 평행선 사이의 거리가 1.5 cm가 되도록 주어진 직선과 평행한 직선을 그어 보세요.

(1) (2)

19 한 가지 국기를 골라 평행한 굵은 선 사이의 거리를 구해 보세요.

▶ 가장 짧은 길이를 재.

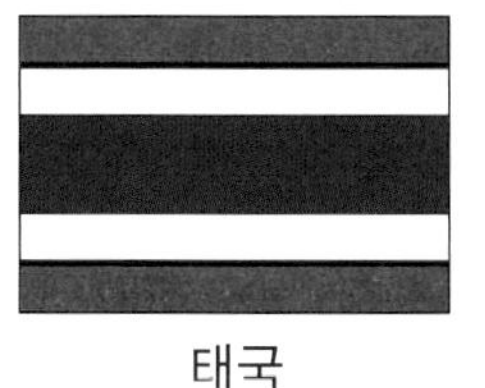

태국

캐나다

오스트리아

나라 ( ), 거리 ( )

평행선 사이의 거리는 항상 같을까?

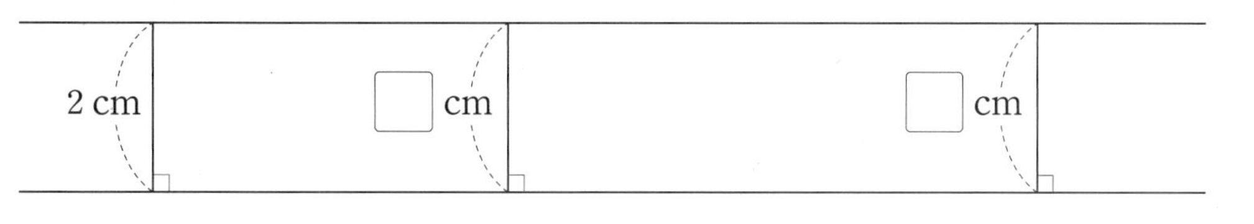

➡ 두 평행선 사이의 거리는 항상 (같습니다 , 다릅니다).

두 평행선 사이에 수직인 선분의 길이를 자로 재어 봐.

4 사각형 중에서 평행선이 1쌍, 2쌍 있는 도형은?

• 사다리꼴: 평행한 변이 한 쌍이라도 있는 사각형

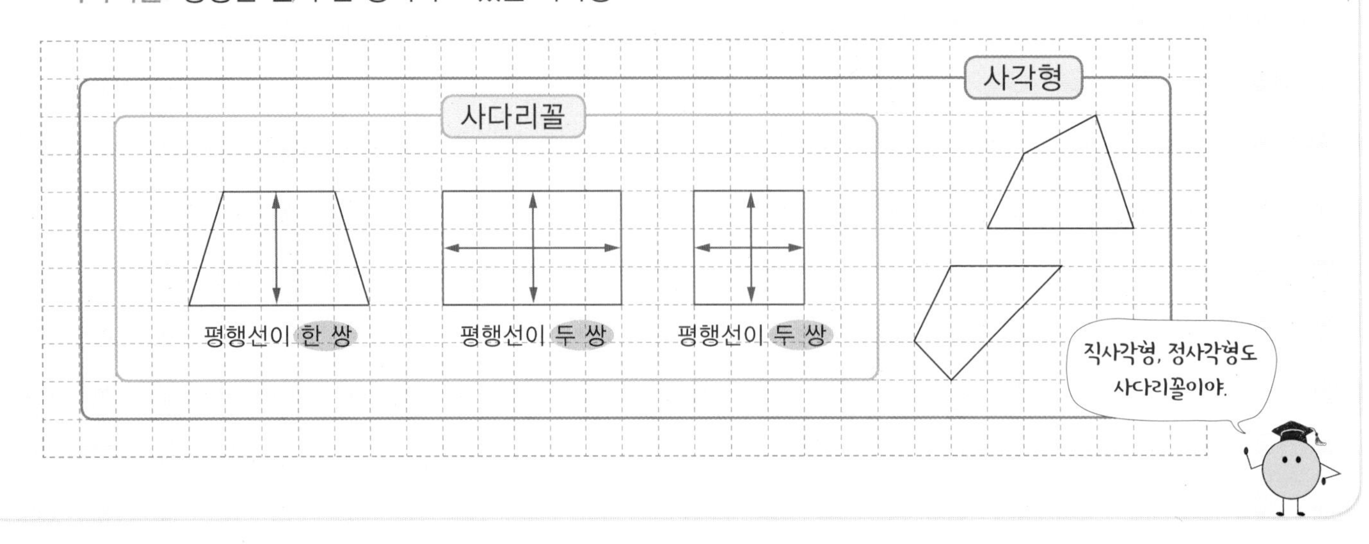

1 여러 가지 사각형을 보고 물음에 답하세요.

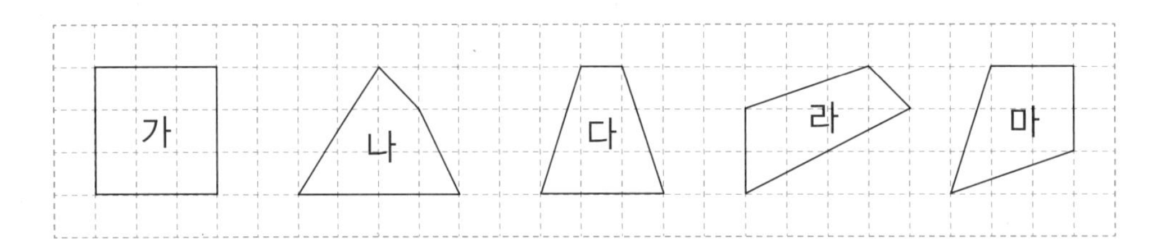

(1) 사각형을 분류하여 빈칸에 알맞은 기호를 써넣으세요.

평행한 변이 없습니다.	평행한 변이 있습니다.

(2) 평행한 변이 있는 사각형에서 서로 평행한 변을 모두 찾아 ○표 하세요.

(3) 사다리꼴은 ☐와 ☐입니다.

①
② ⑤
③ ④
한 쌍의 평행한 변이 있어도 항상 사다리꼴은 아니야.

2 주어진 선분을 이용하여 사다리꼴을 완성해 보세요.

(1)

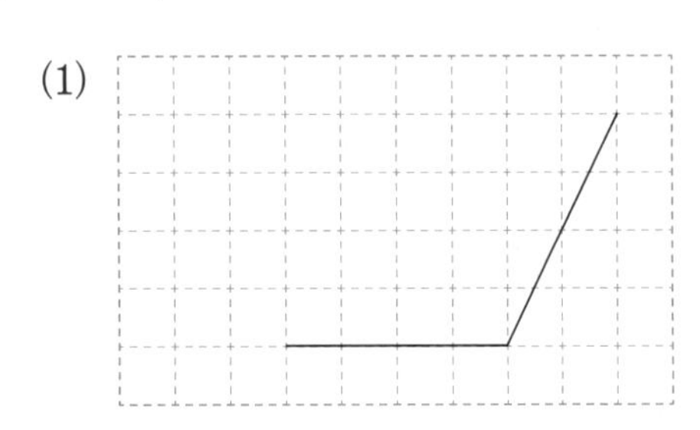

(2)

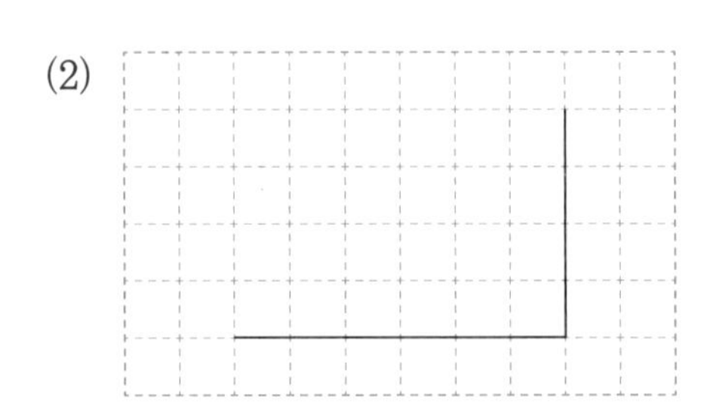

정답과 풀이 26쪽

5 사각형 중에서 평행선이 2쌍 있는 도형은?

• 평행사변형: 마주 보는 두 쌍의 변이 서로 평행한 사각형

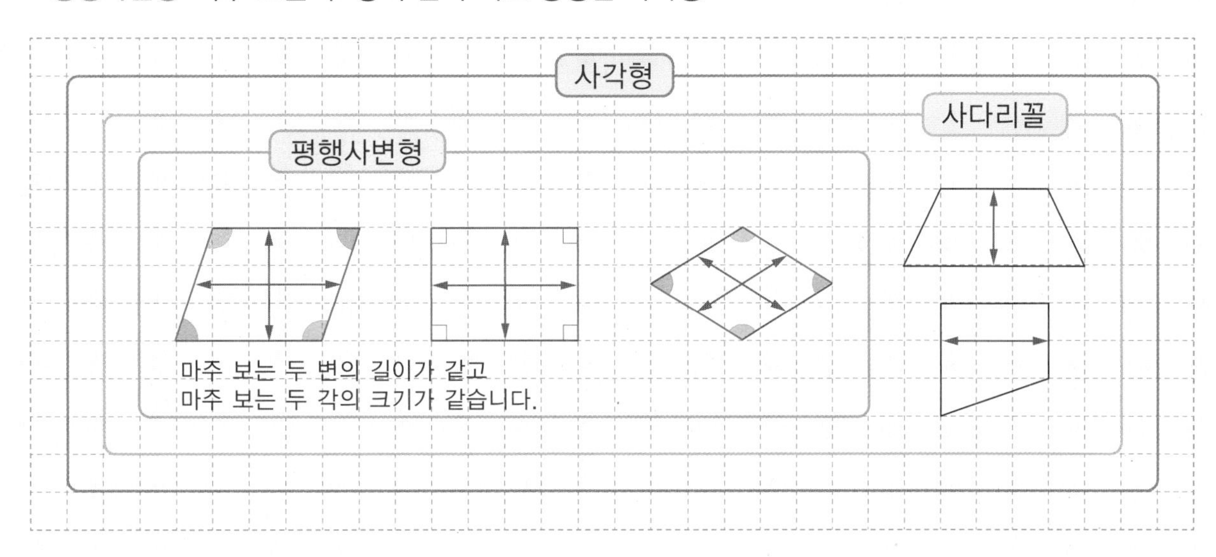

1 여러 가지 사각형을 보고 물음에 답하세요.

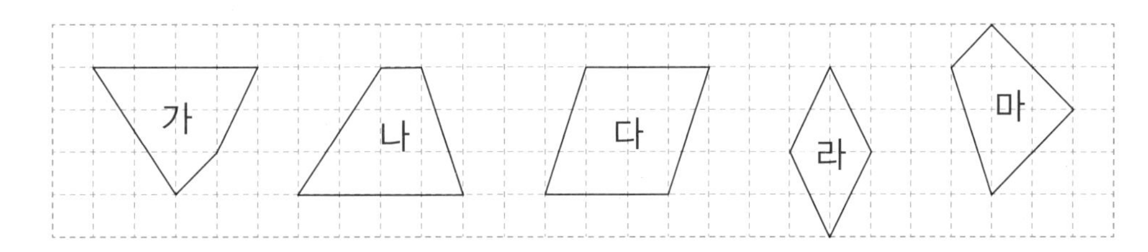

(1) 사각형을 분류하여 빈칸에 알맞은 기호를 써넣으세요.

평행한 변이 없습니다.	평행한 변이 1쌍	평행한 변이 2쌍

(2) 평행한 변이 2쌍인 사각형에서 서로 평행한 변을 모두 찾아 ○표 하세요.

(3) 평행사변형은 □와 □입니다.

2 주어진 선분을 이용하여 평행사변형을 완성해 보세요.

(1)

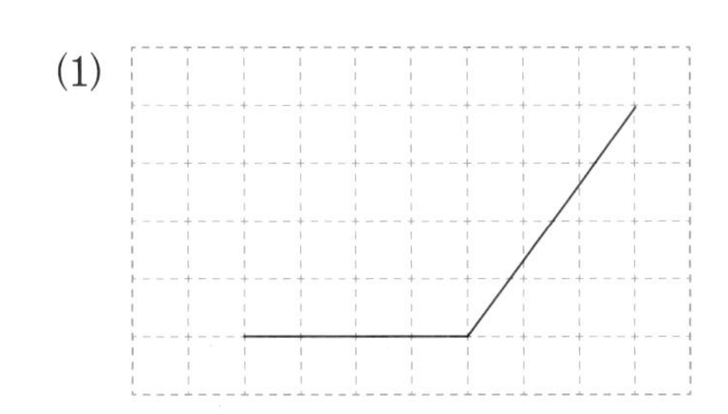

(2)

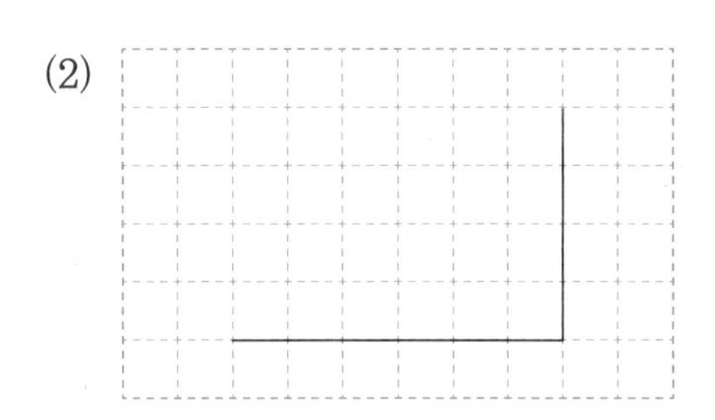

6 네 변의 길이가 같다고 모두 정사각형은 아니야.

• 마름모: 네 변의 길이가 모두 같은 사각형

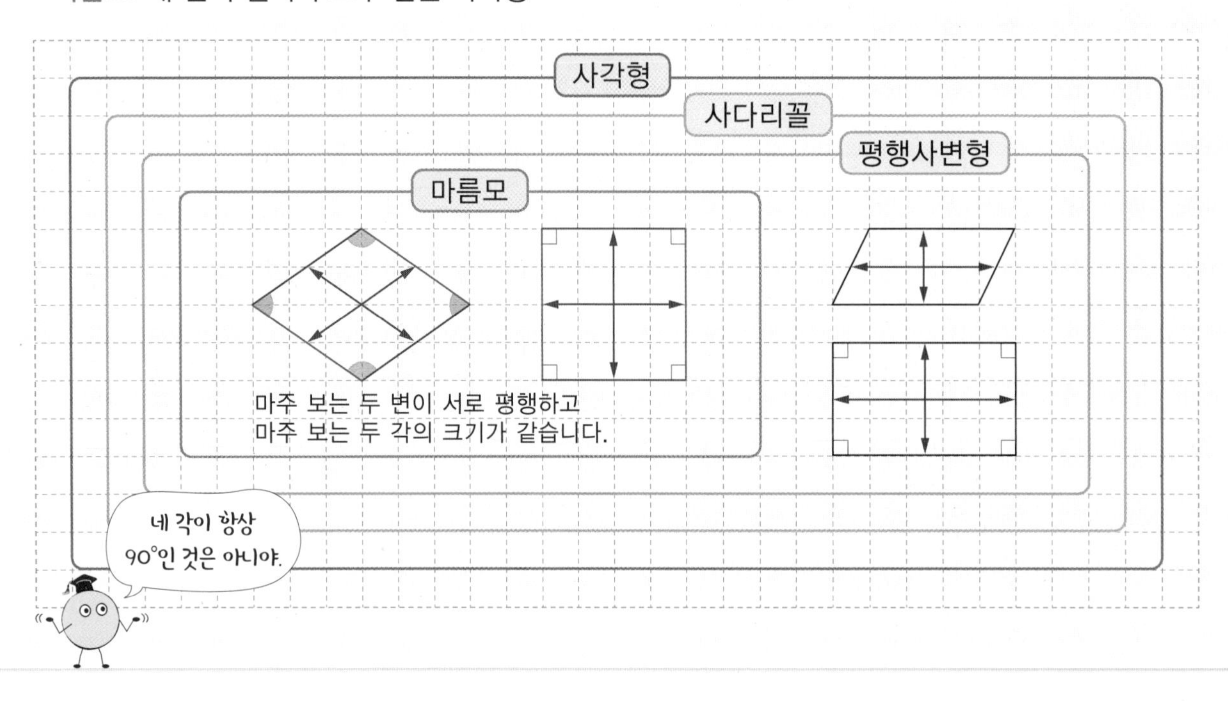

1 여러 가지 사각형을 보고 물음에 답하세요.

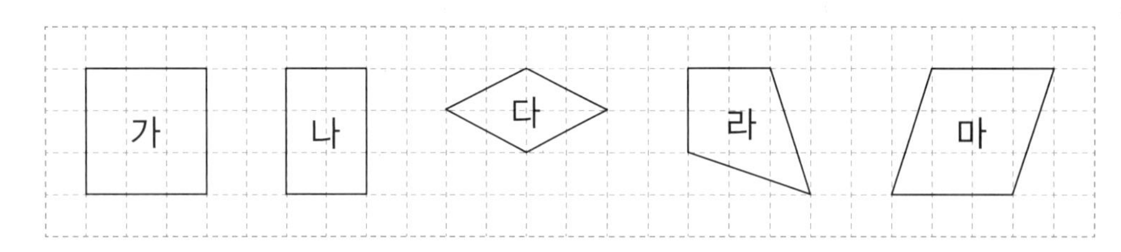

(1) 변의 길이가 모두 같은 사각형은 ☐와 ☐입니다.

(2) 변의 길이가 모두 같은 사각형에서 서로 평행한 변을 모두 찾아 ○표 하세요.

(3) 마름모는 ☐와 ☐입니다.

2 주어진 선분을 이용하여 마름모를 완성해 보세요.

(1)

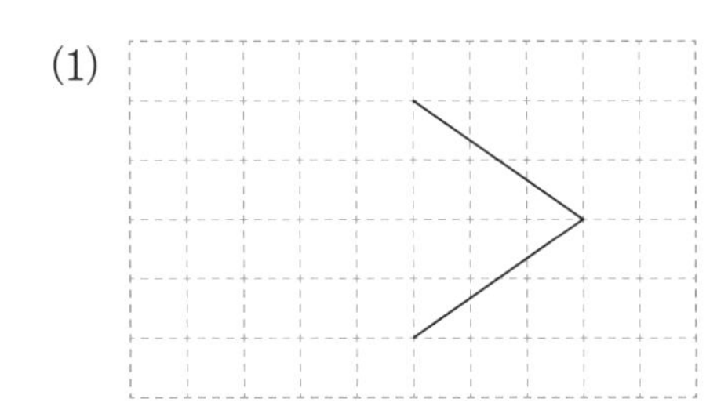

(2)

정답과 풀이 26쪽

7 사각형 사이의 관계를 그림으로 나타내자.

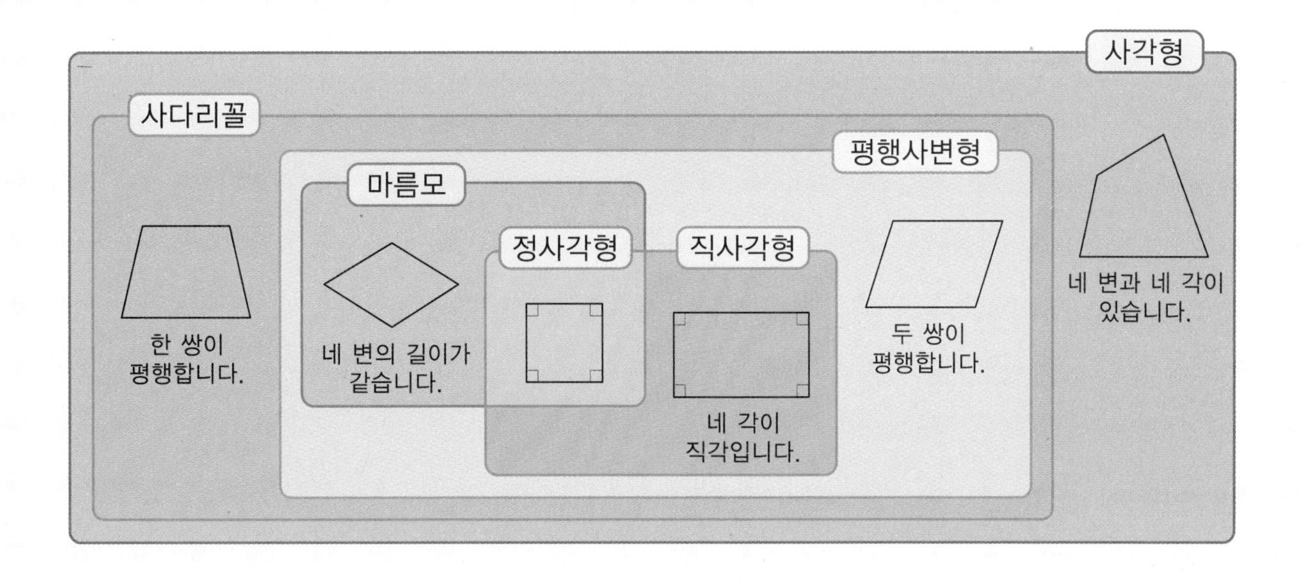

1 여러 가지 사각형을 보고 □ 안에 알맞은 기호를 써넣으세요.

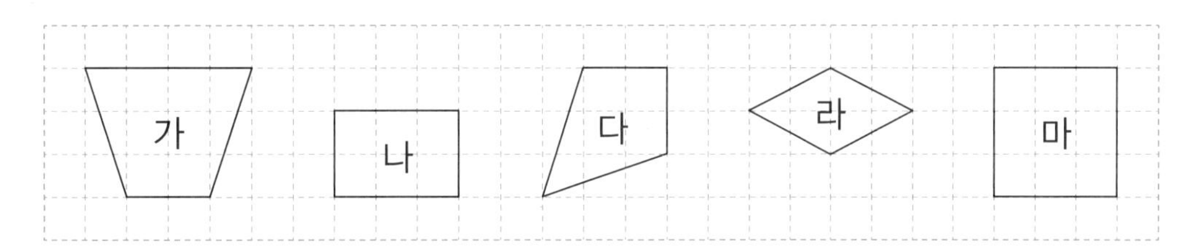

(1) 사다리꼴은 □, □, □, □입니다.

(2) 평행사변형은 □, □, □입니다.

(3) 마름모는 □와 □입니다.

(4) 직사각형은 □와 □입니다.

(5) 정사각형은 □입니다.

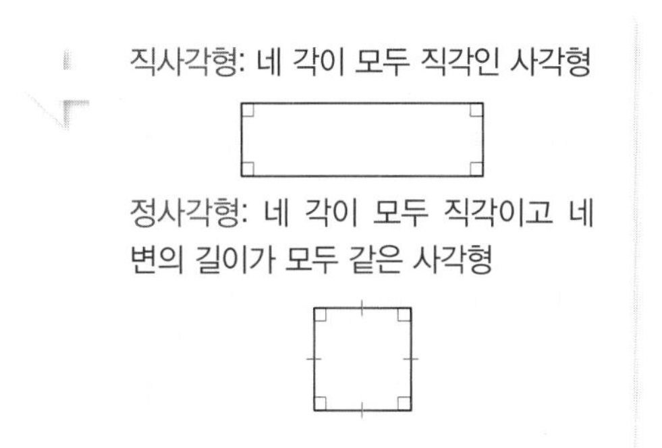

2 □ 안에 알맞은 도형의 이름을 써 넣으세요.

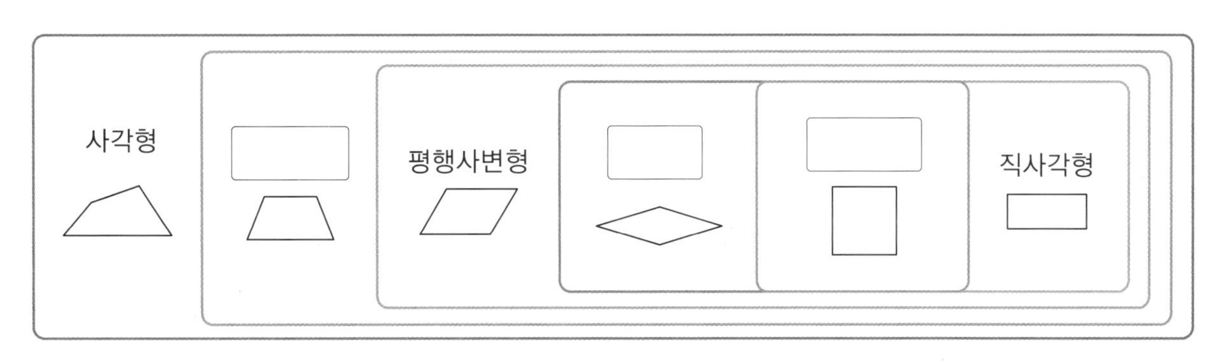

4 사다리꼴

1 사다리꼴을 모두 찾아 기호를 써 보세요.

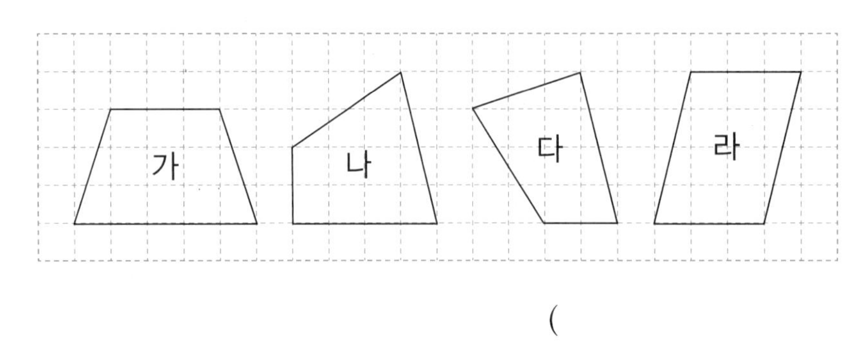

(   )

▶ 사다리 모양이라서 사다리꼴이라고 해.

2 사다리꼴입니다. 변 ㄱㄴ과 평행한 변을 찾아 써 보세요.

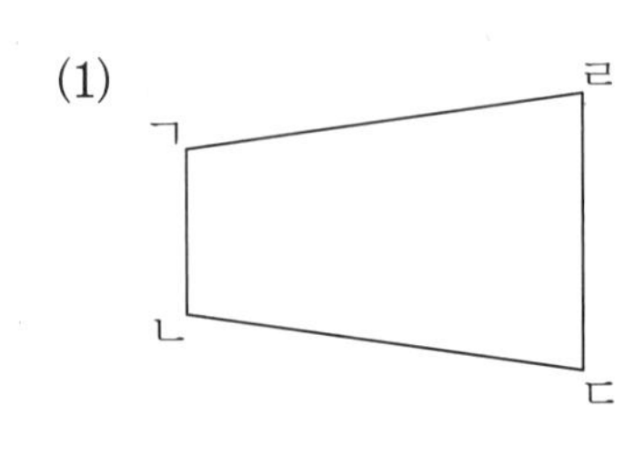

(   ) (   )

▶

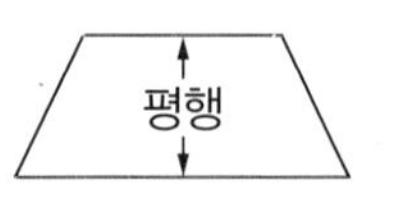

3 사다리꼴인지 아닌지 쓰고 그 이유를 설명해 보세요.

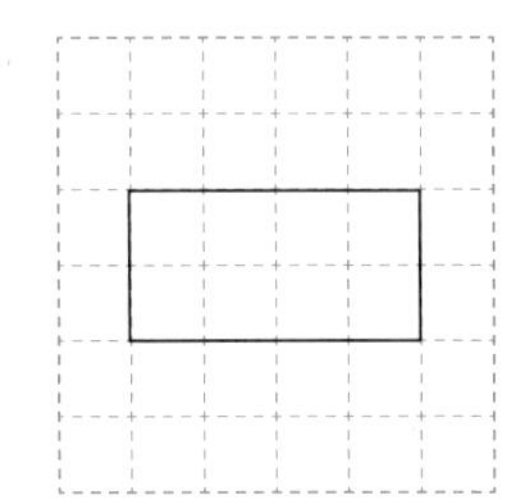

답 ....

이유 ....

....

4 사다리꼴에서 평행선을 찾아 평행선 사이의 거리를 재어 보세요.

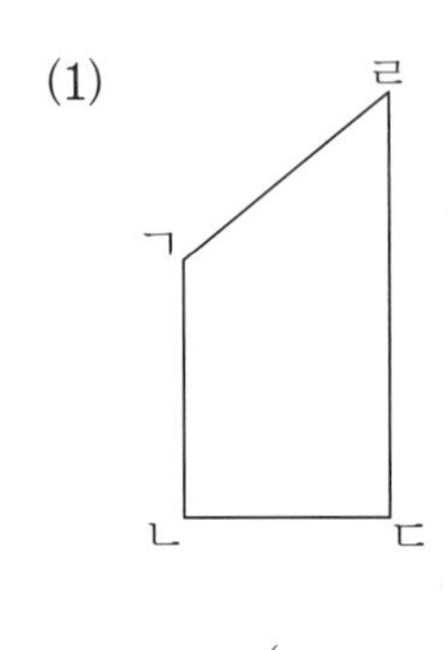

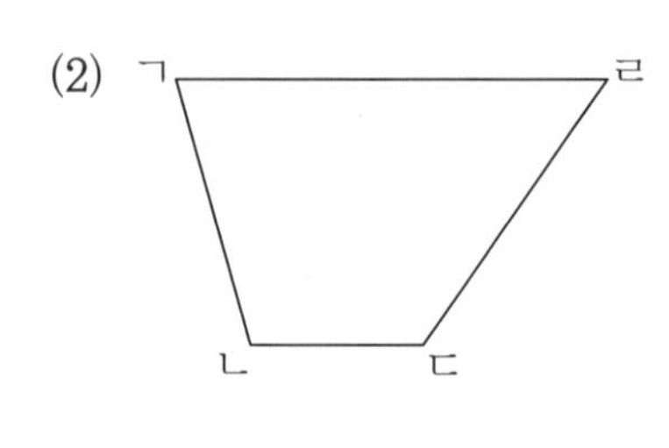

(   ) (   )

▶ 평행선 사이의 거리는 여러 방향으로 있어.

5 색종이를 한 번 접은 후 점선을 따라 잘랐습니다. 자른 색종이에서 빗금 친 부분을 펼쳤을 때 만들어진 사각형의 이름을 써 보세요.

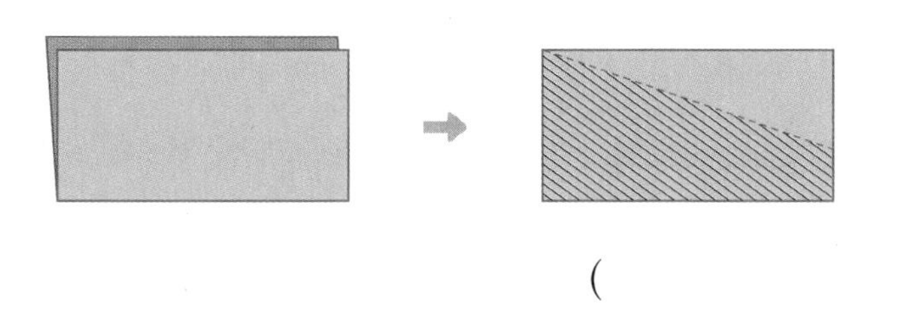

( )

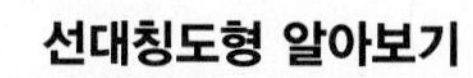

선대칭도형 알아보기

선대칭도형: 한 직선을 따라 접었을 때 완전히 겹치는 도형

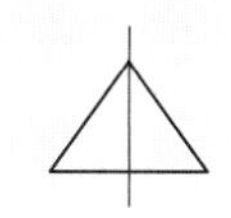
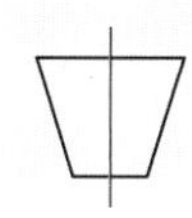

+ 보기 와 같이 한 직선을 따라 접었을 때 완전히 겹치는 도형을 찾아 ○표 하세요.

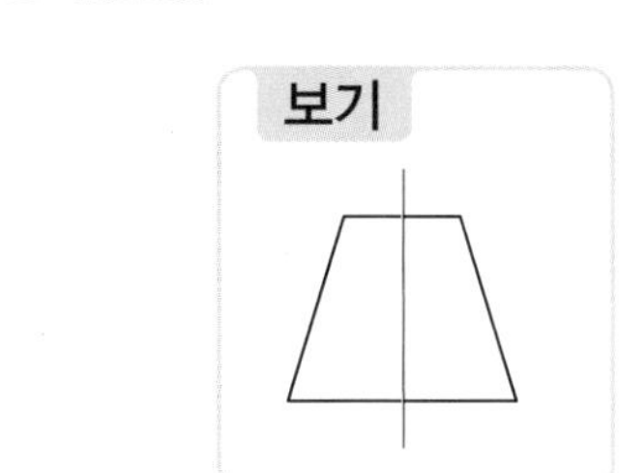

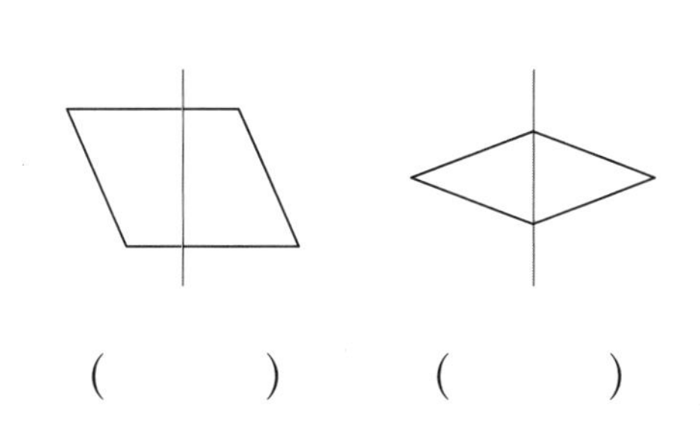

( ) ( )

내가 만드는 문제

6 직사각형 모양의 종이에 자유롭게 선을 그은 후 선을 따라 잘랐을 때 잘라 낸 도형들 중 사다리꼴은 모두 몇 개일까요?

( )

직사각형을 여러 가지 사각형으로 자르면 어떤 사각형이 될까?

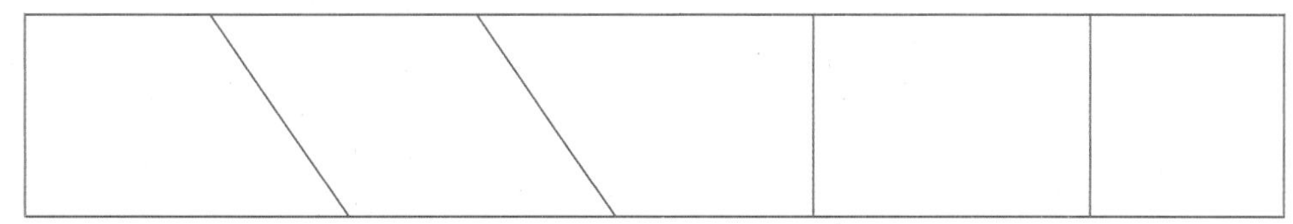

➡ 직사각형은 마주 보는 두 변이 서로 평행하므로 선을 따라 사각형으로 자르면 항상 (사다리꼴 , 평행사변형 , 직사각형 , 정사각형)이 됩니다.

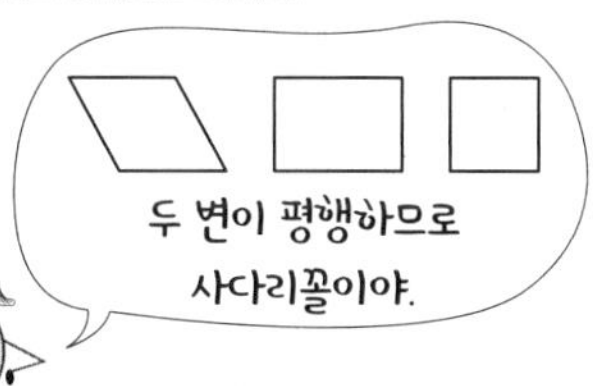

7 평행사변형이 아닌 것을 찾아 기호를 써 보세요.

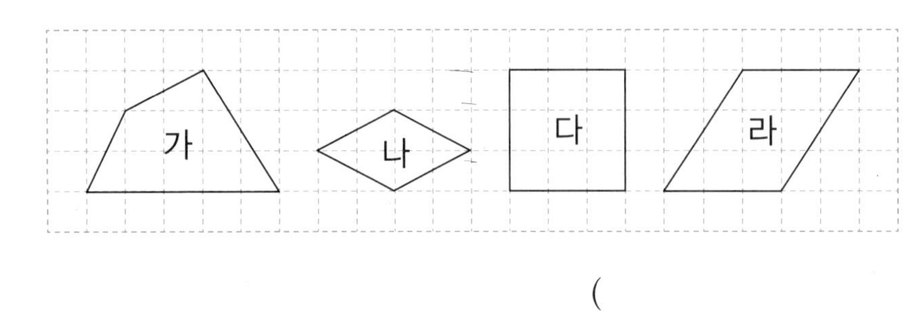

( )

8 점 ㄱ만 옮겨서 평행사변형을 만들려고 합니다. 점 ㄱ을 어느 점으로 옮겨야 할까요?

( )

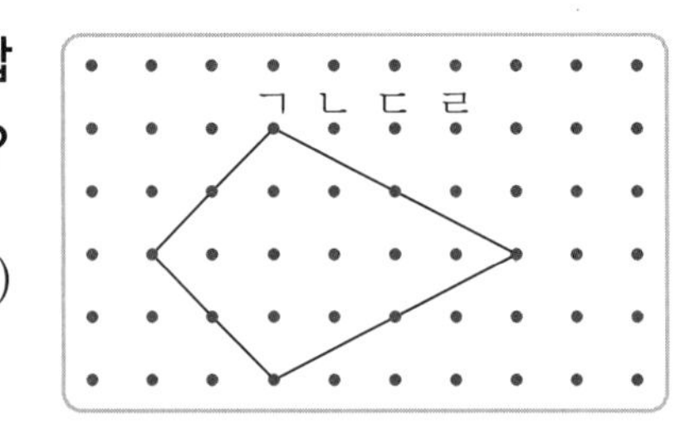

▶ 색칠된 부분의 모양을 살펴봐.

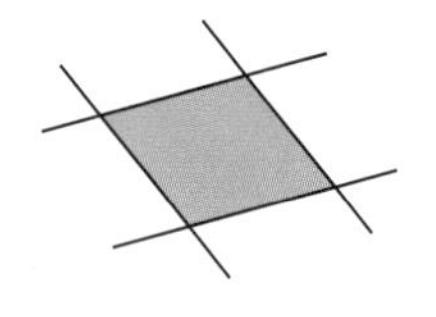

9 평행사변형을 보고 □ 안에 알맞은 수를 써넣으세요.

(1)

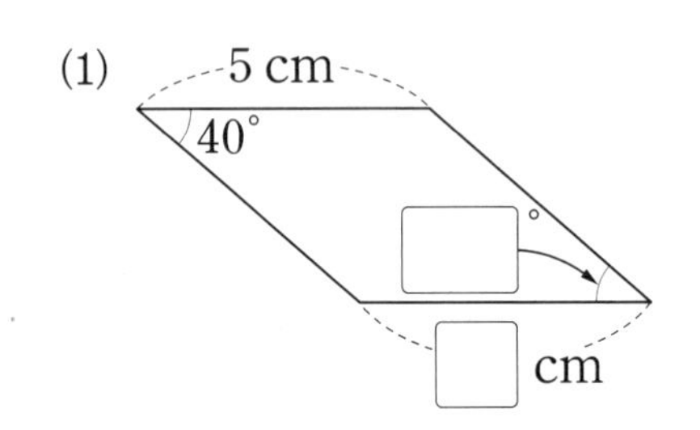

(2)

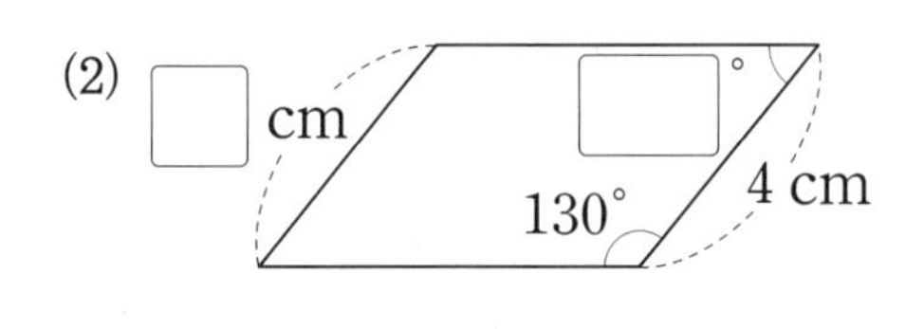

▶

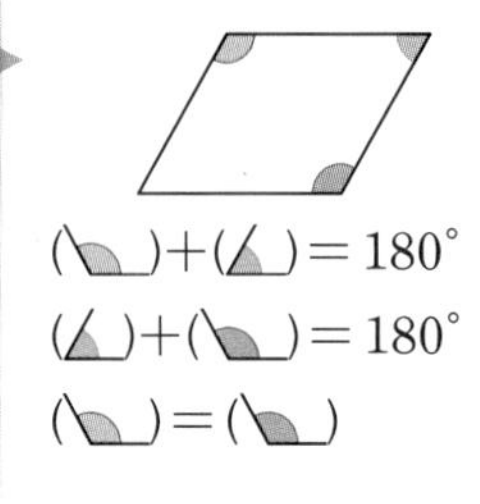

10 평행사변형의 네 변의 길이의 합은 22 cm입니다. 변 ㄱㄴ의 길이는 몇 cm일까요?

▶ 평행사변형은 마주 보는 두 변의 길이가 같아.

(1)

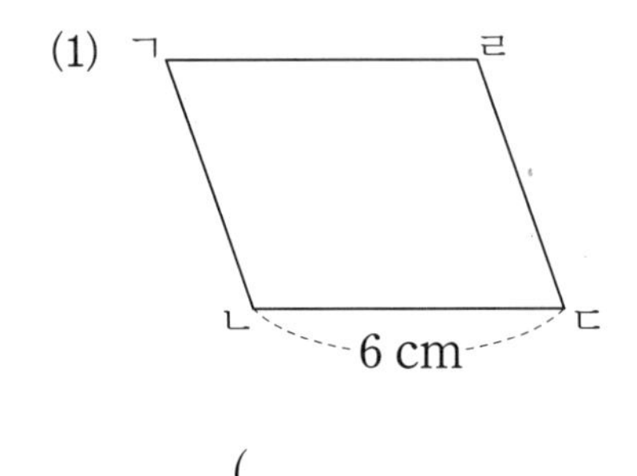

( )

(2)

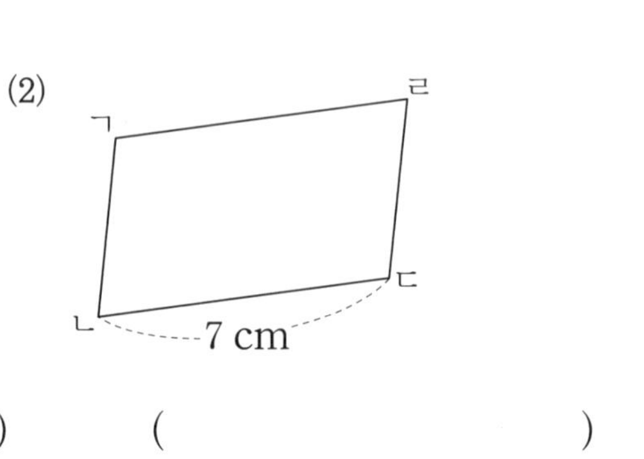

( )

11 모눈종이에서 평행사변형은 모눈이 몇 칸인지 구해 보세요.

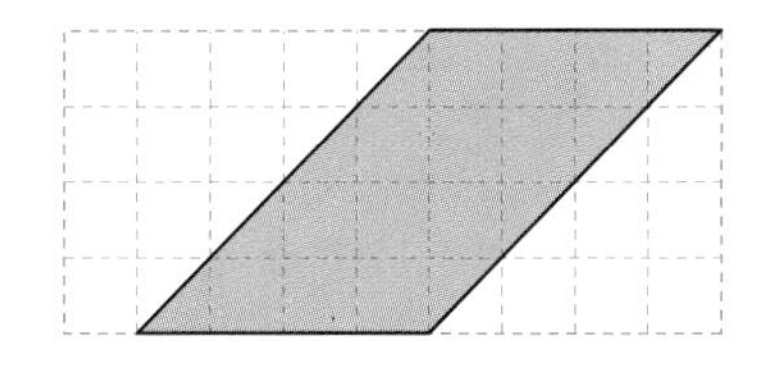

( )

평행사변형의 넓이

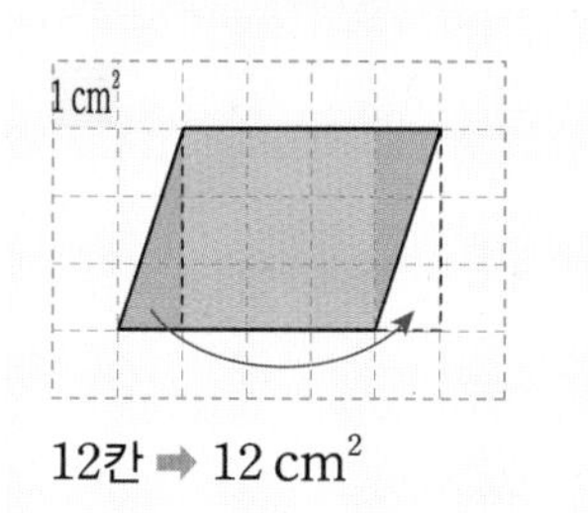

12칸 ➡ 12 cm^2

➕ 평행사변형의 넓이를 구해 보세요.

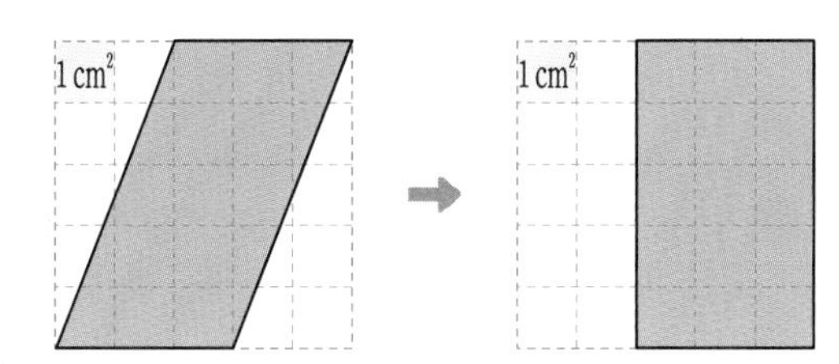

☐ cm^2

내가 만드는 문제

12 칠교판의 조각을 이용하여 평행사변형을 만들어 보세요.

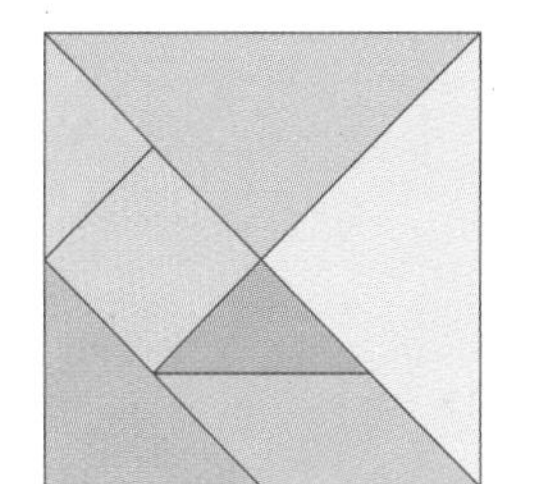

▶ 여러 조각을 사용하여 평행사변형을 만들어.

평행사변형의 마주 보는 두 변의 길이와 두 각의 크기는 항상 같을까?

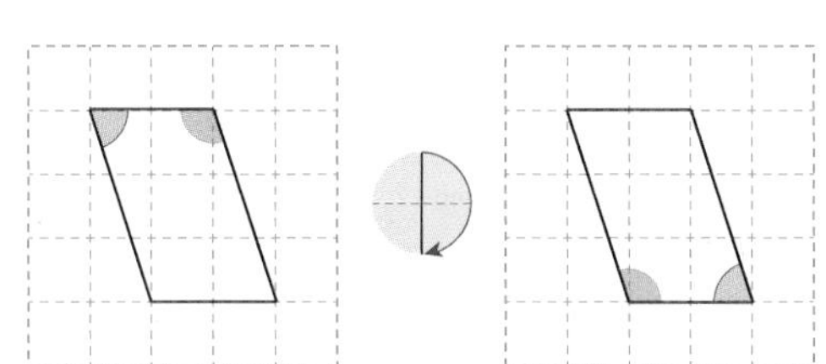

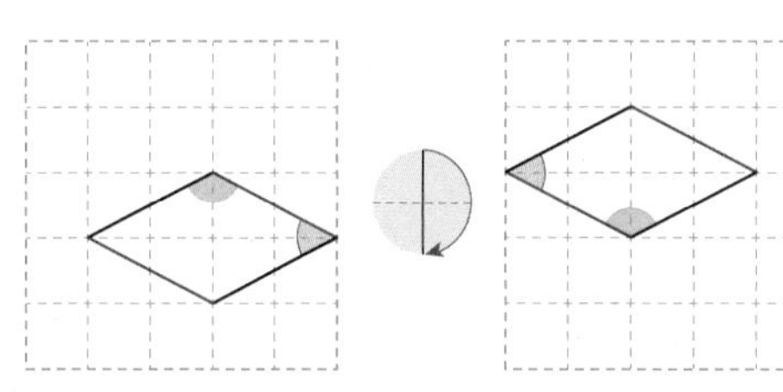

➡ 평행사변형을 180°만큼 돌렸을 때의 모양은 처음 모양과 같으므로 마주 보는 두 변의 길이와 두 각의 크기는 (같습니다 , 다릅니다).

13 마름모를 모두 찾아 기호를 써 보세요.

▶ 네 변의 길이가 같은 사각형을 찾아봐.

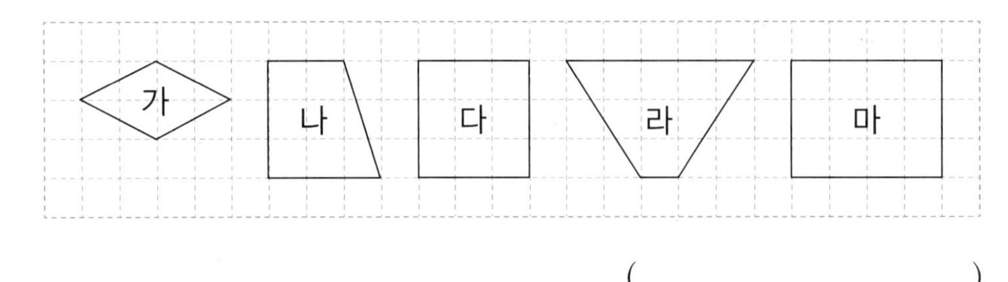

( )

14 마름모를 보고 □ 안에 알맞은 수를 써넣으세요.

(1)
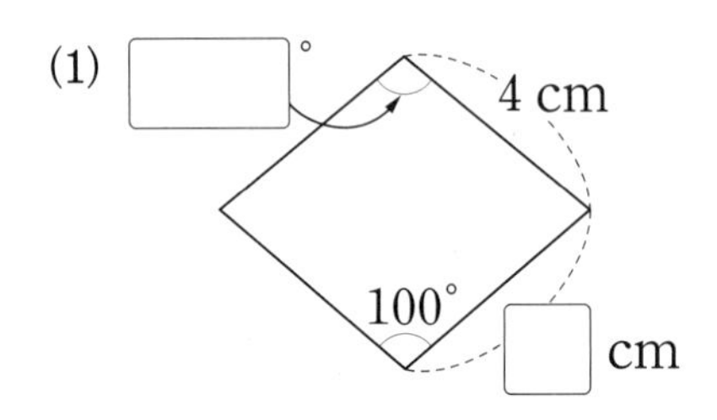

(2)
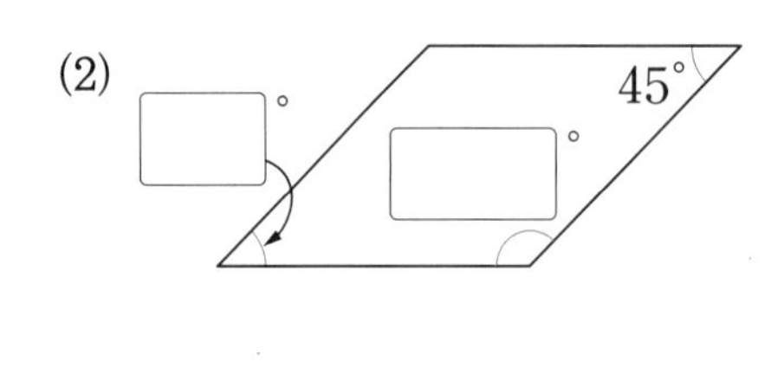

15 마름모에 대한 설명으로 옳지 않은 것을 찾아 기호를 써 보세요.

▶ 이웃하는 두 각

㉠ 네 변의 길이가 모두 같습니다.
㉡ 이웃하는 두 각의 크기의 합은 180°입니다.
㉢ 평행사변형은 마름모입니다.

( )

16 주어진 점 중 네 점을 꼭짓점으로 하는 마름모를 그려 보세요.

▶ 거리가 같은 점들을 찾아 이어 봐.

(1)
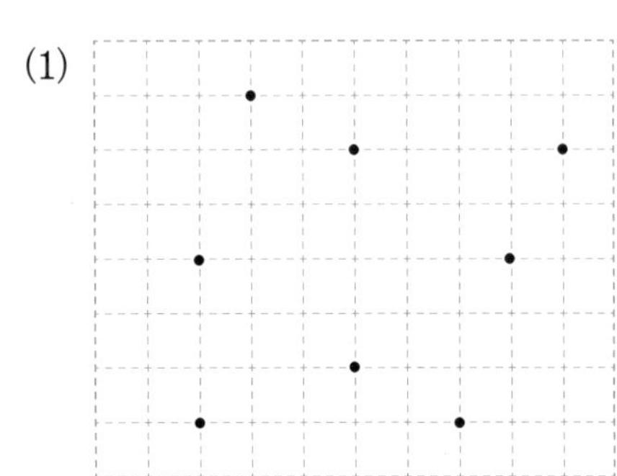

(2)
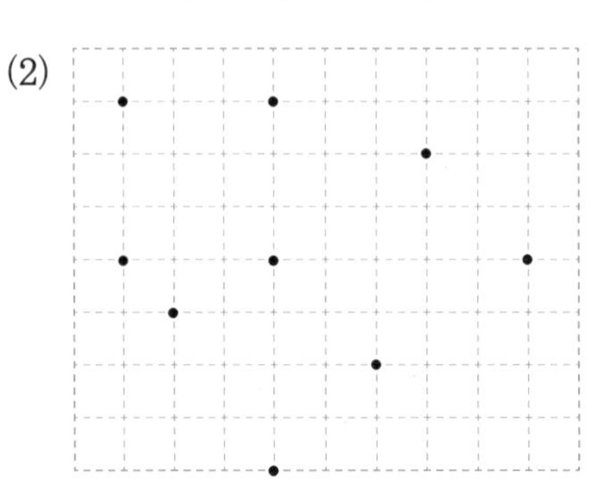

17 오른쪽 옷걸이는 뱀의 배와 비슷하게 생겨 자바라 옷걸이라고 부릅니다. 옷걸이에서 찾을 수 있는 마름모에서 ㉠의 각도는 몇 도일까요?

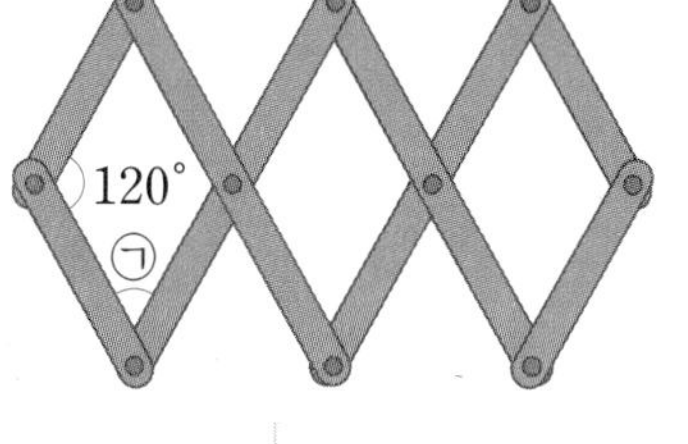

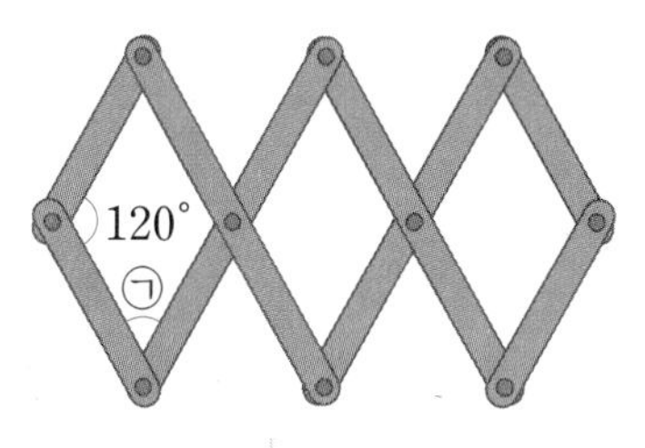

(　　　　　　　　　　)

18 마름모에서 각 ㄴㄱㄹ의 크기가 각 ㄱㄴㄷ의 크기의 4배일 때 각 ㄱㄹㄷ의 크기를 구해 보세요.

ㄱ
ㄴ　　　　　　ㄹ
ㄷ

(　　　　　　　　　　)

▶ ●×4
=●+●+●+●

내가 만드는 문제

19 1 cm, 2 cm, 3 cm 중 하나를 한 변의 길이로 정해 자유롭게 마름모 2개를 그려 보세요.

▶ 정사각형일 수도 있지만 아닐 수도 있어.

4

마름모는 어떤 성질이 있을까?

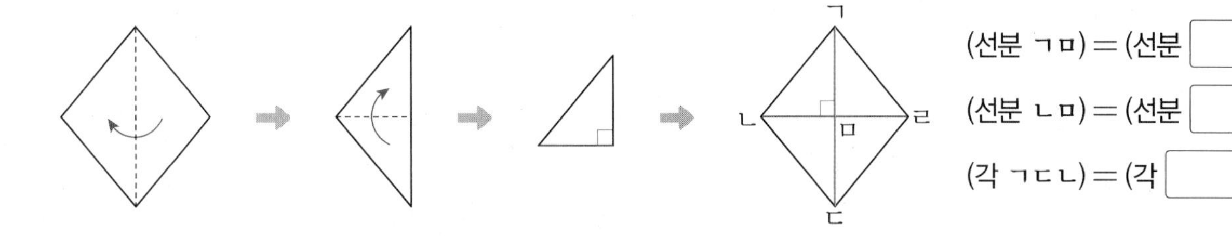

(선분 ㄱㅁ)=(선분 [　　])

(선분 ㄴㅁ)=(선분 [　　])

(각 ㄱㄷㄴ)=(각 [　　])

20 도형을 보고 사각형을 모두 찾아 기호를 써 보세요.

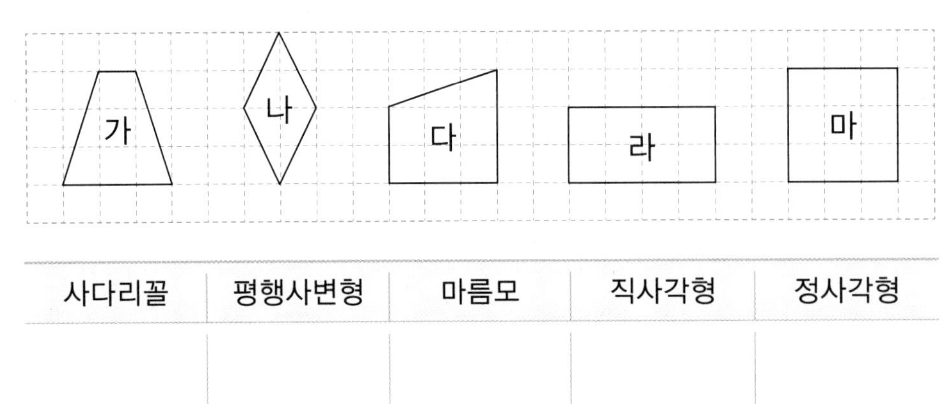

사다리꼴	평행사변형	마름모	직사각형	정사각형

▶ 사각형의 포함 관계

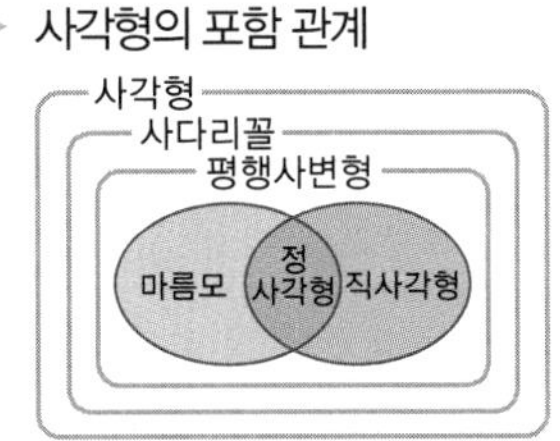

➕ 오른쪽 그림에서 찾을 수 있는 정사각형을 모두 찾아 ○표 하세요.

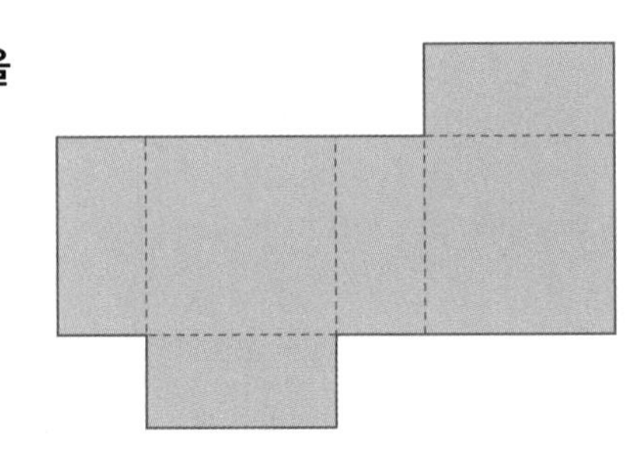

전개도 알아보기

전개도: 입체도형의 모서리를 잘라서 펼친 그림

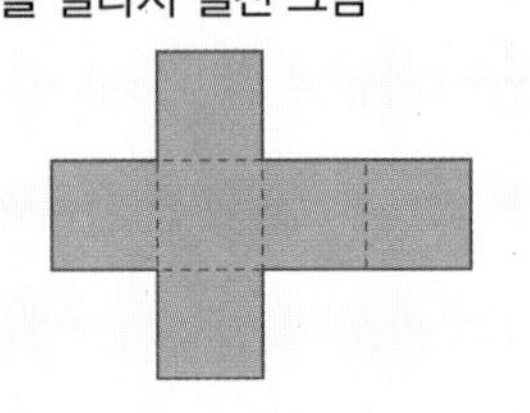

21 막대로 여러 가지 사각형을 만들려고 합니다. 물음에 답하세요.

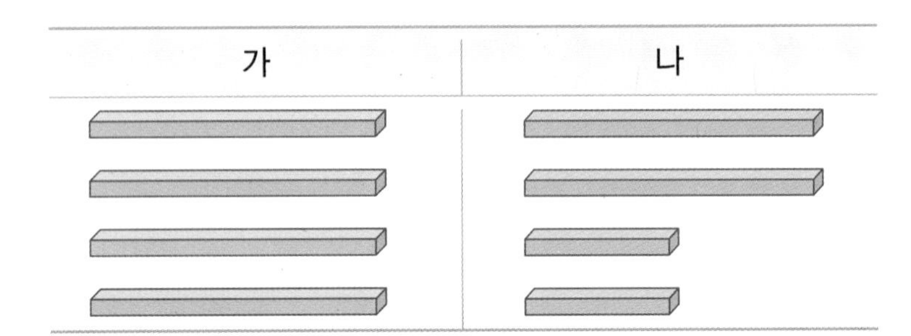

(1) 가의 막대로 만들 수 있는 사각형을 모두 써 보세요.

( )

(2) 나의 막대로 만들 수 있는 사각형을 모두 써 보세요.

( )

22 규칙을 찾아 빈칸에 올 도형의 이름과 색깔을 써 보세요.

▶ 모양의 규칙과 색깔의 규칙을 각각 찾아봐.

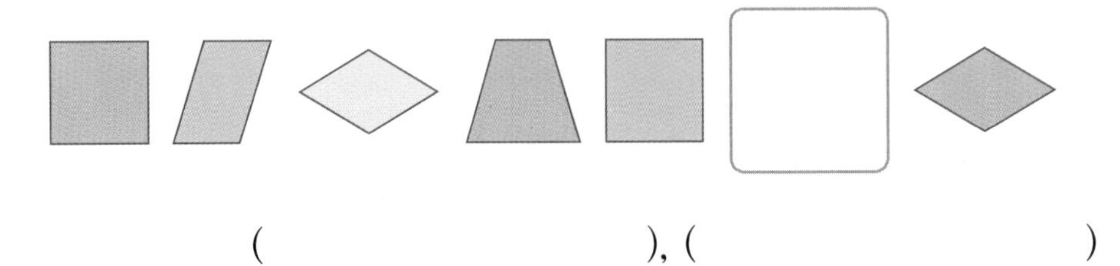

( ), ( )

23 조건을 만족하는 사각형의 이름을 모두 찾아 ○표 하세요.

- 마주 보는 두 쌍의 변이 서로 평행합니다.
- 네 변의 길이가 같습니다.

사다리꼴　　평행사변형　　마름모　　직사각형　　정사각형

24 칠교판 조각으로 여러 가지 사각형을 만들고 몇 조각으로 만들었는지 써 보세요.

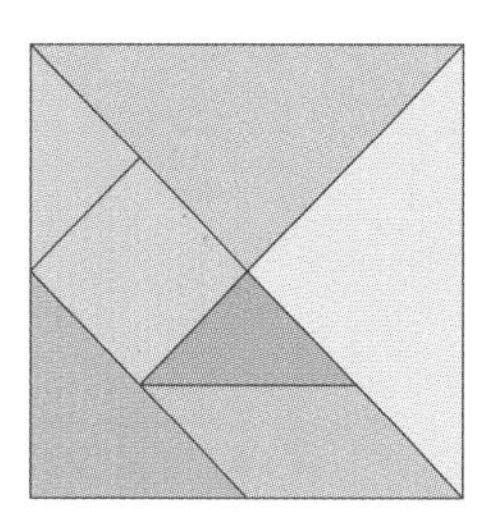

(1) 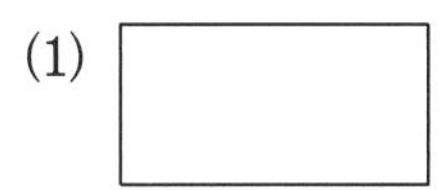

조각

(2) 

조각

내가 만드는 문제

25 그림을 보고 알 수 있는 것을 써 보세요.

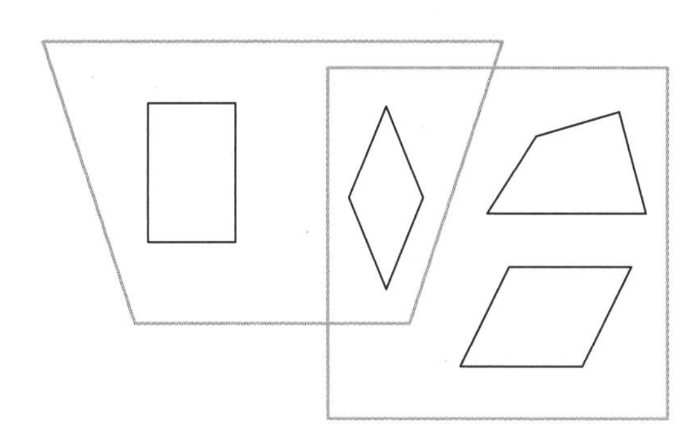

- 사다리꼴 안에 직사각형과 마름모가 있습니다.

▶ 큰 도형 안에 어떤 도형이 있는지 살펴봐.

4

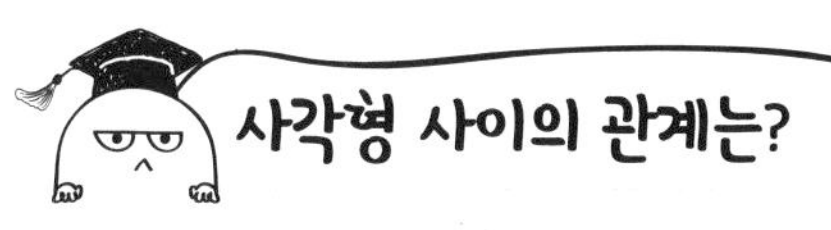

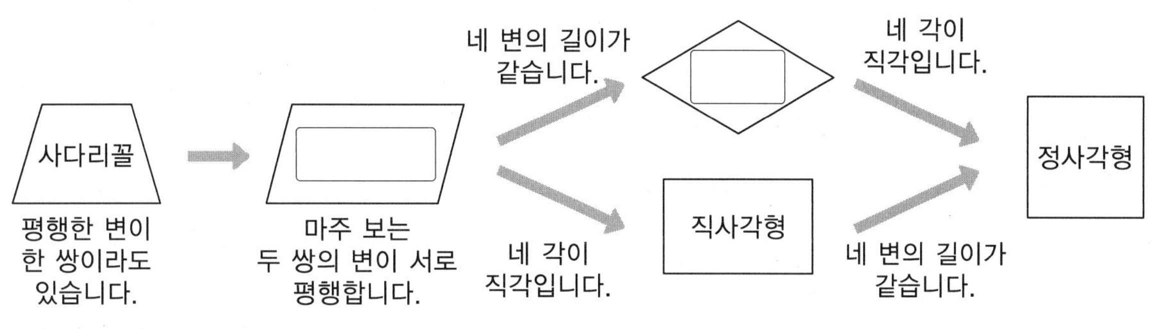

개념 완성

발전 문제

1 평행선 긋기

1 준비

삼각자를 이용하여 점 ㄱ을 지나고 직선 가와 평행한 직선을 그어 보세요.

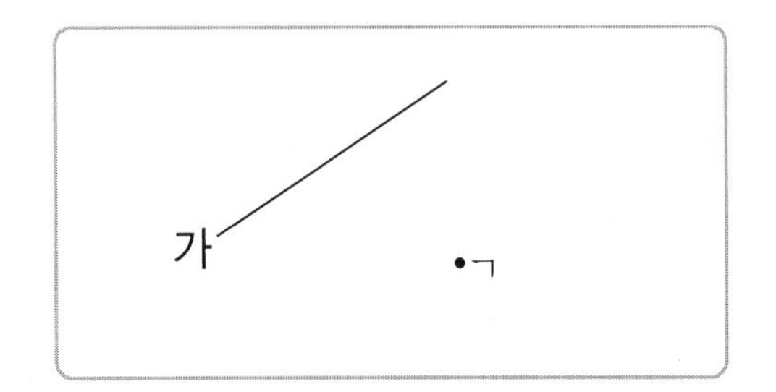

2 확인

평행선 사이의 거리가 2 cm가 되도록 주어진 직선과 평행한 직선을 그어 보세요.

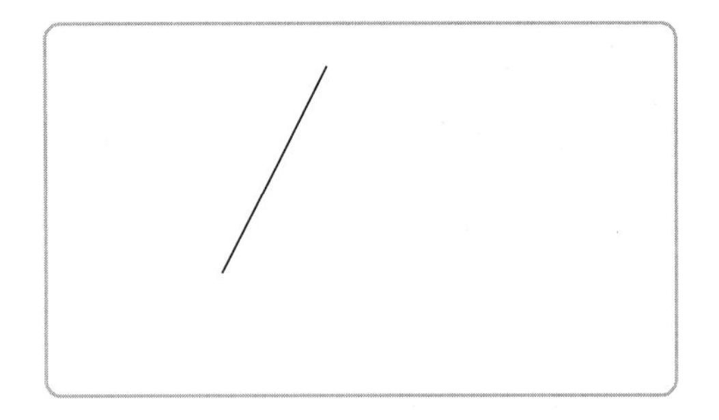

3 완성

두 평행선과 동시에 거리가 1 cm가 되는 평행한 직선을 그어 보세요.

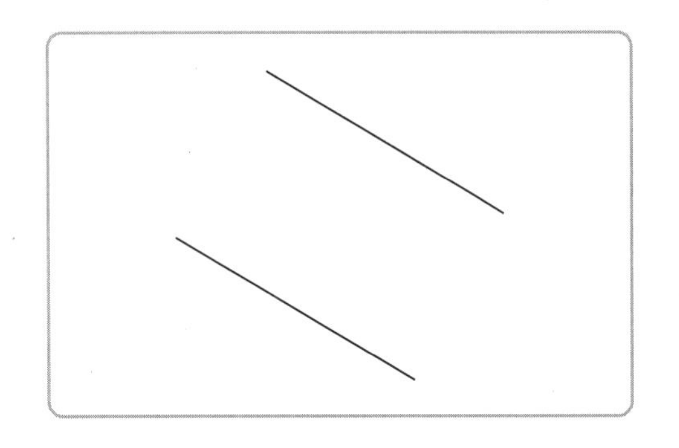

2 수선에서 각도 구하기

4 준비

직선 가는 직선 나에 대한 수선일 때, ㉠의 각도를 구해 보세요.

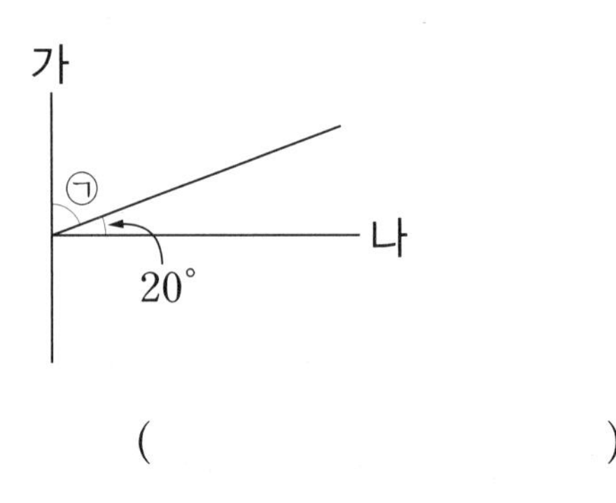

( )

5 확인

선분 ㄴㄹ과 선분 ㄷㄹ이 수직으로 만날 때, 각 ㄱㄹㄷ의 크기를 구해 보세요.

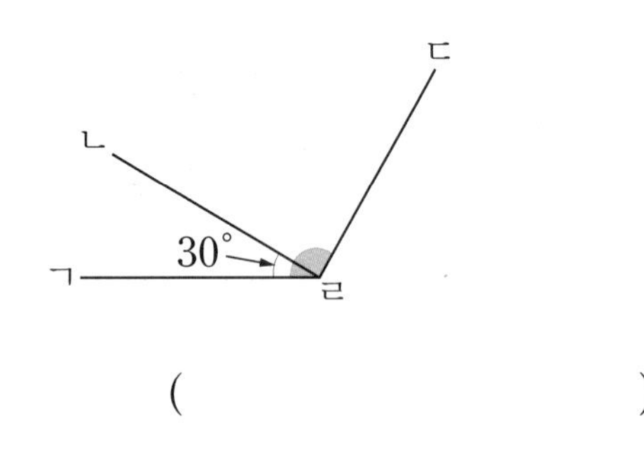

( )

6 완성

직선 다는 직선 가에 대한 수선일 때, ㉠의 각도를 구해 보세요.

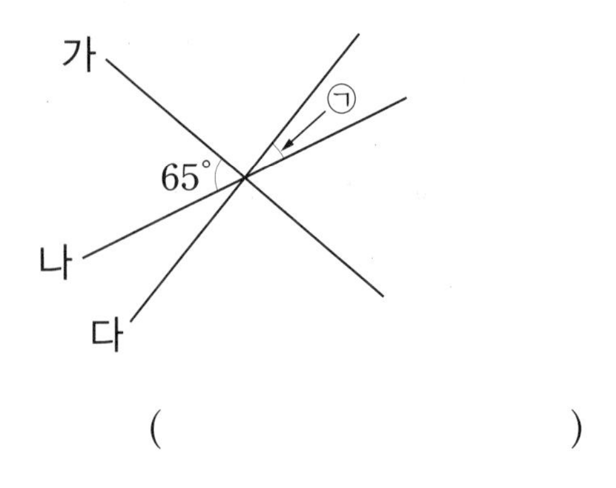

( )

3 평행선 사이의 거리 구하기

7 준비

도형에서 평행선 사이의 거리는 몇 cm일까요?

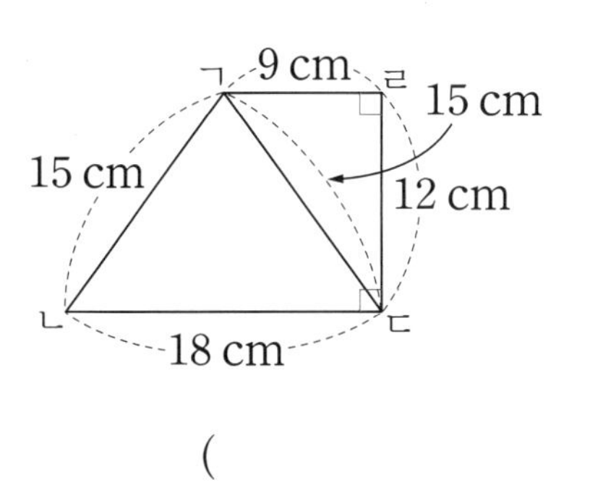

( )

8 확인

변 ㄱㅂ과 변 ㄹㅁ은 서로 평행합니다. 이 평행선 사이의 거리는 몇 cm일까요?

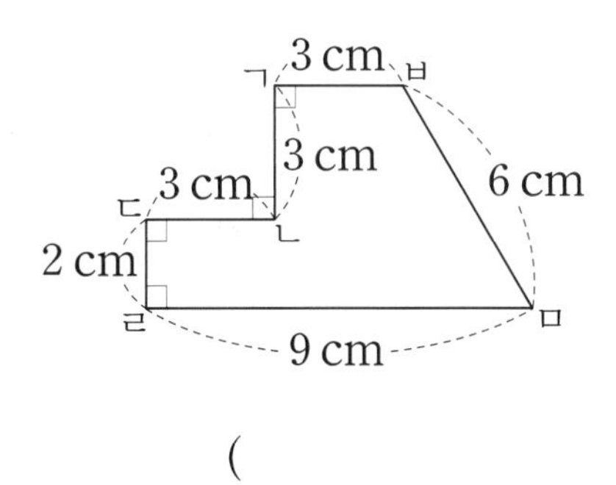

( )

9 완성

도형에서 평행선 사이의 거리는 몇 cm일까요?

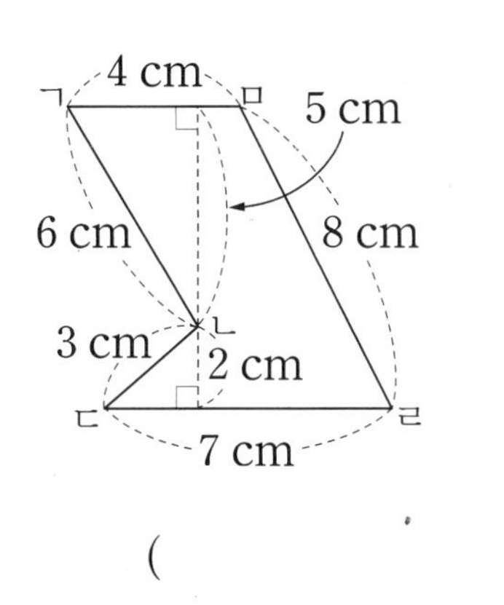

( )

4 도형의 한 변의 길이 구하기

10 준비

네 변의 길이의 합이 20 cm인 마름모의 한 변의 길이를 구해 보세요.

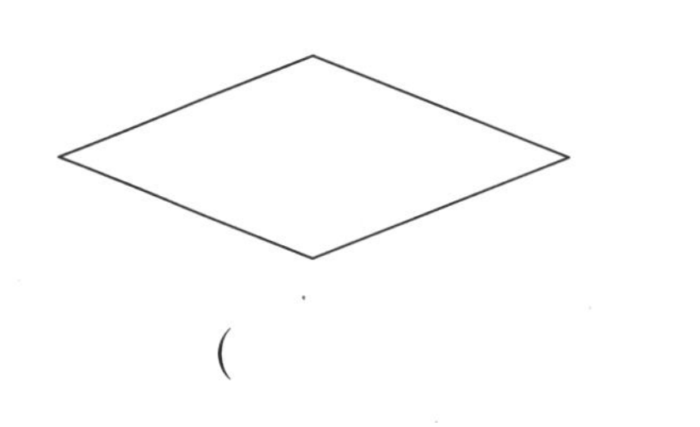

( )

11 확인

평행사변형과 정사각형의 네 변의 길이의 합이 같을 때 정사각형의 한 변의 길이를 구해 보세요.

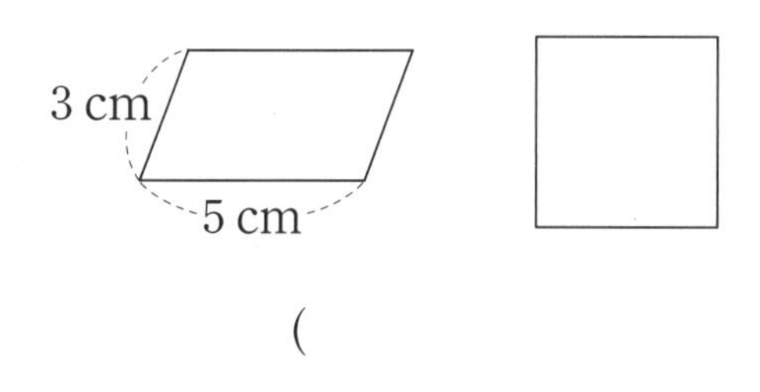

( )

12 완성

두 평행사변형의 네 변의 길이의 합이 같을 때 변 ㄱㄴ의 길이를 구해 보세요.

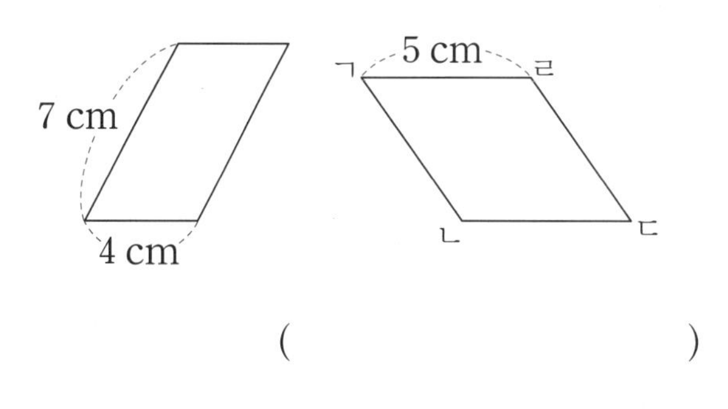

( )

5 평행사변형에서 각도 구하기

13 준비

평행사변형입니다. □ 안에 알맞은 수를 써넣으세요.

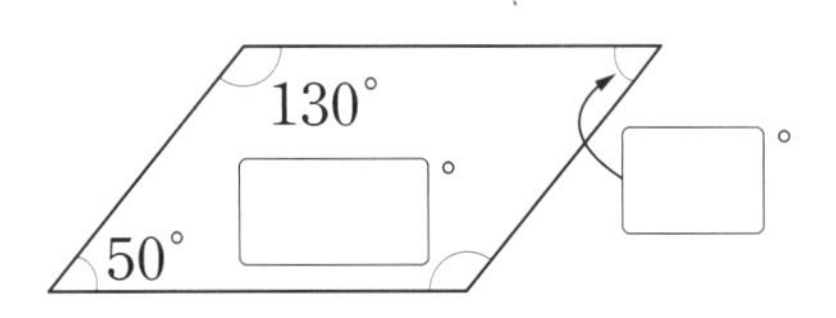

14 확인

평행사변형에서 각 ㄱㄹㄷ의 크기는 몇 도일까요?

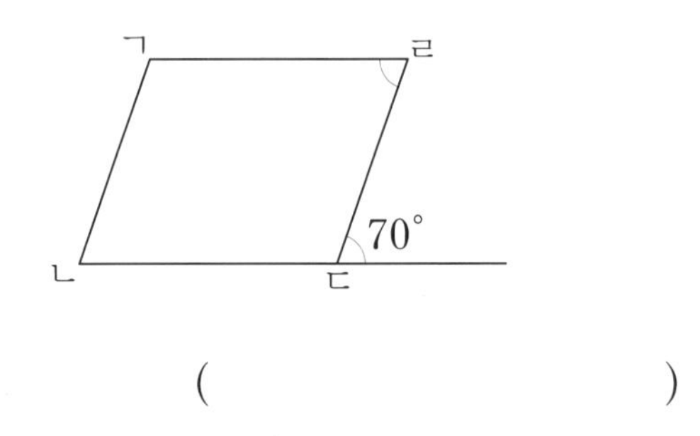

(　　　　　　　　)

15 완성

평행사변형에서 각 ㄱㄷㄹ의 크기는 몇 도일까요?

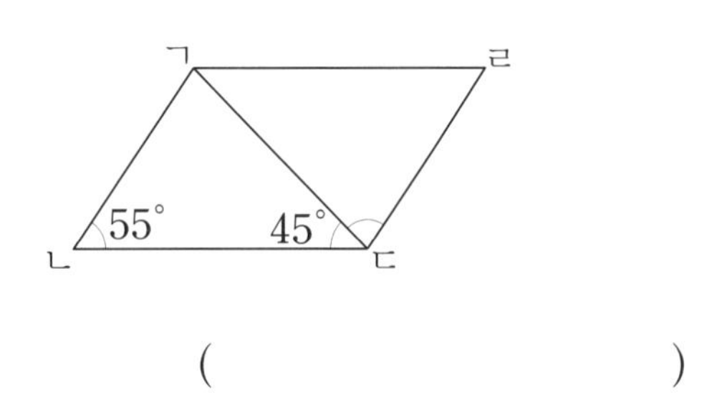

(　　　　　　　　)

6 이어 붙인 도형에서 각도 구하기

16 준비

마름모입니다. ㉠의 각도를 구해 보세요.

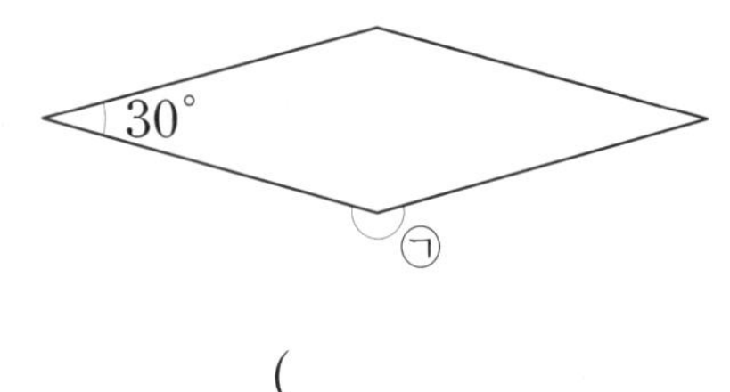

(　　　　　　　　)

17 확인

마름모와 직사각형을 겹치지 않게 이어 붙였습니다. ㉠의 각도를 구해 보세요.

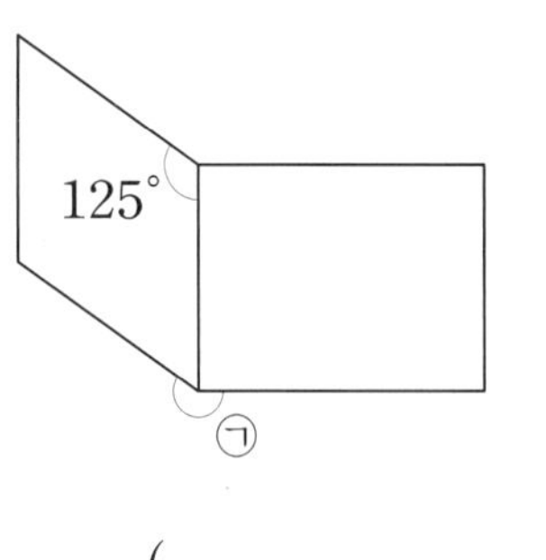

(　　　　　　　　)

18 완성

정사각형과 평행사변형을 겹치지 않게 이어 붙였습니다. ㉠의 각도를 구해 보세요.

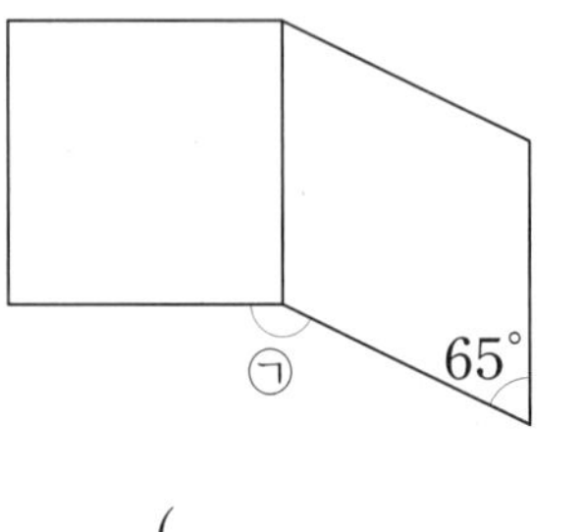

(　　　　　　　　)

7 겹쳐진 직사각형에서 각도 구하기

19 준비

크기가 다른 직사각형 모양의 종이 띠를 겹쳤습니다. 겹쳐진 부분의 이름이 될 수 있는 것을 모두 고르세요. (   )

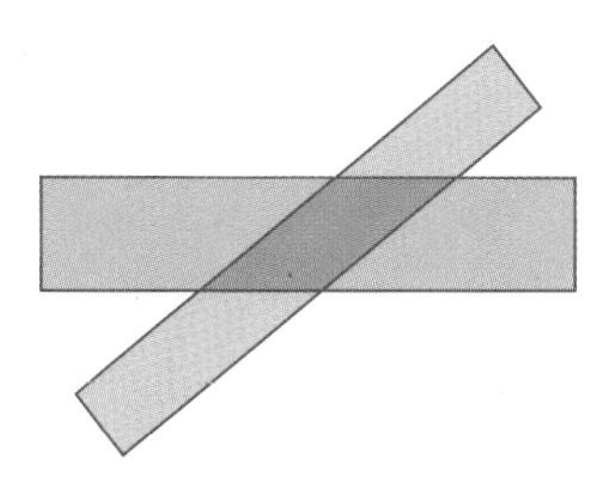

① 직사각형 ② 사다리꼴 ③ 평행사변형
④ 마름모 ⑤ 정사각형

20 확인

크기가 다른 직사각형 모양의 종이 띠를 겹쳤습니다. ㉠의 각도를 구해 보세요.

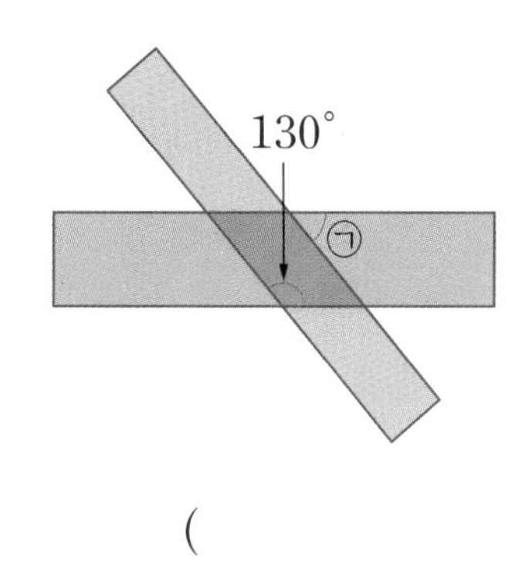

(   )

21 완성

크기가 다른 직사각형 모양의 종이 띠를 겹쳤습니다. ㉠의 각도를 구해 보세요.

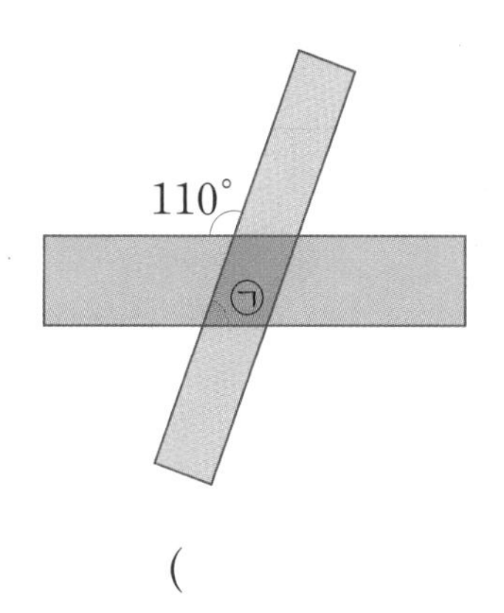

(   )

8 크고 작은 사각형의 개수 구하기

22 준비

직사각형 모양의 종이를 점선을 따라 잘랐을 때 만들어지는 사다리꼴은 모두 몇 개일까요?

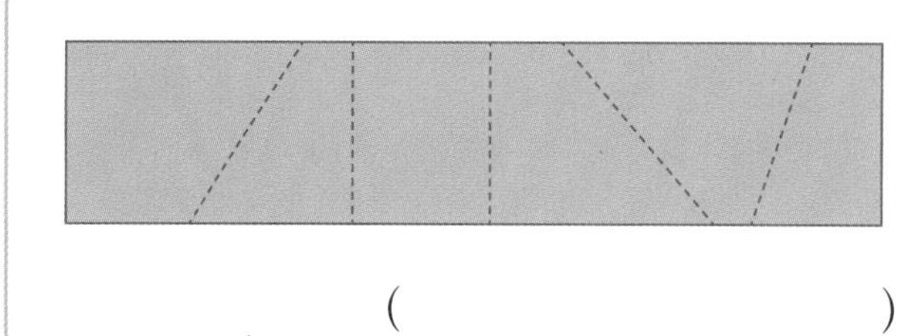

(   )

23 확인

도형에서 찾을 수 있는 크고 작은 사다리꼴은 모두 몇 개일까요?

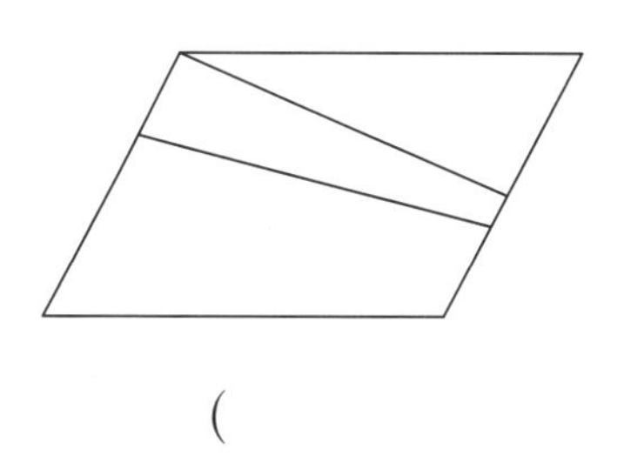

(   )

24 완성

도형에서 찾을 수 있는 크고 작은 평행사변형은 모두 몇 개일까요?

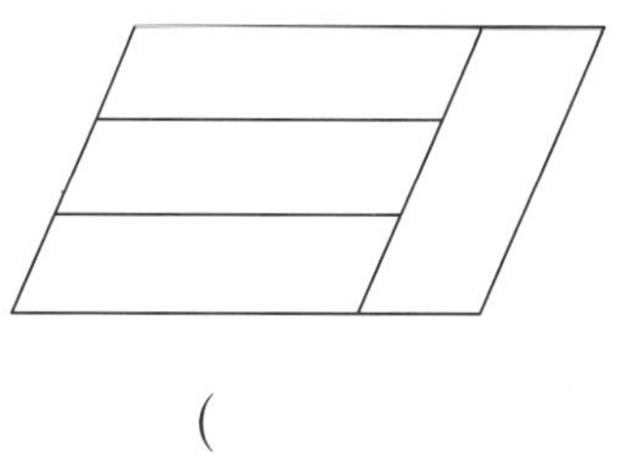

(   )

단원 평가

점수 | 확인

1 직선 가에 대한 수선은 어느 것일까요?

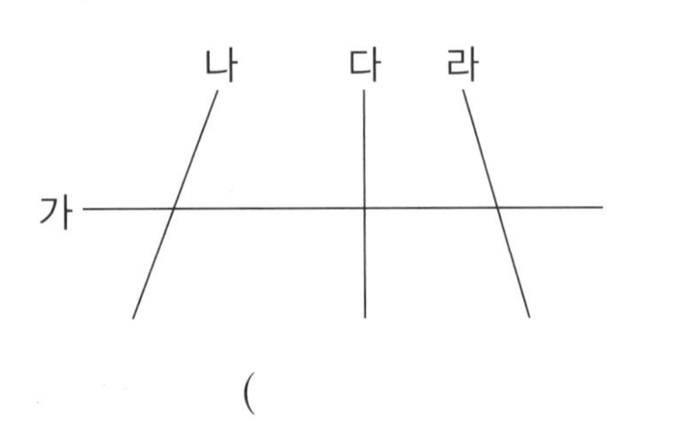

( )

2 주어진 선분을 이용하여 사다리꼴을 완성해 보세요.

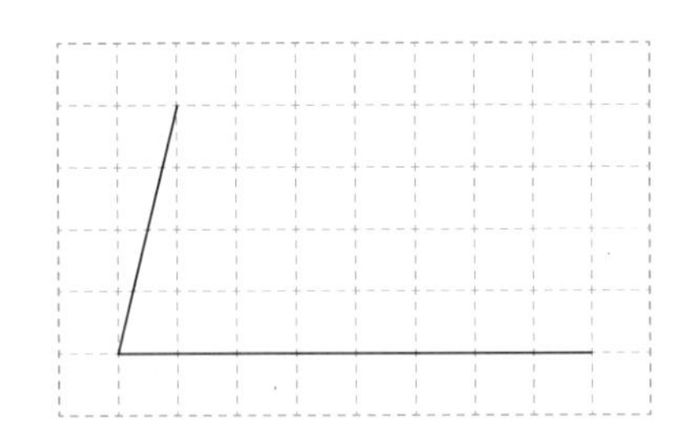

3 평행사변형을 모두 찾아 기호를 써 보세요.

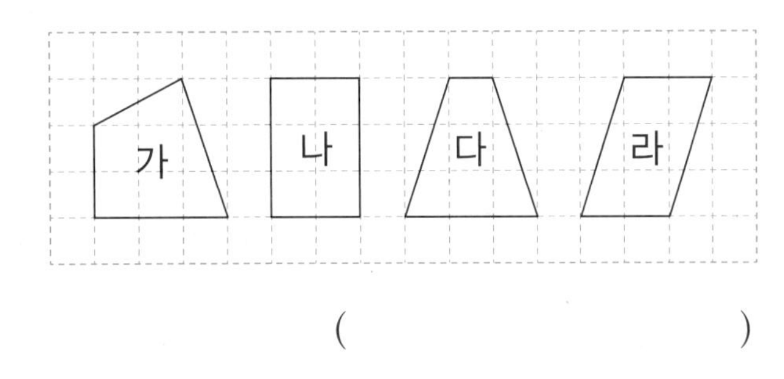

( )

4 점 ㄱ을 지나고 직선 ㄴㄷ과 평행한 직선을 그어 보세요.

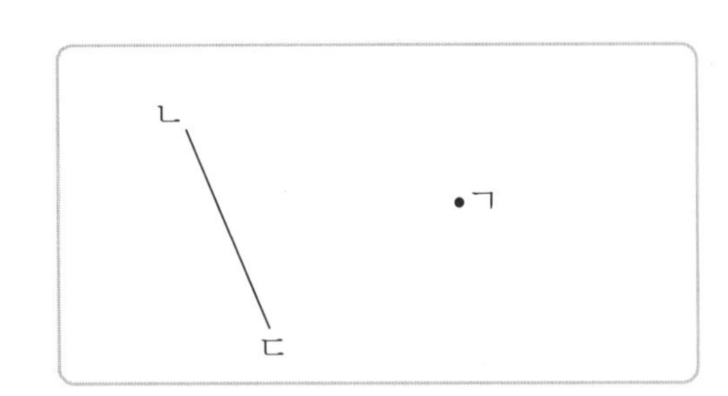

5 도형에서 평행선 사이의 거리는 몇 cm일까요?

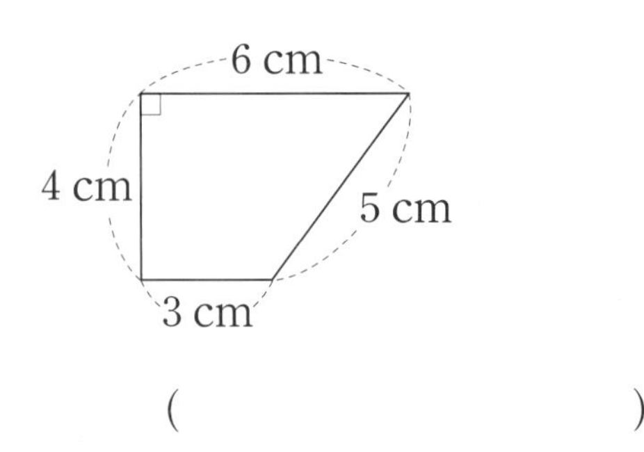

( )

6 마름모를 보고 □ 안에 알맞은 수를 써넣으세요.

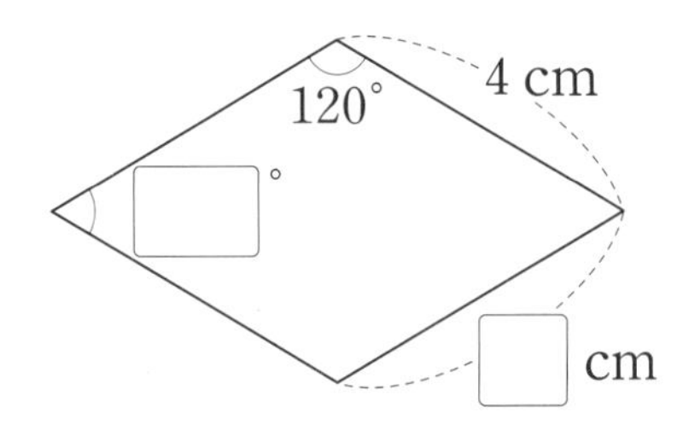

7 평행선 사이의 거리를 재어 보세요.

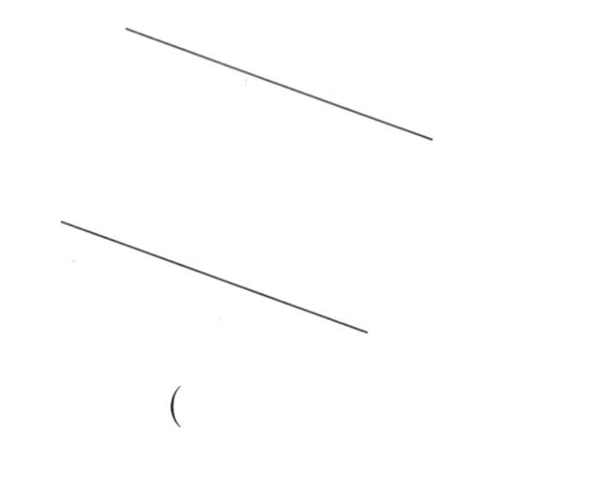

( )

8 평행사변형에 대한 설명으로 옳지 않은 것을 찾아 기호를 써 보세요.

㉠ 마주 보는 두 변의 길이는 같습니다.
㉡ 마주 보는 꼭짓점끼리 이은 선분은 서로 수직입니다.
㉢ 평행사변형은 사다리꼴입니다.
㉣ 이웃하는 두 각의 크기의 합은 180°입니다.

( )

[9~10] 직사각형 모양의 종이를 점선을 따라 잘랐습니다. 물음에 답하세요.

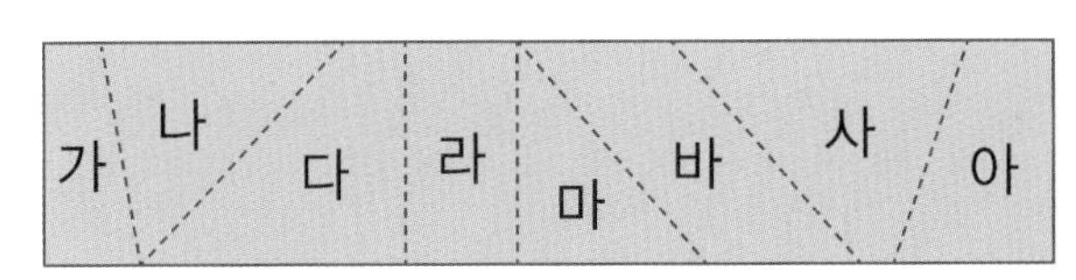

9 사다리꼴을 모두 찾아 기호를 써 보세요.

( )

10 평행사변형을 모두 찾아 기호를 써 보세요.

( )

11 오른쪽 도형은 마름모입니다. 네 변의 길이의 합은 몇 cm일까요?

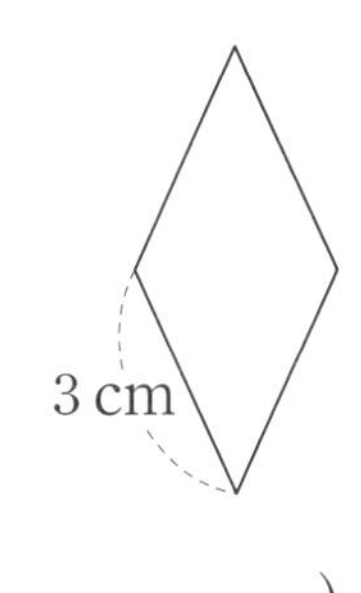

( )

12 변 ㄱㄴ과 평행한 변에 모두 ○표 하세요.

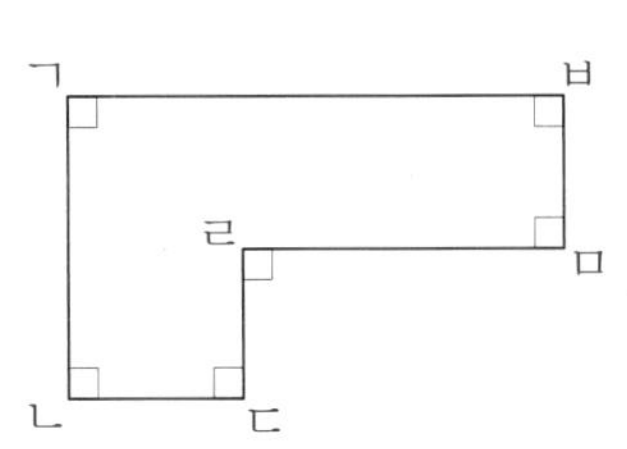

13 조건을 만족하는 사각형의 이름을 써 보세요.

- 평행한 변이 있습니다.
- 마주 보는 두 각의 크기가 같습니다.

( )

14 변 ㄷㅁ에 대한 수선은 모두 몇 개일까요?

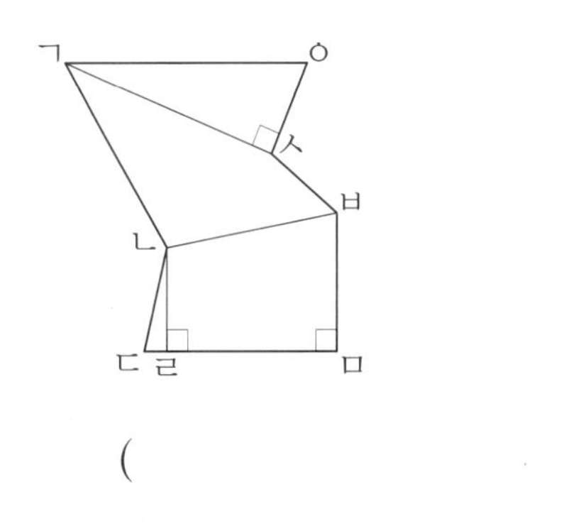

( )

15 직선 가는 직선 나에 대한 수선일 때, ㉠의 각도를 구해 보세요.

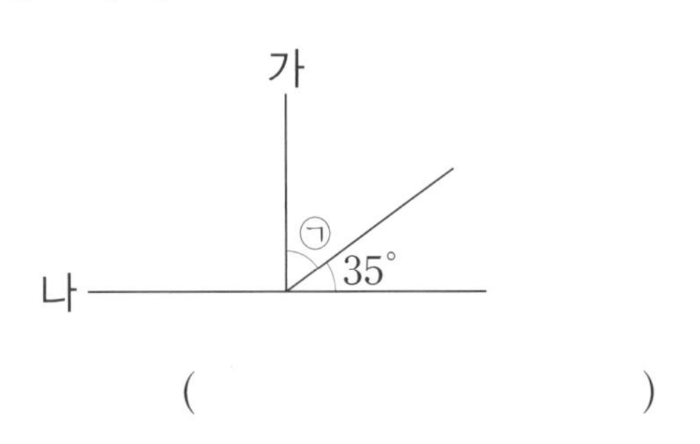

( )

16 크기가 다른 직사각형 모양의 종이 띠를 겹쳤습니다. ㉠의 각도를 구해 보세요.

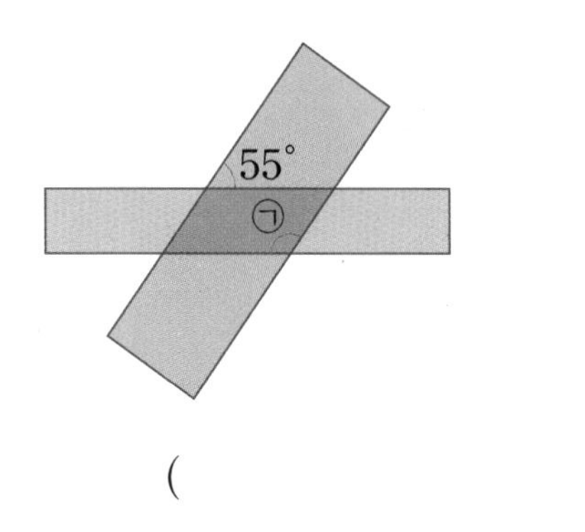

( )

17 도형에서 평행선 사이의 거리는 몇 cm일까요?

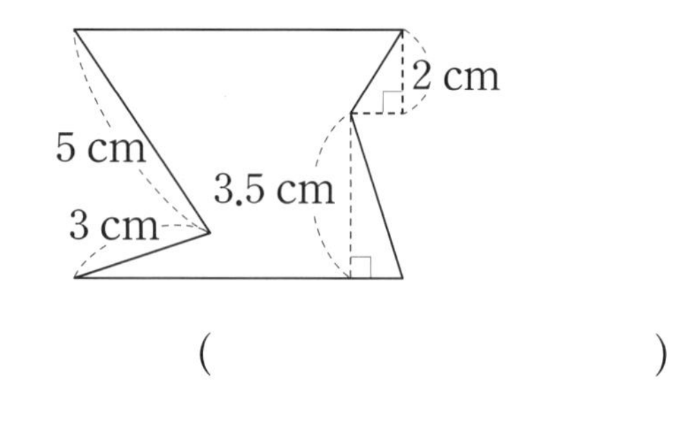

( )

18 도형에서 찾을 수 있는 크고 작은 평행사변형은 몇 개일까요?

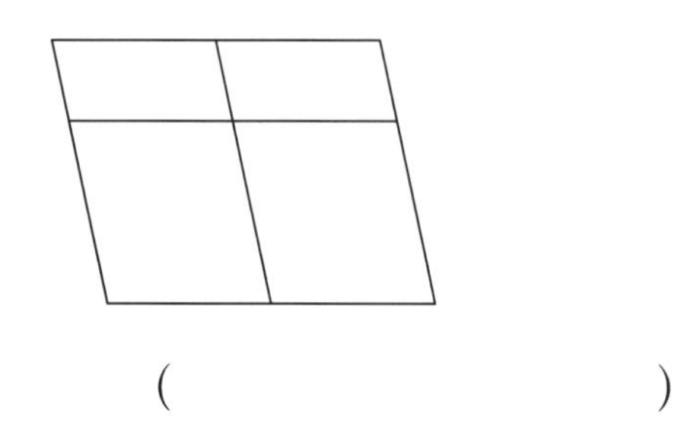

( )

정답과 풀이 30쪽 술술 서술형

19 평행선은 모두 몇 쌍인지 풀이 과정을 쓰고 답을 구해 보세요.

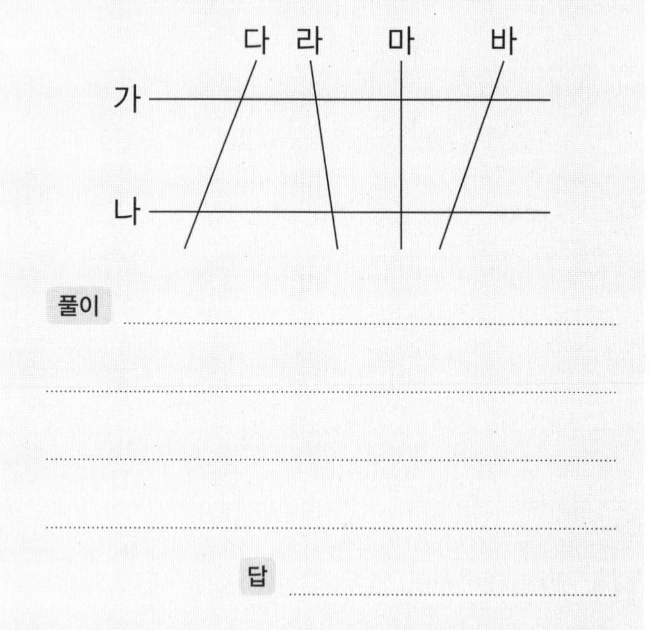

풀이

답

20 직사각형과 마름모를 겹치지 않게 이어 붙였을 때 ㉠의 각도를 구하려고 합니다. 풀이 과정을 쓰고 답을 구해 보세요.

㉠
30°

풀이

답

사고력이 반짝

● 생쥐가 선을 따라 치즈가 있는 곳까지 가려고 합니다. 가장 짧은 길을 그려 보세요.

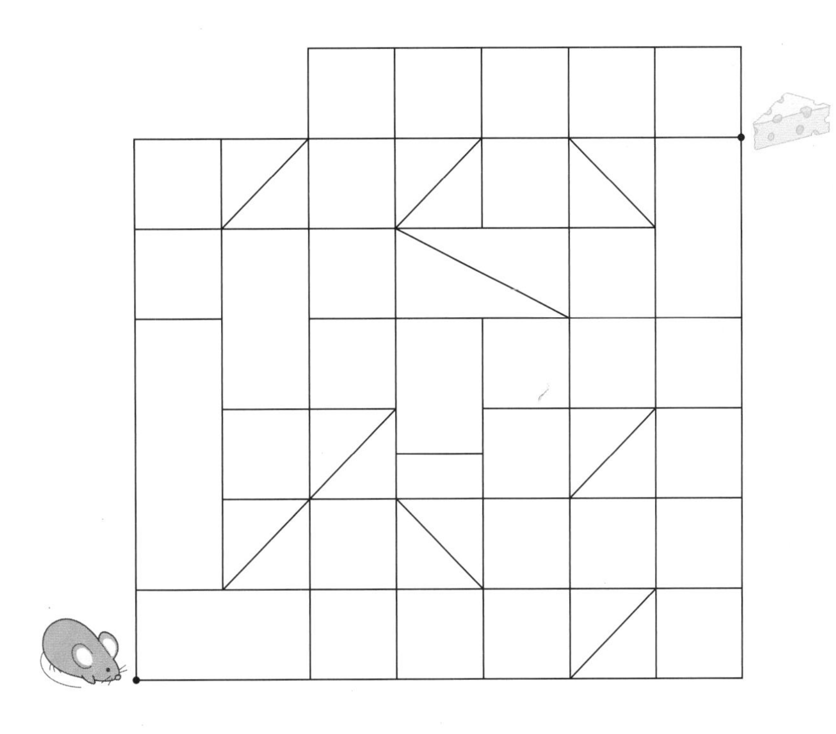

5 꺾은선그래프

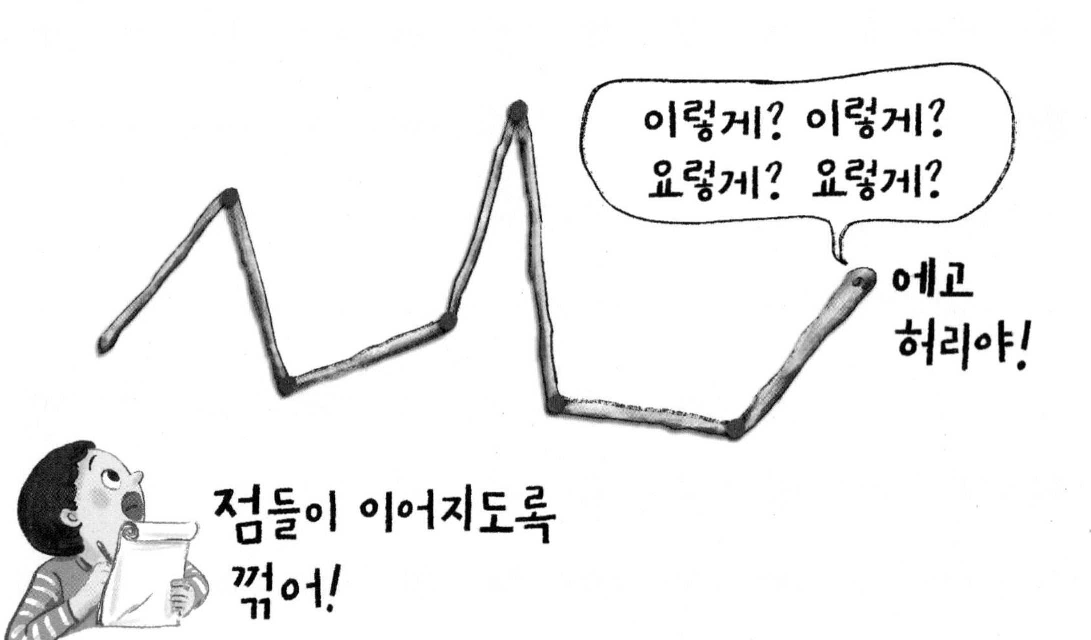

분류한 것을 꺾은선그래프로 나타낼 수 있어!

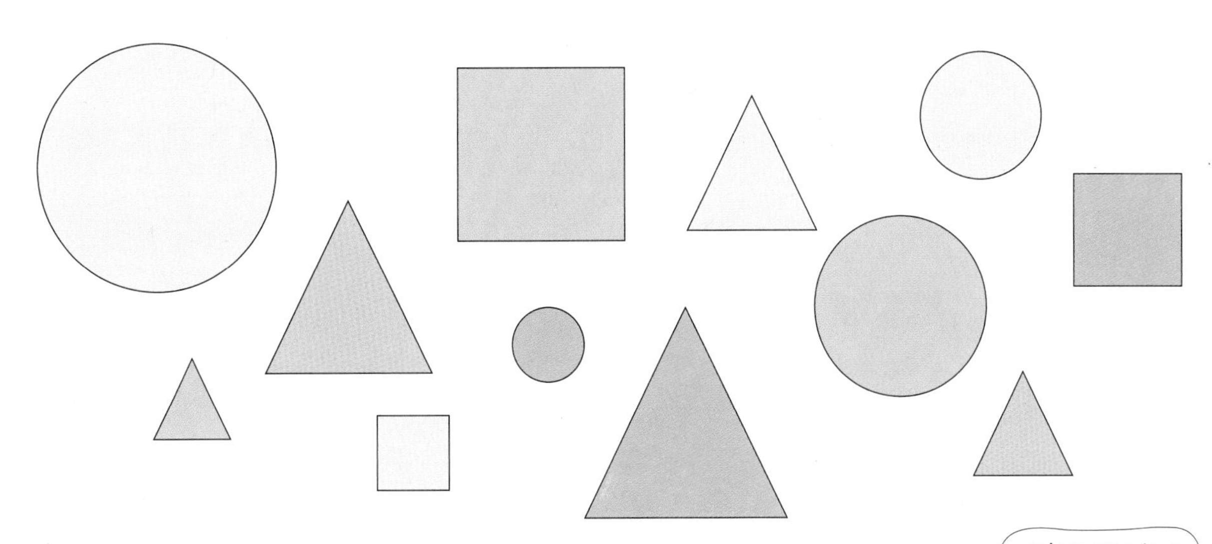

도형을 분류하여
표로 나타냈어.

● 표로 나타내기

도형	삼각형	사각형	원	합계
개수(개)	5	3	4	12

● 꺾은선그래프로 나타내기

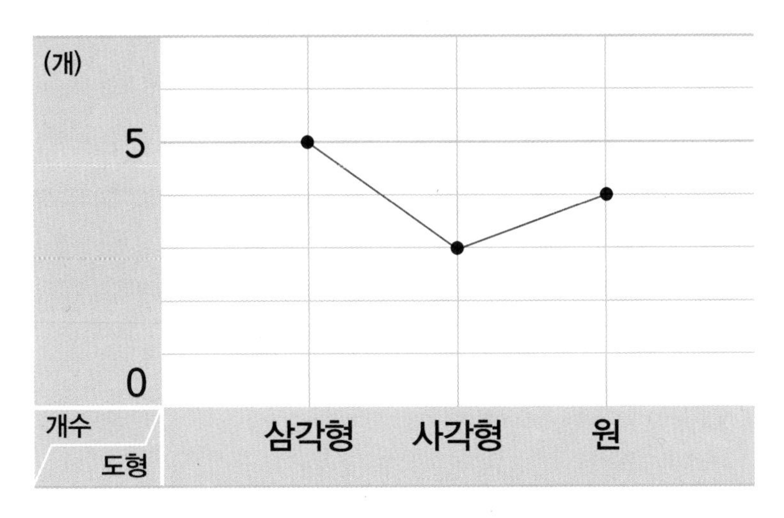

꺾은선그래프의 가로에는 도형,
세로에는 개수를 나타냈어.

1 자료를 막대그래프는 막대, 꺾은선그래프는 선분으로 나타낸 거야.

- 꺾은선그래프: 연속적으로 변화하는 양을 점으로 표시하고, 그 점들을 선분으로 이어 그린 그래프

막대그래프

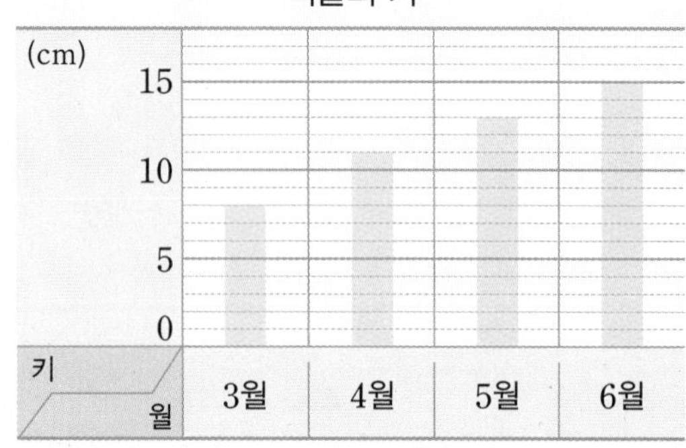

➡ 자료 값을 막대로 나타냅니다.

- 가로는 월, 세로는 키를 나타냅니다.
- 세로 눈금 한 칸은 1 cm를 나타냅니다.

꺾은선그래프

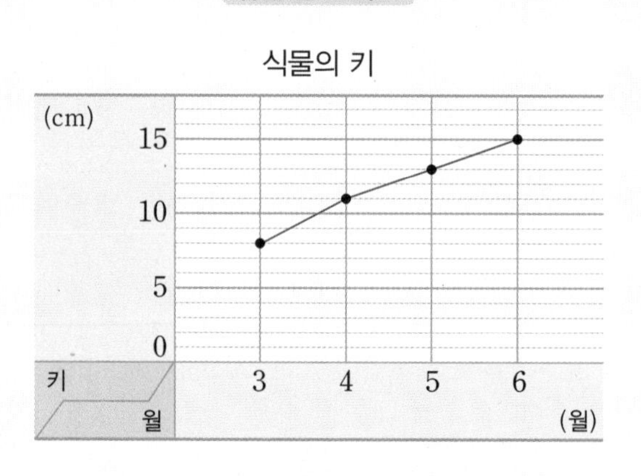

➡ 자료 값을 선분으로 나타냅니다.

변화의 정도를 알아보기 쉬운 그래프는 꺾은선그래프야.

1 지수의 몸무게를 조사하여 나타낸 막대그래프와 꺾은선그래프입니다. ☐ 안에 알맞게 써넣으세요.

- 막대그래프

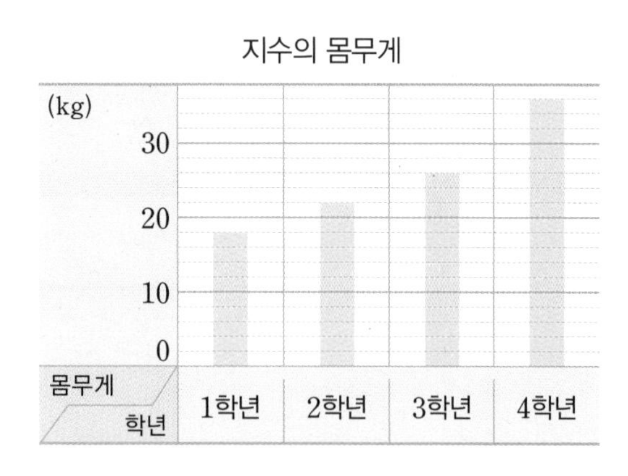

- 꺾은선그래프

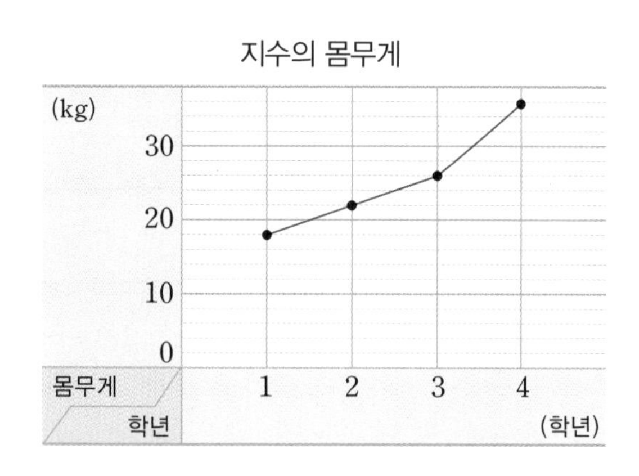

같은 점	• 두 그래프는 학년별 지수의 ☐ 을/를 나타냅니다. • 가로는 ☐ , 세로는 ☐ 을/를 나타냅니다. • 세로 눈금 한 칸은 ☐ kg을 나타냅니다.
다른 점	• 막대그래프는 자료 값을 ☐ (으)로 나타냅니다. • 꺾은선그래프는 자료 값을 ☐ (으)로 나타냅니다.

2 리원이가 사용하는 지우개 무게를 조사하여 나타낸 그래프입니다. 물음에 답하세요.

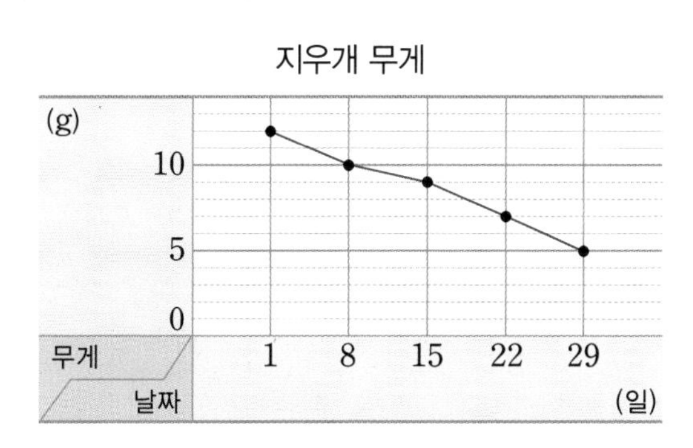

(1) 위와 같은 그래프를 무슨 그래프라고 할까요?

( )

(2) 그래프에서 가로와 세로는 각각 무엇을 나타낼까요?

가로 ( ), 세로 ( )

(3) 조사한 기간은 며칠부터 며칠까지일까요?

( )

(4) 세로 눈금 한 칸은 얼마를 나타낼까요?

( )

(5) 15일에 리원이의 지우개 무게는 몇 g일까요?

( )

5

3 디딤 마을의 초등학생 수를 조사하여 나타낸 막대그래프와 꺾은선그래프입니다. 알맞은 말에 ○표 하세요.

• 막대그래프

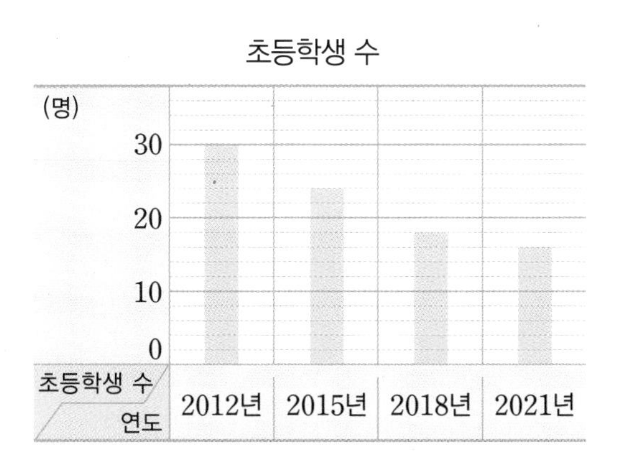

• 꺾은선그래프

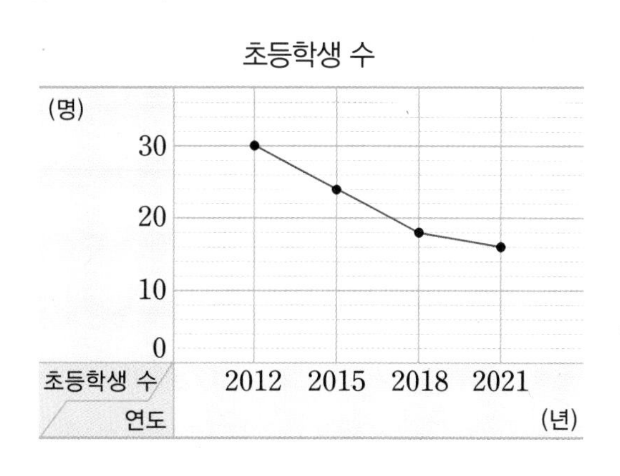

(1) 연도별 디딤 마을의 초등학생 수를 비교하기 쉬운 것은 (막대그래프 , 꺾은선그래프)입니다.

(2) 연도에 따른 초등학생 수의 변화를 알아보기 쉬운 것은 (막대그래프 , 꺾은선그래프)입니다.

2 물결선으로 필요 없는 부분을 생략할 수 있어.

└▶ ≈

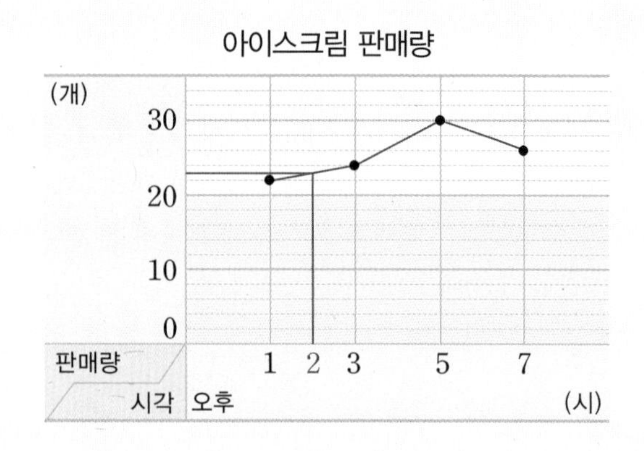

➡ 세로 눈금 0에서 시작합니다.

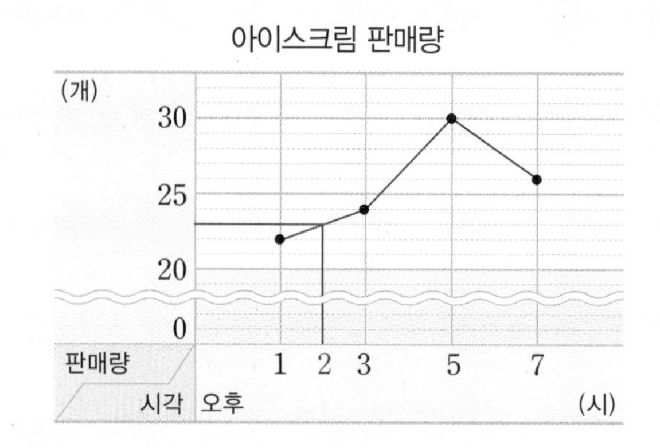

➡ 세로 눈금 20에서 시작합니다.

- 판매량이 가장 많은 때는 오후 5시입니다.
- 전 시간에 비해 판매량이 가장 많이 늘어난 때는 오후 5시입니다.
  └▶ 선분이 가장 많이 기울어졌습니다.
- 오후 2시의 판매량은 23개였을 것 같습니다.
  └▶ 오후 1시와 3시의 중간인 값으로 추측할 수 있습니다.

1 수영이가 운동한 시간을 조사하여 나타낸 꺾은선그래프입니다. □ 안에 알맞게 써넣으세요.

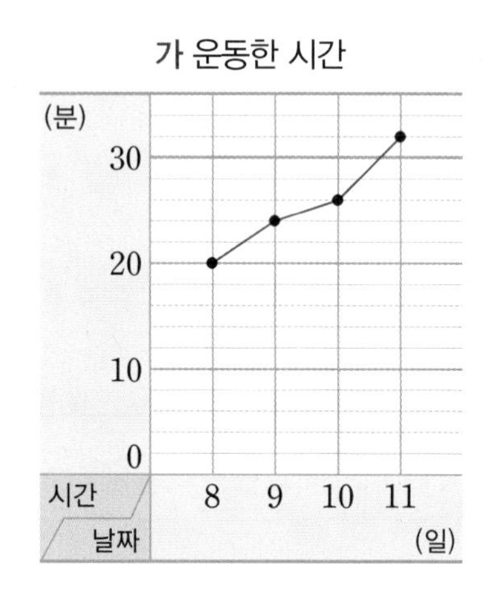

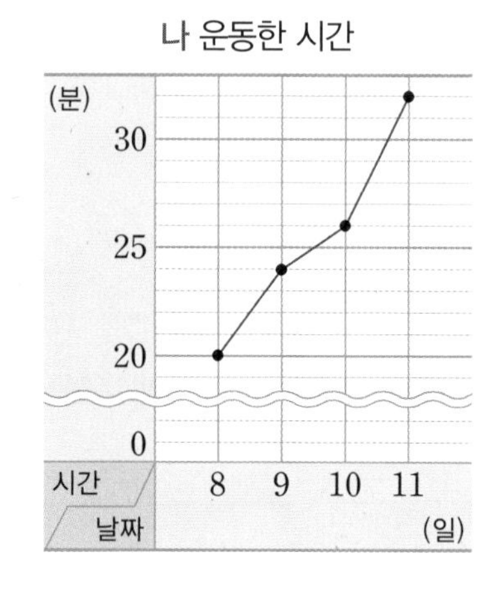

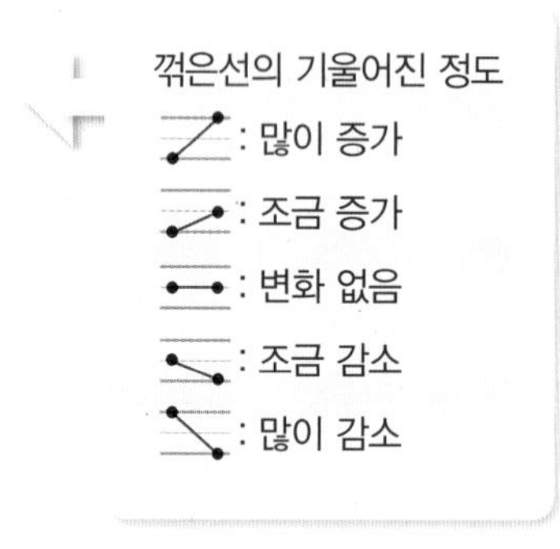

(1) 가장 작은 값이 20분이므로 20분보다 작은 값을 □(으)로 생략할 수 있습니다.

(2) 수영이는 10일에 운동을 □분 했습니다.

(3) 수영이가 전날에 비해 운동을 가장 많이 한 날은 □일입니다.

(4) 가 그래프와 나 그래프 중에서 자료 값의 변화가 더 잘보이는 것은 □ 그래프입니다.

2 지완이의 키를 조사하여 나타낸 꺾은선그래프입니다. 물음에 답하세요.

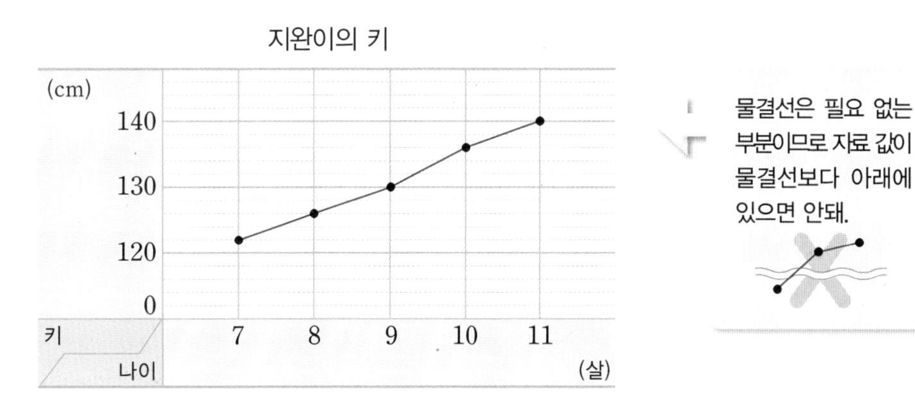

(1) 필요 없는 부분에 물결선을 그려 넣으세요.

(2) 10살 때 지완이의 키는 몇 cm일까요?

( )

(3) 지완이의 키가 가장 많이 자란 때는 몇 살과 몇 살 사이일까요?

( )

3 양초에 불을 붙인 후 2분마다 양초의 길이를 재어 나타낸 꺾은선그래프입니다. 물음에 답하세요.

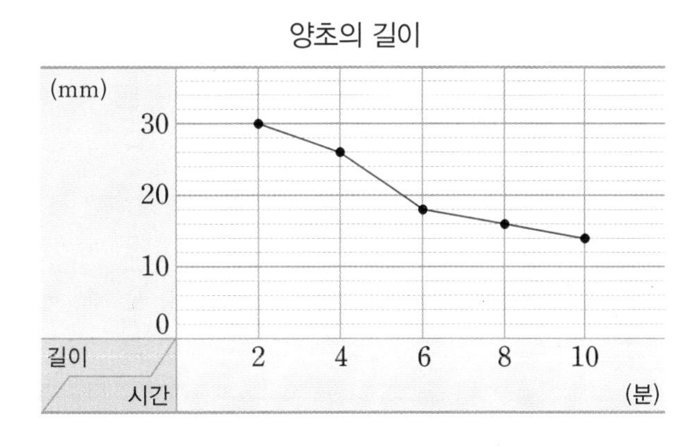

(1) 그래프를 보고 양초의 길이를 표의 빈칸에 써넣으세요.

양초의 길이

시간(분)	2	4	6	8	10
길이(mm)	30		18		

(2) 불이 붙은지 5분이 되었을 때 양초의 길이는 몇 mm였을까요?

( )

(3) 불이 꺼지지 않는다면 12분 후 양초의 길이는 (늘어날 , 줄어들) 것입니다.

3 꺾은선은 왼쪽부터 차례로 선분으로 이어.

● **표를 보고 꺾은선그래프로 나타내는 방법**

오늘의 기온

시각	오전 7시	오전 9시	오전 11시
기온(℃)	17	18	21

① 가로에 시각, 세로에 기온을 나타내자.

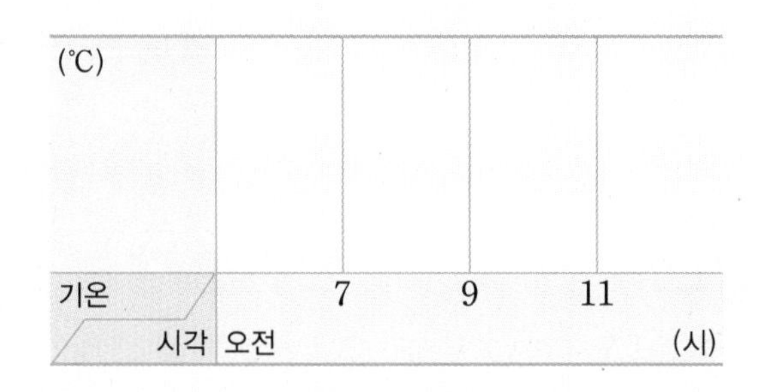

② 세로 눈금 한 칸의 크기를 1 ℃로 하자.

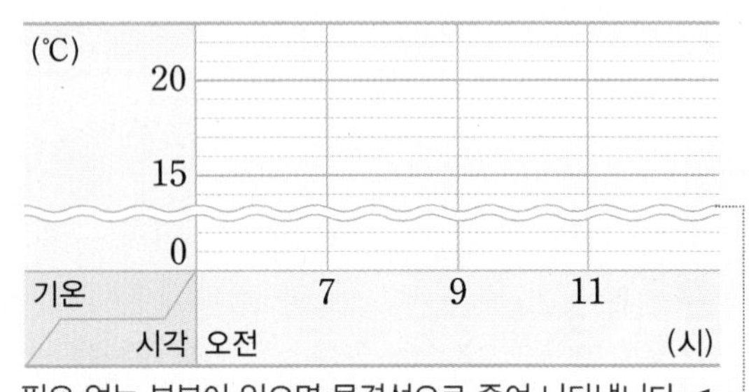

필요 없는 부분이 있으면 물결선으로 줄여 나타냅니다.

③ 17, 18, 21의 점을 찾아 찍자.

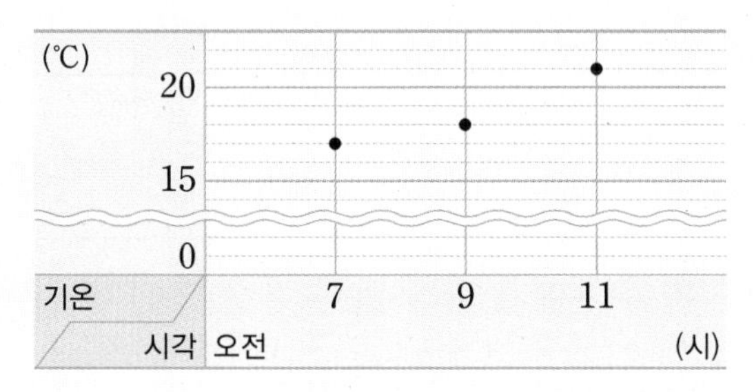

④ 점들을 선분으로 연결하자.

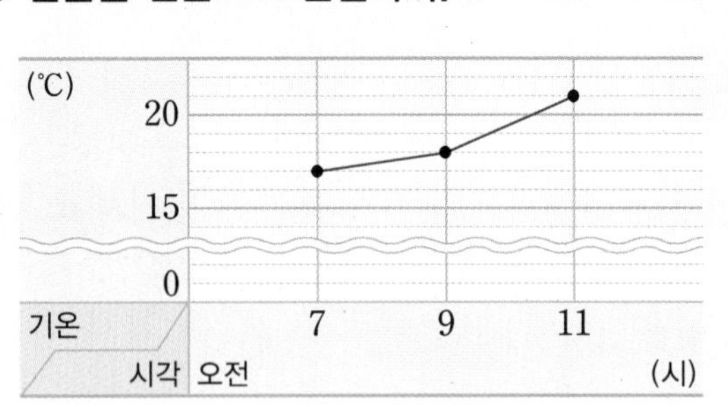

제목을 쓰면 완성

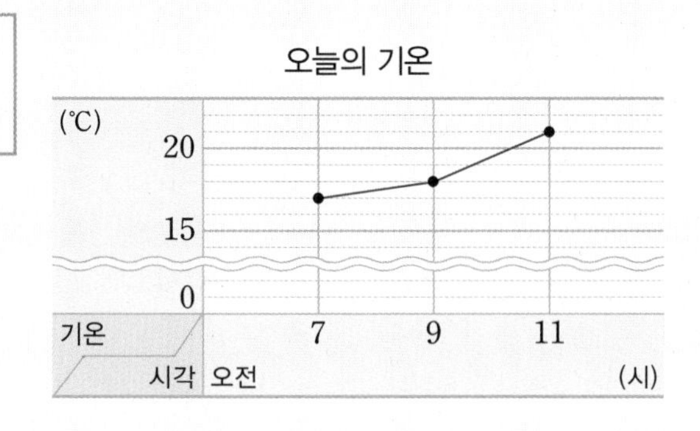

1 지은이가 키우는 강아지의 무게를 조사하여 나타낸 표를 보고 꺾은선그래프로 나타내려고 합니다. 물음에 답하세요.

강아지의 무게

월(월)	4	6	8	10	12
무게(kg)	7	8	9	12	10

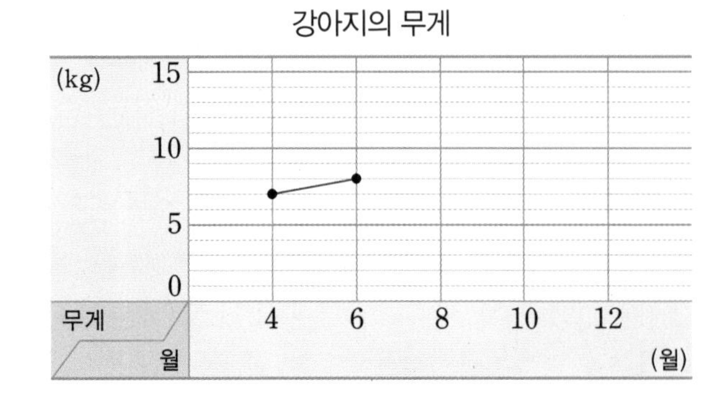

(1) 가로에 월을 나타낸다면 세로에는 ☐을/를 나타내어야 합니다.

(2) 세로 눈금 한 칸의 크기를 1 kg으로 하면 세로 눈금은 적어도 ☐칸까지 있어야 합니다.

(3) 왼쪽의 꺾은선그래프를 완성해 보세요.

2 하진이가 요일별 줄넘기 기록을 조사하여 나타낸 표를 보고 꺾은선그래프로 나타내려고 합니다. 물음에 답하세요.

줄넘기 기록

요일(요일)	월	화	수	목	금
횟수(회)	52	56	64	60	52

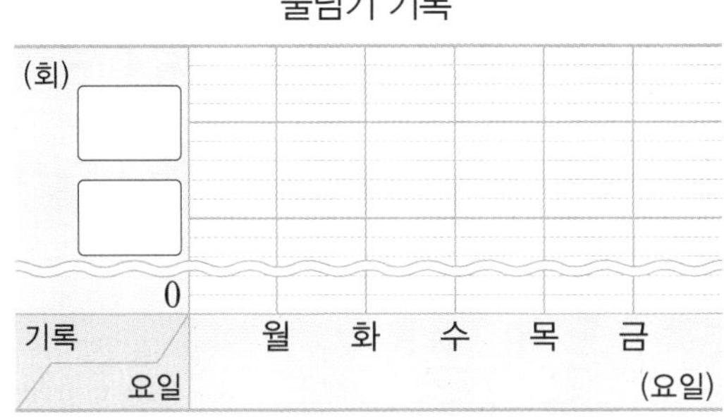

(1) 꺾은선그래프를 그리는 데 꼭 필요한 부분은 몇 회부터 몇 회까지일까요?

( )

(2) 세로 눈금 한 칸은 몇 회로 하는 것이 좋을까요?

( )

(3) 왼쪽의 꺾은선그래프를 완성해 보세요.

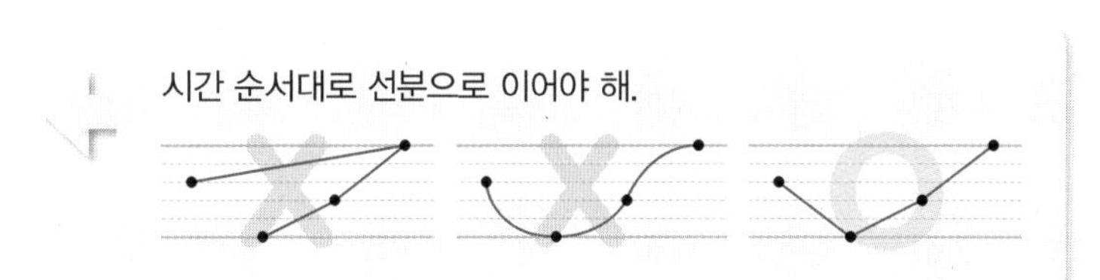

3 연못의 물고기 수를 조사하여 나타낸 표를 보고 꺾은선그래프로 나타내려고 합니다. 물음에 답하세요.

연못의 물고기 수

월(월)	1	3	5	7
물고기 수(마리)	16	18	22	20

(1) 꺾은선그래프에 물결선을 넣는다면 몇 마리와 몇 마리 사이에 넣으면 좋을까요?

( )

(2) 두 가지 꺾은선그래프로 나타내어 보세요.

물결선이 없는 그래프

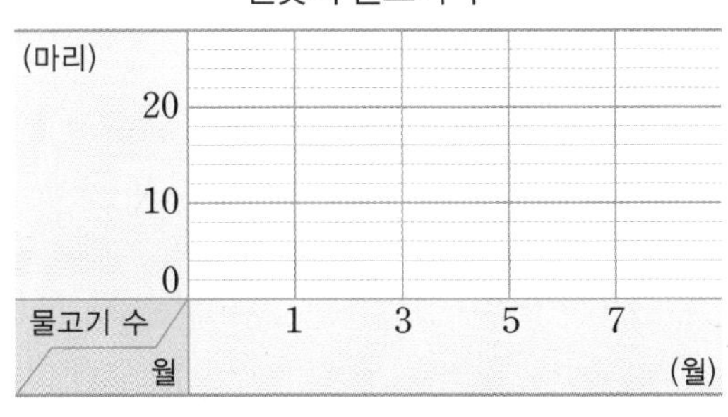

물결선이 있는 그래프

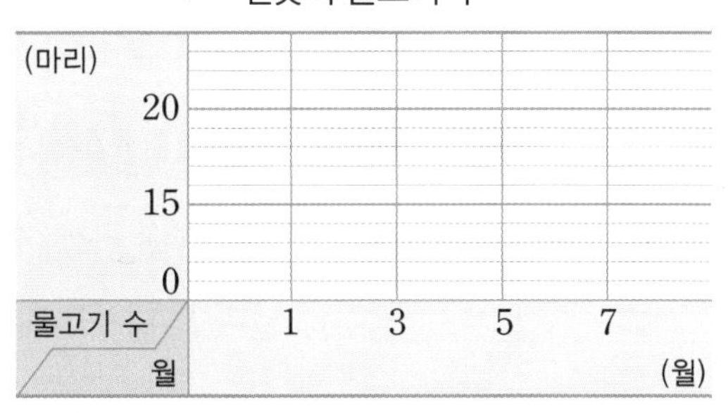

1 꺾은선그래프 알아보기

[1~3] 선미의 턱걸이 기록을 조사하여 나타낸 꺾은선그래프입니다. 물음에 답하세요.

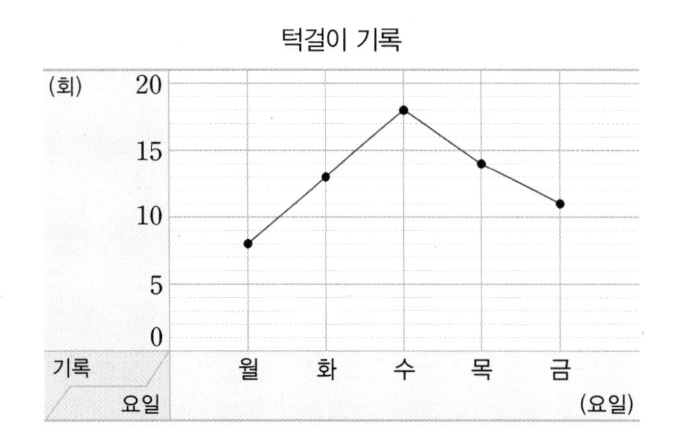

1 그래프를 보고 빈칸에 알맞은 수를 써넣으세요.

턱걸이 기록

요일(요일)	월	화	수	목	금
기록(회)					

▶ 가로 눈금과 세로 눈금이 만나는 점이 찍힌 곳의 세로 눈금을 읽어.

턱걸이 기록

(회) 3, 2, 1, 0 / 횟수 / 요일 / 수 / (요일)

➡ 수요일: 3회

2 턱걸이 기록이 가장 좋은 때와 가장 나쁜 때의 차는 몇 회일까요?

( )

3 전날에 비해 기록의 변화가 가장 작은 때는 무슨 요일일까요?

( )

4 꺾은선그래프로 나타내기에 알맞은 자료를 찾아 기호를 써 보세요.

> ㉠ 배우고 싶은 악기별 학생 수
> ㉡ 시영이네 반 학생들이 좋아하는 과일
> ㉢ 날짜별 미세먼지 농도

( )

▶ 꺾은선그래프는 시간에 따라 변화하는 자료를 나타내기에 알맞아.

[5~7] 물을 끓이면서 물의 온도를 조사하여 나타낸 막대그래프와 꺾은선그래프입니다. 물음에 답하세요.

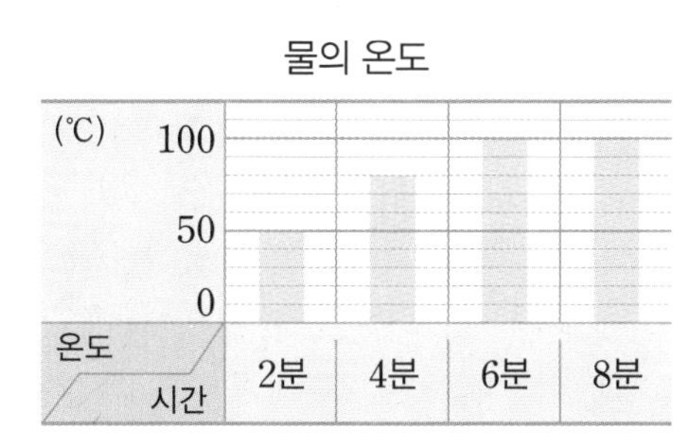

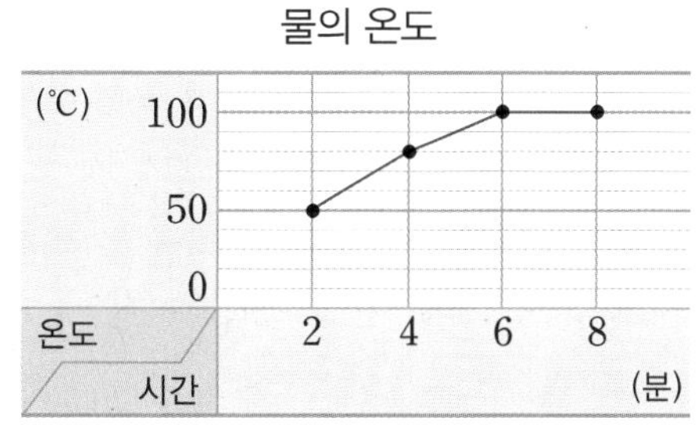

5 온도 변화가 가장 큰 때는 몇 분과 몇 분 사이일까요?

( )

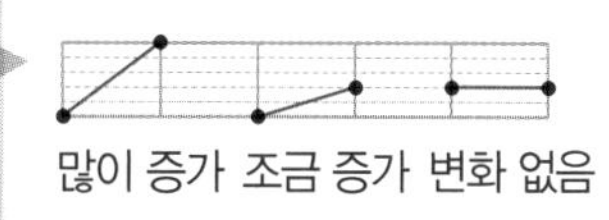

6 10분 후의 물의 온도는 몇 ℃일까요?

( )

내가 만드는 문제

7 위의 막대그래프와 꺾은선그래프를 보고 알 수 있는 내용을 써 보세요.

막대그래프 ....

꺾은선그래프 ....

막대그래프와 꺾은선그래프의 편리한 점은 무엇일까?

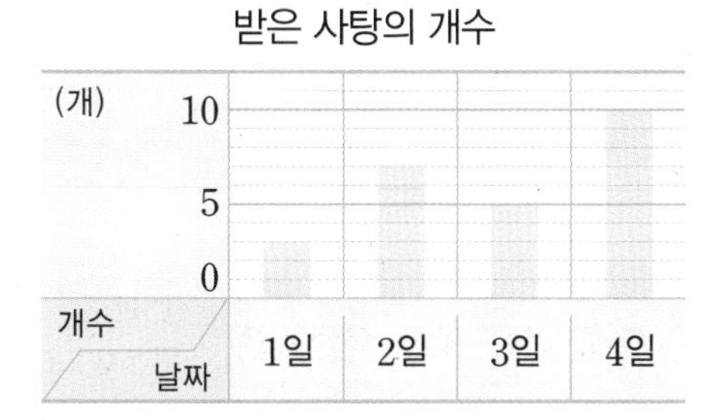

➡ 사탕을 가장 적게 받은 날: □일

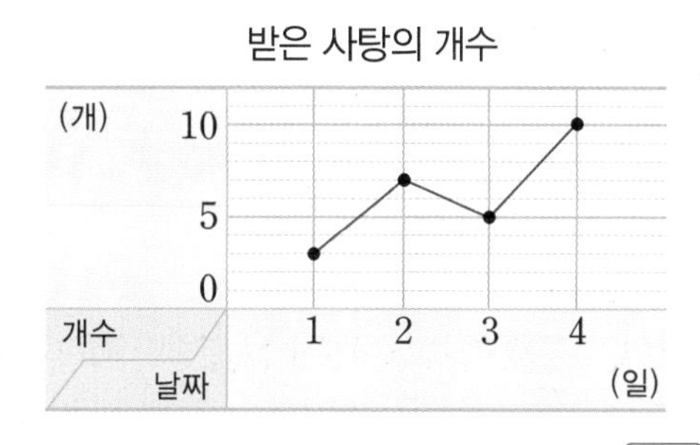

➡ 전날에 비해 사탕을 적게 받은 날: □일

자료 값의 변화를 알아보기 쉬워.

[8~9] 세 병원의 출생아 수의 변화를 조사하여 나타낸 꺾은선그래프입니다. 물음에 답하세요.

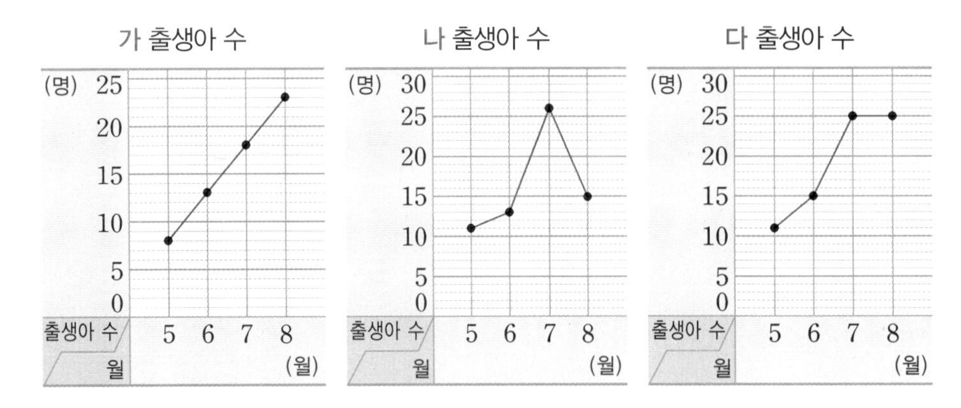

8 출생아 수가 일정하게 증가한 병원을 찾아 기호를 써 보세요.

( )

▶ 일정하게 증가

▶ 일정하지 않게 증가

9 출생아 수가 처음에는 증가하다가 시간이 지나면서 감소한 병원을 찾아 기호를 써 보세요.

( )

10 꺾은선그래프를 보고 잘못 설명한 것을 찾아 기호를 써 보세요.

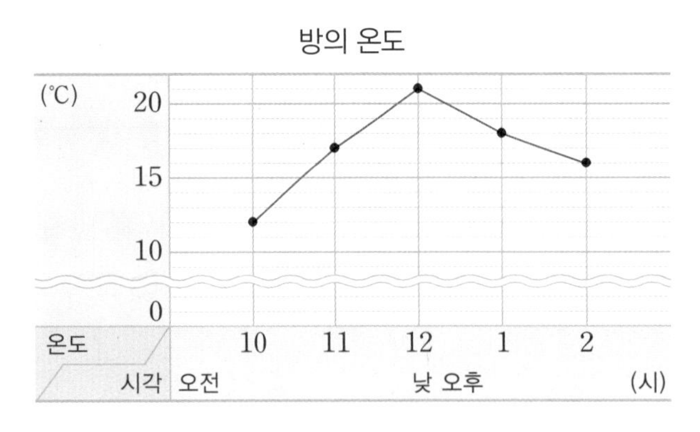

㉠ 온도 변화가 가장 큰 시각은 오전 10시와 오전 11시 사이입니다.
㉡ 오전 10시 30분의 온도는 14 ℃였을 것 같습니다.
㉢ 오후 4시의 방의 온도는 16 ℃보다 높을 것입니다.

( )

▶ 중간값을 예상할 수 있어.

방의 온도

(℃) 5, 3, 0 / 온도 / 시각 5 6 (시)

➡ 5시 30분: 3 ℃

11 피노키오는 거짓말을 한 번 할 때마다 코가 2 cm씩 길어집니다. 피노키오의 코가 한 번도 줄어들지 않았을 때 피노키오가 오후 2시부터 5시까지 한 거짓말은 모두 몇 번일까요?

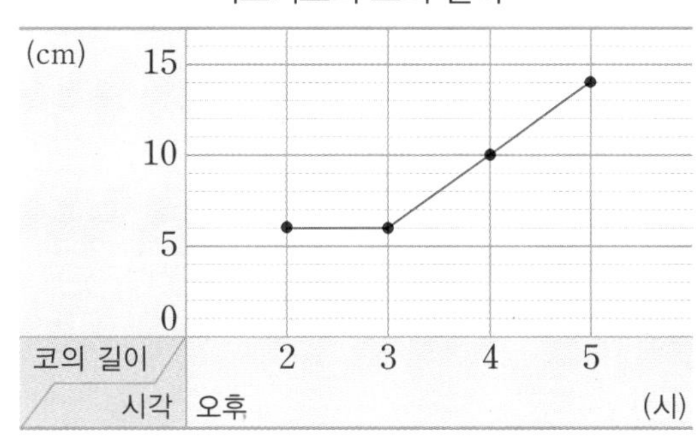

(　　　　　　　　)

☺ 내가 만드는 문제

12 광우의 수학 점수를 조사하여 나타낸 꺾은선그래프를 보고 알 수 있는 내용을 2가지 써 보세요.

▶ 세로 눈금 한 칸의 크기는 구했니? 물결선은 몇 점부터 몇 점 사이인지 구했니?

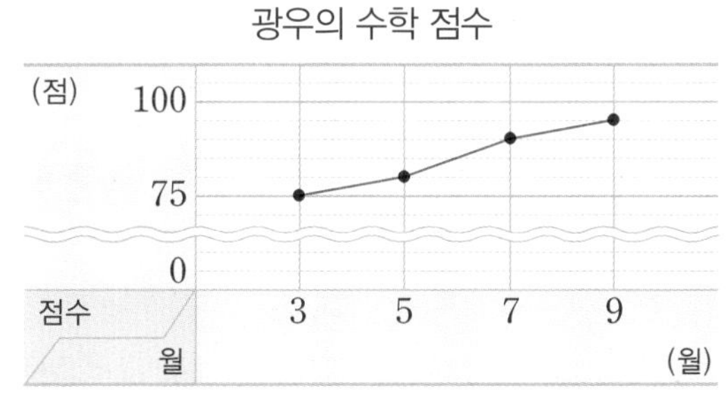

① ……………………………………

② ……………………………………

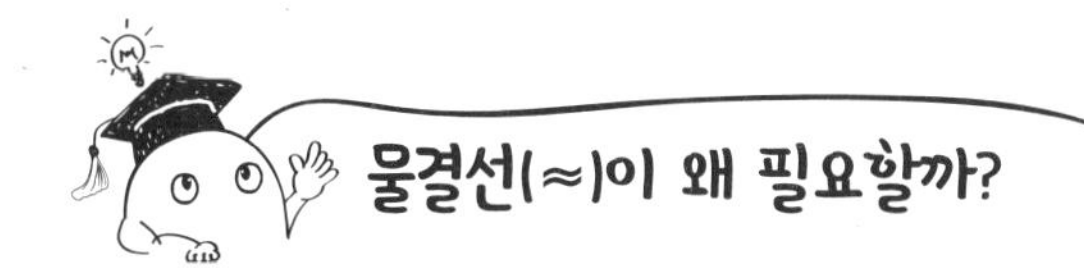

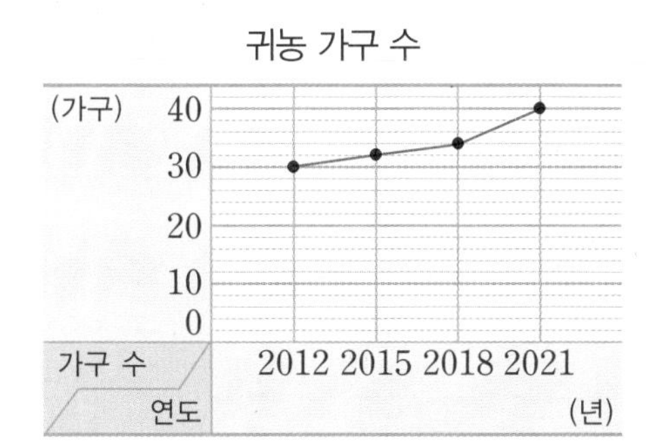

귀농 가구 수

(가구) 40, 35, 30, 0

가구 수 / 연도: 2012 2015 2018 2021 (년)

➡ 필요 없는 부분을 [　　](으)로 생략하면 자료 값의 변화가 더 잘 보입니다.

5

13 선우의 윗몸 말아 올리기 기록을 조사하여 나타낸 표를 보고 꺾은선그래프로 나타내어 보세요.

윗몸 말아 올리기 기록

요일(요일)	월	화	수	목	금	토
기록(회)	4	15	17	16	2	15

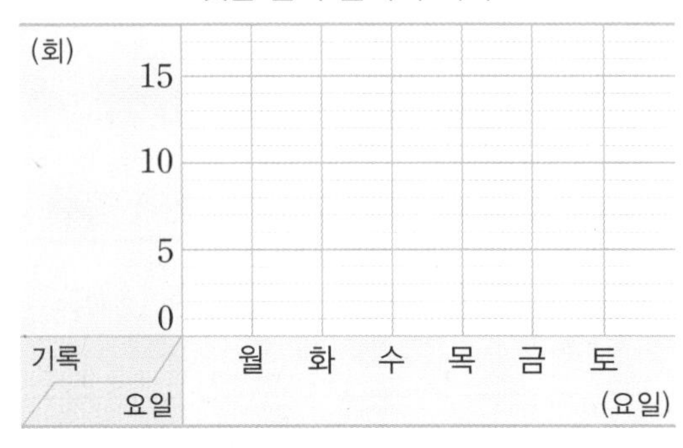

▶ 점을 이을 때는 왼쪽 점부터 점과 점을 선분으로 반듯하게 이어야 해.

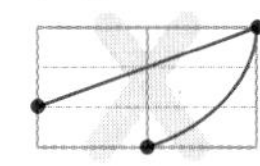

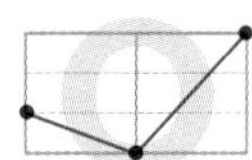

➕ 띠그래프를 바르게 그린 것에 ○표 하세요.

좋아하는 동물

동물	비율(%)
강아지	40
고양이	40
토끼	20

좋아하는 동물

0 10 20 30 40 50 60 70 80 90 100(%)

강아지 (40%)	고양이 (40%)	토끼 (20%)

(　　　)

좋아하는 동물

0 10 20 30 40 50 60 70 80 90 100(%)

강아지 (20%)	고양이 (40%)	토끼 (40%)

(　　　)

6학년 1학기 때 만나!

띠그래프 알아보기

띠그래프: 전체에 대한 각 부분의 비율을 띠 모양에 나타낸 그래프

*비율: 기준량에 대한 비교하는 양의 크기

14 도서관을 이용한 학생 수를 조사하여 나타낸 표와 꺾은선그래프를 완성해 보세요.

도서관을 이용한 학생 수

요일(요일)	월	화	수	목	금
학생 수(명)	105	115			

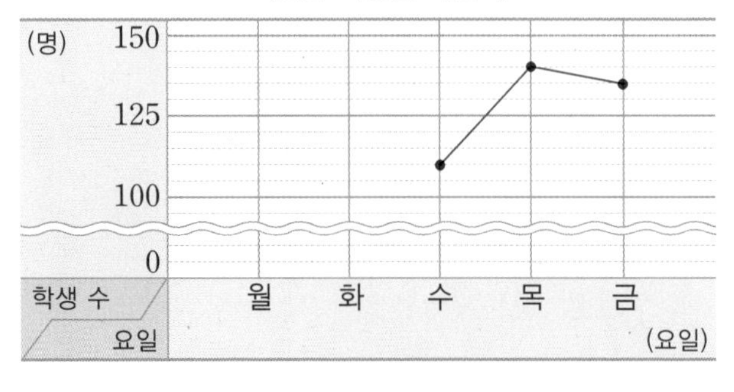

▶ 물결선이 없었다면?

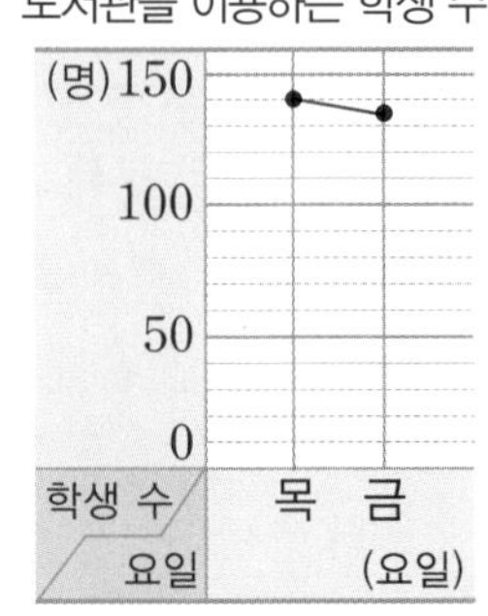

➡ 필요 없는 부분도 많고 눈금을 정확하게 읽기도 힘들어.

15 강낭콩의 키를 조사하여 나타낸 표를 보고 꺾은선그래프로 나타내려고 합니다. 물결선을 사용한 꺾은선그래프로 나타내어 보세요.

강낭콩의 키

날짜(일)	5	7	9
키(cm)	16	18	20

강낭콩의 키

(cm)
0
키 / 날짜 5 7 9 (일)

내가 만드는 문제

16 공부한 시간을 자유롭게 조사하여 표를 완성하고 꺾은선그래프로 나타내어 보세요.

▶ 그래프로 나타내는 과정
1. 자료 조사하기
2. 표로 나타내기
3. 알맞은 그래프로 나타내기

공부한 시간

날짜(일)	1	2	3	4
공부한 시간(시간)				

공부한 시간

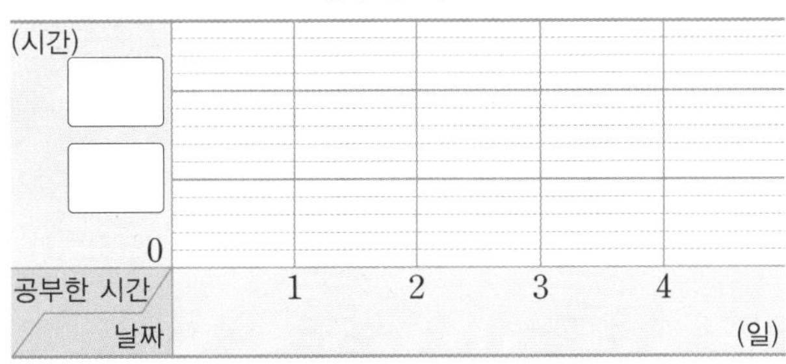

바르게 나타낸 꺾은선그래프는?

막대의 그림자 길이

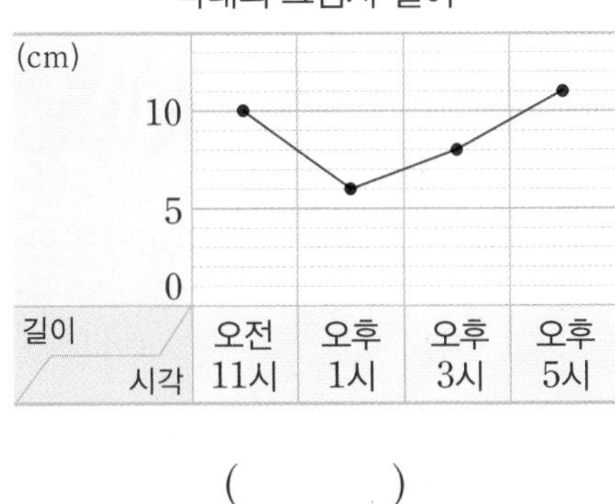

(　　　)

막대의 그림자 길이

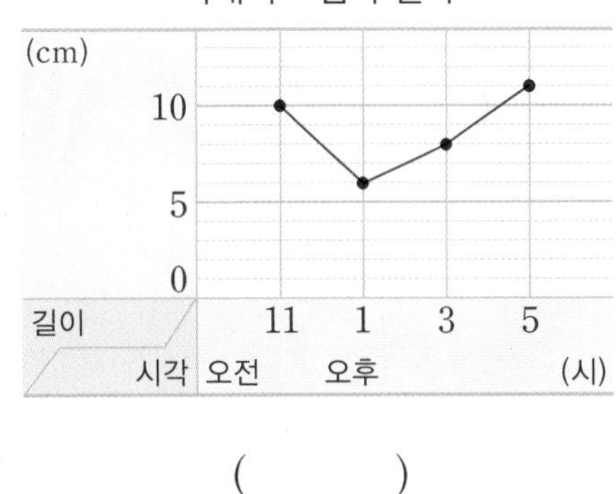

(　　　)

변화하는 양을 점으로 찍어 나타내기 때문에 그 순간이 중요해.

발전 문제

1 두 그래프 비교하기

[1~2] 승우와 연주의 게임 시간을 조사하여 나타낸 꺾은선그래프입니다. 물음에 답하세요.

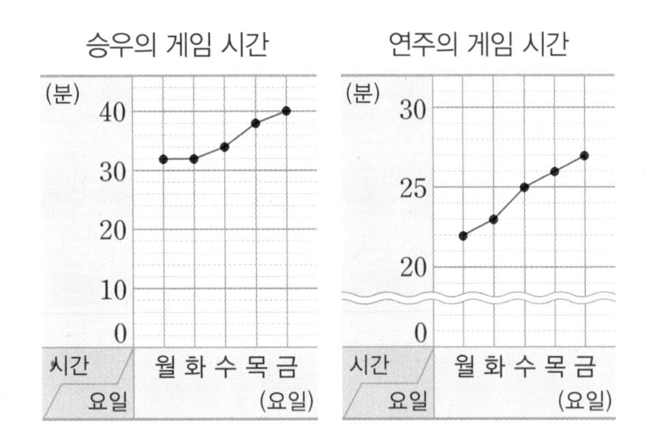

1 준비
조사한 기간 동안 승우와 연주의 게임 시간은 각각 몇 분이 늘었는지 차례로 써 보세요.

( ), ( )

2 확인
시간의 변화가 더 큰 사람은 누구일까요?

( )

3 완성
준성이와 예영이의 주별 타수를 조사하여 나타낸 꺾은선그래프입니다. 타자 실력이 더 많이 향상된 사람은 누구일까요?

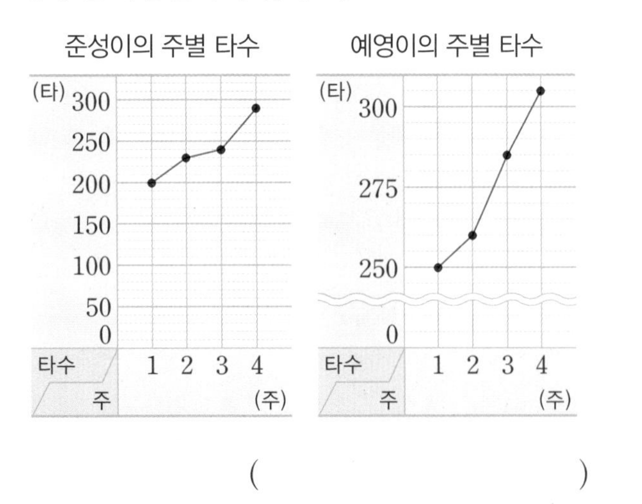

( )

2 2가지를 나타낸 그래프에서 자료 해석하기

4 준비
유린이네 마을의 학생 수를 조사하여 나타낸 꺾은선그래프입니다. 여학생이 남학생보다 많은 때는 몇 년과 몇 년 사이일까요?

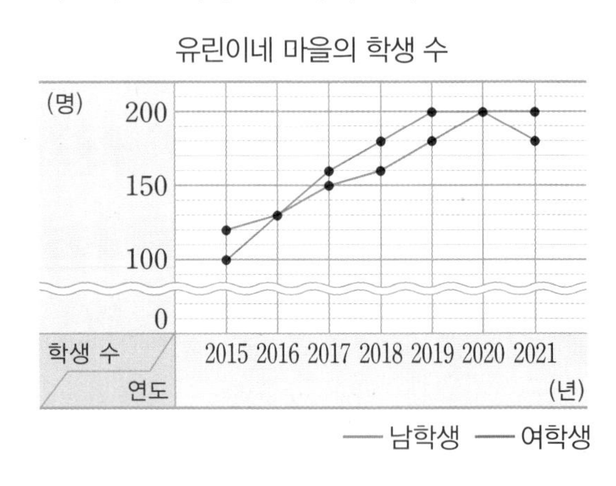

( )

[5~6] 가 마을과 나 마을의 강수량을 조사하여 나타낸 꺾은선그래프입니다. 물음에 답하세요.

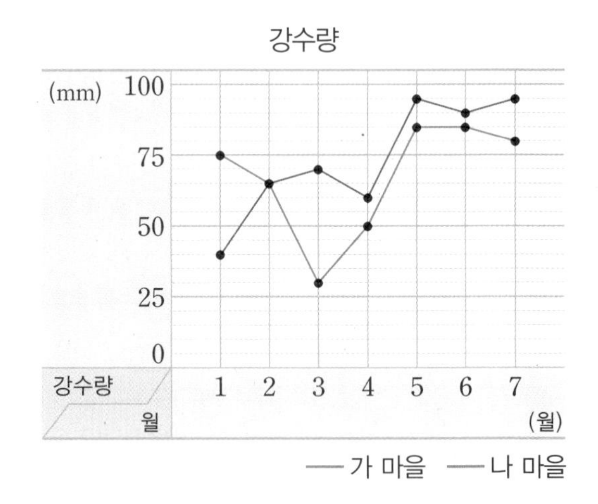

5 확인
두 마을의 강수량이 같은 때는 몇 월일까요?

( )

6 완성
두 마을의 강수량의 차가 가장 큰 때는 몇 월이고, 강수량의 차는 몇 mm일까요?

( ), ( )

3 일정하게 변하는 꺾은선그래프

7 준비

소은이의 연필의 길이를 나타낸 꺾은선그래프에서 연필은 매월 몇 cm씩 줄어들고 있나요?

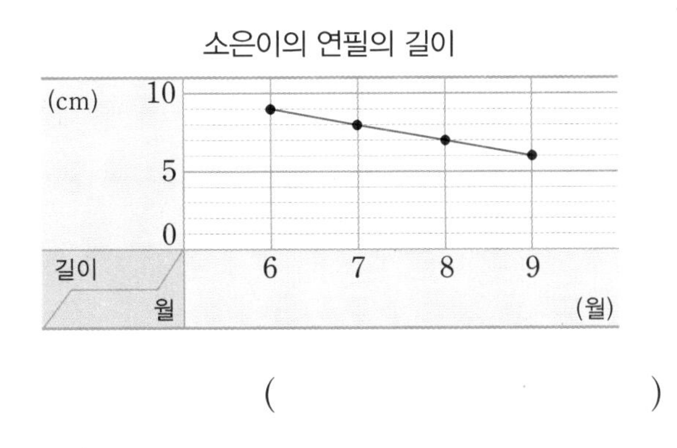

(　　　　　　　　)

8 확인

대부도의 물 빠지는 시각을 조사하여 나타낸 꺾은선그래프입니다. 29일에 물 빠지는 시각은 언제일까요?

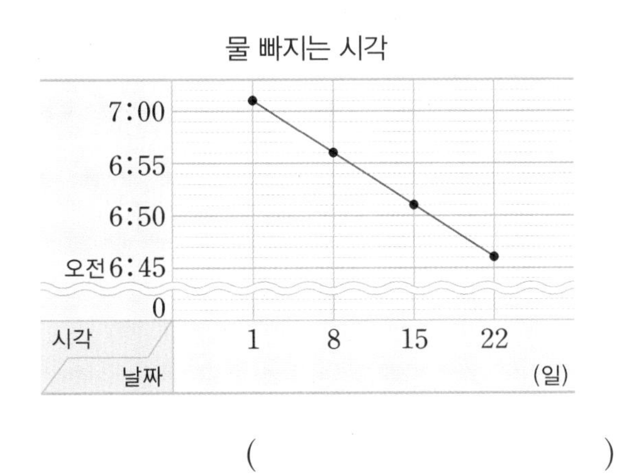

(　　　　　　　　)

9 완성

어느 식물의 키를 조사하여 나타낸 꺾은선그래프입니다. 다음 주 수요일에 식물의 키는 몇 cm일까요?

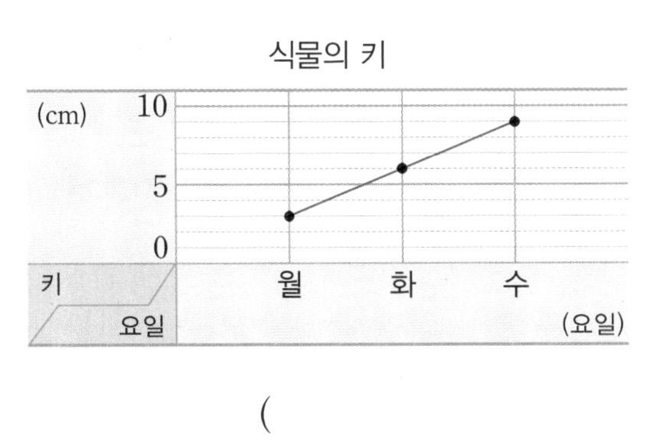

(　　　　　　　　)

4 세로 눈금 한 칸의 크기 바꾸기

[10～12] 어느 마트의 인형 판매량을 조사하여 나타낸 꺾은선그래프입니다. 물음에 답하세요.

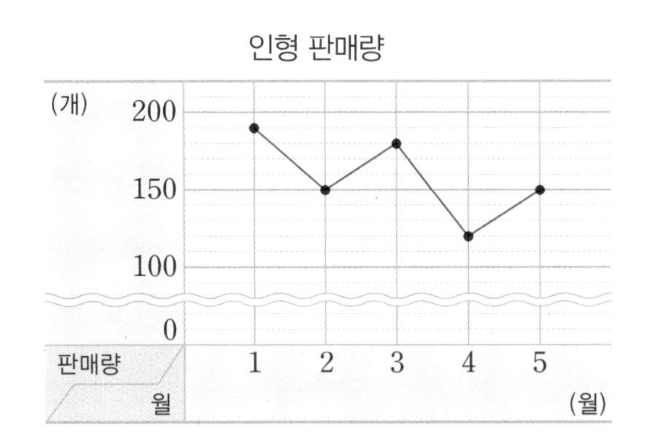

10 준비

3월에는 4월보다 몇 개 더 팔렸을까요?

(　　　　　　　　)

11 완성

꺾은선그래프를 세로 눈금 한 칸이 5개를 나타내는 꺾은선그래프로 다시 그린다면 3월과 4월의 세로 눈금은 몇 칸 차이가 날까요?

(　　　　　　　　)

12 확인

세로 눈금 한 칸이 5개를 나타내는 물결선을 사용한 꺾은선그래프로 다시 그려 보세요.

5 자료의 합 구하기

[13 ~ 14] 지훈이네 모둠 학생들이 읽은 책 수를 조사하여 나타낸 꺾은선그래프입니다. 물음에 답하세요.

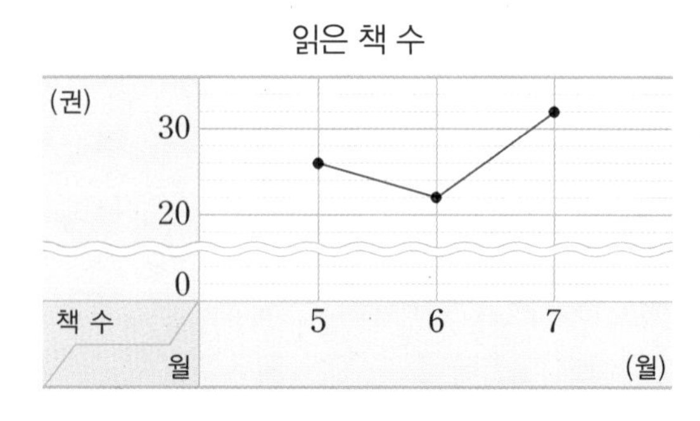

13 준비

3달 동안 지훈이네 모둠 학생들이 읽은 책 수는 모두 몇 권일까요?

(　　　　　　　　)

14 확인

책을 한 권 읽을 때마다 칭찬 붙임딱지를 3장씩 받았다면 3달 동안 받은 칭찬 붙임딱지는 모두 몇 장일까요?

(　　　　　　　　)

15 완성

한 개의 가격이 200원인 지우개를 3일 동안 판매한 금액은 4800원입니다. 15일에 판매한 지우개는 몇 개일까요?

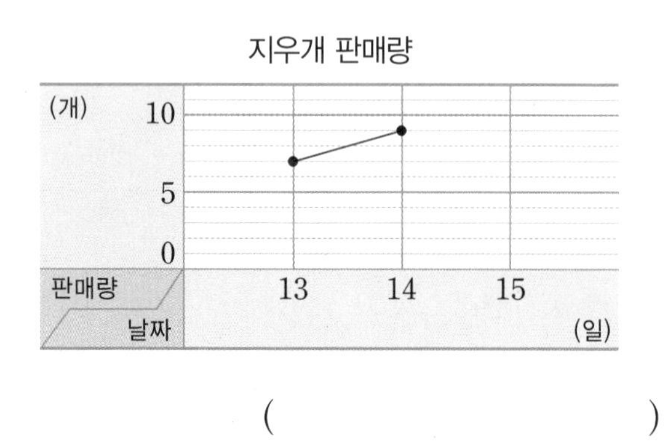

(　　　　　　　　)

6 찢어진 꺾은선그래프

[16 ~ 17] 놀이동산의 입장객 수를 조사하여 나타낸 꺾은선그래프가 찢어졌습니다. 4일 동안 입장객 수가 360명일 때 물음에 답하세요.

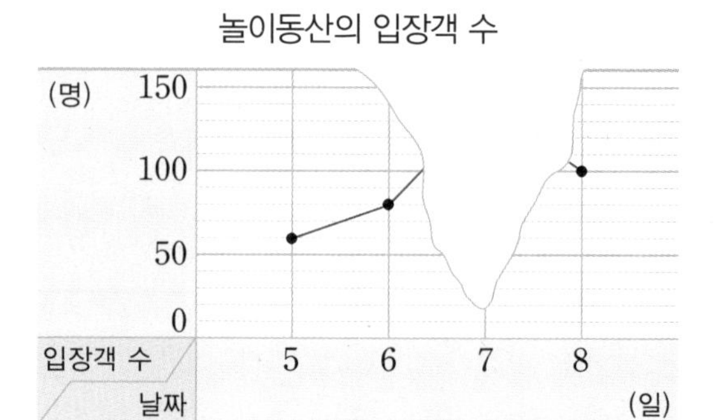

16 준비

5일, 6일, 8일에 입장객 수를 각각 구해 보세요.

5일 (　　　　　　　　)

6일 (　　　　　　　　)

8일 (　　　　　　　　)

17 확인

7일에 입장객 수는 몇 명일까요?

(　　　　　　　　)

18 완성

교실의 온도를 조사하여 나타낸 꺾은선그래프입니다. 오후 1시에 온도는 낮 12시보다 2 ℃ 낮아졌고 오후 2시에 온도는 오후 1시보다 3 ℃ 낮아졌습니다. 오후 2시에 온도는 몇 ℃일까요?

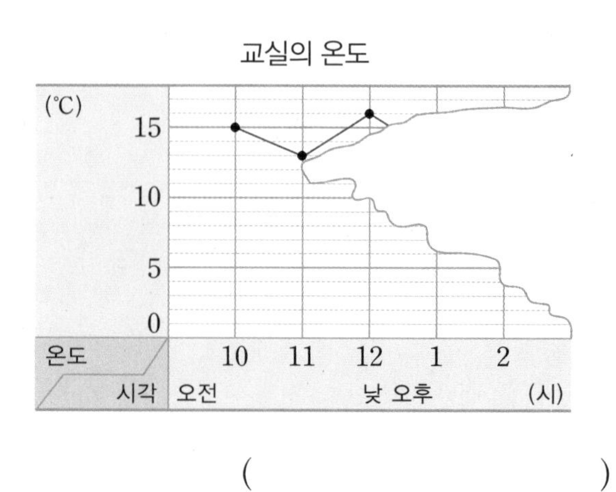

(　　　　　　　　)

단원 평가

점수 | 확인

[1~5] 용수철에 추를 매달았을 때 용수철의 늘어난 길이를 조사하여 나타낸 그래프입니다. 물음에 답하세요.

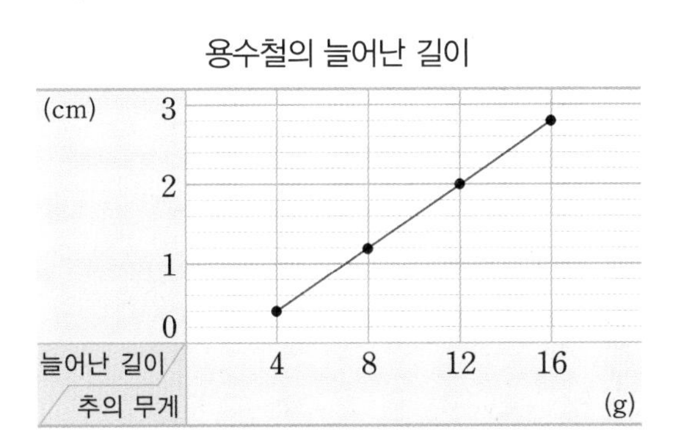

1 위와 같은 그래프를 무슨 그래프라고 할까요?

( )

2 그래프에서 가로와 세로는 각각 무엇을 나타낼까요?

가로 ( )
세로 ( )

3 세로 눈금 한 칸은 몇 cm를 나타낼까요?

( )

4 8 g짜리 추를 매달았을 때 용수철은 몇 cm 늘어날까요?

( )

5 10 g짜리 추를 매달았을 때 용수철은 몇 cm 늘어났을까요?

( )

6 자전거를 탄 시간을 조사하여 두 꺾은선그래프로 나타내었습니다. 물음에 답하세요.

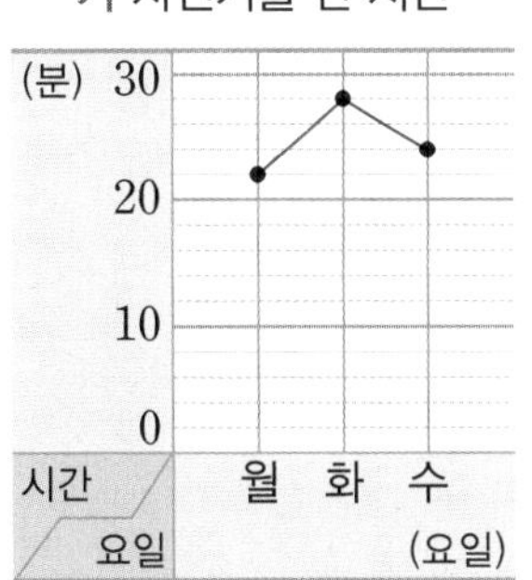

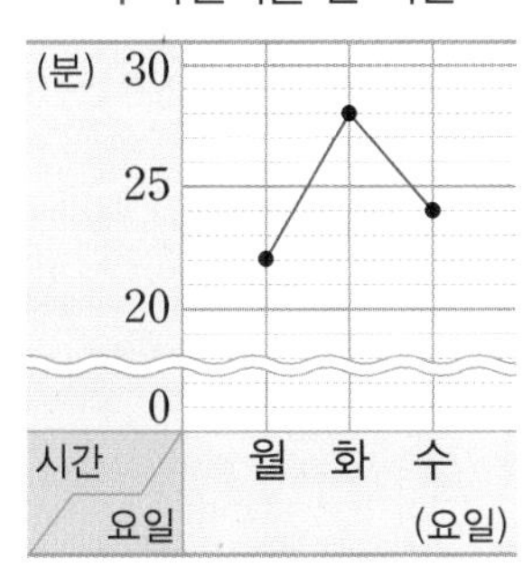

(1) 두 그래프 중 변화하는 모습이 더 잘 보이는 것을 찾아 기호를 써 보세요.

( )

(2) 화요일은 월요일보다 자전거를 탄 시간이 몇 분 늘었을까요?

( )

[7~8] 표를 보고 꺾은선그래프로 나타내려고 합니다. 물음에 답하세요.

가 냉장고 안의 귤의 수

요일(요일)	월	화	수	목	금
귤의 수(개)	14	11	9	5	3

나 연도별 휴대전화 생산량

연도(년)	2017	2018	2019	2020	2021
생산량(대)	50만	61만	57만	64만	72만

7 꺾은선그래프로 나타낼 때 물결선이 필요한 표를 찾아 기호를 써 보세요.

( )

8 표 나를 물결선을 사용한 꺾은선그래프로 나타낸다면 물결선을 몇 대와 몇 대 사이에 넣는 것이 좋을까요?

( )

[9~12] 어느 체조 선수의 기술 점수를 조사하여 나타낸 꺾은선그래프입니다. 물음에 답하세요.

기술 점수

연도(년)	2018	2019	2020	2021
점수(점)	8	7.7	8.2	8.5

9 세로 눈금 한 칸은 몇 점으로 하는 것이 좋을까요?

( )

10 그래프를 그리는 데 꼭 필요한 부분은 몇 점부터 몇 점까지일까요?

( )

11 물결선을 사용한 꺾은선그래프로 나타내어 보세요.

12 전년에 비해 기술 점수가 가장 많이 증가한 연도는 언제일까요?

( )

13 꺾은선그래프로 나타내기에 알맞은 자료를 찾아 기호를 써 보세요.

㉠ 월별 냉장고 생산량
㉡ 좋아하는 동물별 학생 수
㉢ 학생별 수학 점수
㉣ 종류별 먹은 빵 수

( )

14 지환이의 팔굽혀펴기 횟수를 조사하여 나타낸 표와 꺾은선그래프를 완성해 보세요.

팔굽혀펴기 횟수

요일(요일)	월	화	수	목	금
횟수(회)			12	14	15

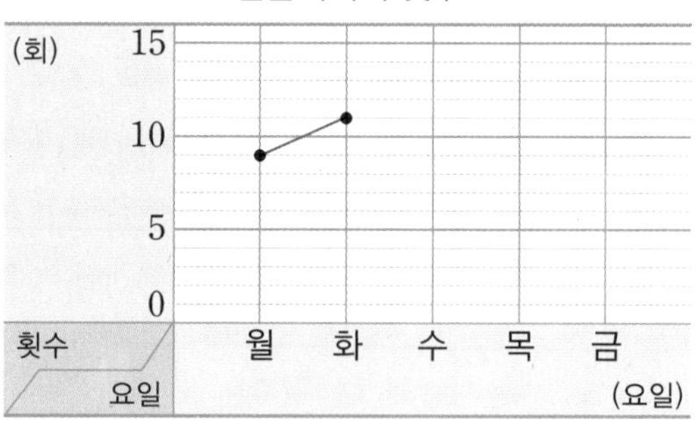

15 14번의 꺾은선그래프에서 다음 주 월요일 지환이의 팔굽혀펴기 횟수는 늘어날까요? 줄어들까요?

( )

16 미리의 수학 점수와 영어 점수를 조사하여 나타낸 꺾은선그래프입니다. 물음에 답하세요.

미리의 수학 점수와 영어 점수

(점) 100, 75, 0
점수 / 월: 5, 6, 7 (월)
— 수학 점수 — 영어 점수

(1) 영어 점수가 수학 점수보다 높은 달은 몇 월일까요?

( )

(2) 수학 점수와 영어 점수의 차가 가장 큰 때는 몇 월이고 차는 몇 점일까요?

( ), ( )

[17~18] 덕수궁의 입장객 수를 조사하여 나타낸 꺾은선그래프입니다. 물음에 답하세요.

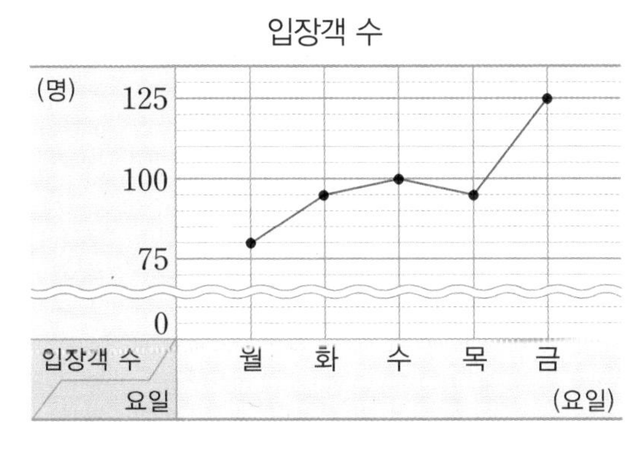

17 전날에 비해 덕수궁의 입장객 수의 변화가 가장 큰 때는 무슨 요일일까요?

( )

18 덕수궁의 입장료가 2000원이라면 월요일에 받은 입장료는 얼마일까요?

( )

[19~20] 통에 담긴 물의 양을 조사하여 나타낸 꺾은선그래프입니다. 물음에 답하세요.

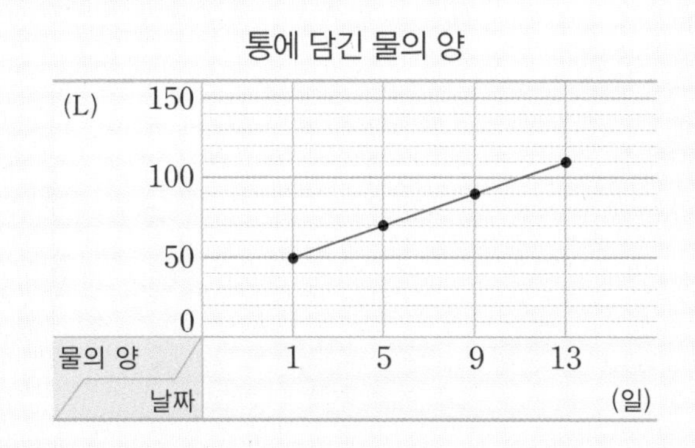

19 3일에 물은 몇 L였을지 풀이 과정을 쓰고 답을 구해 보세요.

풀이

답

20 물의 양의 변화가 일정할 때 21일에 물은 몇 L일지 풀이 과정을 쓰고 답을 구해 보세요.

풀이

답

6 다각형

다각형, 많은(多다) 각이 있는 도형

도형	변의 수	각의 수	이름
	3	3	삼각형
	4	4	사각형
	5	5	오각형
	6	6	육각형
	7	7	칠각형
	8	8	팔각형

1 선분으로만 둘러싸인 도형은?

→ 많은(多) 각이 있는 도형

- **다각형**: 선분으로만 둘러싸인 도형

모양				
변의 수	5개	6개	7개	8개
이름	오각형	육각형	칠각형	팔각형

1 도형을 선의 특징에 따라 분류하고, □ 안에 알맞은 말을 써넣으세요.

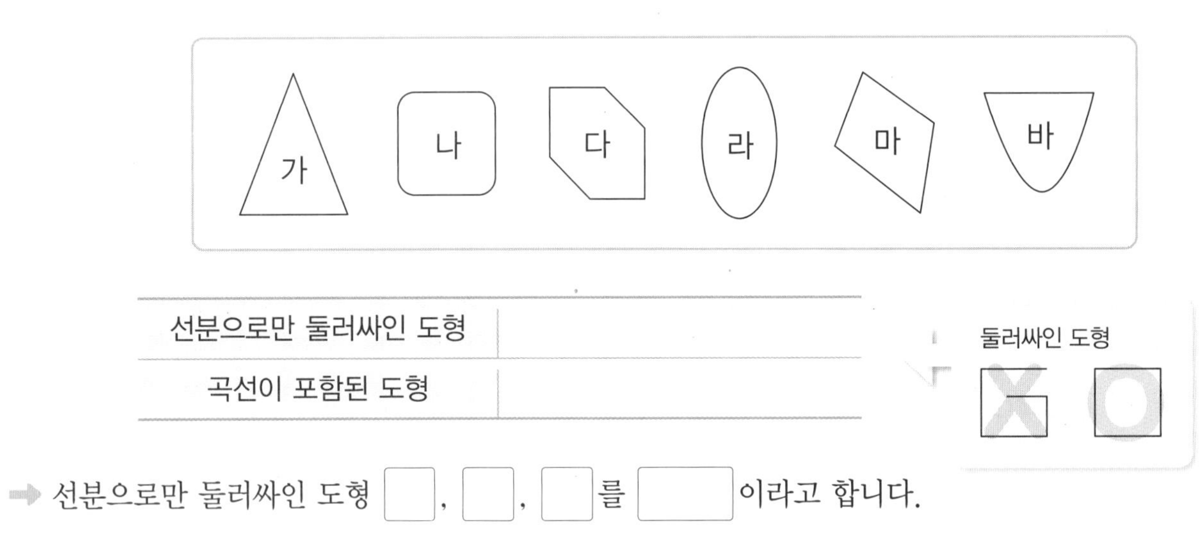

선분으로만 둘러싸인 도형	
곡선이 포함된 도형	

둘러싸인 도형

➡ 선분으로만 둘러싸인 도형 □, □, □를 □이라고 합니다.

2 관계있는 것끼리 이어 보세요.

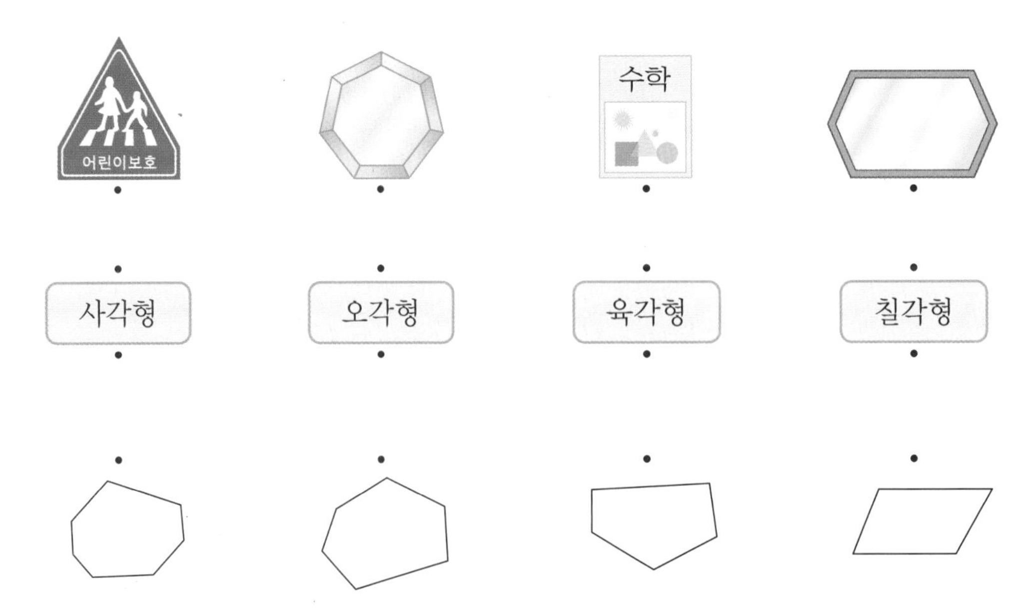

정답과 풀이 37쪽

2 변의 길이와 각의 크기가 같은 다각형은?

→ 변의 길이만 같거나 각의 크기만 같으면 정다각형이 아닙니다.

● **정다각형**: 변의 길이가 모두 같고, 각의 크기가 모두 같은 다각형

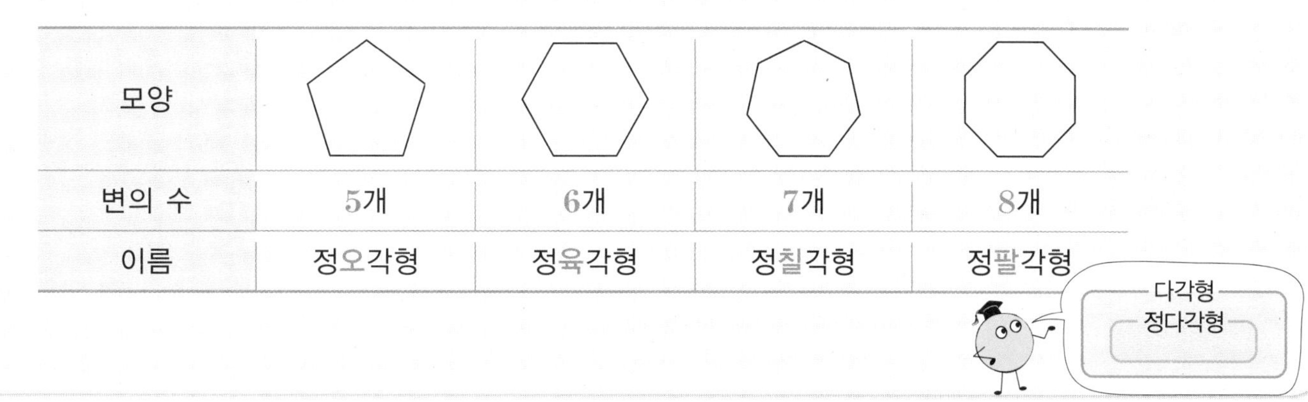

모양				
변의 수	5개	6개	7개	8개
이름	정오각형	정육각형	정칠각형	정팔각형

1 도형을 보고 물음에 답하세요.

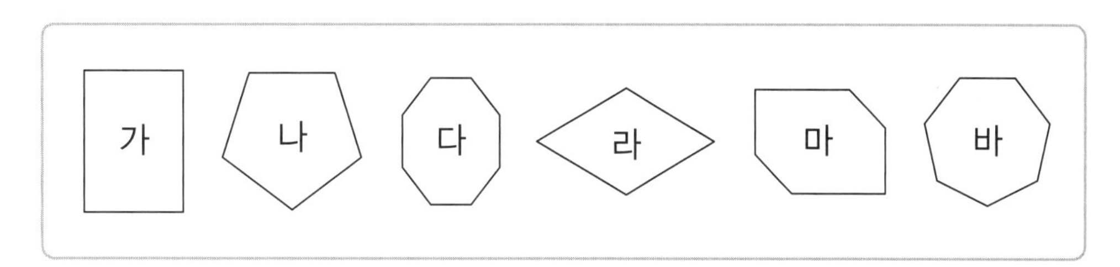

(1) 변의 길이에 따라 다각형을 분류해 보세요.

변의 길이가 모두 같은 도형	
변의 길이가 모두 같지 않은 도형	

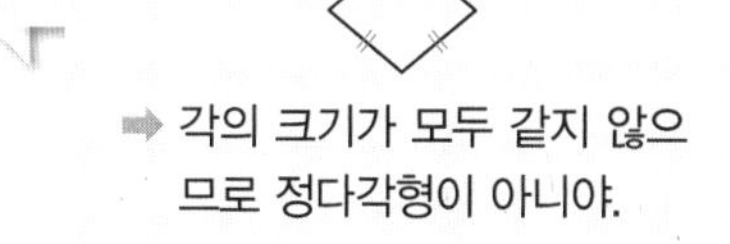

(2) 각의 크기에 따라 다각형을 분류해 보세요.

각의 크기가 모두 같은 도형	
각의 크기가 모두 같지 않은 도형	

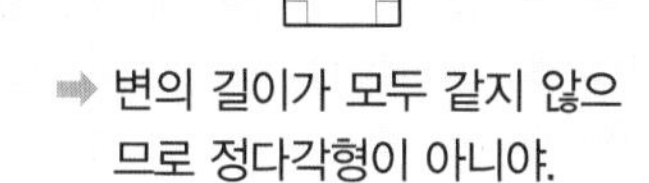

(3) 변의 길이와 각의 크기가 모두 같은 ☐, ☐를 ☐이라고 합니다.

2 정다각형의 이름을 써 보세요.

(1) 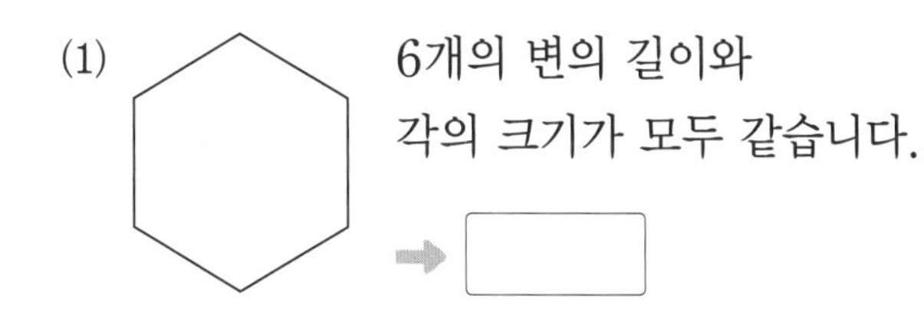
6개의 변의 길이와
각의 크기가 모두 같습니다.
→ ☐

(2) 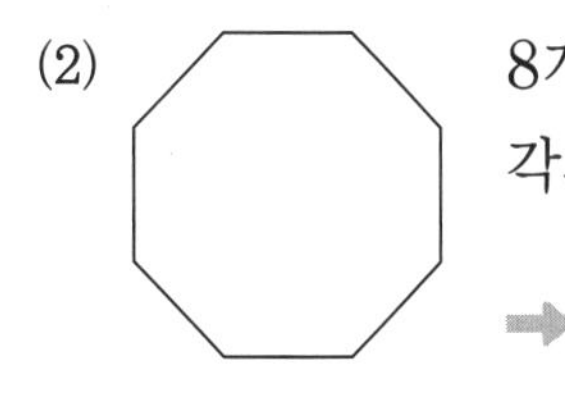
8개의 변의 길이와
각의 크기가 모두 같습니다.

→ ☐

3 서로 이웃하지 않는 두 꼭짓점을 이은 선분은?

● 대각선: 다각형에서 선분 ㄱㄷ, 선분 ㄴㄹ과 같이 서로 이웃하지 않는 두 꼭짓점을 이은 선분

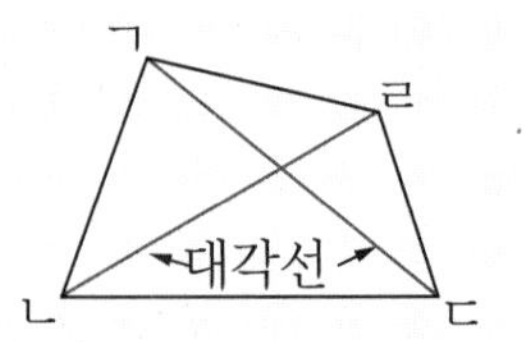

점 ㄱ과 이웃하는 점은 점 ㄴ과 점 ㄹ입니다.

● **사각형의 대각선의 특징**

	두 대각선의 길이가 같습니다.	두 대각선이 서로 수직으로 만납니다.	한 대각선이 다른 대각선을 반으로 나눕니다.
사각형	직사각형 정사각형	마름모 정사각형	평행사변형 직사각형 마름모 정사각형

1 물음에 답하세요.

(1) 빨간 점에서 그을 수 있는 대각선을 모두 그어 보세요.

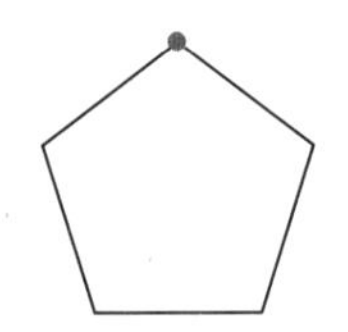 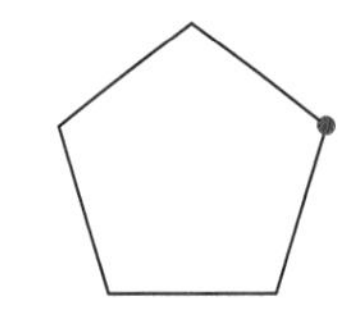 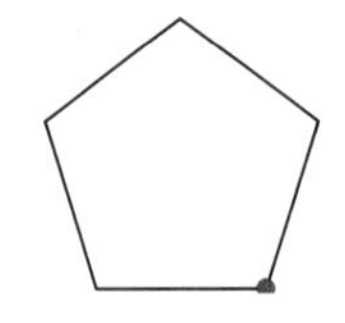 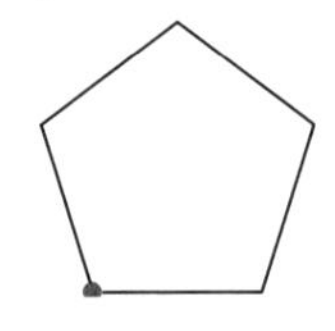 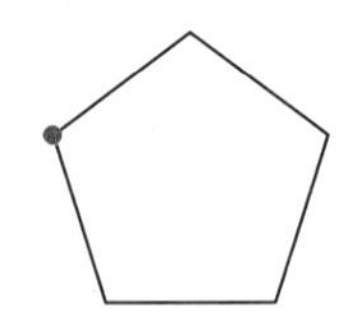

(2) 오각형에 그을 수 있는 대각선을 모두 긋고 대각선의 수를 구해 보세요.

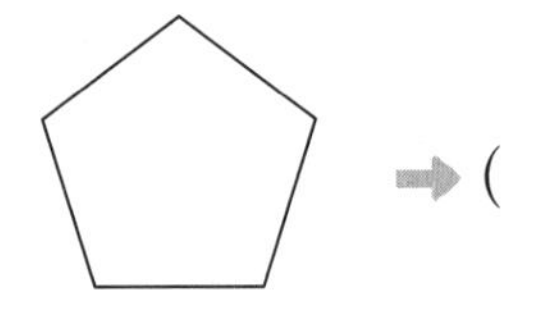

➡ (   )

중복하여 세지 않도록 주의해.

ㄱ ㄹ ㄴ ㄷ

(선분 ㄱㄷ) = (선분 ㄷㄱ)

2 사각형에 대각선을 그어 보고, 사각형에 대한 설명으로 옳으면 ○표, 틀리면 ×표 하세요.

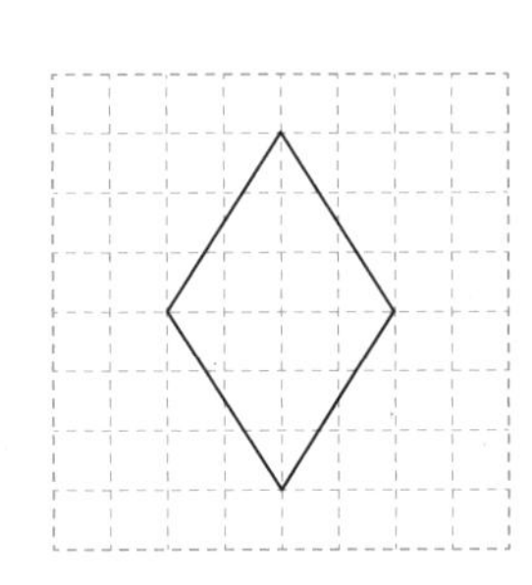

• 대각선의 수는 4개입니다. ············ (   )
• 두 대각선이 수직으로 만납니다. ············ (   )
• 두 대각선의 길이가 같습니다. ············ (   )

정답과 풀이 37쪽

4 모양 조각으로 여러 가지 모양을 만들 수 있어.

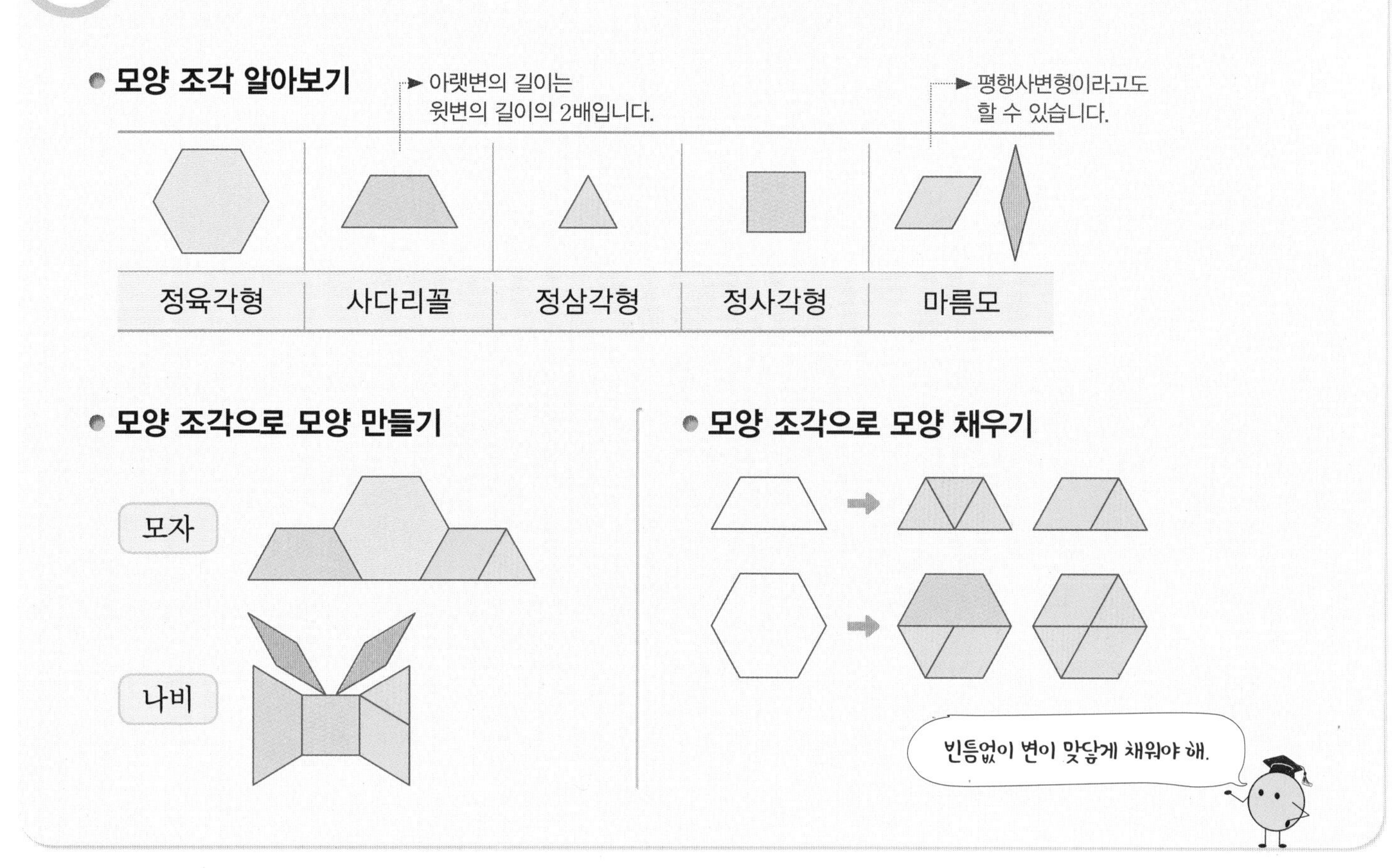

1 모양 조각을 도형에 따라 분류해 보세요.

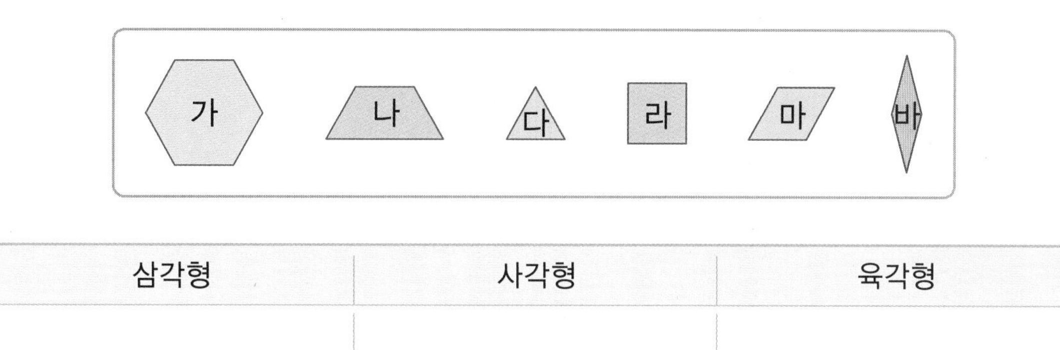

삼각형	사각형	육각형

2 모양 조각으로 만든 모양을 보고 □ 안에 알맞은 수를 써넣으세요.

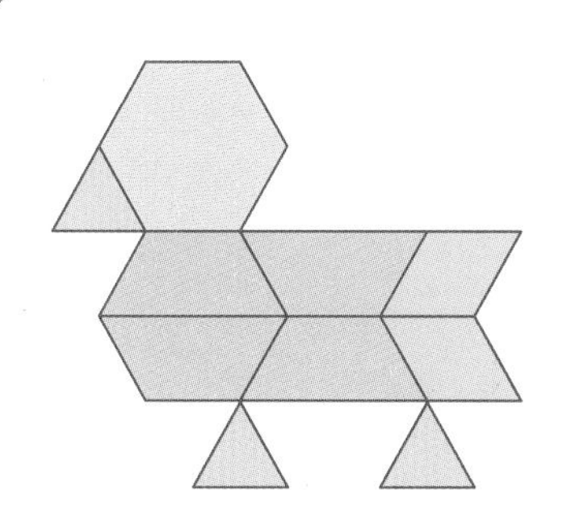

오리 모양을 만드는 데 사용한 다각형은

삼각형: □개, 사각형: □개,

육각형: □개입니다.

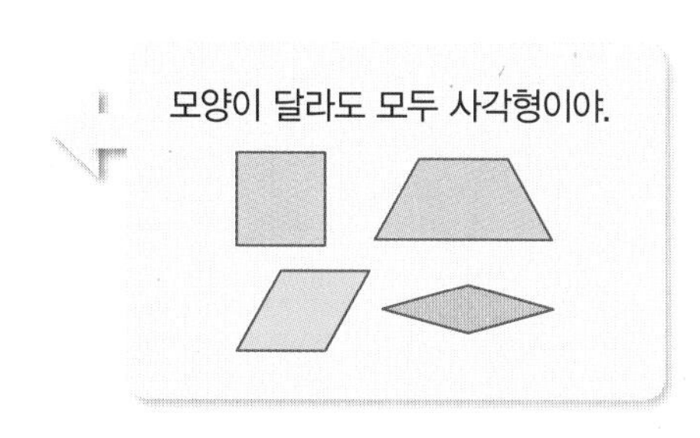

1 다각형

1 다각형은 ○표, 다각형이 아닌 것은 ×표 하세요.

▶ 선분으로만 둘러싸여 있어야 해.

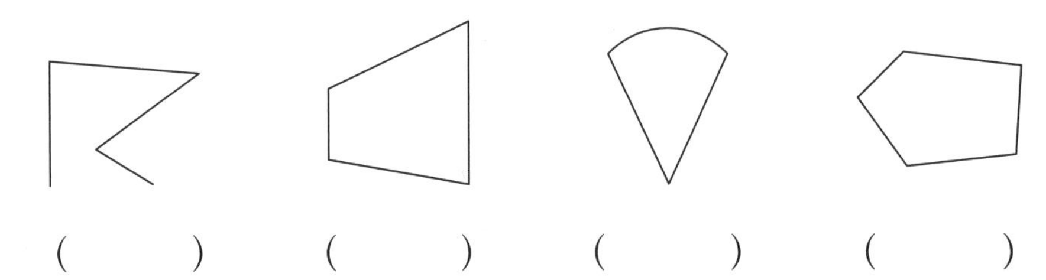

( ) ( ) ( ) ( )

2 도형을 변의 수에 따라 분류하고, 빈칸에 알맞은 말을 써넣으세요.

▶ ■각형
- 변의 수: ■개
- 꼭짓점의 수: ■개

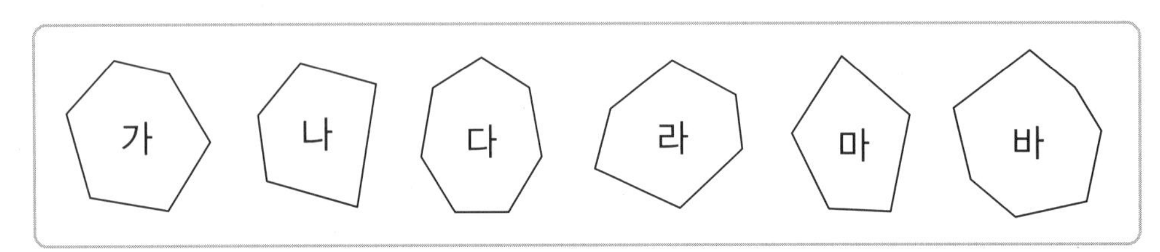

	변이 5개인 도형	변이 6개인 도형	변이 7개인 도형
기호			
이름			

3 브릴리언트 컷은 보석의 반짝거림을 최대한 끌어내기 위하여 보석을 깎는 방법 중 하나입니다. 오른쪽은 브릴리언트 컷으로 깎은 다이아몬드의 모습을 위에서 본 모양입니다. 한가운데에 있는 다각형의 이름을 써 보세요.

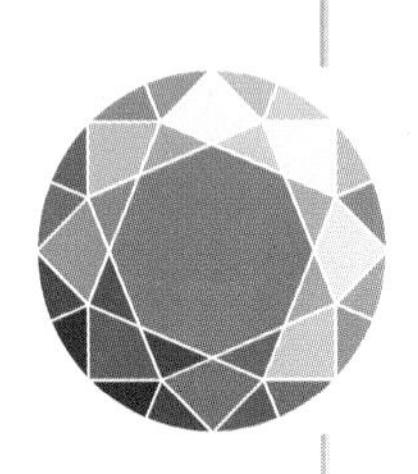

( )

4 점 종이에 그려진 선분을 이용하여 다각형을 완성해 보세요.

▶ 이름만으로 각의 수를 알 수 있어.

(1) 오각형

(2) 칠각형

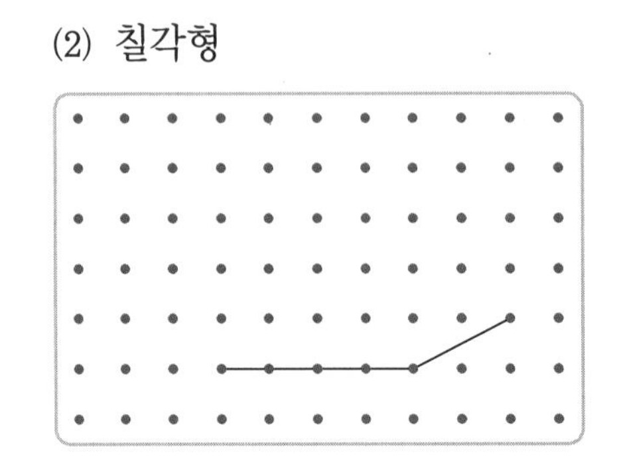

5 같은 그룹에 속할 수 없는 하나의 도형을 찾아 ○표 하세요.

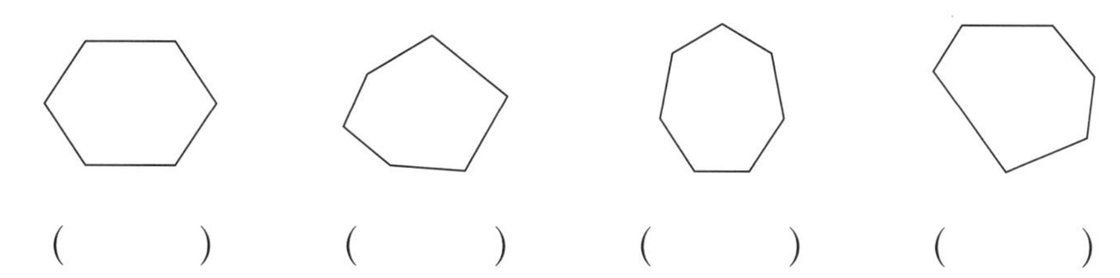

( ) ( ) ( ) ( )

▶ 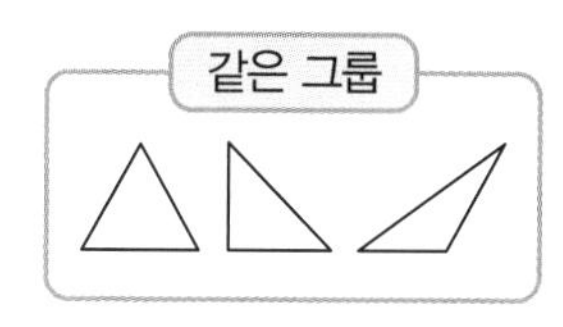

내가 만드는 문제

6 농장에 같은 동물끼리 들어갈 수 있도록 다각형 모양의 울타리를 그려 보세요.

▶ 울타리끼리는 서로 닿지 않고 곡선이 없어야 해.

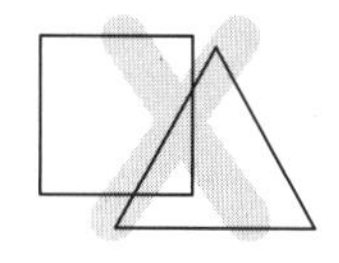

몇 각형까지 있을까?

도형				…	
변의 수	8개	9개	10개	…	□개
각의 수	8개	9개	10개	…	□개
다각형의 이름	팔각형	구각형	십각형	…	□각형

➡ 변이 20개인 다각형의 이름은 [ ]입니다.

각이 많아질수록 모양이 원에 가까워지네.

7 모양 조각으로 만든 모양입니다. 사용한 정다각형의 이름을 보기 에서 모두 찾아 ○표 하세요.

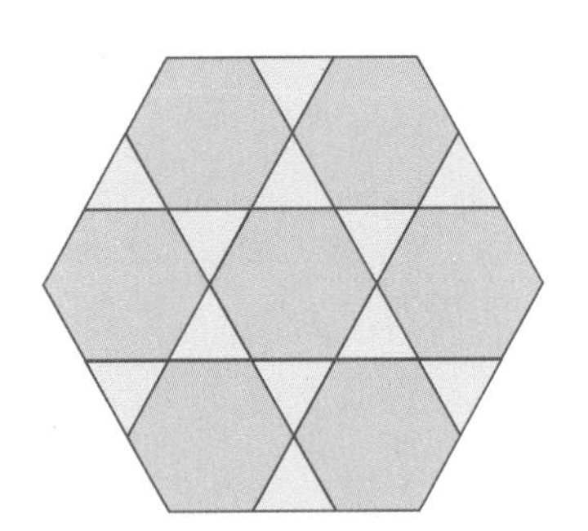

보기	
정삼각형	정사각형
정오각형	정육각형
정칠각형	정팔각형

▶ 가장 대표적인 정다각형은

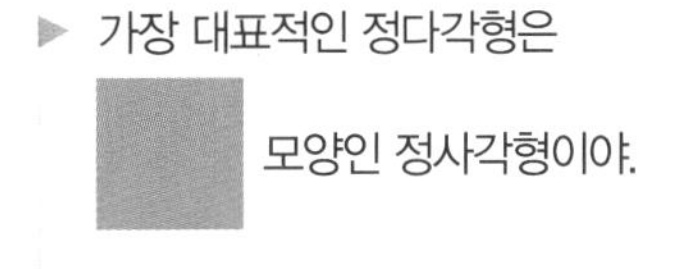

모양인 정사각형이야.

8 왼쪽의 정오각형과 모양과 크기가 똑같은 정오각형을 원 안에 그려 보세요.

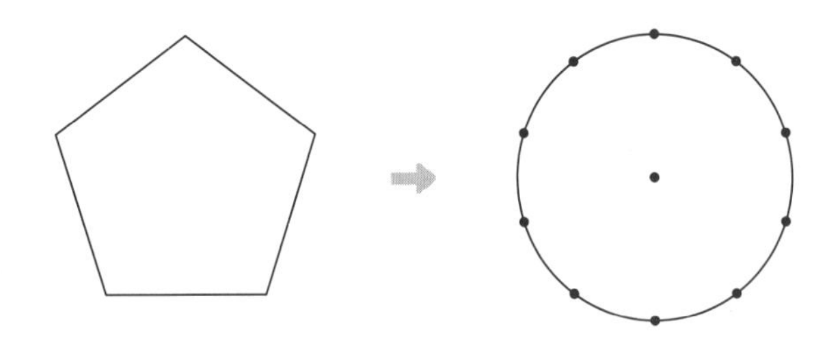

⊕ 정육면체는 정사각형 6개로 둘러싸인 도형입니다. 정육면체를 찾아 ○표 하세요.

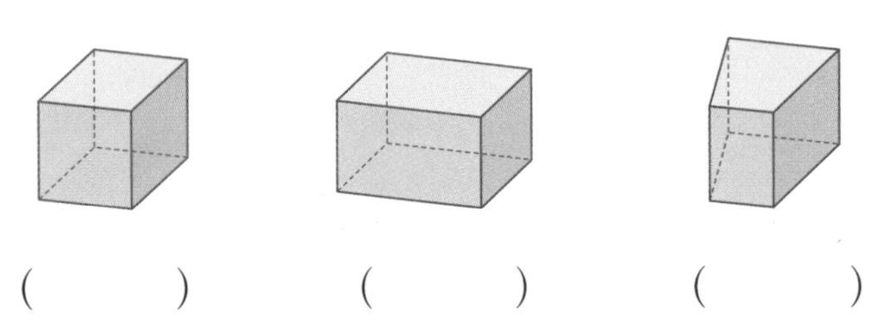

( ) ( ) ( )

정육면체 알아보기

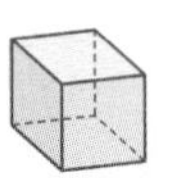  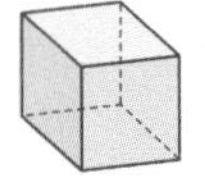

정육면체: 정사각형 6개로 둘러싸인 도형

9 정다각형입니다. □ 안에 알맞은 수를 써넣으세요.

(1)

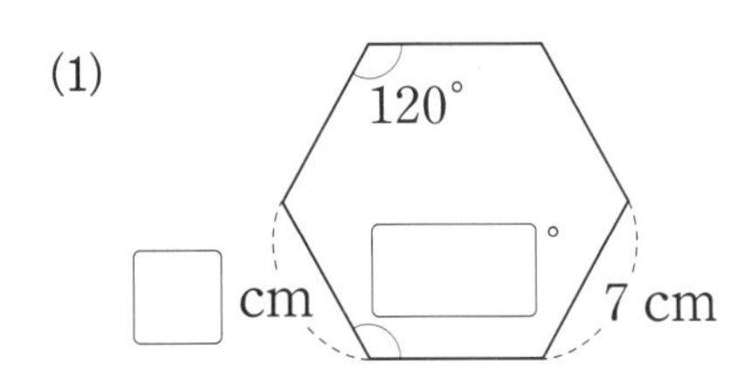

(2)

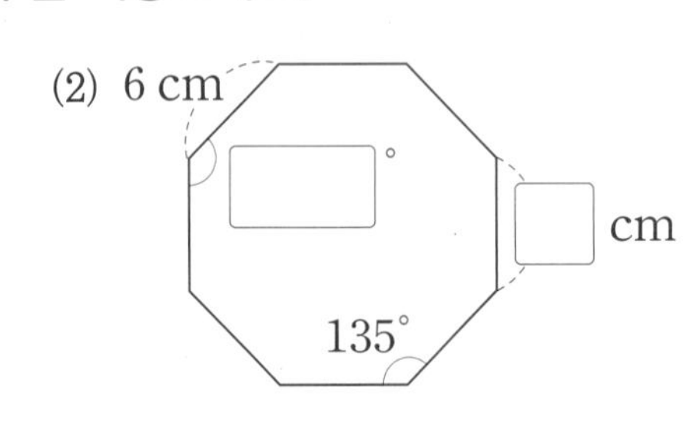

▶ 정다각형은 한 각의 크기와 한 변의 길이만 알면 다른 각의 크기와 변의 길이를 알 수 있어.

왜? 모든 변의 길이가 같고 모든 각의 크기가 같잖아.

10 정다각형에 대한 설명으로 잘못 말한 사람의 이름을 써 보세요.

( )

11 밧줄로 한 변이 5 cm인 정육각형 모양을 만들려고 합니다. 필요한 밧줄은 몇 cm인지 구해 보세요.

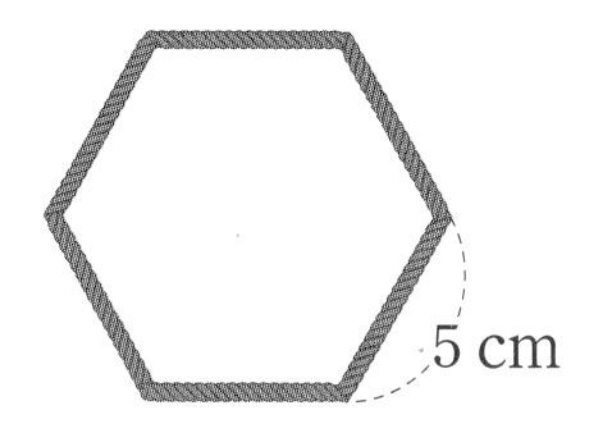

( )

내가 만드는 문제

12 보기 와 같이 정다각형의 한 꼭짓점에 정다각형을 빈틈없이 채워 그려 보세요.

▶ 빈틈없이 채우라는 것은

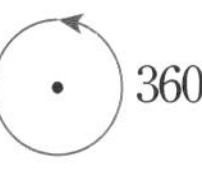

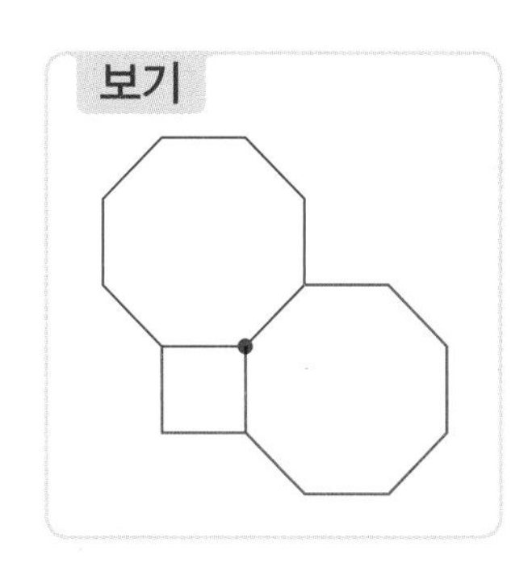

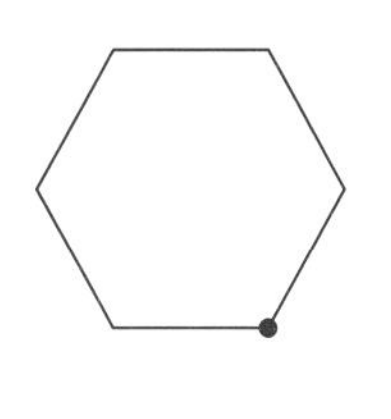

정다각형으로 빈틈없이 채워 만든 모양은?

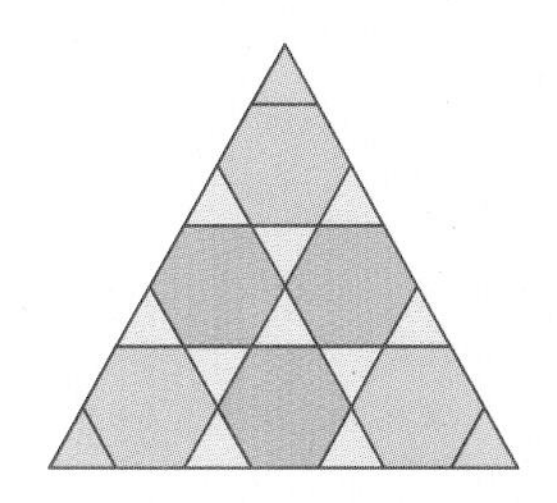

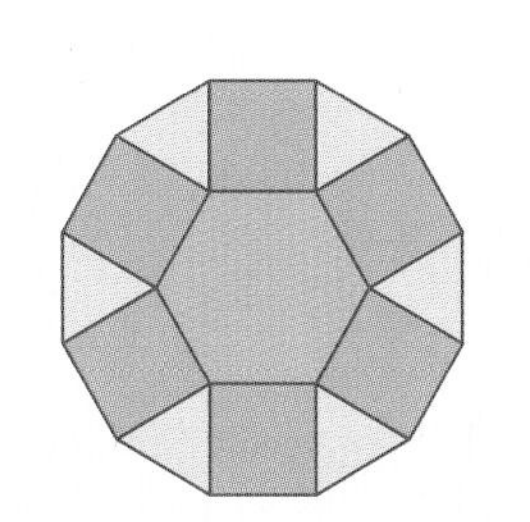

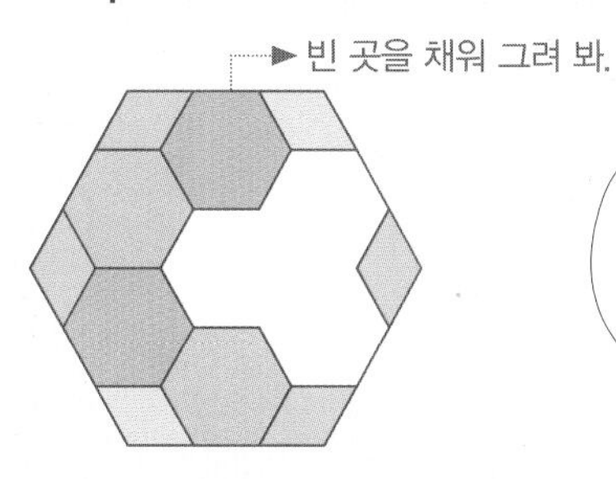

테셀레이션이란 같은 모양의 조각들을 서로 겹치거나 틈이 생기지 않게 늘어 놓아 평면을 덮는 것이야.

13 대각선을 모두 찾아 써 보세요.

(1)
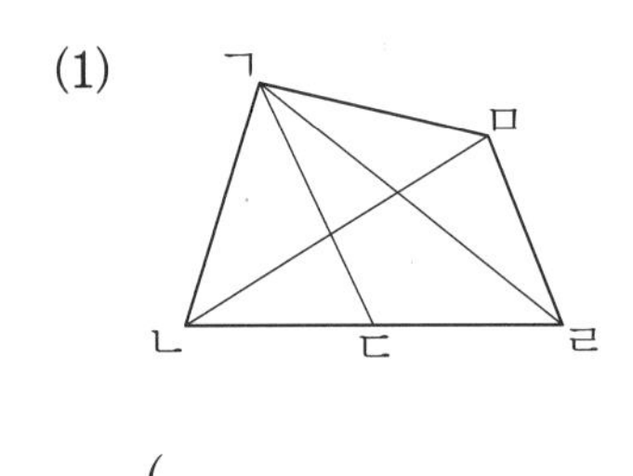

(2)
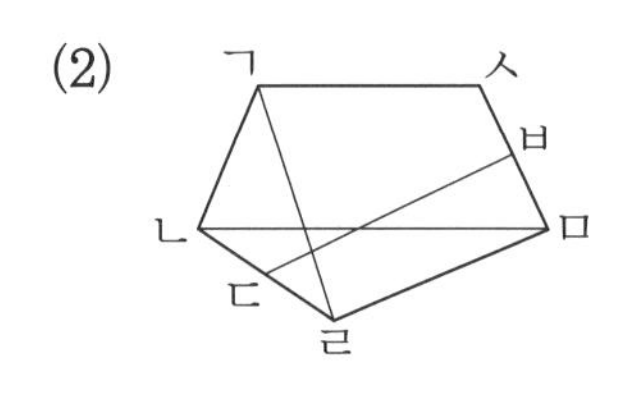

( ) ( )

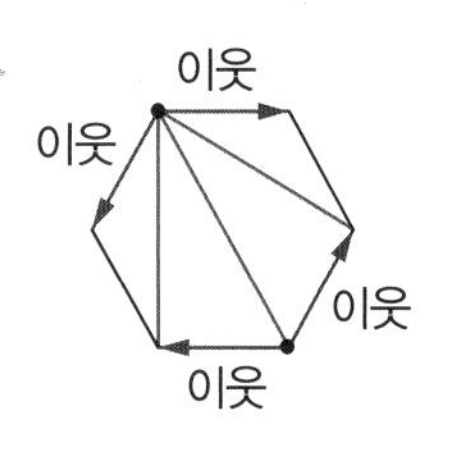

14 대각선을 모두 그어 보세요.

(1)
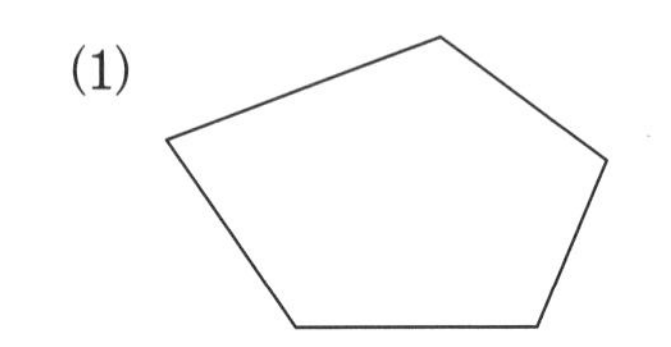

(2)
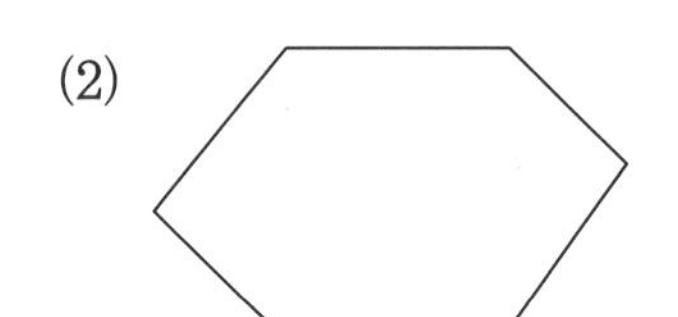

➕

6	12	18	24
30	36	42	48
54	60	66	72
78	84	90	96

6의 배수를 나타낸 정사각형 모양의 표입니다. 큰 정사각형의 대각선이 지나는 수들을 모두 써 보세요.

( )

배수 알아보기

배수: 어떤 수를 1배, 2배, 3배, ...한 수

2의 배수 ➡ 2, 4, 6, 8, ...

15 사각형을 보고 물음에 답하세요.

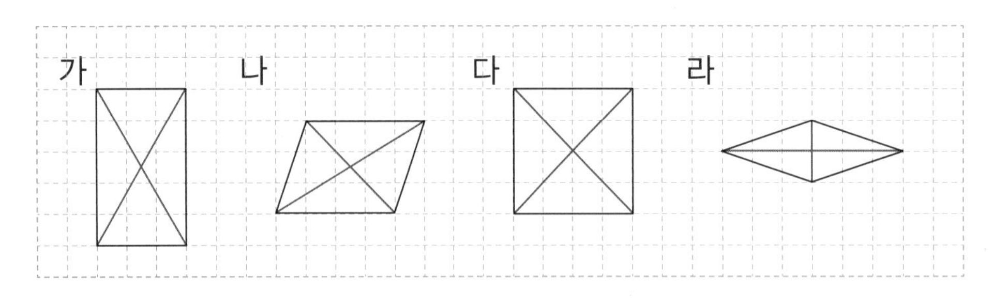

(1) 두 대각선의 길이가 같은 사각형을 모두 찾아 기호를 써 보세요. ( )

(2) 두 대각선이 서로 수직으로 만나는 사각형을 모두 찾아 기호를 써 보세요. ( )

(3) 한 대각선이 다른 대각선을 똑같이 둘로 나누는 사각형을 모두 찾아 기호를 써 보세요. ( )

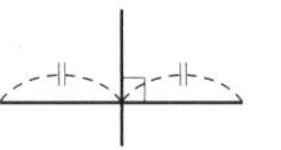

➡ 수직이고 똑같이 둘로 나누어져.

16 대각선에 대한 설명 중 틀린 것을 찾아 기호를 써 보세요.

㉠ 마름모는 두 대각선이 서로 수직으로 만납니다.
㉡ 평행사변형은 한 대각선이 다른 대각선을 이등분합니다.
㉢ 사각형에서 그을 수 있는 대각선의 수는 4개입니다.
㉣ 정사각형의 두 대각선의 길이는 같습니다.

(　　　　　　　　　　)

▶ 특징을 외우지 말고 사각형에 대각선을 그려 봐.

17 정사각형 모양의 색종이를 다음과 같이 접었다 폈습니다. 접힌 부분이 이루는 각도를 구해 보세요.

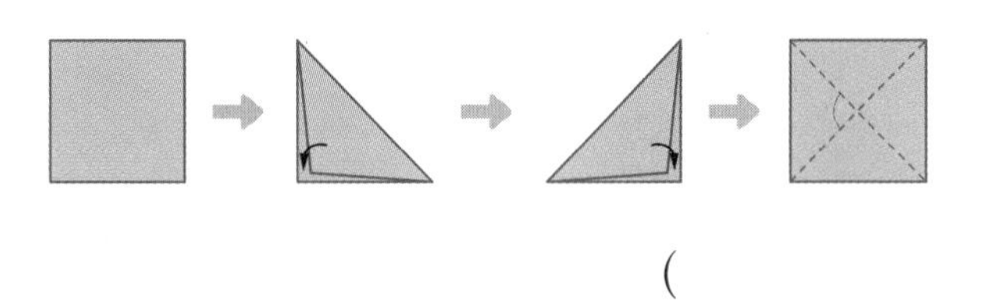

(　　　　　　　　　　)

내가 만드는 문제

18 다각형 2개를 자유롭게 그려 보고 대각선의 수를 각각 구해 보세요.

➡ □개　　　➡ □개

▶ 각이 많아질수록 대각선의 수가 많아져.

다각형은 모두 대각선을 그릴 수 있을까?

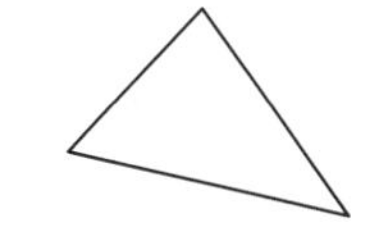

➡ 삼각형은 대각선을 그릴 수 없습니다.

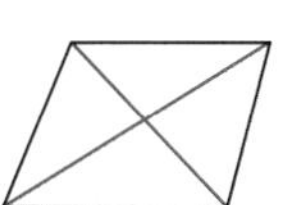

➡ 2개

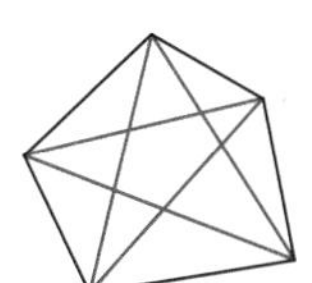

➡ □개

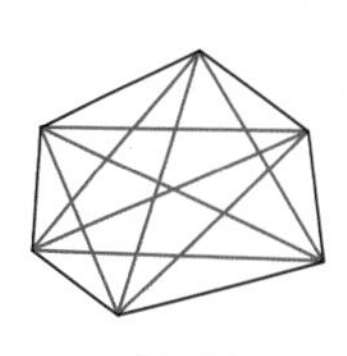

➡ □개

이웃하는 두 꼭짓점에서는 대각선을 그릴 수 없어.

6

19 □ 안에 알맞은 수를 써넣으세요.

> 정삼각형 모양 조각이 몇 개 모이면 주어진 다각형이 되는지 알아봐.

(1) ▱은 △ □개로 채울 수 있습니다.

(2) ⏢은 △ □개로 채울 수 있습니다.

(3) ⬡은 △ □개로 채울 수 있습니다.

20 한 가지 모양 조각을 13개 사용하여 왼쪽 모양을 채우려고 합니다. 필요한 모양 조각에 ○표 하세요.

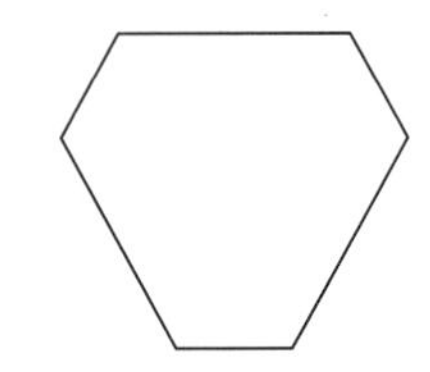

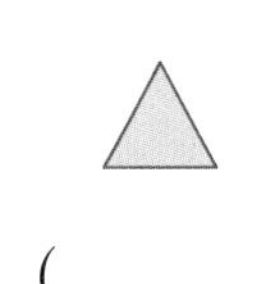 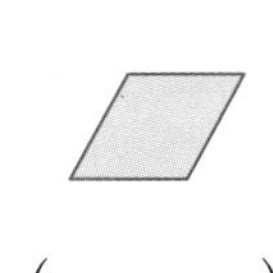 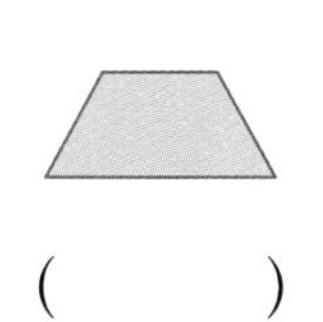

(　　　) (　　　) (　　　)

21 2가지 모양 조각을 사용하여 정삼각형과 평행사변형을 만들어 보세요.

> 길이가 같은 변끼리 이어 붙여.

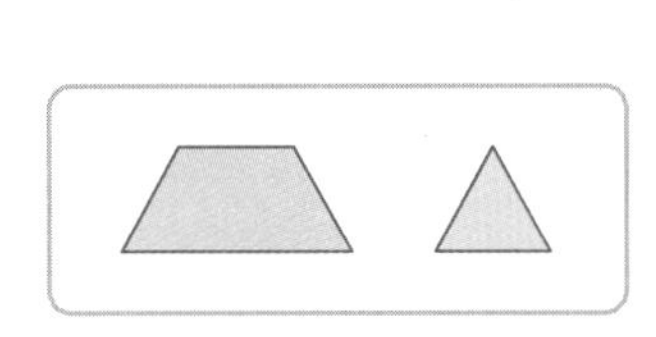

정삼각형	평행사변형

22 모양 조각을 사용하여 주어진 모양을 빈틈없이 채워 보세요.

> 겹치지 않게 채워야 해.
>
> 

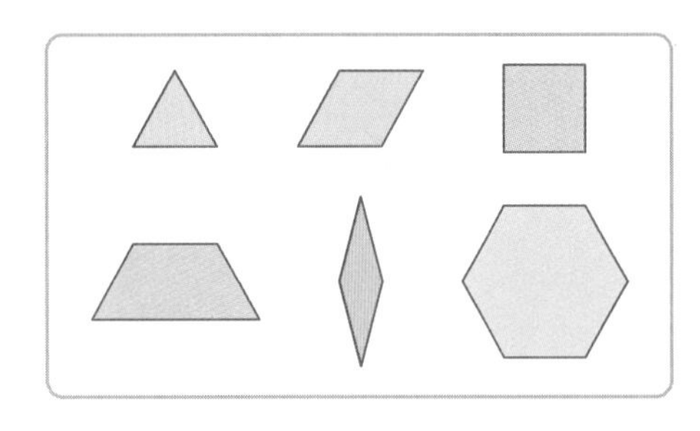

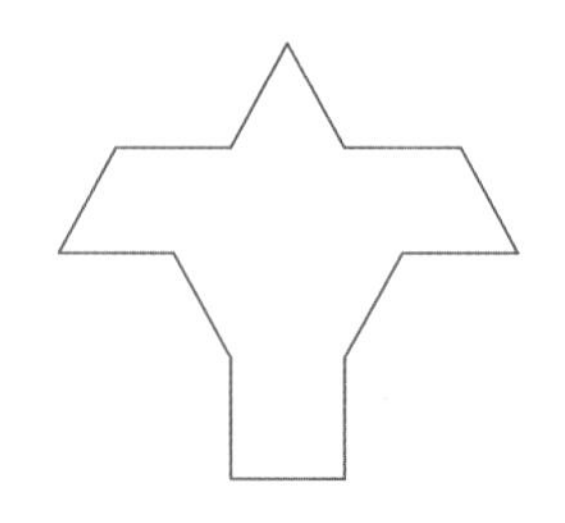

23 주어진 마름모 모양 조각으로 다각형을 채우려고 합니다. 모양 조각이 모두 몇 개 필요한지 구해 보세요.

▶ 마름모 모양 조각을 돌리거나 뒤집어서 채워도 돼.

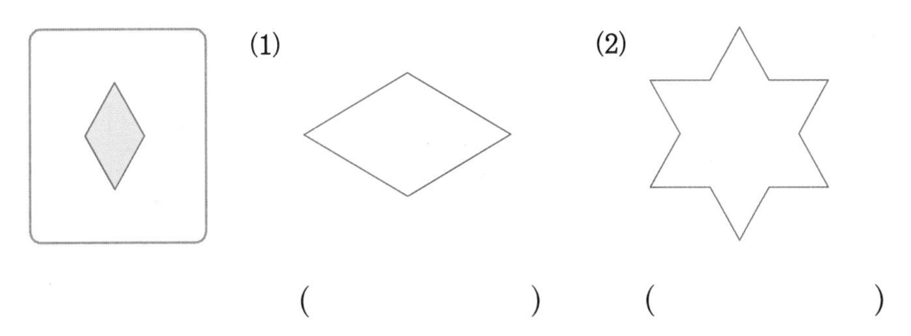

( ) ( )

내가 만드는 문제

24 모양 조각을 사용하여 여러 가지 방법으로 정육각형을 채워 보세요.

▶ 한 가지 모양 조각을 여러 개 사용해도 되고 여러 모양 조각을 같이 사용해도 돼.

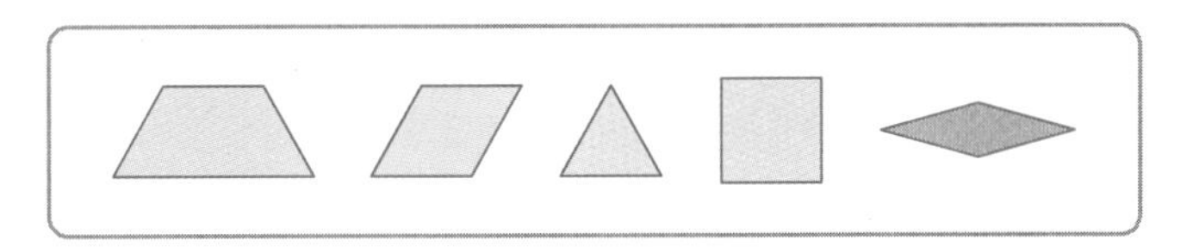

방법 1	방법 2	방법 3

같은 모양을 다른 모양 조각들로 채울 수 있을까?

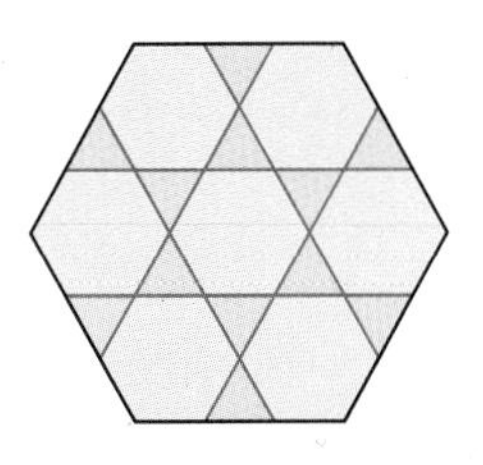

육각형 7개
삼각형 12개

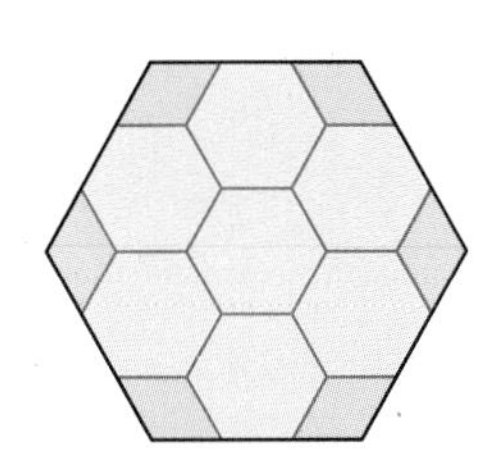

육각형 7개
마름모 □개

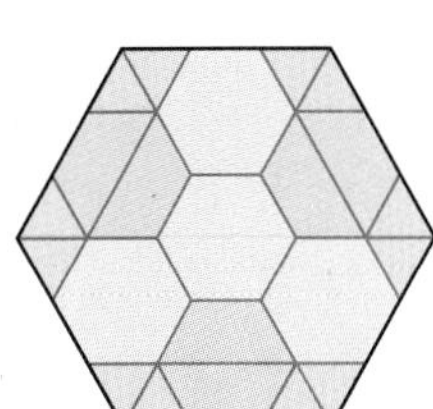
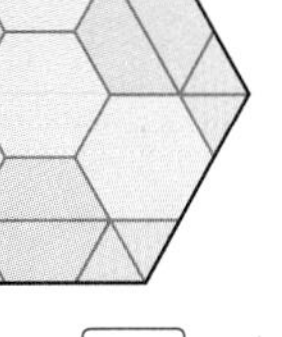

육각형 □개
삼각형 12개
사다리꼴 □개

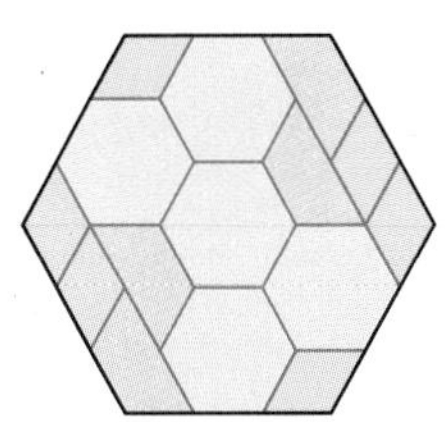
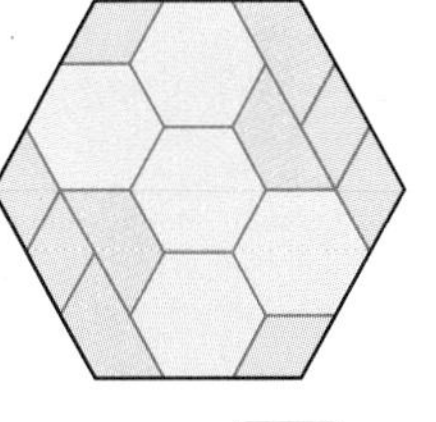

육각형 □개
마름모 □개
사다리꼴 □개

발전 문제

1 사각형의 대각선의 특징

1 준비

두 대각선의 길이가 같은 사각형을 모두 찾아 기호를 써 보세요.

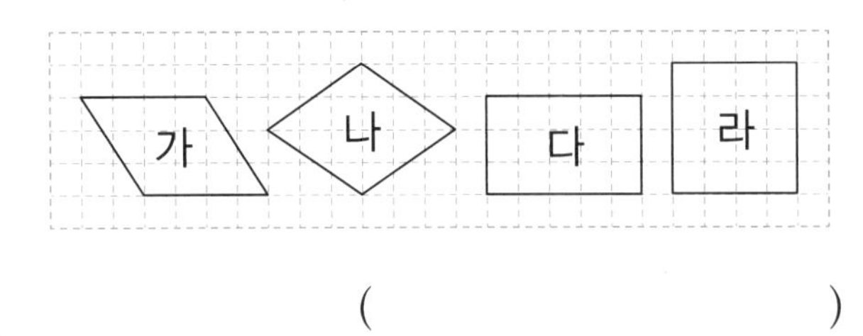

( )

2 확인

직사각형입니다. □ 안에 알맞은 수를 써넣으세요.

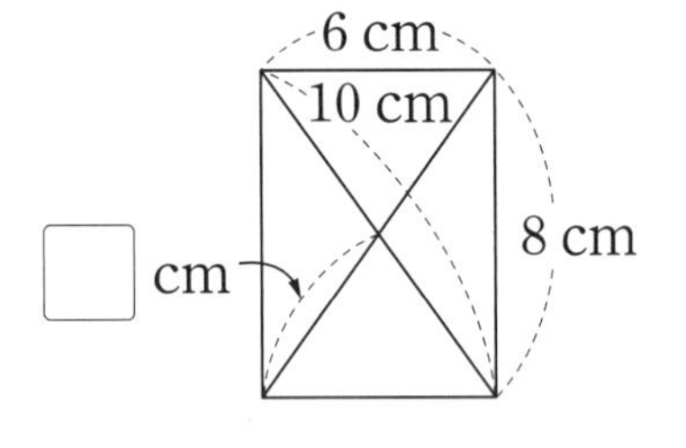

3 완성

평행사변형 ㄱㄴㄷㄹ에서 두 대각선의 길이의 합은 몇 cm인지 구해 보세요.

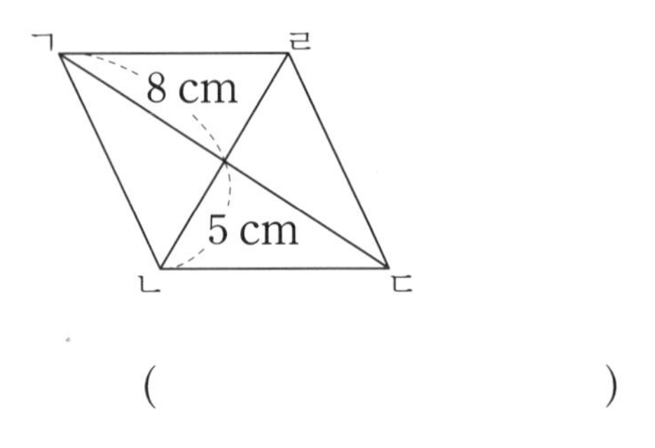

( )

2 정다각형에서 변의 길이 구하기

4 준비

정삼각형의 세 변의 길이의 합이 21 cm일 때, 정삼각형의 한 변은 몇 cm인지 구해 보세요.

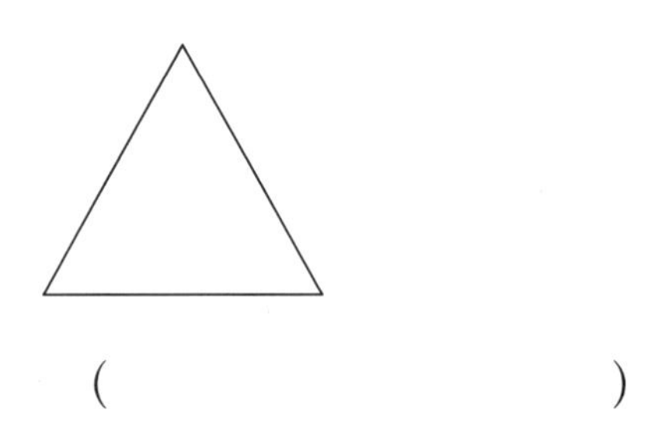

( )

5 확인

정사각형과 정오각형의 모든 변의 길이의 합이 같을 때, 정오각형의 한 변은 몇 cm인지 구해 보세요.

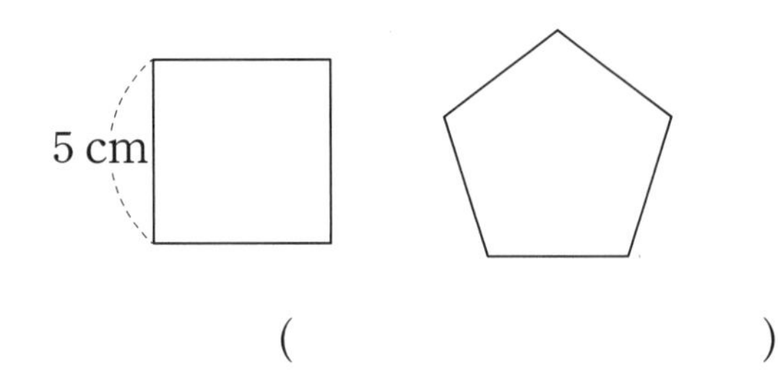

( )

6 완성

정육각형과 정사각형을 이어 붙여 만든 도형입니다. 정육각형의 여섯 변의 길이의 합이 36 cm일 때, 정사각형의 네 변의 길이의 합은 몇 cm인지 구해 보세요.

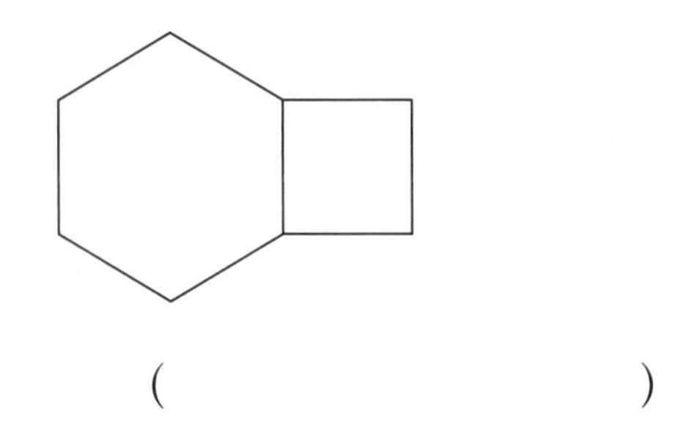

( )

3 한 가지 모양 조각으로 만들기/채우기

7 준비

주어진 모양 조각을 몇 개 사용해야 마름모를 채울 수 있을까요?

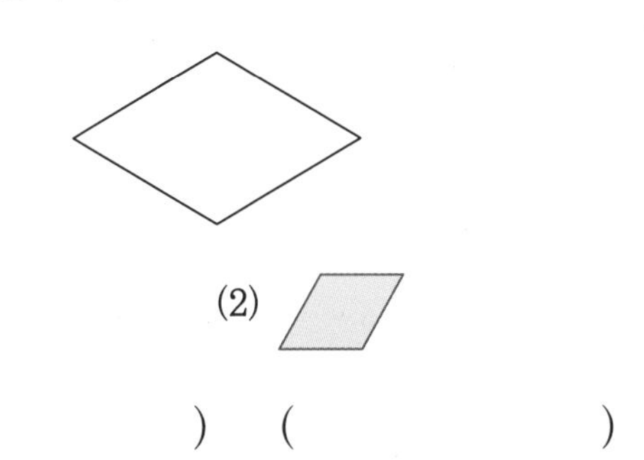

(1) (2)

(　　　　　) (　　　　　)

8 확인

모양 조각을 주어진 개수만큼 사용하여 평행사변형을 만들어 보세요.

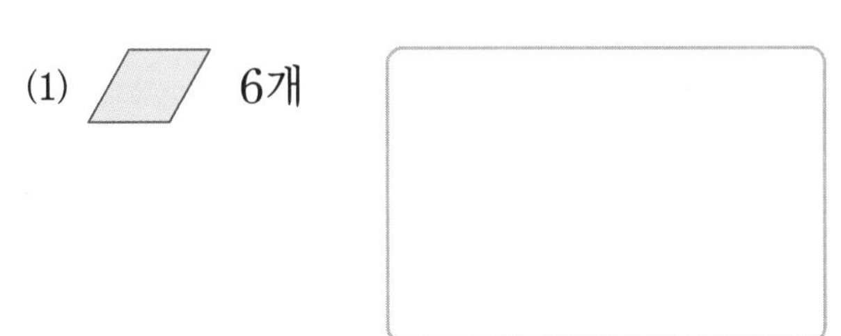

(1) 6개

(2) 12개

9 완성

한 가지 모양 조각을 여러 번 사용하여 정육각형을 만들려고 합니다. 정육각형을 만들 수 없는 것을 찾아 기호를 써 보세요.

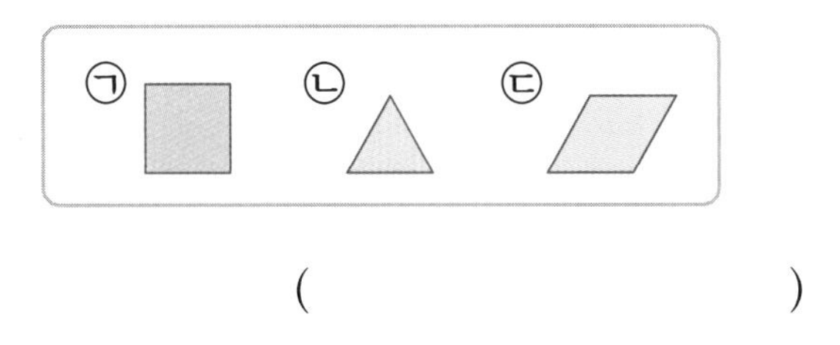

(　　　　　)

4 대각선의 수 구하기

10 준비

대각선의 수를 구해 보세요.

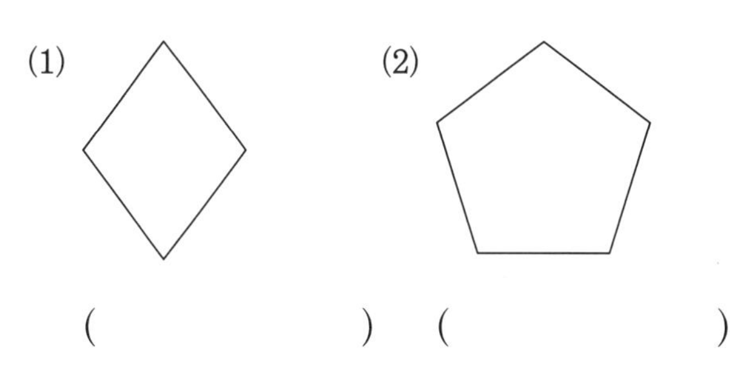

(　　　　　) (　　　　　)

11 확인

어떤 다각형의 한 꼭짓점에서 그을 수 있는 대각선의 수가 4개입니다. 이 다각형의 대각선의 수를 구해 보세요.

(　　　　　)

12 완성

빈칸에 알맞은 수를 써넣고, 규칙을 써 보세요.

다각형	대각선의 수(개)
사각형	2
오각형	
육각형	
칠각형	

+□ +□ +□

규칙

6

5 겹쳐진 도형에서 빨간 선의 길이 구하기

13 준비

마름모 2개를 겹쳐서 만든 도형입니다. 빨간 선의 길이는 몇 cm인지 구해 보세요.

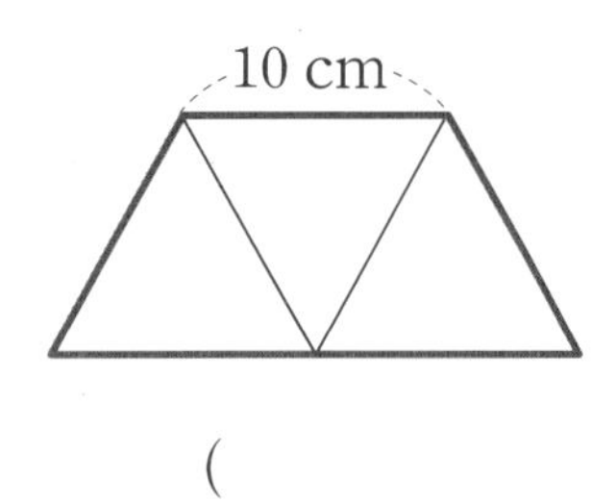

(　　　　　　　　　　)

14 확인

직사각형과 마름모를 겹쳐서 만든 도형입니다. 빨간 선의 길이는 몇 cm인지 구해 보세요.

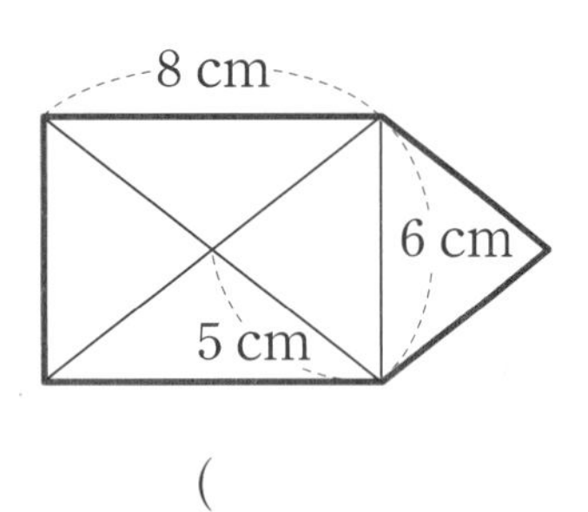

(　　　　　　　　　　)

15 완성

크기가 다른 정사각형 3개를 겹쳐서 만든 도형입니다. 빨간 선의 길이는 몇 cm인지 구해 보세요.

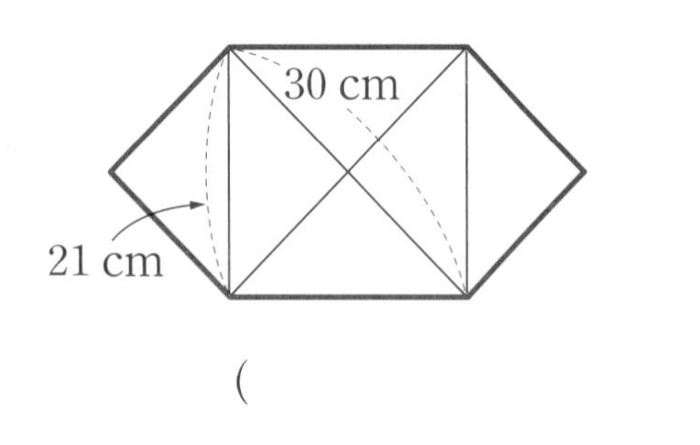

(　　　　　　　　　　)

6 정다각형에서 한 각의 크기 구하기

16 준비

정오각형의 한 각의 크기를 구해 보세요.

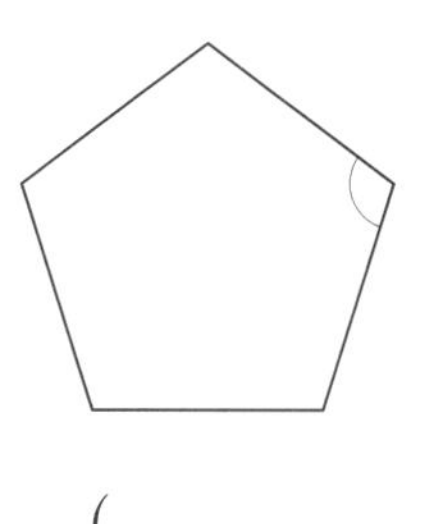

(　　　　　　　　　　)

17 확인

정육각형입니다. ㉠의 각도를 구해 보세요.

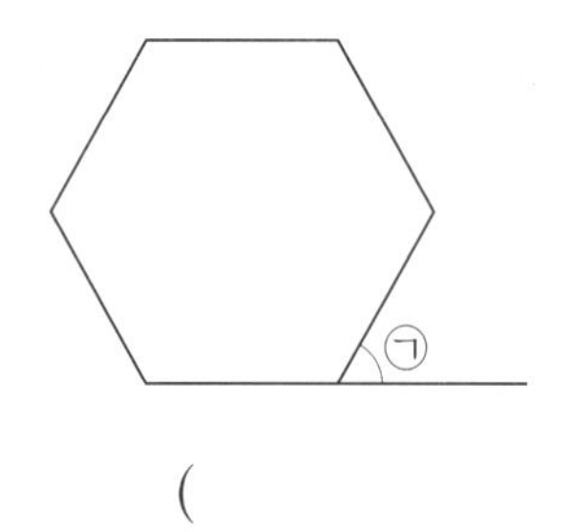

(　　　　　　　　　　)

18 완성

정오각형입니다. ㉠의 각도를 구해 보세요.

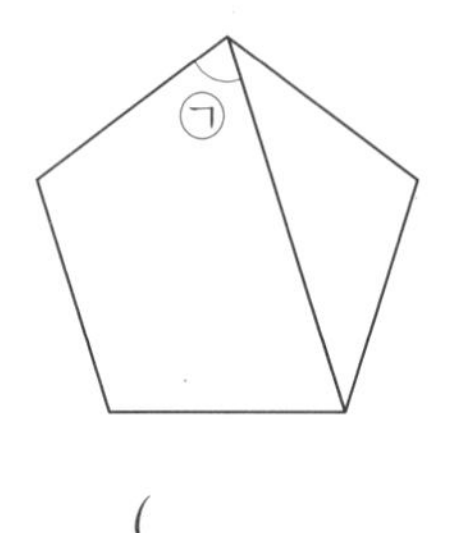

(　　　　　　　　　　)

단원 평가

점수 | 확인

1 모양 자에서 다각형을 모두 찾아 기호를 써 보세요.

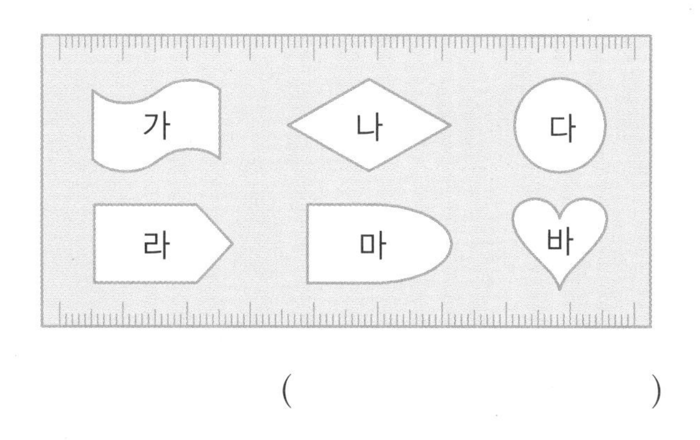

(　　　　　　　　　　)

2 칠각형을 찾아 ○표 하세요.

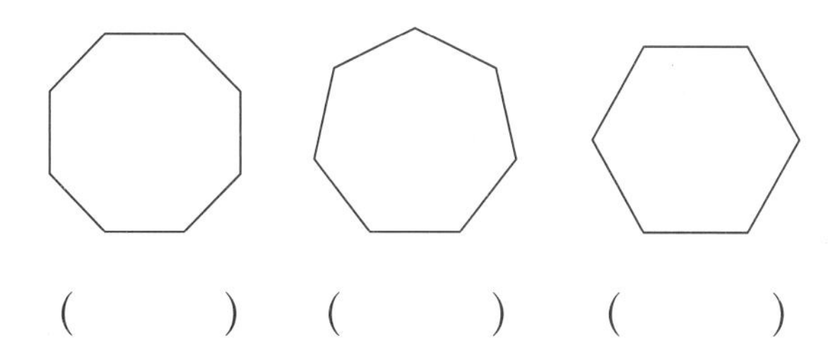

(　　)　(　　)　(　　)

3 다각형을 변의 수에 따라 분류해 보세요.

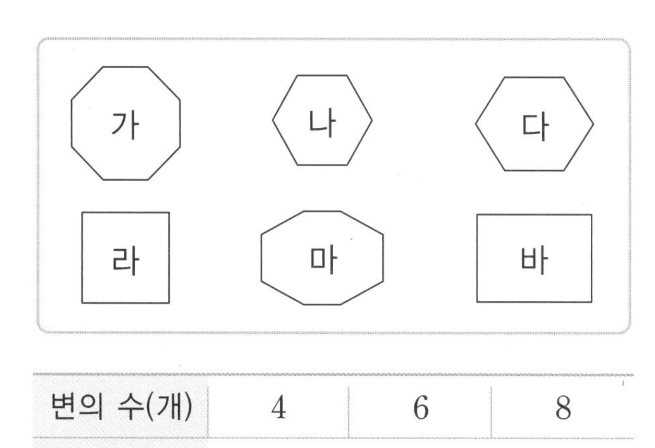

변의 수(개)	4	6	8
기호			

4 정다각형입니다. □ 안에 알맞은 수를 써넣으세요.

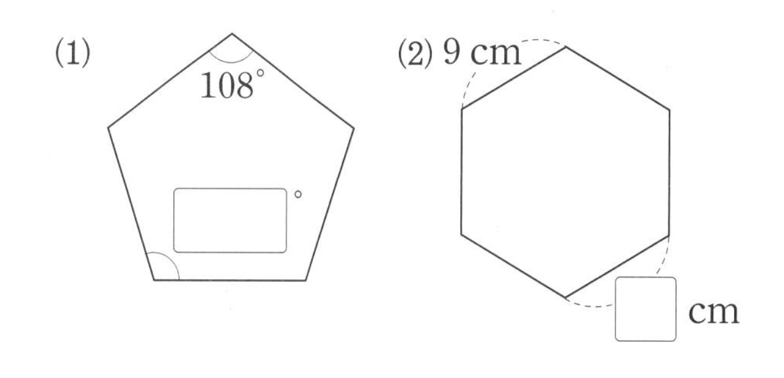

5 점 종이에 그려진 선분을 이용하여 육각형을 완성해 보세요.

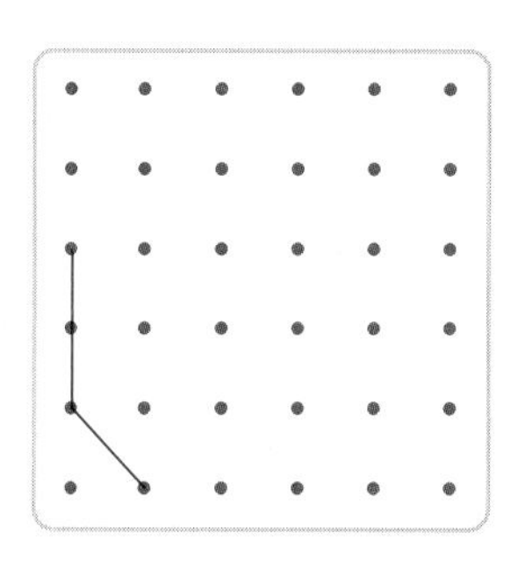

6 정다각형의 이름을 써 보세요.

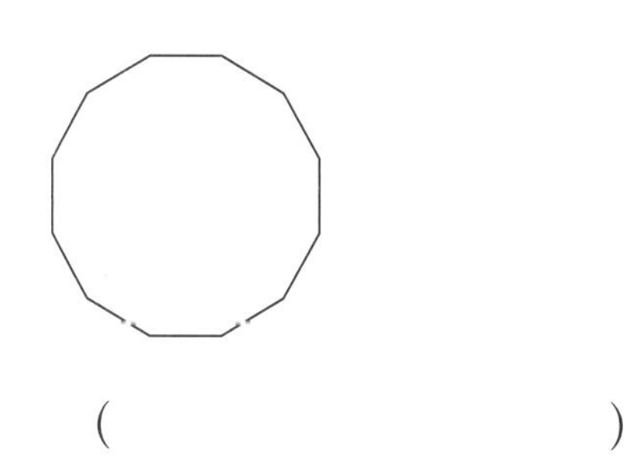

(　　　　　　　　　　)

7 도형이 다각형이 아닌 이유를 설명해 보세요.

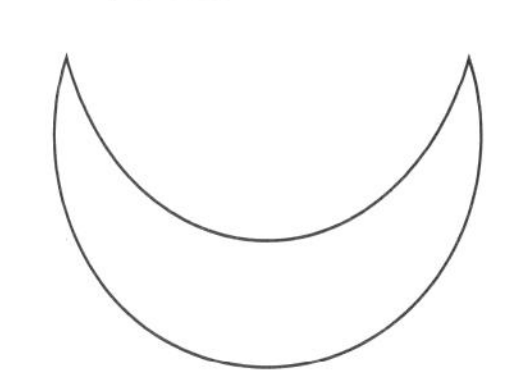

이유 ....

8 설명하는 다각형의 이름을 써 보세요.

- 8개의 선분으로 둘러싸인 도형입니다.
- 변의 길이와 각의 크기가 모두 같습니다.

(　　　　　　　　　　)

9 모양을 만드는 데 사용한 다각형을 찾아 이름을 써 보세요.

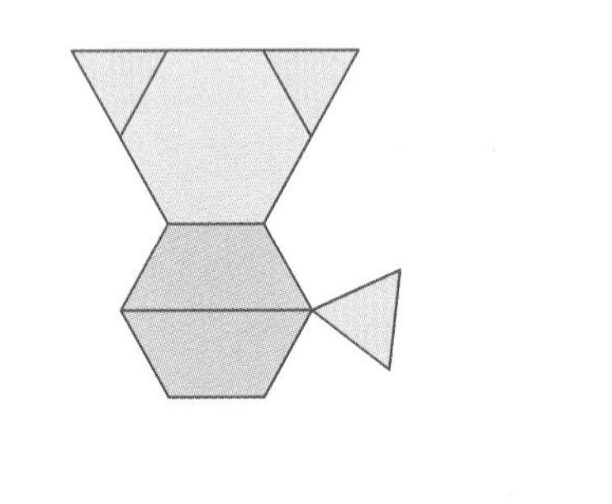

(　　　　　　　　　　)

10 대각선의 수를 구해 보세요.

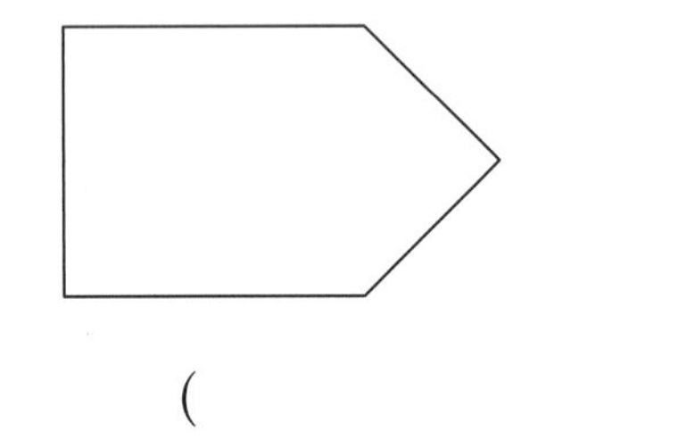

(　　　　　　　　　　)

11 정사각형에서 두 대각선의 길이의 합은 몇 cm인지 구해 보세요.

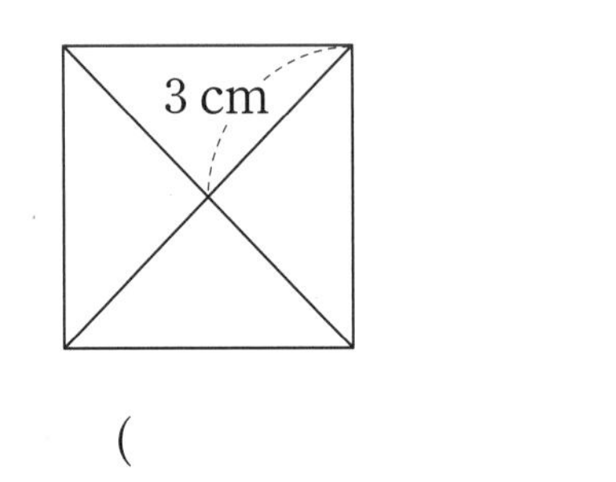

(　　　　　　　　　　)

12 대각선의 수가 적은 순서대로 기호를 써 보세요.

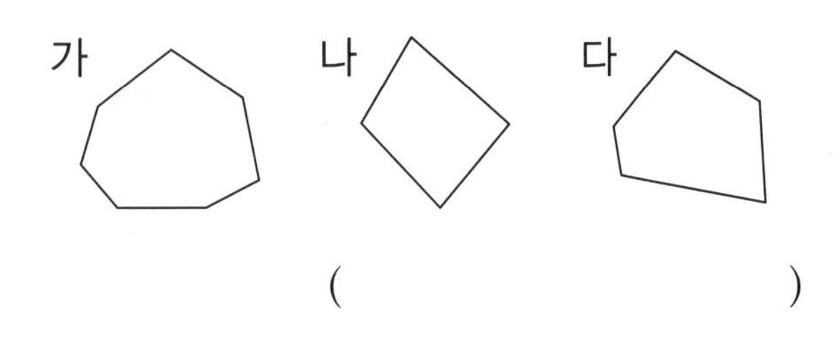

(　　　　　　　　　　)

13 두 대각선이 서로 수직으로 만나는 사각형을 모두 찾아 기호를 써 보세요.

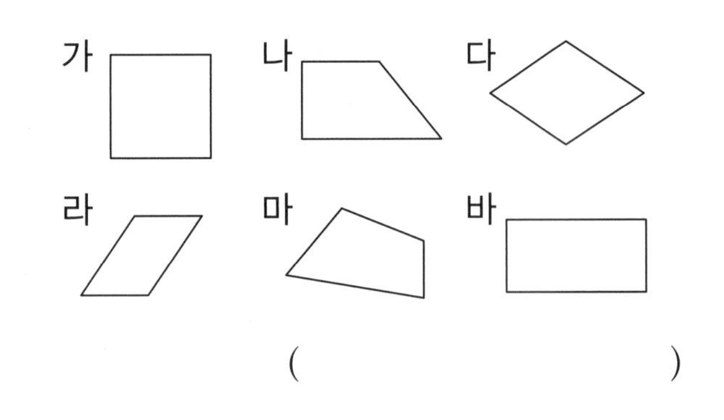

(　　　　　　　　　　)

14 모양 조각을 사용하여 서로 다른 방법으로 평행사변형을 채워 보세요.

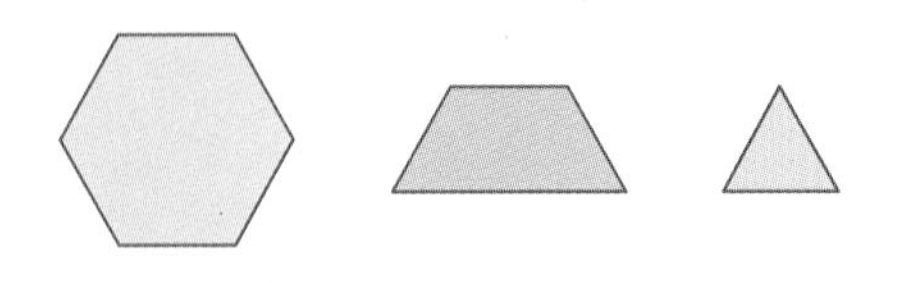

방법 1	방법 2

15 한 변이 5 cm이고, 모든 변의 길이의 합이 45 cm인 정다각형의 이름은 무엇인지 써 보세요.

(　　　　　　　　)

16 정사각형과 정육각형을 이어 붙여 만든 도형입니다. 정사각형의 한 변이 4 cm라면 빨간 선의 길이는 몇 cm인지 구해 보세요.

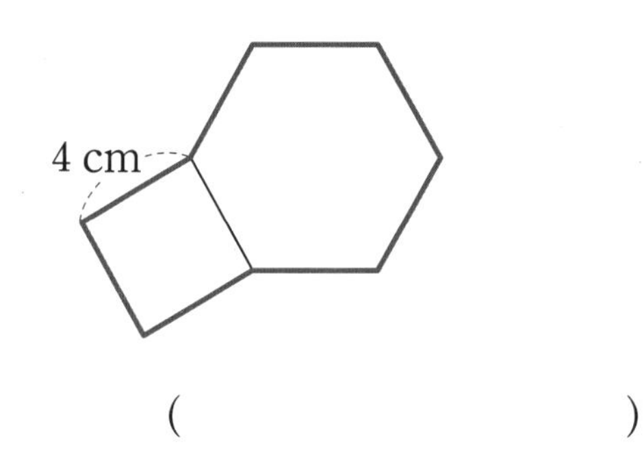

(　　　　　　　　)

17 오른쪽 도형의 모든 각의 크기의 합은 몇 도인지 구해 보세요.

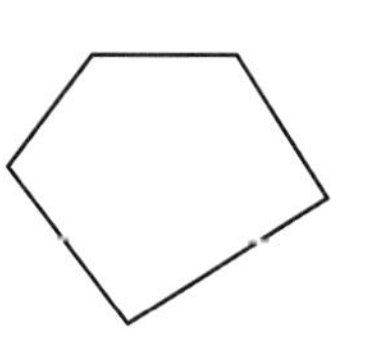

(　　　　　　　　)

18 어떤 다각형의 한 꼭짓점에서 그을 수 있는 대각선의 수가 5개입니다. 이 다각형의 대각선의 수를 구해 보세요.

(　　　　　　　　)

정답과 풀이 40쪽 술술 서술형

19 모든 변의 길이의 합이 64 cm인 정팔각형의 한 변의 길이는 몇 cm인지 풀이 과정을 쓰고 답을 구해 보세요.

풀이

답

20 정육각형입니다. ㉠의 각도는 얼마인지 풀이 과정을 쓰고 답을 구해 보세요.

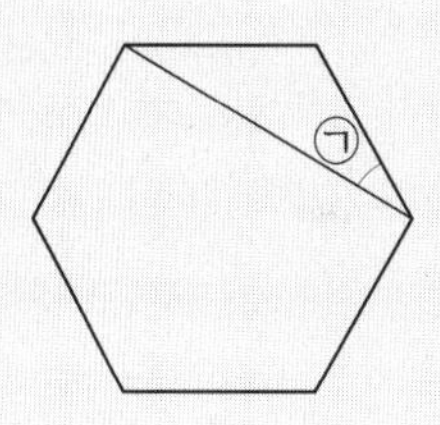

풀이

답

6

계산이 아닌 개념을 깨우치는

수학을 품은 연산

디딤돌 연산 수학

1~6학년(학기용)

수학 공부의 새로운 패러다임

수학 좀 한다면 디딤돌

기본탄탄북

4-2

차례

수학 좀 한다면

초등수학

기본탄탄북

4-2

• **개념 적용 복습** | 진도책의 개념 적용에서 틀리기 쉽거나 중요한 문제들을 다시 한번 풀어 보세요.

• **서술형 문제** | 쓰기 쉬운 서술형 문제로 수학적 의사표현 능력을 키워 보세요.

• **수행 평가** | 수시평가를 대비하여 꼭 한번 풀어 보세요. 시험에 대한 자신감이 생길 거예요.

• **총괄 평가** | 최종적으로 모든 단원의 문제를 풀어 보면서 실력을 점검해 보세요.

⊕ 개념 적용

1 **주어진 수만큼 뛰어 세어 보세요.**

진도책 17쪽 5번 문제

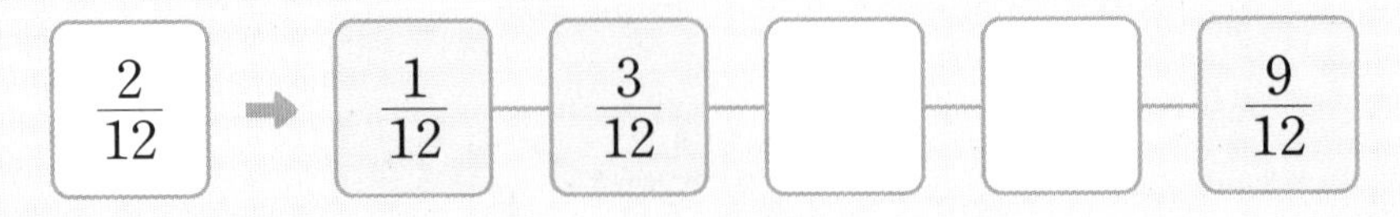

어떻게 풀었니?

100씩 뛰어 세면 수가 100씩 커진다는 거 기억하니?

$\frac{2}{12}$씩 뛰어 세면 수가 $\frac{2}{12}$씩 커지겠지? $\frac{1}{12}$부터 $\frac{2}{12}$씩 커지는 수를 구해 보자!

$\frac{2}{12}$만큼 커진 수를 구하려면 $\frac{2}{12}$를 더하면 되니까 $\frac{1}{12}$부터 $\frac{2}{12}$씩 더한 수를 차례로 구해 보면

$\frac{1}{12}+\frac{2}{12}=\frac{3}{12}$, $\frac{3}{12}+\frac{2}{12}=\frac{\square}{\square}$, $\frac{\square}{\square}+\frac{2}{12}=\frac{\square}{\square}$, $\frac{\square}{\square}+\frac{2}{12}=\frac{9}{12}$

아~ 빈칸에 $\frac{\square}{\square}$, $\frac{\square}{\square}$을/를 차례로 써넣으면 되는구나!

2 주어진 수만큼 뛰어 세어 보세요.

$\frac{3}{19}$	→	$\frac{1}{19}$	$\frac{4}{19}$			$\frac{13}{19}$	

3 규칙에 따라 뛰어 세었습니다. 빈칸에 알맞은 수를 써넣으세요.

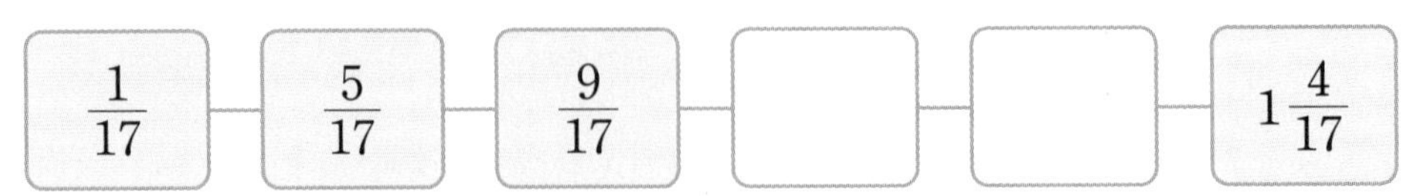

4

진도책 18쪽
10번 문제

가와 나의 차를 구해 보세요.

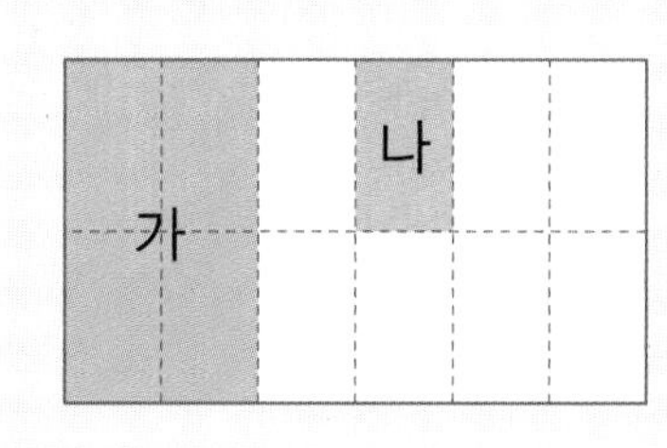

가 $\frac{\square}{12}$

나 $\frac{\square}{12}$

➡ 가−나$=\frac{\square}{\square}$

어떻게 풀었니?

가와 나가 나타내는 수를 분수로 알아보자!

전체를 똑같이 ■로 나눈 것 중의 ▲를 분수로 $\frac{▲}{■}$와 같이 나타내.

가는 전체를 똑같이 12로 나눈 것 중의 □(이)니까 분수로 나타내면 $\frac{\square}{12}$(이)고,

나는 전체를 똑같이 12로 나눈 것 중의 □(이)니까 분수로 나타내면 $\frac{\square}{12}$(이)야.

가가 나보다 크니까 가와 나의 차는 가에서 나를 빼서 구하면 돼.

$$\frac{\square}{12}-\frac{\square}{12}=\frac{\square}{\square}$$

아~ □ 안에 □, □, $\frac{\square}{\square}$을/를 차례로 써넣으면 되는구나!

5

가와 나의 차를 구해 보세요.

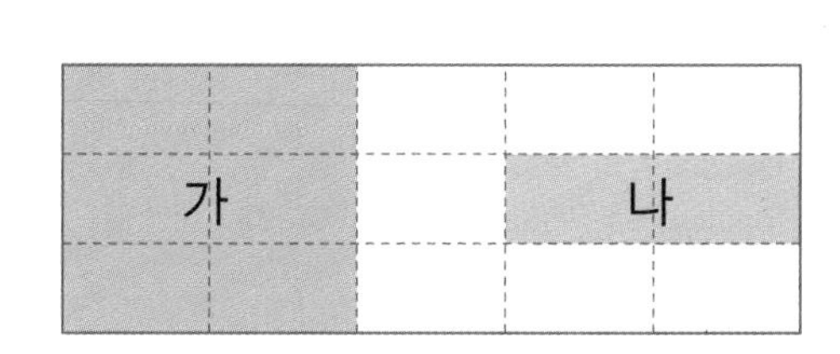

가 $\frac{\square}{15}$

나 $\frac{\square}{15}$

➡ 가−나$=\frac{\square}{\square}$

6 같은 모양은 같은 수를 나타냅니다. ▲ 모양에 알맞은 수를 구해 보세요.

진도책 21쪽 19번 문제

$▲+▲+▲=4\frac{6}{9}$ ➡ ▲ = (　　　　　)

대분수인 계산 결과를 가분수로 바꿔 보자!

$4\frac{6}{9}$은 $4=\frac{36}{9}$과 $\frac{6}{9}$이니까 $4\frac{6}{9}=\frac{□}{9}$(이)야.

$▲+▲+▲=\frac{□}{9}$(이)니까 $▲=\frac{■}{9}$라고 하면 $\frac{■}{9}+\frac{■}{9}+\frac{■}{9}=\frac{□}{9}$이/가 되지.

분자끼리 더하면 ■+■+■ = □이고, ■ = □(이)니까

$▲=\frac{□}{9}=□\frac{□}{□}$(이)야.

아~ ▲ 모양에 알맞은 수는 $□\frac{□}{□}$(이)구나!

7 같은 모양은 같은 수를 나타냅니다. ◆ 모양에 알맞은 수를 구해 보세요.

$◆+◆=3\frac{3}{5}$ ➡ ◆ = (　　　　　)

8 같은 모양은 같은 수를 나타냅니다. ♥ 모양에 알맞은 수를 구해 보세요.

$♥+♥+♥+♥=5\frac{5}{7}$ ➡ ♥ = (　　　　　)

9

진도책 23쪽
25번 문제

자연수를 두 분수의 합으로 나타내어 보세요.

$$4 = 2\frac{3}{6} + \square\frac{\square}{6}$$

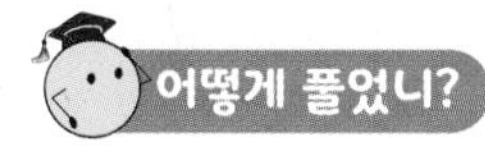

덧셈과 뺄셈의 관계를 이용해 보자!

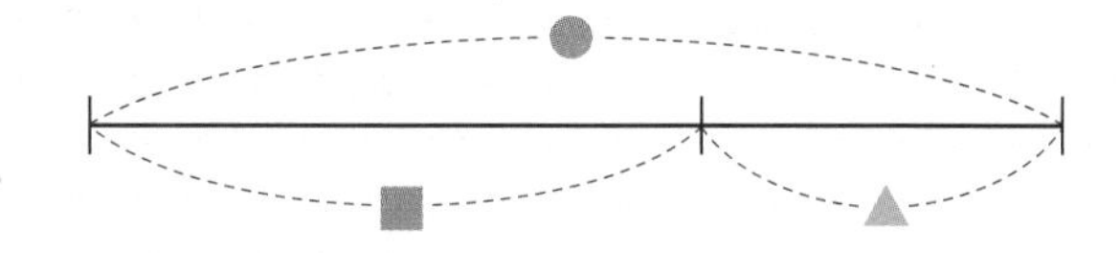

덧셈식 ● = ■ + ▲를 뺄셈식으로 나타내면 ▲ = ● − ■이니까

$4 = 2\frac{3}{6} +$ ▲라고 하면 ▲ $= 4 - 2\frac{3}{6}$이 되지.

$$▲ = 4 - 2\frac{3}{6} = 3\frac{\square}{6} - 2\frac{3}{6} = \square\frac{\square}{\square}$$

즉, 4는 $2\frac{3}{6}$과 $\square\frac{\square}{\square}$의 합으로 나타낼 수 있어.

아~ □ 안에 □, □을/를 차례로 써넣으면 되는구나!

10

자연수를 두 분수의 합으로 나타내어 보세요.

$$5 = 2\frac{1}{5} + \square\frac{\square}{5}$$

11

자연수를 위와 아래의 두 분수의 합으로 나타내어 보세요.

6	$3\frac{3}{8}$	$2\frac{2}{8}$	$1\frac{1}{8}$
	$\square\frac{\square}{8}$	$\square\frac{\square}{8}$	$\square\frac{\square}{8}$

쓰기 쉬운 서술형

1 분수의 덧셈과 뺄셈의 활용

주아는 주스를 어제는 $\frac{5}{8}$ L 마셨고, 오늘은 $\frac{4}{8}$ L 마셨습니다. 주아가 어제와 오늘 마신 주스는 모두 몇 L인지 풀이 과정을 쓰고 답을 구해 보세요.

어제 마신 주스의 양과
오늘 마신 주스의 양을 더하면?

분수끼리의 합이
가분수이면
대분수로 바꿔.

무엇을 쓸까? ❶ 어제와 오늘 마신 주스의 양을 구하는 과정 쓰기
❷ 어제와 오늘 마신 주스의 양 구하기

풀이 예 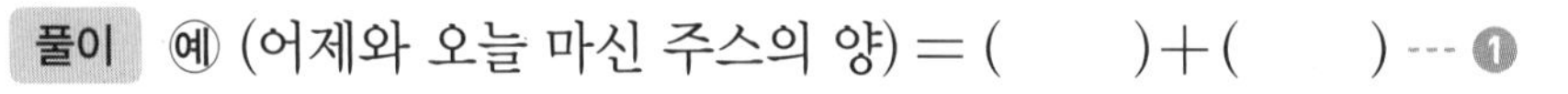
(어제와 오늘 마신 주스의 양) = ( ) + ( ) --- ❶

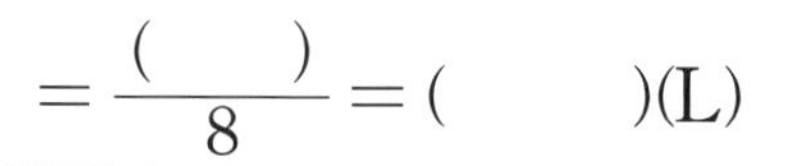
$= \frac{(\quad)}{8} = (\quad)$(L)

따라서 주아가 어제와 오늘 마신 주스는 모두 ( ) L입니다. --- ❷

답

1-1

현수 어머니께서 쇠고기 1 kg 중에서 국을 끓이는 데 $\frac{4}{7}$ kg을 사용하셨습니다. 남은 쇠고기는 몇 kg인지 풀이 과정을 쓰고 답을 구해 보세요.

무엇을 쓸까? ❶ 남은 쇠고기의 양을 구하는 과정 쓰기
❷ 남은 쇠고기의 양 구하기

풀이

답

1-2

혜주는 동화책을 $1\frac{3}{6}$시간, 과학책을 $1\frac{4}{6}$시간 읽었습니다. 혜주가 책을 읽은 시간은 모두 몇 시간인지 풀이 과정을 쓰고 답을 구해 보세요.

무엇을 쓸까? ❶ 혜주가 책을 읽은 시간을 구하는 과정 쓰기
❷ 혜주가 책을 읽은 시간 구하기

풀이

답

1-3

민서의 리본 끈은 $2\frac{3}{8}$ m이고 채린이의 리본 끈은 $3\frac{1}{8}$ m입니다. 누구의 리본 끈이 몇 m 더 긴지 풀이 과정을 쓰고 답을 구해 보세요.

무엇을 쓸까? ❶ 누구의 리본 끈이 더 긴지 구하기
❷ 몇 m 더 긴지 구하기

풀이

답 ,

2 바르게 계산한 값 구하기

어떤 수에 $\frac{4}{9}$를 더해야 할 것을 잘못하여 뺐더니 $\frac{3}{9}$이 되었습니다. 바르게 계산하면 얼마인지 풀이 과정을 쓰고 답을 구해 보세요.

먼저 어떤 수를 구하면?

어떤 수를 □라고 하여 잘못 계산한 식을 세워 봐.

무엇을 쓸까? ❶ 어떤 수 구하기
❷ 바르게 계산한 값 구하기

풀이 예 어떤 수를 □라고 하면 $\square - \frac{4}{9} = \frac{3}{9}$이므로

$\square = \frac{3}{9} + (\quad) = (\quad)$입니다. --- ❶

따라서 바르게 계산하면 $(\quad) + \frac{4}{9} = \frac{(\quad)}{9} = (\quad)$입니다. --- ❷

답

2-1

어떤 수에서 $1\frac{9}{11}$를 빼야 할 것을 잘못하여 더했더니 $5\frac{2}{11}$가 되었습니다. 바르게 계산하면 얼마인지 풀이 과정을 쓰고 답을 구해 보세요.

무엇을 쓸까? ❶ 어떤 수 구하기
❷ 바르게 계산한 값 구하기

풀이

답

3 색 테이프의 전체 길이 구하기

길이가 $9\frac{2}{5}$ cm인 색 테이프 2장을 오른쪽 그림과 같이 $2\frac{3}{5}$ cm만큼 겹쳐서 이어 붙였습니다. 이어 붙인 색 테이프의 전체 길이는 몇 cm인지 풀이 과정을 쓰고 답을 구해 보세요.

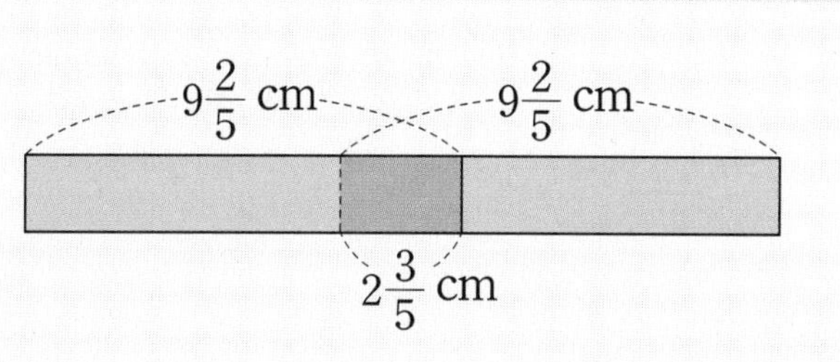

색 테이프 2장의 길이의 합에서
겹쳐진 부분의 길이를 빼면?

색 테이프를 2장 겹쳐 이어 붙이면 겹치는 곳은 1군데야.

무엇을 쓸까? ❶ 색 테이프 2장의 길이의 합 구하기
❷ 이어 붙인 색 테이프의 전체 길이 구하기

풀이 예 (색 테이프 2장의 길이의 합) = (　　　) + (　　　) = (　　　)(cm) --- ❶

따라서 이어 붙인 색 테이프의 전체 길이는

(　　　) − (　　　) = (　　　)(cm)입니다. --- ❷

답

3-1

길이가 $8\frac{1}{4}$ cm인 색 테이프 2장을 $1\frac{3}{4}$ cm만큼 겹쳐서 한 줄로 이어 붙였습니다. 이어 붙인 색 테이프의 전체 길이는 몇 cm인지 풀이 과정을 쓰고 답을 구해 보세요.

무엇을 쓸까? ❶ 색 테이프 2장의 길이의 합 구하기
❷ 이어 붙인 색 테이프의 전체 길이 구하기

풀이

답

3-2

길이가 10 cm인 색 테이프 3장을 그림과 같이 $2\frac{5}{6}$ cm씩 겹쳐서 이어 붙였습니다. 이어 붙인 색 테이프의 전체 길이는 몇 cm인지 풀이 과정을 쓰고 답을 구해 보세요.

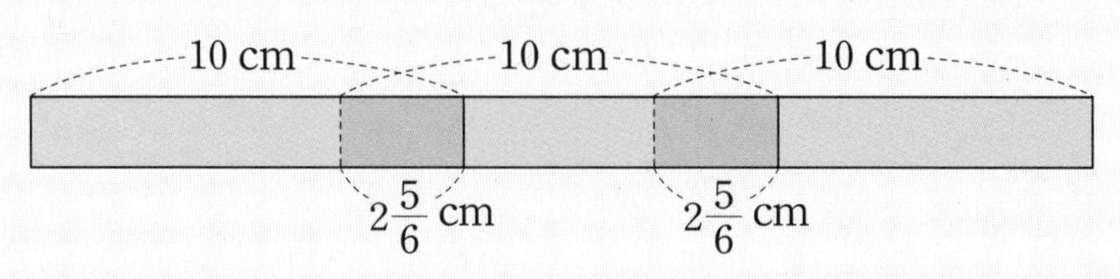

무엇을 쓸까?
❶ 색 테이프 3장의 길이의 합 구하기
❷ 겹쳐진 부분의 길이의 합 구하기
❸ 이어 붙인 색 테이프의 전체 길이 구하기

풀이

답

3-3

길이가 $6\frac{7}{12}$ cm인 색 테이프 2장을 겹쳐서 한 줄로 이어 붙였더니 전체 길이가 $10\frac{5}{12}$ cm였습니다. 겹쳐진 부분의 길이는 몇 cm인지 풀이 과정을 쓰고 답을 구해 보세요.

무엇을 쓸까?
❶ 색 테이프 2장의 길이의 합 구하기
❷ 겹쳐진 부분의 길이 구하기

풀이

답

4 계산 결과가 가장 큰/작은 식 만들기

2, 3, 5, 8 중 세 수를 골라 □ 안에 써넣어 계산 결과가 가장 큰 뺄셈식을 만들었습니다. 그때의 계산 결과는 얼마인지 풀이 과정을 쓰고 답을 구해 보세요.

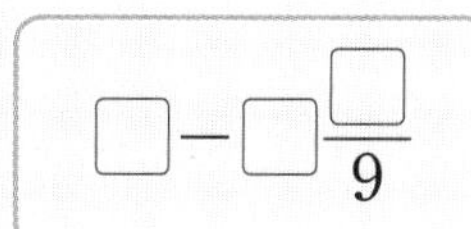

가장 큰 수에서 가장 작은 수를 뺀 값은?

무엇을 쓸까? ❶ 계산 결과가 가장 큰 뺄셈식 만들기
❷ 계산 결과가 가장 클 때의 계산 결과 구하기

풀이 예 계산 결과가 가장 큰 뺄셈식을 만들면 8－(　　　)입니다. --- ❶

따라서 계산 결과가 가장 클 때의 계산 결과는

$8-(\quad)=7\frac{(\quad)}{9}-(\quad)=(\quad)$입니다. --- ❷

답

4-1

2, 4, 6, 7 중 세 수를 골라 □ 안에 써넣어 계산 결과가 가장 작은 덧셈식을 만들었습니다. 그때의 계산 결과는 얼마인지 풀이 과정을 쓰고 답을 구해 보세요.

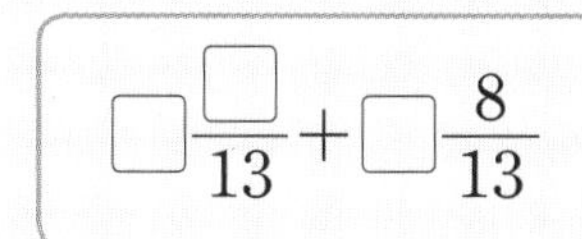

무엇을 쓸까? ❶ 계산 결과가 가장 작은 덧셈식 만들기
❷ 계산 결과가 가장 작을 때의 계산 결과 구하기

풀이

답

수행 평가

1 □ 안에 알맞은 수를 써넣으세요.

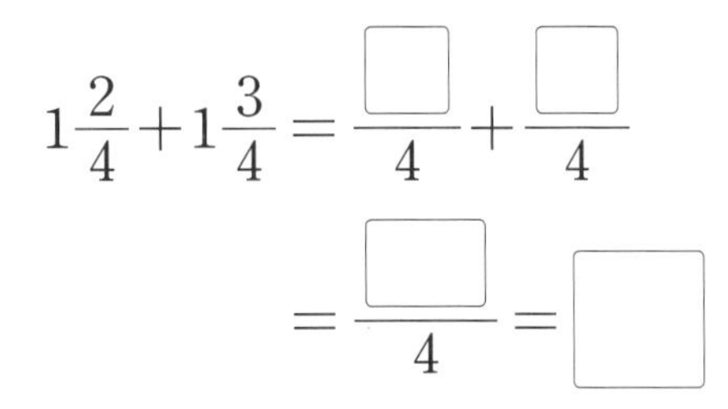

$$1\frac{2}{4}+1\frac{3}{4}=\frac{\square}{4}+\frac{\square}{4}=\frac{\square}{4}=\square$$

2 계산해 보세요.

(1) $\frac{2}{8}+\frac{5}{8}$

(2) $1-\frac{4}{9}$

3 계산 결과를 비교하여 ○ 안에 >, =, <를 알맞게 써넣으세요.

$$\frac{6}{7}+\frac{4}{7} \bigcirc 2\frac{5}{7}-1\frac{3}{7}$$

4 가장 큰 수와 가장 작은 수의 차는 얼마일까요?

$2\frac{4}{5}$	$1\frac{2}{5}$	$3\frac{1}{5}$

(　　　　　　　　)

5 공이 들어 있는 상자의 무게를 재었더니 $\frac{13}{15}$ kg이었습니다. 공의 무게가 $\frac{9}{15}$ kg이라면 상자만의 무게는 몇 kg인지 구해 보세요.

(　　　　　　　　)

6 자연수를 두 분수의 합으로 나타내어 보세요.

$$7 = 2\frac{1}{6} + \square\frac{\square}{6}$$

7 파란색 페인트 $2\frac{6}{12}$ L와 흰색 페인트 $2\frac{7}{12}$ L를 섞어서 하늘색 페인트를 만들었습니다. 만든 하늘색 페인트는 몇 L인지 구해 보세요.

( )

8 다음 계산 결과가 대분수일 때, □ 안에 들어갈 수 있는 가장 작은 자연수를 구해 보세요.

$$\frac{7}{11} + \frac{\square}{11}$$

( )

9 길이가 $7\frac{3}{8}$ cm인 색 테이프 2장을 그림과 같이 $1\frac{7}{8}$ cm만큼 겹쳐서 이어 붙였습니다. 이어 붙인 색 테이프의 전체 길이는 몇 cm인지 구해 보세요.

$7\frac{3}{8}$ cm　$7\frac{3}{8}$ cm　$1\frac{7}{8}$ cm

( )

서술형 문제

10 어떤 수에 $\frac{7}{13}$을 더해야 할 것을 잘못하여 뺐더니 $\frac{4}{13}$가 되었습니다. 바르게 계산하면 얼마인지 풀이 과정을 쓰고 답을 구해 보세요.

풀이

답

개념 적용

1 삼각형의 세 각 중 두 각을 나타낸 것입니다. 이등변삼각형을 모두 찾아 기호를 써 보세요.

진도책 41쪽 10번 문제

㉠ $30°$, $30°$	㉡ $60°$, $20°$
㉢ $100°$, $40°$	㉣ $115°$, $25°$

주어진 삼각형의 나머지 한 각의 크기를 구해 보자!

삼각형의 세 각의 크기의 합은 $180°$니까 두 각의 크기를 알면 나머지 한 각의 크기를 구할 수 있어.

㉠ $180° - 30° - 30° = \square°$ ㉡ $180° - 60° - 20° = \square°$

㉢ $180° - 100° - 40° = \square°$ ㉣ $180° - 115° - 25° = \square°$

이등변삼각형은 (두 , 세) 각의 크기가 같아야 하니까 (두 , 세) 각의 크기가 같은 삼각형을 찾아보면 $\square$, $\square$이야.

아~ 이등변삼각형을 모두 찾으면 $\square$, $\square$이구나!

2 삼각형의 세 각 중 두 각을 나타낸 것입니다. 이등변삼각형을 모두 찾아 기호를 써 보세요.

㉠ $45°$, $70°$	㉡ $35°$, $110°$
㉢ $55°$, $55°$	㉣ $120°$, $25°$

(　　　　　　　　)

3 한 각의 크기가 $50°$인 삼각형이 있습니다. 이 삼각형이 이등변삼각형일 때 나머지 두 각의 크기가 될 수 있는 경우를 모두 구해 보세요.

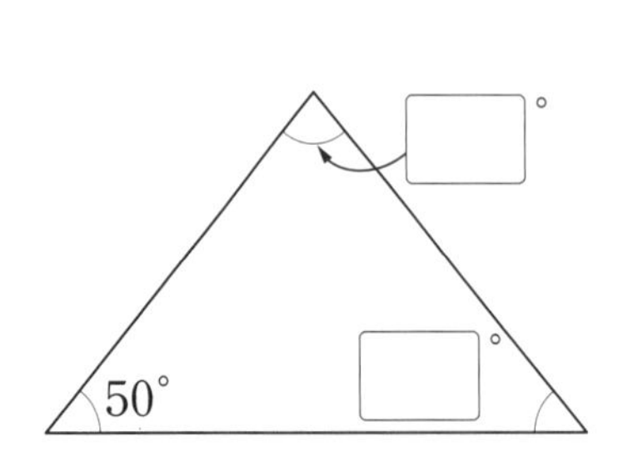

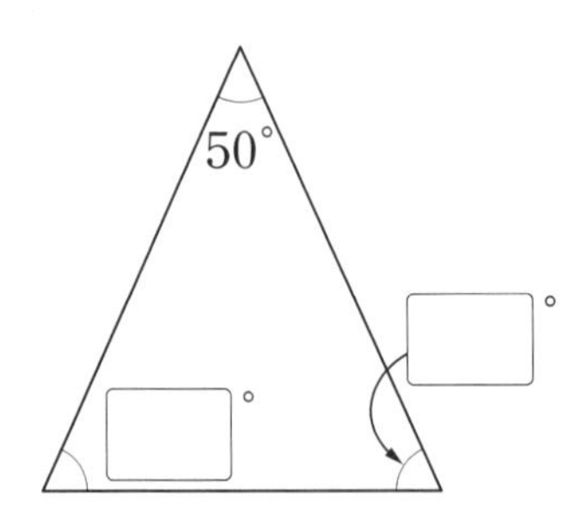

4 정삼각형입니다. 세 변의 길이의 합은 몇 cm일까요?

진도책 42쪽
15번 문제

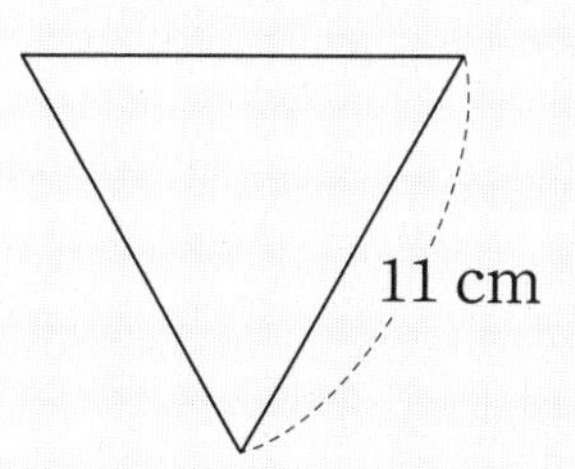

정삼각형의 나머지 두 변의 길이를 구해 보자!

정삼각형은 (두 , 세) 변의 길이가 같은 삼각형이니까 한 변의 길이만 알아도 나머지 두 변의 길이를 알 수 있어.

주어진 정삼각형은 한 변의 길이가 11 cm니까 나머지 두 변의 길이는 각각 ☐cm, ☐cm야.

그럼, 세 변의 길이를 모두 더하면 ☐+☐+☐=☐(cm)가 되지.

아~ 정삼각형의 세 변의 길이의 합은 ☐cm구나!

2

5 정삼각형입니다. 세 변의 길이의 합은 몇 cm일까요?

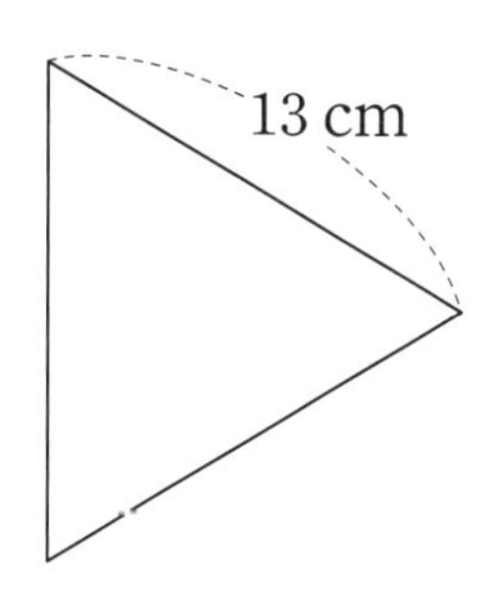

( )

6 한 변의 길이가 9 cm인 정삼각형이 있습니다. 이 정삼각형의 한 변을 2배로 늘여서 새로운 정삼각형을 만들었습니다. 새로 만든 정삼각형의 세 변의 길이의 합은 몇 cm일까요?

( )

7

진도책 44쪽
20번 문제

□ 안에 알맞은 수를 써넣으세요.

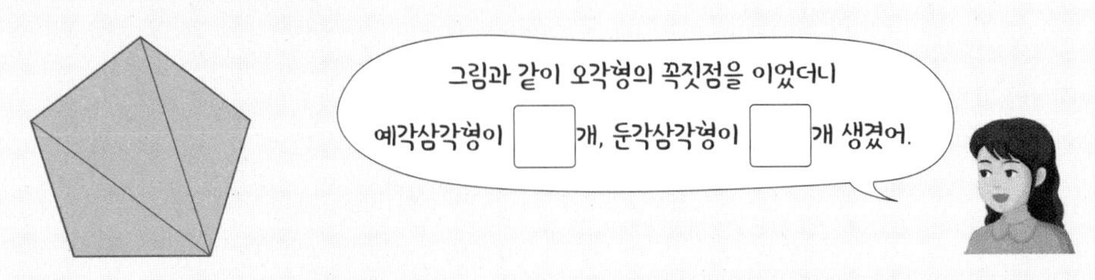

어떻게 풀었니?

예각삼각형과 둔각삼각형에 대해 알아보자!

예각삼각형은 (한 , 두 , 세) 각이 예각인 삼각형이고, 둔각삼각형은 (한 , 두 , 세) 각이 둔각인 삼각형이야.

오각형의 꼭짓점을 이어서 만들어진 삼각형 3개를 따로따로 떼어 놓고 예각삼각형인지 둔각삼각형인지 확인해 보면

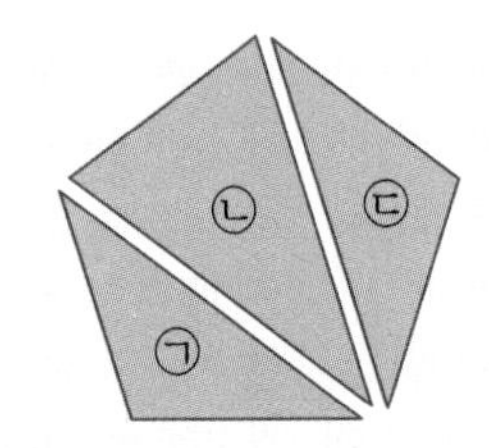

㉠은 □삼각형, ㉡은 □삼각형, ㉢은 □삼각형이니까

예각삼각형은 □개, 둔각삼각형은 □개야.

아~ □ 안에 □, □을/를 차례로 써넣으면 되는구나!

8 사각형의 꼭짓점을 이은 후 선을 따라 잘랐습니다. 예각삼각형과 둔각삼각형이 각각 몇 개씩 생길까요?

예각삼각형 (　　　　)
둔각삼각형 (　　　　)

9 육각형의 꼭짓점을 이은 후 선을 따라 잘랐습니다. 예각삼각형과 둔각삼각형 중 어느 것이 몇 개 더 많이 생길까요?

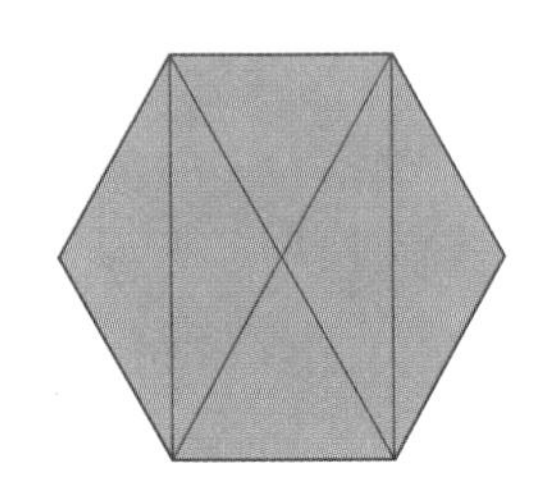

(　　　　), (　　　　)

10

진도책 46쪽
25번 문제

삼각형의 일부가 지워졌습니다. 어떤 삼각형인지 보기 에서 이름을 모두 찾아 써 보세요.

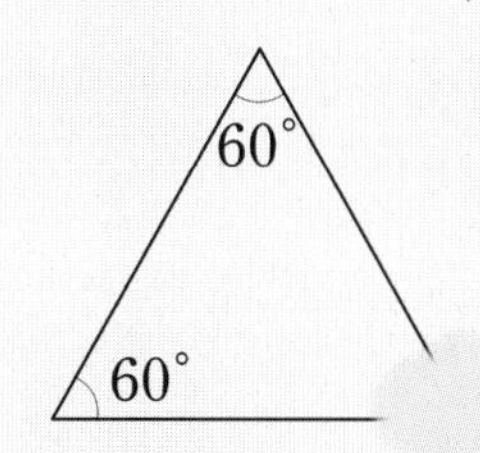

보기		
이등변삼각형	정삼각형	
예각삼각형	둔각삼각형	직각삼각형

어떻게 풀었니?

삼각형의 나머지 한 각의 크기를 구해서 이름을 정해 보자!

두 각의 크기가 모두 60°니까 나머지 한 각의 크기는 □°야.

세 각의 크기가 모두 같으니까 □이고,

두 각의 크기가 같다고 할 수도 있으니까 □도 돼.

또, 세 각이 모두 (예각 , 직각 , 둔각)이니까 □도 되지.

아~ 어떤 삼각형인지 보기 에서 이름을 모두 찾아 쓰면

□, □, □이구나!

11

삼각형의 일부가 지워졌습니다. 어떤 삼각형인지 보기 에서 이름을 모두 찾아 써 보세요.

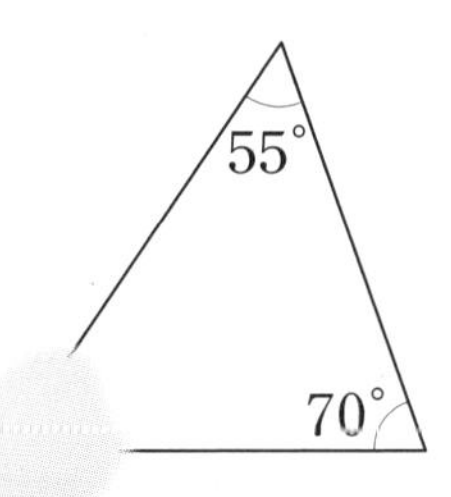

보기		
이등변삼각형	정삼각형	
예각삼각형	둔각삼각형	직각삼각형

(　　　　　　　　　　)

12

삼각형의 일부가 지워졌습니다. 어떤 삼각형인지 보기 에서 이름을 모두 찾아 ○표 하세요.

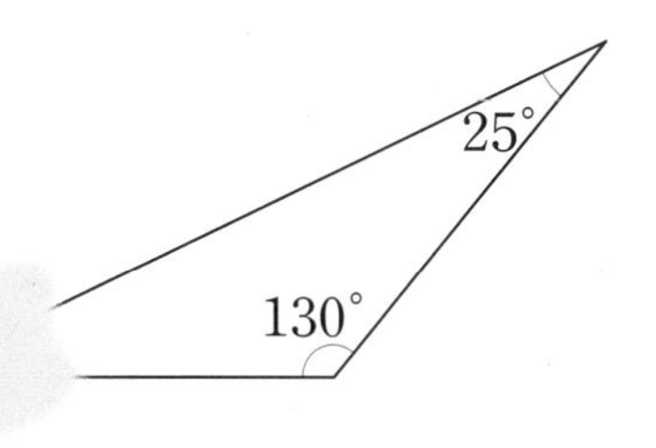

보기		
이등변삼각형	정삼각형	
예각삼각형	둔각삼각형	직각삼각형

쓰기 쉬운 서술형

1 삼각형의 변의 길이의 활용

이등변삼각형입니다. 세 변의 길이의 합은 몇 cm인지 풀이 과정을 쓰고 답을 구해 보세요.

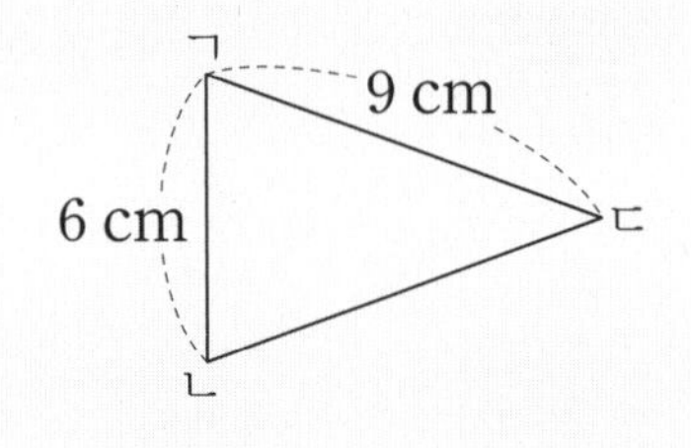

변 ㄱㄴ, 변 ㄴㄷ, 변 ㄷㄱ의 길이를 모두 더하면?

무엇을 쓸까? ❶ 변 ㄴㄷ의 길이 구하기
❷ 세 변의 길이의 합 구하기

풀이 예 이등변삼각형은 (두 , 세) 변의 길이가 같으므로 변 ㄴㄷ의 길이는 (　　) cm입니다. --- ❶

따라서 세 변의 길이의 합은 $6+9+(\quad)=(\quad)$(cm)입니다. --- ❷

답

1-1

세 변의 길이의 합이 36 cm인 정삼각형이 있습니다. 이 정삼각형의 한 변의 길이는 몇 cm인지 풀이 과정을 쓰고 답을 구해 보세요.

무엇을 쓸까? ❶ 정삼각형의 변의 길이의 성질 쓰기
❷ 정삼각형의 한 변의 길이 구하기

풀이

답

1-2

이등변삼각형입니다. 세 변의 길이의 합이 29 cm일 때, 변 ㄱㄴ의 길이는 몇 cm인지 풀이 과정을 쓰고 답을 구해 보세요.

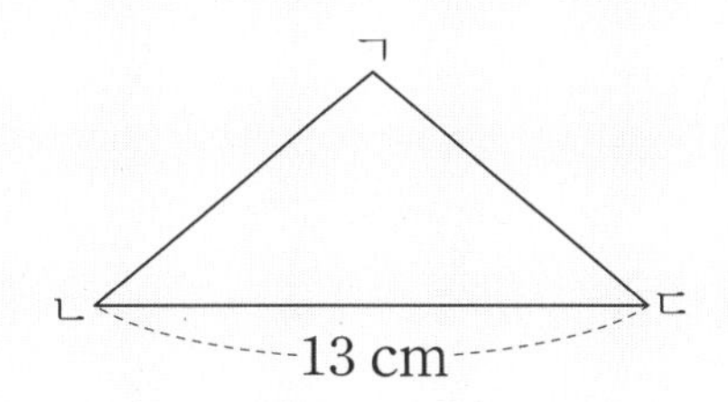

무엇을 쓸까?
❶ 변 ㄱㄴ과 변 ㄱㄷ의 길이의 합 구하기
❷ 변 ㄱㄴ의 길이 구하기

풀이

답

1-3

왼쪽 정삼각형과 오른쪽 이등변삼각형의 세 변의 길이의 합은 같습니다. □ 안에 알맞은 수는 얼마인지 풀이 과정을 쓰고 답을 구해 보세요.

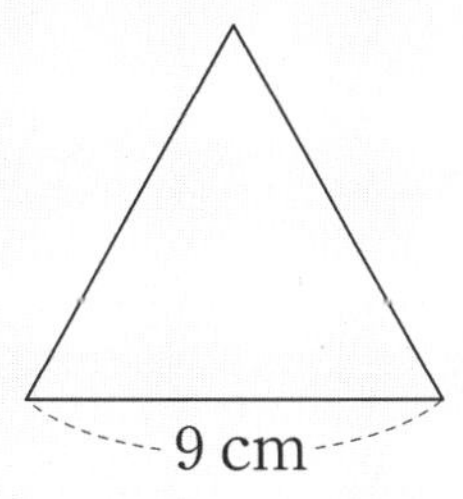

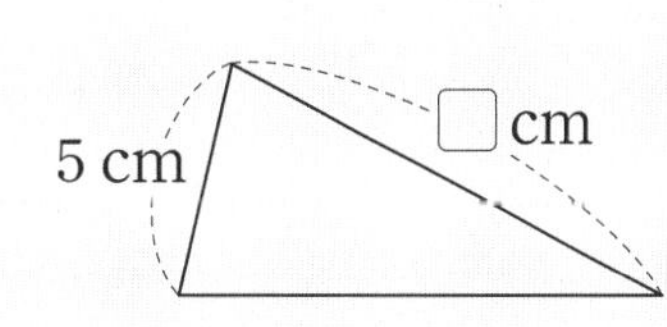

무엇을 쓸까?
❶ 정삼각형의 세 변의 길이의 합 구하기
❷ □ 안에 알맞은 수 구하기

풀이

답

2 삼각형의 각의 크기의 활용

삼각형 ㄱㄴㄷ은 정삼각형입니다. ㉠은 몇 도인지 풀이 과정을 쓰고 답을 구해 보세요.

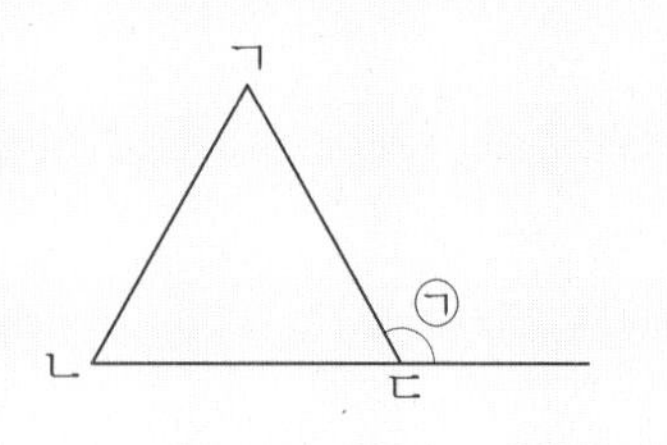

180°에서 정삼각형의 한 각의 크기를 빼면?

무엇을 쓸까? ❶ 정삼각형의 한 각의 크기 구하기
❷ ㉠의 각도 구하기

풀이 예) 정삼각형은 (두 , 세) 각의 크기가 같으므로

각 ㄱㄷㄴ의 크기는 (　　　)°입니다. --- ❶

따라서 ㉠ = 180° − (　　　)° = (　　　)°입니다. --- ❷

답

2-1

삼각형 ㄱㄴㄷ은 이등변삼각형입니다. ㉠은 몇 도인지 풀이 과정을 쓰고 답을 구해 보세요.

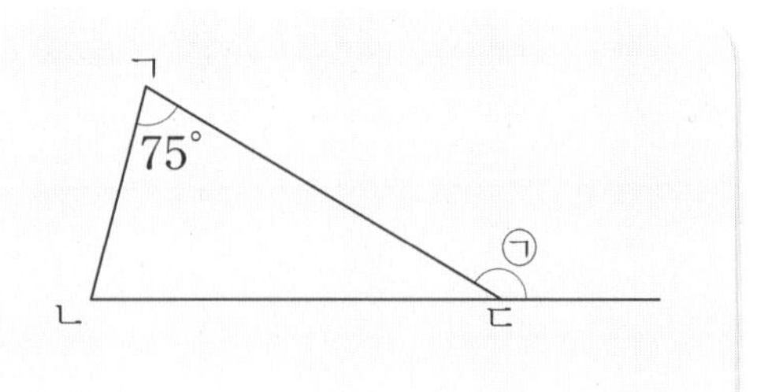

무엇을 쓸까? ❶ 각 ㄱㄷㄴ의 크기 구하기
❷ ㉠의 각도 구하기

풀이

답

2-2

삼각형 ㄱㄴㄷ은 이등변삼각형입니다. ㉠은 몇 도인지 풀이 과정을 쓰고 답을 구해 보세요.

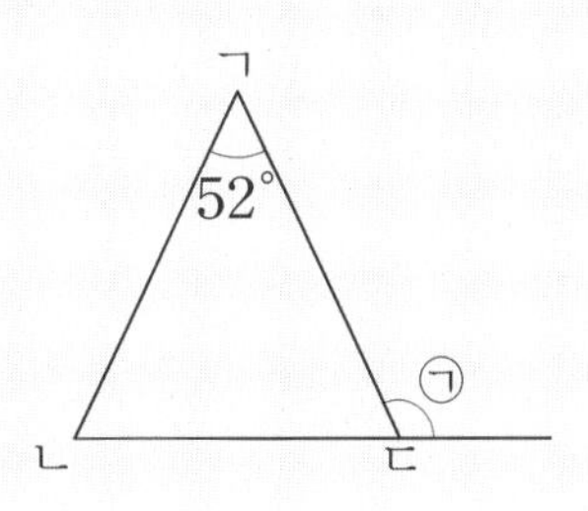

무엇을 쓸까?
❶ 각 ㄱㄷㄴ의 크기 구하기
❷ ㉠의 각도 구하기

풀이

답

2-3

삼각형 ㄱㄴㄷ은 이등변삼각형입니다. 각 ㄴㄱㄷ의 크기는 몇 도인지 풀이 과정을 쓰고 답을 구해 보세요.

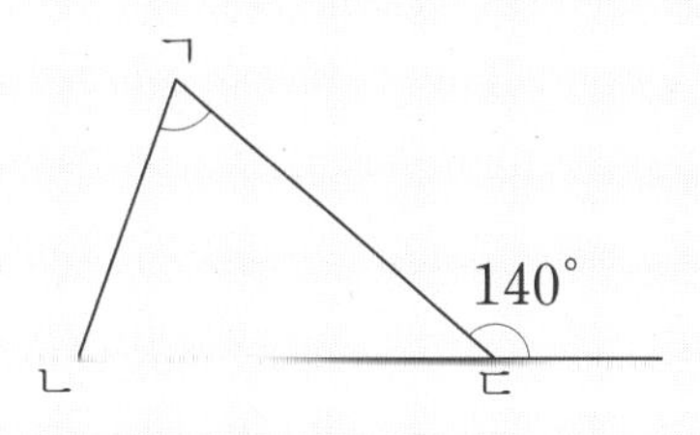

무엇을 쓸까?
❶ 각 ㄱㄷㄴ의 크기 구하기
❷ 각 ㄴㄱㄷ의 크기 구하기

풀이

답

3 두 가지 기준을 만족하는 삼각형

한 각의 크기가 20°인 삼각형이 있습니다. 이 삼각형이 이등변삼각형이면서 둔각삼각형일 때 나머지 두 각의 크기는 각각 몇 도인지 풀이 과정을 쓰고 답을 구해 보세요.

한 각의 크기가 20°인 이등변삼각형의 나머지 두 각의 크기는?

20°인 각이 두 개거나 □°인 각이 두 개야.

무엇을 쓸까? ❶ 나머지 두 각의 크기가 될 수 있는 경우 모두 구하기
❷ 둔각삼각형일 때 나머지 두 각의 크기 구하기

풀이 예 • 20°, 20°, □°인 경우: □° = 180° − (　　)° − (　　)° = (　　)°

• 20°, □°, □°인 경우: □° + □° = 180° − (　　)° = (　　)°

□° = (　　)° --- ❶

따라서 둔각삼각형일 때 나머지 두 각의 크기는 (　　)°, (　　)°입니다. --- ❷

답

3-1

한 각의 크기가 30°인 삼각형이 있습니다. 이 삼각형이 이등변삼각형이면서 예각삼각형일 때 나머지 두 각의 크기는 각각 몇 도인지 풀이 과정을 쓰고 답을 구해 보세요.

무엇을 쓸까? ❶ 나머지 두 각의 크기가 될 수 있는 경우 모두 구하기
❷ 예각삼각형일 때 나머지 두 각의 크기 구하기

풀이

답

4 크고 작은 삼각형의 개수 구하기

도형에서 찾을 수 있는 크고 작은 예각삼각형은 모두 몇 개인지 풀이 과정을 쓰고 답을 구해 보세요.

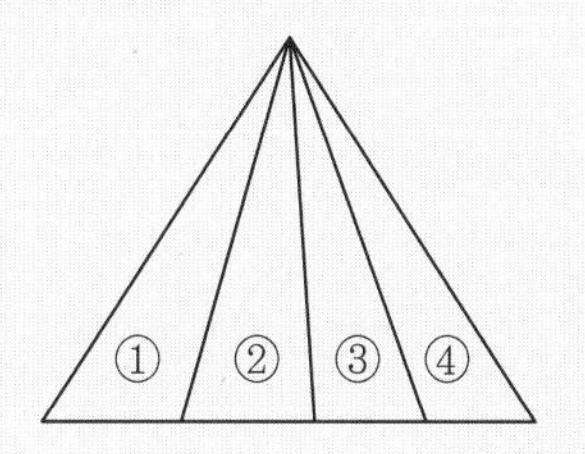

작은 삼각형 1개짜리, 2개짜리……로 된 예각삼각형을 모두 찾으면?

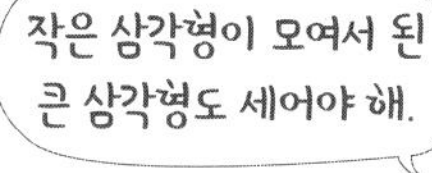

무엇을 쓸까? ❶ 작은 삼각형으로 이루어진 예각삼각형 모두 찾기
❷ 크고 작은 예각삼각형은 모두 몇 개인지 구하기

풀이 예 1개짜리: (　　), 2개짜리: ①+②, (　　　　),
3개짜리: ①+②+③, (　　　　　　), 4개짜리: ①+②+③+④ --- ❶
따라서 크고 작은 예각삼각형은 모두 (　　)개입니다. --- ❷

답

4-1

도형에서 찾을 수 있는 크고 작은 둔각삼각형은 모두 몇 개인지 풀이 과정을 쓰고 답을 구해 보세요.

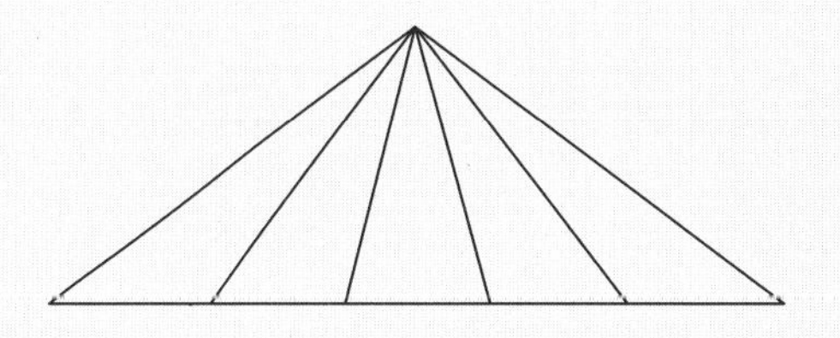

무엇을 쓸까? ❶ 작은 삼각형으로 이루어진 둔각삼각형 모두 찾기
❷ 크고 작은 둔각삼각형은 모두 몇 개인지 구하기

풀이

답

수행 평가

[1~2] 삼각형을 보고 물음에 답하세요.

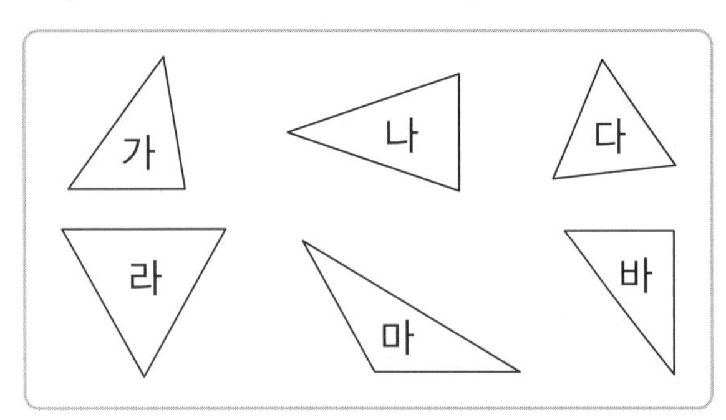

1 이등변삼각형을 모두 찾아 기호를 써 보세요.

(　　　　　　　　　　　)

2 정삼각형을 모두 찾아 기호를 써 보세요.

(　　　　　　　　　　　)

3 다음 중 예각삼각형을 모두 고르세요.

(　　　　　)

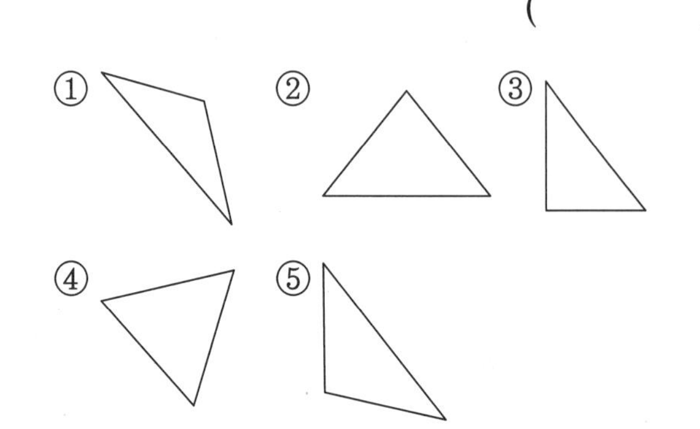

4 주어진 선분을 한 변으로 하는 둔각삼각형을 그려 보세요.

5 정삼각형입니다. □ 안에 알맞은 수를 써넣으세요.

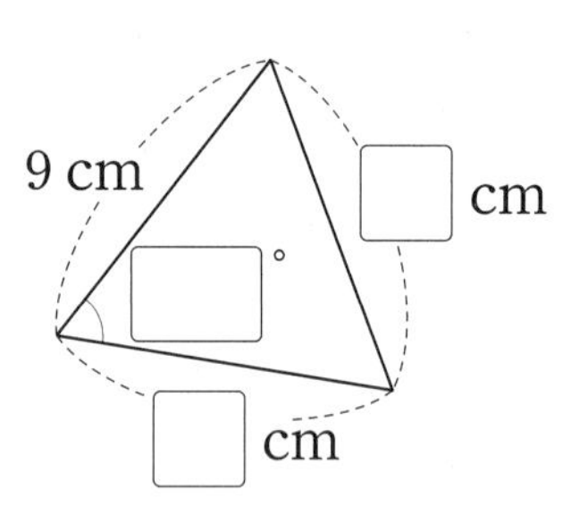

6 이등변삼각형입니다. □ 안에 알맞은 수를 써 넣으세요.

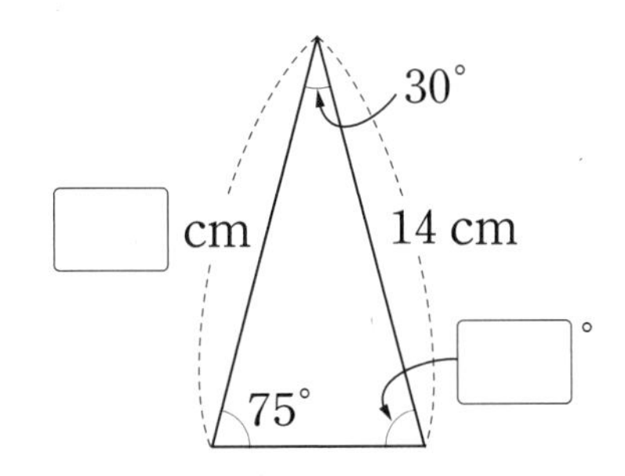

7 세 변의 길이의 합이 45 cm인 정삼각형이 있습니다. 이 정삼각형의 한 변의 길이는 몇 cm인지 구해 보세요.

( )

8 삼각형의 세 각 중 두 각의 크기가 65°, 50°일 때, 어떤 삼각형인지 보기 에서 이름을 모두 찾아 써 보세요.

보기

이등변삼각형 정삼각형
예각삼각형 둔각삼각형 직각삼각형

( )

9 도형에서 찾을 수 있는 크고 작은 예각삼각형은 모두 몇 개인지 구해 보세요.

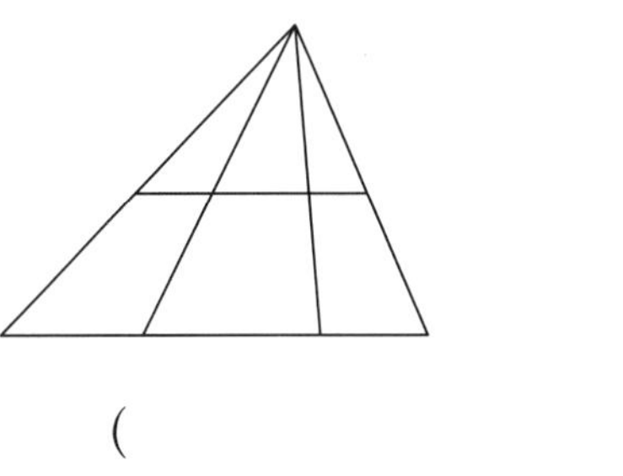

( )

서술형 문제

10 삼각형 ㄱㄴㄷ은 정삼각형이고 삼각형 ㄱㄷㄹ은 이등변삼각형입니다. 각 ㄱㄹㄷ의 크기는 몇 도인지 풀이 과정을 쓰고 답을 구해 보세요.

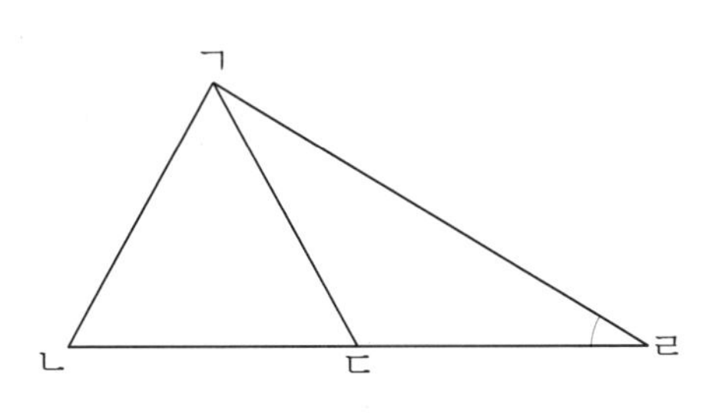

풀이

답

개념 적용

1

진도책 65쪽 17번 문제

보기 의 수를 한 번씩만 사용하여 □ 안에 알맞게 써넣으세요.

보기
7.59 7.059

7.02 < □, 7.102 < □

어떻게 풀었니?

보기 의 두 수와 주어진 수의 크기를 각각 비교해 보자!

먼저 7.59, 7.059와 7.02의 크기를 비교해 보면

7.59 ○ 7.02 (5 > 0) 7.059 ○ 7.02 (5 > 2)

즉, 7.59, 7.059 둘 다 7.02보다 (커 , 작아).

이번에는 7.59, 7.059와 7.102의 크기를 비교해 보면

7.59 ○ 7.102 (5 > 1) 7.059 ○ 7.102 (0 < 1)

즉, 7.102보다 큰 수는 □야.

따라서 □ 안에 한 번씩만 써야 하니까 7.102보다 큰 수에는 □를, 7.02보다 큰 수에는 □를 쓰면 돼.

아~ □ 안에 □, □를 차례로 써넣으면 되는구나!

2

보기 의 수를 한 번씩만 사용하여 □ 안에 알맞게 써넣으세요.

보기
5.26 5.602

5.23 < □, 5.591 < □

3

보기 의 수를 한 번씩만 사용하여 □ 안에 알맞게 써넣으세요.

보기
8.45 8.045

8.54 > □, 8.054 > □

4

진도책 67쪽
23번 문제

보기 와 같은 규칙으로 빈칸에 알맞은 수를 써넣으세요.

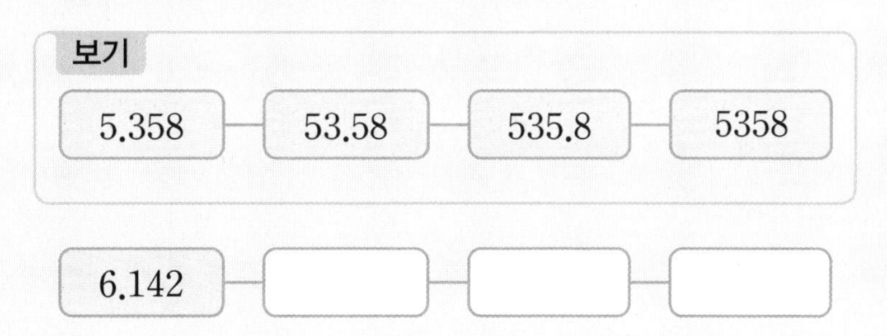

보기

5.358	53.58	535.8	5358

6.142			

어떻게 풀었니?

먼저 보기 의 규칙을 찾아보자!

숫자는 5358 그대로이고, 소수점의 위치만 오른쪽으로 ☐칸씩 옮겨지고 있어.

즉, 오른쪽으로 갈수록 수가 ☐배씩 커지는 규칙이야.

보기 와 같은 규칙으로 6.142부터 수를 쓰면

6.142의 10배는 ☐, ☐의 10배는 ☐, ☐의 10배는 ☐(이)야.

아~ 빈칸에 ☐, ☐, ☐을/를 차례로 써넣으면 되는구나!

5

보기 와 같은 규칙으로 빈칸에 알맞은 수를 써넣으세요.

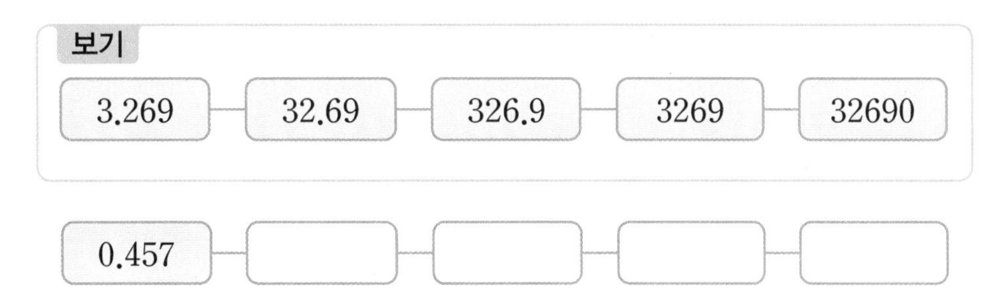

보기

3.269	32.69	326.9	3269	32690

0.457				

6

보기 와 같은 규칙으로 빈칸에 알맞은 수를 써넣으세요.

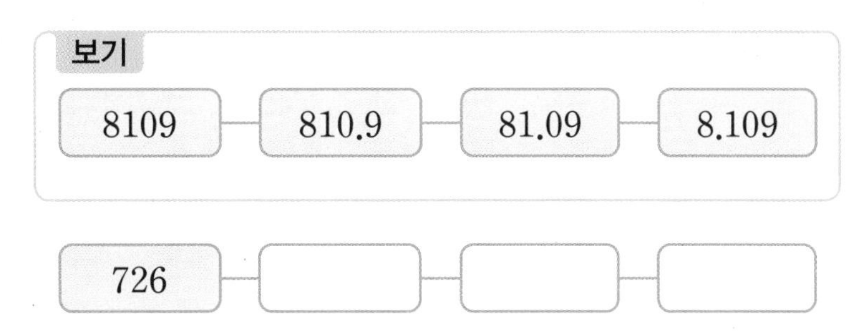

보기

8109	810.9	81.09	8.109

726			

7 같은 모양은 같은 수를 나타냅니다. ▲ 모양에 알맞은 수를 구해 보세요.

진도책 73쪽 6번 문제

▲+▲+▲=3.6 ➡ ▲=(　　　　　)

소수의 덧셈은 자연수의 덧셈의 결과에 소수점만 찍어서 나타내면 된다는 거 알고 있니?
계산 결과를 자연수로 생각해서 ▲를 구한 다음, 소수로 바꿔 보자!

▲+▲+▲=36이라고 생각하면 ▲×☐=36이라고 할 수 있어.

그럼, ▲=36÷☐=☐(이)지.

같은 수를 세 번 더해서 소수 한 자리 수가 되었으니까 ▲는 소수 한 자리 수야.

위에서 구한 ▲의 값을 소수 한 자리 수로 바꾸면 ☐이/가 되지.

확인해 보면 ☐+☐+☐=3.6이니까 맞게 계산했지?

아~ ▲ 모양에 알맞은 수는 ☐(이)구나!

8 같은 모양은 같은 수를 나타냅니다. ♥ 모양에 알맞은 수를 구해 보세요.

♥+♥+♥=7.2 ➡ ♥=(　　　　　)

9 같은 모양은 같은 수를 나타냅니다. ★ 모양에 알맞은 수를 구해 보세요.

★+★+★+★=6.4 ➡ ★=(　　　　　)

10

□ 안에 알맞은 수를 써넣으세요.

진도책 78쪽
24번 문제

$1.5-0.99$

$1.5-\square+0.01=\square$

어떻게 풀었니?

$1.5-0.99$를 자연수를 이용해서 쉽게 계산하는 방법을 알아보자!

$150-99$를 계산할 때 150에서 100을 뺀 다음 1을 더하는 방법으로 계산하면 편리하다는 걸 기억하니? 이와 같이 소수의 덧셈과 뺄셈을 계산할 때에도 자연수를 이용하면 좀 더 쉽게 계산할 수 있어.

$1.5-0.99$에서 0.99와 가장 가까운 자연수는 □(이)니까 0.99를 □보다 0.01 작은 수로 생각해 봐.

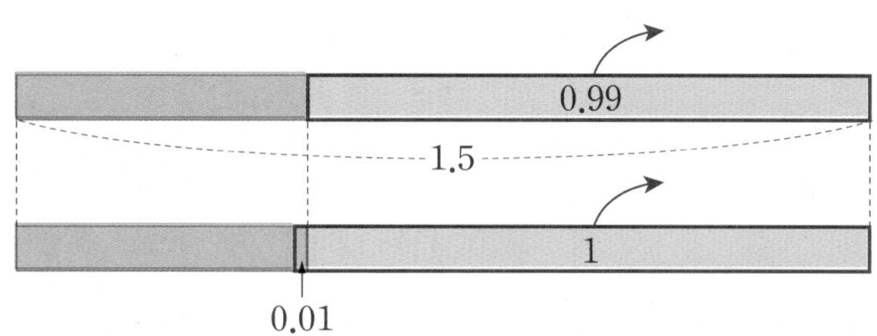

그림을 보면 1.5에서 0.99를 빼는 것은 1.5에서 □을/를 뺀 다음 0.01을 더하는 것과 같다는 것을 알 수 있지.

$1.5-0.99=1.5-\square+0.01$

$=\square+0.01=\square$

아~ □ 안에 □, □을/를 차례로 써넣으면 되는구나!

11

□ 안에 알맞은 수를 써넣으세요.

$3.42-1.95$

$3.42-\square+0.05=\square$

쓰기 쉬운 서술형

1 어떤 수 구하기

어떤 수의 10배는 316입니다. 어떤 수의 $\frac{1}{100}$은 얼마인지 풀이 과정을 쓰고 답을 구해 보세요.

(어떤 수)=316의 $\frac{1}{\square}$?

■의 10배는 ▲
➡ ▲의 $\frac{1}{10}$은 ■

무엇을 쓸까? ❶ 어떤 수 구하기
❷ 어떤 수의 $\frac{1}{100}$ 구하기

풀이 예) 어떤 수는 316의 (　　　)이므로 (　　　)입니다. --- ❶
따라서 어떤 수의 $\frac{1}{100}$은 (　　　)입니다. --- ❷

답

1-1

어떤 수의 100배는 259입니다. 어떤 수의 $\frac{1}{10}$은 얼마인지 풀이 과정을 쓰고 답을 구해 보세요.

무엇을 쓸까? ❶ 어떤 수 구하기
❷ 어떤 수의 $\frac{1}{10}$ 구하기

풀이

답

2 소수의 덧셈/뺄셈의 활용

냉장고에 귤이 1.5 kg, 사과가 1.8 kg 있습니다. 냉장고에 있는 귤과 사과는 모두 몇 kg인지 풀이 과정을 쓰고 답을 구해 보세요.

냉장고에 있는 귤과 사과의 무게를 더하면?

자연수의 덧셈처럼 계산하고 소수점을 찍어.

무엇을 쓸까? ❶ 냉장고에 있는 귤과 사과의 무게를 구하는 과정 쓰기
❷ 냉장고에 있는 귤과 사과의 무게 구하기

풀이 예 (냉장고에 있는 귤과 사과의 무게) = (　　　) + (　　　) --- ❶

= (　　　)(kg)

따라서 냉장고에 있는 귤과 사과는 모두 (　　　) kg입니다. --- ❷

답

3

2-1

주하는 색 테이프 2.6 m 중에서 선물을 포장하는 데 1.9 m를 사용했습니다. 남은 색 테이프는 몇 m인지 풀이 과정을 쓰고 답을 구해 보세요.

무엇을 쓸까? ❶ 남은 색 테이프의 길이를 구하는 과정 쓰기
❷ 남은 색 테이프의 길이 구하기

풀이

답

2-2

빨간 구슬의 무게는 26.35 g이고, 파란 구슬은 빨간 구슬보다 5.75 g 더 무겁습니다. 파란 구슬의 무게는 몇 g인지 풀이 과정을 쓰고 답을 구해 보세요.

무엇을 쓸까?
❶ 파란 구슬의 무게를 구하는 과정 쓰기
❷ 파란 구슬의 무게 구하기

풀이

답

2-3

우유를 진아는 0.64 L 마셨고, 해진이는 진아보다 0.15 L 더 적게 마셨습니다. 진아와 해진이가 마신 우유는 모두 몇 L인지 풀이 과정을 쓰고 답을 구해 보세요.

무엇을 쓸까?
❶ 해진이가 마신 우유의 양 구하기
❷ 진아와 해진이가 마신 우유의 양 구하기

풀이

답

3 □ 안에 들어갈 수 있는 수 구하기

0부터 9까지의 수 중에서 □ 안에 들어갈 수 있는 수는 모두 몇 개인지 풀이 과정을 쓰고 답을 구해 보세요.

$3.47+2.29<5.\square5$

3.47+2.29를 먼저 계산하면?

식을 간단히 한 다음 높은 자리 숫자부터 차례로 비교해.

무엇을 쓸까? ❶ □의 범위 구하기
❷ □ 안에 들어갈 수 있는 수의 개수 구하기

풀이 예 $3.47+2.29=($　　　$)$이므로

(　　　)$<5.\square5$에서 $\square>($　　$)$입니다. --- ❶

따라서 □ 안에 들어갈 수 있는 수는 (　　), (　　)로 모두 (　　)개입니다. --- ❷

답

3-1

0부터 9까지의 수 중에서 □ 안에 들어갈 수 있는 수는 모두 몇 개인지 풀이 과정을 쓰고 답을 구해 보세요.

$8.41-4.86>3.\square7$

무엇을 쓸까? ❶ □의 범위 구하기
❷ □ 안에 들어갈 수 있는 수의 개수 구하기

풀이

답

4 카드로 소수를 만들어 계산하기

4장의 카드 3, 7, 4, . 을 한 번씩 모두 사용하여 소수 두 자리 수를 만들려고 합니다. 만들 수 있는 가장 큰 수와 가장 작은 수의 합은 얼마인지 풀이 과정을 쓰고 답을 구해 보세요.

가장 큰 수와 가장 작은 수를 만들어 더하면?

높은 자리 숫자가 클수록 수가 커져.

무엇을 쓸까? ❶ 만들 수 있는 가장 큰 수와 가장 작은 수 구하기
❷ 만들 수 있는 가장 큰 수와 가장 작은 수의 합 구하기

풀이 예 카드의 수의 크기를 비교하면 (　　)>(　　)>(　　)이므로

만들 수 있는 가장 큰 수는 (　　　)이고, 가장 작은 수는 (　　　)입니다. --- ❶

따라서 만들 수 있는 가장 큰 수와 가장 작은 수의 합은

(　　　)+(　　　) =(　　　)입니다. --- ❷

답

4-1

4장의 카드 2, 8, 6, . 을 한 번씩 모두 사용하여 소수 두 자리 수를 만들려고 합니다. 만들 수 있는 가장 큰 수와 가장 작은 수의 차는 얼마인지 풀이 과정을 쓰고 답을 구해 보세요.

무엇을 쓸까? ❶ 만들 수 있는 가장 큰 수와 가장 작은 수 구하기
❷ 만들 수 있는 가장 큰 수와 가장 작은 수의 차 구하기

풀이

답

4-2

4장의 카드 5, 6, 1, . 을 한 번씩 모두 사용하여 소수 한 자리 수를 만들려고 합니다. 만들 수 있는 가장 큰 수와 가장 작은 수의 합은 얼마인지 풀이 과정을 쓰고 답을 구해 보세요.

무엇을 쓸까? ❶ 만들 수 있는 가장 큰 수와 가장 작은 수 구하기
❷ 만들 수 있는 가장 큰 수와 가장 작은 수의 합 구하기

풀이

답

4-3

4장의 카드 3, 2, 9, . 을 한 번씩 모두 사용하여 소수 두 자리 수를 만들려고 합니다. 만들 수 있는 두 번째로 큰 수와 두 번째로 작은 수의 차는 얼마인지 풀이 과정을 쓰고 답을 구해 보세요.

무엇을 쓸까? ❶ 만들 수 있는 두 번째로 큰 수와 두 번째로 작은 수 구하기
❷ 만들 수 있는 두 번째로 큰 수와 두 번째로 작은 수의 차 구하기

풀이

답

수행 평가

1 모눈종이 전체 크기가 1이라고 할 때 색칠한 부분을 소수로 쓰고 읽어 보세요.

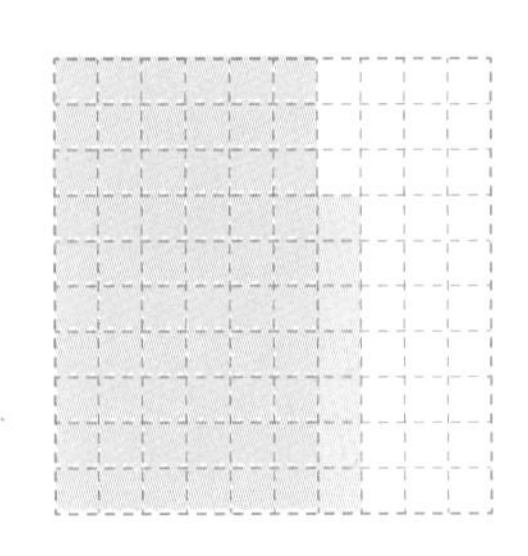

쓰기 (　　　　　　　　　　)

읽기 (　　　　　　　　　　)

2 □ 안에 알맞은 소수를 써넣으세요.

4.73　　　□　　　4.74　　　□　　　4.75

3 다음 중 소수 둘째 자리 숫자가 가장 큰 것은 어느 것일까요? (　　　)

① 0.465　② 3.819　③ 1.273
④ 8.541　⑤ 10.284

4 두 수의 크기를 비교하여 ○ 안에 >, =, <를 알맞게 써넣으세요.

(1) 3.46 ○ 3.51

(2) 7.285 ○ 7.269

5 더 큰 수를 찾아 기호를 써 보세요.

㉠ 0.01이 254개인 수
㉡ 일의 자리 숫자가 2, 소수 첫째 자리 숫자가 5, 소수 둘째 자리 숫자가 7인 소수 두 자리 수

(　　　　　　　　)

6 두 수의 합과 차를 구해 보세요.

㉠ 0.682의 10배인 수
㉡ 594의 $\frac{1}{100}$

합 (   )
차 (   )

7 □ 안에 알맞은 수를 써넣으세요.

(1) □ $+1.53=3.22$

(2) $4.61-$ □ $=2.26$

8 빨간색 테이프의 길이는 3.45 m이고 노란색 테이프는 빨간색 테이프보다 0.64 m 더 짧습니다. 빨간색 테이프와 노란색 테이프의 길이의 합은 몇 m인지 구해 보세요.

(   )

9 □ 안에 들어갈 수 있는 소수 두 자리 수 중에서 가장 작은 수를 구해 보세요.

$3.58+□>7.31$

(   )

서술형 문제

10 4장의 카드 2, 7, 5, . 을 한 번씩 모두 사용하여 만들 수 있는 가장 큰 소수 한 자리 수와 가장 작은 소수 두 자리 수의 차는 얼마인지 풀이 과정을 쓰고 답을 구해 보세요.

풀이

답

➕ 개념 적용

1 진도책 94쪽 4번 문제

직선 가는 직선 나에 대한 수선일 때, ㉠의 각도를 구해 보세요.

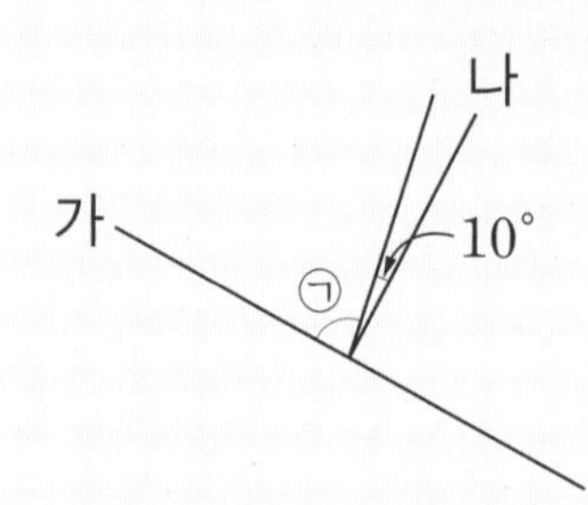

어떻게 풀었니?

두 직선 가와 나가 만나서 이루는 각도를 알아보자!

두 직선이 만나서 이루는 각이 □일 때, 두 직선은 서로 수직이라 하고, 두 직선이 서로 수직으로 만나면 한 직선을 다른 직선에 대한 □(이)라고 해.

두 직선 가와 나는 서로 수직이니까 두 직선이 만나서 이루는 각도는 □°야.

㉠$+10^\circ=$□°에서 ㉠$=$□°$-10^\circ=$□°가 되지.

아~ ㉠의 각도는 □°구나!

2 직선 가는 직선 나에 대한 수선일 때, ㉠의 각도를 구해 보세요.

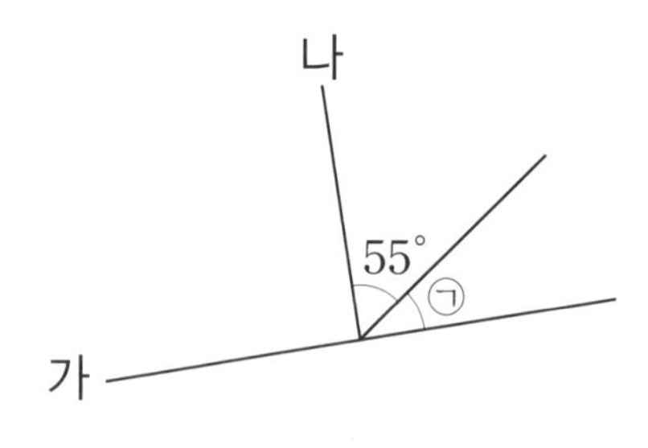

(　　　　　　　　)

3 직선 가는 직선 나에 대한 수선일 때, ㉠의 각도를 구해 보세요.

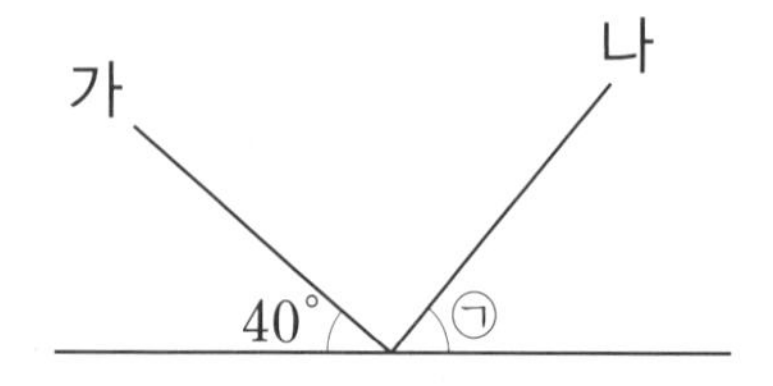

(　　　　　　　　)

4

진도책 97쪽
11번 문제

수직인 선분도 있고 평행한 선분도 있는 글자를 모두 찾아 써 보세요.

ㄱ ㄹ ㅂ ㅅ ㅈ ㅎ

어떻게 풀었니?

주어진 글자에서 수직인 선분과 평행한 선분을 각각 찾아보자!

두 직선이 만나서 이루는 각이 직각일 때, 두 직선은 서로 ☐(이)라 하고, 서로 만나지 않는 직선을 ☐하다고 해.

주어진 글자 중 수직인 선분이 있는 글자는 (ㄱ, ㄹ, ㅂ, ㅅ, ㅈ, ㅎ)이고, 평행한 선분이 있는 글자는 (ㄱ, ㄹ, ㅂ, ㅅ, ㅈ, ㅎ)이야.

둘 다 만족하는 글자는 (ㄱ, ㄹ, ㅂ, ㅅ, ㅈ, ㅎ)이지.

아~ 수직인 선분도 있고 평행한 선분도 있는 글자를 모두 찾으면 ☐, ☐이구나!

5

수직인 선분도 있고 평행한 선분도 있는 글자를 모두 찾아 써 보세요.

( )

6

수직인 선분도 있고 평행한 선분도 있는 글자를 모두 찾아 써 보세요.

A F H K T M

( )

7

진도책 106쪽
10번 문제

평행사변형의 네 변의 길이의 합은 22 cm입니다. 변 ㄱㄴ의 길이는 몇 cm일까요?

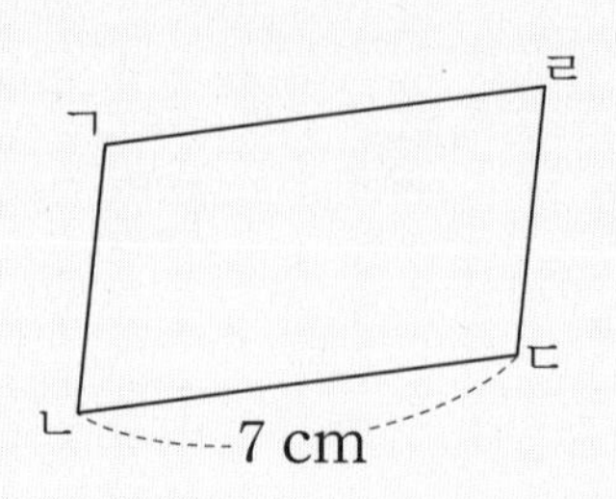

어떻게 풀었니?

평행사변형에서 변의 길이의 성질을 알아보자!

마주 보는 두 쌍의 변이 평행한 사각형을 평행사변형이라고 하지?
평행사변형에서 이 평행한 두 쌍의 변은 길이가 각각 같아.
변 ㄱㄴ의 길이를 □cm라고 하면

(변 ㄱㄴ) = (변 □) = □cm, (변 ㄴㄷ) = (변 □) = 7 cm이고,

네 변의 길이의 합이 22 cm라고 했으니까

□+□+7+7 = 22, □+□+□ = 22, □+□ = □에서 □ = □(이)야.

아~ 변 ㄱㄴ의 길이는 □ cm구나!

8

평행사변형의 네 변의 길이의 합은 30 cm입니다. 변 ㄱㄹ의 길이는 몇 cm일까요?

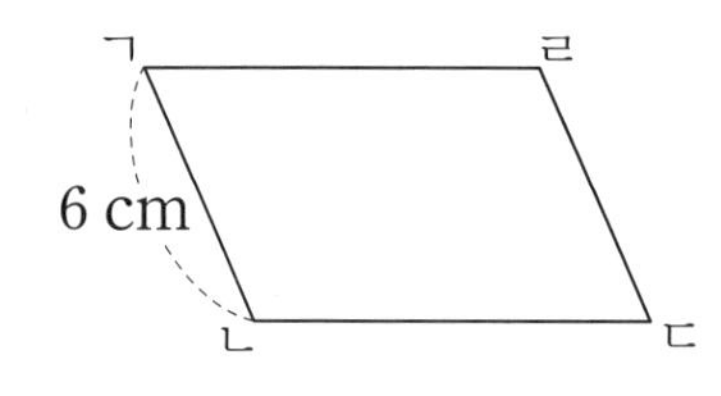

(　　　　　　　　)

9

평행사변형에서 변 ㄱㄹ의 길이는 변 ㄱㄴ의 길이의 2배입니다. 평행사변형의 네 변의 길이의 합이 48 cm일 때, 변 ㄱㄴ의 길이는 몇 cm일까요?

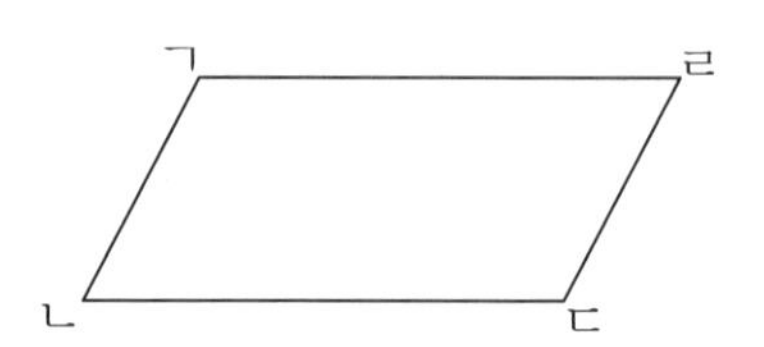

(　　　　　　　　)

10

진도책 109쪽
18번 문제

마름모에서 각 ㄴㄱㄹ의 크기가 각 ㄱㄴㄷ의 크기의 4배일 때 각 ㄱㄹㄷ의 크기를 구해 보세요.

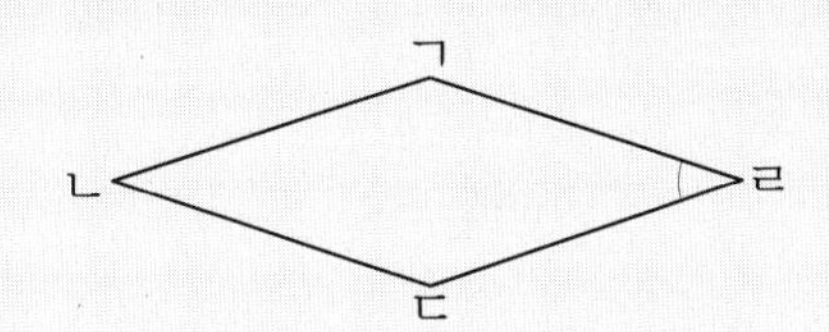

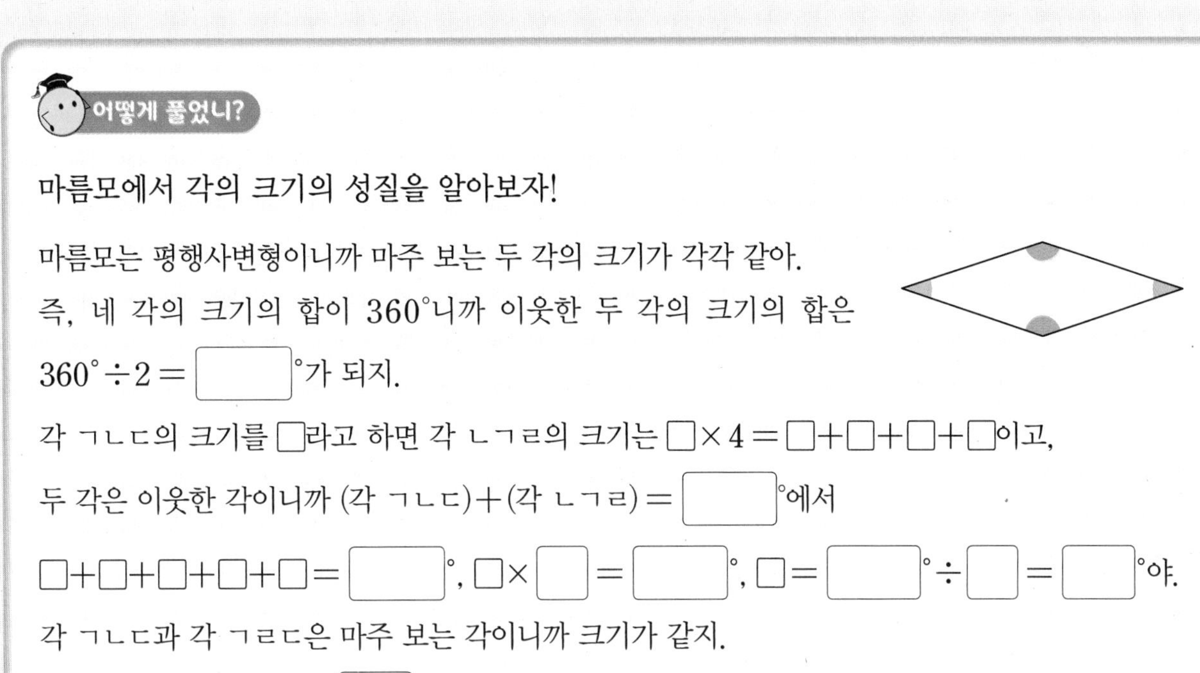

어떻게 풀었니?

마름모에서 각의 크기의 성질을 알아보자!

마름모는 평행사변형이니까 마주 보는 두 각의 크기가 각각 같아.
즉, 네 각의 크기의 합이 360°니까 이웃한 두 각의 크기의 합은
360°÷2=□°가 되지.

각 ㄱㄴㄷ의 크기를 □라고 하면 각 ㄴㄱㄹ의 크기는 □×4=□+□+□+□이고,
두 각은 이웃한 각이니까 (각 ㄱㄴㄷ)+(각 ㄴㄱㄹ)=□°에서
□+□+□+□+□=□°, □×□=□°, □=□°÷□=□°야.
각 ㄱㄴㄷ과 각 ㄱㄹㄷ은 마주 보는 각이니까 크기가 같지.
아~ 각 ㄱㄹㄷ의 크기는 □°구나!

11

마름모에서 각 ㄱㄴㄷ의 크기가 각 ㄴㄱㄹ의 크기의 2배일 때 각 ㄴㄱㄹ의 크기를 구해 보세요.

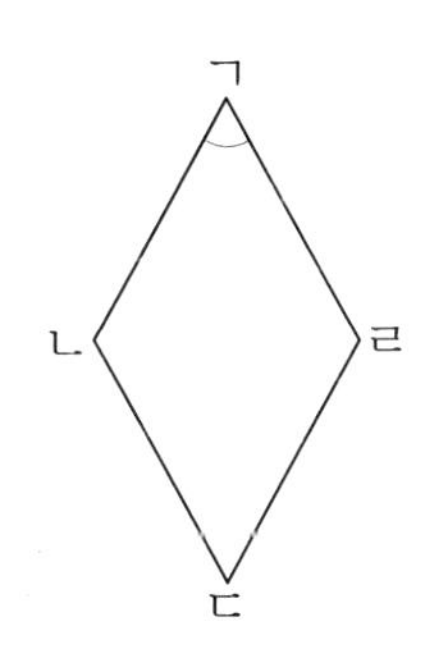

(　　　　　　　　)

12

마름모에서 각 ㄴㄱㄹ의 크기가 각 ㄱㄴㄷ의 크기의 3배일 때 각 ㄴㄱㄹ의 크기를 구해 보세요.

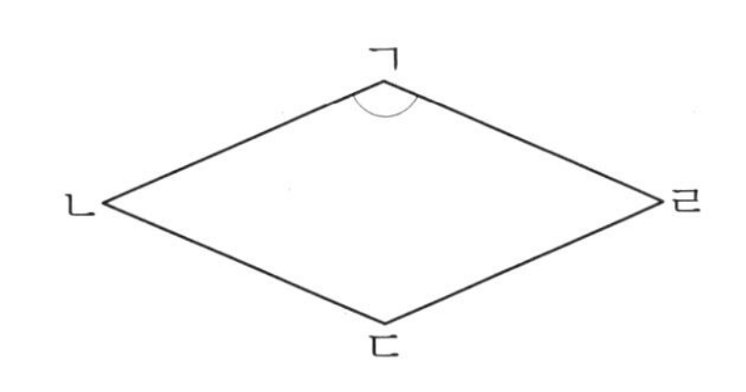

(　　　　　　　　)

쓰기 쉬운 서술형

1 수선에서 각도 구하기

직선 ㄱㄴ과 직선 ㄷㄹ은 서로 수직입니다. 각 ㄷㄹㄴ을 크기가 같은 각 5개로 나누었을 때, 각 ㅁㄹㅅ의 크기는 몇 도인지 풀이 과정을 쓰고 답을 구해 보세요.

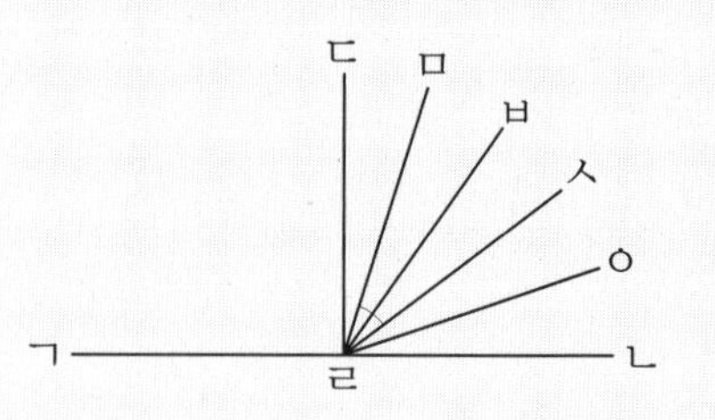

5개로 나눈 한 각의 크기는?

서로 수직인 두 직선은 90°로 만나.

무엇을 쓸까? ❶ 작은 각 한 개의 각도 구하기
❷ 각 ㅁㄹㅅ의 크기 구하기

풀이 예 (각 ㄷㄹㄴ) = (　　　)°이므로 작은 각 한 개의 크기는 (　　　)° ÷ 5 = (　　　)°입니다. --- ❶ / 따라서 각 ㅁㄹㅅ의 크기는 작은 각 한 개의 크기의 2배이므로 (각 ㅁㄹㅅ) = (　　　)° × 2 = (　　　)°입니다. --- ❷

답

1-1

직선 ㄱㄴ과 직선 ㄷㄹ은 서로 수직입니다. 각 ㄷㄹㄴ을 크기가 같은 각 6개로 나누었을 때, 각 ㄱㄹㅁ의 크기는 몇 도인지 풀이 과정을 쓰고 답을 구해 보세요.

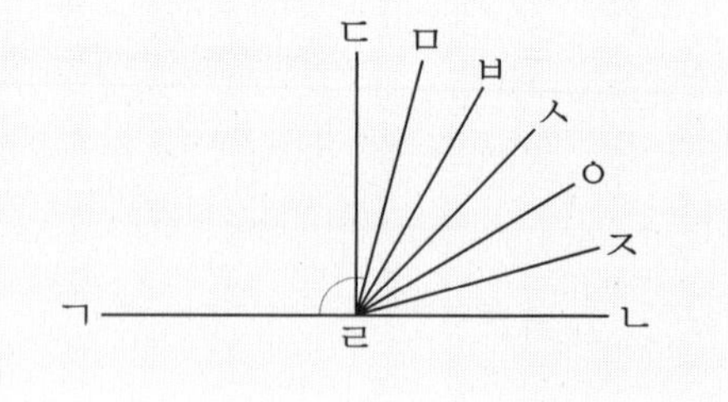

무엇을 쓸까? ❶ 각 ㄷㄹㅁ의 크기 구하기
❷ 각 ㄱㄹㅁ의 크기 구하기

풀이

답

2 평행선 사이의 거리 구하기

직선 가, 직선 나, 직선 다는 서로 평행합니다. 직선 가와 직선 다 사이의 거리는 몇 cm인지 풀이 과정을 쓰고 답을 구해 보세요.

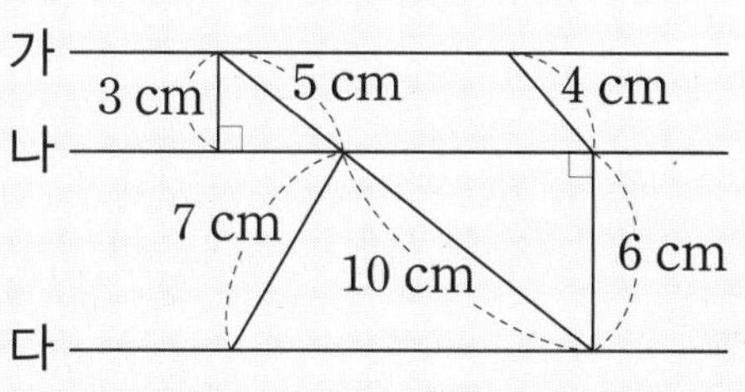

직선 가와 직선 다를 잇는 가장 짧은 선분의 길이는?

무엇을 쓸까? ❶ 직선 가와 직선 나, 직선 나와 직선 다 사이의 거리 구하기
❷ 직선 가와 직선 다 사이의 거리 구하기

풀이 예) 직선 가와 직선 나 사이의 거리는 (　　)cm이고, 직선 나와 직선 다 사이의 거리는 (　　)cm입니다. --- ❶

따라서 직선 가와 직선 다 사이의 거리는 (　　)+(　　)=(　　)(cm)입니다. --- ❷

답

4

2-1

직선 가, 직선 나, 직선 다는 서로 평행합니다. 직선 가와 직선 다 사이의 거리는 몇 cm인지 풀이 과정을 쓰고 답을 구해 보세요.

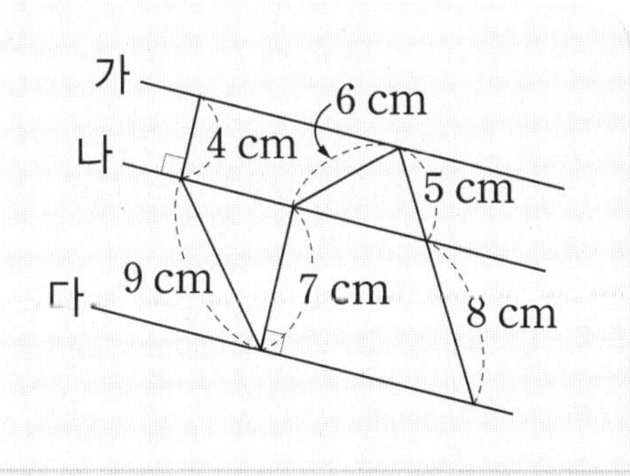

무엇을 쓸까? ❶ 직선 가와 직선 나, 직선 나와 직선 다 사이의 거리 구하기
❷ 직선 가와 직선 다 사이의 거리 구하기

풀이

답

2-2

도형에서 변 ㄱㄴ과 변 ㄹㄷ은 서로 평행합니다. 변 ㄱㄴ과 변 ㄹㄷ 사이의 거리는 몇 cm인지 풀이 과정을 쓰고 답을 구해 보세요.

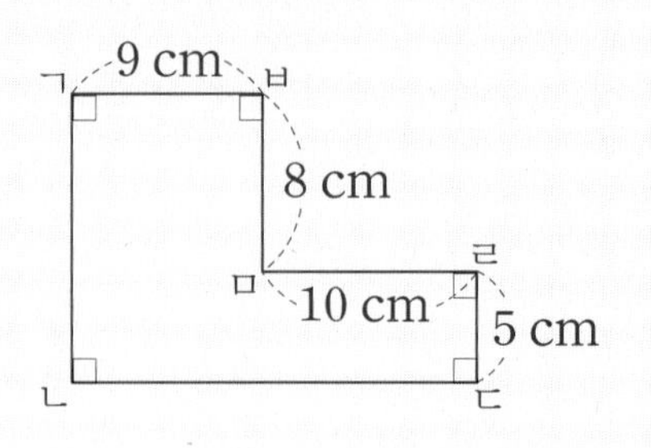

무엇을 쓸까?
1. 변 ㄱㄴ과 변 ㅂㅁ, 변 ㅂㅁ과 변 ㄹㄷ 사이의 거리 구하기
2. 변 ㄱㄴ과 변 ㄹㄷ 사이의 거리 구하기

풀이

답

2-3

직선 가, 직선 나, 직선 다는 서로 평행합니다. 직선 가와 직선 나 사이의 거리는 몇 cm인지 풀이 과정을 쓰고 답을 구해 보세요.

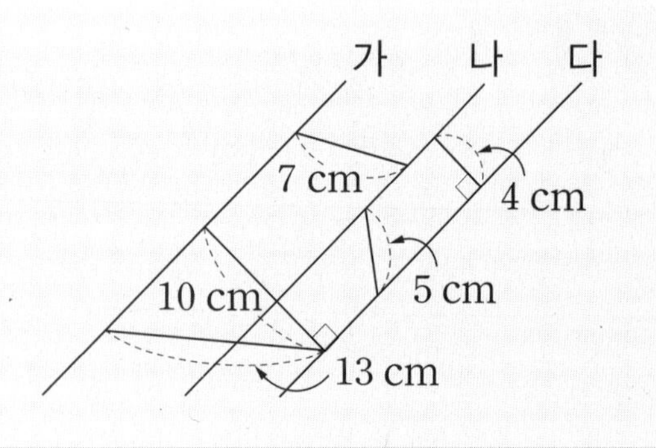

무엇을 쓸까?
1. 직선 나와 직선 다, 직선 가와 직선 다 사이의 거리 구하기
2. 직선 가와 직선 나 사이의 거리 구하기

풀이

답

3 빨간 선의 길이 구하기

이등변삼각형과 평행사변형을 겹치지 않게 이어 붙인 것입니다. 빨간 선의 길이는 몇 cm인지 풀이 과정을 쓰고 답을 구해 보세요.

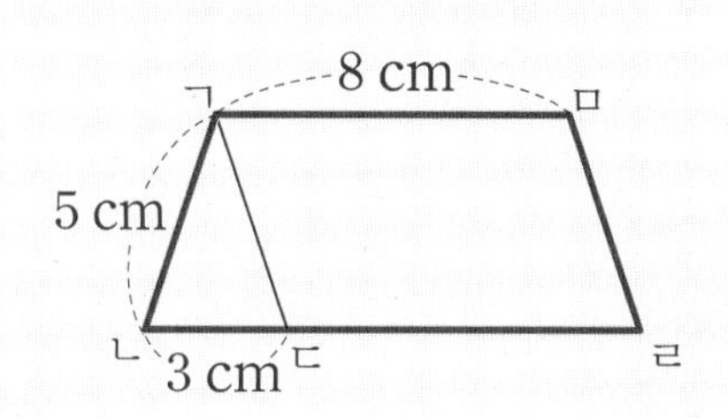

변 ㄱㄴ, 변 ㄴㄹ, 변 ㄹㅁ, 변 ㅁㄱ의 길이를 모두 더하면?

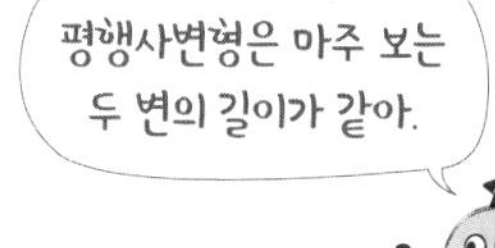

무엇을 쓸까? ❶ 평행사변형의 변의 길이 구하기
❷ 빨간 선의 길이 구하기

풀이 예 이등변삼각형은 두 변의 길이가 같으므로 (변 ㄱㄷ)＝(　　)cm이고,

평행사변형은 마주 보는 두 변의 길이가 같으므로

(변 ㄷㄹ)＝(　　)cm, (변 ㅁㄹ)＝(　　)cm입니다. --- ❶

따라서 빨간 선의 길이는 8＋5＋3＋(　　)＋(　　)＝(　　)(cm)입니다. --- ❷

답

3-1

평행사변형과 마름모를 겹치지 않게 이어 붙인 것입니다. 빨간 선의 길이는 몇 cm인지 풀이 과정을 쓰고 답을 구해 보세요.

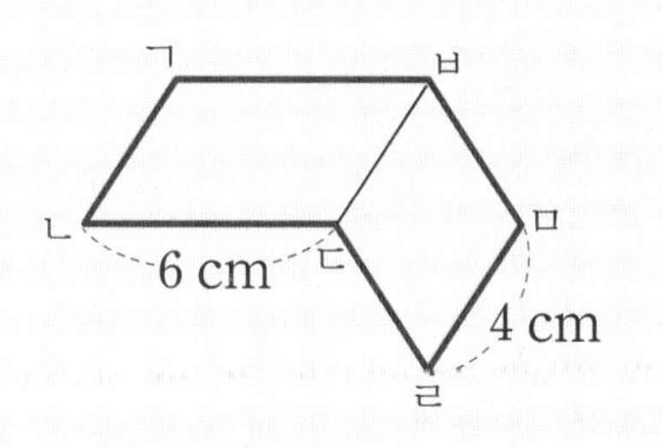

무엇을 쓸까? ❶ 평행사변형과 마름모의 변의 길이 구하기
❷ 빨간 선의 길이 구하기

풀이

답

3-2

마름모와 정삼각형을 겹치지 않게 이어 붙인 것입니다. 빨간 선의 길이는 몇 cm인지 풀이 과정을 쓰고 답을 구해 보세요.

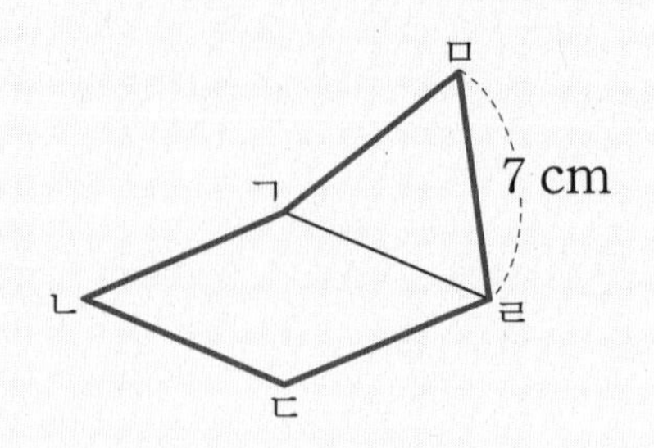

무엇을 쓸까? ① 마름모와 정삼각형의 변의 길이 구하기
② 빨간 선의 길이 구하기

풀이

답

3-3

직사각형과 마름모를 겹치지 않게 이어 붙인 것입니다. 빨간 선의 길이가 44 cm일 때, 변 ㄷㄹ은 몇 cm인지 풀이 과정을 쓰고 답을 구해 보세요.

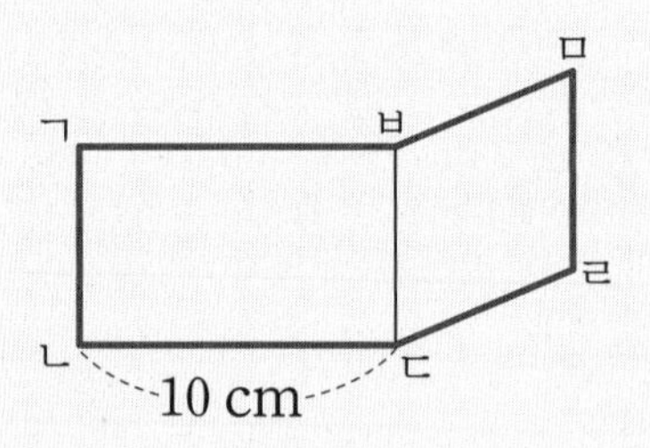

무엇을 쓸까? ① 변 ㄱㅂ의 길이 구하기
② 변 ㄷㄹ의 길이 구하기

풀이

답

4 사각형 사이의 관계 알아보기

정사각형은 평행사변형이라고 할 수 있는지 쓰고, 그 이유를 설명해 보세요.

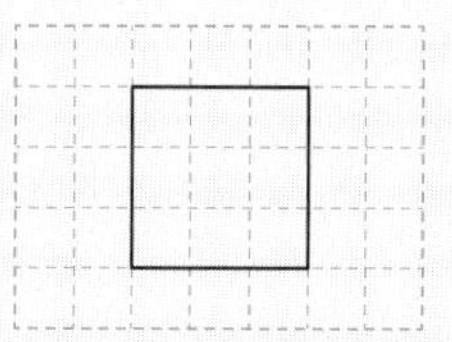

정사각형에서 평행사변형의 성질을 찾으면?

정사각형은 네 각이 모두 직각이니까 마주 보는 변이 서로 평행해.

무엇을 쓸까? ❶ 정사각형은 평행사변형이라고 할 수 있는지 쓰기
❷ 그 이유를 설명하기

답 정사각형은 평행사변형이라고 할 수 (있습니다 , 없습니다). --- ❶

이유 예 정사각형은 ( ) 때문입니다. --- ❷

4-1

마름모는 정사각형이라고 할 수 있는지 쓰고, 그 이유를 설명해 보세요.

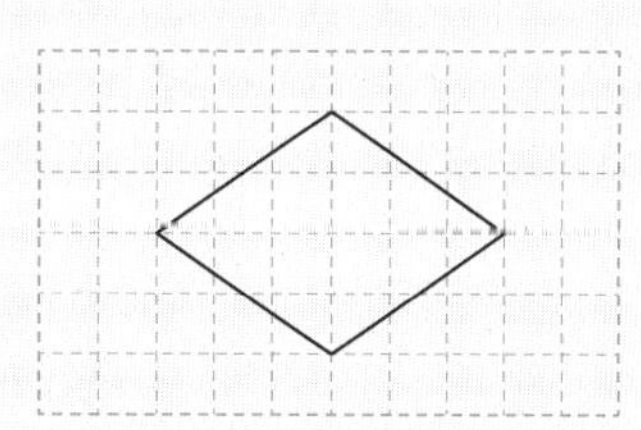

무엇을 쓸까? ❶ 마름모는 정사각형이라고 할 수 있는지 쓰기
❷ 그 이유를 설명하기

답

이유

수행 평가

[1~2] 그림을 보고 물음에 답하세요.

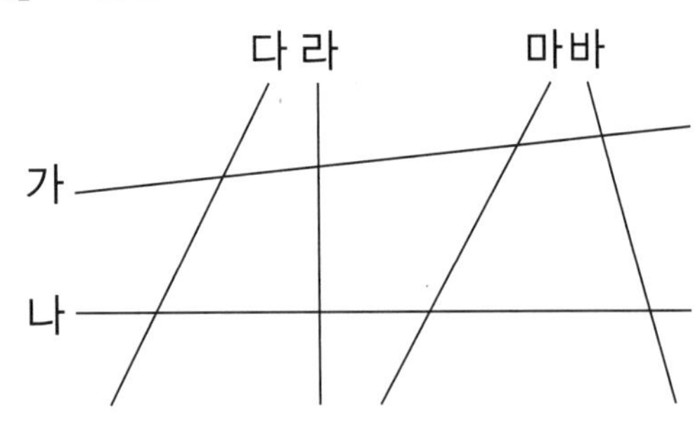

1 직선 나에 대한 수선을 찾아 써 보세요.

(　　　　　　　　　　)

2 직선 다와 평행한 직선을 찾아 써 보세요.

(　　　　　　　　　　)

3 직선 가와 직선 나는 서로 평행합니다. 평행선 사이의 거리는 몇 cm인지 구해 보세요.

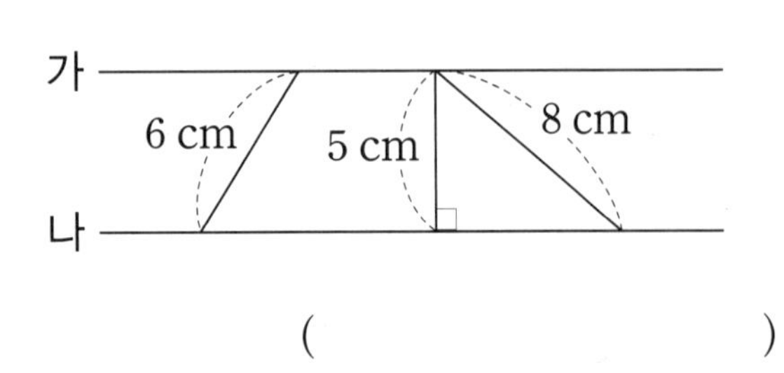

(　　　　　　　　　　)

4 마름모입니다. □ 안에 알맞은 수를 써넣으세요.

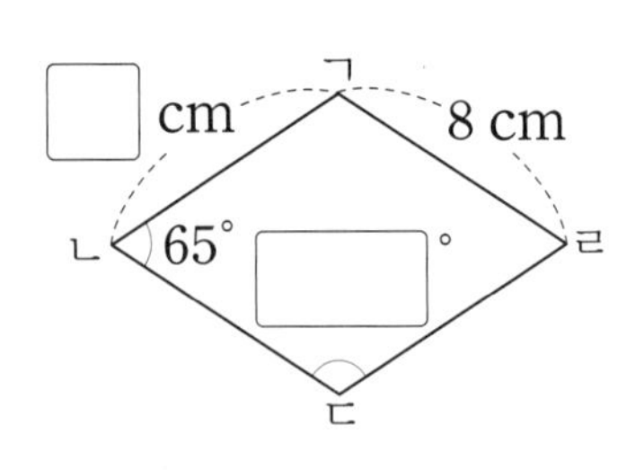

5 직사각형 모양의 종이띠를 선을 따라 잘랐습니다. 사다리꼴은 모두 몇 개가 만들어질까요?

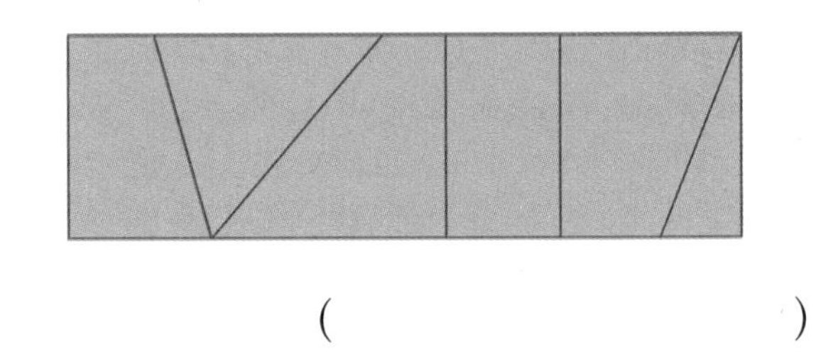

(　　　　　　　　　　)

6 평행사변형입니다. □ 안에 알맞은 수를 써넣으세요.

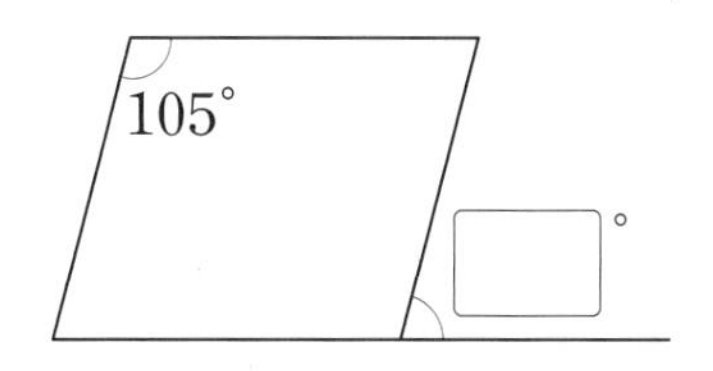

7 사각형에 대한 설명으로 옳지 않은 것을 모두 고르세요. (   )

① 평행사변형은 사다리꼴이라고 할 수 있습니다.
② 마름모는 평행사변형이라고 할 수 있습니다.
③ 마름모는 직사각형이라고 할 수 있습니다.
④ 정사각형은 마름모라고 할 수 있습니다.
⑤ 직사각형은 정사각형이라고 할 수 있습니다.

8 평행사변형의 네 변의 길이의 합은 24 cm입니다. 변 ㄴㄷ의 길이는 몇 cm일까요?

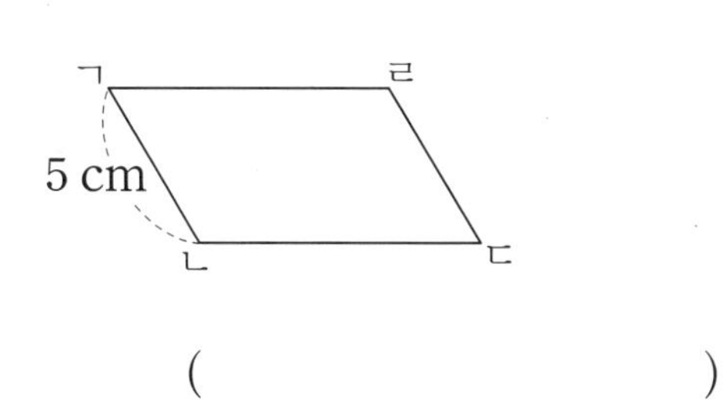

(   )

9 직선 가와 직선 나는 서로 수직입니다. ㉠의 각도를 구해 보세요.

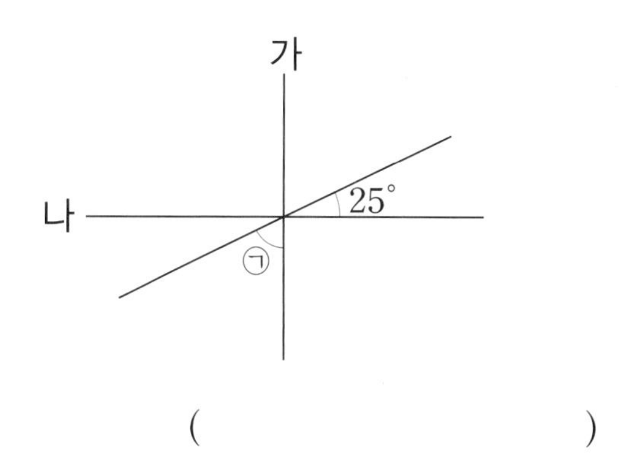

(   )

서술형 문제

10 직사각형과 마름모를 겹치지 않게 이어 붙인 것입니다. 빨간 선의 길이는 몇 cm인지 풀이 과정을 쓰고 답을 구해 보세요.

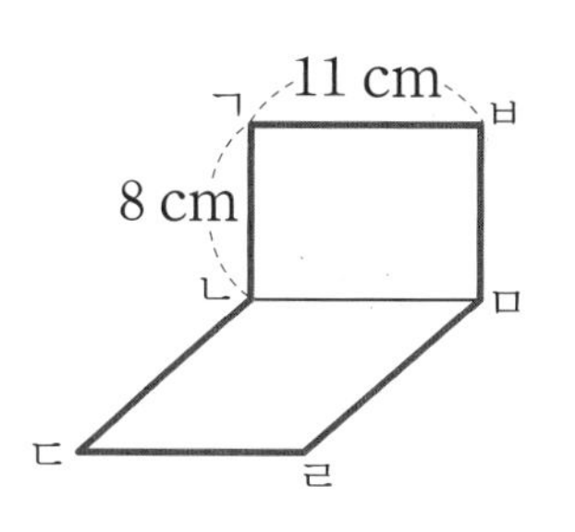

풀이

답

4

➕ 개념 적용

1

진도책 128쪽 3번 문제

선미의 턱걸이 기록을 조사하여 나타낸 꺾은선그래프입니다. 전날에 비해 기록의 변화가 가장 작은 때는 무슨 요일일까요?

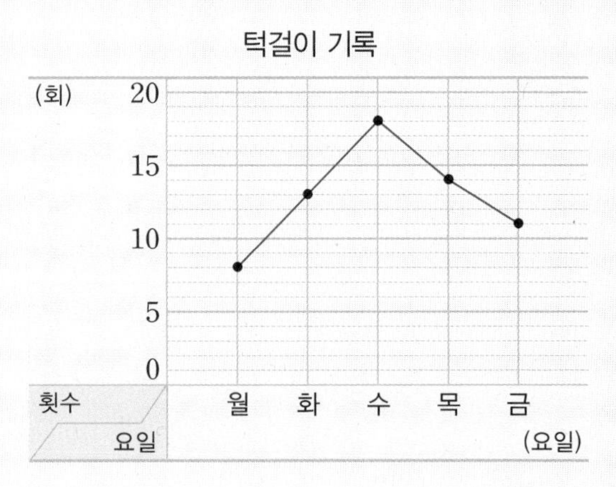

꺾은선그래프에서 꺾은선의 방향과 기울어진 정도에 대해 알아보자!

꺾은선그래프는 꺾은선의 모양으로 변화의 정도를 쉽게 알 수 있어.

- 꺾은선이 위로 올라가면(↗) ➡ 자료의 값이 (증가 , 감소)
- 꺾은선이 아래로 내려가면(↘) ➡ 자료의 값이 (증가 , 감소)
- 꺾은선의 기울어진 정도가 클수록 ➡ 변화가 (큼 , 작음)

즉, 변화가 큰지 작은지 알아보려면 꺾은선의 방향과는 상관없이 기울어진 정도만 살펴보면 돼.
전날에 비해 기록의 변화가 가장 작은 때를 찾는 거니까 꺾은선이 가장 (많이 , 적게) 기울어진 때를 찾으면 ☐요일이야.

아~ 전날에 비해 기록의 변화가 가장 작은 때는 ☐요일이구나!

2

지후의 팔굽혀펴기 기록을 조사하여 나타낸 꺾은선그래프입니다. 전날에 비해 기록의 변화가 가장 큰 때는 무슨 요일일까요?

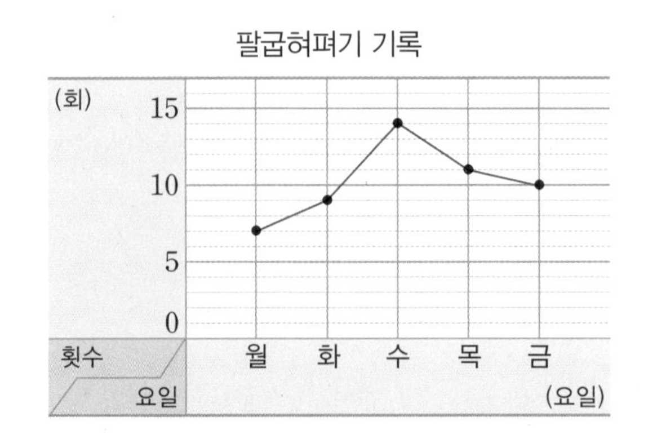

( )

3

진도책 130쪽
10번 문제

꺾은선그래프를 보고 잘못 설명한 것을 찾아 기호를 써 보세요.

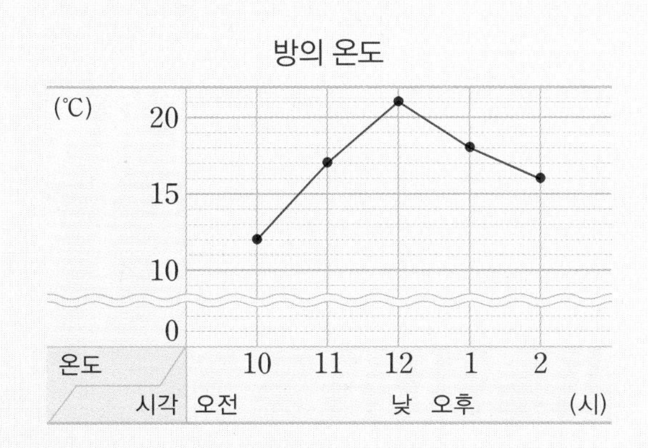

㉠ 온도 변화가 가장 큰 시각은 오전 10시와 오전 11시 사이입니다.

㉡ 오전 10시 30분의 온도는 14 ℃였을 것 같습니다.

㉢ 오후 4시의 방의 온도는 16 ℃보다 높을 것입니다.

어떻게 풀었니?

꺾은선그래프를 보고 알 수 있는 내용을 찾아보자!

㉠ 온도 변화가 가장 큰 시각

꺾은선의 기울어진 정도가 가장 큰 때를 찾으면 (오전 , 낮 , 오후) ☐시와 (오전 , 낮 , 오후) ☐시 사이야.

㉡ 오전 10시 30분의 온도

오전 10시의 온도는 ☐℃이고, 오전 11시의 온도는 ☐℃니까 오전 10시 30분의 온도는 그 중간인 ☐℃로 예상할 수 있어.

㉢ 오후 4시의 방의 온도

낮 12시부터 꺾은선이 아래로 내려가니까 낮 12시부터 방의 온도가 (높아진다 , 낮아진다)는 걸 알 수 있어. 오후 2시의 방의 온도가 ☐℃니까 오후 4시의 방의 온도는 그보다 (높을 , 낮을) 거라고 예상할 수 있지.

아~ 잘못 설명한 것은 ☐이구나!

4

꺾은선그래프를 보고 옳으면 ○표, 틀리면 ×표 하세요.

• 키의 변화가 가장 큰 때는 8일과 10일 사이입니다.

( )

• 7일에 식물의 키는 21 cm였을 것 같습니다.

( )

식물의 키

(cm) 25, 20, 15, 0 / 키 / 날짜 2, 4, 6, 8, 10 (일)

5

진도책 131쪽
11번 문제

피노키오는 거짓말을 한 번 할 때마다 코가 2 cm씩 길어집니다. 피노키오의 코가 한 번도 줄어들지 않았을 때 피노키오가 오후 2시부터 5시까지 한 거짓말은 모두 몇 번일까요?

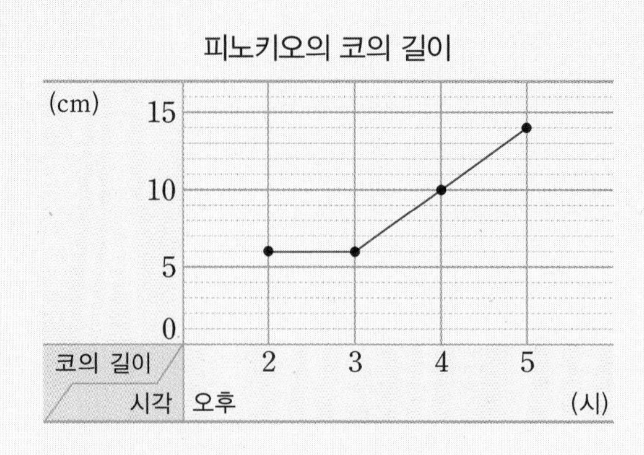

어떻게 풀었니?

오후 2시부터 5시까지 피노키오의 코의 길이의 변화를 알아보자!

오후 2시일 때 피노키오의 코의 길이는 □cm, 오후 5시일 때 피노키오의 코의 길이는 □cm니까 오후 2시부터 5시까지 길어진 피노키오의 코의 길이는 □−□=□(cm)야.

거짓말을 한 번 할 때마다 코가 2 cm씩 길어지니까 길어진 코의 길이를 2 cm로 나누면 거짓말을 한 횟수를 구할 수 있어.

(거짓말을 한 횟수)=□÷2=□(번)

아~ 피노키오가 오후 2시부터 5시까지 한 거짓말은 모두 □번이구나!

6

일정한 빠르기로 움직이는 장난감이 움직인 거리를 나타낸 꺾은선그래프입니다. 같은 빠르기로 장난감이 15초 동안 움직이는 거리는 모두 몇 cm일까요?

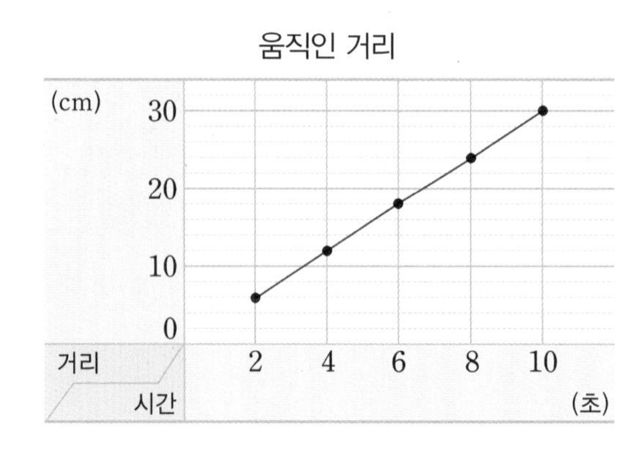

(　　　　　　　　)

7 도서관을 이용한 학생 수를 조사하여 나타낸 표와 꺾은선그래프를 완성해 보세요.

진도책 132쪽 14번 문제

도서관을 이용한 학생 수

요일 (요일)	월	화	수	목	금
학생 수 (명)	105	115			

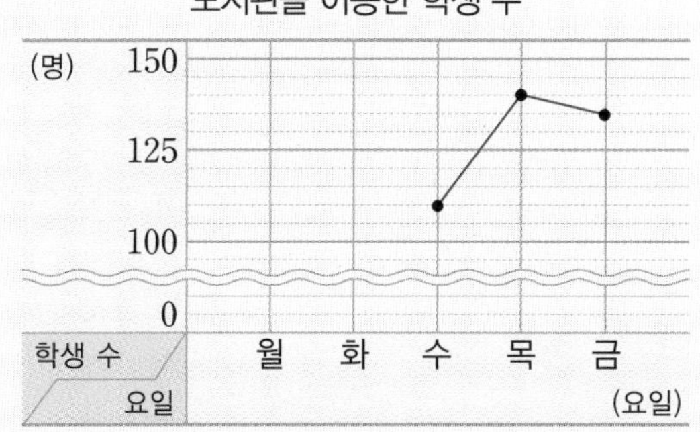

어떻게 풀었니?

표에서 모르는 값은 꺾은선그래프에서 찾고, 표를 보고 꺾은선그래프로 나타내어 보자!

먼저 표를 완성하기 위해 꺾은선그래프를 살펴보면 세로 눈금 5칸이 ☐명을 나타내니까 세로 눈금 한 칸은 ☐명을 나타낸다는 걸 알 수 있어.

도서관을 이용한 학생 수는 수요일: ☐명, 목요일: ☐명, 금요일: ☐명이지.

이번엔 표를 보고 그래프를 완성해 보면 도서관을 이용한 학생 수가 월요일: 105명, 화요일: 115명이니까 그래프에 점을 찍고 선으로 이어 주면 돼.

아~ 표의 빈칸에 ☐, ☐, ☐을/를 차례로 써넣고, 그래프를 그리면 오른쪽과 같구나!

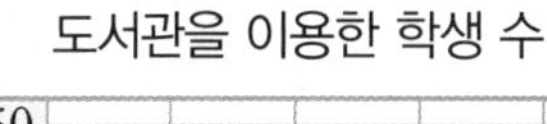

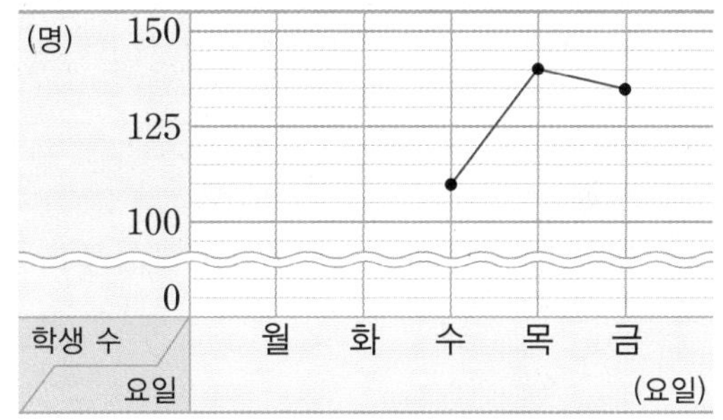

8 어느 초등학교의 졸업생 수를 조사하여 나타낸 표와 꺾은선그래프를 완성해 보세요.

졸업생 수

연도(년)	2016	2017	2018	2019	2020
졸업생 수 (명)	170	190			

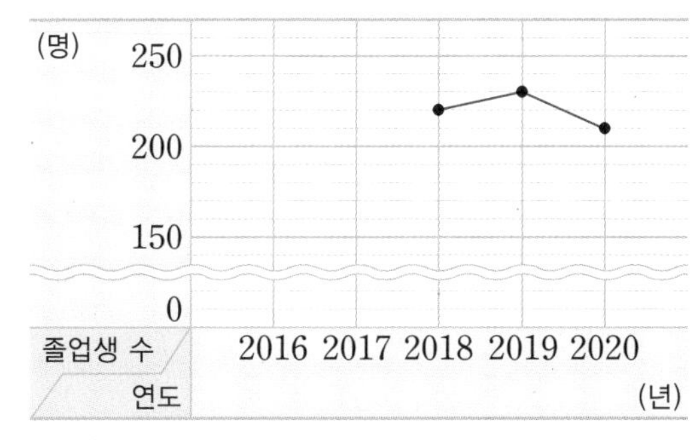

1 꺾은선그래프의 내용 알아보기

선아의 줄넘기 기록을 조사하여 나타낸 꺾은선 그래프입니다. 줄넘기 기록이 가장 높은 때는 언제이고, 그때의 줄넘기 횟수는 몇 회인지 풀이 과정을 쓰고 답을 구해 보세요.

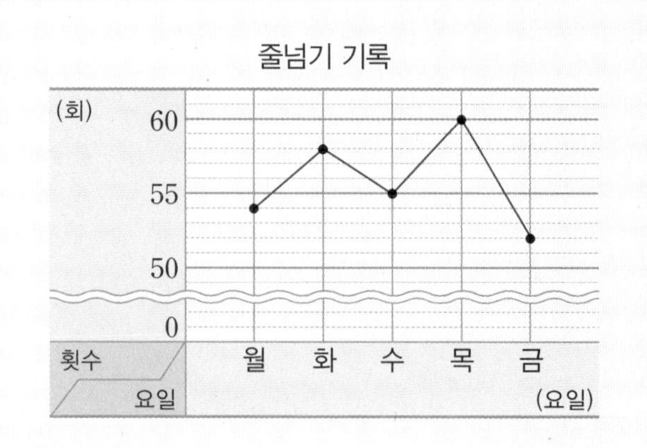

점이 가장 높게 찍힌 때를 찾으면?

기록이 높을수록 점이 높게 찍혀 있어.

무엇을 쓸까?
❶ 줄넘기 기록이 가장 높은 때 찾기
❷ 줄넘기 기록이 가장 높은 때의 줄넘기 횟수 구하기

풀이 예 줄넘기 기록이 가장 높은 때는 점이 가장 높게 찍힌 때이므로 (   )요일입니다. --- ❶
점이 가장 높게 찍힌 때의 세로 눈금을 읽으면 (   )이므로 기록이 가장 높은 때의 줄넘기 횟수는 (   )회입니다. --- ❷

답 ______, ______

1-1

위 1의 그래프를 보고 줄넘기 기록이 가장 낮은 때는 언제이고, 그때의 줄넘기 횟수는 몇 회인지 풀이 과정을 쓰고 답을 구해 보세요.

무엇을 쓸까?
❶ 줄넘기 기록이 가장 낮은 때 찾기
❷ 줄넘기 기록이 가장 낮은 때의 줄넘기 횟수 구하기

풀이

답 ______, ______

1-2

어느 날 교실의 온도를 조사하여 나타낸 꺾은선 그래프입니다. 교실의 온도가 가장 높은 때와 가장 낮은 때의 온도의 차는 몇 ℃인지 풀이 과정을 쓰고 답을 구해 보세요.

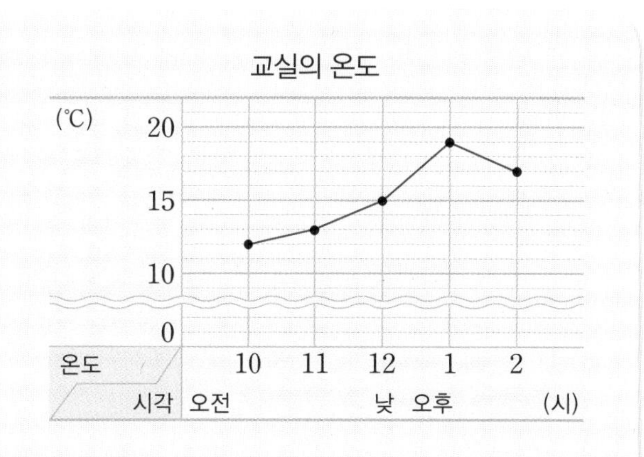

무엇을 쓸까?
❶ 온도가 가장 높은 때와 가장 낮은 때의 온도 구하기
❷ 온도가 가장 높은 때와 가장 낮은 때의 온도의 차 구하기

풀이

답

1-3

은진이의 수학 점수를 조사하여 나타낸 꺾은선그래프입니다. 전달에 비해 점수의 변화가 가장 큰 때는 언제이고, 몇 점 차이가 나는지 풀이 과정을 쓰고 답을 구해 보세요.

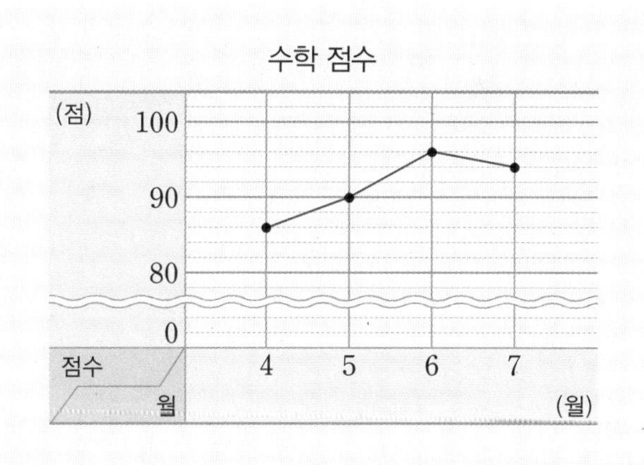

무엇을 쓸까?
❶ 전달에 비해 점수의 변화가 가장 큰 때 찾기
❷ 그때의 점수의 차 구하기

풀이

답 ,

5

2 꺾은선그래프에서 중간값 예상하기

윤아의 키를 매월 1일마다 재어 나타낸 꺾은선그래프입니다. 7월 15일에 윤아의 키는 몇 cm였을지 풀이 과정을 쓰고 답을 구해 보세요.

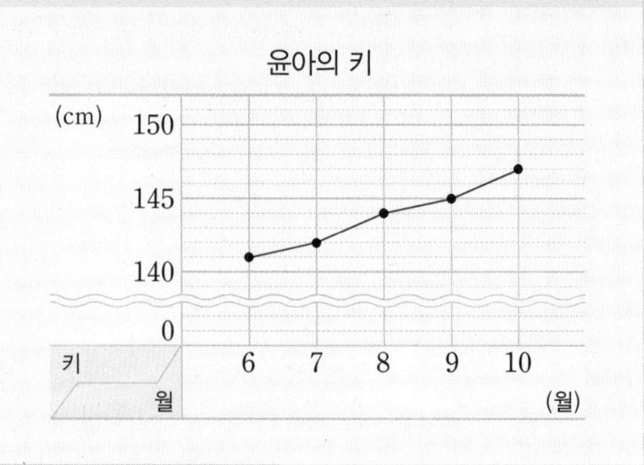

7월 1일의 키와 8월 1일의 키의 중간은?

7월 15일은 7월 1일과 8월 1일 사이에 있어.

무엇을 쓸까?
❶ 7월 1일과 8월 1일의 윤아의 키 구하기
❷ 7월 15일의 윤아의 키 예상하기

풀이 예 7월 1일에 윤아의 키는 (   ) cm이고,

8월 1일에 윤아의 키는 (   ) cm입니다. --- ❶

따라서 7월 15일에 윤아의 키는 그 중간인 (   ) cm라고 예상할 수 있습니다. --- ❷

답 ____________

2-1

위 **2**의 그래프를 보고 9월 15일에 윤아의 키는 몇 cm였을지 풀이 과정을 쓰고 답을 구해 보세요.

무엇을 쓸까?
❶ 9월 1일과 10월 1일의 윤아의 키 구하기
❷ 9월 15일의 윤아의 키 예상하기

풀이 ____________

답 ____________

2-2

어느 날 운동장의 온도를 재어 나타낸 꺾은선그래프입니다. 운동장의 온도가 17 ℃인 때는 몇 시와 몇 시였을지 풀이 과정을 쓰고 답을 구해 보세요.

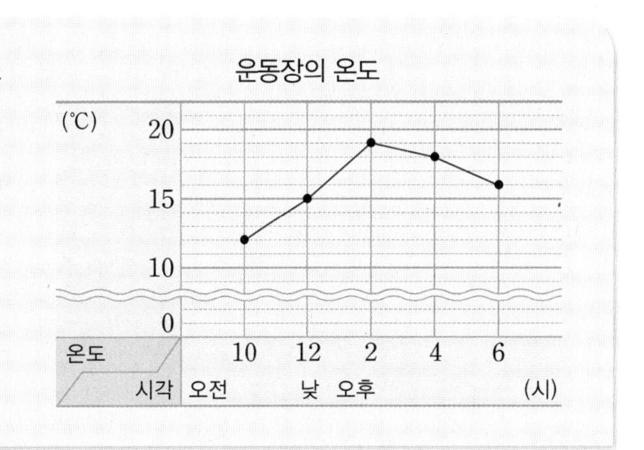

무엇을 쓸까? ❶ 세로 눈금이 17인 곳과 만나는 곳 찾기
❷ 운동장의 온도가 17 ℃인 때 구하기

풀이

답 ,

2-3

재성이의 몸무게를 2년마다 재어 나타낸 꺾은선그래프입니다. 8살 때의 몸무게와 10살 때의 몸무게의 차는 몇 kg이었을지 풀이 과정을 쓰고 답을 구해 보세요.

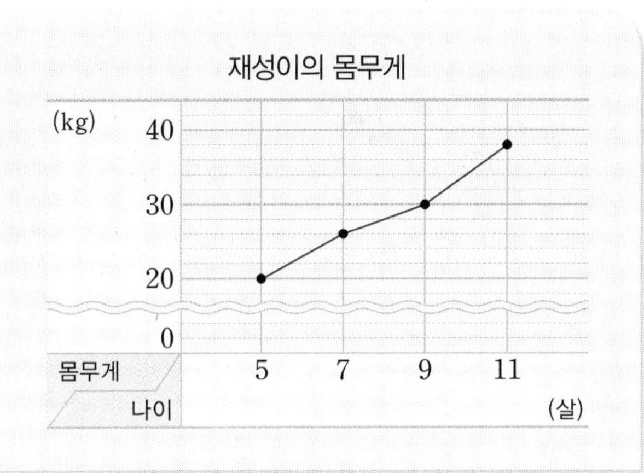

무엇을 쓸까? ❶ 8살 때의 재성이의 몸무게 예상하기
❷ 10살 때의 재성이의 몸무게 예상하기
❸ 8살 때와 10살 때의 재성이의 몸무게의 차 예상하기

풀이

답

3 두 가지 항목을 나타낸 꺾은선그래프

가 공장과 나 공장의 장난감 생산량을 조사하여 나타낸 꺾은선그래프입니다. 두 공장의 장난감 생산량의 차가 가장 큰 때는 몇 월이고, 이때의 생산량의 차는 몇 개인지 풀이 과정을 쓰고 답을 구해 보세요.

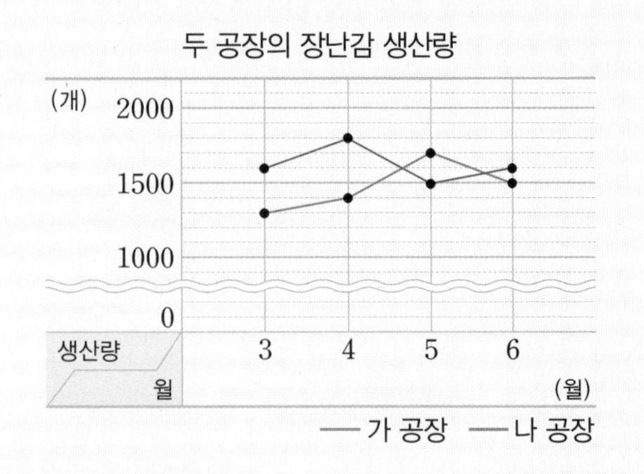

점 사이가 가장 많이 벌어진 때를 찾으면?

생산량의 차가 클수록 점 사이 간격이 멀어.

무엇을 쓸까? ❶ 장난감 생산량의 차가 가장 큰 때 찾기

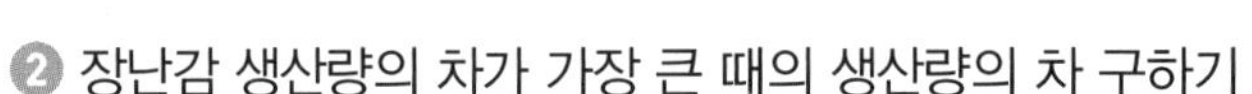

❷ 장난감 생산량의 차가 가장 큰 때의 생산량의 차 구하기

풀이 예 장난감 생산량의 차가 가장 큰 때는 두 공장의 장난감 생산량을 나타내는 점의 사이가 가장 많이 벌어진 때이므로 (　　)월입니다. --- ❶

세로 눈금 한 칸은 (　　　)개를 나타내고, 장난감 생산량의 차가 가장 큰 때의 세로 눈금은 (　　)칸 차이가 나므로 이때의 생산량의 차는 (　　　)개입니다. --- ❷

답 ＿＿＿＿, ＿＿＿＿

3-1

위 3의 그래프를 보고 두 공장의 장난감 생산량의 차가 가장 작은 때는 몇 월이고, 이때의 생산량의 차는 몇 개인지 풀이 과정을 쓰고 답을 구해 보세요.

무엇을 쓸까? ❶ 장난감 생산량의 차가 가장 작은 때 찾기

❷ 장난감 생산량의 차가 가장 작은 때의 생산량의 차 구하기

풀이

답 ＿＿＿＿, ＿＿＿＿

3-2

가 회사와 나 회사의 휴대전화 판매량을 조사하여 나타낸 꺾은선그래프입니다. 두 회사의 휴대전화 판매량의 차가 가장 큰 때는 몇 월이고, 이때의 판매량의 차는 몇 대인지 풀이 과정을 쓰고 답을 구해 보세요.

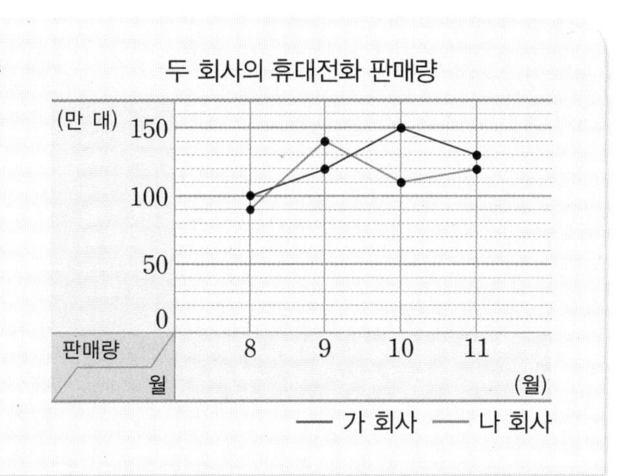

무엇을 쓸까? ❶ 휴대전화 판매량의 차가 가장 큰 때 찾기
❷ 휴대전화 판매량의 차가 가장 큰 때의 판매량의 차 구하기

풀이

답 ,

3-3

현지의 국어 점수와 수학 점수를 조사하여 나타낸 꺾은선그래프입니다. 두 과목의 점수의 차가 가장 작은 때는 몇 월이고, 이때의 점수의 차는 몇 점인지 풀이 과정을 쓰고 답을 구해 보세요.

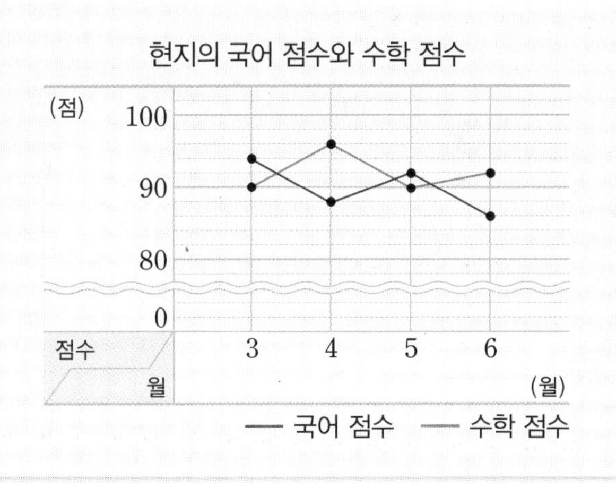

무엇을 쓸까? ❶ 점수의 차가 가장 작은 때 찾기
❷ 점수의 차가 가장 작은 때의 점수의 차 구하기

풀이

답 ,

수행 평가

[1~3] 서윤이의 멀리 던지기 기록을 조사하여 나타낸 꺾은선그래프입니다. 물음에 답하세요.

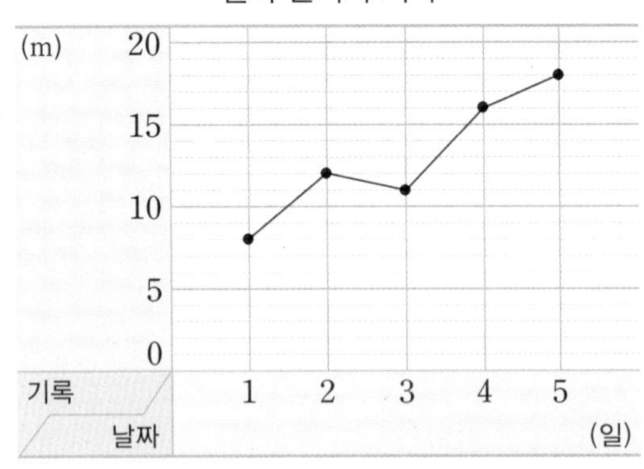

1 세로 눈금 한 칸은 몇 m를 나타낼까요?

( )

2 3일의 서윤이의 멀리 던지기 기록은 몇 m일까요?

( )

3 멀리 던지기 기록이 가장 높은 때는 며칠일까요?

( )

4 정우가 키우는 강아지의 무게를 매월 1일에 조사하여 나타낸 표입니다. 표를 보고 꺾은선그래프로 나타내어 보세요.

강아지의 무게

월(월)	2	3	4	5	6
몸무게(kg)	4	5	7	10	12

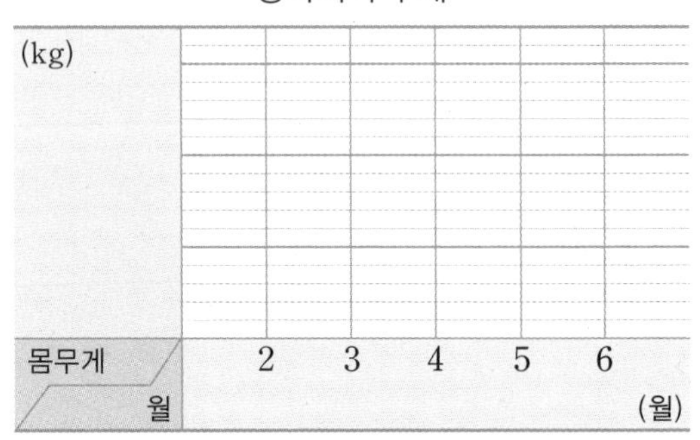

5 꺾은선그래프로 나타내기에 알맞은 자료를 찾아 기호를 써 보세요.

㉠ 좋아하는 과일별 학생 수
㉡ 월별 주스 판매량
㉢ 목장별 우유 생산량

( )

[6~7] 유성이의 SNS 방문자 수를 조사하여 나타낸 꺾은선그래프입니다. 물음에 답하세요.

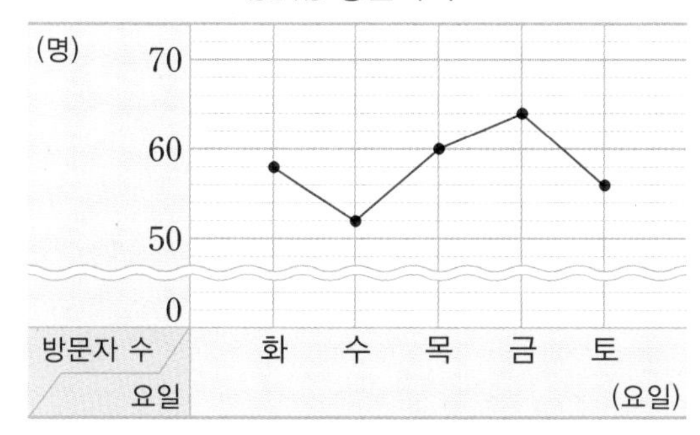

6 방문자 수가 가장 많은 날과 가장 적은 날의 방문자 수의 차는 몇 명일까요?

( )

7 전날에 비해 방문자 수가 가장 많이 줄어든 때는 언제일까요?

( )

8 어느 지역의 7월 강수량을 조사하여 나타낸 표와 꺾은선그래프입니다. 표와 꺾은선그래프를 완성해 보세요.

강수량

연도(년)	2017	2018	2019	2020	2021
강수량(mm)	102	96			

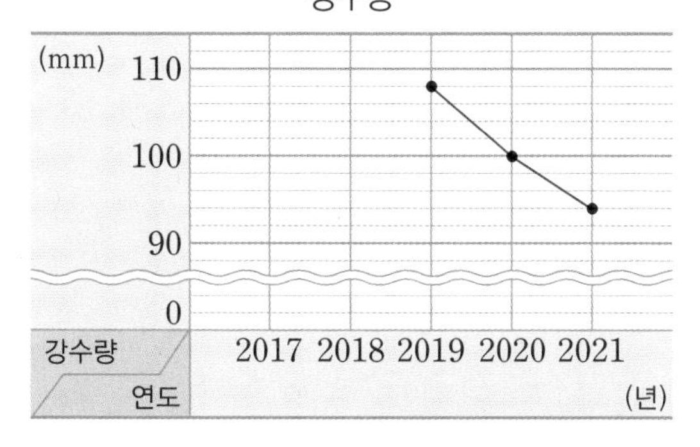

9 가 마을과 나 마을의 쓰레기 배출량을 조사하여 나타낸 꺾은선그래프입니다. 두 마을의 쓰레기 배출량의 차가 가장 작은 때는 며칠이고, 이때의 쓰레기 배출량의 차는 몇 kg인지 구해 보세요.

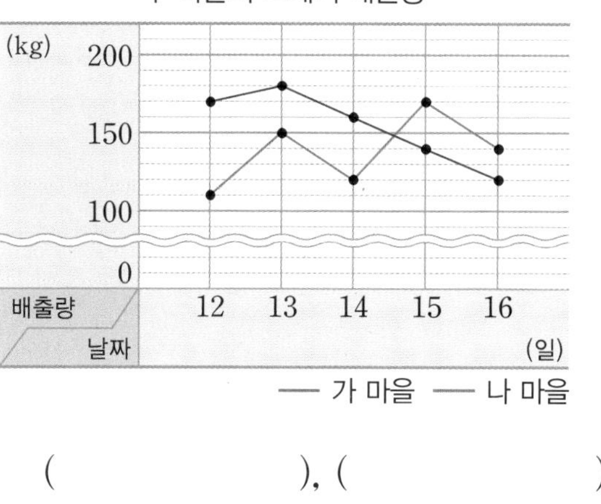

( ), ( )

서술형 문제

10 혜빈이의 키를 매년 1월마다 조사하여 나타낸 꺾은선그래프입니다. 2018년 7월에 혜빈이의 키는 몇 cm였을지 풀이 과정을 쓰고 답을 구해 보세요.

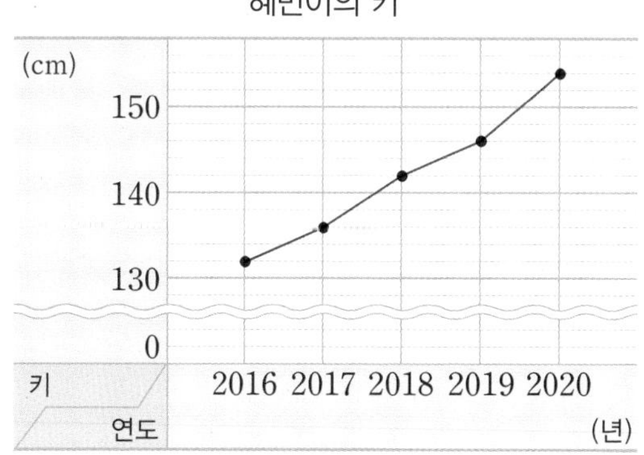

풀이

답

5

개념 적용

1 같은 그룹에 속할 수 없는 하나의 도형을 찾아 ○표 하세요.

진도책 147쪽 5번 문제

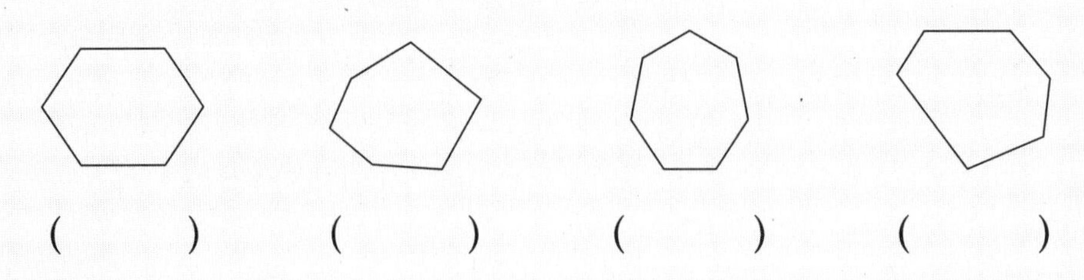

( ) ( ) ( ) ( )

어떻게 풀었니?

주어진 도형을 두 그룹으로 나누어 보자!

주어진 도형들은 모두 선분으로만 둘러싸여 있으니까 다각형이야.
다각형은 변의 수에 따라 이름이 정해지니까 다각형의 변의 수를 차례로 세어 봐.

도형	변의 수	이름	도형	변의 수	이름
	□개	□		□개	□
	□개	□		□개	□

위의 표에서 주어진 도형을 두 그룹으로 나누어 보면 □과 □으로 나누어져.
아~ 같은 그룹에 속할 수 없는 하나의 도형을 찾아 ○표 하면 ( )( )( )( )이구나!

2 같은 그룹에 속할 수 없는 하나의 도형을 찾아 기호를 쓰고, 같은 그룹에 속하도록 고쳐 그려 보세요.

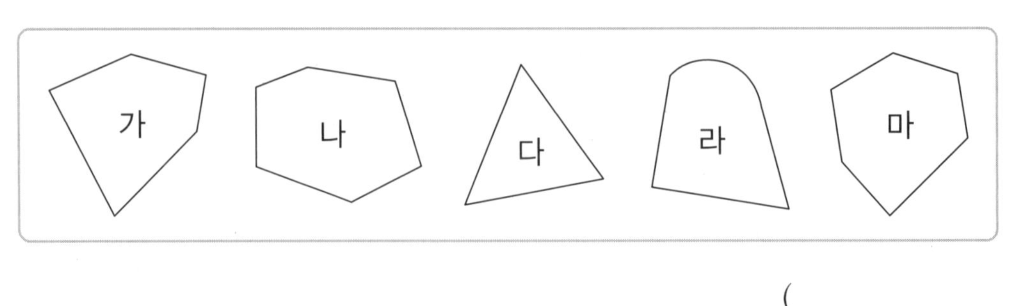

( )

3 밧줄로 한 변이 5 cm인 정육각형 모양을 만들려고 합니다. 필요한 밧줄은 몇 cm인지 구해 보세요.

진도책 149쪽 11번 문제

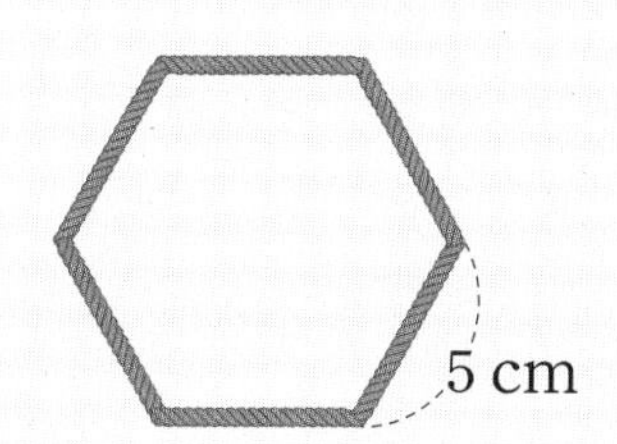

어떻게 풀었니?

정육각형의 변의 길이에 대해 알아보자!

육각형은 변이 □개인 다각형이지? 정육각형은 변이 □개인 정다각형이야.
정다각형은 변의 길이가 모두 같고 각의 크기가 모두 같은 다각형이지.
즉, 정육각형의 □개의 변의 길이는 모두 같아.
문제에서 한 변이 5 cm인 정육각형 모양을 만든다고 했으니까 밧줄은 5 cm의 □배만큼 필요해.

(필요한 밧줄의 길이) $= 5 \times$ □ $=$ □(cm)

아~ 필요한 밧줄은 □cm구나!

4 끈으로 한 변이 9 cm인 정팔각형 모양을 만들려고 합니다. 필요한 끈은 몇 cm인지 구해 보세요.

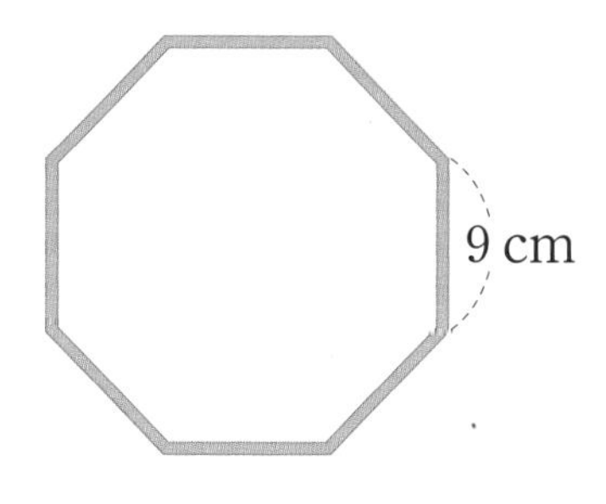

(　　　　　　　　)

5 승아는 철사로 한 변이 7 cm인 정오각형과 한 변이 4 cm인 정칠각형을 만들려고 합니다. 필요한 철사는 몇 cm인지 구해 보세요.

(　　　　　　　　)

6 **대각선에 대한 설명 중 틀린 것을 찾아 기호를 써 보세요.**

진도책 151쪽 16번 문제

㉠ 마름모는 두 대각선이 서로 수직으로 만납니다.
㉡ 평행사변형은 한 대각선이 다른 대각선을 이등분합니다.
㉢ 사각형에서 그을 수 있는 대각선의 수는 4개입니다.
㉣ 정사각형의 두 대각선의 길이는 같습니다.

어떻게 풀었니?

사각형의 대각선의 특징을 알아보자!

각각의 사각형에 대각선을 그려 보고, 어떤 특징이 있는지 살펴봐.

㉠ 마름모:

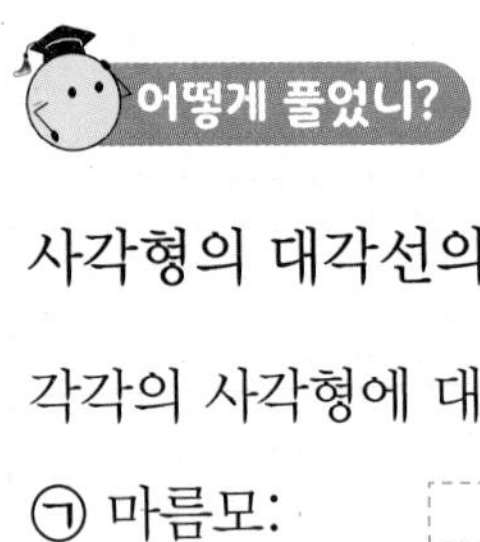

➡ 두 대각선이 서로 수직으로 (만납니다 , 만나지 않습니다).

㉡ 평행사변형:

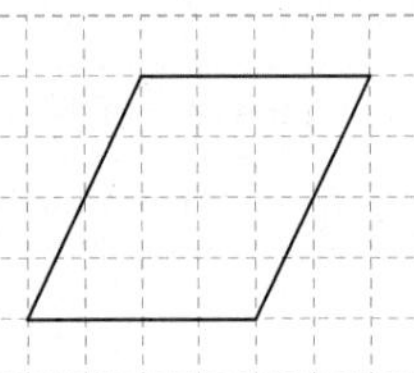

➡ 한 대각선이 다른 대각선을 이등분(합니다 , 하지 않습니다).

㉢ 사각형:

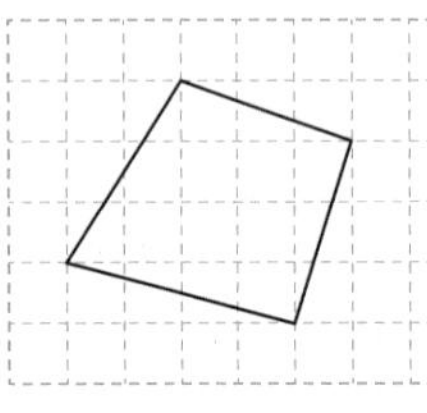

➡ 그을 수 있는 대각선의 수는 □개입니다.

㉣ 정사각형:

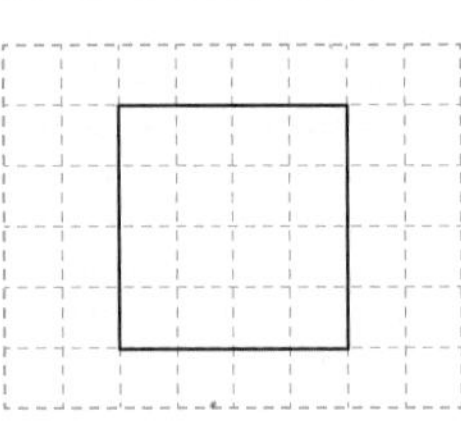

➡ 두 대각선의 길이가 (같습니다 , 다릅니다).

아~ 대각선에 대한 설명 중 틀린 것은 □이구나!

7 다음을 모두 만족하는 사각형의 이름을 써 보세요.

- 두 대각선의 길이가 같습니다.
- 두 대각선이 서로 수직으로 만납니다.

( )

8

진도책 153쪽 23번 문제

주어진 마름모 모양 조각으로 다각형을 채우려고 합니다. 모양 조각이 모두 몇 개 필요한지 구해 보세요.

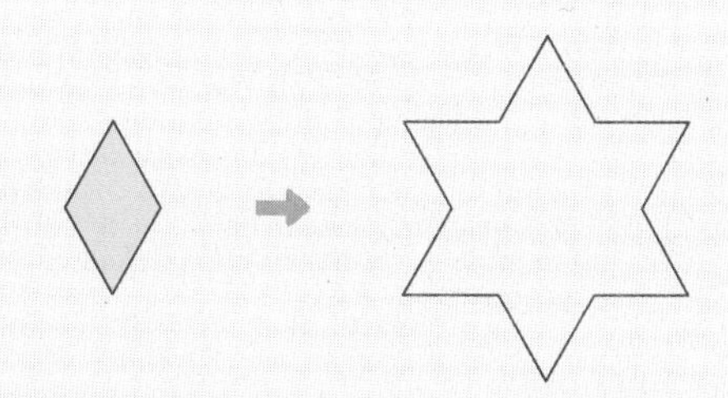

어떻게 풀었니?

마름모 모양 조각으로 오른쪽 모양을 채워 보자!

모양 조각으로 어떤 모양을 채울 때, 주어진 모양 조각을 돌리거나 뒤집어서 채울 수도 있어.

마름모 모양 조각을 돌려서 ▱ 모양으로도 채워 보는 거야.

이때, 채우려는 모양에 대각선을 몇 개 그어 보면 모양 조각이 놓일 자리를 쉽게 알 수 있지.

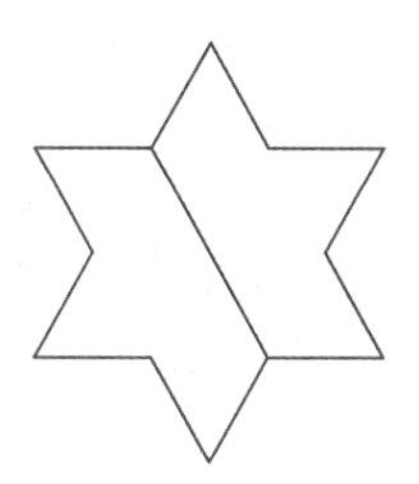

아~ 모양 조각이 모두 ☐개 필요하구나!

6

9 주어진 사다리꼴 모양 조각으로 오른쪽 모양을 채우려고 합니다. 모양 조각이 모두 몇 개 필요한지 구해 보세요.

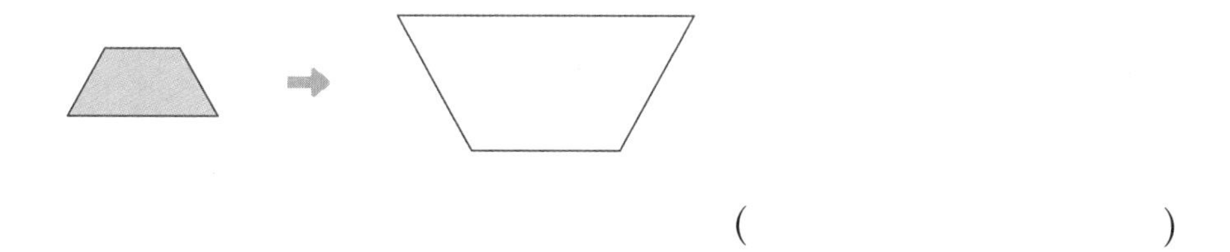

(　　　　　　　)

10 한 가지 모양 조각으로 오른쪽 모양을 채우려고 합니다. 모양 조각이 각각 몇 개 필요한지 구해 보세요.

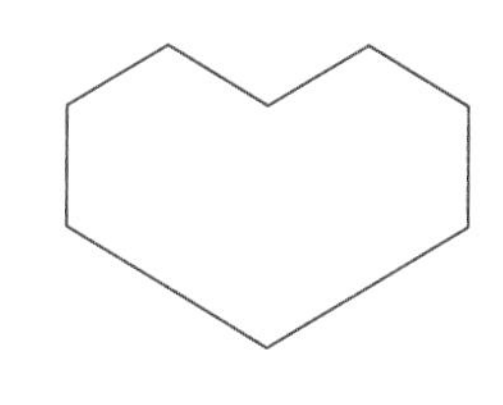

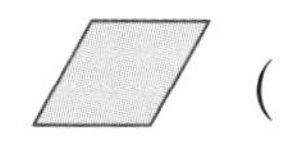 (　　　　　　　), △ (　　　　　　　)

쓰기 쉬운 서술형

1 대각선의 수 구하기

오각형의 대각선은 모두 몇 개인지 풀이 과정을 쓰고 답을 구해 보세요.

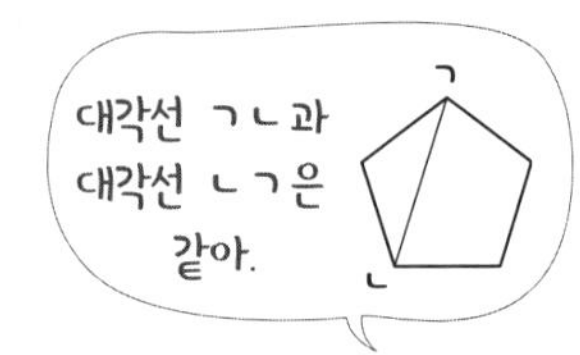

대각선 ㄱㄴ과 대각선 ㄴㄱ은 같아.

무엇을 쓸까? ❶ 한 꼭짓점에서 그을 수 있는 대각선의 수 구하기
❷ 오각형의 대각선의 수 구하기

풀이 예 오각형의 한 꼭짓점에서 그을 수 있는 대각선은 (　　)개입니다. --- ❶

꼭짓점이 5개이므로 대각선을 (　　)×5＝(　　)(개) 그을 수 있습니다.

이때 대각선이 두 번씩 서로 겹치므로 대각선은 모두 (　　)÷2＝(　　)(개)입니다. --- ❷

답

1-1

팔각형의 대각선은 모두 몇 개인지 풀이 과정을 쓰고 답을 구해 보세요.

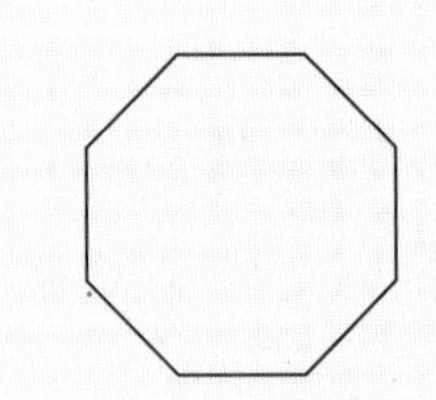

무엇을 쓸까? ❶ 한 꼭짓점에서 그을 수 있는 대각선의 수 구하기
❷ 팔각형의 대각선의 수 구하기

풀이

답

1-2

두 도형에 각각 그을 수 있는 대각선의 수의 합은 몇 개인지 풀이 과정을 쓰고 답을 구해 보세요.

육각형　　구각형

무엇을 쓸까?
❶ 육각형과 구각형의 대각선의 수 각각 구하기
❷ 육각형과 구각형의 대각선의 수의 합 구하기

풀이

답

1-3

한 꼭짓점에서 그을 수 있는 대각선의 수가 7개인 다각형이 있습니다. 이 다각형의 대각선은 모두 몇 개인지 풀이 과정을 쓰고 답을 구해 보세요.

무엇을 쓸까?
❶ 다각형의 이름 구하기
❷ 다각형의 대각선의 수 구하기

풀이

답

2 사각형의 대각선의 성질 이용하기

마름모 ㄱㄴㄷㄹ에서 삼각형 ㄱㅁㄹ의 세 변의 길이의 합은 몇 cm인지 풀이 과정을 쓰고 답을 구해 보세요.

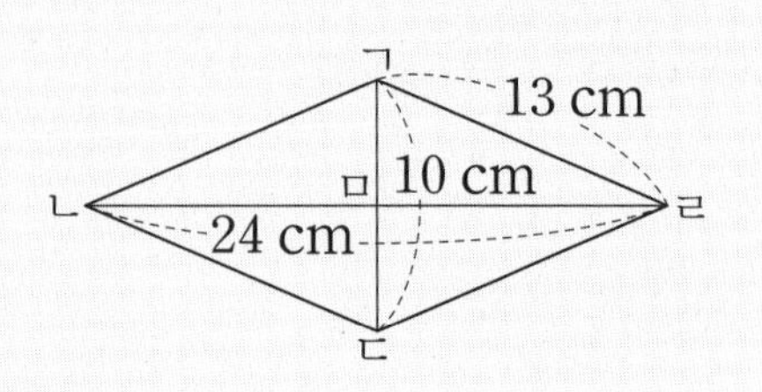

선분 ㄱㅁ, 선분 ㅁㄹ, 변 ㄹㄱ의 길이의 합을 구하면?

마름모는 한 대각선이 다른 대각선을 똑같이 둘로 나눠.

무엇을 쓸까? ❶ 선분 ㄱㅁ, 선분 ㅁㄹ의 길이 구하기
❷ 삼각형 ㄱㅁㄹ의 세 변의 길이의 합 구하기

풀이 예 마름모는 한 대각선이 다른 대각선을 똑같이 둘로 나누므로

(선분 ㄱㅁ) = (　　) cm, (선분 ㅁㄹ) = (　　) cm입니다. --- ❶

따라서 삼각형 ㄱㅁㄹ의 세 변의 길이의 합은 (　　) + (　　) + 13 = (　　)(cm)입니다. --- ❷

답 ____________

2-1

직사각형 ㄱㄴㄷㄹ에서 삼각형 ㅁㄴㄷ의 세 변의 길이의 합은 몇 cm인지 풀이 과정을 쓰고 답을 구해 보세요.

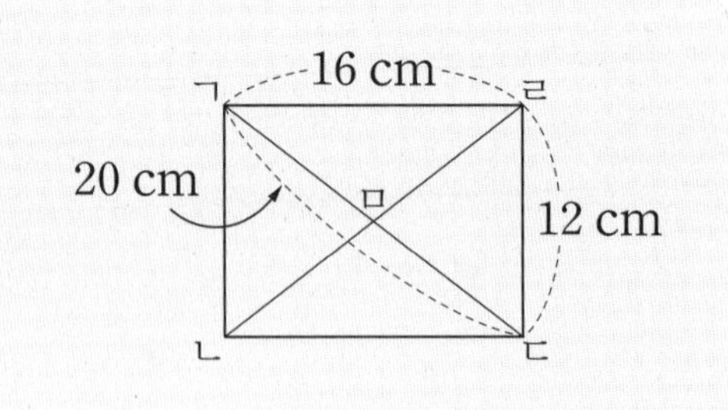

무엇을 쓸까? ❶ 선분 ㅁㄴ, 선분 ㅁㄷ의 길이 구하기
❷ 삼각형 ㅁㄴㄷ의 세 변의 길이의 합 구하기

풀이

답 ____________

3 정다각형에서 한 변의 길이 구하기

윤지는 길이가 72 cm인 철사를 겹치지 않게 모두 사용하여 정팔각형을 만들었습니다. 만든 정팔각형의 한 변은 몇 cm인지 풀이 과정을 쓰고 답을 구해 보세요.

정팔각형의 모든 변의 길이의 합을 변의 수로 나누면?

정■각형은 ■개의 변의 길이가 모두 같아.

무엇을 쓸까? ❶ 정팔각형의 변의 길이의 성질 쓰기
❷ 만든 정팔각형의 한 변의 길이 구하기

풀이 예 정팔각형의 변은 (　　)개이고, 길이가 모두 (같습니다 , 다릅니다). --- ❶

따라서 만든 정팔각형의 한 변의 길이는 (　　)÷(　　)=(　　)(cm)입니다. --- ❷

답

6

3-1

서연이는 길이가 48 cm인 철사를 남김없이 모두 사용하여 가장 큰 정육각형을 만들었습니다. 만든 정육각형의 한 변은 몇 cm인지 풀이 과정을 쓰고 답을 구해 보세요.

무엇을 쓸까? ❶ 정육각형의 변의 길이의 성질 쓰기
❷ 만든 정육각형의 한 변의 길이 구하기

풀이

답

3-2

한 변이 5 cm이고, 모든 변의 길이의 합이 45 cm인 정다각형이 있습니다. 이 정다각형의 이름은 무엇인지 풀이 과정을 쓰고 답을 구해 보세요.

무엇을 쓸까? ❶ 정다각형의 변의 수 구하기
❷ 정다각형의 이름 구하기

풀이

답

3-3

정오각형과 정칠각형의 모든 변의 길이의 합이 같을 때, 정오각형의 한 변은 몇 cm인지 풀이 과정을 쓰고 답을 구해 보세요.

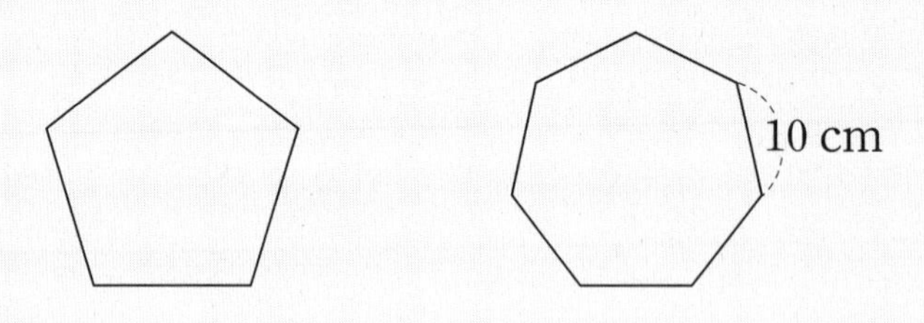

무엇을 쓸까? ❶ 정칠각형의 모든 변의 길이의 합 구하기
❷ 정오각형의 한 변의 길이 구하기

풀이

답

4 정다각형에서 한 각의 크기 구하기

정오각형의 한 각의 크기는 몇 도인지 풀이 과정을 쓰고 답을 구해 보세요.

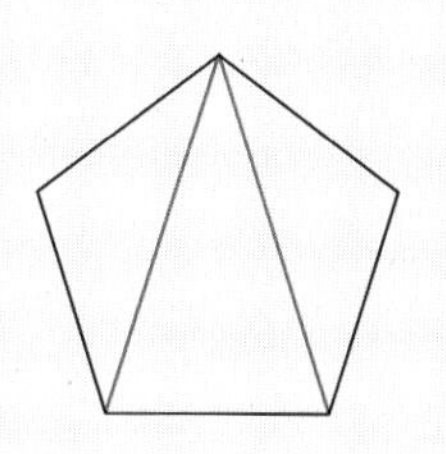

정오각형의 모든 각의 크기의 합을
각의 수로 나누면?

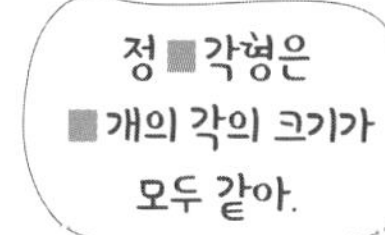

무엇을 쓸까? ❶ 정오각형의 모든 각의 크기의 합 구하기
❷ 정오각형의 한 각의 크기 구하기

풀이 예 정오각형은 삼각형 (　　)개로 나눌 수 있으므로

(정오각형의 모든 각의 크기의 합) $=$ (삼각형의 세 각의 크기의 합) $\times$ (　　)

$= 180^\circ \times$ (　　) $=$ (　　　)°입니다. --- ❶

따라서 정오각형의 한 각의 크기는 (　　　)° $\div$ (　　) $=$ (　　　)°입니다. --- ❷

답 ________

4-1

정육각형의 한 각의 크기는 몇 도인지 풀이 과정을 쓰고 답을 구해 보세요.

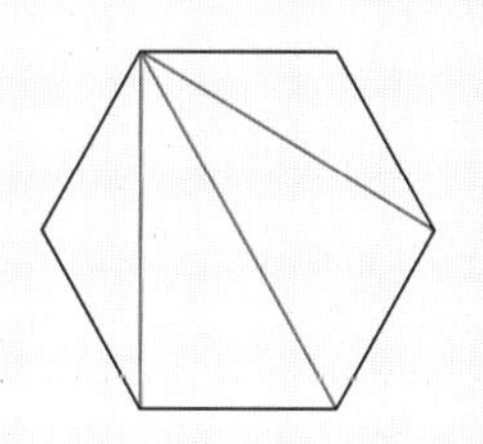

무엇을 쓸까? ❶ 정육각형의 모든 각의 크기의 합 구하기
❷ 정육각형의 한 각의 크기 구하기

풀이 ________

답 ________

수행 평가

[1~2] 도형을 보고 물음에 답하세요.

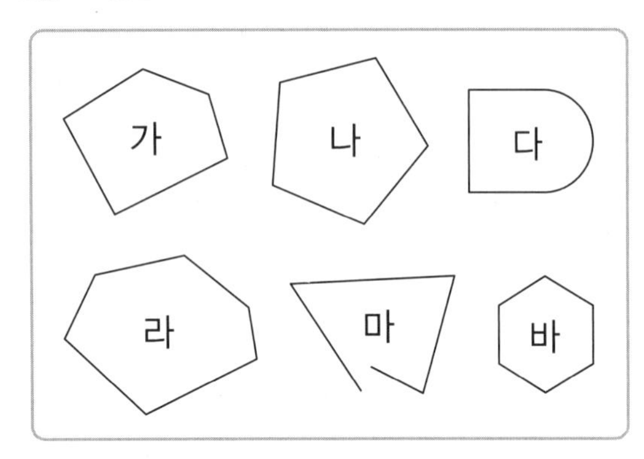

1 다각형을 모두 찾아 기호를 써 보세요.

( )

2 정다각형을 모두 찾아 기호를 써 보세요.

( )

3 정다각형의 이름을 써 보세요.

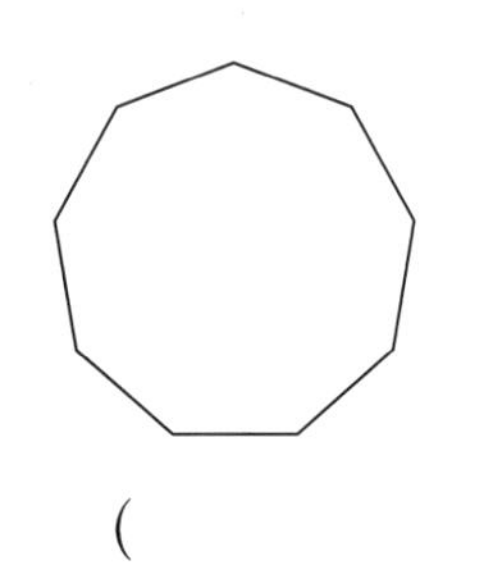

( )

4 칠각형의 대각선의 수를 구해 보세요.

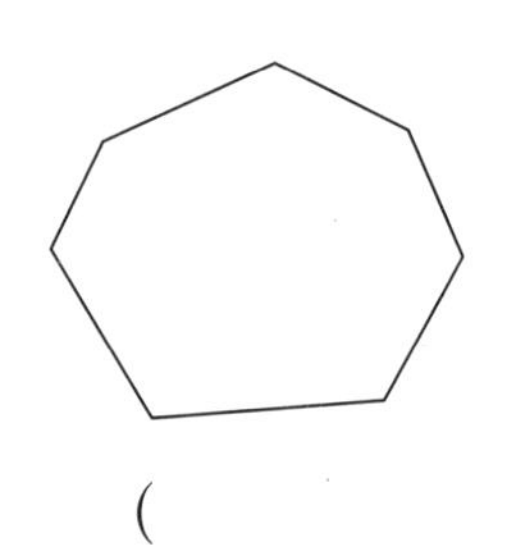

( )

5 ㉠과 ㉡의 합은 몇 개인지 구해 보세요.

㉠ 십이각형의 변의 수
㉡ 십오각형의 꼭짓점의 수

( )

6 다음 중 두 대각선이 서로 수직으로 만나는 사각형을 모두 고르세요. (　　　　)

① 사다리꼴　　② 평행사변형
③ 마름모　　④ 직사각형
⑤ 정사각형

7 모양 조각을 한 번씩 모두 사용하여 사다리꼴 모양을 채워 보세요.

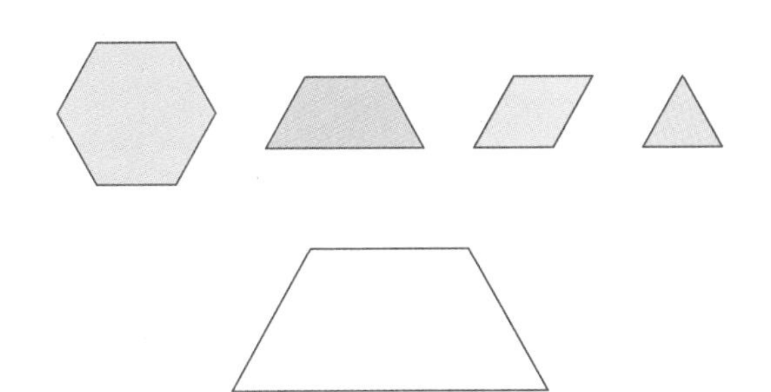

8 한 가지 모양 조각으로 평행사변형 모양을 채우려고 합니다. 모양 조각이 각각 몇 개 필요한지 구해 보세요.

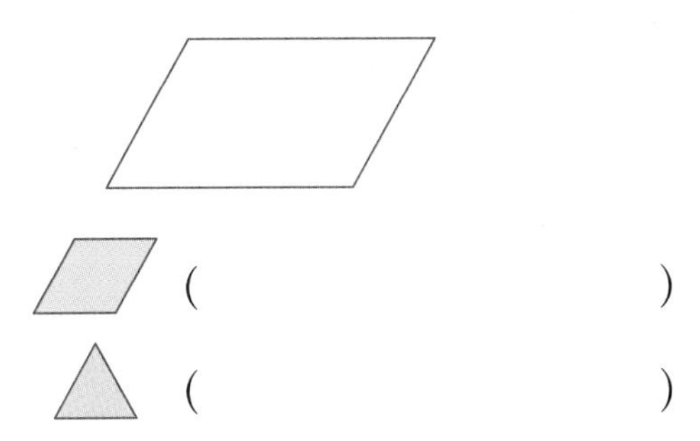

9 정팔각형의 한 각의 크기는 135°입니다. 정팔각형의 모든 각의 크기의 합은 몇 도인지 구해 보세요.

(　　　　　　)

서술형 문제

10 모든 변의 길이의 합이 84 cm인 정칠각형이 있습니다. 이 정칠각형의 한 변은 몇 cm인지 풀이 과정을 쓰고 답을 구해 보세요.

풀이

답

총괄 평가

1 계산해 보세요.

(1) $\frac{5}{8}+\frac{7}{8}$

(2) $1\frac{2}{13}-\frac{4}{13}$

2 수직인 선분도 있고 평행한 선분도 있는 도형은 어느 것일까요? (　　　)

① 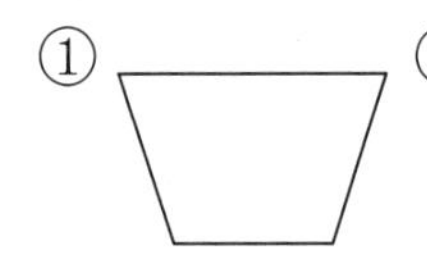 ② 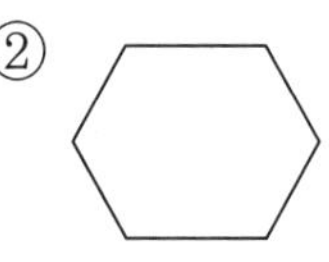 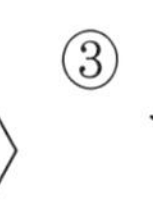 ③ 

④  ⑤ 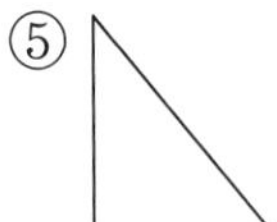

3 마름모입니다. 네 변의 길이의 합은 몇 cm일까요?

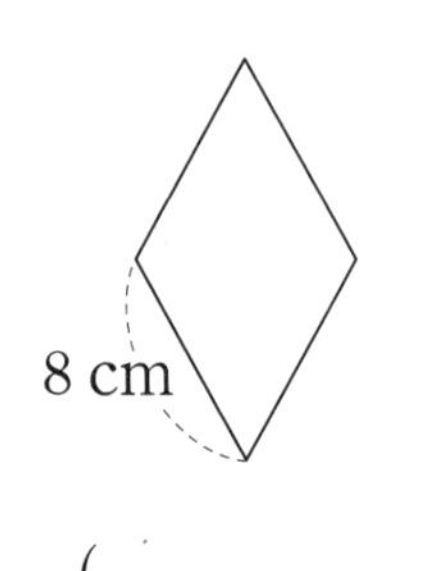

(　　　　　　　　)

4 수현이의 오래매달리기 기록을 조사하여 나타낸 표입니다. 표를 보고 꺾은선그래프로 나타내어 보세요.

오래매달리기 기록

요일(요일)	월	화	수	목	금
기록(초)	10	9	13	15	12

오래매달리기 기록

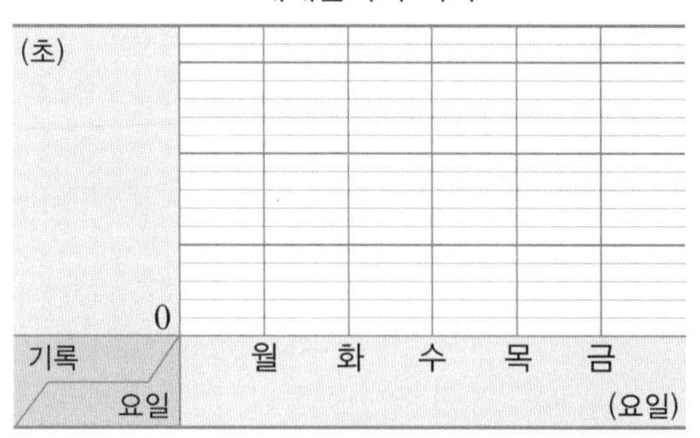

5 다음 도형의 이름이 될 수 있는 것을 모두 고르세요. (　　　　)

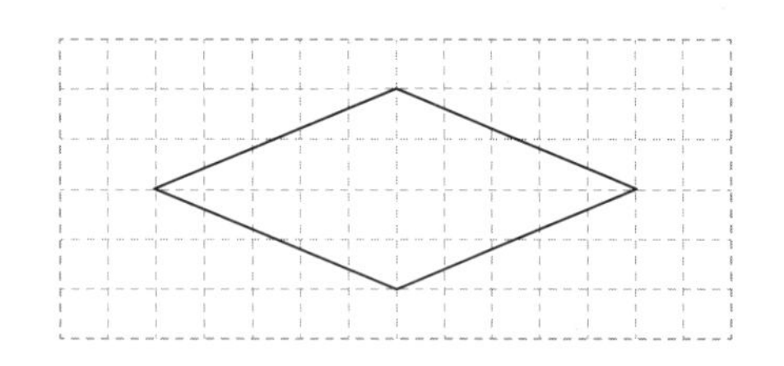

① 사다리꼴　② 평행사변형
③ 마름모　④ 직사각형
⑤ 정사각형

6 대각선의 수가 많은 순서대로 기호를 써 보세요.

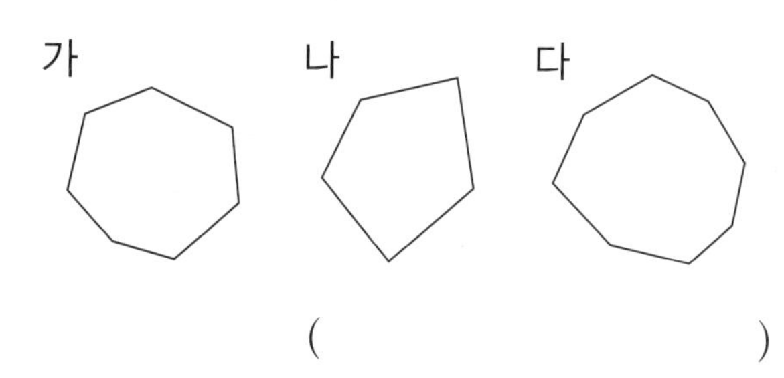

( )

7 계산 결과가 가장 큰 것을 찾아 기호를 써 보세요.

㉠ 2.8+3.5	㉡ 4.17+1.69
㉢ 9.5−3.4	㉣ 8.37−2.64

( )

8 지율이는 태권도를 매일 $1\frac{3}{4}$시간씩 합니다. 지율이가 이틀 동안 태권도를 한 시간은 모두 몇 시간일까요?

( )

9 모양 조각을 모두 사용하여 정삼각형을 채워 보세요. (단, 같은 모양 조각을 여러 번 사용해도 됩니다.)

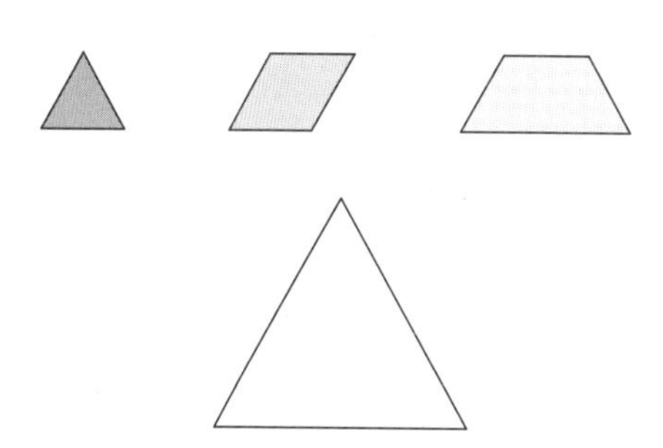

10 삼각형의 두 각의 크기를 나타낸 것입니다. 예각삼각형을 찾아 기호를 써 보세요.

㉠ 50°, 30°
㉡ 45°, 45°
㉢ 40°, 60°

( )

[11~12] 현지의 몸무게를 매년 1월에 조사하여 나타낸 꺾은선그래프입니다. 물음에 답하세요.

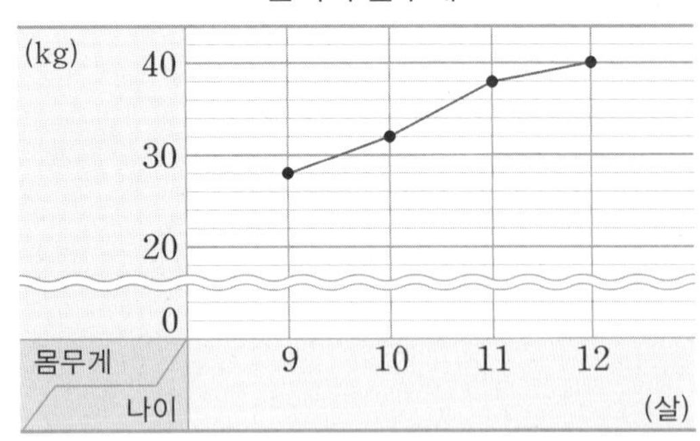

11 전년에 비해 몸무게가 가장 많이 늘어난 때는 언제일까요?

( )

12 9살이 되던 해의 7월에 현지의 몸무게는 몇 kg이었을까요?

( )

13 한 변이 7 cm이고, 모든 변의 길이의 합이 56 cm인 정다각형이 있습니다. 이 정다각형의 이름은 무엇일까요?

( )

14 설명하는 수의 소수 첫째 자리 숫자를 구해 보세요.

2.45보다 3.76 큰 수

( )

15 채소 가게에서 팔고 남은 고구마는 8060 g, 감자는 8.41 kg입니다. 고구마와 감자 중 어느 것이 몇 kg 더 많이 남았는지 구해 보세요.

( ), ( )

16 4장의 분수 카드 중 2장을 골라 계산 결과가 가장 큰 뺄셈식을 만들고, 계산해 보세요.

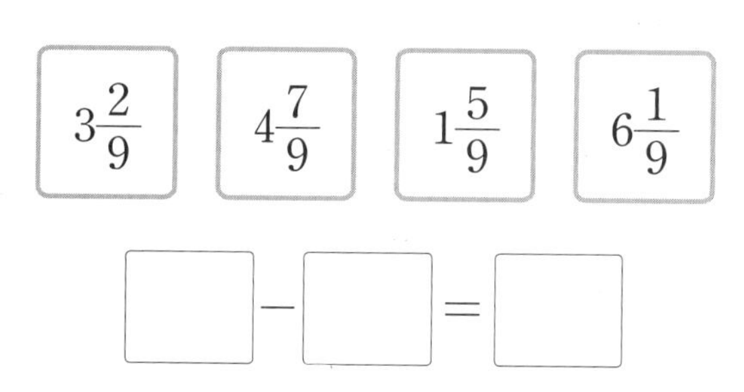

17 이등변삼각형입니다. ㉠의 각도를 구해 보세요.

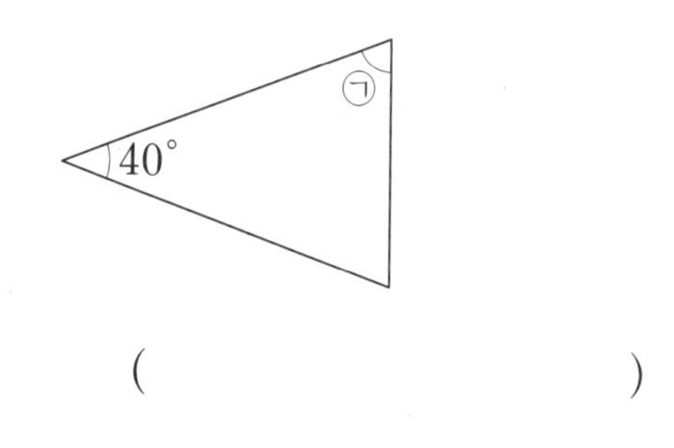

( )

18 이등변삼각형 ㄱㄴㄷ과 정삼각형 ㄹㅁㅂ의 세 변의 길이의 합은 같습니다. 정삼각형 ㄹㅁㅂ의 한 변은 몇 cm일까요?

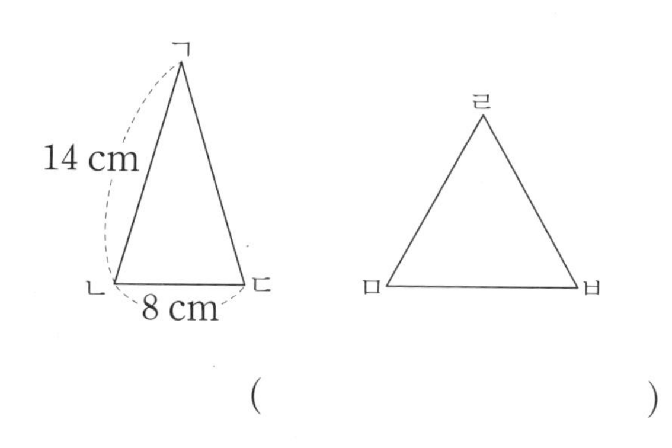

( )

서술형 문제

19 어떤 수에서 5.62를 빼야 할 것을 잘못하여 더했더니 13.5가 되었습니다. 바르게 계산하면 얼마인지 풀이 과정을 쓰고 답을 구해 보세요.

풀이

답

서술형 문제

20 평행사변형 ㄱㄴㄷㄹ의 네 변의 길이의 합은 32 cm입니다. 변 ㄴㄷ의 길이는 몇 cm인지 풀이 과정을 쓰고 답을 구해 보세요.

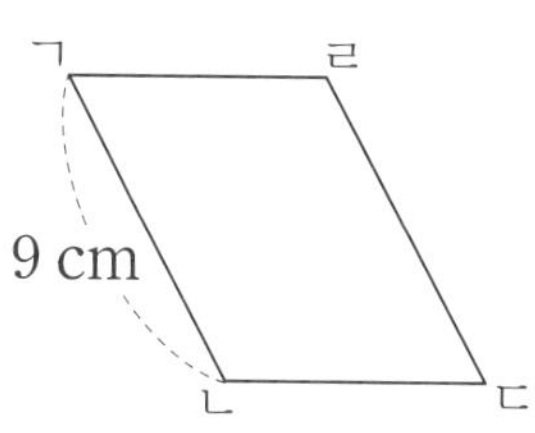

풀이

답

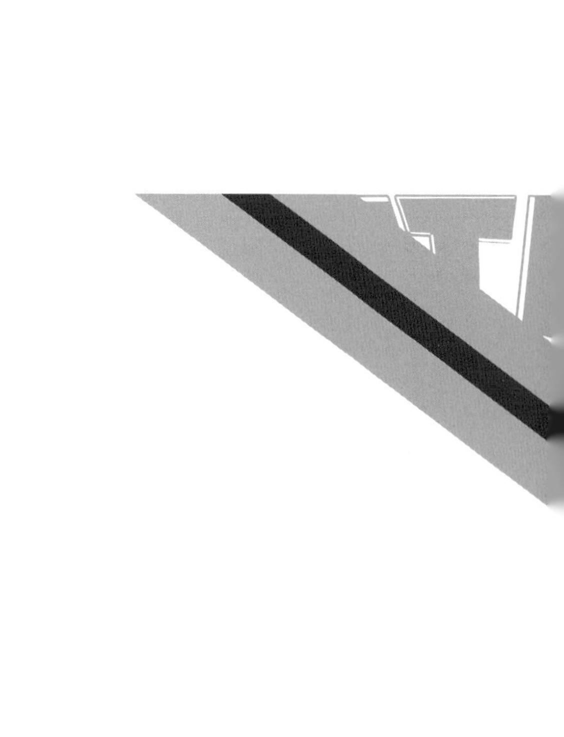

한걸음 한걸음 디딤돌을 걷다 보면
수학이 완성됩니다.

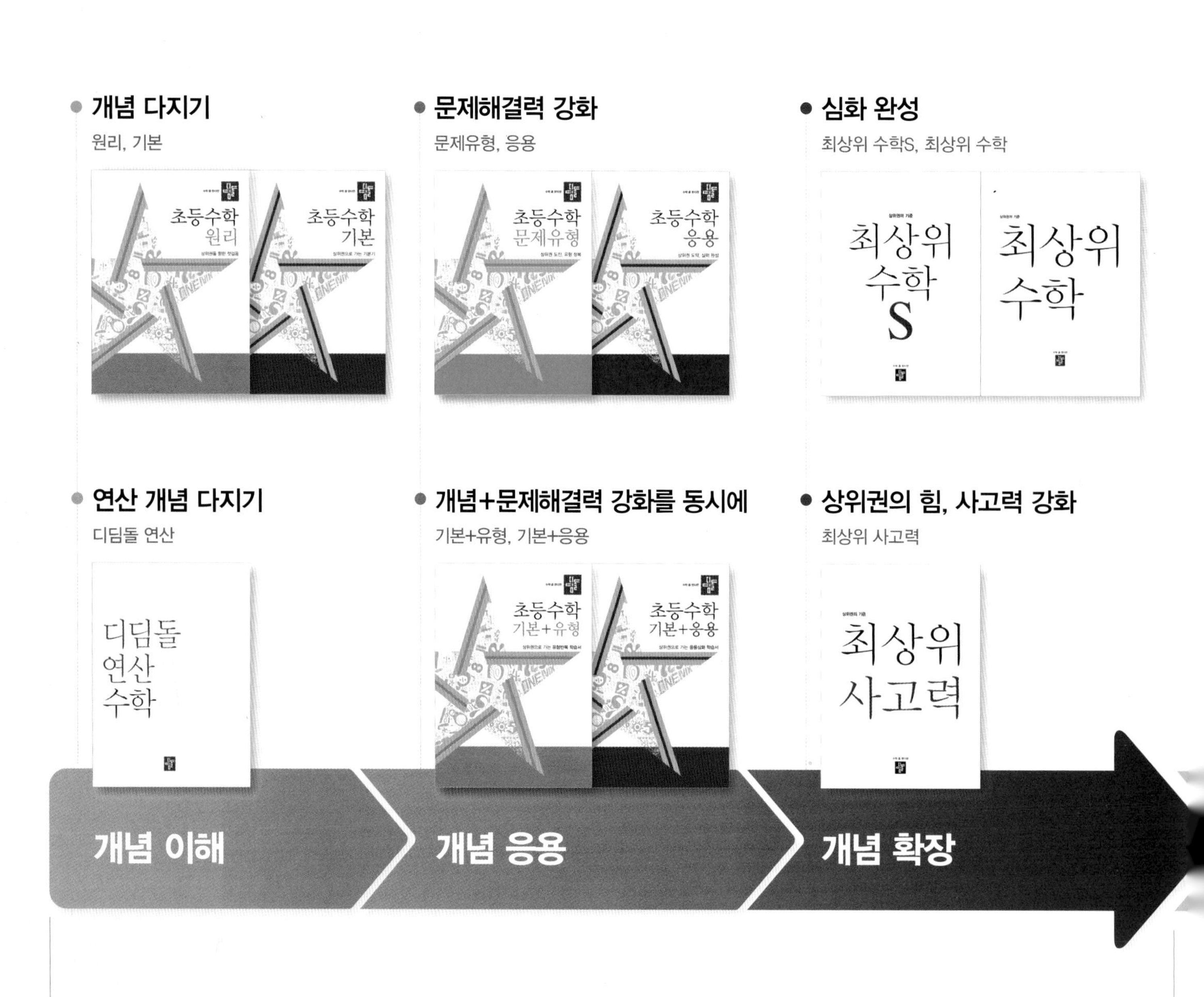

학습 능력과 목표에 따라
맞춤형이 가능한 디딤돌 초등 수학

수능까지 연결되는 독해 로드맵

디딤돌 독해력은 수능까지 연결되는 체계적인 라인업을 통하여
수능에서 요구하는 핵심 독해 원리에 대한 이해는 물론,
단계 별로 심화되며 연결되는 학습의 과정을 통해
깊이 있고 종합적인 독해 사고의 능력까지 기를 수 있도록 도와줍니다.

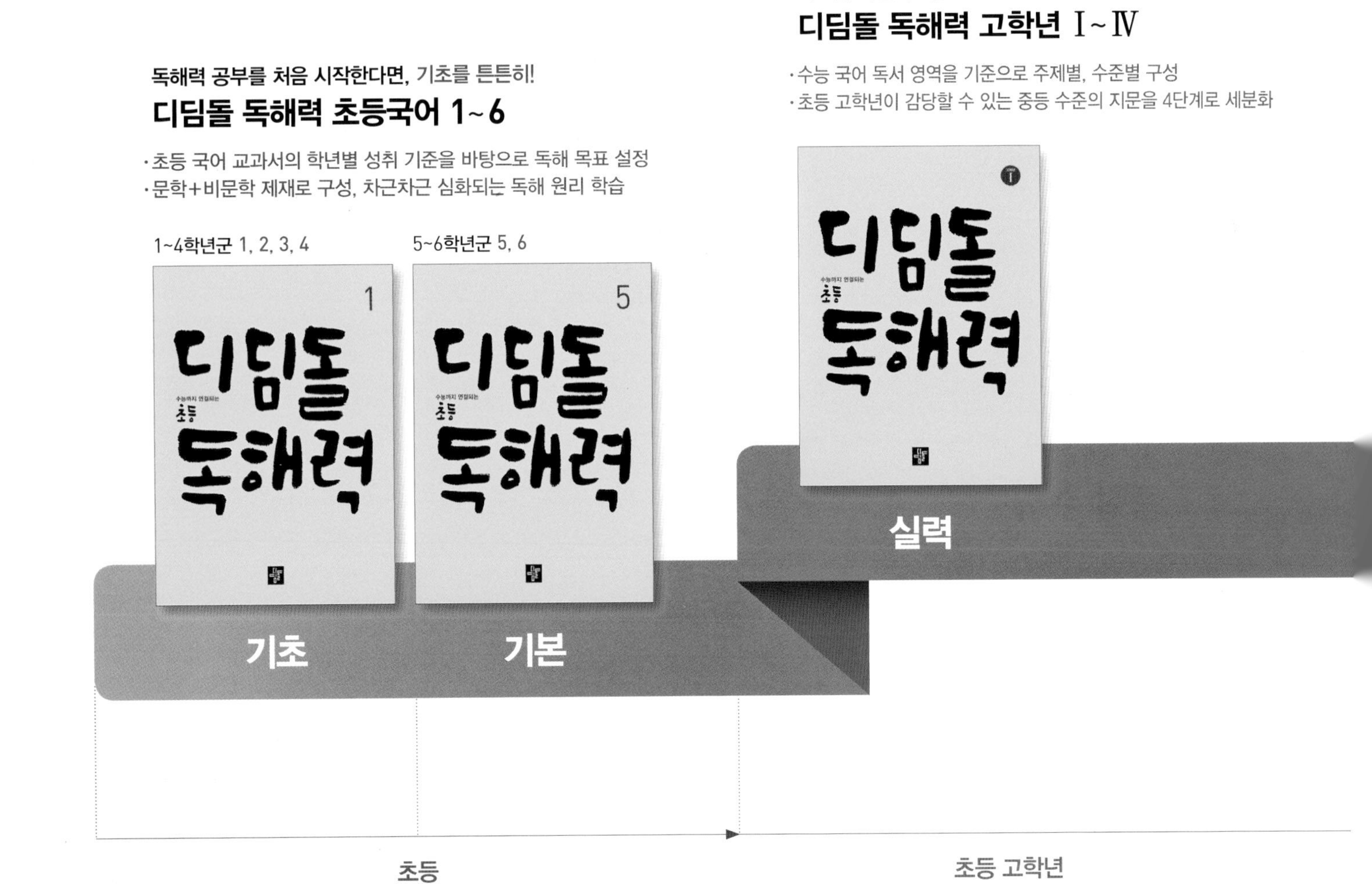

기본 | 정답과 풀이

4-2

수학 좀 한다면

디딤돌

진도책 # 정답과 풀이

1 분수의 덧셈과 뺄셈

이미 학생들은 첨가나 합병, 제거나 비교 상황으로 자연수의 덧셈과 뺄셈의 의미를 학습하였습니다. 분수의 덧셈과 뺄셈은 마찬가지로 같은 상황에 분수가 포함된 것입니다.
또한 3-1에서 학습한 분수의 의미 즉 전체를 여러 등분으로 나누어 전체가 분모가 되고 부분이 분자가 되는 내용과 3-2에서 학습한 대분수와 가분수의 의미를 잘 인지하고 있어야 어렵지 않게 이 단원을 학습할 수 있습니다. 이 단원은 분수가 포함된 연산을 처음으로 학습하는 단원이므로 이후에 학습할 분모가 다른 분수의 덧셈과 뺄셈, 분수의 곱셈과 나눗셈과도 연계가 됩니다. 따라서 부족함 없이 충분히 학습할 수 있도록 지도해 주세요.

교과서 개념 이해 1 분모가 같은 덧셈의 결과는 분자가 결정해. 8~9쪽

1 (1) 예 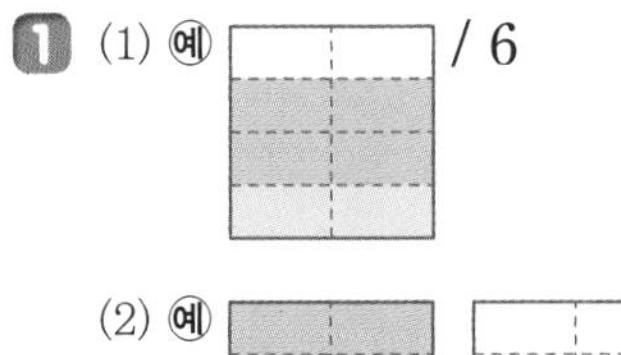 / 6

(2) 예 / 10, 1, 2

2 (1) 3 / 2, 1, 3 (2) 7, 1, 2 / 3, 4, 7, 1, 2

3 3, 5, 8 / $\frac{8}{8}$, 1

4 (1) 4, 5, 9, 1, 2 (2) 6, 8, 14, 1, 5

5 (1) $\frac{12}{13}$ (2) 1

1 (1) $\frac{2}{8}+\frac{4}{8}=\frac{2+4}{8}=\frac{6}{8}$

(2) $\frac{3}{8}+\frac{7}{8}=\frac{3+7}{8}=\frac{10}{8}=1\frac{2}{8}$

3 $\frac{3}{8}+\frac{5}{8}=\frac{3+5}{8}=\frac{8}{8}=1$

4 (1) $\frac{4}{7}+\frac{5}{7}=\frac{4+5}{7}=\frac{9}{7}=1\frac{2}{7}$

(2) $\frac{6}{9}+\frac{8}{9}=\frac{6+8}{9}=\frac{14}{9}=1\frac{5}{9}$

5 (1) $\frac{9}{13}+\frac{3}{13}=\frac{9+3}{13}=\frac{12}{13}$

(2) $\frac{11}{16}+\frac{5}{16}=\frac{11+5}{16}=\frac{16}{16}=1$

교과서 개념 이해 2 분모가 같은 뺄셈의 결과는 분자가 결정해. 10~11쪽

1 (1) 예 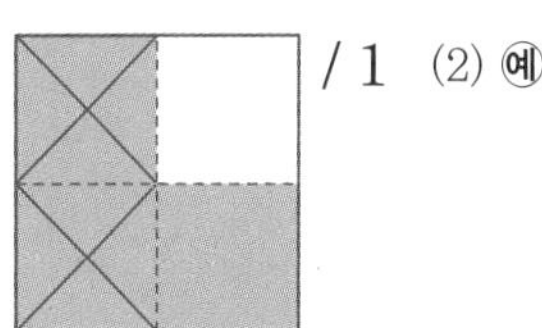 / 1 (2) 예 / 8, 6

2 (1) 4 / 5, 1, 4 (2) 3 / 5, 5, 2, 3

3 9 / 9, 5, 4 / 4

4 (1) 6, 2, 4 (2) 10, 5, 5
(3) 7, 1, 6 (4) 16, 14, 2

5 $\frac{3}{15}$, $\frac{2}{15}$, $\frac{1}{15}$, 0

6 (위에서부터) (1) 6 / 5 (2) 4 / 9

1 (1) $\frac{3}{4}-\frac{2}{4}=\frac{3-2}{4}=\frac{1}{4}$

(2) $1-\frac{2}{8}=\frac{8}{8}-\frac{2}{8}=\frac{8-2}{8}=\frac{6}{8}$

3 $1-\frac{5}{9}=\frac{9}{9}-\frac{5}{9}=\frac{9-5}{9}=\frac{4}{9}$

4 (3) $1-\frac{1}{7}=\frac{7}{7}-\frac{1}{7}=\frac{7-1}{7}=\frac{6}{7}$

(4) $1-\frac{14}{16}=\frac{16}{16}-\frac{14}{16}=\frac{16-14}{16}=\frac{2}{16}$

5 $\frac{5}{15}-\frac{1}{15}=\frac{4}{15}$, $\frac{5}{15}-\frac{2}{15}=\frac{3}{15}$,
$\frac{5}{15}-\frac{3}{15}=\frac{2}{15}$, $\frac{5}{15}-\frac{4}{15}=\frac{1}{15}$,
$\frac{5}{15}-\frac{5}{15}=0$

6 (1) • $1-\frac{4}{10}=\frac{10}{10}-\frac{4}{10}=\frac{6}{10}$

• $1-\frac{6}{11}=\frac{11}{11}-\frac{6}{11}=\frac{5}{11}$

(2) • $1-\frac{3}{7}=\frac{7}{7}-\frac{3}{7}=\frac{4}{7}$

• $1-\frac{3}{12}=\frac{12}{12}-\frac{3}{12}=\frac{9}{12}$

교과서 개념 이해 3 자연수는 자연수끼리, 분수는 분수끼리 더해. 13쪽

1 3, 6

2 (1) 1, 2, 5, 3, 3, 8, 3, 1, 1, 4, 1
(2) 12, 17, 29, 4, 1

3 (1) 7, $\frac{10}{12}$ (2) 9, $\frac{3}{10}$

1 $1\frac{2}{8}+2\frac{4}{8}=(1+2)+\left(\frac{2}{8}+\frac{4}{8}\right)=3+\frac{6}{8}=3\frac{6}{8}$

2 어떤 방법으로 계산해도 계산 결과는 같습니다.

3 (2)

	자연수	분수	
	5	$\frac{7}{10}$	
+	3	$\frac{6}{10}$	$\frac{13}{10}=1\frac{3}{10}$
	9	$\frac{3}{10}$	

교과서 개념 이해 4 분수끼리 못 빼면 자연수에서 1만큼을 분수로 보내. 15쪽

1 2, 2

2 (1) 15, 2, 15, 8, 1, 7
(2) 42, 26, 16, 1, 7

3 (1) 2, $\frac{1}{9}$ (2) 2, $\frac{2}{3}$

1 $3\frac{5}{8}-1\frac{3}{8}=(3-1)+\left(\frac{5}{8}-\frac{3}{8}\right)=2\frac{2}{8}$

2 어떤 방법으로 계산해도 계산 결과는 같습니다.

3 (2)

	자연수	분수	
	3 →	1	→ $\frac{4}{3}$
	~~4~~	$\frac{1}{3}$	
−	1	$\frac{2}{3}$	
	2	$\frac{2}{3}$	

개념 적용 1 분수의 덧셈(1) 16~17쪽

1 (1) $\frac{3}{7}$ / $\frac{4}{7}$ / $\frac{5}{7}$ (2) $\frac{12}{13}$ / 1 / $1\frac{1}{13}$

⊕ 8, 5, 13, 1, 3

2 $\frac{8}{11}$ m

3 (1) 6 / $\frac{5}{9}$ (2) 5 / $\frac{4}{10}$

4 $\frac{5}{8}+\frac{7}{8}=\frac{5+7}{8}=\frac{12}{8}=1\frac{4}{8}$

5 (1) $\frac{5}{12}$, $\frac{7}{12}$ (2) 1, $1\frac{3}{14}$

6 (1) $\frac{12}{15}$ (2) $1\frac{4}{11}$

7 예 곰인형 / 예 $\frac{3}{10}$, $\frac{4}{10}$

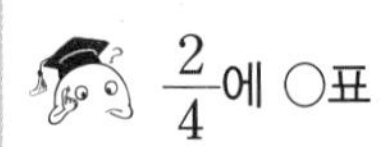
$\frac{2}{4}$에 ○표

1 (1) 더해지는 수가 $\frac{1}{7}$씩 커지면 계산 결과도 $\frac{1}{7}$씩 커집니다.
(2) 더하는 수가 $\frac{1}{13}$씩 커지면 계산 결과도 $\frac{1}{13}$씩 커집니다.
⊕ 분모가 다른 분수의 덧셈은 통분으로 분수의 분모를 같게 하여 계산합니다.

2 $\frac{5}{11}+\frac{3}{11}=\frac{5+3}{11}=\frac{8}{11}$(m)

3 분자끼리 더합니다.
(1) 0 1 2 3 4 5 6 7 (2) 0 1 2 3 4 5 6 7 8

4 분수의 덧셈에서 분모는 더하지 않습니다.

5 (1) 오른쪽으로 갈수록 $\frac{2}{12}$씩 커지므로
$\frac{3}{12}+\frac{2}{12}=\frac{5}{12}$, $\frac{5}{12}+\frac{2}{12}=\frac{7}{12}$입니다.
(2) 오른쪽으로 갈수록 $\frac{3}{14}$씩 커지므로
$\frac{11}{14}+\frac{3}{14}=1$, $1+\frac{3}{14}=1\frac{3}{14}$입니다.

6 (1) $\frac{2}{15}+\frac{3}{15}+\frac{7}{15}=\frac{5}{15}+\frac{7}{15}=\frac{12}{15}$
(2) $\frac{4}{11}+\frac{5}{11}+\frac{6}{11}=\frac{6}{11}+\frac{5}{11}+\frac{4}{11}$
$=1+\frac{4}{11}=1\frac{4}{11}$

내가 만드는 문제

7 예 $\frac{3}{10}+\frac{4}{10}=\frac{3+4}{10}=\frac{7}{10}$(kg)

개념 적용 -2 분수의 뺄셈(1)

18~19쪽

8 (1) $\frac{3}{7}$ / $\frac{2}{7}$ / $\frac{1}{7}$ (2) $\frac{6}{9}$ / $\frac{5}{9}$ / $\frac{4}{9}$

9 (1) 8 / 7 (2) 1 / 2

10 4, 1 / $\frac{3}{12}$ ⊕ 5, 2 / 5, 2, 3

11 (1) $\frac{3}{5}$ (2) $\frac{2}{8}$ **12** 예 $\frac{7}{9}-\frac{5}{9}=\frac{2}{9}$

13 예 3, 7

갈습니다에 ○표

8 (1) 빼어지는 수가 $\frac{1}{7}$씩 작아지면 계산 결과도 $\frac{1}{7}$씩 작아집니다.

(2) 빼는 수가 $\frac{1}{9}$씩 커지면 계산 결과는 $\frac{1}{9}$씩 작아집니다.

9 (1) 전체를 9부분으로 나눈 것 중에 1부분을 빼면 8부분이 남고, 2부분을 빼면 7부분이 남습니다.

(2) 전체를 11부분으로 나눈 것 중에 10부분이 남으려면 1부분을 빼고, 9부분이 남으려면 2부분을 빼야 합니다.

10 $\frac{4}{12}-\frac{1}{12}=\frac{4-1}{12}=\frac{3}{12}$

11 (1) $1-\frac{1}{5}-\frac{1}{5}=\frac{5}{5}-\frac{1}{5}-\frac{1}{5}=\frac{4}{5}-\frac{1}{5}=\frac{3}{5}$

(2) $\frac{7}{8}-\frac{3}{8}-\frac{2}{8}=\frac{4}{8}-\frac{2}{8}=\frac{2}{8}$

12 분모가 9이고 분자끼리의 차가 2인 식을 써 봅니다.

내가 만드는 문제

13 예 $1-\frac{3}{10}=\frac{10}{10}-\frac{3}{10}=\frac{7}{10}$(L)

개념 적용 -3 분수의 덧셈(2)

20~21쪽

14 (1) $3\frac{2}{3}$ (2) $4\frac{2}{6}$

15 (1) $6\frac{9}{10}$ / $7\frac{9}{10}$ / $8\frac{9}{10}$ (2) 10 / $10\frac{1}{10}$ / $10\frac{2}{10}$

16

$3\frac{6}{11}+2\frac{4}{11}$	$5\frac{2}{10}+1\frac{5}{10}$	$4\frac{3}{5}+2\frac{3}{5}$
	○	

17 $36\frac{2}{5}$ m

18 (1) > (2) < **19** (1) $1\frac{1}{6}$ (2) $1\frac{5}{9}$

20 예 $1\frac{3}{8}$, $2\frac{4}{8}$, $3\frac{7}{8}$

(위에서부터) 2, 2, 8, 2, 2 / 3, 1, 3, 1

14 (1) $2\frac{1}{3}+1\frac{1}{3}=(2+1)+\left(\frac{1}{3}+\frac{1}{3}\right)$

$=3+\frac{2}{3}=3\frac{2}{3}$

(2) $1\frac{3}{6}+2\frac{5}{6}=(1+2)+\left(\frac{3}{6}+\frac{5}{6}\right)$

$=3+\frac{8}{6}=4\frac{2}{6}$

15 (1) $4\frac{6}{10}+2\frac{3}{10}=(4+2)+\left(\frac{6}{10}+\frac{3}{10}\right)=6\frac{9}{10}$

더해지는 수가 1씩 커지므로 계산 결과도 1씩 커집니다.

(2) $2\frac{8}{10}+7\frac{2}{10}=(2+7)+\left(\frac{8}{10}+\frac{2}{10}\right)$

$=9+1=10$

더하는 수가 $\frac{1}{10}$씩 커지므로 계산 결과도 $\frac{1}{10}$씩 커집니다.

16 $5\frac{2}{10}+1\frac{5}{10}$ ➡ 분수끼리의 덧셈이 1보다 작으므로 계산 결과는 6과 7 사이의 수입니다.

17 표범은 1초에 $18\frac{1}{5}$ m를 달릴 수 있으므로 2초 동안 달릴 수 있는 거리는

$18\frac{1}{5}+18\frac{1}{5}=(18+18)+\left(\frac{1}{5}+\frac{1}{5}\right)$

$=36+\frac{2}{5}=36\frac{2}{5}$(m)입니다.

18 (1) $3\frac{2}{13}+4\frac{12}{13}=(3+4)+\left(\frac{2}{13}+\frac{12}{13}\right)$
$=7+\frac{14}{13}=8\frac{1}{13}$

(2) $2\frac{11}{15}+1\frac{13}{15}=(2+1)+\left(\frac{11}{15}+\frac{13}{15}\right)$
$=3+\frac{24}{15}=4\frac{9}{15}$

19 (1) ● + ● $=\frac{14}{6}$이므로 ● $=\frac{\square}{6}$라 할 때 분자끼리 더하면 □+□$=14$, □$=14\div2$, □$=7$입니다.
➡ ● $=\frac{7}{6}=1\frac{1}{6}$

(2) ▲ + ▲ + ▲ $=\frac{42}{9}$이므로 ▲ $=\frac{\square}{9}$라 할 때 분자끼리 더하면 □+□+□$=42$,
□$=42\div3$, □$=14$입니다.
➡ ▲ $=\frac{14}{9}=1\frac{5}{9}$

내가 만드는 문제
20 예
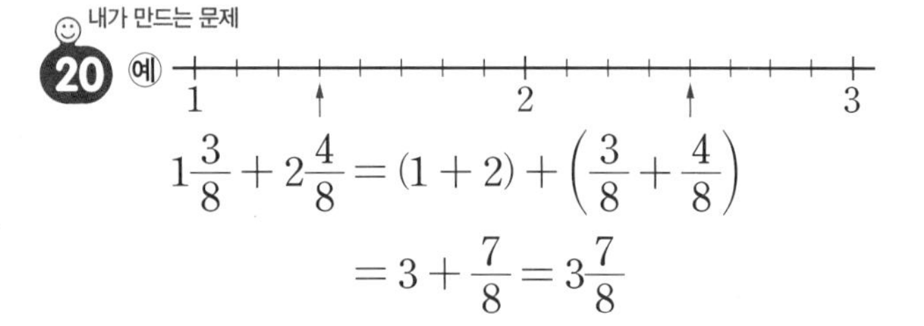

$1\frac{3}{8}+2\frac{4}{8}=(1+2)+\left(\frac{3}{8}+\frac{4}{8}\right)$
$=3+\frac{7}{8}=3\frac{7}{8}$

개념 적용 -4 분수의 뺄셈(2) 22~23쪽

21 (1) $3\frac{6}{13}$ / $3\frac{5}{13}$ / $3\frac{4}{13}$ (2) $2\frac{1}{11}$ / $2\frac{2}{11}$ / $2\frac{3}{11}$

22 (1) $2\frac{3}{10}$ (2) $2\frac{4}{8}$

23 (1) $8\frac{3}{7}-3\frac{4}{7}$에 ○표 (2) $6\frac{3}{9}-1\frac{8}{9}$에 ○표

24 (1) $3\frac{4}{15}$ / $3\frac{4}{15}$, $6\frac{7}{15}$ (2) $5\frac{11}{12}$ / $5\frac{11}{12}$, $8\frac{5}{12}$

25 (1) 1, 3 (2) 1, 3 **26** $13\frac{6}{13}$ ℃

27 예 $3\frac{8}{12}-\frac{10}{12}=2\frac{10}{12}$

5 / 5, 5, 2

21 (1) $4\frac{7}{13}-1\frac{1}{13}=3\frac{6}{13}$
빼는 수가 $\frac{1}{13}$씩 커지면 계산 결과는 $\frac{1}{13}$씩 작아집니다.

(2) $3-\frac{10}{11}=2\frac{11}{11}-\frac{10}{11}=2\frac{1}{11}$
빼는 수가 $\frac{1}{11}$씩 작아지면 결과는 $\frac{1}{11}$씩 커집니다.

22 (1) 양쪽의 무게는 같으므로 $5\frac{7}{10}=3\frac{4}{10}+$□입니다.
□$=5\frac{7}{10}-3\frac{4}{10}=(5-3)+\left(\frac{7}{10}-\frac{4}{10}\right)$
$=2\frac{3}{10}$

(2) 양쪽의 무게는 같으므로 $6\frac{2}{8}=3\frac{6}{8}+$□입니다.
□$=6\frac{2}{8}-3\frac{6}{8}=5\frac{10}{8}-3\frac{6}{8}$
$=(5-3)+\left(\frac{10}{8}-\frac{6}{8}\right)=2\frac{4}{8}$

23 (1) $8\frac{3}{7}-3\frac{4}{7}=7\frac{10}{7}-3\frac{4}{7}=4\frac{6}{7}$,
$9\frac{2}{7}-3\frac{1}{7}=6\frac{1}{7}$

(2) $7\frac{2}{9}-2\frac{1}{9}=5\frac{1}{9}$,
$6\frac{3}{9}-1\frac{8}{9}=5\frac{12}{9}-1\frac{8}{9}=4\frac{4}{9}$

24 (1) $6\frac{7}{15}-3\frac{3}{15}=(6-3)+\left(\frac{7}{15}-\frac{3}{15}\right)$
$=3\frac{4}{15}$,
$3\frac{3}{15}+3\frac{4}{15}=6\frac{7}{15}$

(2) $8\frac{5}{12}-2\frac{6}{12}=7\frac{17}{12}-2\frac{6}{12}$
$=(7-2)+\left(\frac{17}{12}-\frac{6}{12}\right)$
$=5\frac{11}{12}$,
$2\frac{6}{12}+5\frac{11}{12}=8\frac{5}{12}$

25 (1) $3-1\frac{2}{5}=2\frac{5}{5}-1\frac{2}{5}=1\frac{3}{5}$

(2) $4-2\frac{3}{6}=3\frac{6}{6}-2\frac{3}{6}=1\frac{3}{6}$

26 $15-\frac{10}{13}-\frac{10}{13}=14\frac{13}{13}-\frac{10}{13}-\frac{10}{13}$
$=14\frac{3}{13}-\frac{10}{13}=13\frac{16}{13}-\frac{10}{13}$
$=13\frac{6}{13}$(℃)

내가 만드는 문제
27 예 $3\frac{8}{12}-\frac{10}{12}=2\frac{20}{12}-\frac{10}{12}=2\frac{10}{12}$

발전 문제

개념 완성 24~26쪽

1	$\frac{7}{13}$	2	$4\frac{4}{6}$
3	$2\frac{7}{8}$	4	5, 6, 7, 8
5	6개	6	5개
7	6, 1	8	8 / $\frac{1}{9}$
9	4, 8 / $\frac{1}{12}$	10	2 / 3
11	11 / 1, 55	12	오후 3시 25분
13	$\frac{1}{4}$, $\frac{2}{4}$, $\frac{3}{4}$	14	$\frac{3}{10}$, $\frac{6}{10}$
15	$\frac{8}{6}$, $\frac{9}{6}$	16	8, 1
17	10	18	17

1 $\frac{12}{13}-\square=\frac{5}{13}$ ➡ $\frac{12}{13}-\frac{5}{13}=\square$, $\square=\frac{7}{13}$

2 어떤 수를 □라고 하면
$\frac{3}{6}+\square=5\frac{1}{6}$ ➡ $5\frac{1}{6}-\frac{3}{6}=\square$,
$\square=4\frac{7}{6}-\frac{3}{6}=4\frac{4}{6}$
따라서 어떤 수는 $4\frac{4}{6}$입니다.

3 어떤 수를 □라고 하면 잘못 계산한 식은 $\square+\frac{7}{8}=4\frac{5}{8}$입니다.
➡ $4\frac{5}{8}-\frac{7}{8}=\square$, $\square=3\frac{13}{8}-\frac{7}{8}=3\frac{6}{8}$
따라서 어떤 수는 $3\frac{6}{8}$이므로 바르게 계산하면
$3\frac{6}{8}-\frac{7}{8}=2\frac{14}{8}-\frac{7}{8}=2\frac{7}{8}$입니다.

4 $\frac{8}{9}-\frac{\square}{9}=\frac{8-\square}{9}<\frac{4}{9}$, $8-\square<4$, $8-4<\square$,
$4<\square$
따라서 □ 안에 들어갈 수 있는 수는 5, 6, 7, 8입니다.

5 계산 결과는 진분수이므로
$\frac{\square}{15}+\frac{8}{15}<1$, $\frac{\square}{15}+\frac{8}{15}<\frac{15}{15}$,
$\square+8<15$, $\square<7$입니다. 따라서 □ 안에 들어갈 수 있는 자연수는 1, 2, 3, 4, 5, 6이므로 6개입니다.
참고 | 0은 자연수가 아니므로 문제의 조건에 맞지 않습니다.

6 2를 분모가 11인 분수로 나타내면 $2=\frac{22}{11}$입니다.
$1\frac{5}{11}+\frac{\square}{11}=\frac{16}{11}+\frac{\square}{11}=\frac{16+\square}{11}<\frac{22}{11}$,
$16+\square<22$, $\square<22-16$, $\square<6$입니다.
따라서 □ 안에 들어갈 수 있는 자연수는 1, 2, 3, 4, 5로 5개입니다.

7 분모가 8인 분수 중에서 0이 아닌 가장 작은 분수는 $\frac{1}{8}$입니다.
➡ $\frac{7}{8}-\frac{\square}{8}=\frac{1}{8}$, $7-\square=1$, $\square=6$

8 계산 결과는 분모가 9인 분수 중에서 가장 작은 분수이므로 $\frac{1}{9}$이어야 합니다.
➡ $1-\frac{\square}{9}=\frac{1}{9}$, $\frac{9}{9}-\frac{\square}{9}=\frac{1}{9}$, $9-\square=1$, $\square=8$

9 계산 결과는 분모가 12인 분수 중에서 가장 작은 분수이므로 $\frac{1}{12}$이어야 합니다.
➡ $4\frac{9}{12}-\square\frac{\square}{12}=\frac{1}{12}$, $\square\frac{\square}{12}=4\frac{9}{12}-\frac{1}{12}=4\frac{8}{12}$

10 5분, 10분, 15분은 숫자 눈금 12칸 중에서 1칸, 2칸, 3칸이므로 $\frac{1}{12}$시간, $\frac{2}{12}$시간, $\frac{3}{12}$시간입니다.
➡ 5분 ➡ 10분 ➡ 15분

11 $1\frac{11}{12}$시 ➡ 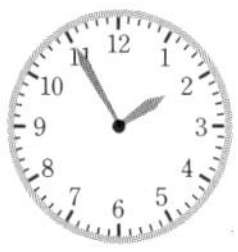

12 $5-1\frac{7}{12}=4\frac{12}{12}-1\frac{7}{12}=3\frac{5}{12}$(시)

➡ 오후 3시 25분

13 분모가 4인 진분수는 분자가 4보다 작아야 합니다.

➡ $\frac{1}{4}$, $\frac{2}{4}$, $\frac{3}{4}$

14 분모가 10인 진분수는 $\frac{1}{10}$, $\frac{2}{10}$, $\frac{3}{10}$, $\frac{4}{10}$, $\frac{5}{10}$, $\frac{6}{10}$, $\frac{7}{10}$, $\frac{8}{10}$, $\frac{9}{10}$입니다.
1부터 9까지의 수 중 합이 9, 차가 3인 두 수는 3과 6이므로 $\frac{3}{10}$, $\frac{6}{10}$입니다.

15 분모가 6인 가분수는 $\frac{6}{6}$, $\frac{7}{6}$, $\frac{8}{6}$, $\frac{9}{6}$, ...입니다.
$2\frac{5}{6}=\frac{17}{6}$이므로 $\frac{□+△}{6}=\frac{17}{6}$, $\frac{□-△}{6}=\frac{1}{6}$인 □와 △를 찾습니다.
$□+△=17$, $□-△=1$인 수는 8과 9이므로 $\frac{8}{6}$, $\frac{9}{6}$입니다.

16 계산 결과가 가장 크게 되려면
(가장 큰 수) − (가장 작은 수)이어야 합니다.

주의 | (대분수) = (자연수) + (진분수)이므로 $7\frac{9}{9}$, $5\frac{0}{9}$이라 쓰면 안됩니다.
($7\frac{9}{9}$: 가분수, $5\frac{0}{9}$: 진분수 아님)

17 ㉠ − ㉡이 가장 크게 되려면 ㉠과 ㉡의 차이가 가장 커야 합니다. ㉠ + ㉡ = 12이므로 (11, 1), (10, 2), (9, 3), ...입니다.
따라서 ㉠ = 11, ㉡ = 1이므로 ㉠ − ㉡ = 10입니다.

18 ㉠ + ㉡이 가장 크게 되려면 ㉠과 ㉡이 가장 커야 합니다.
6 − 2는 3이 아니므로 받아내림하여 계산합니다.
$1+\frac{㉠}{11}-\frac{㉡}{11}=\frac{8}{11}$이므로 $\frac{11}{11}+\frac{㉠}{11}-\frac{㉡}{11}=\frac{8}{11}$,
11 + ㉠ − ㉡ = 8, ㉡ − ㉠ = 3입니다.
㉡이 될 수 있는 가장 큰 수는 10이므로 ㉠ = 7입니다.
따라서 ㉠ + ㉡ = 17입니다.

1단원 단원 평가 27~29쪽

1 예 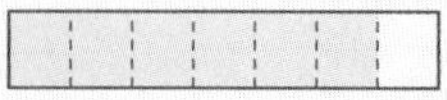 / 6

2 2

3 (1) $3\frac{7}{8}$ (2) $1\frac{2}{9}$

4 $4\frac{4}{11}$

5 $\frac{6}{9}+\frac{7}{9}=\frac{6+7}{9}=\frac{13}{9}=1\frac{4}{9}$

6 $5\frac{1}{10}$ / $3\frac{3}{10}$

7 $\frac{2}{3}$ cm

8 (○)(   )(   )

9 $>$

10 $2\frac{1}{9}$

11 $1\frac{9}{11}$

12 6

13 예 $\frac{11}{13}-\frac{7}{13}=\frac{4}{13}$

14 $3\frac{6}{7}$

15 $1\frac{1}{8}$

16 $1\frac{1}{15}$

17 오후 1시 45분

18 3, 5 / $\frac{1}{11}$

19 3

20 9

1 $\frac{4}{7}+\frac{2}{7}=\frac{4+2}{7}=\frac{6}{7}$

2 $\frac{5}{6}-\frac{3}{6}=\frac{5-3}{6}=\frac{2}{6}$

3 (1) $\frac{10}{8}+2\frac{5}{8}=1\frac{2}{8}+2\frac{5}{8}$
$=(1+2)+\left(\frac{2}{8}+\frac{5}{8}\right)=3\frac{7}{8}$

(2) $2\frac{8}{9}-1\frac{6}{9}=(2-1)+\left(\frac{8}{9}-\frac{6}{9}\right)=1\frac{2}{9}$

4 $5-\frac{7}{11}=4\frac{11}{11}-\frac{7}{11}=4\frac{4}{11}$

5 (진분수) + (진분수)의 계산은 분모는 그대로 쓰고, 분자끼리만 더합니다. 합이 가분수이면 대분수로 고칩니다.

6 $\frac{1}{10}$이 42개인 수는 $\frac{42}{10}$, $\frac{1}{10}$이 9개인 수는 $\frac{9}{10}$입니다.
합: $\frac{42}{10}+\frac{9}{10}=\frac{42+9}{10}=\frac{51}{10}=5\frac{1}{10}$
차: $\frac{42}{10}-\frac{9}{10}=\frac{42-9}{10}=\frac{33}{10}=3\frac{3}{10}$

7 $2-1\frac{1}{3}=1\frac{3}{3}-1\frac{1}{3}=\frac{2}{3}$(cm)

8 $11-5\frac{3}{4}$ ➡ 자연수에서 1을 받아내림하여 계산하면 계산 결과는 5와 6 사이의 수입니다.

$5\frac{3}{10}+1\frac{8}{10}$ ➡ 분수끼리의 합이 1보다 크므로 계산 결과는 7과 8 사이의 수입니다.

$6\frac{3}{7}-4\frac{4}{7}$ ➡ 분수끼리 뺄 수 없으므로 자연수 부분에서 1을 받아내림합니다. 따라서 계산 결과는 1과 2 사이의 수입니다.

9 $1\frac{5}{8}+2\frac{2}{8}=3\frac{7}{8}$,

$5\frac{4}{8}-2\frac{7}{8}=4\frac{12}{8}-2\frac{7}{8}=2\frac{5}{8}$

➡ $3\frac{7}{8}>2\frac{5}{8}$

10 $\frac{26}{9}=2\frac{8}{9}$이므로 $\frac{7}{9}<1\frac{5}{9}<2\frac{8}{9}$입니다.

➡ $2\frac{8}{9}-\frac{7}{9}=2\frac{1}{9}$

11 $\square+3\frac{8}{11}=5\frac{6}{11}$, $5\frac{6}{11}-3\frac{8}{11}=\square$,

$\square=5\frac{6}{11}-3\frac{8}{11}=4\frac{17}{11}-3\frac{8}{11}=1\frac{9}{11}$

12 $1\frac{3}{4}+4\frac{1}{4}=(1+4)+\left(\frac{3}{4}+\frac{1}{4}\right)=5+1=6$

13 분모가 13이고 분자끼리의 차가 4인 식을 써 봅니다.

14 $1\frac{3}{7}+4\frac{5}{7}=5\frac{8}{7}=6\frac{1}{7}$ ➡ $6\frac{1}{7}=㉠+2\frac{2}{7}$

$㉠=6\frac{1}{7}-2\frac{2}{7}=5\frac{8}{7}-2\frac{2}{7}=3\frac{6}{7}$

15 ●+●+●$=\frac{27}{8}$이므로 ●$=\frac{\square}{8}$라 할 때

분자끼리 더하면 $\square+\square+\square=27$,

$\square=27\div3$, $\square=9$입니다.

따라서 ●$=\frac{9}{8}=1\frac{1}{8}$입니다.

16 어떤 수를 □라고 하면 잘못 계산한 식은

$\square+\frac{8}{15}=2\frac{2}{15}$, $2\frac{2}{15}-\frac{8}{15}=\square$,

$\square=1\frac{17}{15}-\frac{8}{15}=1\frac{9}{15}$입니다.

따라서 어떤 수는 $1\frac{9}{15}$이므로 바르게 계산하면

$1\frac{9}{15}-\frac{8}{15}=1\frac{1}{15}$입니다.

17 $4-2\frac{3}{12}=3\frac{12}{12}-2\frac{3}{12}=1\frac{9}{12}$(시)

➡ 오후 1시 45분

18 계산 결과는 분모가 11인 분수 중에서 가장 작은 분수이므로 $\frac{1}{11}$입니다.

➡ $3\frac{6}{11}-\square=\frac{1}{11}$, $\square=3\frac{6}{11}-\frac{1}{11}=3\frac{5}{11}$

서술형

19 예) $\frac{\square}{10}=\frac{9}{10}-\frac{6}{10}=\frac{9-6}{10}=\frac{3}{10}$이므로 □ 안에 알맞은 수는 3입니다.

평가 기준	배점
□를 구하는 식을 바르게 썼나요?	3점
□ 안에 알맞은 수를 구했나요?	2점

서술형

20 예) ㉠ − ㉡이 가장 크게 되려면 ㉠과 ㉡이 가장 많이 차이가 나야 합니다. ㉠ + ㉡ = 14 + 3 = 17이므로 (13, 4), (12, 5), (11, 6), ...입니다.

따라서 ㉠ = 13, ㉡ = 4이므로 ㉠ − ㉡ = 9입니다.

평가 기준	배점
㉠+㉡의 값을 구했나요?	2점
㉠−㉡의 값을 구했나요?	3점

2 삼각형

삼각형은 평면도형 중 가장 간단한 형태로 평면도형에서 가장 기본이 되는 도형이면서 학생들에게 친숙한 도형이기도 합니다. 이미 3-1에서 직각삼각형과 4-1에서 예각과 둔각 및 삼각형의 세 각의 크기의 합을 배웠습니다. 이번 단원에서는 더 나아가 삼각형을 변의 길이에 따라 분류하고 또 각의 크기에 따라 분류해 보면서 삼각형에 대한 폭넓은 이해를 가질 수 있게 됩니다. 또 이후에 학습할 사각형, 다각형 등의 기초가 되므로 다양한 분류 활동 및 구체적인 조작 활동을 통해 학습의 기초를 다질 수 있도록 합니다.

※ 선분 ㄱㄴ과 같이 기호를 나타낼 때 선분 ㄴㄱ으로 읽어도 정답으로 인정합니다.

교과서 개념 이해 1 변의 길이에 따라 삼각형의 이름이 정해져. 32쪽

1 (1) 2 / 3 (2) 가, 나 / 나

2 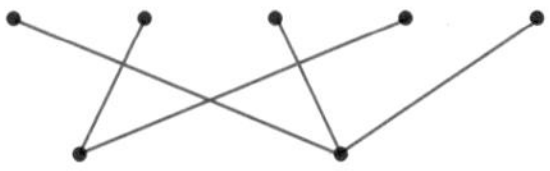

교과서 개념 이해 2 두 각의 크기가 같은 삼각형은 이등변삼각형이야. 33쪽

1 (1) 겹쳐집니다에 ○표 (2) 같습니다에 ○표

(3) 같습니다에 ○표

2 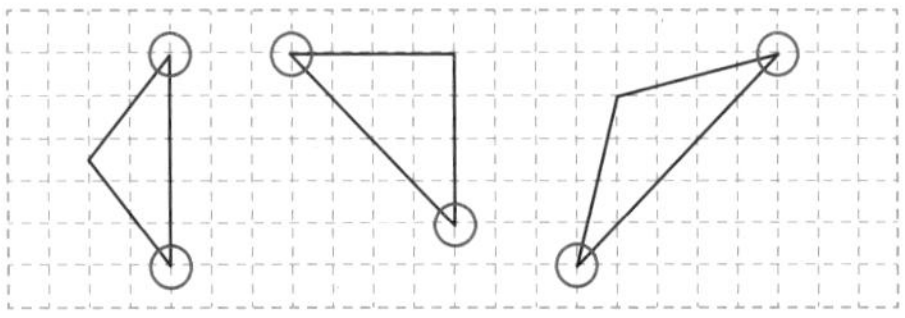

2 이등변삼각형은 길이가 같은 두 변에 있는 두 각의 크기가 같습니다.

교과서 개념 이해 3 세 각의 크기가 같은 삼각형은 정삼각형이야. 34쪽

1 (1) 같습니다에 ○표 (2) 같습니다에 ○표

(3) 같습니다에 ○표

2 (1) 3 (2) 60

1 정삼각형의 세 각의 크기는 항상 60°로 같습니다.

교과서 개념 이해 4 각의 크기에 따라 삼각형의 이름이 정해져. 35쪽

1 (1) 가, 라 (2) 나, 바 (3) 다, 마

2 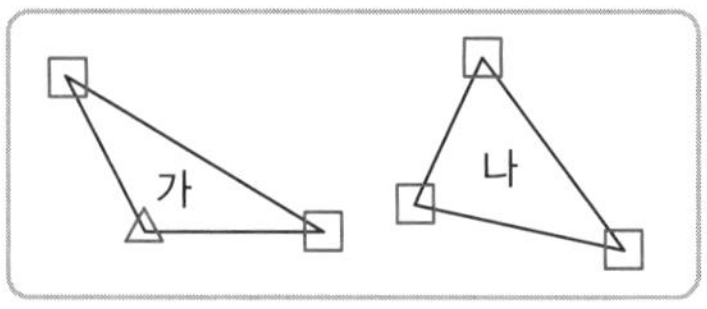

(1) 한에 ○표, 둔각삼각형에 ○표

(2) 세에 ○표, 예각삼각형에 ○표

2 0°<예각<90°, 90°<둔각<180°

교과서 개념 이해 5 각의 크기와 변의 길이로 삼각형을 분류해. 36~37쪽

1 (1)

가, 마, 바	나, 다, 라	다

(2)

가, 다	라, 바	나, 마

(3)

다		
다	라	나
가	바	마

2 (1) 정삼각형 / 예각삼각형 / 이등변삼각형
(2) 이등변삼각형 / 직각삼각형 / 이등변삼각형

3 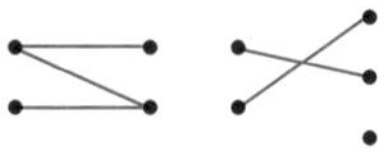

4 나

3 위쪽 삼각형은 두 변의 길이가 같고 한 각이 둔각인 삼각형입니다.
아래쪽 삼각형은 세 변의 길이가 같고 세 각이 모두 예각인 삼각형입니다.

4 두 변의 길이가 같은 삼각형을 찾으면 가와 나입니다. 두 각만 예각이므로 나머지 한 각은 직각 또는 둔각입니다. 따라서 가와 나 중에서 한 각이 직각 또는 둔각인 삼각형을 찾으면 나입니다.

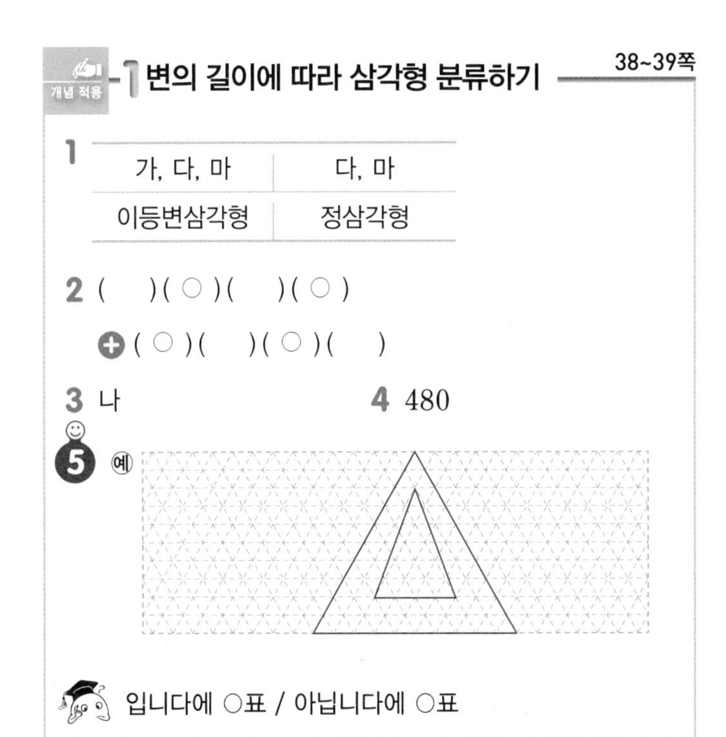

개념 적용 -1 변의 길이에 따라 삼각형 분류하기 38~39쪽

1

가, 다, 마	다, 마
이등변삼각형	정삼각형

2 ( )(○)( )(○)

➕ (○)( )(○)( )

3 나　　**4** 480

5 예

입니다에 ○표 / 아닙니다에 ○표

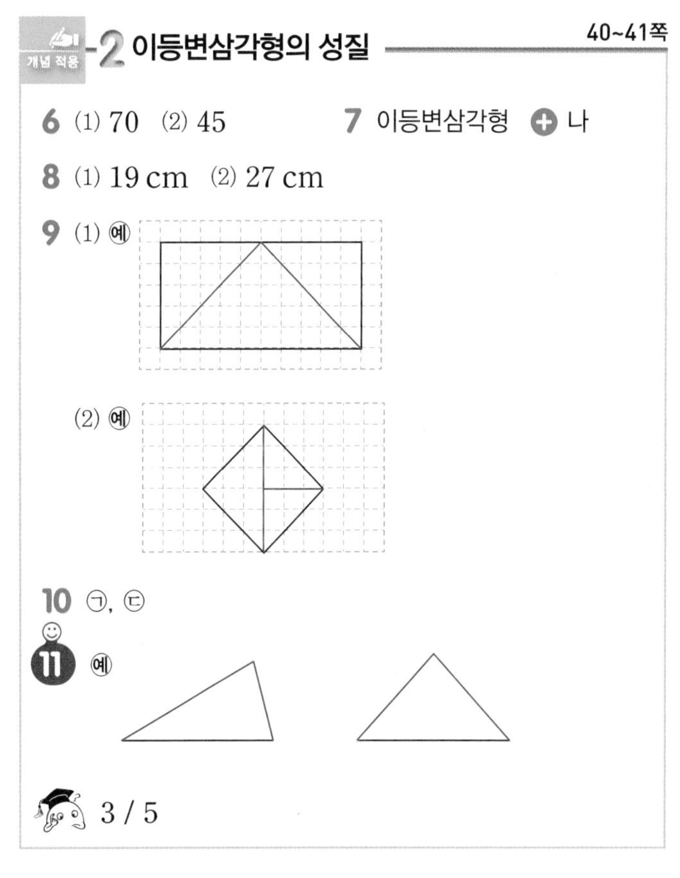

개념 적용 -2 이등변삼각형의 성질 40~41쪽

6 (1) 70 (2) 45　　**7** 이등변삼각형 ➕ 나

8 (1) 19 cm (2) 27 cm

9 (1) 예

(2) 예

10 ㉠, ㉢

11 예

3 / 5

2 세 변의 길이와 세 각의 크기가 모두 같은 모양은 표지판, 삼각김밥입니다.

➕ 변의 길이와 각의 크기가 모두 같아야 합니다.

3 이등변삼각형은 두 변의 길이가 같아야 하므로 3개의 막대 중 2개의 길이가 같은 막대 묶음을 고르면 나입니다.

4 이등변삼각형은 두 변의 길이가 같습니다.

내가 만드는 문제

5 큰 정삼각형을 그린 다음 정삼각형 안에 이등변삼각형을 그립니다.

참고 | 정삼각형을 구분하여 배우는 과정이므로 세 변의 길이가 같은 삼각형 안에 두 변의 길이가 같은 삼각형을 그릴 수 있도록 지도합니다.

6 이등변삼각형은 두 각의 크기가 같습니다.

7

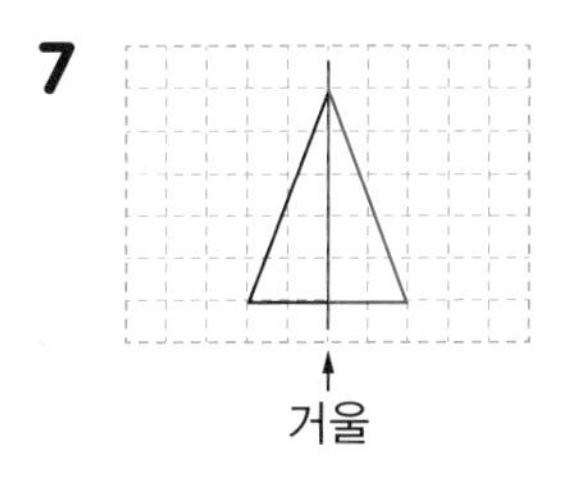

모양과 크기가 똑같은 뒤집어진 직각삼각형을 그리면 이등변삼각형이 만들어집니다.

➕ 가, 다, 라는 한 직선을 따라 접으면 완전히 겹칩니다.

8 (1) 이등변삼각형이므로 변 ㄱㄷ과 변 ㄴㄷ의 길이는 같습니다.

따라서 세 변의 길이의 합은 $7+7+5=19$(cm)입니다.

(2) 이등변삼각형이므로 변 ㄱㄴ과 변 ㄱㄷ의 길이는 같습니다.

따라서 세 변의 길이의 합은 $8+8+11=27$(cm)입니다.

9 두 변의 길이가 같은 삼각형이 만들어져야 합니다.

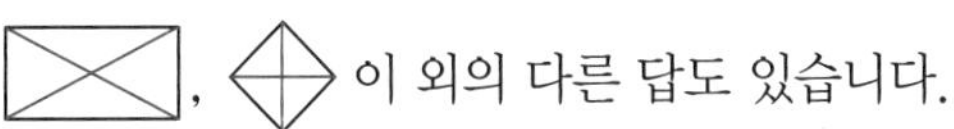 이 외의 다른 답도 있습니다.

10 삼각형의 세 각의 크기의 합은 180°이므로 나머지 한 각의 크기를 구해 보면

㉠ $180° - 30° - 30° = 120°$,

㉡ $180° - 60° - 20° = 100°$,
㉢ $180° - 100° - 40° = 40°$,
㉣ $180° - 115° - 25° = 40°$입니다.
이등변삼각형은 두 각이 같아야 하므로 두 각이 같은 삼각형은 ㉠, ㉢입니다.

내가 만드는 문제
11 주어진 변과 같은 길이의 변을 그린 다음 두 변을 이어 삼각형을 그리는 방법과 주어진 변과 다른 두 변의 길이를 같게 하여 그리는 방법, 세 변의 길이가 모두 같게 그리는 방법이 있습니다.

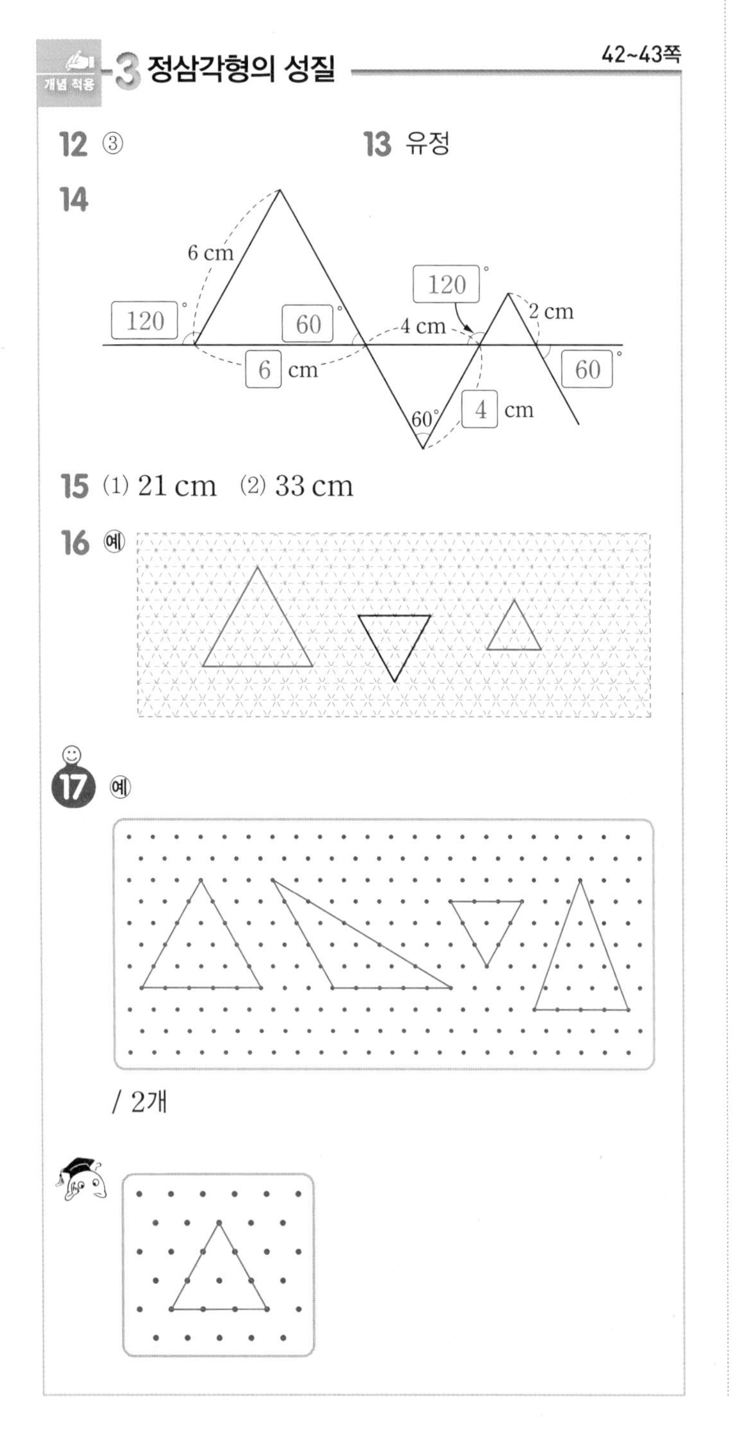

12 점 ㄱ을 ③으로 옮겨 그리면 세 변의 길이가 같은 정삼각형 ㄱㄴㄷ이 만들어집니다.

13 정삼각형은 두 변의 길이가 같으므로 이등변삼각형입니다. 이등변삼각형은 두 변의 길이가 같고 나머지 한 변의 길이는 다를 수 있으므로 정삼각형이 아닙니다.
따라서 잘못 설명한 사람은 유정입니다.

14 정삼각형은 세 변의 길이가 같고 세 각의 크기가 같습니다. 정삼각형은 한 각의 크기가 $60°$이고 일직선은 $180°$이므로 삼각형 바깥쪽의 각도는 $180° - 60° = 120°$입니다.

15 정삼각형은 세 변의 길이가 같습니다.
(1) $7 + 7 + 7 = 21$(cm)
(2) $11 + 11 + 11 = 33$(cm)

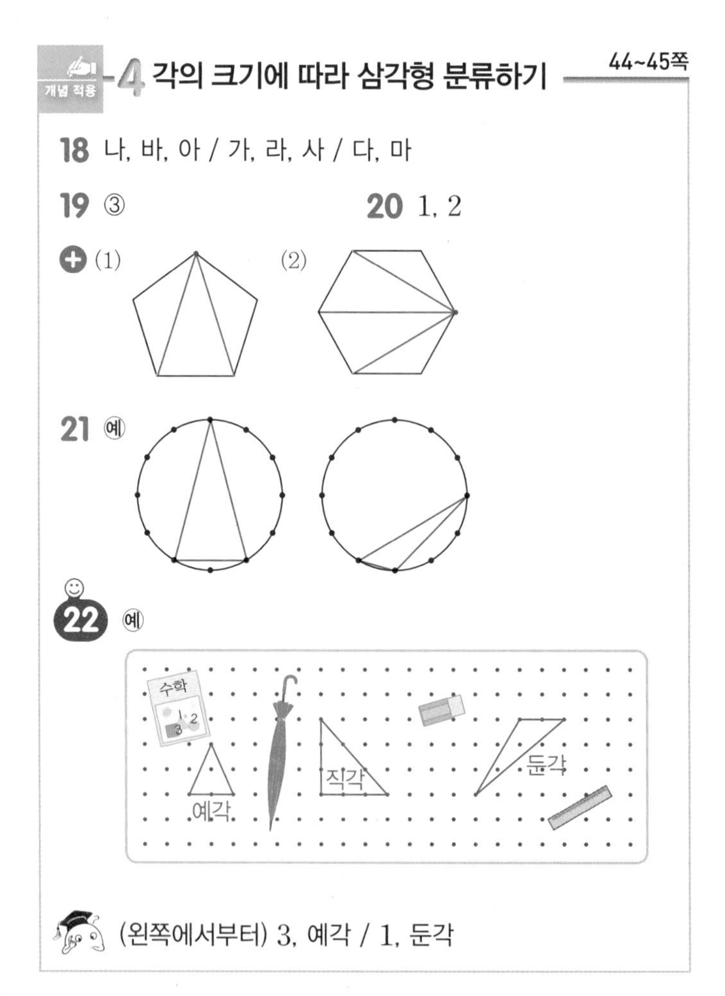

18 세 각이 모두 예각인 삼각형을 예각삼각형, 한 각이 둔각인 삼각형을 둔각삼각형, 한 각이 직각인 삼각형을 직각삼각형이라고 합니다.
참고 | 예각삼각형은 예각이 3개, 둔각삼각형은 둔각이 1개, 직각삼각형은 직각이 1개임을 알고 있는지 확인합니다.

19 점 ㄱ을 ③으로 정하면 예각삼각형이 그려집니다.

20 ⊕

(1)

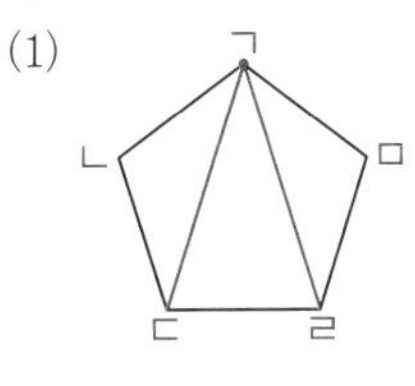

점 ㄱ과 이웃하는 점은 점 ㄴ, 점 ㅁ입니다.
따라서 점 ㄱ과 이웃하지 않는 점 ㄷ, 점 ㄹ에 선분을 긋습니다.

(2)

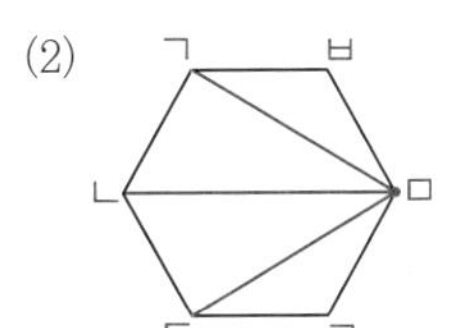

점 ㅁ과 이웃하는 점은 점 ㅂ, 점 ㄹ입니다.
따라서 점 ㅁ과 이웃하지 않는 점 ㄱ, 점 ㄴ, 점 ㄷ에 선분을 긋습니다.

21 예각삼각형은 세 각이 모두 예각인 삼각형을 그립니다.
둔각삼각형은 한 각이 둔각인 삼각형을 그립니다.

내가 만드는 문제

22 예각삼각형: 세 각이 모두 예각이 되도록 세 점을 정해 잇습니다.
둔각삼각형: 한 각이 둔각이 되도록 세 점을 정해 잇습니다.
직각삼각형: 한 각이 직각이 되도록 세 점을 정해 잇습니다.

24 (1) 이등변삼각형 또는 정삼각형이면서 예각삼각형인 삼각형을 그립니다.
(2) 이등변삼각형이면서 둔각삼각형인 삼각형을 그립니다.

25 두 각이 모두 60°이므로 나머지 한 각의 크기는 60°입니다.
따라서 모든 각의 크기가 예각이므로 예각삼각형이고, 두 각의 크기가 같으므로 이등변삼각형, 세 각의 크기가 같으므로 정삼각형입니다.

26

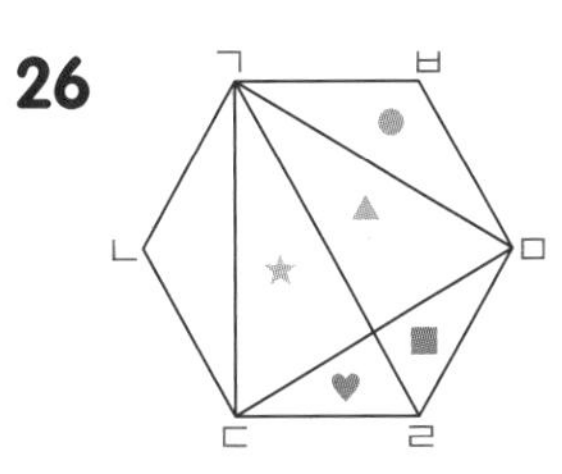

(1) 삼각형 ㄱㄷㅁ
(2) 삼각형 ㄷㄹㅁ

내가 만드는 문제

27 예 두 변의 길이가 같고 한 각의 크기가 둔각인 삼각형을 그립니다.

개념 적용 -5 두 가지 기준으로 분류하기 46~47쪽

23

㉤	㉣	㉠
㉢	㉡	㉥

24 (1) 예 (2) 예

25 이등변삼각형, 정삼각형, 예각삼각형

26 (1) 예각삼각형, 이등변삼각형, 정삼각형
(2) 이등변삼각형, 둔각삼각형

27 예 두 변의 길이가 같은, 둔각삼각형 /

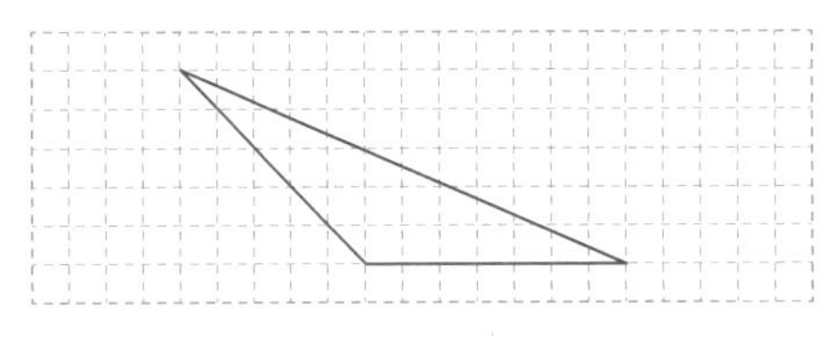

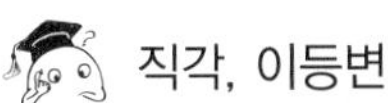
직각, 이등변

개념 완성 발전 문제 48~50쪽

1 20 cm **2** 20 cm

3 8 cm **4** 1, 2

5 예 **6** 예

7 예 **8** 2개

9 4개

10 130°

11 120° **12** 120°

13 60, 120 **14** 65

15 85 **16** 4개

17 4개 **18** 8개

1 정삼각형이므로 (변 ㄱㄴ) = (변 ㄴㄷ) = (변 ㄷㄱ)입니다.
세 변의 길이의 합이 60 cm이므로
(변 ㄴㄷ) $= 60 \div 3 = 20$(cm)입니다.

2 이등변삼각형이므로 (변 ㄴㄷ) = (변 ㄱㄷ)입니다.
세 변의 길이의 합이 50 cm이고
(변 ㄴㄷ) + (변 ㄱㄷ) $= 50 - 10 = 40$(cm)이므로
(변 ㄴㄷ) $= 40 \div 2 = 20$(cm)입니다.

3 삼각형 ㄱㄴㄷ은 이등변삼각형이므로
(변 ㄴㄷ) = (변 ㄱㄷ)입니다.
세 변의 길이의 합이 27 cm이고
(변 ㄴㄷ) + (변 ㄱㄷ) $= 27 - 11 = 16$(cm)이므로
(변 ㄱㄷ) $= 16 \div 2 = 8$(cm)입니다.
삼각형 ㄱㄷㄹ은 정삼각형이므로 세 변의 길이가 같습니다.
따라서 (변 ㄱㄹ) = 8 cm입니다.

4

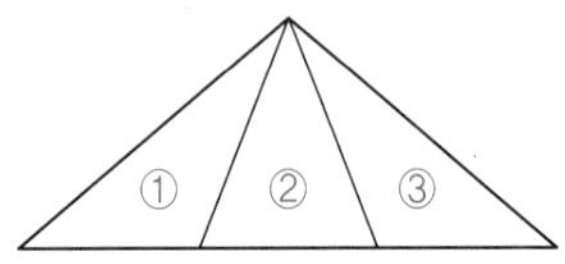

예각삼각형은 ②, 둔각삼각형은 ①, ③입니다.

5

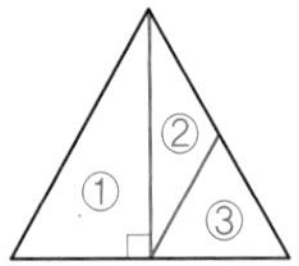

직각삼각형은 ①, 예각삼각형은 ③, 둔각삼각형은 ②입니다.

6

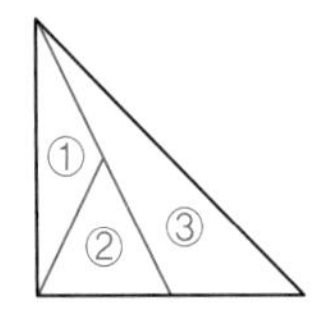

예각삼각형은 ②, 둔각삼각형은 ①, ③입니다.

다른 풀이 |

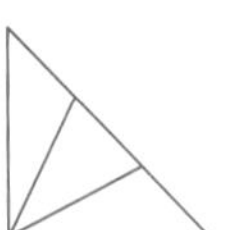

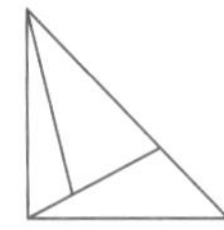

이 외에도 여러 가지 답이 있습니다.

7 세 각이 모두 예각이 되도록 세 점을 잇습니다.

8

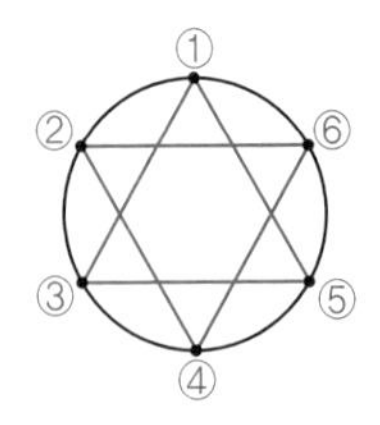

점(①, ③, ⑤), 점(②, ④, ⑥)을 연결하여 정삼각형 2개를 만들 수 있습니다.

9

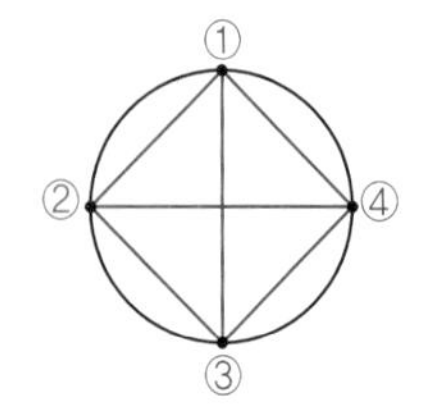

점(①, ②, ④), 점(①, ②, ③), 점(②, ③, ④), 점(③, ④, ①)을 연결하여 이등변삼각형 4개를 만들 수 있습니다.

10 삼각형 ㄱㄴㄷ은 이등변삼각형이므로 각 ㄱㄷㄴ의 크기는 25°입니다.
따라서 (각 ㄴㄱㄷ) $= 180^\circ - 25^\circ - 25^\circ = 130^\circ$입니다.

11 삼각형 ㄱㄴㄹ은 정삼각형이므로 각 ㄱㄹㄴ의 크기는 60°입니다. 일직선은 180°이므로
(각 ㄴㄹㄷ) $= 180^\circ - 60^\circ = 120^\circ$입니다.

12 정삼각형의 한 각의 크기는 60°이므로
(각 ㄹㄷㄱ) $= 90^\circ - 60^\circ = 30^\circ$입니다.
이등변삼각형은 두 각의 크기가 같으므로
(각 ㄹㄱㄷ) = (각 ㄹㄷㄱ) $= 30^\circ$입니다.
따라서 (각 ㄱㄹㄷ) $= 180^\circ - 30^\circ - 30^\circ = 120^\circ$입니다.
다른 풀이 | 사각형의 네 각의 크기의 합은 360°입니다.
(각 ㄱㄴㄷ) $= 60^\circ$, (각 ㄴㄷㄹ) $= 90^\circ$,
(각 ㄹㄱㄴ) $= 60^\circ + 30^\circ = 90^\circ$이므로
$60^\circ + 90^\circ + 90^\circ +$ (각 ㄱㄹㄷ) $= 360^\circ$,
(각 ㄱㄹㄷ) $= 360^\circ - 60^\circ - 90^\circ - 90^\circ = 120^\circ$입니다.

13

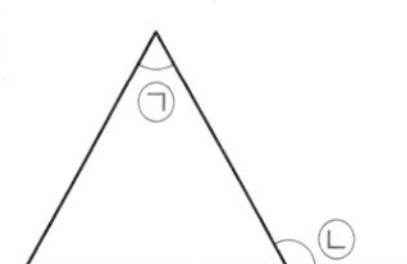

정삼각형은 세 각의 크기가 같습니다.
따라서 정삼각형의 한 각의 크기는 60°이므로
㉠ $= 60^\circ$, ㉡ $= 180^\circ - 60^\circ = 120^\circ$입니다.

14 (각 ㄴㄷㄱ) $= 180^\circ - 130^\circ = 50^\circ$
(각 ㄱㄴㄷ) + (각 ㄴㄱㄷ) $= 180^\circ - 50^\circ = 130^\circ$
이등변삼각형은 길이가 같은 두 변에 있는 두 각의 크기가 같습니다.
따라서 (변 ㄱㄷ) = (변 ㄴㄷ)이므로
(각 ㄴㄱㄷ) = (각 ㄱㄴㄷ) $= 130^\circ \div 2 = 65^\circ$입니다.

15 (각 ㄹㅁㄷ) $= 180^\circ - 145^\circ = 35^\circ$, 삼각형 ㄷㄹㅁ은 이등변삼각형이므로 (각 ㄹㄷㅁ) = (각 ㄹㅁㄷ) $= 35^\circ$입니다.
삼각형 ㄱㄴㄷ은 정삼각형이므로 (각 ㄱㄷㄴ) $= 60^\circ$입니다.
따라서 (각 ㄱㄷㄹ) $= 180^\circ - 60^\circ - 35^\circ = 85^\circ$입니다.

16

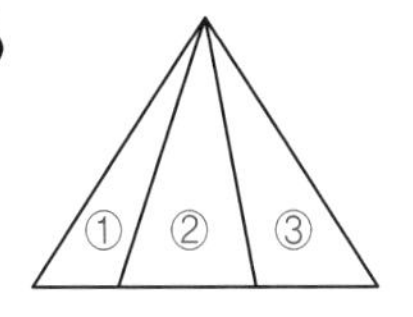

1개짜리: ② ➡ 1개

2개짜리: ① + ②, ② + ③ ➡ 2개

3개짜리: ① + ② + ③ ➡ 1개

따라서 찾을 수 있는 크고 작은 예각삼각형은 모두

$1 + 2 + 1 = 4$(개)입니다.

17 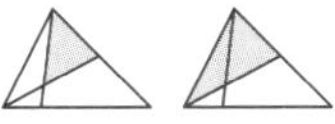 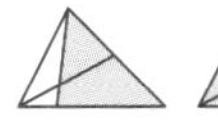  ➡ 4개

참고 | 도형에서 1칸으로 이루어진 삼각형, 2칸으로 이루어진 삼각형, 4칸으로 이루어진 삼각형으로 나누어 각각 알아봅니다.

18

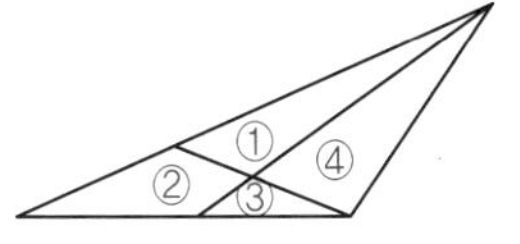

1개짜리: ①, ③, ④ ➡ 3개

2개짜리: ① + ②, ② + ③, ③ + ④, ① + ④ ➡ 4개

4개짜리: ① + ② + ③ + ④ ➡ 1개

따라서 찾을 수 있는 크고 작은 둔각삼각형은 모두

$3 + 4 + 1 = 8$(개)입니다.

2단원 단원 평가 51~53쪽

1 나, 다, 라, 바 / 나, 바 **2** 40

3 42 cm **4** 예, 직, 둔

5 예

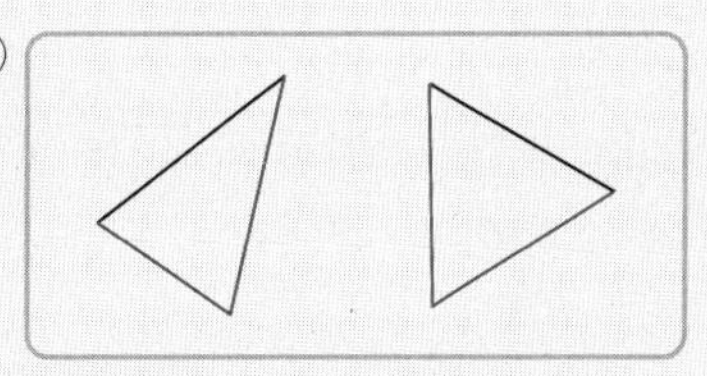

6 점 ㅂ **7** 75°

8 (1) 예 이등변삼각형 (2) 예 정삼각형

9 예

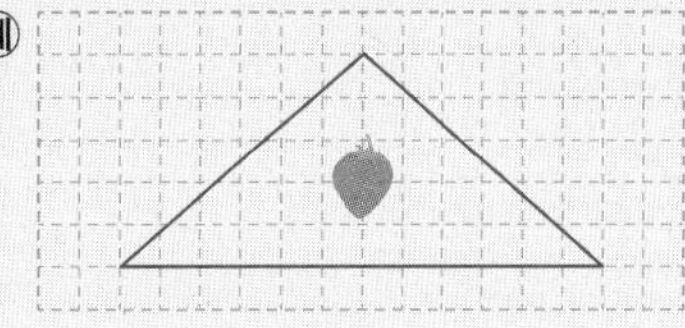

10 이등변삼각형, 둔각삼각형

11

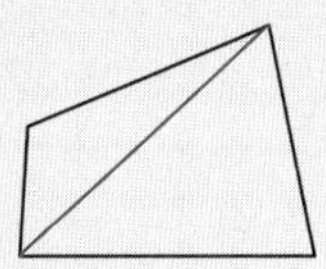

12 7 cm, 10 cm

13 100° **14** 이등변삼각형, 둔각삼각형

15 9 cm

16 둔각삼각형, 이등변삼각형에 ○표

17 55° **18** 4개

19 예 이등변삼각형은 두 각의 크기와 두 변의 길이가 같습니다. 삼각형의 세 각의 크기의 합은 180°이므로 (각 ㄴㄱㄷ)$=180° - 55° - 65° = 60°$입니다. 따라서 크기가 같은 두 각이 없으므로 이등변삼각형이 아닙니다.

20 13 cm

2 이등변삼각형은 두 각의 크기가 같습니다.

➡ $180° - 70° - 70° = 40°$

3 정삼각형은 세 변의 길이가 같습니다.

따라서 세 변의 길이의 합은

$14 + 14 + 14 = 42$(cm)입니다.

4

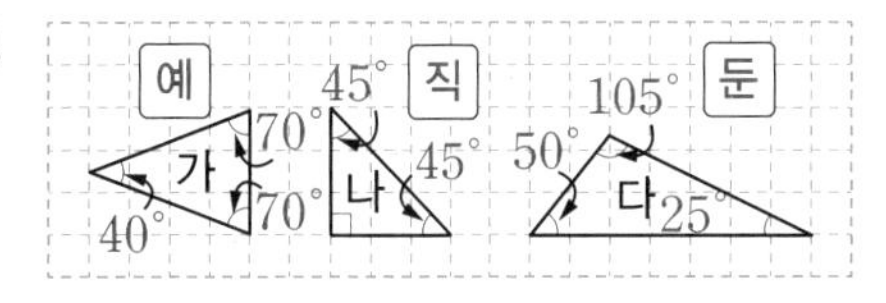

가는 세 각이 모두 예각이므로 예각삼각형, 나는 한 각이 직각이므로 직각삼각형, 다는 한 각이 둔각이므로 둔각삼각형입니다.

5 주어진 선분을 한 변으로 하여 두 변의 길이가 같은 삼각형을 각각 그립니다.

6

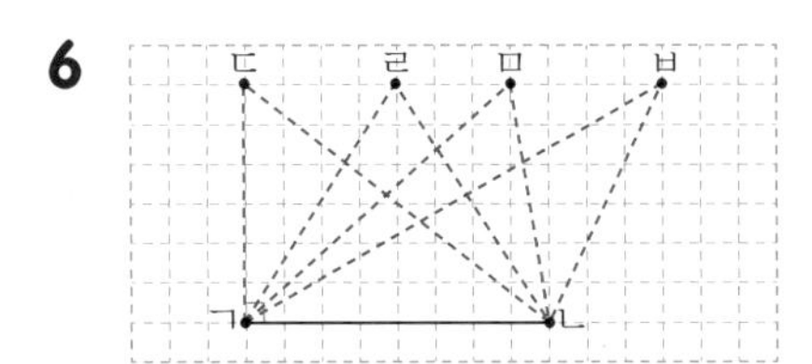

점 ㄴ과 점 ㅂ을 연결하면 직각보다 크고 180°보다 작은 각이 만들어집니다.
따라서 점 ㄱ과 점 ㄴ을 점 ㅂ과 이으면 둔각삼각형이 만들어집니다.

7 이등변삼각형은 길이가 같은 두 변에 있는 두 각의 크기가 같으므로 각 ㄱㄴㄷ과 각 ㄱㄷㄴ의 크기는 같습니다.
따라서 30° + (각 ㄱㄴㄷ) + (각 ㄱㄷㄴ) = 180°,
(각 ㄱㄴㄷ) + (각 ㄱㄷㄴ) = 150°,
(각 ㄱㄴㄷ) = 150° ÷ 2 = 75°입니다.

8 (2) 세 변의 길이가 같으므로 두 변의 길이도 같습니다.
따라서 이등변삼각형도 정답입니다.

9 두 변의 길이가 같고, 한 각이 둔각인 삼각형을 그립니다.

10 두 각의 크기가 30°로 같으므로 이등변삼각형입니다.
한 각의 크기가 둔각이므로 둔각삼각형입니다.

11 사각형에서 둔각인 부분을 포함하여 선분을 그으면 둔각삼각형이 될 수 있습니다.

12 이등변삼각형은 두 변의 길이가 같습니다.
삼각형의 세 변 중 두 변이 각각 7 cm, 10 cm이므로
7 cm, 7 cm, 10 cm 또는 7 cm, 10 cm, 10 cm인 삼각형을 만들 수 있습니다.

13 잘라서 펼친 모양은 이등변삼각형입니다.
㉠을 제외한 나머지 두 각의 크기는 각각 40°입니다.
➡ ㉠ = 180° − 40° − 40° = 100°

14 짧은 빨대의 길이가 같으므로 이등변삼각형입니다.
짧은 빨대와 긴 빨대의 길이의 차가 크므로 한 각이 둔각인 삼각형을 만들 수 있습니다.

15 이등변삼각형이므로 (변 ㄱㄴ) = (변 ㄴㄷ)입니다.
세 변의 길이의 합이 32 cm이므로
(변 ㄱㄴ) + (변 ㄴㄷ) = 32 − 14 = 18(cm)입니다.
따라서 (변 ㄱㄴ) = 18 ÷ 2 = 9(cm)입니다.

16 (변 ㄱㄴ) = (변 ㄱㄷ)이므로 이등변삼각형입니다.
(각 ㄱㄴㄷ) = (각 ㄱㄷㄴ) = 180° − 140° = 40°이고,
(각 ㄴㄱㄷ) = 180° − 40° − 40° = 100°입니다.
따라서 한 각이 둔각이므로 둔각삼각형입니다.

17 삼각형 ㄱㄴㄷ은 이등변삼각형이므로
(각 ㄴㄱㄷ) = (각 ㄱㄴㄷ) = 35°입니다.
삼각형 ㄱㄹㄷ에서
(각 ㄱㄷㄹ) = 180° − 35° − 90° = 55°입니다.

18

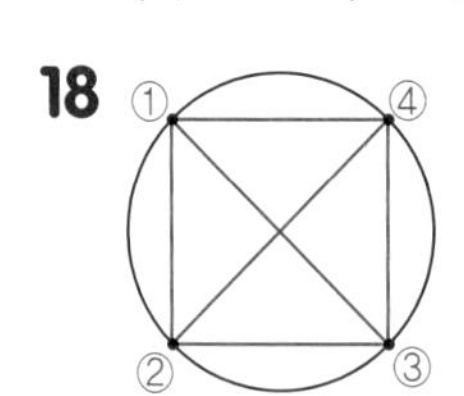

점(①, ②, ③), 점(①, ②, ④), 점(②, ③, ④), 점(③, ④, ①)을 연결하여 직각삼각형 4개를 만들 수 있습니다.

서술형
19

평가 기준	배점
이등변삼각형의 성질을 설명했나요?	2점
각 ㄴㄱㄷ의 크기를 구하여 이등변삼각형이 아닌 이유를 설명했나요?	3점

서술형
20 예 (이등변삼각형의 세 변의 길이의 합)
= 12 + 12 + 15 = 39 (cm)
정삼각형의 세 변의 길이의 합은 39 cm입니다.
정삼각형의 세 변의 길이는 모두 같으므로
정삼각형의 한 변의 길이는 39 ÷ 3 = 13(cm)입니다.

평가 기준	배점
이등변삼각형의 세 변의 길이의 합을 구했나요?	2점
정삼각형의 한 변의 길이를 구했나요?	3점

3 소수의 덧셈과 뺄셈

3-1에서 $\frac{1}{10}=0.1$임을 학습하였습니다. 이번에는 더 나아가 $\frac{1}{100}$, $\frac{1}{1000}$과 0.01, 0.001의 관계를 알아보면서 소수 두 자리 수, 소수 세 자리 수의 읽고 쓰기 및 나타내는 수, 크기 비교 등의 학습을 합니다. 소수의 덧셈과 뺄셈은 자연수의 덧셈과 뺄셈과 같은 계산 방법이지만 계산 결과의 소수점 오른쪽 끝 0은 생략하거나 소수점의 위치에 맞추어 계산하는 등의 차이점이 있습니다. 수 모형, 모눈종이, 수직선 등 다양한 활동 등을 통해 자연수의 연산과의 공통점과 차이점을 인식할 수 있도록 지도합니다. 소수는 분수에 비해 일상적으로 활용되는 빈도가 높으므로 분수와 소수와의 관계, 계산 원리 등을 완벽히 이해할 수 있도록 합니다.

교과서 개념 이해 1 $\frac{■▲}{100}$는 0.■▲, $\frac{■▲●}{1000}$는 0.■▲● 57쪽

1 0.8, 1.2 / 0.54, 0.58 / 0.513, 0.516

2 (1) 0.54 / 영 점 오사 (2) 0.87 / 영 점 팔칠

3 (1) 0.24 (2) 0.423 (3) 1.37 (4) 4.806

4 (1) 2 / 5 / 7 (2) 5 / 2 / 3 / 8

3 $\frac{1}{100}$은 소수 두 자리 수로, $\frac{1}{1000}$은 소수 세 자리 수로 나타냅니다.

4 (1) 2.57에서 2는 일의 자리 숫자, 5는 소수 첫째 자리 숫자, 7은 소수 둘째 자리 숫자입니다.
(2) 5.238에서 5는 일의 자리 숫자, 2는 소수 첫째 자리 숫자, 3은 소수 둘째 자리 숫자, 8은 소수 셋째 자리 숫자입니다.

교과서 개념 이해 2 높은 자리 숫자가 더 클수록 큰 수야. 58쪽

1 (1) < (2) > (3) > (4) <

2 (1) 37, 67 (2) 0.67

1 (1) 11.64 < 13.24 (11 < 13) (2) 9.87 > 9.624 (8 > 6)
(3) 7.555 > 7.539 (5 > 3) (4) 6.572 < 6.578 (2 < 8)

2 색칠된 부분의 개수를 비교하면 0.37보다 0.67이 더 큽니다.

교과서 개념 이해 3 수는 10배 하면 커지고 $\frac{1}{10}$ 하면 작아져. 59쪽

1 (왼쪽에서부터) 1000, 100, $\frac{1}{100}$, $\frac{1}{1000}$

2 (1) 10 (2) $\frac{1}{1000}$

2 (1) 0.04에서 0.4는 소수점을 기준으로 수가 왼쪽으로 한 자리 이동하였으므로 10배한 것입니다.
(2) 7에서 0.007은 소수점을 기준으로 수가 오른쪽으로 세 자리 이동하였으므로 $\frac{1}{1000}$한 것입니다.

개념 적용 1-1 소수 두 자리 수 60~61쪽

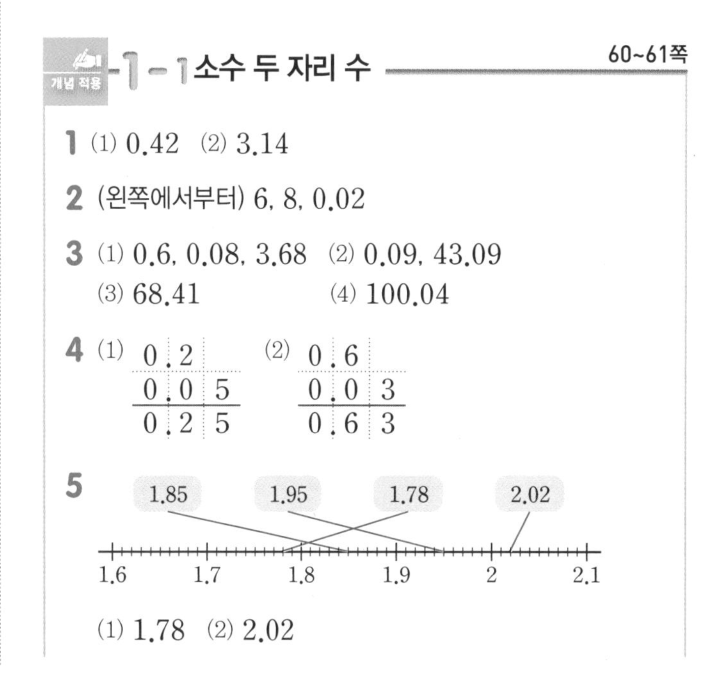

1 (1) 0.42 (2) 3.14

2 (왼쪽에서부터) 6, 8, 0.02

3 (1) 0.6, 0.08, 3.68 (2) 0.09, 43.09
(3) 68.41 (4) 100.04

4 (1) 0.2 + 0.05 = 0.25 (2) 0.6 + 0.03 = 0.63

5

(1) 1.78 (2) 2.02

6 예

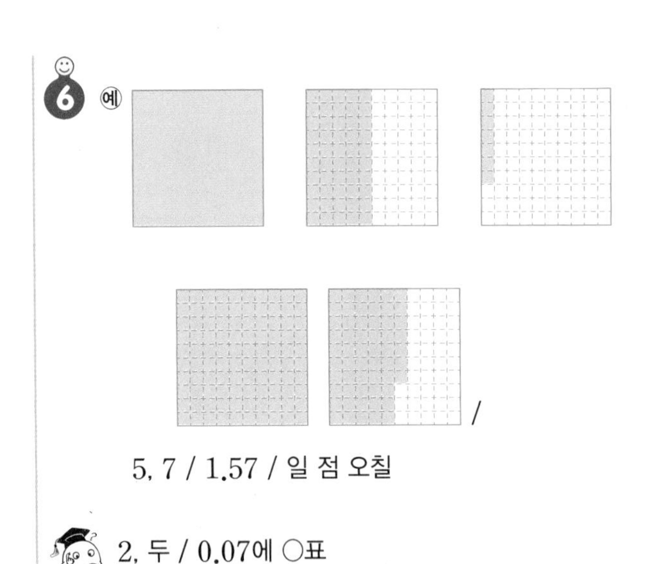

5, 7 / 1.57 / 일 점 오칠

2, 두 / 0.07에 ○표

2 $6.82 = 6 + 0.8 + 0.02$

3 (3) $68\,\text{m}\ 41\,\text{cm} = 68\,\text{m} + 40\,\text{cm} + 1\,\text{cm}$
$= 68\,\text{m} + 0.4\,\text{m} + 0.01\,\text{m}$
$= 68.41\,\text{m}$

(4) $100\,\text{m}\ 4\,\text{cm} = 100\,\text{m} + 4\,\text{cm}$
$= 100\,\text{m} + 0.04\,\text{m}$
$= 100.04\,\text{m}$

4 (2) $\frac{1}{10} = 0.1$, $\frac{1}{100} = 0.01$로 바꾸어 생각합니다.

5 수직선의 작은 눈금 한 칸의 크기는 0.01입니다.

개념 적용 1-2 소수 세 자리 수 62~63쪽

7 (1) 1.138 / 일 점 일삼팔 (2) 3.046 / 삼 점 영사육
+ 5.865 / 오 점 팔육오

8 (1) 0.3, 0.07, 0.004, 8.374
(2) 0.06, 0.007, 10.067 (3) 4.459 (4) 6.203

9 10.909, 10.925, 10.946

10 (위에서부터) 1.369 / 1.358 / 1.268, 1.468

11 9.508에 △표, 80.01에 ○표

12 예 3, 8, 5 /

0	.	3		
0	.	0	8	
0	.	0	0	5
0	.	3	8	5

(위에서부터) 0.9 / 0.06 / 0.001, 0.007

7 $\frac{1}{1000}$은 소수 세 자리 수로 나타냅니다.

8 (3) $4\,\text{km}\ 459\,\text{m}$
$= 4\,\text{km} + 400\,\text{m} + 50\,\text{m} + 9\,\text{m}$
$= 4\,\text{km} + 0.4\,\text{km} + 0.05\,\text{km} + 0.009\,\text{km}$
$= 4.459\,\text{km}$

(4) $6\,\text{L}\ 203\,\text{mL}$
$= 6\,\text{L} + 200\,\text{mL} + 3\,\text{mL}$
$= 6\,\text{L} + 0.2\,\text{L} + 0.003\,\text{L}$
$= 6.203\,\text{L}$

9 수직선의 작은 눈금 한 칸의 크기는 0.001입니다.

10 • 0.001 작은 수와 큰 수는 소수 셋째 자리 숫자가 1 작은 수와 1 큰 수입니다.
• 0.01 작은 수와 큰 수는 소수 둘째 자리 숫자가 1 작은 수와 1 큰 수입니다.
• 0.1 작은 수와 큰 수는 소수 첫째 자리 숫자가 1 작은 수와 1 큰 수입니다.

11 8.632 ➡ 8, 9.508 ➡ 0.008, 3.681 ➡ 0.08, 80.01 ➡ 80, 0.803 ➡ 0.8을 나타냅니다.
따라서 숫자 8이 나타내는 수가 가장 큰 수는 80.01이고, 가장 작은 수는 9.508입니다.

내가 만드는 문제

12 $\frac{1}{10} = 0.1$, $\frac{1}{100} = 0.01$, $\frac{1}{1000} = 0.001$로 바꾸어 생각합니다.

개념 적용 2 소수의 크기 비교 64~65쪽

13 0.7, =, 0.70 **14** (1) < (2) >

15 3.79, 5.82 / 3.775, 5.021

16

7.225, 7.238, 7.243

17 7.059, 7.59 **18** 서울

19 예 2.701, 3.05, 3.061

>, <

13 소수 오른쪽 끝자리의 0은 생략할 수 있으므로 $0.7 = 0.70$입니다.

14 (1) $3 + 0.3 + 0.04 + 0.005 = 3.345$,

$3 + \frac{6}{10} + \frac{2}{100} + \frac{7}{1000}$
$= 3 + 0.6 + 0.02 + 0.007$
$= 3.627$입니다.

자연수 부분이 같으므로 소수 첫째 자리 숫자를 비교하면 $3 < 6$이므로 $3.345 < 3.627$입니다.

(2) $5 + 0.2 + 0.07 + 0.009 = 5.279$,

$5 + \frac{2}{10} + \frac{7}{100} + \frac{4}{1000}$
$= 5 + 0.2 + 0.07 + 0.004$
$= 5.274$입니다.

소수 둘째 자리 숫자까지 같으므로 소수 셋째 자리 숫자를 비교하면 $9 > 4$이므로 $5.279 > 5.274$입니다.

15 $3.775 < 3.79$ ($7 < 9$)

$5.021 < 5.82$ ($0 < 8$)

16 작은 눈금 한 칸의 크기는 0.001입니다. 수직선에서 오른쪽으로 갈수록 더 큰 수입니다.

17 7.02보다 큰 수는 7.59, 7.059입니다. 7.102보다 큰 수는 7.59입니다.

보기 의 수를 한 번씩만 사용해야 하므로 7.102보다 큰 수에 7.59, 7.02보다 큰 수에 7.059를 써야 합니다.

18 서울, 대전, 부산의 오존 농도의 자연수 부분과 소수 첫째 자리 숫자가 같으므로 소수 둘째 자리 숫자를 비교하면 $4 > 3 > 2$이므로 $0.141 > 0.132 > 0.129$입니다.
따라서 오존 농도가 가장 높은 지역은 서울입니다.

내가 만드는 문제
19 높은 자리 숫자가 클수록 큰 수입니다.

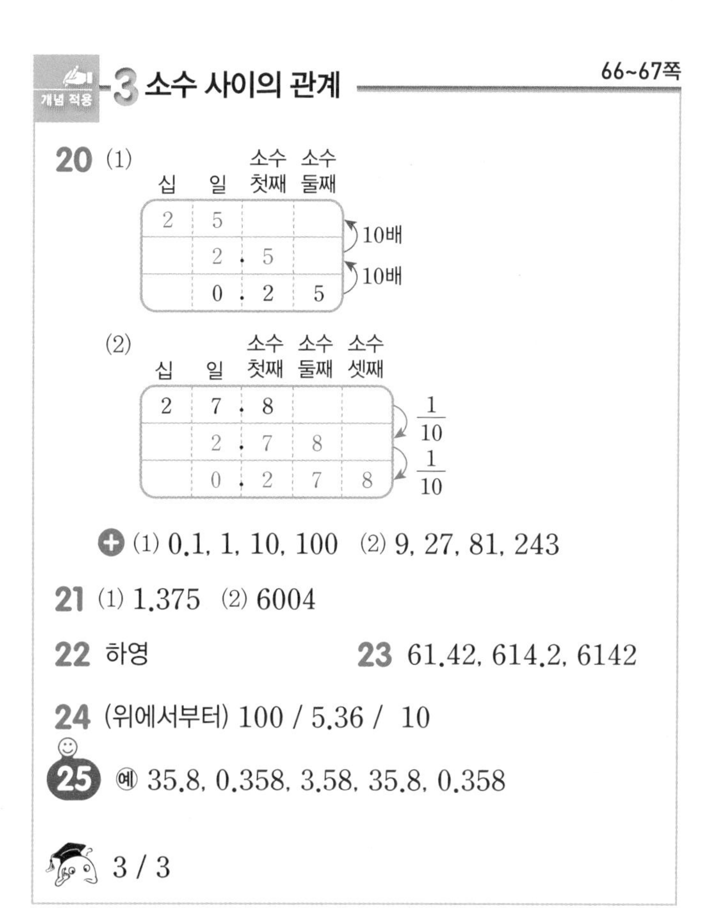
개념 적용 **3 소수 사이의 관계** 66~67쪽

20 (1)

십	일	소수 첫째	소수 둘째	
2	5			10배
	2	. 5		10배
	0	. 2	5	

(2)

십	일	소수 첫째	소수 둘째	소수 셋째	
2	7	. 8			$\frac{1}{10}$
	2	. 7	8		$\frac{1}{10}$
	0	. 2	7	8	

+ (1) 0.1, 1, 10, 100 (2) 9, 27, 81, 243

21 (1) 1.375 (2) 6004

22 하영

23 61.42, 614.2, 6142

24 (위에서부터) 100 / 5.36 / 10

25 예 35.8, 0.358, 3.58, 35.8, 0.358

3 / 3

20 (2) $\frac{1}{10}$을 하면 소수점을 기준으로 수가 오른쪽으로 한 자리 이동합니다. 이동한 후 소수점 왼쪽의 빈자리에 0을 채웁니다.

21 (1) $1\,g = 0.001\,kg$ ➡ $1375\,g = 1.375\,kg$
(2) $1\,kg = 1000\,g$ ➡ $6.004\,kg = 6004\,g$

22 철민: 3.71, 하영: 371, 동완: 3.71이므로 설명하는 수가 다른 사람은 하영입니다.

23 보기 의 규칙은 오른쪽으로 10배씩 커지는 규칙입니다.

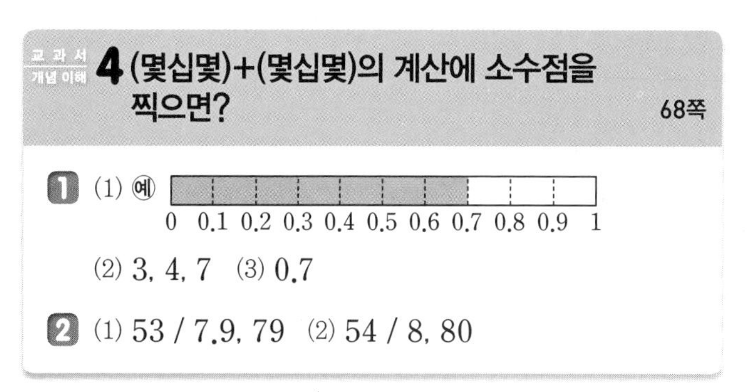
교과서 개념 이해 **4 (몇십몇)+(몇십몇)의 계산에 소수점을 찍으면?** 68쪽

1 (1) 예 0 0.1 0.2 0.3 0.4 0.5 0.6 0.7 0.8 0.9 1
(2) 3, 4, 7 (3) 0.7

2 (1) 53 / 7.9, 79 (2) 54 / 8, 80

2 ■.▲는 0.1이 ■▲개인 수입니다.
(2) 8.0에서 0은 생략해서 씁니다.

교과서 개념 이해 5 (몇십몇)−(몇십몇)의 계산에 소수점을 찍으면? 69쪽

1 (1) 예

0 0.1 0.2 0.3 0.4 0.5 0.6 0.7 0.8 0.9 1

(2) 7, 3, 4 (3) 0.4

2 (1) 37 / 4.1, 41 (2) 36 / 3.9, 39

2 ■.▲는 0.1이 ■▲개인 수입니다.

(2) 소수의 뺄셈도 같은 자리 숫자끼리 뺄 수 없으면 윗자리에서 받아내림합니다.

교과서 개념 이해 6 (몇백몇)+(몇백몇)의 계산에 소수점을 찍으면? 70쪽

1 (1) 예

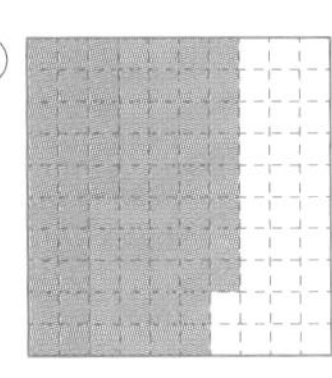

(2) 25, 43, 68 (3) 0.68

2 (1) 418 / 7.89, 789 (2) 454 / 8.25, 825

2 ■.▲●는 0.01이 ■▲●개인 수입니다.

(2) 소수의 덧셈도 같은 자리 숫자끼리 더해서 10이거나 10보다 큰 경우 윗자리로 1을 받아올림합니다.

교과서 개념 이해 7 (몇백몇)−(몇백몇)의 계산에 소수점을 찍으면? 71쪽

1 (1) 예

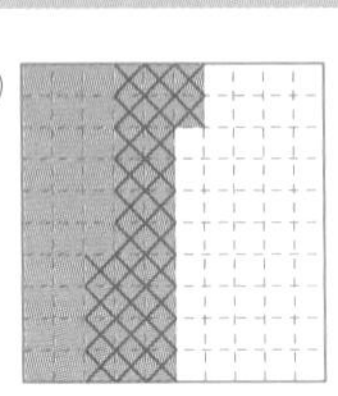

(2) 52, 26, 26 (3) 0.26

2 (1) 304 / 3.13, 313 (2) 308 / 3.09, 309

2 ■.▲●는 0.01이 ■▲●개인 수입니다.

(2) 소수의 뺄셈도 같은 자리 숫자끼리 뺄 수 없으면 윗자리에서 받아내림합니다.

개념 적용 -4 소수 한 자리 수의 덧셈 72~73쪽

1 (1) 86, 8.6 (2) 74, 7.4

2 (1) 4 / 5 / 6 (2) 7.6 / 7.5 / 7.4

3 (1)
$$\begin{array}{r} 1.8 \\ +\ 5 \\ \hline 6.8 \end{array}$$
(2)
$$\begin{array}{r} 2 \\ +\ 3.2 \\ \hline 5.2 \end{array}$$

4 (위에서부터) (1) 12.2 / 11.5 (2) 25.3 / 24.4

5 8.1 cm

6 (1) 0.9 (2) 1.2

7 예

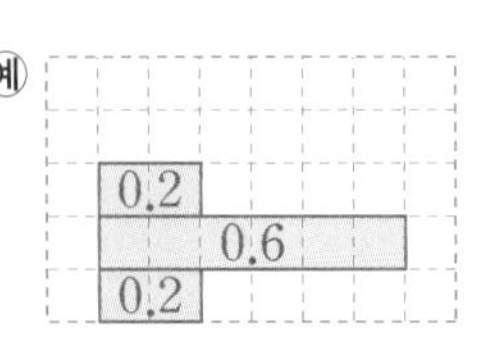

/ 0.2+0.6+0.2=1

1, 2

1 자연수의 덧셈과 같은 방법으로 계산한 후 소수점을 맞추어 찍습니다.

2 (1) 더하는 수가 1씩 커지므로 계산 결과는 1씩 커집니다.
(2) 더해지는 수가 0.1씩 작아지므로 계산 결과는 0.1씩 작아집니다.

3 (1) 5 = 5.0과 같으므로 5를 일의 자리에 맞추어 써서 계산합니다.
(2) 2 = 2.0과 같으므로 2를 일의 자리에 맞추어 써서 계산합니다.

4 (1) 6.5 + 5.7 = 6.5 + 5 + 0.7
(2) 21.4 + 3.9 = 21.4 + 3 + 0.9

5 초록 막대의 길이는 4.7 cm, 주황 막대의 길이는 3.4 cm입니다.
두 막대의 길이의 합은 4.7 + 3.4 = 8.1(cm)입니다.

6 (1) 자연수로 생각하면 ● + ● = 18, ● × 2 = 18, ● = 9입니다.
따라서 소수로 바꾸면 ● = 0.9입니다.
(2) 자연수로 생각하면 ▲ + ▲ + ▲ = 36, ▲ × 3 = 36, ▲ = 12입니다.
따라서 소수로 바꾸면 ▲ = 1.2입니다.

개념 적용 -5 소수 한 자리 수의 뺄셈 74~75쪽

8 (1) 64, 6.4 (2) 54, 5.4

9 (1) (왼쪽에서부터) 7.7 / 7.7, 8.9
(2) (왼쪽에서부터) 1.4 / 1.4, 6.2

10

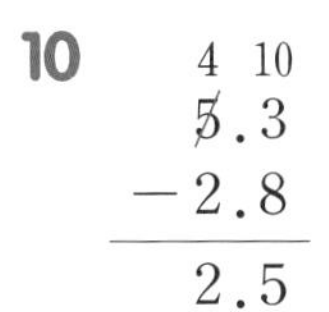

11

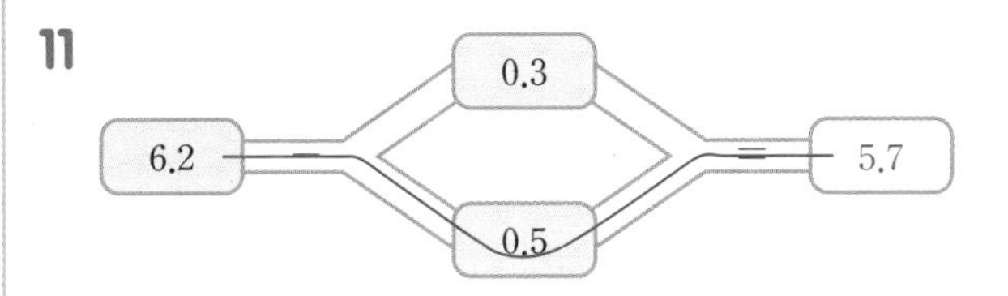

12 5.4

13

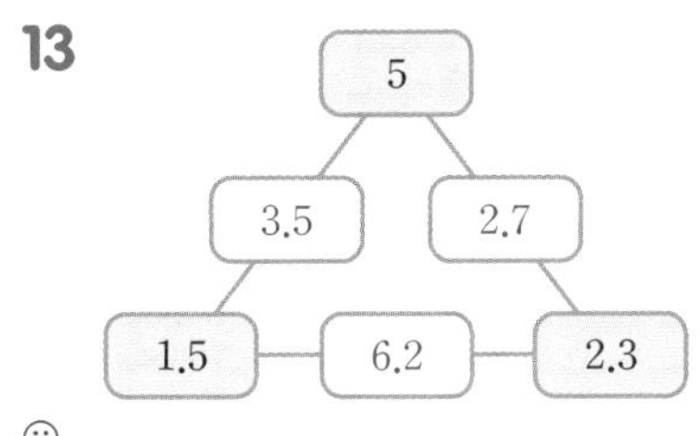

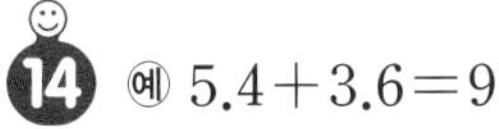

14 예 $5.4+3.6=9$

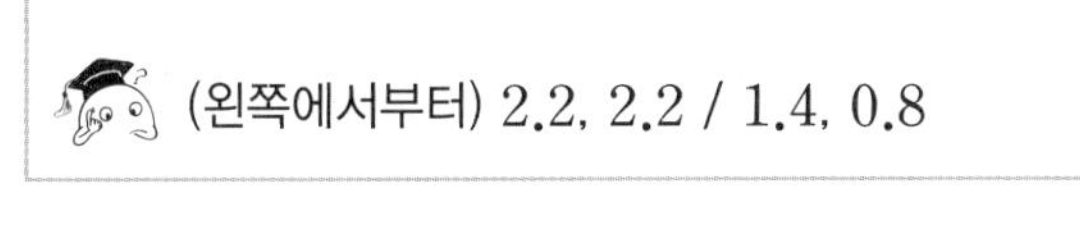

(왼쪽에서부터) 2.2, 2.2 / 1.4, 0.8

8 자연수의 뺄셈과 같은 방법으로 계산한 후 소수점을 맞추어 찍습니다.

10 소수점끼리 맞추어 쓴 다음 계산해야 합니다.

11 같은 수에서 빼는 수가 클수록 계산 결과는 작아집니다.
$6.2-0.5=5.7$

12 1이 6개 ➡ 6
0.1이 23개 ➡ 2.3
8.3
8.3보다 2.9만큼 더 작은 수는 5.4입니다.

13
- $10-5-1.5=5-1.5=3.5$
- $10-5-2.3=5-2.3=2.7$
- $10-1.5-2.3=8.5-2.3=6.2$

내가 만드는 문제

14 색칠된 칸에 수를 써넣은 다음 빈칸에 소수 한 자리 수를 써넣습니다.
색칠된 칸에서 소수 한 자리 수를 빼서 남은 빈칸에 써넣습니다.

개념 적용 -6 소수 두 자리 수의 덧셈 76~77쪽

15 (1) 1.68 / 1.68 (2) 5.72 / 5.72
(3) 9.81 / 9.81 (4) 22.18 / 22.18

16 (1) = (2) =

17 (위에서부터) 3, 5, 5 / 3, 5, 5

18 11.76 / 9.53 / 21.29

19 약 0.5 m ➕ 0.6, 0.6 / 1.8

20 8.32, 6.01, 14.33

21 예

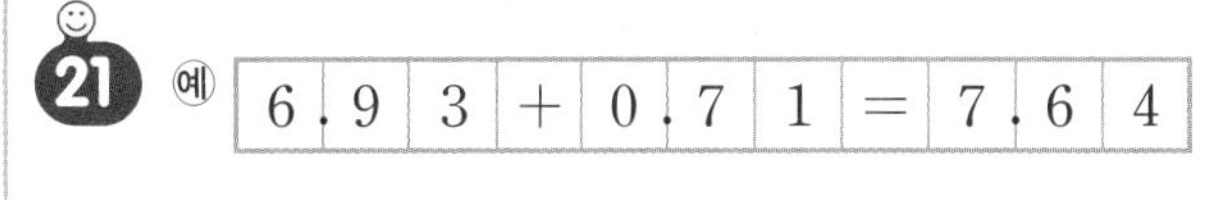

6 . 9	3	+	0 . 7	1	=	7 . 6	4

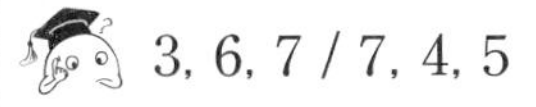

3, 6, 7 / 7, 4, 5

15 두 수를 바꾸어 더해도 계산 결과는 같습니다.

16 (1) ~보다 ~만큼 더 큰 수는 덧셈으로 계산합니다.
$1.82+0.08=1.9$,
$0.82+1.08=1.9$
(2) $3+0.7+0.05=3.75$,
$1.32+2.43=3.75$

17 소수 둘째 자리 계산: $1+\square=6$, $\square=5$
소수 첫째 자리 계산: $4+1=5$
일의 자리 계산: $\square+5=8$, $\square=3$

18 $11+0.7+0.06=11.76$, $9+0.5+0.03=9.53$입니다.
따라서 $11.76+9.53=21.29$입니다.

19 닭새우의 몸길이는 약 0.25 m이고 더듬이는 몸길이를 2번 더한 길이이므로 약 $0.25+0.25=0.5$(m)입니다.

20 합이 가장 크려면 가장 큰 수와 두 번째로 큰 수를 골라 덧셈식을 만듭니다.
$8.32>6.01>5.99>5.21$ ➡ $8.32+6.01=14.33$

내가 만드는 문제

21 소수 두 자리 수를 만들어야 하므로 소수 둘째 자리 숫자가 0이 아닌 소수 두 자리 수를 2개 만들어 계산합니다.
예 $6.93+0.71=7.64$

개념 적용 -7 소수 두 자리 수의 뺄셈 78~79쪽

22 (1) (위에서부터) 1.23 / 1.23, 1.12
(2) (위에서부터) 2.34 / 2.34, 2.31

23

4.27 + 2.07 = 6.34　6.34 − 2.07 = 4.27
2.07 + 4.27 = 6.34　6.34 − 4.27 = 2.07

24 (1) 2.75　(2) 1, 0.51

25 (1) 2.5 / 2.55　(2) 4.5 / 4.55

26 3.48

27 5.89, 4.03

28 예 8.84 − 3.89 = 4.95

8, 3, 3 / 6, 1, 7

22 (1)

$$\begin{array}{r} 2.35 \\ -1.12 \\ \hline 1.23 \end{array} \qquad \begin{array}{r} 2.35 \\ -1.23 \\ \hline 1.12 \end{array}$$

(2)

$$\begin{array}{r} 4.65 \\ -2.31 \\ \hline 2.34 \end{array} \qquad \begin{array}{r} 4.65 \\ -2.34 \\ \hline 2.31 \end{array}$$

24 (1) 1.9를 빼는 것은 2를 뺀 다음 0.1을 더하는 것과 같습니다.
(2) 0.99를 빼는 것은 1을 뺀 다음 0.01을 더하는 것과 같습니다.

26 5.98 − 1.25 = 4.73, 4보다 작지 않으므로 한 번 더 1.25를 뺍니다.
4.73 − 1.25 = 3.48, 4보다 작으므로 ⬭에 알맞은 수는 3.48입니다.

27 0.62씩 작아지는 규칙입니다.

내가 만드는 문제
28 수직선에서는 오른쪽에 있는 수가 큰 수이므로 수를 하나 고른 다음 그 수의 왼쪽에 있는 수들 중 하나를 골라 뺍니다.

개념 완성 발전 문제 80~83쪽

1 0.351에 ○표　**2** 71.4, 7.14, 0.714
3 100배
4 (1) 1, 2, 3, 4에 ○표　(2) 6, 7, 8, 9에 ○표
5 5, 6, 7, 8, 9　**6** 1개
7 (1) 0.51　(2) 261.3　**8** (1) 0.471　(2) 0.642
9 (1) 5.084　(2) 12.6　**10** 0.83
11 2.2　**12** 10.62 / 3.28
13 (1) 0.6　(2) 1.51　**14** (1) 3.9　(2) 4.02
15 (1) 3.73　(2) 2.24　**16** 2.53
17 9개　**18** 4.86
19 6.42 / 2.46　**20** 80.82
21 8.82　**22** 4병
23 6캔　**24** 12갑

1 0.351의 3은 소수 첫째 자리 숫자이므로 0.3을 나타내고 4.238의 3은 소수 둘째 자리 숫자이므로 0.03을 나타냅니다. 따라서 0.351의 3이 나타내는 수가 더 큽니다.

2 0.714 →(10배) 7.14 →(10배) 71.4
이므로 숫자 7이 나타내는 수가 큰 수부터 차례로 쓰면 71.4, 7.14, 0.714입니다.

3 ㉠이 나타내는 수는 2이고 ㉡이 나타내는 수는 0.02입니다. 따라서 ㉠이 나타내는 수는 ㉡이 나타내는 수의 100배입니다.

4 (1) 자연수 부분과 소수 첫째 자리까지 같으므로 소수 둘째 자리를 비교하면 됩니다. □<5이므로 □ 안에 들어갈 수 있는 수는 1, 2, 3, 4입니다.
(2) 자연수 부분을 비교하면 6<□이므로 □ 안에 들어갈 수 있는 수는 7, 8, 9이고, □=6일 경우에 소수 첫째 자리를 비교하면 2<9이므로 □에 6도 들어갈 수 있습니다.

5 일의 자리 숫자가 7로 같으므로 □4>52가 되는 수를 찾습니다. □ 안의 수가 5라면 54>52이므로 □ 안에는 5와 같거나 큰 수가 들어갈 수 있습니다. 따라서 □ 안에 들어갈 수 있는 수는 5, 6, 7, 8, 9입니다.
참고 | 소수의 크기 비교를 통해 □ 안에 들어갈 수 있는 수를 찾는 문제는 □ 윗자리 숫자들이 같을 경우 □와 같은 자리 수를 □ 안

에 넣고 크기를 비교합니다.

6 $5.37 - 1.29 = 4.08$이므로 $4.08 < 4.0\square$입니다.
일의 자리 숫자와 소수 첫째 자리 숫자가 같으므로 □ 안에는 8보다 큰 수가 들어가야 합니다.
따라서 □ 안에 들어갈 수 있는 수는 9로 1개입니다.

7 (1) $\times 10$은 소수점을 기준으로 수가 왼쪽으로 한 자리 이동합니다.
(2) $\times 10$, $\times 10$은 소수점을 기준으로 수가 왼쪽으로 두 자리 이동합니다.

8 (1) $\div 10$은 소수점을 기준으로 수가 오른쪽으로 한 자리 이동합니다.
(2) $\div 10$, $\div 10$은 소수점을 기준으로 수가 오른쪽으로 두 자리 이동합니다.

9 (1) $\times 10$, $\div 10$은 소수점을 기준으로 수가 왼쪽으로 한 자리 이동한 후 다시 오른쪽으로 한 자리 이동합니다. 따라서 처음 수와 같습니다.
(2) $\div 10$, $\times 10$은 소수점을 기준으로 수가 오른쪽으로 한 자리 이동한 후 다시 왼쪽으로 한 자리 이동합니다. 따라서 처음 수와 같습니다.

10 • 0.1이 5개, 0.01이 4개인 수 ➡ 0.54
• $\frac{1}{10}(=0.1)$이 2개, $\frac{1}{100}(=0.01)$이 9개인 수 ➡ 0.29
(두 수의 합) $= 0.54 + 0.29 = 0.83$

11 •
0.1이 34개 ➡ 3.4
0.01이 5개 ➡ 0.05
3.45

•
$\frac{1}{10}(=0.1)$이 12개 ➡ 1.2
$\frac{1}{100}(=0.01)$이 5개 ➡ 0.05
1.25

(두 수의 차) $= 3.45 - 1.25 = 2.2$

12 •
0.1이 68개 ➡ 6.8
0.01이 15개 ➡ 0.15
6.95

•
$\frac{1}{10}(=0.1)$이 35개 ➡ 3.5
$\frac{1}{100}(=0.01)$이 17개 ➡ 0.17
3.67

(두 수의 합) $= 6.95 + 3.67 = 10.62$
(두 수의 차) $= 6.95 - 3.67 = 3.28$

14 (1) $9.4 - 2.5 = 6.9$입니다.
$6.9 - 3 = 3.9$이므로 $6.9 = 3 + 3.9$입니다.
(2) $8.31 - 3.29 = 5.02$입니다.
$5.02 - 1 = 4.02$이므로 $5.02 = 4.02 + 1$입니다.

15 (1) $8.2 - 3.17 = 5.03$입니다.
$5.03 - 1.3 = 3.73$이므로 $5.03 = 1.3 + 3.73$입니다.
(2) $15.98 - 11.03 = 4.95$입니다.
$4.95 - 2.71 = 2.24$이므로 $4.95 = 2.24 + 2.71$입니다.

16 2보다 크고 3보다 작으므로 2.□□입니다.

17 0보다 크고 1보다 작으므로 0.□□입니다.
0.□□에서 □□가 같은 경우는 0.11, 0.22, ..., 0.99입니다.

18 4보다 크고 5보다 작으므로 4.□□입니다.
소수 첫째 자리 숫자는 짝수이므로 2, 4, 6, 8 중의 하나입니다.
소수 둘째 자리 숫자는 6이고 소수 첫째 자리 숫자는 6보다 커야 하므로 소수 첫째 자리 숫자는 8입니다.
따라서 조건을 만족하는 소수 두 자리 수는 4.86입니다.

19 • 가장 큰 소수 두 자리 수는 가장 높은 자리부터 큰 숫자를 차례로 씁니다.
• 가장 작은 소수 두 자리 수는 가장 높은 자리부터 작은 숫자를 차례로 씁니다.

20 가장 큰 소수 한 자리 수: 85.4
가장 작은 소수 두 자리 수: 4.58

```
  4 1310
 8 5̸.4̸ 0
-   4.5 8
---------
 8 0.8 2
```

주의 | 소수 한 자리 수를 ■.▲로만 생각하지 않습니다. ●■.▲도 소수 한 자리 수입니다.

21 가장 큰 소수 두 자리 수: 9.01
가장 작은 소수 두 자리 수: 0.19

```
  8  9 10
  9̸.0̸ 1
- 0.1 9
--------
  8.8 2
```

22 오렌지 주스와 포도 주스는 같은 개수로 있으므로 두 병을 하나로 합쳐 생각합니다.
$0.6 + 0.4 = 1$(L)이고 $1 + 1 = 2$(L)이므로 주스는 각각 2병씩 있으므로 주스는 모두 4병입니다.

23 콜라와 사이다는 같은 개수로 있으므로 두 캔을 하나로 합쳐 생각합니다.
$0.5+0.6=1.1$(L)이고 $1.1+1.1+1.1=3.3$(L)이므로 음료는 각각 3캔씩 있으므로 음료는 모두 6캔입니다.

24 딸기, 바나나, 초코 우유는 같은 개수로 있으므로 세 갑을 하나로 합쳐 생각합니다.
$0.25+0.3+0.35=0.9$(L)이고
$0.9+0.9+0.9+0.9=3.6$(L)이므로
우유는 각각 4갑씩 있으므로 수진이네 반이 받은 우유는 모두 $4\times3=12$(갑)입니다.

3단원 단원 평가 84~86쪽

1 0.74 / 영 점 칠사 **2** (1) 0.58 (2) 5.604
3 6.324, 6.337 **4** 0.1 / 0.08 / 7.18
5 (1) 0.2 (2) 0.006 (3) 0.04
6 0.55 / 0.45 **7** (1) 10 (2) 1000
8 $>$, $<$
9 (1)
$$\begin{array}{r} 0.2 \\ 0.05 \\ 0.004 \\ \hline 0.254 \end{array}$$
(2)
$$\begin{array}{r} 0.3 \\ 0.006 \\ \hline 0.306 \end{array}$$
10 0.36 m **11** 5개
12
$$\begin{array}{r} {}^{1\,1} \\ 2.95 \\ +\,4.26 \\ \hline 7.21 \end{array}$$
13 (1) 2.77 (2) 9.49
14 10000배 **15** 4.3, 4.3
16 (1) 985.4 (2) 0.593 **17** 81.72
18 10병 **19** 승희, 0.02 kg
20 17.53

1 모눈 한 칸은 전체의 $\frac{1}{100}=0.01$입니다.
색칠한 부분은 74칸이므로 0.01이 74칸입니다.
➡ 0.74(영 점 칠사)

3 6.32부터 6.33까지 10칸으로 나뉘어져 있으므로 작은 눈금 한 칸의 크기는 0.001입니다.

4 $1\text{ cm}=0.01\text{ m}$ ➡ $10\text{ cm}=0.1\text{ m}$

5 (1) 밑줄 친 숫자 2는 소수 첫째 자리 숫자이고 0.2를 나타냅니다.
(2) 밑줄 친 숫자 6은 소수 셋째 자리 숫자이고 0.006을 나타냅니다.
(3) 밑줄 친 숫자 4는 소수 둘째 자리 숫자이고 0.04를 나타냅니다.

6 소수점끼리 맞추어 세로셈으로 계산합니다.
합:
$$\begin{array}{r} 0.5 \\ +\,0.05 \\ \hline 0.55 \end{array}$$
차:
$$\begin{array}{r} {}^{4\,10} \\ 0.\not{5} \\ -\,0.05 \\ \hline 0.45 \end{array}$$

7 (1) 0.08에서 0.8은 소수점을 기준으로 왼쪽으로 한 자리 이동하였으므로 10배 한 것입니다.
(2) 0.005에서 5는 소수점을 기준으로 왼쪽으로 세 자리 이동하였으므로 1000배 한 것입니다.

8 높은 자리 숫자부터 차례로 비교합니다.

9 (2) $\frac{1}{10}=0.1$, $\frac{1}{1000}=0.001$로 바꾸어 생각합니다.

10 $5.4>5.04$이므로 $5.4-5.04=0.36$(m)입니다.

11 1.63을 1.630인 소수 세 자리 수로 생각하면 다음의 수는 1.631, 1.632, 1.633, 1.634, 1.635, ...입니다.
따라서 1.63과 1.636 사이에 있는 소수 세 자리 수는 모두 5개입니다.

12 받아올림을 하지 않아서 틀렸습니다.

13 (1) $5.68-\square=2.91$, $\square=5.68-2.91$, $\square=2.77$
(2) $10.24-0.75=\square$, $\square=9.49$

14 ㉠이 나타내는 수는 60이고, ㉡이 나타내는 수는 0.006입니다. 따라서 ㉠이 나타내는 수는 ㉡이 나타내는 수의 10000배입니다.

15 $4.3+4.3=8.6$이므로
8.6에서 4.3을 빼면 4.3이 됩니다.
따라서 □ 안에 알맞은 수는 4.3입니다.

16 (1) $\times10$, $\times10$은 소수점을 기준으로 수가 왼쪽으로 두 자리 이동합니다.
(2) $\div10$, $\div10$은 소수점을 기준으로 수가 오른쪽으로 두 자리 이동합니다.

17 가장 큰 소수 한 자리 수: 83.1
가장 작은 소수 두 자리 수: 1.38
➡ 두 소수의 차: $83.1-1.38=81.72$

18 사과 주스와 딸기 주스는 같은 개수로 있으므로 두 병을 하나로 합쳐 생각합니다.
$0.45+0.55=1$(L)이고 $1\times5=5$(L)이므로
주스는 각각 5병씩 있으므로 주스는 모두 10병입니다.

서술형
19 예 민호가 캔 고구마의 무게는 6230 g = 6.23 kg입니다.
$6.23<6.25$이므로 승희가
$6.25-6.23=0.02$(kg) 더 캤습니다.

평가 기준	배점
민호가 캔 고구마의 무게를 kg으로 바꿨나요?	2점
누가 고구마를 몇 kg 더 캤는지 구했나요?	3점

서술형
20 예

1이 30개 ➡ 30		1이 9개 ➡ 9	
0.01이 23개 ➡ 0.23		0.1이 37개 ➡ 3.7	
30.23		12.7	

따라서 두 수의 차는 $30.23-12.7=17.53$입니다.

평가 기준	배점
설명하는 두 수를 구했나요?	2점
두 수의 차를 바르게 구했나요?	3점

사고력이 반짝 87쪽

(1) 30.1 + 6.5 = 38.6
(2) 5.97 - 2.32 = 3.69

(1) $30.1+6.5=36.6$입니다. 38.6이라고 되어 있으므로 8을 6으로 만들어야 합니다.
8 → 6
(2) $5.97-2.32=3.65$입니다. 3.69라고 되어 있으므로 9를 5로 만들어야 합니다.
9 → 5

4 사각형

일상생활에서 운동장의 철봉이나 책장 등에서 수직과 평행을 찾을 수 있습니다. 수직과 평행은 실생활에서 밀접할 뿐 아니라 수학적인 측면에서도 중요한 의미를 가집니다. 도형의 구성 요소인 선분이나 직선의 관계를 규정하거나 사각형의 이름을 정할 때에도 절대적으로 필요합니다. 이 단원에서는 3-1에서 각과 직각 등을 통해 직각삼각형, 직사각형, 정사각형에 대해 배운 내용을 바탕으로 수직과 평행을 학습한 후 사각형을 분류해 봄으로써 여러 가지 사각형의 성질을 이해할 수 있습니다. 이후 다각형을 학습함으로써 평면도형에 대한 마무리를 하게 됩니다.

※ 선분 ㄱㄴ과 같이 기호를 나타낼 때 선분 ㄴㄱ으로 읽어도 정답으로 인정합니다.

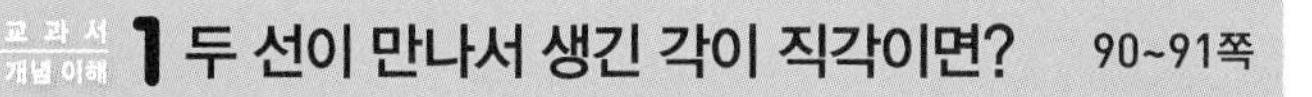

교과서 개념 이해 1 두 선이 만나서 생긴 각이 직각이면? 90~91쪽

1 나, 다

2 ( )(○)( )( )

3 (1) 예

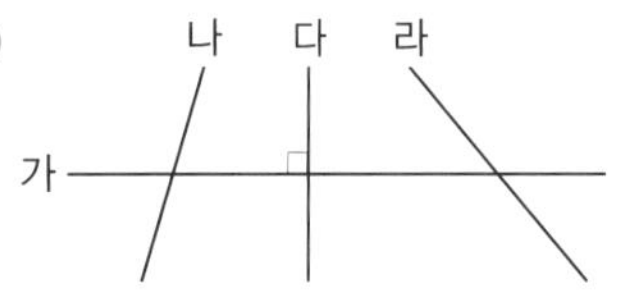

(2) 다 / 다, 수선

4 (1)

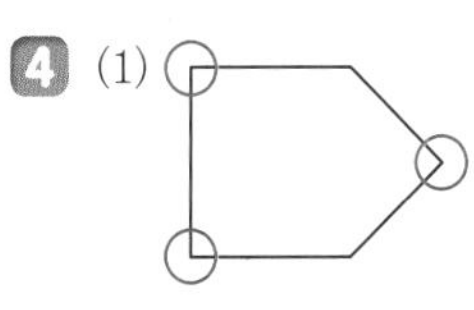

(2)

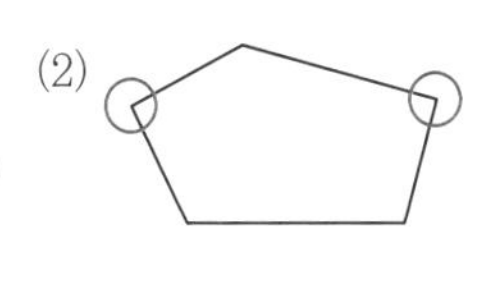

(3)

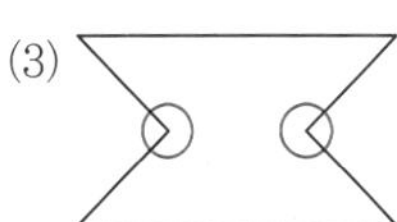

5 (1) 예

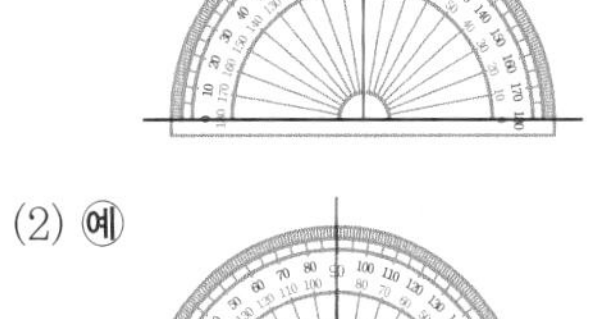

(2) 예

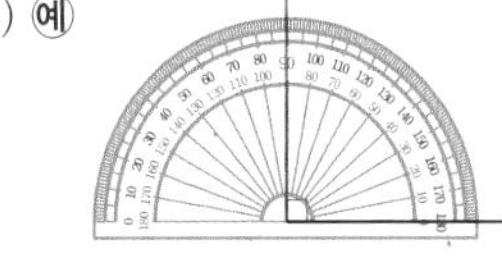

6

예 예

1 삼각자의 직각 부분을 이용하여 그은 것을 찾습니다.

2 두 직선이 만나서 이루는 각이 직각인 것을 찾습니다.

4 도형에서 직각을 찾아 ○표 합니다.

5 90°가 되는 눈금 위에 점을 찍어 각도기의 중심과 선으로 잇습니다.

참고 | 한 직선에 대한 수선은 여러 개 그을 수 있습니다.

6 주어진 선분과 만나서 이루는 각이 직각이 되도록 선을 긋습니다.

교과서 개념 이해 2 아무리 길게 늘여도 만나지 않는 두 직선은? 92쪽

1 (1) 나, 라 (2) 평행, 나, 라

2 ( )(×)( )

2 평행선을 그을 때는 한 직선에 수직인 두 직선을 긋습니다.

교과서 개념 이해 3 두 평행선 사이에 수직인 선분을 찾아보자. 93쪽

1 (1) 다 (2) 90 (3) 2

2 (1) 2 cm / 2 cm / 2 cm (2) 같습니다에 ○표

개념 적용 1 수직 94~95쪽

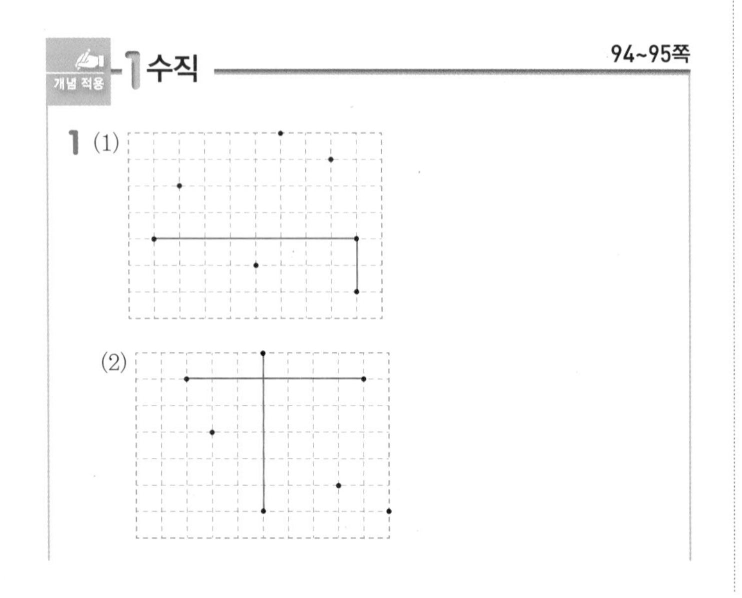

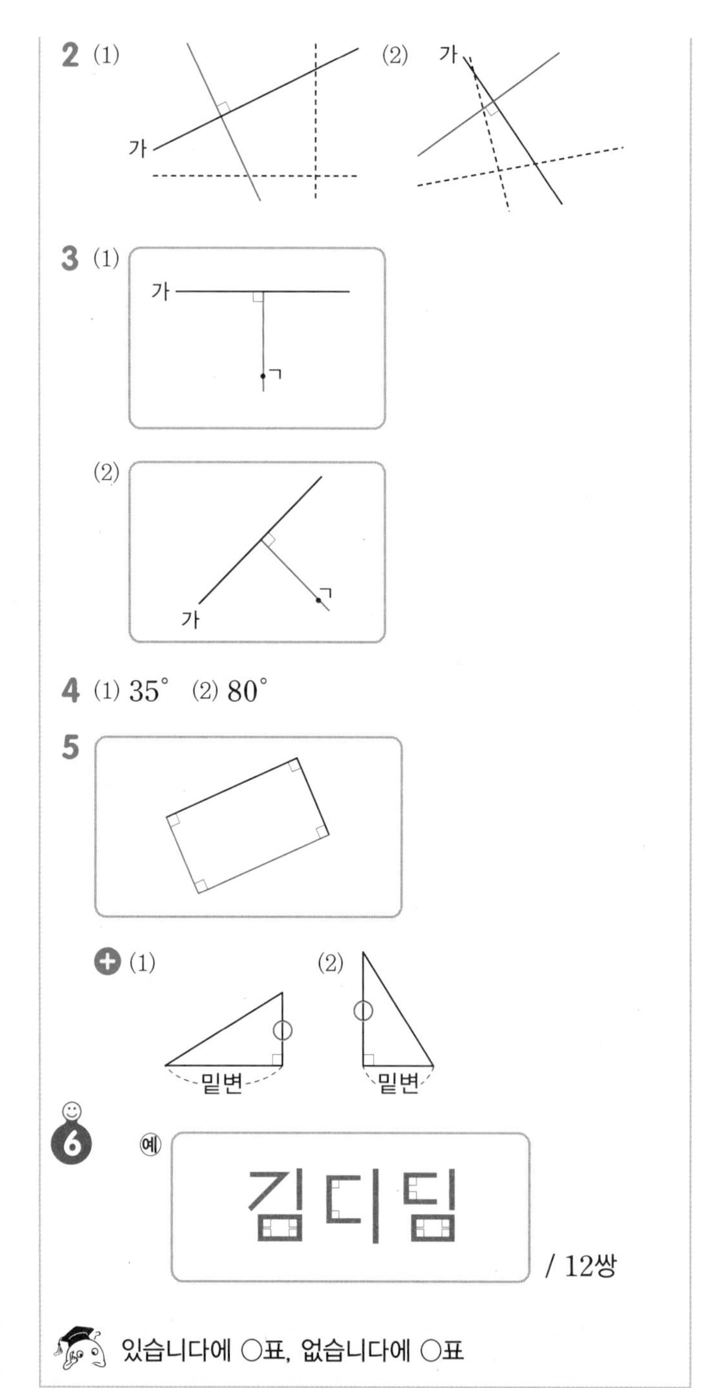

1 두 개의 점을 연결한 두 선분이 수직이 되도록 선을 긋습니다.

2 직선 가와 90°를 이루는 직선을 찾아 긋습니다.

3 삼각자나 각도기를 이용하여 수선을 긋습니다.

4 직선 가와 직선 나가 서로 수직이므로 두 직선이 만나서 이루는 각은 90°입니다.

(1) ㉠$=180°-90°-55°=35°$

(2) ㉠$=180°-90°-10°=80°$

5 삼각자의 직각 부분을 이용하여 직사각형을 완성하고 직각을 찾아 ∟로 표시합니다.

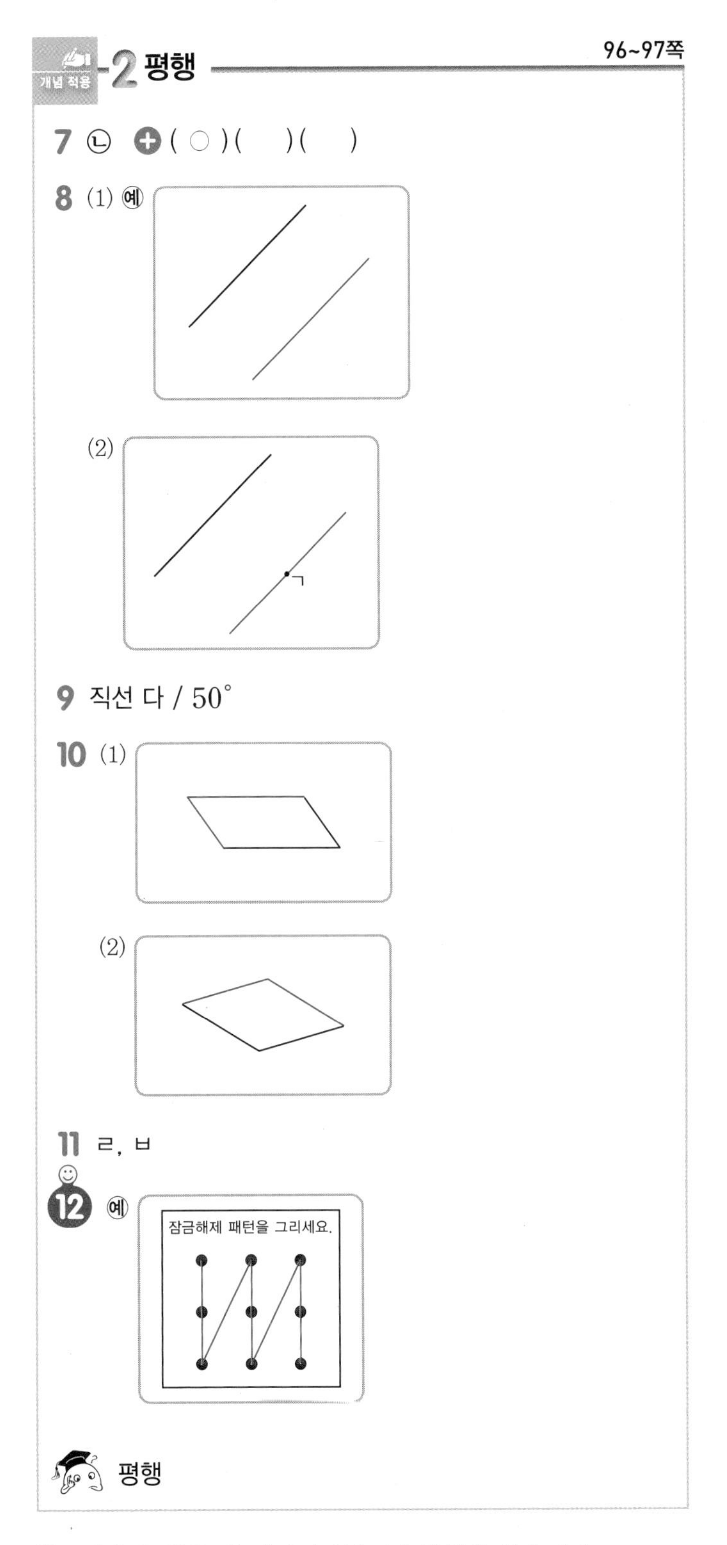

7 선을 늘였을 때 만나지 않는 두 직선을 찾습니다.

8 (1) 주어진 직선과 평행한 직선은 셀 수 없이 많습니다.
(2) 점 ㄱ을 지나고 주어진 직선과 평행한 직선은 1개뿐입니다.

9 평행선과 두 평행선을 지나는 한 직선이 만났을 때 생기는 두 각의 크기는 항상 같습니다.

10 각 변과 평행한 직선을 그어 두 직선이 만나는 점이 나머지 한 꼭짓점이 되는 사각형을 그립니다.

11 수직인 선분이 있는 글자는 ㄱ, ㄹ, ㅂ, ㅎ이고, 평행한 선분이 있는 글자는 ㄹ과 ㅂ이므로 수직인 선분도 있고 평행한 선분도 있는 글자는 ㄹ과 ㅂ입니다.

내가 만드는 문제
12 평행선이 생기도록 패턴을 만들어 봅니다.

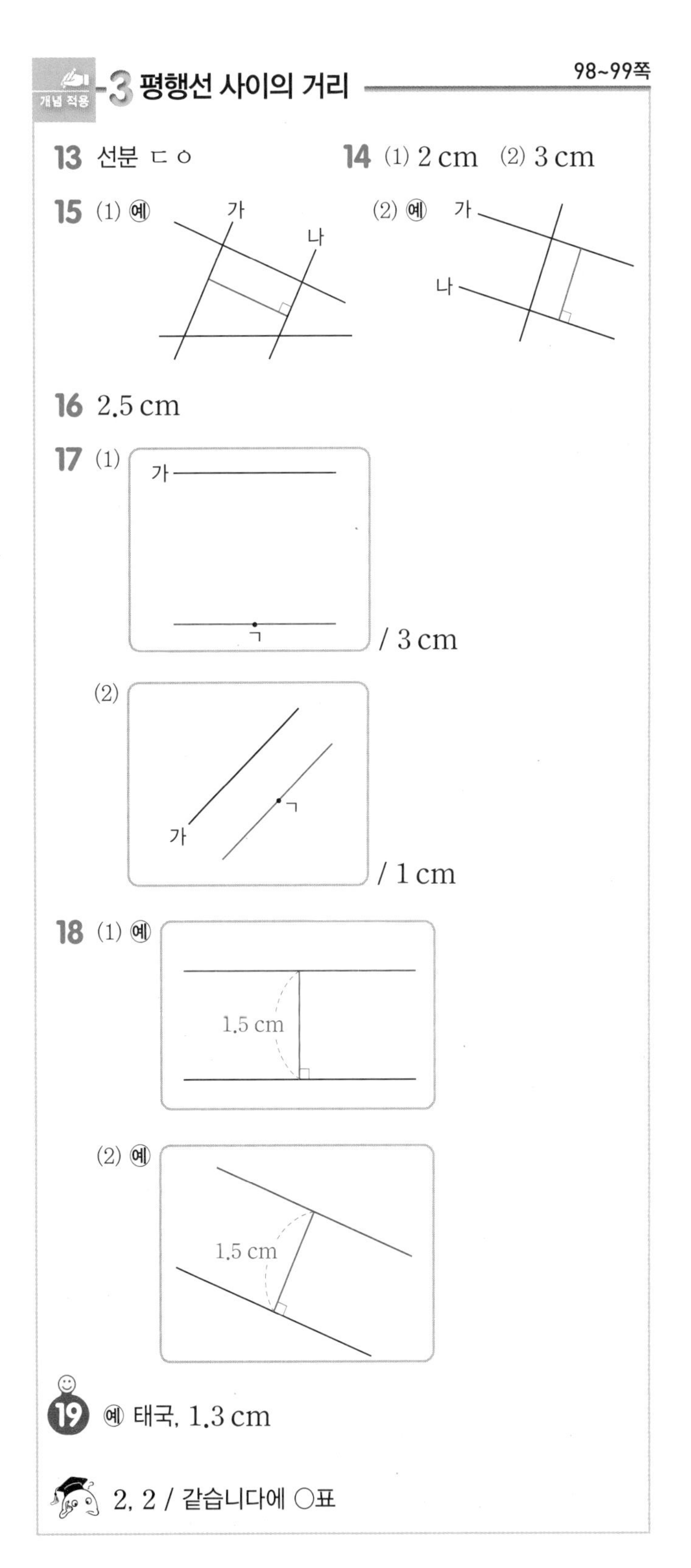

13 평행선 사이의 거리는 두 평행선 사이에 그은 수직인 선분의 길이입니다.

14 (1)

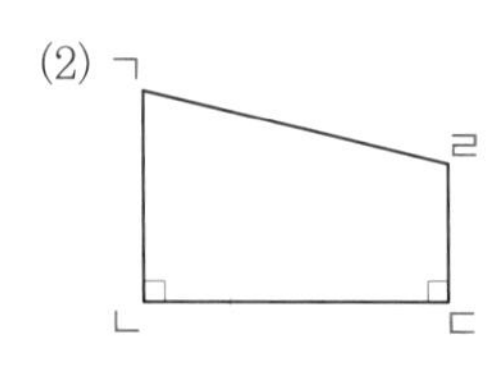

변 ㄱㅁ과 변 ㄷㄹ이 서로 평행하므로 두 변에 수직인 변 ㅁㄹ의 길이를 재어 보면 2 cm입니다.

(2) 변 ㄱㄴ과 변 ㄹㄷ이 서로 평행하므로 두 변에 수직인 변 ㄴㄷ의 길이를 재어 보면 3 cm입니다.

15 직선 가와 직선 나 사이에 수직인 선분을 긋습니다.

16 4호선과 6호선을 나타내는 파란색 선과 갈색 선 사이의 가장 짧은 거리를 재어 보면 2.5 cm입니다.

17 점 ㄱ을 지나면서 직선 가와 만나지 않는 직선을 긋고 평행선 사이의 거리를 재어 봅니다.

18 주어진 직선에 수직인 선분을 그어 그 길이가 1.5 cm가 되는 곳에 점을 찍고 찍은 점을 지나는 평행선을 긋습니다.

내가 만드는 문제

19 한 가지 국기를 골라 평행한 굵은 선 사이의 가장 짧은 길이를 재어 봅니다.

교과서 개념 이해 4 사각형 중에서 평행선이 1쌍, 2쌍 있는 도형은? 100쪽

1 (1) 나, 라, 마 / 가, 다 (2)

(3) 가, 다

2 (1) 예

(2) 예

2 한 쌍 또는 두 쌍의 변이 평행하도록 사각형을 그립니다.

교과서 개념 이해 5 사각형 중에서 평행선이 2쌍 있는 도형은? 101쪽

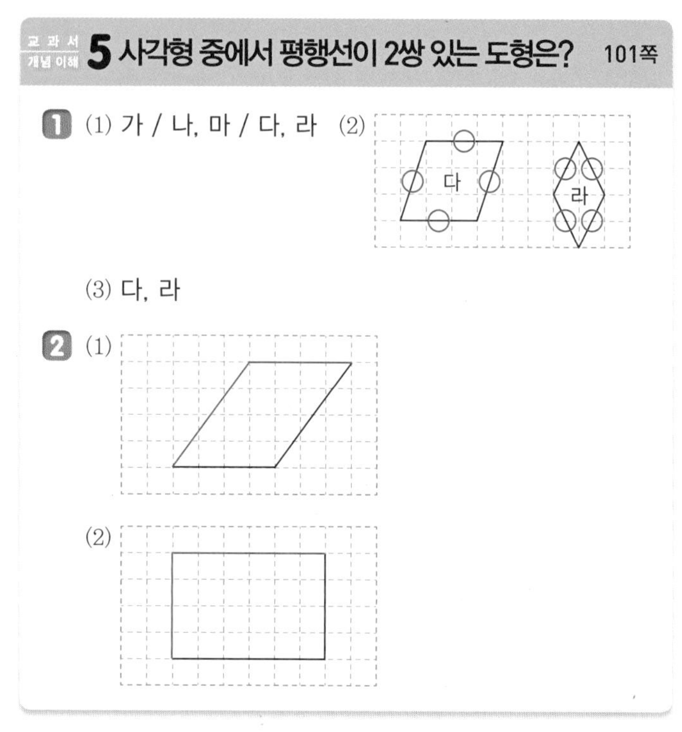

1 (1) 가 / 나, 마 / 다, 라 (2)

(3) 다, 라

2 (1)

(2)

2 마주 보는 두 쌍의 변이 서로 평행하도록 사각형을 그립니다.

교과서 개념 이해 6 네 변의 길이가 같다고 모두 정사각형은 아니야. 102쪽

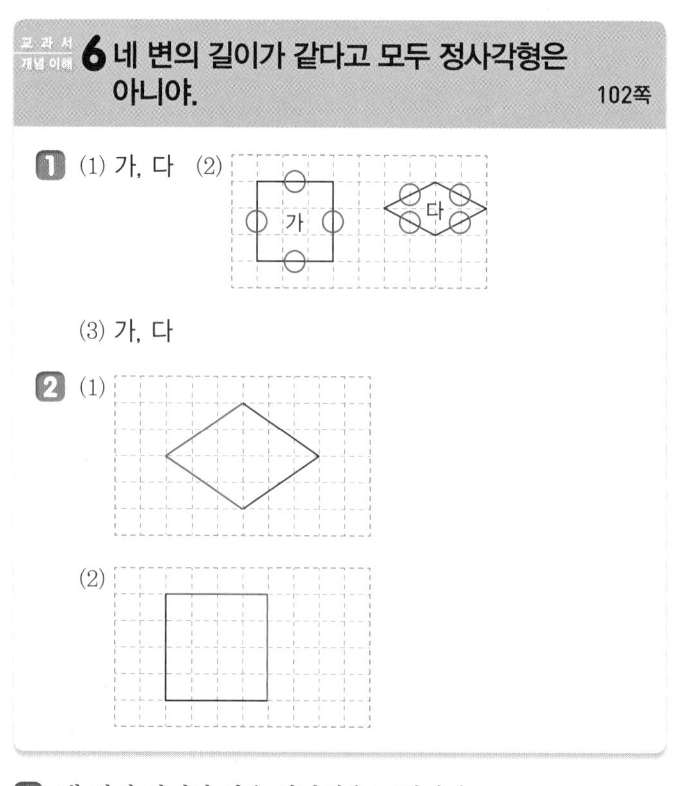

1 (1) 가, 다 (2)

(3) 가, 다

2 (1)

(2)

2 네 변의 길이가 같은 사각형을 그립니다.

교과서 개념 이해 7 사각형 사이의 관계를 그림으로 나타내자. 103쪽

1 (1) 가, 나, 라, 마 (2) 나, 라, 마 (3) 라, 마
(4) 나, 마 (5) 마

2 (왼쪽에서부터) 사다리꼴 / 마름모 / 정사각형

개념 적용 -4 사다리꼴 104~105쪽

1 가, 라 **2** (1) 변 ㄹㄷ (2) 변 ㄹㄷ

3 사다리꼴입니다. /
예 직사각형은 평행한 변이 한 쌍이라도 있기 때문에 사다리꼴입니다.

4 (1) 1.5 cm (2) 2 cm

5 사다리꼴 ➕ ( )(○)

6 예 4개

사다리꼴에 ○표

1 평행한 변이 한 쌍이라도 있는 사각형을 찾습니다.

4 (2) 변 ㄱㄹ과 변 ㄴㄷ이 서로 평행하므로 점 ㄴ에서 변 ㄱㄹ에 수직인 선분을 그어 길이를 재어 보면 2 cm입니다.

5 자른 종이를 펼쳤을 때 만들어진 사각형은 평행한 변이 한 쌍이므로 사다리꼴입니다.

내가 만드는 문제
6 예

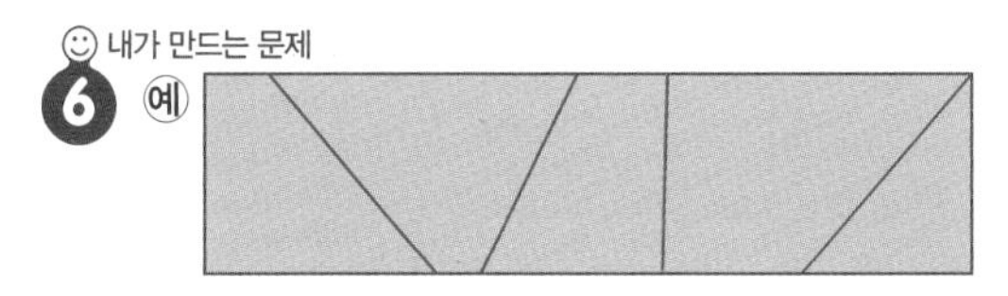

직사각형 모양의 종이는 윗변과 아랫변이 서로 평행하므로 사각형으로 잘라낸 도형은 모두 사다리꼴입니다.

개념 적용 -5 평행사변형 106~107쪽

7 가 **8** 점 ㄷ

9 (1) (위에서부터) 40, 5 (2) (왼쪽에서부터) 4, 50

10 (1) 5 cm (2) 4 cm

11 16칸 ➕ 15

12 예

같습니다에 ○표

7 평행한 변이 2쌍이 아닌 것을 찾습니다.

8 마주 보는 두 쌍의 변이 서로 평행하도록 점 ㄱ을 점 ㄷ으로 옮깁니다.

9 평행사변형은 마주 보는 두 변의 길이가 같고 이웃하는 두 각의 크기의 합이 180°입니다.

10 (1) 평행사변형은 마주 보는 두 변의 길이가 같으므로
(변 ㄱㄹ) = (변 ㄴㄷ) = 6 cm,
(변 ㄱㄴ) + (변 ㄷㄹ) = 22 − 6 − 6 = 10(cm),
(변 ㄱㄴ) = 10 ÷ 2 = 5(cm)입니다.
(2) 평행사변형은 마주 보는 두 변의 길이가 같으므로
(변 ㄱㄹ) = (변 ㄴㄷ) = 7 cm,
(변 ㄱㄴ) + (변 ㄷㄹ) = 22 − 7 − 7 = 8(cm),
(변 ㄱㄴ) = 8 ÷ 2 = 4(cm)입니다.

11 모양과 모양을 합치면 모양 1개가 만들어집니다.
➕ 초록색으로 색칠된 부분이 15칸이므로 15 cm^2입니다.

내가 만드는 문제
12 여러 개의 칠교판 조각을 사용하여 마주 보는 두 쌍의 변이 서로 평행한 사각형을 만듭니다.

개념 적용 -6 마름모 108~109쪽

13 가, 다

14 (왼쪽에서부터) (1) 100, 4 (2) 45, 135

15 ㉢

16 (1)

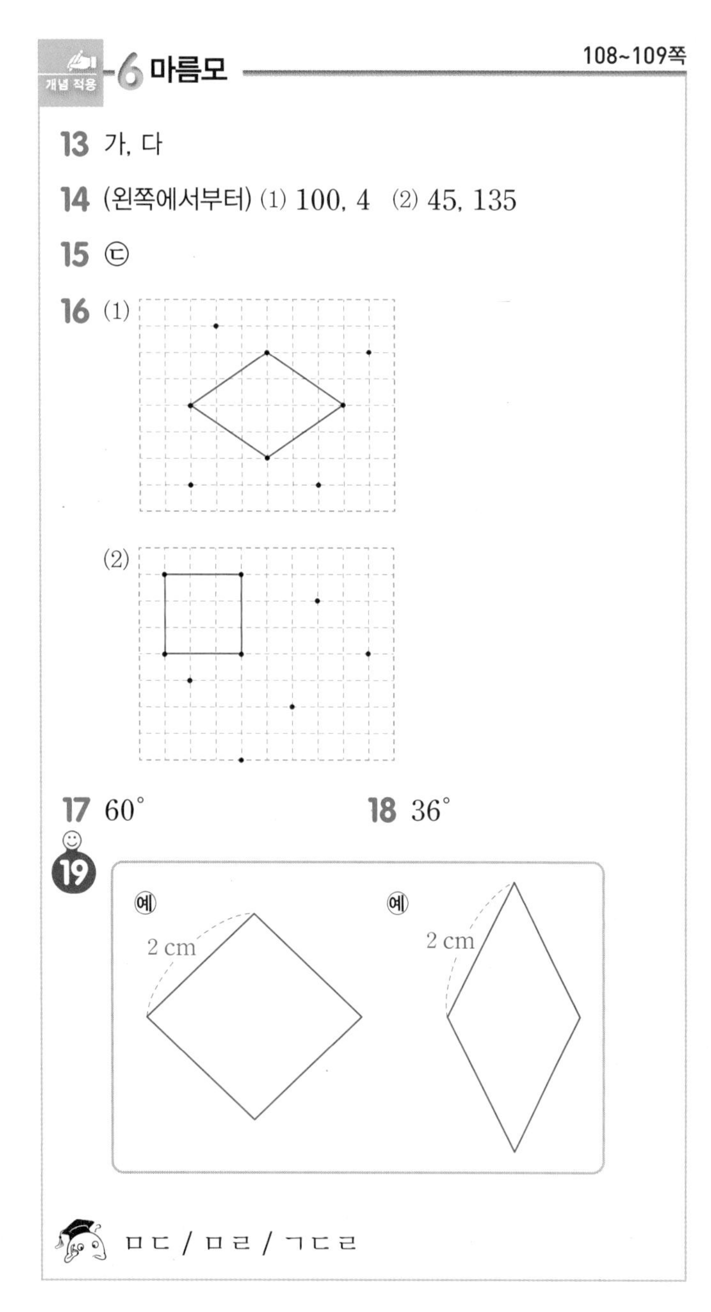

14 (1) 마름모는 마주 보는 두 각의 크기가 같고 네 변의 길이가 같습니다.
(2) 마름모는 이웃하는 두 각의 크기의 합이 180°이므로 45°와 180° − 45° = 135°입니다.

15 ㉢ 마름모는 평행사변형이지만 평행사변형은 마름모가 아닙니다.

16 네 개의 점을 연결하여 네 변의 길이가 모두 같은 사각형을 그려 봅니다.

17 마름모는 이웃하는 두 각의 크기의 합이 180°이므로 ㉠ = 180° − 120° = 60°입니다.

18 각 ㄱㄴㄷ의 크기를 □라 하면 각 ㄴㄱㄹ의 크기는 □×4 = □+□+□+□입니다.
마름모는 이웃하는 두 각의 크기의 합이 180°이므로 (각 ㄱㄴㄷ) + (각 ㄴㄱㄹ) = 180°,
□+□+□+□+□ = 180°, □×5 = 180°,
□ = 180° ÷ 5 = 36°입니다.
따라서 (각 ㄱㄹㄷ) = (각 ㄱㄴㄷ) = 36°입니다.

내가 만드는 문제
19 한 변이 1 cm 또는 2 cm 또는 3 cm인 마름모 2개를 그려 봅니다.

개념 적용 -7 여러 가지 사각형 110~111쪽

20 가, 나, 다, 라, 마 / 나, 라, 마 / 나, 마 / 라, 마 / 마

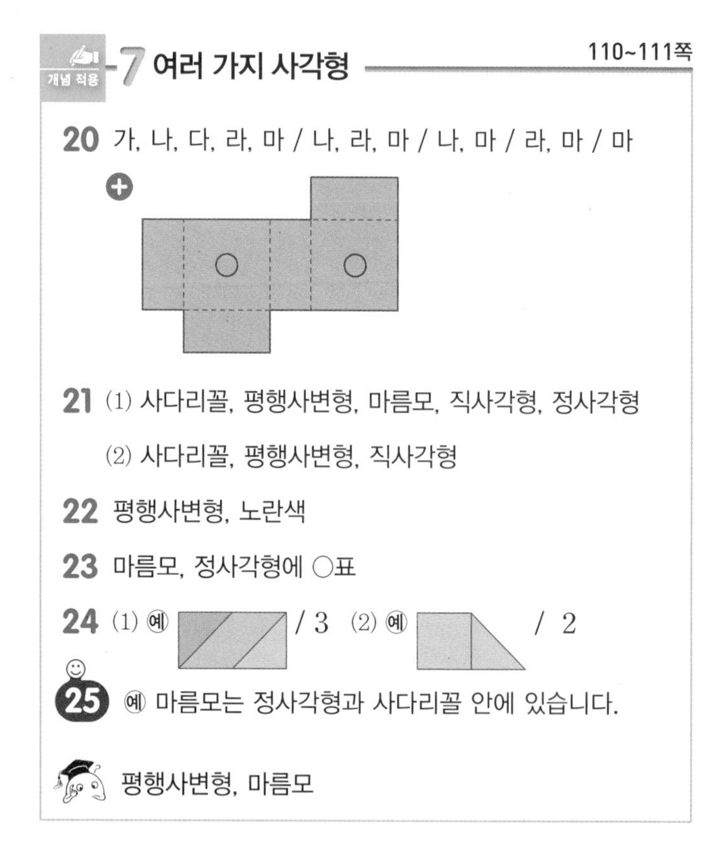

21 (2) 마주 보는 두 쌍의 변이 서로 평행한 사각형을 만들 수 있습니다.

22 도형은 정사각형, 평행사변형, 마름모, 사다리꼴이 규칙적으로 반복되므로 빈칸에 올 도형은 평행사변형이고 색깔은 연두색, 주황색, 노란색이 규칙적으로 반복되므로 빈칸에 올 도형의 색깔은 노란색입니다.

23 마주 보는 두 쌍의 변이 서로 평행하고 네 변의 길이가 같은 사각형은 마름모와 정사각형입니다.

24 (1) 평행사변형 1조각과 작은 삼각형 2조각, 정사각형 1조각과 작은 삼각형 2조각, 중간 삼각형 1조각과 작은 삼각형 2조각으로 만들 수 있습니다.

예 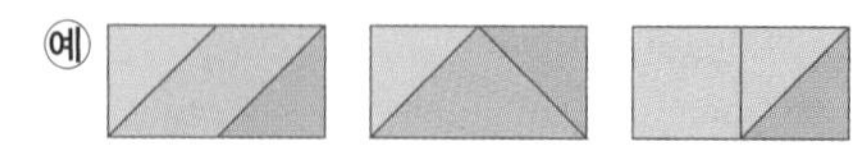

(2) 정사각형 1조각과 작은 삼각형 1조각, 평행사변형 1조각과 작은 삼각형 1조각, 중간 삼각형 1조각과 작은 삼각형 1조각으로 만들 수 있습니다.

예 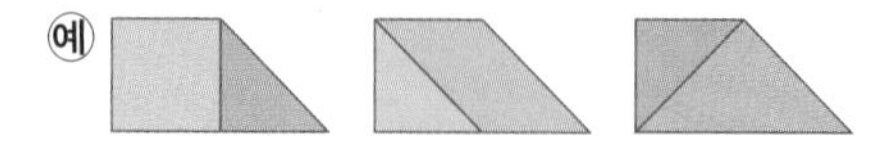

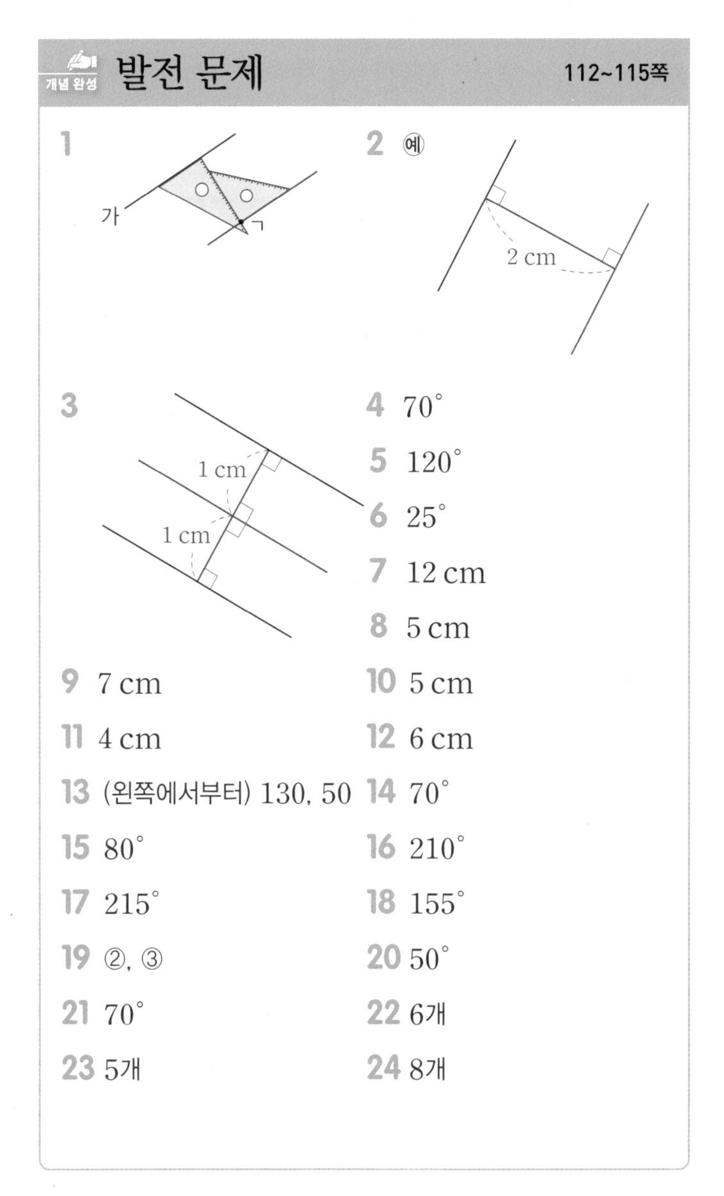

개념 완성 **발전 문제** 112~115쪽

1 (그림) 2 예 (그림)
3 (그림) 4 70°
5 120°
6 25°
7 12 cm
8 5 cm
9 7 cm 10 5 cm
11 4 cm 12 6 cm
13 (왼쪽에서부터) 130, 50 14 70°
15 80° 16 210°
17 215° 18 155°
19 ②, ③ 20 50°
21 70° 22 6개
23 5개 24 8개

1 점 ㄱ을 지나고 직선 가와 평행한 직선은 한 개만 그을 수 있습니다.

2 주어진 직선에 대한 수직인 선분의 길이가 2 cm가 되는 평행선을 긋습니다.

3 두 평행선과 수직인 선분의 길이가 각각 1 cm가 되는 평행한 직선을 긋습니다.

4 ㉠ $= 90^\circ - 20^\circ = 70^\circ$

5 (각 ㄱㄹㄷ) = (각 ㄱㄹㄴ) + (각 ㄴㄹㄷ)
$= 30^\circ + 90^\circ = 120^\circ$

6 일직선의 각도는 180°이므로 $65^\circ + 90^\circ +$ ㉠ $= 180^\circ$,
㉠ $= 180^\circ - 90^\circ - 65^\circ = 25^\circ$입니다.

7 변 ㄱㄹ과 변 ㄴㄷ이 서로 평행하므로 평행선 사이의 거리는 변 ㄹㄷ의 길이인 12 cm입니다.

8 평행선 사이의 거리는 변 ㄱㅂ과 변 ㄹㅁ 사이의 가장 짧은 길이입니다.
(평행선 사이의 거리) = (변 ㄱㄴ) + (변 ㄷㄹ)
$= 3 + 2 = 5$(cm)
참고 | ① 도형에서 평행한 두 변과 수직인 변들을 찾습니다.
② 수직인 변의 길이의 합을 구합니다.

9 변 ㄱㅁ과 변 ㄷㄹ이 서로 평행하므로 평행선 사이의 거리는 $5 + 2 = 7$(cm)입니다.

10 마름모는 네 변의 길이가 모두 같으므로 마름모의 한 변의 길이는 $20 \div 4 = 5$(cm)입니다.

11 평행사변형은 마주 보는 변의 길이가 같으므로
평행사변형의 네 변의 길이의 합은
$3 + 5 + 3 + 5 = 16$(cm)입니다.
정사각형은 네 변의 길이가 모두 같으므로 한 변의 길이는
$16 \div 4 = 4$(cm)입니다.

12 평행사변형은 마주 보는 변의 길이가 같으므로
왼쪽 평행사변형의 네 변의 길이의 합은
$7 + 4 + 7 + 4 = 22$(cm)입니다.
(변 ㄱㄴ) + (변 ㄱㄹ) $= 22 \div 2 = 11$(cm)이므로
(변 ㄱㄴ) $= 11 - 5 = 6$(cm)입니다.

13 평행사변형에서 마주 보는 두 각의 크기는 같습니다.
다른 풀이 | 평행사변형은 이웃하는 두 각의 크기의 합이 180°입니다.

14 일직선의 각도는 180°이므로
(각 ㄴㄷㄹ) $= 180^\circ - 70^\circ = 110^\circ$입니다.
평행사변형은 이웃하는 두 각의 크기의 합이 180°이므로 (각 ㄱㄹㄷ) $= 180^\circ - 110^\circ = 70^\circ$입니다.

15 평행사변형은 이웃하는 두 각의 크기의 합이 180°이므로 $55^\circ + 45^\circ +$ (각 ㄱㄷㄹ) $= 180^\circ$,
(각 ㄱㄷㄹ) $= 180^\circ - 45^\circ - 55^\circ = 80^\circ$입니다.

16

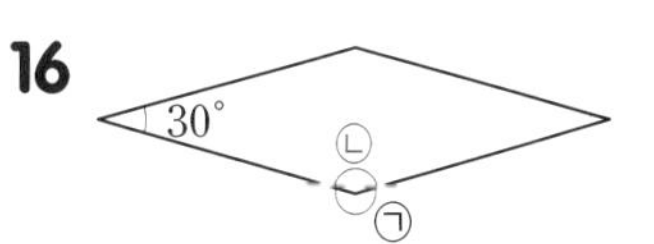

마름모는 이웃하는 두 각의 크기의 합이 180°이므로
㉡ $= 180^\circ - 30^\circ = 150^\circ$입니다.
따라서 ㉠ $= 360^\circ - 150^\circ = 210^\circ$입니다.

17

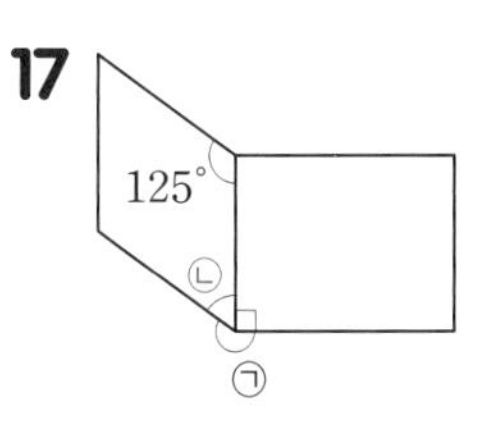

마름모는 이웃하는 두 각의 크기의 합이 180°이므로
㉡ $= 180^\circ - 125^\circ = 55^\circ$이고
직사각형의 한 각의 크기는 90°입니다.
따라서 ㉠ $= 360^\circ - 55^\circ - 90^\circ = 215^\circ$입니다.

18

정사각형의 한 각의 크기는 90°이고 평행사변형은 이웃하는 두 각의 크기의 합이 180°이므로

㉡ = 180° − 65° = 115°입니다.

따라서 ㉠ = 360° − 90° − 115° = 155°입니다.

19 겹쳐진 부분은 마주 보는 두 쌍의 변이 서로 평행한 사각형입니다.

20 겹쳐진 부분은 마주 보는 두 쌍의 변이 서로 평행한 사각형입니다.

따라서 마주 보는 두 각의 크기는 130°로 같으므로 ㉠의 각도는 180° − 130° = 50°입니다.

21

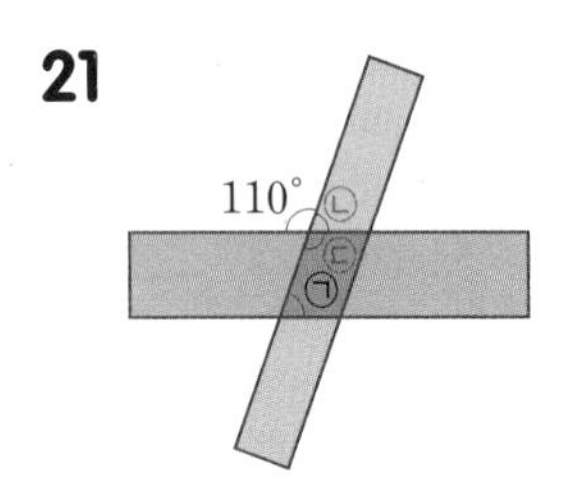

110° + ㉡ = 180°, ㉢ + ㉡ = 180°, ㉢ = 110°

겹쳐진 부분은 마주 보는 두 쌍의 변이 서로 평행한 사각형이므로 ㉢ + ㉠ = 180°입니다.

따라서 ㉠ = 180° − 110° = 70°입니다.

22 직사각형은 윗변과 아랫변이 서로 평행하므로 직사각형 모양의 종이를 잘라 내어 만든 사각형은 모두 사다리꼴입니다.

23

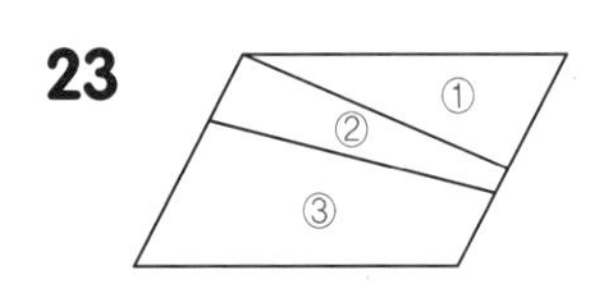

②, ③, (① + ②), (② + ③), (① + ② + ③) ➡ 5개

참고 | 마주 보는 평행한 변을 찾은 다음 1개짜리 사다리꼴, 2개짜리 사다리꼴, 3개짜리 사다리꼴을 각각 찾아 크고 작은 사다리꼴이 모두 몇 개인지 알아봅니다.

24

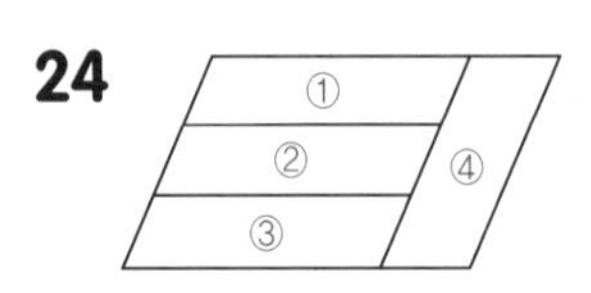

①, ②, ③, ④, (① + ②), (② + ③), (① + ② + ③), (① + ② + ③ + ④) ➡ 8개

4단원 단원 평가 116~118쪽

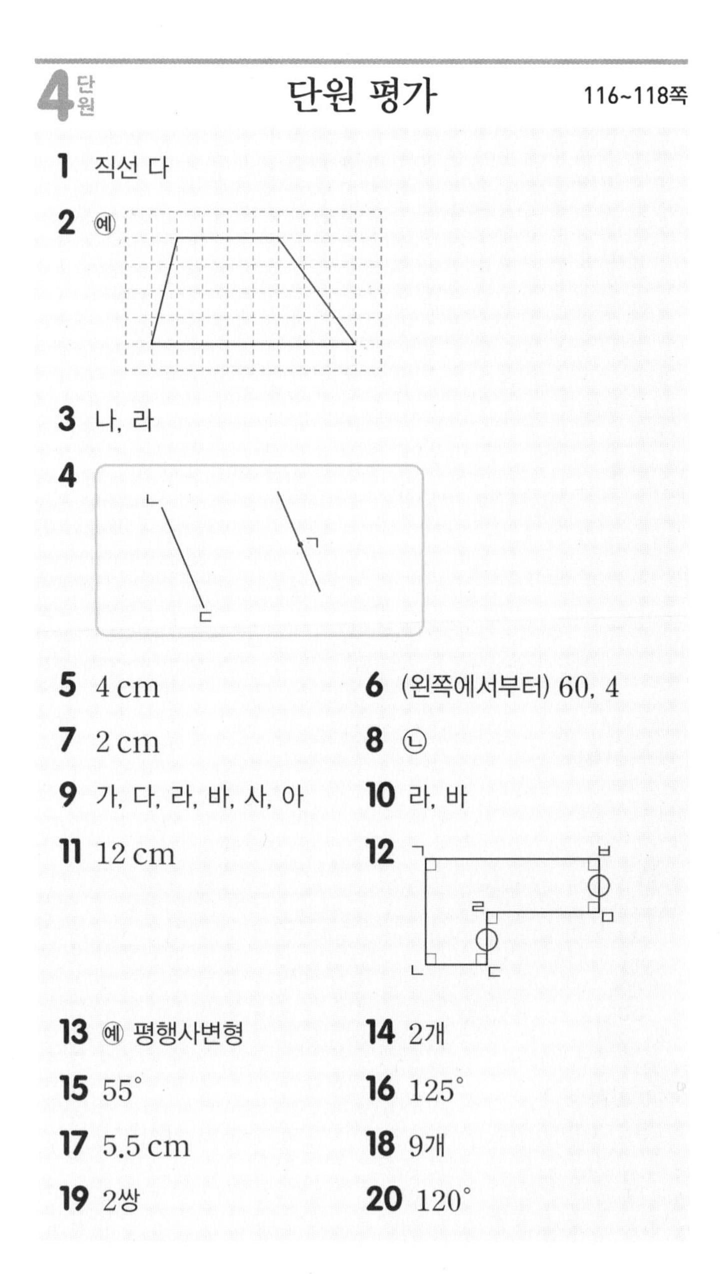

1 직선 다

2 예

3 나, 라

4

5 4 cm

6 (왼쪽에서부터) 60, 4

7 2 cm

8 ㉡

9 가, 다, 라, 바, 사, 아

10 라, 바

11 12 cm

12

13 예 평행사변형

14 2개

15 55°

16 125°

17 5.5 cm

18 9개

19 2쌍

20 120°

1 직선 가와 수직으로 만나는 직선은 직선 다입니다.

2 한 쌍 또는 두 쌍의 변이 평행하도록 사각형을 그립니다.

3 마주 보는 두 쌍의 변이 서로 평행한 사각형을 찾습니다.

4 점 ㄱ을 지나고 직선 ㄴㄷ과 평행한 직선은 1개입니다.

5 평행선 사이에 수직인 선분의 길이를 찾습니다.

6 마름모는 이웃하는 두 각의 크기의 합이 180°이고 네 변의 길이가 같습니다.

7 평행선의 한 직선에서 다른 직선에 수직인 선분을 그어 수직인 선분의 길이를 잽니다.

8 ㉡ 마름모는 마주 보는 꼭짓점끼리 이은 선분이 서로 수직입니다.

9 평행한 변이 한 쌍이라도 있는 사각형은 가, 다, 라, 바, 사, 아입니다.

10 마주 보는 두 쌍의 변이 서로 평행한 사각형은 라와 바입니다.

11 마름모는 네 변의 길이가 모두 같으므로 마름모의 네 변의 길이의 합은 $3 \times 4 = 12$(cm)입니다.

13 평행한 변이 있고 마주 보는 두 각의 크기가 같은 사각형은 평행사변형입니다.

14 변 ㄷㅁ과 수직인 선분은 선분 ㄴㄹ, 선분 ㅂㅁ으로 2개입니다.

15

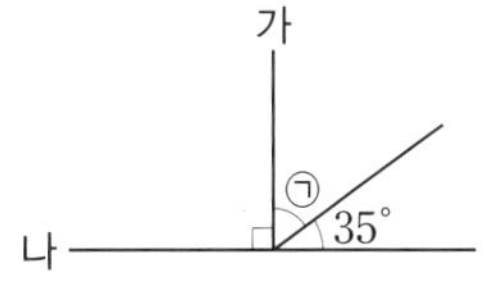

직선 가는 직선 나에 대한 수선이므로 두 직선이 이루는 각도는 90°입니다.

$90^\circ + ㉠ + 35^\circ = 180^\circ$

➡ $㉠ = 180^\circ - 35^\circ - 90^\circ = 55^\circ$

16

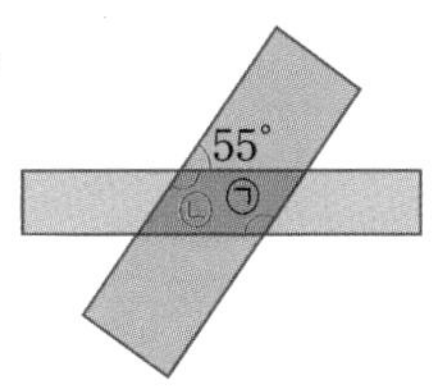

$55^\circ + ㉡ = 180^\circ$, $㉡ = 180 - 55^\circ = 125^\circ$

겹쳐진 부분은 마주 보는 두 쌍의 변이 서로 평행한 사각형입니다.

따라서 마주 보는 두 각의 크기는 같으므로 $㉠ = 125^\circ$입니다.

17

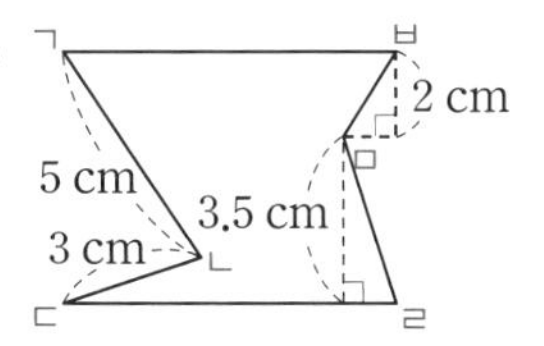

도형에서 변 ㄱㅂ과 변 ㄷㄹ이 서로 평행하므로 평행선 사이의 거리는 $2 + 3.5 = 5.5$(cm)입니다.

18

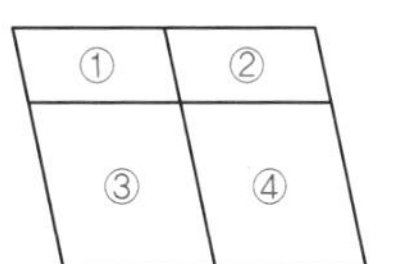

①, ②, ③, ④, (① + ②), (③ + ④), (① + ③), (② + ④), (① + ② + ③ + ④) ➡ 9개

서술형

19 ㉮ 아무리 늘여도 만나지 않는 두 직선을 찾으면 직선 가와 직선 나, 직선 다와 직선 바입니다.

따라서 평행선은 모두 2쌍입니다.

평가 기준	배점
평행선이 무엇인지 알고 있나요?	2점
평행선은 모두 몇 쌍인지 찾았나요?	3점

20

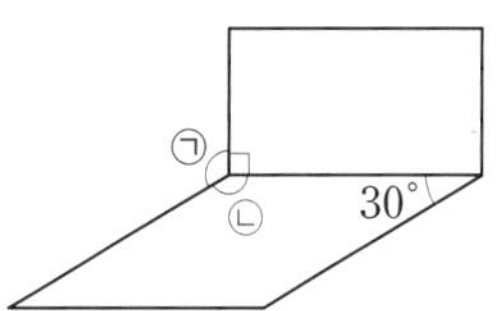

㉮ 마름모는 이웃하는 두 각의 크기의 합이 180°이므로 $㉡ = 180^\circ - 30^\circ = 150^\circ$입니다.

직사각형의 한 각의 크기는 90°이고 한 바퀴의 각도는 360°이므로 $㉠ = 360^\circ - 150^\circ - 90^\circ = 120^\circ$입니다.

평가 기준	배점
㉡의 각도를 구했나요?	2점
㉠의 각도를 구했나요?	3점

사고력이 반짝

119쪽

5 꺾은선그래프

그래프는 조사한 자료 값을 한눈에 정리하여 나타낸 것입니다. 그중 꺾은선그래프는 시간에 따른 자료 값을 꺾은선으로 나타내어 알아보기 쉽게 나타낸 것으로 각종 보고서나 신문 등에서 자주 사용되고 있습니다. 꺾은선그래프는 시간의 흐름에 따라 변화하는 자료 값을 나타낸 것이므로 측정하지 않은 값을 예상해 볼 수 있는 장점이 있습니다. 따라서 꺾은선그래프를 배움으로써 다양한 표현 방법과 자료를 해석하는 능력을 기를 수 있습니다. 3－2에서는 그림그래프를 4－1에서는 막대그래프를 학습한 내용을 바탕으로 자료의 내용에 따라 꺾은선그래프로 나타냄으로써 자료 표현 능력을 기를 수 있도록 합니다.

교과서 개념 이해 1 자료를 막대그래프는 막대, 꺾은선그래프는 선분으로 나타낸 거야. 122~123쪽

1 몸무게 / 학년, 몸무게 / 2 / 막대 / 선분

2 (1) 꺾은선그래프 (2) 날짜, 무게 (3) 1일부터 29일까지

(4) 1 g (5) 9 g

3 (1) 막대그래프에 ○표 (2) 꺾은선그래프에 ○표

1 두 그래프 모두 가로에는 학년, 세로에는 몸무게를 나타내었고 세로 눈금 한 칸의 크기는 $10 \div 5 = 2$(kg)입니다. 막대그래프는 자료 값을 막대로 나타내고 꺾은선그래프는 자료 값을 선분으로 나타냅니다.

2 (1) 연속적으로 변화하는 양을 점으로 표시하고 그 점들을 선분으로 이어 그린 그래프를 꺾은선그래프라고 합니다.

(4) 그래프의 세로 눈금 한 칸은 $5 \div 5 = 1$(g)을 나타냅니다.

(5) 15일에 지우개 무게는 세로 눈금 9칸이므로 9 g입니다.

3 막대그래프는 수량의 비교가 쉬우므로 각 자료의 크기를 비교할 때 쓰이고, 꺾은선그래프는 시간에 따른 변화를 알아보기 쉬우므로 변화하는 양을 나타낼 때 쓰입니다.

교과서 개념 이해 2 물결선으로 필요 없는 부분을 생략할 수 있어. 124~125쪽

1 (1) 물결선 (2) 26 (3) 11 (4) 나

2 (1)

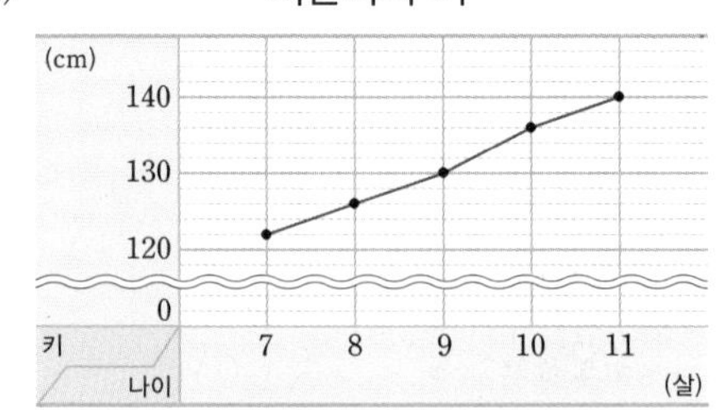

(2) 136 cm (3) 9살과 10살 사이

3 (1) 26, 16, 14 (2) 예 22 mm

(3) 줄어들에 ○표

1 (1) 가장 작은 값이 20분이므로 20분보다 작은 값은 필요 없기 때문에 물결선으로 생략합니다.

참고 | 물결선을 사용하면 필요 없는 부분을 줄여서 나타냈기 때문에 자료 값들을 잘 알 수 있습니다.

2 (1) 0 cm부터 120 cm까지는 필요 없으므로 0 cm와 120 cm 사이에 물결선을 그려 넣습니다.

(3) 선분이 가장 많이 기울어진 곳은 9살과 10살 사이입니다.

3 (2) 양초의 길이는 4분은 26mm, 6분은 18mm이므로 불이 붙은지 5분이 되었을 때 양초의 길이는 26 mm와 18 mm의 중간인 22 mm였을 것 같습니다.

(3) 양초의 길이는 점점 줄어들었으므로 12분 후 양초의 길이는 줄어들 것입니다.

교과서 개념 이해 3 꺾은선은 왼쪽부터 차례로 선분으로 이어. 126~127쪽

1 (1) 무게 (2) 12

(3) 강아지의 무게

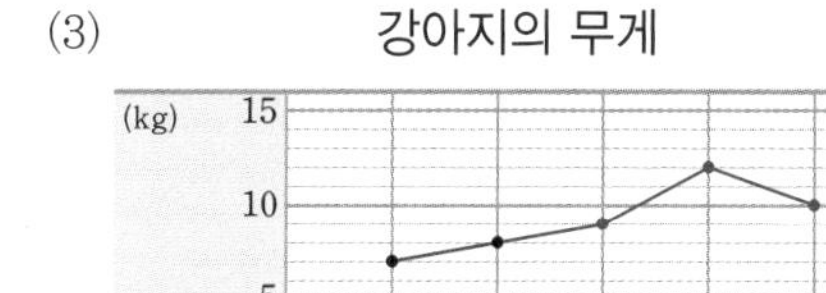

2 (1) 52회부터 64회까지 (2) 예 2회

(3) 예 

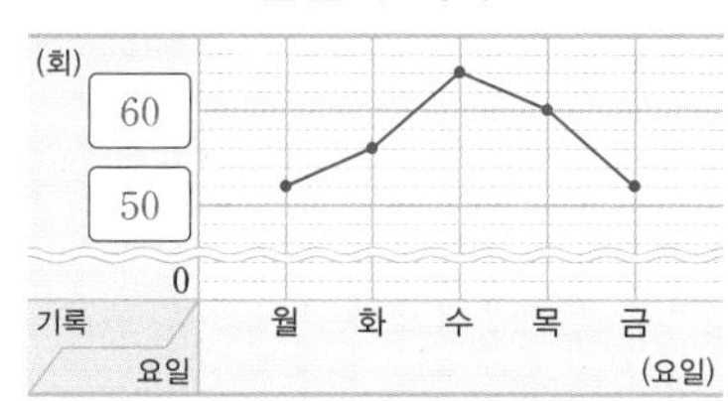

3 (1) 예 0마리와 15마리 사이

(2) 연못의 물고기 수

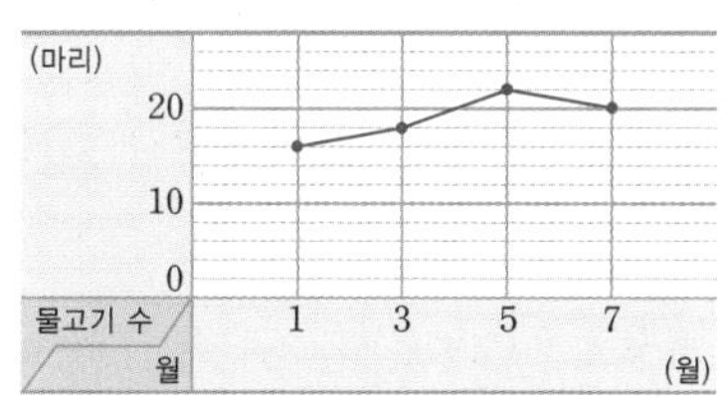

연못의 물고기 수

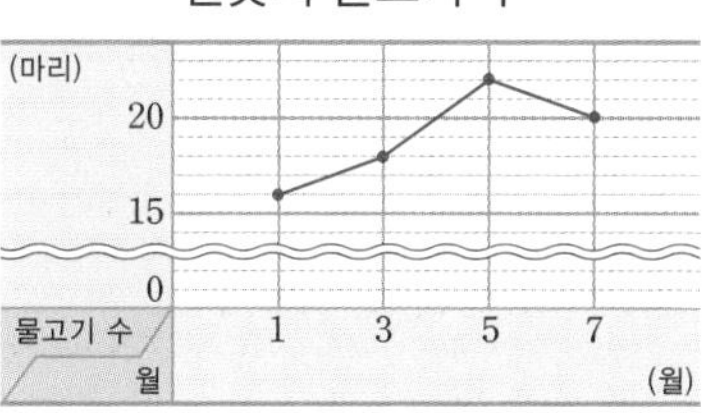

1 (1) 가로에 월을 나타낸다면 세로에는 무게를 나타내어야 합니다.
(2) 가장 큰 값이 12 kg이므로 세로 눈금은 적어도 12칸까지 있어야 합니다.
(3) 가로 눈금과 세로 눈금이 만나는 자리에 점을 찍고 점들을 차례로 선분으로 잇습니다.

2 (1) 줄넘기 기록이 52회부터 64회까지 있으므로 52회부터 64회까지 필요합니다.
(2) 줄넘기 기록이 모두 짝수이므로 세로 눈금 한 칸은 2회로 하는 것이 좋겠습니다.
(3) 각 요일에 해당하는 줄넘기 기록을 점으로 찍은 후 찍은 점들을 차례로 선분으로 잇습니다.

3 (1) 연못의 물고기 수는 16마리부터 22마리이므로 15마리 밑 부분은 생략할 수 있습니다.
(2) 각 월에 해당하는 물고기 수를 점으로 찍은 후 찍은 점들을 차례로 선분으로 잇습니다.

개념 적용 -1 꺾은선그래프 알아보기 128~129쪽

1 8, 13, 18, 14, 11 **2** 10회

3 금요일 **4** ㉢

5 2분과 4분 사이 **6** 예 100 ℃

7 막대그래프 예 80℃일 때는 4분이 되었을 때입니다.
꺾은선그래프 예 6분에서 8분 사이에는 물의 온도의 변화가 없습니다.

 1, 3

2 턱걸이 기록이 가장 좋은 때는 수요일로 18회이고, 가장 나쁜 때는 월요일로 8회입니다.
➡ $18-8=10$(회)

3 선분이 기울어진 정도가 가장 작은 때를 찾습니다.

4 시간에 따라 연속적으로 변화하는 자료는 꺾은선그래프로 나타내는 것이 좋습니다.

5 선분이 기울어진 정도가 가장 큰 때를 찾습니다.

6 6분부터 물의 온도는 변화가 없으므로 100 ℃로 예상할 수 있습니다.

개념 적용 -2 꺾은선그래프의 내용 알아보기 130~131쪽

8 가 **9** 나

10 ㉢ **11** 4번

12 예 3월부터 광우의 수학 점수는 계속 올랐습니다. / 3월부터 광우는 75점보다 낮은 수학 점수를 받지 않았습니다.

 물결선

8 선분이 일정하게 오른쪽 위로 기울어진 병원은 가 병원입니다.

9 선분이 오른쪽 위로 기울어지다가 오른쪽 아래로 기울어진 병원은 나 병원입니다.

10 ㉢ 낮 12시부터 방의 온도는 낮아지고 있으므로 오후 4시의 방의 온도는 16 °C보다 낮을 것으로 예상할 수 있습니다.

11 오후 5시일 때 피노키오의 코의 길이는 14 cm,
오후 2시일 때 피노키오의 코의 길이는 6 cm이므로
피노키오가 오후 2시부터 5시까지 길어진 코의 길이는
$14-6=8$(cm)입니다.
따라서 피노키오가 오후 2시부터 5시까지 한 거짓말은
모두 $8 \div 2=4$(번)입니다.

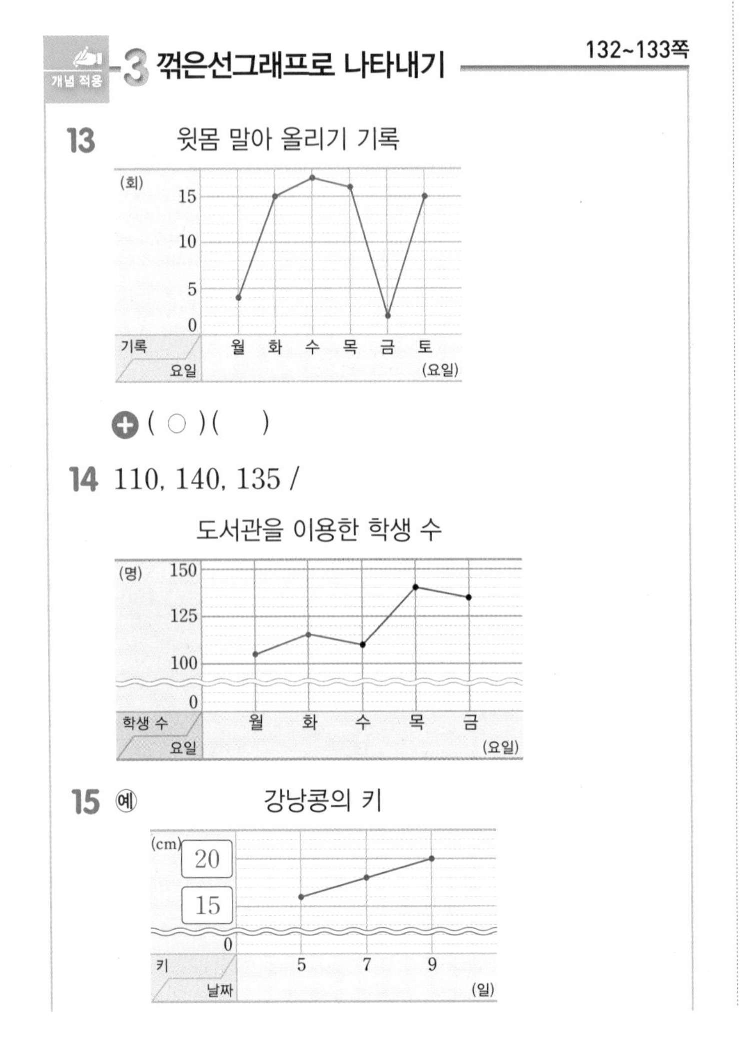

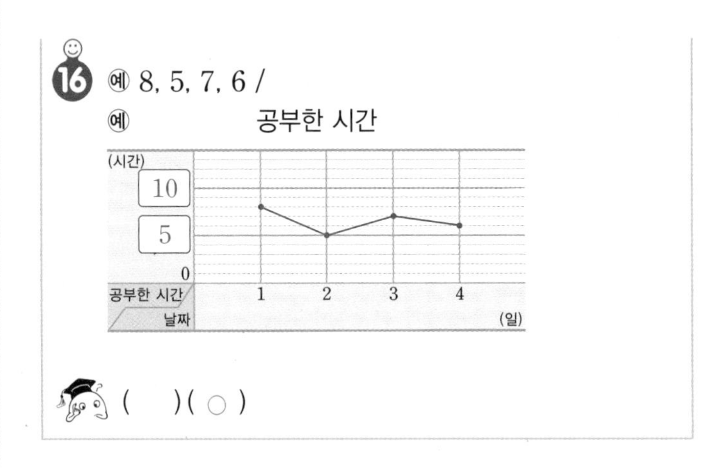

13 각 요일에 해당하는 기록을 점으로 찍은 후 찍은 점들을 차례로 선분으로 잇습니다.

14 표에서 월, 화의 자료 값을 찾아 그래프에 나타내고, 그래프에서 수, 목, 금의 자료 값을 찾아 표에 나타냅니다.

15 물결선을 0 cm부터 15 cm 사이에 넣고 각 날짜에 해당하는 강낭콩의 키를 점으로 찍은 후 찍은 점들을 차례로 선분으로 잇습니다.

내가 만드는 문제

16 공부한 시간을 조사하여 표로 나타낸 후 표를 꺾은선그래프로 나타내어 봅니다.

발전 문제 134~136쪽

개념 완성

1	8분, 5분	2	승우
3	준성	4	2016년과 2020년 사이
5	2월	6	3월, 40 mm
7	1 cm	8	오전 6시 41분
9	30 cm	10	60개
11	12칸		

12 예 인형 판매량

(개) 200, 175, 150, 125, 100, 0
판매량 / 월: 1, 2, 3, 4, 5 (월)

13	80권	14	240장
15	8개	16	60명 / 80명 / 100명
17	120명	18	11 ℃

1 승우는 $40 - 32 = 8$(분)이 늘었고
연주는 $27 - 22 = 5$(분)이 늘었습니다.

3 준성이는 200타에서 290타로 90타 향상되었고
예영이는 250타에서 305타로 55타 향상되었습니다.
따라서 준성이의 타자 실력이 더 많이 향상되었습니다.

4 꺾은선그래프에서 여학생 수를 나타내는 꺾은선이 남학생 수를 나타내는 꺾은선보다 위쪽에 그려진 때를 찾습니다.

5 점의 위치가 같은 때를 찾습니다.

6 두 마을의 강수량을 나타내는 점의 사이가 가장 많이 벌어진 때를 찾으면 3월입니다. 3월에 가 마을의 강수량은 70 mm이고, 나 마을의 강수량은 30 mm입니다.
➡ $70 - 30 = 40$(mm)

7 소은이의 연필은 매월 1 cm씩 줄어들고 있습니다.

8 물 빠지는 시각은 세로 눈금이 일정하게 5칸씩 낮아지고 있습니다. 22일에 물 빠지는 시각은 오전 6 : 46이므로 29일에 물 빠지는 시간은 오전 6 : 46보다 5분 빠른 오전 6 : 41입니다.

9 식물의 키는 세로 눈금이 일정하게 3칸씩 높아지고 있습니다. 수요일에 식물의 키는 9 cm이므로 다음 주 수요일은 $3 \times 7 = 21$(cm)가 더 늘어날 것입니다.
따라서 $9 + 21 = 30$(cm)입니다.

10 그래프에서 세로 눈금 한 칸은 $50 \div 5 = 10$(개)를 나타냅니다.
➡ 3월의 판매량: 180개, 4월의 판매량: 120개
따라서 3월은 4월보다 $180 - 120 = 60$(개) 더 많이 팔렸습니다.

11 3월과 4월의 판매량은 60개 차이가 나므로 세로 눈금 한 칸이 5개인 꺾은선그래프로 다시 그린다면 3월과 4월의 세로 눈금은 $60 \div 5 = 12$(칸) 차이가 납니다.

13 5월에 26권, 6월에 22권, 7월에 32권을 읽었으므로
3달 동안 읽은 책은 $26 + 22 + 32 = 80$(권)입니다.

14 받은 칭찬 붙임딱지는 모두 $3 \times 80 = 240$(장)입니다.

15 13일에 7개, 14일에 9개를 판매했습니다.
(2일 동안 판매한 지우개 수) $= 7 + 9 = 16$(개)
(2일 동안 판매한 금액) $= 200 \times 16 = 3200$(원)
따라서 15일에 판매한 금액은
$4800 - 3200 = 1600$(원)입니다.
$200 \times 8 = 1600$(원)이므로 15일에 판매한 지우개는 8개입니다.

16 세로 눈금 5칸이 50명을 나타내므로 세로 눈금 한 칸은 $50 \div 5 = 10$(명)을 나타냅니다.
따라서 5일은 6칸이므로 60명, 6일은 8칸이므로 80명, 8일은 10칸이므로 100명입니다.

17 4일 동안 입장객 수는 360명이므로 7일에 입장객 수는 $360 - 60 - 80 - 100 = 120$(명)입니다.

18 낮 12시에 온도는 16 ℃이므로
오후 1시에 온도는 $16 - 2 = 14$(℃)이고,
오후 2시에 온도는 $14 - 3 = 11$(℃)입니다.

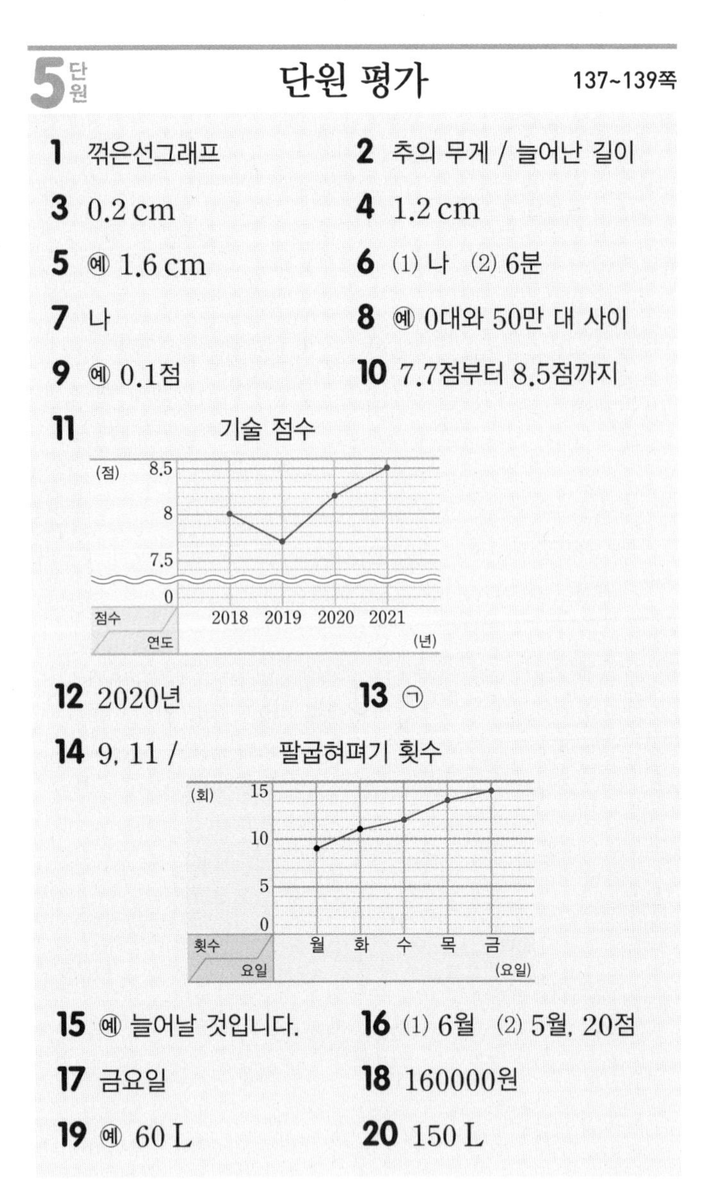

5단원 단원 평가 137~139쪽

1 꺾은선그래프　　2 추의 무게 / 늘어난 길이

3 0.2 cm　　4 1.2 cm

5 예 1.6 cm　　6 (1) 나 (2) 6분

7 나　　8 예 0대와 50만 대 사이

9 예 0.1점　　10 7.7점부터 8.5점까지

11

12 2020년　　13 ㉠

14 9, 11 /

15 예 늘어날 것입니다.　　16 (1) 6월 (2) 5월, 20점

17 금요일　　18 160000원

19 예 60 L　　20 150 L

2 가로에는 추의 무게, 세로에는 늘어난 길이를 나타낸 것입니다.

3 세로 눈금 5칸이 1 cm를 나타내므로 세로 눈금 한 칸은 0.2 cm입니다.

4 8 g의 세로 눈금을 읽으면 1.2 cm입니다.

5 8 g은 1.2 cm이고 12 g은 2 cm이므로 10 g의 추를 매달았을 때는 그 중간인 1.6 cm였을 것 같습니다.

6 (1) 나 그래프는 필요 없는 부분을 물결선으로 줄여서 나타냈기 때문에 변화하는 모습이 더 잘 보입니다.
(2) 화요일은 28분이고 월요일은 22분이므로 화요일이 월요일보다 자전거를 탄 시간이 $28-22=6$(분) 더 늘었습니다.

8 휴대전화 생산량은 50만 대와 72만 대 사이이므로 물결선을 0대와 50만 대 사이에 넣는 것이 좋습니다.

9 기술 점수가 소수 첫째 자리까지 나타나 있으므로 세로 눈금 한 칸을 0.1점으로 하는 것이 좋겠습니다.

10 기술 점수가 7.7점부터 8.5점까지 있으므로 7.7점부터 8.5점까지 필요합니다.

11 세로 눈금 0점부터 7.5점 사이에 물결선을 넣고 각 연도에 해당하는 점수를 점으로 찍은 후 찍은 점들을 차례로 선분으로 잇습니다.

12 선분이 가장 많이 기울어진 때를 찾으면 2019년과 2020년 사이이므로 2020년에 가장 많이 증가했습니다.

13 시간에 따라 연속적으로 변화하는 자료는 꺾은선그래프로 나타내는 것이 좋습니다.

14 표에서는 수, 목, 금의 자료 값을 찾아 그래프에 나타내고, 그래프에서 월, 화의 자료 값을 찾아 표에 나타냅니다.

15 월요일부터 팔굽혀펴기 횟수가 늘어나고 있으므로 다음 주 월요일 지환이의 팔굽혀펴기 횟수는 늘어날 것입니다.

16 (1) 영어 점수를 나타내는 점이 수학 점수를 나타내는 점보다 높은 달을 찾습니다.
(2) 수학 점수와 영어 점수를 나타내는 점 사이가 가장 많이 벌어진 때를 찾으면 5월입니다.
5월의 수학 점수는 95점이고 영어 점수는 75점이므로 두 점수의 차는 $95-75=20$(점)입니다.

17 선분이 가장 많이 기울어진 때는 목요일과 금요일 사이이므로 전날에 비해 변화가 가장 큰 때는 금요일입니다.

18 월요일에 입장객은 80명이므로
$2000\times80=160000$(원)입니다.

서술형
19 예 1일에 물의 양은 50 L이고 5일에 물의 양은 70 L이므로 3일에 물의 양은 50 L와 70 L의 중간인 60 L였을 것 같습니다.

평가 기준	배점
1일과 5일에 물의 양을 알고 있나요?	2점
3일에 물의 양을 구했나요?	3점

서술형
20 예 물은 4일마다 20 L씩 증가하고 있습니다.
따라서 21일은 13일에서 8일이 더 지났으므로 13일에 물의 양 110 L에 40 L를 더한 150 L입니다.

평가 기준	배점
물이 4일마다 20 L씩 증가하는 것을 알고 있나요?	2점
21일에 물의 양을 구했나요?	3점

6 다각형

1, 2학년 때에는 □, △, ○ 모양을 사각형, 삼각형, 원이라 하고, 변과 꼭짓점의 개념과 함께 오각형, 육각형을 학습하였습니다. 3학년 때에는 선의 종류와 각을 알아보면서 직각삼각형, 직사각형, 정사각형의 개념과 원을, 4-1에서는 각도와 삼각형, 사각형의 내각의 합과 평면도형의 이동을 배웠습니다. 이렇듯 앞에서 배운 도형들을 다각형으로 분류하고 여러 가지 모양을 만들고 채워 보는 활동을 통해 문제 해결 및 도형에 대해 학습한 내용을 총괄적으로 평가해 볼 수 있는 단원입니다. 생활 주변에서 다각형을 찾아보고 다각형을 구성하는 다양한 활동 등을 통해 수학의 유용성과 심미성을 경험할 수 있도록 지도합니다.

※ 선분 ㄱㄴ과 같이 기호를 나타낼 때 선분 ㄴㄱ으로 읽어도 정답으로 인정합니다.

교과서 개념 이해 1 선분으로만 둘러싸인 도형은? 142쪽

1 가, 다, 마 / 나, 라, 바 / 가, 다, 마, 다각형

2 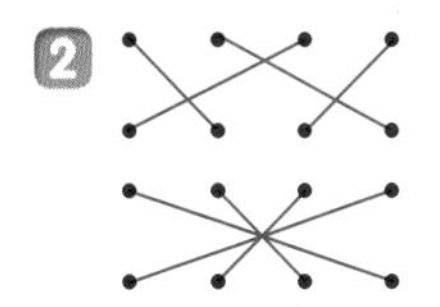

2 변이 ■개인 다각형 ➡ ■각형

교과서 개념 이해 2 변의 길이와 각의 크기가 같은 다각형은? 143쪽

1 (1) 나, 라, 바 / 가, 다, 마 (2) 가, 나, 바 / 다, 라, 마

(3) 나, 바, 정다각형

2 (1) 정육각형 (2) 정팔각형

2 정다각형은 모든 변의 길이와 모든 각의 크기가 같아야 합니다.

교과서 개념 이해 3 서로 이웃하지 않는 두 꼭짓점을 이은 선분은? 144쪽

1 (1) 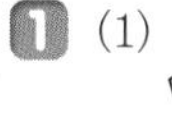  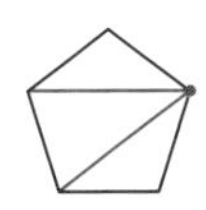  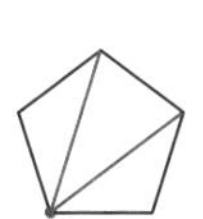 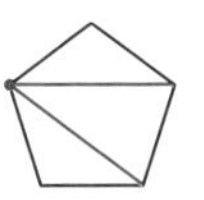

(2) 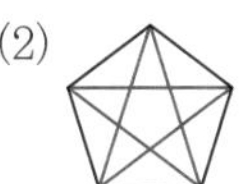 5개

2 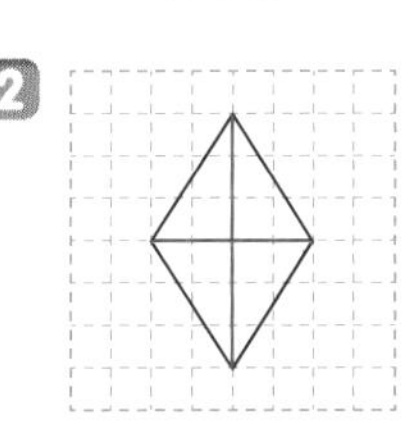 (위에서부터) ×, ○, ×

2 • 대각선의 수는 2개입니다.
• 두 대각선의 길이는 같지 않습니다.

교과서 개념 이해 4 모양 조각으로 여러 가지 모양을 만들 수 있어. 145쪽

1 다 / 나, 라, 마, 바 / 가

2 3, 6, 1

개념 적용 -1 다각형 146~147쪽

1 (×)(○)(×)(○)

2 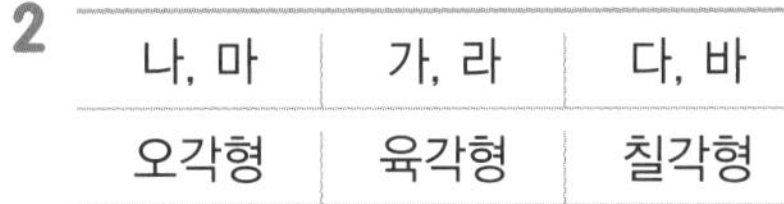

나, 마	가, 라	다, 바
오각형	육각형	칠각형

3 팔각형

4 (1) 예 (2) 예 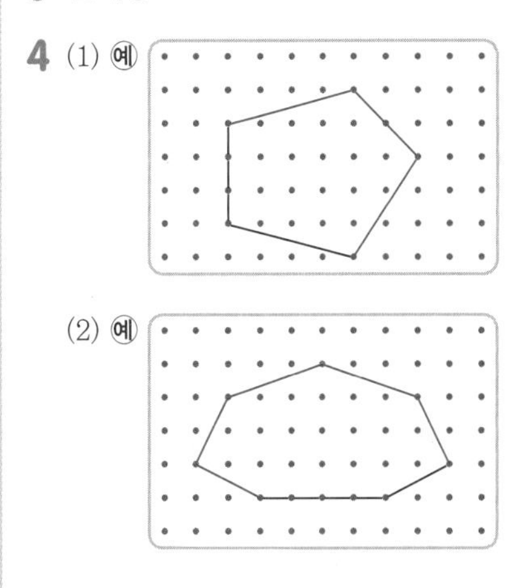

5 (   )(   )(○)(   )

이십각형

1 선분으로 둘러싸여 있지 않거나 선분과 곡선으로 이루어져 있으면 다각형이 아닙니다.

3 한가운데에 있는 다각형의 변은 모두 8개이므로 팔각형입니다.

4 (1) 변(꼭짓점)의 수가 5개가 되도록 그립니다.
(2) 변(꼭짓점)의 수가 7개가 되도록 그립니다.

5 3개의 도형은 변의 수가 6개인 육각형입니다.
세 번째 도형은 변의 수가 7개이므로 칠각형입니다.

내가 만드는 문제
6 토끼, 닭, 젖소끼리 각각의 다각형에 들어갈 수 있도록 다각형을 그립니다.

개념 적용 -2 정다각형

148~149쪽

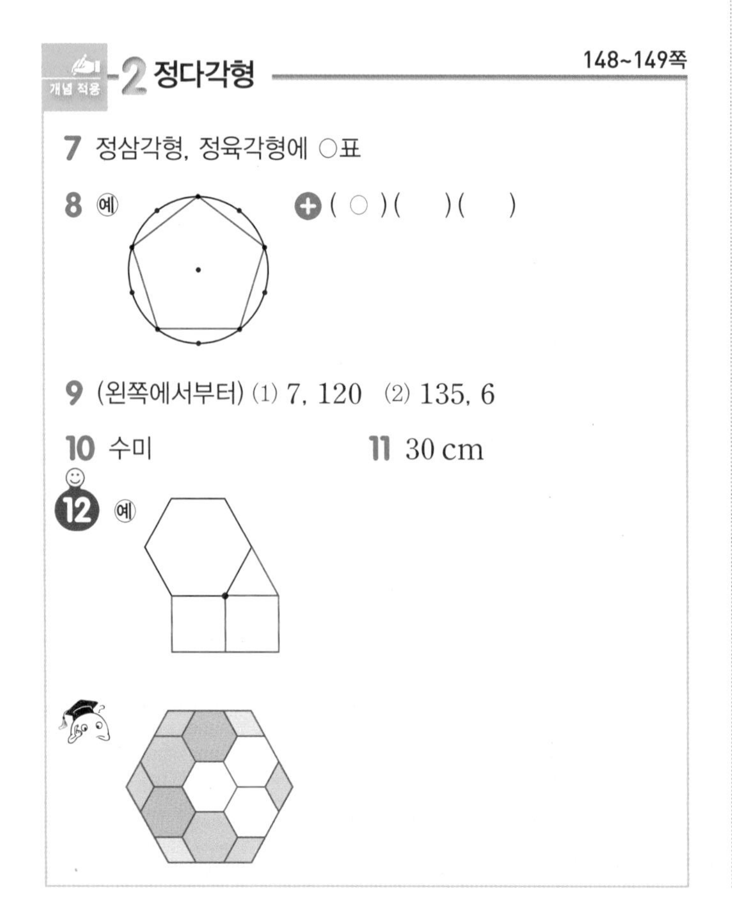

8 정사각형 6개로 둘러싸인 도형은 첫 번째 도형입니다.

9 정다각형은 모든 변의 길이가 같고 모든 각의 크기가 같습니다.

10 수미: 마름모는 변의 길이는 모두 같지만 각의 크기가 모두 같지 않으므로 정다각형이 아닙니다.

11 정육각형은 6개의 변의 길이가 같으므로 필요한 밧줄은 $5 \times 6 = 30$(cm)입니다.

내가 만드는 문제
12 정육각형의 한 각의 크기는 120°이고, $360° - 120° = 240°$를 정다각형으로 채워 봅니다.

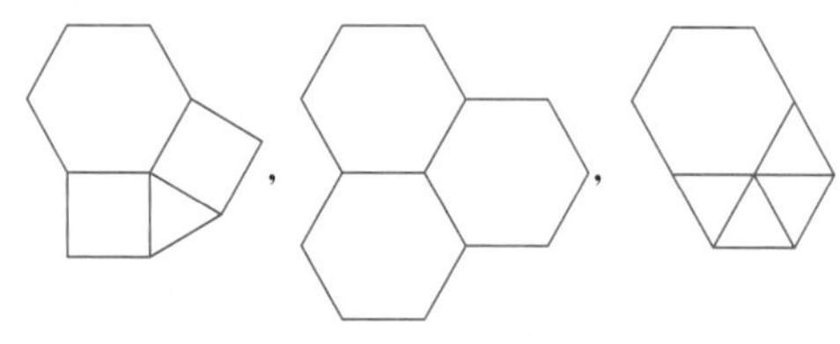

이 외에도 여러 가지 모양으로 채워 그릴 수 있습니다.

개념 적용 -3 대각선

150~151쪽

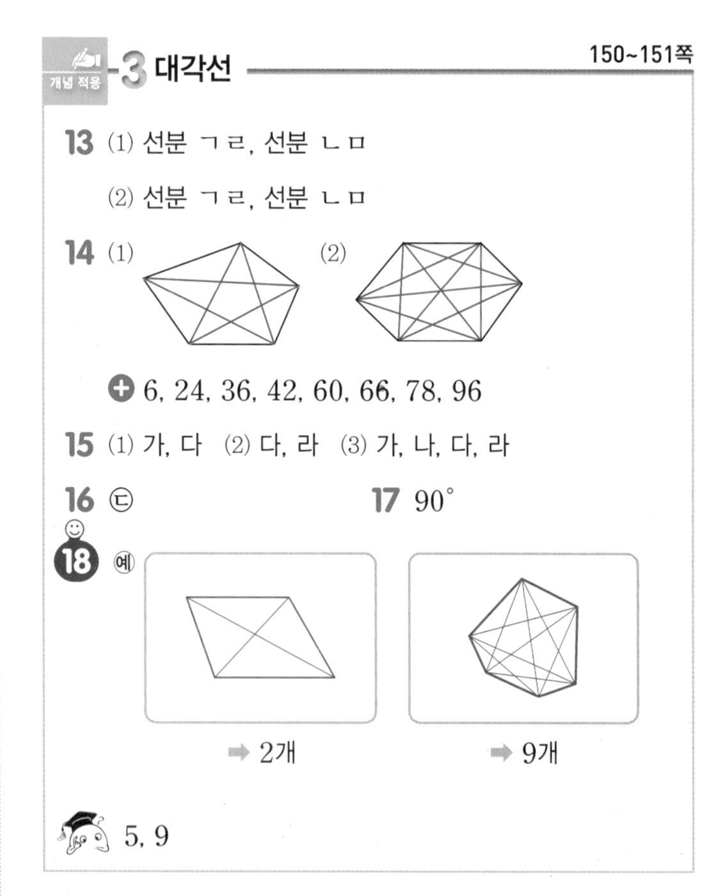

14 이웃하지 않는 두 꼭짓점을 잇습니다.

15 (1) 직사각형, 정사각형
(2) 정사각형, 마름모
(3) 직사각형, 평행사변형, 정사각형, 마름모

16 ㉢ 사각형에서 그을 수 있는 대각선의 수는 2개입니다.

17 색종이를 서로 이웃하지 않는 꼭짓점끼리 만나도록 접었으므로 접힌 부분은 정사각형의 대각선입니다.
➡ 정사각형은 두 대각선이 서로 수직입니다.

☺ 내가 만드는 문제
18 대각선의 수는 사각형은 2개, 오각형은 5개, 육각형은 9개, 칠각형은 14개, 팔각형은 20개, ...입니다.

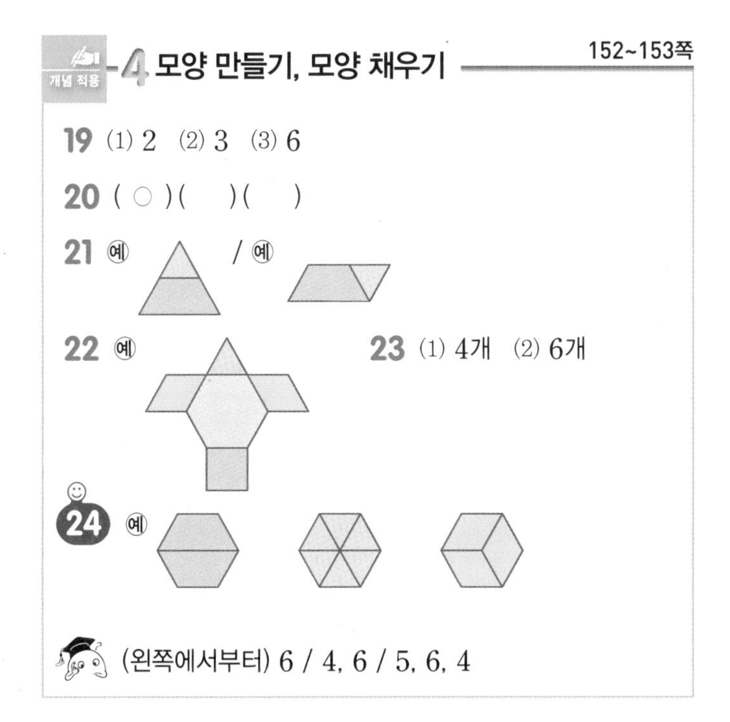

개념 적용 **-4 모양 만들기, 모양 채우기** 152~153쪽

19 (1) 2 (2) 3 (3) 6

20 (○)( )( )

21 예 / 예

22 예

23 (1) 4개 (2) 6개

24 예

(왼쪽에서부터) 6 / 4, 6 / 5, 6, 4

19 (1) (2) (3)

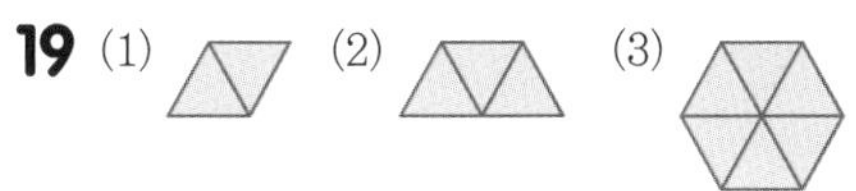

20

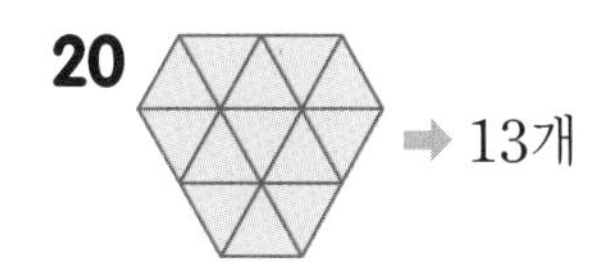

➡ 13개

21 모양 조각이 서로 겹치지 않게 길이가 같은 변끼리 이어 붙입니다.

22 • 모든 모양 조각을 사용하지 않아도 됩니다.
• 같은 모양 조각을 여러 번 사용해도 됩니다.

23 (1) ➡ 4개 (2) ➡ 6개

마름모 모양 조각을 돌려가며 채워 봅니다.

개념 완성 발전 문제 154~156쪽

1	다, 라	**2**	5
3	26 cm	**4**	7 cm
5	4 cm	**6**	24 cm
7	(1) 8개 (2) 4개		
8	(1) 예		(2) 예
9	㉠	**10**	(1) 2개 (2) 5개
11	14개		

12 (왼쪽에서부터) 5, 9, 14 / 3, 4, 5
규칙 예 꼭짓점의 수가 많아짐에 따라 대각선의 수의 늘어나는 수가 3, 4, 5, ...로 1씩 커지는 규칙입니다.

13	50 cm	**14**	32 cm
15	102 cm	**16**	108°
17	60°	**18**	72°

1 두 대각선의 길이가 같은 사각형은 직사각형, 정사각형입니다.

2

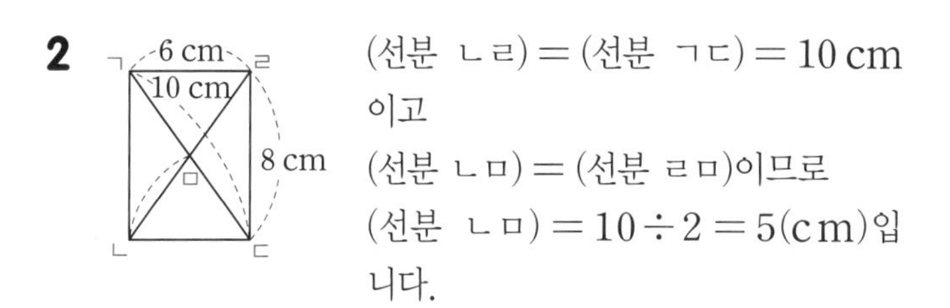

(선분 ㄴㄹ) = (선분 ㄱㄷ) = 10 cm이고
(선분 ㄴㅁ) = (선분 ㄹㅁ)이므로
(선분 ㄴㅁ) = 10 ÷ 2 = 5(cm)입니다.

3 평행사변형에서 한 대각선이 다른 대각선을 이등분하므로 (선분 ㄱㄷ) = 16 cm, (선분 ㄴㄹ) = 10 cm입니다.
따라서 두 대각선의 길이의 합은 16 + 10 = 26(cm)입니다.

4 정삼각형은 세 변의 길이가 모두 같으므로 정삼각형의 한 변은 21 ÷ 3 = 7(cm)입니다.

5 (정사각형의 네 변의 길이의 합) = 5 × 4 = 20(cm)
따라서 정오각형의 다섯 변의 길이의 합이 20 cm이고 그 길이는 모두 같으므로 한 변은 20 ÷ 5 = 4(cm)입니다.

6 정육각형은 여섯 변의 길이가 같으므로 한 변은 36 ÷ 6 = 6(cm)입니다.
따라서 정사각형의 네 변의 길이의 합은 6 × 4 = 24(cm)입니다.

7 (1) (2)

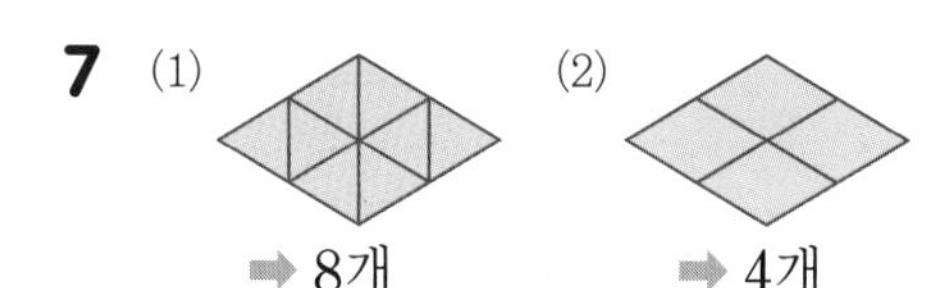

➡ 8개 ➡ 4개

9 ㉡ ㉢

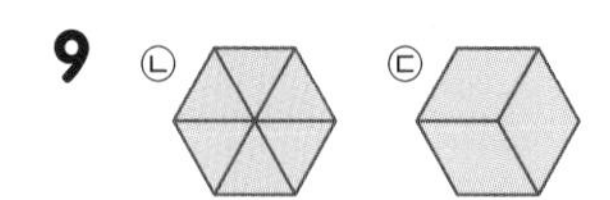

10 (1) (2)

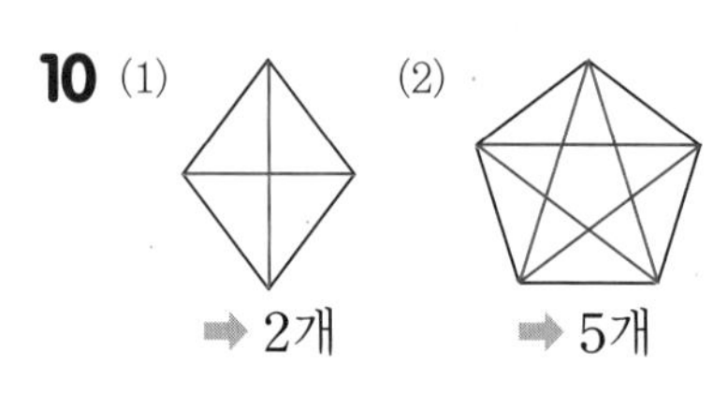

➡ 2개 ➡ 5개

11

다각형			
한 꼭짓점에서 그을 수 있는 대각선의 수	1개	2개	3개

꼭짓점의 수가 많아짐에 따라 한 꼭짓점에서 그을 수 있는 대각선의 수가 1씩 커지고 있습니다.
따라서 한 꼭짓점에서 그을 수 있는 대각선의 수가 4개인 다각형은 칠각형이고, 겹치는 대각선의 수를 제외하면 칠각형의 대각선의 수는 $7 \times 4 = 28$, $28 \div 2 = 14$(개)입니다.

12 꼭짓점의 수가 많아짐에 따라 한 꼭짓점에서 그을 수 있는 대각선의 수가 1씩 커지고 있습니다.

13 (빨간 선의 길이) = (마름모의 한 변) $\times 5$
$= 10 \times 5 = 50$(cm)

14 (빨간 선의 길이) $= 8 + 6 + 8 + 5 + 5 = 32$(cm)

15 (큰 정사각형의 한 변) = 21 cm
(작은 정사각형의 한 변) $= 30 \div 2 = 15$(cm)
(빨간 선의 길이) $= 21 + 15 + 15 + 21 + 15 + 15$
$= 102$(cm)

16

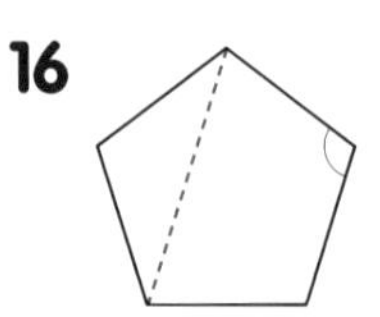

(정오각형의 모든 각의 크기의 합)
= (삼각형의 세 각의 크기의 합)
+ (사각형의 네 각의 크기의 합)
$= 180^\circ + 360^\circ = 540^\circ$
정오각형의 모든 각의 크기는 같으므로
(정오각형의 한 각의 크기)
= (정오각형의 모든 각의 크기의 합) $\div 5$
$= 540^\circ \div 5 = 108^\circ$입니다.

17

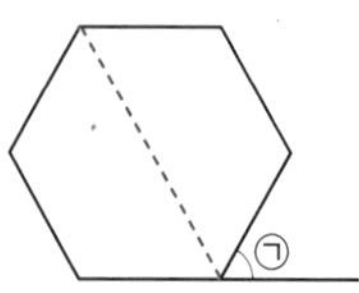

(정육각형의 모든 각의 크기의 합)
= (사각형의 네 각의 크기의 합) $\times 2$
$= 360^\circ \times 2 = 720^\circ$
정육각형의 모든 각의 크기는 같으므로
(정육각형의 한 각의 크기)
= (정육각형의 모든 각의 크기의 합) $\div 6$
$= 720^\circ \div 6 = 120^\circ$입니다.
따라서 ㉠ $= 180^\circ - 120^\circ = 60^\circ$입니다.

18

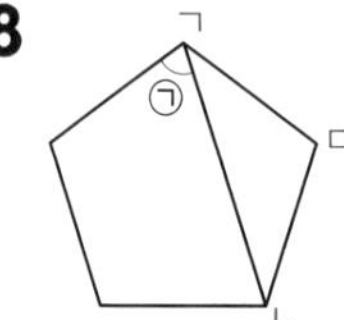

정오각형은 모든 변의 길이가 같고 한 각의 크기는 108°이므로 삼각형 ㄱㄴㄷ은 각 ㄱㄷㄴ이 108°인 이등변삼각형입니다.
(각 ㄷㄱㄴ) + (각 ㄷㄴㄱ) $= 180^\circ - 108^\circ = 72^\circ$,
(각 ㄷㄱㄴ) = (각 ㄷㄴㄱ) $= 72^\circ \div 2 = 36^\circ$
따라서 ㉠ $= 108^\circ - 36^\circ = 72^\circ$입니다.

6단원 단원 평가 157~159쪽

1 나, 라

2 ( )(○)( )

3 라, 바 / 나, 다 / 가, 마

4 (1) 108 (2) 9

5 예

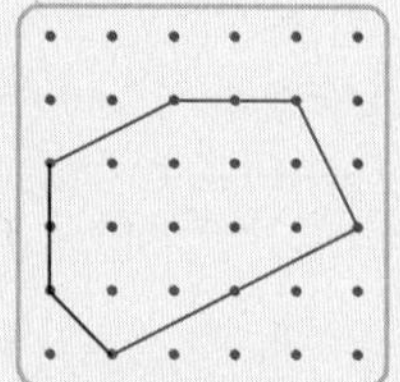

6 정십이각형

7 예 굽은 선으로 둘러싸여 있기 때문입니다.

8 정팔각형

9 예 삼각형, 사각형, 육각형

10 5개

11 12 cm

12 나, 다, 가

13 가, 다

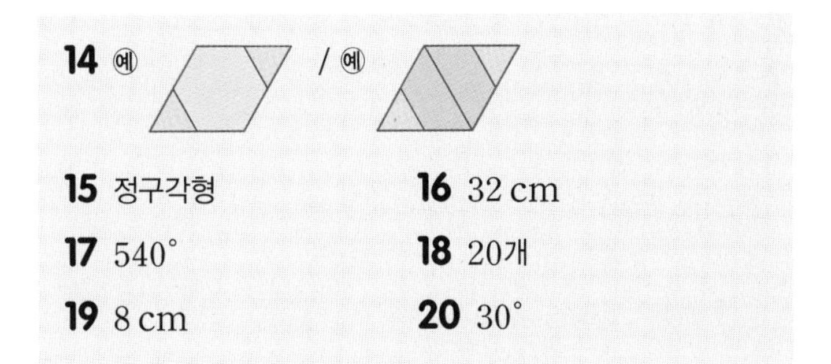

14 예 (그림) / 예 (그림)

15 정구각형　　16 $32\,\text{cm}$

17 540°　　18 20개

19 $8\,\text{cm}$　　20 30°

1 선분으로만 둘러싸인 도형을 찾습니다.

2 변(꼭짓점)이 7개인 다각형을 찾습니다.

3 변의 수를 세어 봅니다.

4 (1) 정다각형은 모든 각의 크기가 같습니다.
(2) 정다각형은 모든 변의 길이가 같습니다.

5 변(꼭짓점)의 수가 6개가 되도록 그립니다.

6 12개의 선분으로 둘러싸여 있고 변의 길이와 각의 크기가 모두 같으므로 정십이각형입니다.

8 8개의 선분으로 둘러싸인 도형 중 변의 길이와 각의 크기가 같은 도형은 정팔각형입니다.

9 초록색은 삼각형, 빨간색은 사각형, 노란색은 육각형 모양 조각입니다.

10

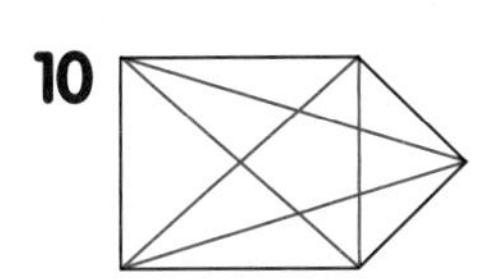

5개의 꼭짓점에서 대각선을 각각 2개씩 그을 수 있습니다. 이때 양쪽 꼭짓점에서 대각선을 그을 수 있으므로 2로 나누어 줍니다.

➡ $5\times2=10$, $10\div2=5$(개)

11

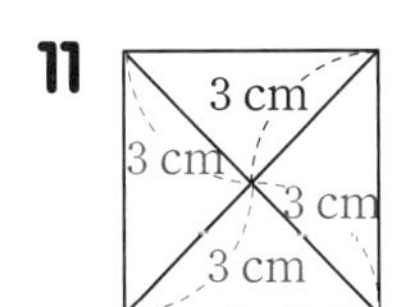

정사각형은 두 대각선의 길이가 같고 한 대각선이 다른 대각선을 이등분하므로 두 대각선의 길이의 합은 $3+3+3+3=12$(cm)입니다.

12 대각선을 그어 보지 않아도 꼭짓점(변)의 수가 많으면 이웃하지 않는 꼭짓점의 수가 많아지므로 대각선의 수가 많아짐을 알 수 있습니다.

13 두 대각선이 서로 수직으로 만나는 사각형은 정사각형과 마름모입니다.

15 정다각형은 모든 변의 길이가 같으므로
(변의 수) $=45\div5=9$(개)입니다.
따라서 변이 9개인 정다각형은 정구각형입니다.

16 (정육각형의 한 변) $=$ (정사각형의 한 변) $=4\,\text{cm}$
빨간 선의 길이는 $4\,\text{cm}$인 변 8개의 길이와 같으므로
$4\times8=32$(cm)입니다.

17

오각형은 삼각형 3개로 나누어 집니다.
(오각형의 모든 각의 크기의 합)
$=$ (삼각형의 세 각의 크기의 합) $\times\,3$
$=180^\circ\times3=540^\circ$

18 한 꼭짓점에서 그을 수 있는 대각선의 수가 5개인 다각형은 팔각형입니다.
따라서 팔각형의 대각선의 수는
$8\times5=40$, $40\div2=20$(개)입니다.

서술형
19 예 정팔각형은 변이 8개이고 모든 변의 길이가 같습니다.
따라서 (정팔각형의 한 변의 길이)
$=$ (모든 변의 길이의 합) $\div\,8$
$=64\div8=8$(cm)입니다.

평가 기준	배점
정팔각형의 모든 변의 길이가 같다는 것을 설명했나요?	2점
정팔각형의 한 변의 길이를 구했나요?	3점

서술형
20

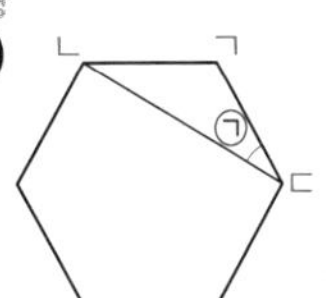

예 정육각형은 삼각형 4개로 나눌 수 있습니다.
(정육각형의 모든 각의 크기의 합)
$=$ (삼각형의 세 각의 크기의 합) $\times\,4$
$=180^\circ\times4=720^\circ$
(정육각형의 한 각의 크기) $=720^\circ\div6=120^\circ$
정육각형은 변의 길이가 모두 같으므로
삼각형 ㄱㄴㄷ은 이등변삼각형이고 ㉠의 각도는
$180^\circ-120^\circ=60^\circ$, $60^\circ\div2=30^\circ$입니다.

평가 기준	배점
정육각형의 한 각의 크기를 구했나요?	2점
㉠의 각도를 구했나요?	3점

학생부록 정답과 풀이

1 분수의 덧셈과 뺄셈

➕ 개념 적용 2쪽

1

주어진 수만큼 뛰어 세어 보세요.

$\frac{2}{12}$ → $\frac{1}{12}$ — $\frac{3}{12}$ — □ — □ — $\frac{9}{12}$

어떻게 풀었니?

100씩 뛰어 세면 수가 100씩 커진다는 거 기억하니?

$\frac{2}{12}$씩 뛰어 세면 수가 $\frac{2}{12}$씩 커지겠지? $\frac{1}{12}$부터 $\frac{2}{12}$씩 커지는 수를 구해 보자!

$\frac{2}{12}$만큼 커진 수를 구하려면 $\frac{2}{12}$를 더하면 되니까 $\frac{1}{12}$부터 $\frac{2}{12}$씩 더한 수를 차례로 구해 보면

$\frac{1}{12}+\frac{2}{12}=\frac{3}{12}$, $\frac{3}{12}+\frac{2}{12}=\frac{5}{12}$, $\frac{5}{12}+\frac{2}{12}=\frac{7}{12}$, $\frac{7}{12}+\frac{2}{12}=\frac{9}{12}$

아~ 빈칸에 $\frac{5}{12}$, $\frac{7}{12}$을/를 차례로 써넣으면 되는구나!

2 $\frac{7}{19}$, $\frac{10}{19}$, $\frac{16}{19}$

3 $\frac{13}{17}$, $\frac{17}{17}(=1)$

4

가와 나의 차를 구해 보세요.

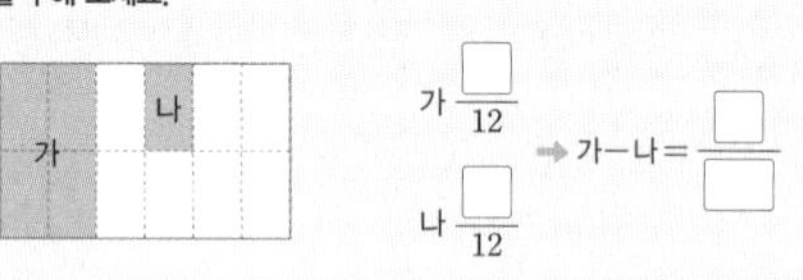

가 $\frac{□}{12}$, 나 $\frac{□}{12}$ → 가−나= $\frac{□}{□}$

어떻게 풀었니?

가와 나가 나타내는 수를 분수로 알아보자!

전체를 똑같이 ■로 나눈 것 중의 ▲를 분수로 $\frac{▲}{■}$와 같이 나타내.

가는 전체를 똑같이 12로 나눈 것 중의 4(이)니까 분수로 나타내면 $\frac{4}{12}$(이)고,

나는 전체를 똑같이 12로 나눈 것 중의 1(이)니까 분수로 나타내면 $\frac{1}{12}$(이)야.

가가 나보다 크니까 가와 나의 차는 가에서 나를 빼서 구하면 돼.

$\frac{4}{12}-\frac{1}{12}=\frac{3}{12}$

아~ □ 안에 4, 1, $\frac{3}{12}$을/를 차례로 써넣으면 되는구나!

5 6, 2, $\frac{4}{15}$

6

같은 모양은 같은 수를 나타냅니다. ▲ 모양에 알맞은 수를 구해 보세요.

▲+▲+▲$=4\frac{6}{9}$ → ▲=(　　　　)

어떻게 풀었니?

대분수인 계산 결과를 가분수로 바꿔 보자!

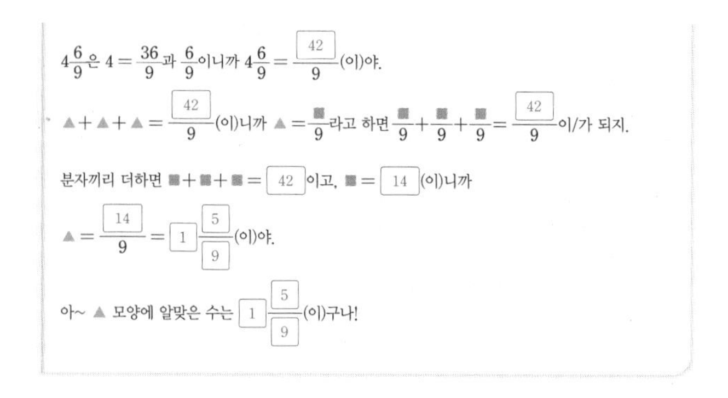

$4\frac{6}{9}$은 $4=\frac{36}{9}$과 $\frac{6}{9}$이니까 $4\frac{6}{9}=\frac{42}{9}$(이)야.

▲+▲+▲$=\frac{42}{9}$(이)니까 ▲$=\frac{■}{9}$라고 하면 $\frac{■}{9}+\frac{■}{9}+\frac{■}{9}=\frac{42}{9}$이/가 되지.

분자끼리 더하면 ■+■+■=42이고, ■=14(이)니까

▲$=\frac{14}{9}=1\frac{5}{9}$(이)야.

아~ ▲ 모양에 알맞은 수는 $1\frac{5}{9}$(이)구나!

7 $1\frac{4}{5}$

8 $1\frac{3}{7}$

9

자연수를 두 분수의 합으로 나타내어 보세요.

$4=2\frac{3}{6}+□\frac{□}{6}$

어떻게 풀었니?

덧셈과 뺄셈의 관계를 이용해 보자!

덧셈식 ●=■+▲를 뺄셈식으로 나타내면 ▲=●−■이니까

$4=2\frac{3}{6}+$▲라고 하면 ▲$=4-2\frac{3}{6}$이 되지.

▲$=4-2\frac{3}{6}=3\frac{6}{6}-2\frac{3}{6}=1\frac{3}{6}$

즉, 4는 $2\frac{3}{6}$과 $1\frac{3}{6}$의 합으로 나타낼 수 있어.

아~ □ 안에 1, 3을/를 차례로 써넣으면 되는구나!

10 2, 4

11 2, 5 / 3, 6 / 4, 7

2 오른쪽으로 갈수록 $\frac{3}{19}$씩 커지므로

$\frac{4}{19}+\frac{3}{19}=\frac{7}{19}$, $\frac{7}{19}+\frac{3}{19}=\frac{10}{19}$,

$\frac{13}{19}+\frac{3}{19}=\frac{16}{19}$입니다.

3 오른쪽으로 갈수록 $\frac{4}{17}$씩 커지므로 $\frac{4}{17}$씩 뛰어 센 것입니다.

➡ $\frac{9}{17}+\frac{4}{17}=\frac{13}{17}$, $\frac{13}{17}+\frac{4}{17}=\frac{17}{17}(=1)$

5 가는 전체를 똑같이 15로 나눈 것 중의 6이므로 $\frac{6}{15}$이고, 나는 전체를 똑같이 15로 나눈 것 중의 2이므로 $\frac{2}{15}$입니다.

➡ 가−나$=\frac{6}{15}-\frac{2}{15}=\frac{4}{15}$

7 $3\frac{3}{5}=\frac{18}{5}$이므로 ◆ + ◆ $=\frac{18}{5}$입니다.

◆ $=\frac{\square}{5}$라고 하면 $\frac{\square}{5}+\frac{\square}{5}=\frac{18}{5}$에서

$\square+\square=18$, $\square=9$입니다.

➡ ◆ $=\frac{9}{5}=1\frac{4}{5}$

8 $5\frac{5}{7}=\frac{40}{7}$이므로 ♥ + ♥ + ♥ + ♥ $=\frac{40}{7}$입니다.

♥ $=\frac{\square}{7}$라고 하면 $\frac{\square}{7}+\frac{\square}{7}+\frac{\square}{7}+\frac{\square}{7}=\frac{40}{7}$에서

$\square+\square+\square+\square=40$, $\square=10$입니다.

➡ ♥ $=\frac{10}{7}=1\frac{3}{7}$

10 $5-2\frac{1}{5}=4\frac{5}{5}-2\frac{1}{5}=2\frac{4}{5}$

11 $6-3\frac{3}{8}=5\frac{8}{8}-3\frac{3}{8}=2\frac{5}{8}$,

$6-2\frac{2}{8}=5\frac{8}{8}-2\frac{2}{8}=3\frac{6}{8}$,

$6-1\frac{1}{8}=5\frac{8}{8}-1\frac{1}{8}=4\frac{7}{8}$

쓰기 쉬운 서술형 6쪽

1 $\frac{5}{8}$, $\frac{4}{8}$, 9, $1\frac{1}{8}$, $1\frac{1}{8}$ / $1\frac{1}{8}$ L

1-1 $\frac{3}{7}$ kg

1-2 $3\frac{1}{6}$시간

1-3 채린, $\frac{6}{8}$ m

2 $\frac{4}{9}$, $\frac{7}{9}$, $\frac{7}{9}$, 11, $1\frac{2}{9}$ / $1\frac{2}{9}$

2-1 $1\frac{6}{11}$

3 $9\frac{2}{5}$, $9\frac{2}{5}$, $18\frac{4}{5}$, $18\frac{4}{5}$, $2\frac{3}{5}$, $16\frac{1}{5}$ / $16\frac{1}{5}$ cm

3-1 $14\frac{3}{4}$ cm

3-2 $24\frac{2}{6}$ cm

3-3 $2\frac{9}{12}$ cm

4 $2\frac{3}{9}$, $2\frac{3}{9}$, 9, $2\frac{3}{9}$, $5\frac{6}{9}$ / $5\frac{6}{9}$

4-1 $7\frac{1}{13}$

1-1 예 (남은 쇠고기의 양) $=1-\frac{4}{7}$ ···· ❶

$=\frac{7}{7}-\frac{4}{7}=\frac{3}{7}$(kg)

따라서 남은 쇠고기는 $\frac{3}{7}$ kg입니다. ···· ❷

단계	문제 해결 과정
①	남은 쇠고기의 양을 구하는 과정을 썼나요?
②	남은 쇠고기의 양을 구했나요?

1-2 예 (혜주가 책을 읽은 시간) $=1\frac{3}{6}+1\frac{4}{6}$ ···· ❶

$=2\frac{7}{6}=3\frac{1}{6}$(시간)

따라서 혜주가 책을 읽은 시간은 모두 $3\frac{1}{6}$시간입니다. ···· ❷

단계	문제 해결 과정
①	혜주가 책을 읽은 시간을 구하는 과정을 썼나요?
②	혜주가 책을 읽은 시간을 구했나요?

1-3 예 $2\frac{3}{8}<3\frac{1}{8}$이므로 채린이의 리본 끈이 더 깁니다. ···· ❶

따라서 $3\frac{1}{8}-2\frac{3}{8}=2\frac{9}{8}-2\frac{3}{8}=\frac{6}{8}$(m) 더 깁니다. ···· ❷

단계	문제 해결 과정
①	누구의 리본 끈이 더 긴지 구했나요?
②	몇 m 더 긴지 구했나요?

2-1 예 어떤 수를 □라고 하면 $\square+1\frac{9}{11}=5\frac{2}{11}$이므로

$\square=5\frac{2}{11}-1\frac{9}{11}=4\frac{13}{11}-1\frac{9}{11}=3\frac{4}{11}$입니다. ···· ❶

따라서 바르게 계산하면

$3\frac{4}{11}-1\frac{9}{11}=2\frac{15}{11}-1\frac{9}{11}=1\frac{6}{11}$입니다. ···· ❷

단계	문제 해결 과정
①	어떤 수를 구했나요?
②	바르게 계산한 값을 구했나요?

3-1 예 (색 테이프 2장의 길이의 합)

$=8\frac{1}{4}+8\frac{1}{4}=16\frac{2}{4}$(cm) ···· ❶

따라서 이어 붙인 색 테이프의 전체 길이는

$16\frac{2}{4}-1\frac{3}{4}=15\frac{6}{4}-1\frac{3}{4}=14\frac{3}{4}$(cm)입니다. ···· ❷

단계	문제 해결 과정
①	색 테이프 2장의 길이의 합을 구했나요?
②	이어 붙인 색 테이프의 전체 길이를 구했나요?

3-2 예 (색 테이프 3장의 길이의 합)

$=10+10+10=30$(cm) ···· ❶

(겹쳐진 부분의 길이의 합)

$=2\frac{5}{6}+2\frac{5}{6}=4\frac{10}{6}=5\frac{4}{6}$(cm) ···· ❷

따라서 이어 붙인 색 테이프의 전체 길이는

$30-5\frac{4}{6}=29\frac{6}{6}-5\frac{4}{6}=24\frac{2}{6}$(cm)입니다. ···· ❸

단계	문제 해결 과정
①	색 테이프 3장의 길이의 합을 구했나요?
②	겹쳐진 부분의 길이의 합을 구했나요?
③	이어 붙인 색 테이프의 전체 길이를 구했나요?

3-3 예 (색 테이프 2장의 길이의 합)

$=6\frac{7}{12}+6\frac{7}{12}=12\frac{14}{12}=13\frac{2}{12}$(cm) ···· ❶

따라서 겹쳐진 부분의 길이는

$13\frac{2}{12}-10\frac{5}{12}=12\frac{14}{12}-10\frac{5}{12}=2\frac{9}{12}$(cm)입니다. ···· ❷

단계	문제 해결 과정
①	색 테이프 2장의 길이의 합을 구했나요?
②	겹쳐진 부분의 길이를 구했나요?

4-1 예 계산 결과가 가장 작은 덧셈식을 만들면

$2\frac{6}{13}+4\frac{8}{13}$입니다. ···· ❶

따라서 계산 결과가 가장 작을 때의 계산 결과는

$2\frac{6}{13}+4\frac{8}{13}=6\frac{14}{13}=7\frac{1}{13}$입니다. ···· ❷

단계	문제 해결 과정
①	계산 결과가 가장 작은 덧셈식을 만들었나요?
②	계산 결과가 가장 작을 때의 계산 결과를 구했나요?

$4\frac{6}{13}+2\frac{8}{13}$의 계산 결과도 같습니다.

1단원 수행 평가

12~13쪽

1 6, 7, 13, $3\frac{1}{4}$ **2** (1) $\frac{7}{8}$ (2) $\frac{5}{9}$

3 > **4** $1\frac{4}{5}$

5 $\frac{4}{15}$ kg **6** 4, 5

7 $5\frac{1}{12}$ L **8** 5

9 $12\frac{7}{8}$ cm **10** $1\frac{5}{13}$

1 대분수를 가분수로 바꾸어 계산한 다음, 계산 결과를 대분수로 나타냅니다.

2 (1) $\frac{2}{8}+\frac{5}{8}=\frac{2+5}{8}=\frac{7}{8}$

(2) $1-\frac{4}{9}=\frac{9}{9}-\frac{4}{9}=\frac{9-4}{9}=\frac{5}{9}$

3 $\frac{6}{7}+\frac{4}{7}=\frac{10}{7}=1\frac{3}{7}$

$2\frac{5}{7}-1\frac{3}{7}=1\frac{2}{7}$ ➡ $1\frac{3}{7}>1\frac{2}{7}$

4 $3\frac{1}{5}>2\frac{4}{5}>1\frac{2}{5}$이므로 가장 큰 수는 $3\frac{1}{5}$, 가장 작은 수는 $1\frac{2}{5}$입니다.

➡ $3\frac{1}{5}-1\frac{2}{5}=2\frac{6}{5}-1\frac{2}{5}=1\frac{4}{5}$

5 (상자만의 무게)

=(공이 들어 있는 상자의 무게)−(공의 무게)

$=\frac{13}{15}-\frac{9}{15}=\frac{4}{15}$(kg)

6 $7-2\frac{1}{6}=6\frac{6}{6}-2\frac{1}{6}=4\frac{5}{6}$

7 (하늘색 페인트의 양)

=(파란색 페인트의 양)+(흰색 페인트의 양)

$=2\frac{6}{12}+2\frac{7}{12}=4\frac{13}{12}$

$=5\frac{1}{12}$(L)

8 $\frac{7}{11}+\frac{\square}{11}=\frac{7+\square}{11}$에서 $\frac{7+\square}{11}$가 대분수이려면 $7+\square>11$이어야 합니다.
따라서 $\square>4$이므로 □ 안에 들어갈 수 있는 가장 작은 자연수는 5입니다.

9 (색 테이프 2장의 길이의 합)
$=7\frac{3}{8}+7\frac{3}{8}=14\frac{6}{8}$(cm)
따라서 이어 붙인 색 테이프의 전체 길이는
$14\frac{6}{8}-1\frac{7}{8}=13\frac{14}{8}-1\frac{7}{8}=12\frac{7}{8}$(cm)입니다.

서술형
10 예 어떤 수를 □라고 하면
$\square-\frac{7}{13}=\frac{4}{13}$이므로 $\square=\frac{4}{13}+\frac{7}{13}=\frac{11}{13}$입니다.
따라서 바르게 계산하면 $\frac{11}{13}+\frac{7}{13}=\frac{18}{13}=1\frac{5}{13}$입니다.

평가 기준	배점
어떤 수를 구했나요?	5점
바르게 계산한 값을 구했나요?	5점

2 삼각형

⊕ 개념 적용 14쪽

1
삼각형의 세 각 중 두 각을 나타낸 것입니다. 이등변삼각형을 모두 찾아 기호를 써 보세요.

㉠ 30°, 30° ㉡ 60°, 20°
㉢ 100°, 40° ㉣ 115°, 25°

어떻게 풀었니?
주어진 삼각형의 나머지 한 각의 크기를 구해 보자!
삼각형의 세 각의 크기의 합은 180°니까 두 각의 크기를 알면 나머지 한 각의 크기를 구할 수 있어.
㉠ 180°−30°−30°=120° ㉡ 180°−60°−20°=100°
㉢ 180°−100°−40°=40° ㉣ 180°−115°−25°=40°
이등변삼각형은 (두, 세) 각의 크기가 같아야 하니까 (두, 세) 각의 크기가 같은 삼각형을 찾아보면 ㉠, ㉢이야.
아~ 이등변삼각형을 모두 찾으면 ㉠, ㉢이구나!

2 ㉡, ㉢

3 80, 50 / 65, 65

4
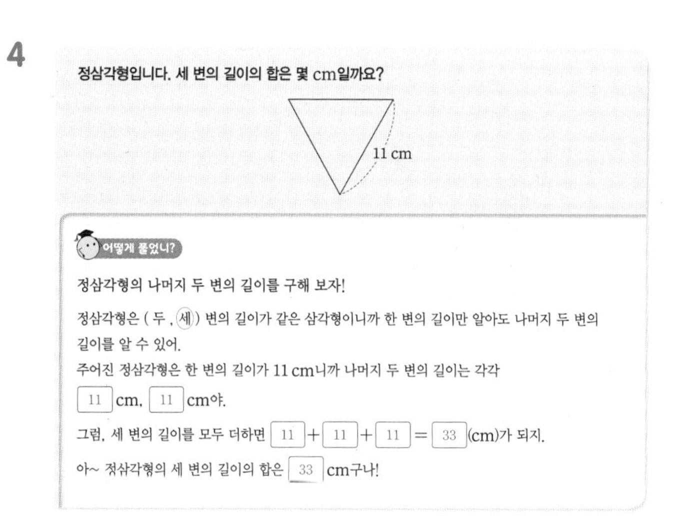
정삼각형입니다. 세 변의 길이의 합은 몇 cm일까요?

어떻게 풀었니?
정삼각형의 나머지 두 변의 길이를 구해 보자!
정삼각형은 (두, 세) 변의 길이가 같은 삼각형이니까 한 변의 길이만 알아도 나머지 두 변의 길이를 알 수 있어.
주어진 정삼각형은 한 변의 길이가 11 cm니까 나머지 두 변의 길이는 각각 11 cm, 11 cm야.
그럼, 세 변의 길이를 모두 더하면 11+11+11=33(cm)가 되지.
아~ 정삼각형의 세 변의 길이의 합은 33 cm구나!

5 39 cm

6 54 cm

7
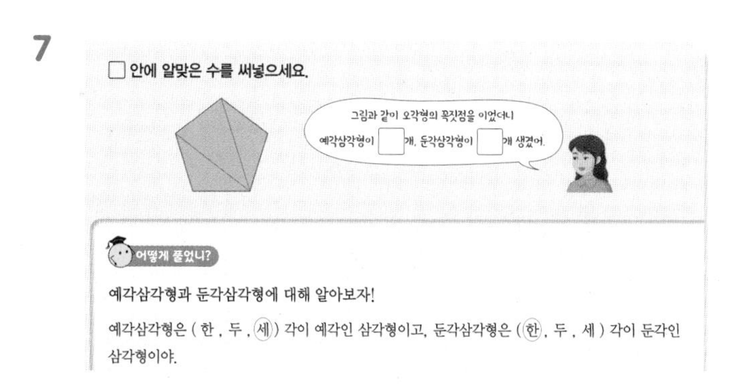
□ 안에 알맞은 수를 써넣으세요.

어떻게 풀었니?
예각삼각형과 둔각삼각형에 대해 알아보자!
예각삼각형은 (한, 두, 세) 각이 예각인 삼각형이고, 둔각삼각형은 (한, 두, 세) 각이 둔각인 삼각형이야.

오각형의 꼭짓점을 이어서 만들어진 삼각형 3개를 따로따로 떼어 놓고 예각삼각형인지 둔각삼각형인지 확인해 보면

㉠은 둔각 삼각형, ㉡은 예각 삼각형, ㉢은 둔각 삼각형이니까

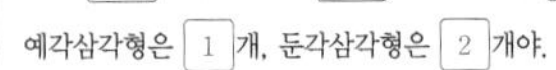

예각삼각형은 1 개, 둔각삼각형은 2 개야.

아~ □ 안에 1 , 2 을/를 차례로 써넣으면 되는구나!

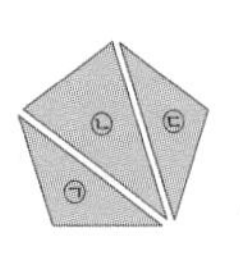

8 2개, 2개

9 둔각삼각형, 2개

10

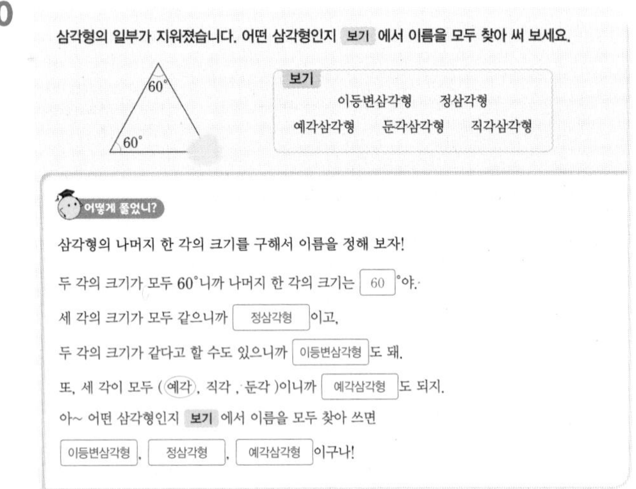

삼각형의 일부가 지워졌습니다. 어떤 삼각형인지 보기 에서 이름을 모두 찾아 써 보세요.

보기: 이등변삼각형 정삼각형 예각삼각형 둔각삼각형 직각삼각형

어떻게 풀었니?

삼각형의 나머지 한 각의 크기를 구해서 이름을 정해 보자!

두 각의 크기가 모두 60°니까 나머지 한 각의 크기는 60 °야.

세 각의 크기가 모두 같으니까 정삼각형 이고,

두 각의 크기가 같다고 할 수도 있으니까 이등변삼각형 도 돼.

또, 세 각이 모두 (예각 , 직각 , 둔각)이니까 예각삼각형 도 되지.

아~ 어떤 삼각형인지 보기 에서 이름을 모두 찾아 쓰면

이등변삼각형 , 정삼각형 , 예각삼각형 이구나!

11 이등변삼각형, 예각삼각형

12 이등변삼각형, 둔각삼각형에 ○표

2 삼각형의 세 각의 크기의 합은 180°이므로 나머지 한 각의 크기를 구해 보면

㉠ $180° - 45° - 70° = 65°$,

㉡ $180° - 35° - 110° = 35°$,

㉢ $180° - 55° - 55° = 70°$,

㉣ $180° - 120° - 25° = 35°$입니다.

이등변삼각형은 두 각의 크기가 같아야 하므로 두 각의 크기가 같은 삼각형을 모두 찾으면 ㉡, ㉢입니다.

3 이등변삼각형은 두 각의 크기가 같습니다.

• 50°, 50°, □°인 경우:

□° $= 180° - 50° - 50° = 80°$

• 50°, □°, □°인 경우:

□° + □° $= 180° - 50° = 130°$, □° $= 65°$

5 정삼각형은 세 변의 길이가 모두 같습니다.

➡ (세 변의 길이의 합) $= 13 + 13 + 13$

$= 39$(cm)

6 (새로 만든 정삼각형의 한 변의 길이)

$= 9 \times 2 = 18$(cm)

➡ (세 변의 길이의 합) $= 18 + 18 + 18$

$= 54$(cm)

8

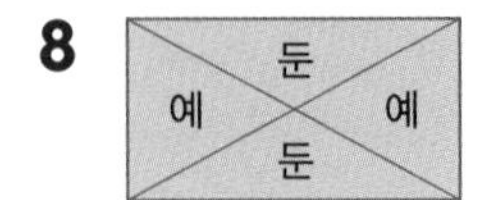

➡ 예각삼각형: 2개, 둔각삼각형: 2개

9

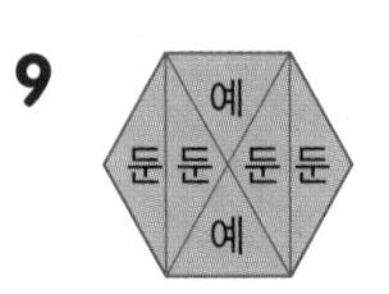

➡ 예각삼각형: 2개, 둔각삼각형: 4개이므로 둔각삼각형이 2개 더 많이 생깁니다.

11 (나머지 한 각의 크기) $= 180° - 55° - 70° = 55°$

따라서 두 각의 크기가 같으므로 이등변삼각형이고, 세 각이 모두 예각이므로 예각삼각형입니다.

12 (나머지 한 각의 크기) $= 180° - 25° - 130° = 25°$

따라서 두 각의 크기가 같으므로 이등변삼각형이고, 한 각이 둔각이므로 둔각삼각형입니다.

쓰기 쉬운 서술형 18쪽

1 두에 ○표, 9, 9, 24 / 24 cm

1-1 12 cm

1-2 8 cm

1-3 11

2 세에 ○표, 60, 60, 120 / 120°

2-1 150°

2-2 116°

2-3 70°

3 20, 20, 140, 20, 160, 80, 20, 140 / 20°, 140°

3-1 75°, 75°

4 ②, ②+③, ②+③+④, 6 / 6개

4-1 9개

1-1 예 정삼각형은 세 변의 길이가 모두 같습니다. ··· ❶

따라서 세 변의 길이의 합이 36 cm인 정삼각형의 한 변의 길이는 $36 \div 3 = 12$(cm)입니다. ··· ❷

단계	문제 해결 과정
①	정삼각형의 변의 길이의 성질을 썼나요?
②	정삼각형의 한 변의 길이를 구했나요?

1-2 예 변 ㄱㄴ과 변 ㄱㄷ의 길이의 합은
$29-13=16$(cm)입니다. ··· ❶
변 ㄱㄴ과 변 ㄱㄷ의 길이는 같으므로 변 ㄱㄴ의 길이는
$16\div2=8$(cm)입니다. ··· ❷

단계	문제 해결 과정
①	변 ㄱㄴ과 변 ㄱㄷ의 길이의 합을 구했나요?
②	변 ㄱㄴ의 길이를 구했나요?

1-3 예 (정삼각형의 세 변의 길이의 합)
$=9+9+9=27$(cm) ··· ❶
이등변삼각형의 세 변의 길이의 합도 27 cm이므로
$5+\square+\square=27, \square+\square=22, \square=11$입니다. ··· ❷

단계	문제 해결 과정
①	정삼각형의 세 변의 길이의 합을 구했나요?
②	□ 안에 알맞은 수를 구했나요?

2-1 예 (각 ㄱㄴㄷ)$=$(각 ㄴㄱㄷ)$=75°$이므로
(각 ㄱㄷㄴ)$=180°-75°-75°=30°$입니다. ··· ❶
따라서 ㉠$=180°-30°=150°$입니다. ··· ❷

단계	문제 해결 과정
①	각 ㄱㄷㄴ의 크기를 구했나요?
②	㉠의 각도를 구했나요?

2-2 예 (각 ㄱㄴㄷ)$+$(각 ㄱㄷㄴ)$=180°-52°=128°$
이므로 (각 ㄱㄴㄷ)$=$(각 ㄱㄷㄴ)$=128°\div2=64°$
입니다. ··· ❶
따라서 ㉠$=180°-64°=116°$입니다. ··· ❷

단계	문제 해결 과정
①	각 ㄱㄷㄴ의 크기를 구했나요?
②	㉠의 각도를 구했나요?

2-3 예 (각 ㄱㄷㄴ)$=180°-140°=40°$입니다. ··· ❶
(각 ㄴㄱㄷ)$+$(각 ㄱㄴㄷ)$=180°-40°=140°$이므로 (각 ㄴㄱㄷ)$=$(각 ㄱㄴㄷ)$=140°\div2=70°$입니다.
··· ❷

단계	문제 해결 과정
①	각 ㄱㄷㄴ의 크기를 구했나요?
②	각 ㄴㄱㄷ의 크기를 구했나요?

3-1 예 • 30°, 30°, □°인 경우:
$\square°=180°-30°-30°=120°$
• 30°, □°, □°인 경우:
$\square°+\square°=180°-30°=150°, \square°=75°$ ··· ❶
따라서 예각삼각형일 때 나머지 두 각의 크기는
75°, 75°입니다. ··· ❷

단계	문제 해결 과정
①	나머지 두 각의 크기가 될 수 있는 경우를 모두 구했나요?
②	예각삼각형일 때 나머지 두 각의 크기를 구했나요?

4-1 예

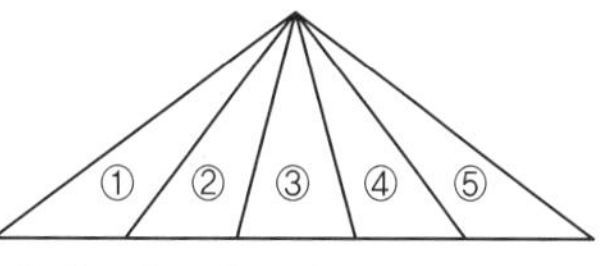

1개짜리: ①, ②, ④, ⑤
2개짜리: ①+②, ④+⑤
4개짜리: ①+②+③+④, ②+③+④+⑤
5개짜리: ①+②+③+④+⑤ ··· ❶
따라서 크고 작은 둔각삼각형은 모두
$4+2+2+1=9$(개)입니다. ··· ❷

단계	문제 해결 과정
①	작은 삼각형으로 이루어진 둔각삼각형을 모두 찾았나요?
②	크고 작은 둔각삼각형은 모두 몇 개인지 구했나요?

2단원 수행 평가 24~25쪽

1 나, 다, 라, 마 **2** 다, 라
3 ②, ④
4 예

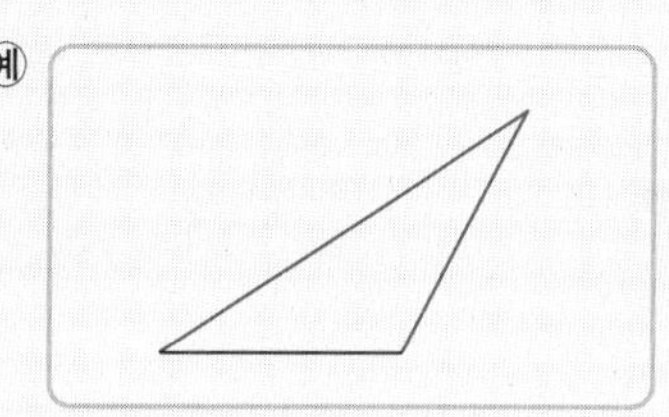

5 (위에서부터) 9, 60, 9 **6** 14, 75
7 15 cm **8** 이등변삼각형, 예각삼각형
9 8개 **10** 30°

1 두 변의 길이가 같은 삼각형을 이등변삼각형이라고 합니다.

2 세 변의 길이가 모두 같은 삼각형을 정삼각형이라고 합니다.

3 세 각이 모두 예각인 삼각형을 예각삼각형이라고 합니다.

4 한 각이 둔각인 삼각형을 그립니다.

5 정삼각형은 세 변의 길이가 모두 같고, 한 각의 크기는 60°입니다.

6 이등변삼각형은 두 변의 길이가 같고, 두 각의 크기가 같습니다.

7 정삼각형은 세 변의 길이가 모두 같으므로 한 변의 길이는 $45\div3=15$(cm)입니다.

8 (나머지 한 각의 크기) $= 180^\circ - 65^\circ - 50^\circ = 65^\circ$
따라서 두 각의 크기가 같으므로 이등변삼각형이고, 세 각이 모두 예각이므로 예각삼각형입니다.

9

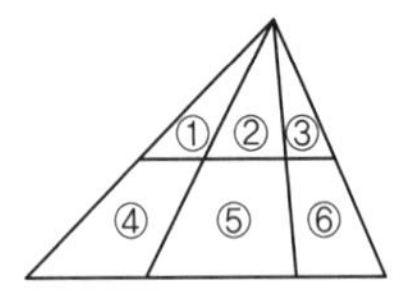

1개짜리: ②
2개짜리: ① + ②, ② + ③, ② + ⑤
3개짜리: ① + ② + ③
4개짜리: ① + ② + ④ + ⑤, ② + ③ + ⑤ + ⑥
6개짜리: ① + ② + ③ + ④ + ⑤ + ⑥
따라서 크고 작은 예각삼각형은 모두
$1+3+1+2+1=8$(개)입니다.

서술형
10 예 삼각형 ㄱㄴㄷ은 정삼각형이므로 (각 ㄱㄷㄴ) $= 60^\circ$입니다. (각 ㄱㄷㄹ) $= 180^\circ - 60^\circ = 120^\circ$이고,
삼각형 ㄱㄷㄹ은 이등변삼각형이므로
(각 ㄱㄹㄷ) + (각 ㄹㄱㄷ) $= 180^\circ - 120^\circ = 60^\circ$입니다.
따라서 (각 ㄱㄹㄷ) = (각 ㄹㄱㄷ) $= 30^\circ$입니다.

평가 기준	배점
각 ㄱㄷㄹ의 크기를 구했나요?	5점
각 ㄱㄹㄷ의 크기를 구했나요?	5점

3 소수의 덧셈과 뺄셈

✚ 개념 적용 26쪽

1

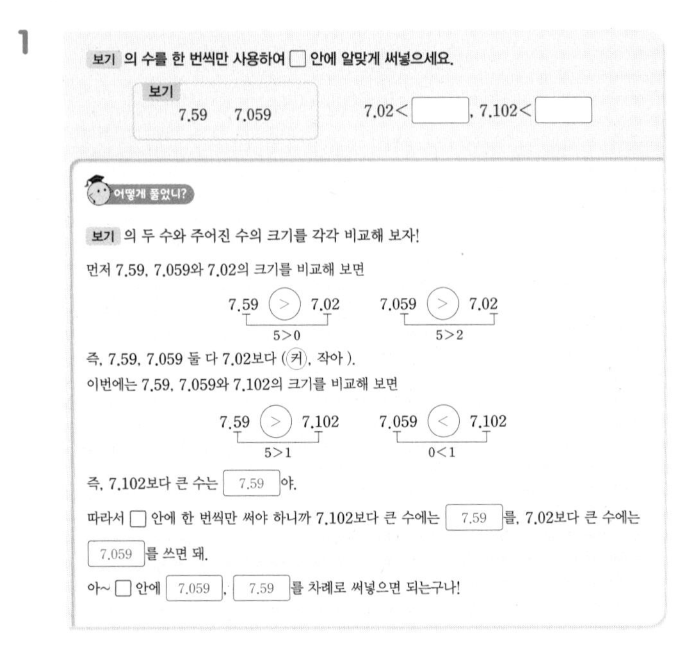
보기 의 수를 한 번씩만 사용하여 □ 안에 알맞게 써넣으세요.

보기: 7.59 7.059

7.02 < □, 7.102 < □

어떻게 풀었니?

보기 의 두 수와 주어진 수의 크기를 각각 비교해 보자!
먼저 7.59, 7.059와 7.02의 크기를 비교해 보면
7.59 (>) 7.02 (5>0) 7.059 (>) 7.02 (5>2)
즉, 7.59, 7.059 둘 다 7.02보다 (㉮, 작아).
이번에는 7.59, 7.059와 7.102의 크기를 비교해 보면
7.59 (>) 7.102 (5>1) 7.059 (<) 7.102 (0<1)
즉, 7.102보다 큰 수는 [7.59]야.
따라서 □ 안에 한 번씩만 써야 하니까 7.102보다 큰 수에는 [7.59]를, 7.02보다 큰 수에는 [7.059]를 쓰면 돼.
아~ □ 안에 [7.059], [7.59]를 차례로 써넣으면 되는구나!

2 5.26, 5.602 **3** 8.45, 8.045

4

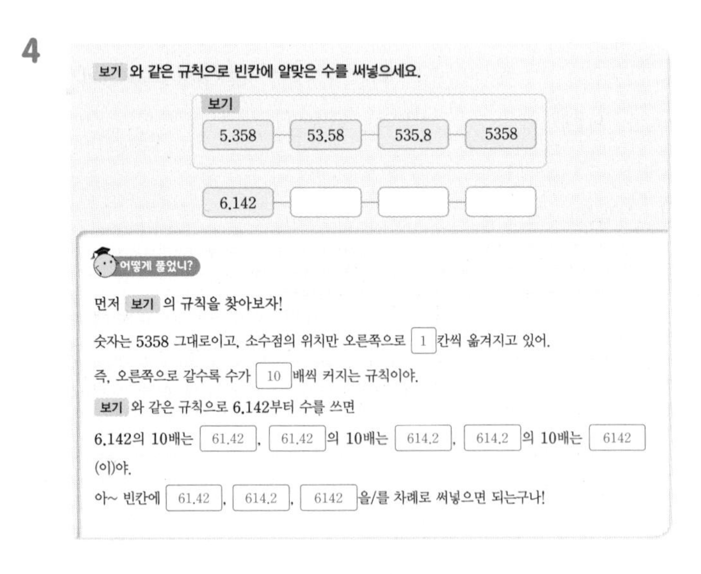
보기 와 같은 규칙으로 빈칸에 알맞은 수를 써넣으세요.

보기: 5.358 — 53.58 — 535.8 — 5358

6.142 — □ — □ — □

어떻게 풀었니?

먼저 보기 의 규칙을 찾아보자!
숫자는 5358 그대로이고, 소수점의 위치만 오른쪽으로 [1]칸씩 옮겨지고 있어.
즉, 오른쪽으로 갈수록 수가 [10]배씩 커지는 규칙이야.
보기 와 같은 규칙으로 6.142부터 수를 쓰면
6.142의 10배는 [61.42], [61.42]의 10배는 [614.2], [614.2]의 10배는 [6142](이)야.
아~ 빈칸에 [61.42], [614.2], [6142]을/를 차례로 써넣으면 되는구나!

5 4.57, 45.7, 457, 4570

6 72.6, 7.26, 0.726

7

같은 모양은 같은 수를 나타냅니다. ▲ 모양에 알맞은 수를 구해 보세요.

▲+▲+▲=3.6 ➡ ▲=(   )

어떻게 풀었니?

소수의 덧셈은 자연수의 덧셈의 결과에 소수점만 찍어서 나타내면 된다는 거 알고 있니?
계산 결과를 자연수로 생각해서 ▲를 구한 다음, 소수로 바꿔 보자!
▲+▲+▲=36이라고 생각하면 ▲×[3]=36이라고 할 수 있어.

그럼, ▲ = 36 ÷ 3 = 12 (이)지.

같은 수를 세 번 더해서 소수 한 자리 수가 되었으니까 ▲는 소수 한 자리 수야.

위에서 구한 ▲의 값을 소수 한 자리 수로 바꾸면 1.2 이/가 되지.

확인해 보면 1.2 + 1.2 + 1.2 = 3.6이니까 맞게 계산했지?

아~ ▲ 모양에 알맞은 수는 1.2 (이)구나!

8 2.4　　**9** 1.6

10

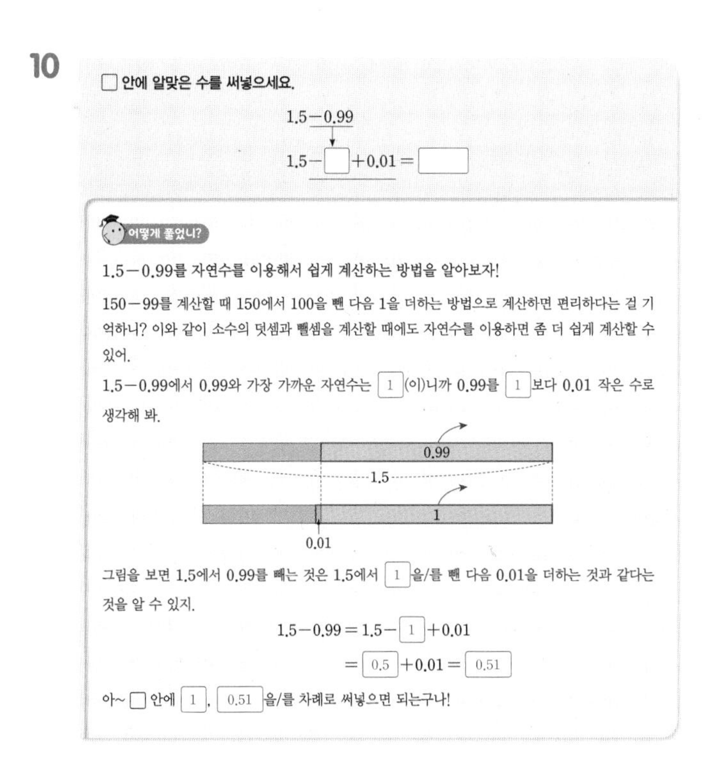

□ 안에 알맞은 수를 써넣으세요.

$1.5-0.99$

$1.5-\square+0.01=\square$

어떻게 풀었니?

1.5 − 0.99를 자연수를 이용해서 쉽게 계산하는 방법을 알아보자!

150 − 99를 계산할 때 150에서 100을 뺀 다음 1을 더하는 방법으로 계산하면 편리하다는 걸 기억하니? 이와 같이 소수의 덧셈과 뺄셈을 계산할 때에도 자연수를 이용하면 좀 더 쉽게 계산할 수 있어.

1.5 − 0.99에서 0.99와 가장 가까운 자연수는 1 (이)니까 0.99를 1 보다 0.01 작은 수로 생각해 봐.

그림을 보면 1.5에서 0.99를 빼는 것은 1.5에서 1 을/를 뺀 다음 0.01을 더하는 것과 같다는 것을 알 수 있지.

$1.5-0.99=1.5-\boxed{1}+0.01$

$=\boxed{0.5}+0.01=\boxed{0.51}$

아~ □ 안에 1 , 0.51 을/를 차례로 써넣으면 되는구나!

11 2, 1.47

---

2 5.23보다 큰 수는 5.26, 5.602입니다.
5.591보다 큰 수는 5.602입니다.
한 번씩만 사용해야 하므로 5.591보다 큰 수에 5.602, 5.23보다 큰 수에 5.26을 써야 합니다.

3 8.54보다 작은 수는 8.45, 8.045입니다.
8.054보다 작은 수는 8.045입니다.
한 번씩만 사용해야 하므로 8.054보다 작은 수에 8.045, 8.54보다 작은 수에 8.45를 써야 합니다.

5 **보기** 의 규칙은 오른쪽으로 10배씩 커지는 규칙입니다.
수를 10배 하면 소수점의 위치가 오른쪽으로 한 칸씩 옮겨집니다.

6 **보기** 의 규칙은 오른쪽으로 $\frac{1}{10}$씩 작아지는 규칙입니다.
수의 $\frac{1}{10}$은 소수점의 위치가 왼쪽으로 한 칸씩 옮겨집니다.

8 자연수로 생각하면 ♥ + ♥ + ♥ = 72이므로
♥ × 3 = 72입니다.
♥ = 72 ÷ 3 = 24이므로 소수로 바꾸면 ♥ = 2.4입니다.
참고 | 24 + 24 + 24 = 72
⇒ 2.4 + 2.4 + 2.4 = 7.2

9 자연수로 생각하면 ★ + ★ + ★ + ★ = 64이므로
★ × 4 = 64입니다.
★ = 64 ÷ 4 = 16이므로 소수로 바꾸면 ★ = 1.6입니다.
참고 | 16 + 16 + 16 + 16 = 64
⇒ 1.6 + 1.6 + 1.6 + 1.6 = 6.4

11 1.95를 2보다 0.05 작은 수로 생각합니다.

$3.42-1.95=3.42-2+0.05$

$=1.42+0.05=1.47$

쓰기 쉬운 서술형　30쪽

1 $\frac{1}{10}$, 31.6, 0.316 / 0.316

1-1 0.259

2 1.5, 1.8, 3.3, 3.3 / 3.3 kg

2-1 0.7 m

2-2 32.1 g

2-3 1.13 L

3 5.76, 5.76, 7, 8, 9, 2 / 2개

3-1 5개

4 7, 4, 3, 7.43, 3.47, 7.43, 3.47, 10.9 / 10.9

4-1 5.94

4-2 80.7

4-3 6.3

1-1 예 어떤 수는 259의 $\frac{1}{100}$이므로 2.59입니다. ---- ❶
따라서 어떤 수의 $\frac{1}{10}$은 0.259입니다. ---- ❷

단계	문제 해결 과정
①	어떤 수를 구했나요?
②	어떤 수의 $\frac{1}{10}$을 구했나요?

2-1 예 (남은 색 테이프의 길이) $= 2.6 - 1.9$ ···· ❶
$= 0.7$(m)
따라서 남은 색 테이프는 0.7 m입니다. ···· ❷

단계	문제 해결 과정
①	남은 색 테이프의 길이를 구하는 과정을 썼나요?
②	남은 색 테이프의 길이를 구했나요?

2-2 예 (파란 구슬의 무게) $= 26.35 + 5.75$ ···· ❶
$= 32.1$(g)
따라서 파란 구슬의 무게는 32.1 g입니다. ···· ❷

단계	문제 해결 과정
①	파란 구슬의 무게를 구하는 과정을 썼나요?
②	파란 구슬의 무게를 구했나요?

2-3 예 (해진이가 마신 우유의 양) $= 0.64 - 0.15$
$= 0.49$(L) ···· ❶
따라서 진아와 해진이가 마신 우유는 모두
$0.64 + 0.49 = 1.13$(L)입니다. ···· ❷

단계	문제 해결 과정
①	해진이가 마신 우유의 양을 구했나요?
②	진아와 해진이가 마신 우유의 양을 구했나요?

3-1 예 $8.41 - 4.86 = 3.55$이므로 $3.55 > 3.\square7$에서
$\square < 5$입니다. ···· ❶
따라서 □ 안에 들어갈 수 있는 수는 0, 1, 2, 3, 4로 모두 5개입니다. ···· ❷

단계	문제 해결 과정
①	□의 범위를 구했나요?
②	□ 안에 들어갈 수 있는 수의 개수를 구했나요?

4-1 예 카드의 수의 크기를 비교하면 $8 > 6 > 2$이므로 만들 수 있는 가장 큰 수는 8.62이고, 가장 작은 수는 2.68입니다. ···· ❶
따라서 만들 수 있는 가장 큰 수와 가장 작은 수의 차는 $8.62 - 2.68 = 5.94$입니다. ···· ❷

단계	문제 해결 과정
①	만들 수 있는 가장 큰 수와 가장 작은 수를 구했나요?
②	만들 수 있는 가장 큰 수와 가장 작은 수의 차를 구했나요?

4-2 예 카드의 수의 크기를 비교하면 $6 > 5 > 1$이므로 만들 수 있는 가장 큰 수는 65.1이고, 가장 작은 수는 15.6입니다. ···· ❶
따라서 만들 수 있는 가장 큰 수와 가장 작은 수의 합은 $65.1 + 15.6 = 80.7$입니다. ···· ❷

단계	문제 해결 과정
①	만들 수 있는 가장 큰 수와 가장 작은 수를 구했나요?
②	만들 수 있는 가장 큰 수와 가장 작은 수의 합을 구했나요?

4-3 예 카드의 수의 크기를 비교하면 $9 > 3 > 2$이므로 만들 수 있는 가장 큰 수는 9.32, 두 번째로 큰 수는 9.23이고, 가장 작은 수는 2.39, 두 번째로 작은 수는 2.93입니다. ···· ❶
따라서 만들 수 있는 두 번째로 큰 수와 두 번째로 작은 수의 차는 $9.23 - 2.93 = 6.3$입니다. ···· ❷

단계	문제 해결 과정
①	만들 수 있는 두 번째로 큰 수와 두 번째로 작은 수를 구했나요?
②	만들 수 있는 두 번째로 큰 수와 두 번째로 작은 수의 차를 구했나요?

3단원 수행 평가 36~37쪽

1 0.67, 영 점 육칠　**2** 4.736, 4.744
3 ⑤　**4** (1) < (2) >
5 ㉡　**6** 12.76, 0.88
7 (1) 1.69 (2) 2.35　**8** 6.26 m
9 3.74　**10** 72.63

1 모눈 한 칸은 $\frac{1}{100} = 0.01$이고 색칠한 부분은 67칸입니다. 따라서 0.01이 67칸이므로 0.67이고, 영 점 육칠이라고 읽습니다.

2 4.73부터 4.74까지 10칸으로 나누어져 있으므로 한 칸의 크기는 0.001입니다.

3 ① 0.465 ➡ 6 ② 3.819 ➡ 1 ③ 1.273 ➡ 7
④ 8.541 ➡ 4 ⑤ 10.284 ➡ 8

4 (1) $3.46 < 3.51$
$4 < 5$
(2) $7.285 > 7.269$
$8 > 6$

5 ㉠ 2.54 ㉡ 2.57 ➡ $2.54 < 2.57$

6 ㉠ 6.82 ㉡ 5.94
➡ 합: $6.82 + 5.94 = 12.76$
차: $6.82 - 5.94 = 0.88$

7 (1) $\square + 1.53 = 3.22$, $\square = 3.22 - 1.53 = 1.69$
(2) $4.61 - \square = 2.26$, $\square = 4.61 - 2.26 = 2.35$

8 (노란색 테이프의 길이) $= 3.45 - 0.64 = 2.81$(m)
(빨간색 테이프의 길이) + (노란색 테이프의 길이)
$= 3.45 + 2.81 = 6.26$(m)

9 $3.58 + \square = 7.31$이라고 하면
$\square = 7.31 - 3.58 = 3.73$입니다.
$3.58 + \square > 7.31$이려면 $\square > 3.73$이어야 하므로 □ 안에 들어갈 수 있는 가장 작은 소수 두 자리 수는 3.74입니다.

서술형
10 예 카드의 수의 크기를 비교하면 $7 > 5 > 2$이므로 만들 수 있는 가장 큰 소수 한 자리 수는 75.2이고, 가장 작은 소수 두 자리 수는 2.57입니다.
따라서 만든 두 소수의 차는 $75.2 - 2.57 = 72.63$입니다.

평가 기준	배점
만들 수 있는 가장 큰 소수 한 자리 수와 가장 작은 소수 두 자리 수를 구했나요?	5점
만든 두 소수의 차를 구했나요?	5점

4 사각형

⊕ 개념 적용 38쪽

1 직선 가는 직선 나에 대한 수선일 때, ㉠의 각도를 구해 보세요.

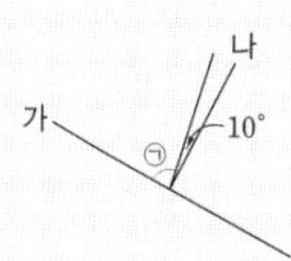

어떻게 풀었니?

두 직선 가와 나가 만나서 이루는 각도를 알아보자!
두 직선이 만나서 이루는 각이 [직각]일 때, 두 직선은 서로 수직이라 하고, 두 직선이 서로 수직으로 만나면 한 직선을 다른 직선에 대한 [수선](이)라고 해.
두 직선 가와 나는 서로 수직이니까 두 직선이 만나서 이루는 각도는 [90]°야.
㉠$+10° =$ [90]°에서 ㉠$=$ [90]°$-10° =$ [80]°가 되지.
아~ ㉠의 각도는 [80]°구나!

2 35°　　**3** 50°

4 수직인 선분도 있고 평행한 선분도 있는 글자를 모두 찾아 써 보세요.

ㄱ ㄹ ㅂ ㅅ ㅈ ㅎ

어떻게 풀었니?

주어진 글자에서 수직인 선분과 평행한 선분을 각각 찾아보자!
두 직선이 만나서 이루는 각이 직각일 때, 두 직선은 서로 [수직](이)라 하고, 서로 만나지 않는 직선을 [평행]하다고 해.
주어진 글자 중 수직인 선분이 있는 글자는 (㉠, ㉣, ㉥, ㅅ, ㅈ, ㉮)이고, 평행한 선분이 있는 글자는 (ㄱ, ㉣, ㉥, ㅅ, ㅈ, ㅎ)이야.
둘 다 만족하는 글자는 (ㄱ, ㉣, ㉥, ㅅ, ㅈ, ㅎ)이지.
아~ 수직인 선분도 있고 평행한 선분도 있는 글자를 모두 찾으면 [ㄹ], [ㅂ]이구나!

5 ㄷ, ㅁ, ㅋ　　**6** F, H

7 평행사변형의 네 변의 길이의 합은 22 cm입니다. 변 ㄱㄴ의 길이는 몇 cm일까요?

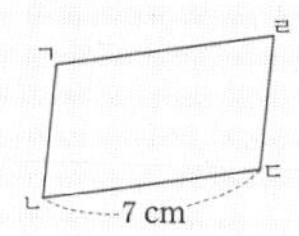

어떻게 풀었니?

평행사변형에서 변의 길이의 성질을 알아보자!
마주 보는 두 쌍의 변이 평행한 사각형을 평행사변형이라고 하지?
평행사변형에서 이 평행한 두 쌍의 변은 길이가 각각 같아.
변 ㄱㄴ의 길이를 □cm라고 하면
(변 ㄱㄴ) = (변 [ㄹㄷ]) = □cm, (변 ㄴㄷ) = (변 [ㄱㄹ]) = 7 cm이고,
네 변의 길이의 합이 22 cm라고 했으니까
$\square+\square+7+7=22$, $\square+\square+$ [14] $=22$, $\square+\square=$ [8]에서 $\square=$ [4](이)야.
아~ 변 ㄱㄴ의 길이는 [4] cm구나!

8 9 cm　　**9** 8 cm

10

마름모에서 각 ㄴㄱㄹ의 크기가 각 ㄱㄴㄷ의 크기의 4배일 때 각 ㄱㄹㄷ의 크기를 구해 보세요.

ㄱ ㄴ ㄹ ㄷ

어떻게 풀었니?

마름모에서 각의 크기의 성질을 알아보자!

마름모는 평행사변형이니까 마주 보는 두 각의 크기가 각각 같아.
즉, 네 각의 크기의 합이 360°니까 이웃한 두 각의 크기의 합은
360°÷2 = [180]°가 되지.
각 ㄱㄴㄷ의 크기를 □라고 하면 각 ㄴㄱㄹ의 크기는 □×4 = □+□+□+□이고,
두 각은 이웃한 각이니까 (각 ㄱㄴㄷ)+(각 ㄴㄱㄹ) = [180]°에서
□+□+□+□+□ = [180]°, □×[5] = [180]°, □ = [180]°÷[5] = [36]°야.
각 ㄱㄴㄷ과 각 ㄱㄹㄷ은 마주 보는 각이니까 크기가 같지.
아~ 각 ㄱㄹㄷ의 크기는 [36]°구나!

11 60°　　**12** 135°

---

2 직선 가와 직선 나가 서로 수직이므로 두 직선이 만나서 이루는 각도는 90°입니다.
㉠ = 90° − 55° = 35°

3 직선 가와 직선 나가 서로 수직이므로 두 직선이 만나서 이루는 각도는 90°입니다.
㉠ = 180° − 40° − 90° = 50°

5 수직인 선분이 있는 글자는 ㄴ, ㄷ, ㅁ, ㅋ이고, 평행한 선분이 있는 글자는 ㄷ, ㅁ, ㅊ, ㅋ이므로 수직인 선분도 있고 평행한 선분도 있는 글자는 ㄷ, ㅁ, ㅋ입니다.

6 수직인 선분이 있는 글자는 F, H, T이고, 평행한 선분이 있는 글자는 F, H, M이므로 수직인 선분도 있고 평행한 선분도 있는 글자는 F, H입니다.

8 평행사변형은 마주 보는 두 변의 길이가 같으므로
(변 ㄱㄴ) = (변 ㄹㄷ) = 6 cm입니다.
(변 ㄱㄹ) = (변 ㄴㄷ) = □cm라고 하면
□ + □ + 6 + 6 = 30, □ + □ + 12 = 30,
□ + □ = 18에서 □ = 9입니다.

9 평행사변형은 마주 보는 두 변의 길이가 같으므로
(변 ㄱㄴ) + (변 ㄱㄹ) = 48 ÷ 2 = 24(cm)입니다.
(변 ㄱㄴ) = □cm라고 하면 (변 ㄱㄹ) = (□ × 2) cm
이므로 □ + □ × 2 = 24, □ × 3 = 24, □ = 8입니다.

11 각 ㄴㄱㄹ의 크기를 □라고 하면 각 ㄱㄴㄷ의 크기는
□ × 2 = □ + □입니다.
마름모는 이웃한 두 각의 크기의 합이 180°이므로
(각 ㄱㄴㄷ) + (각 ㄴㄱㄹ) = 180°, □ + □ + □ = 180°,
□ × 3 = 180°, □ = 180° ÷ 3 = 60°입니다.

12 각 ㄱㄴㄷ의 크기를 □라고 하면 각 ㄴㄱㄹ의 크기는
□ × 3 = □ + □ + □입니다.
마름모는 이웃한 두 각의 크기의 합이 180°이므로
(각 ㄱㄴㄷ) + (각 ㄴㄱㄹ) = 180°,
□ + □ + □ + □ = 180°, □ × 4 = 180°,
□ = 180° ÷ 4 = 45°입니다.
따라서 (각 ㄴㄱㄹ) = 45° × 3 = 135°입니다.

쓰기 쉬운 서술형　42쪽

1 90, 90, 18, 18, 36 / 36°
1-1 105°
2 3, 6, 3, 6, 9 / 9 cm
2-1 11 cm
2-2 19 cm
2-3 6 cm
3 5, 8, 5, 8, 5, 29 / 29 cm
3-1 28 cm
3-2 35 cm
3-3 6 cm
4 있습니다에 ○표 / 마주 보는 두 쌍의 변이 서로 평행하기
4-1 마름모는 정사각형이라고 할 수 없습니다. ---- ❶
예 마름모는 네 변의 길이는 모두 같지만 네 각이 모두 직각이 아니기 때문입니다. ---- ❷

1-1 예 (각 ㄷㄹㄴ) = 90°이므로
(각 ㄷㄹㅁ) = 90° ÷ 6 = 15°입니다. ---- ❶
따라서 (각 ㄱㄹㅁ) = (각 ㄱㄹㄷ) + (각 ㄷㄹㅁ)
= 90° + 15° = 105°입니다. ---- ❷

단계	문제 해결 과정
①	각 ㄷㄹㅁ의 크기를 구했나요?
②	각 ㄱㄹㅁ의 크기를 구했나요?

2-1 예 직선 가와 직선 나 사이의 거리는 4 cm이고, 직선 나와 직선 다 사이의 거리는 7 cm입니다. ---- ❶
따라서 직선 가와 직선 다 사이의 거리는
4 + 7 = 11(cm)입니다. ---- ❷

단계	문제 해결 과정
①	직선 가와 직선 나, 직선 나와 직선 다 사이의 거리를 구했나요?
②	직선 가와 직선 다 사이의 거리를 구했나요?

2-2 예 변 ㄱㄴ과 변 ㅂㅁ 사이의 거리는 9 cm이고, 변 ㅂㅁ과 변 ㄹㄷ 사이의 거리는 10 cm입니다. ···· ❶
따라서 변 ㄱㄴ과 변 ㄹㄷ 사이의 거리는
$9+10=19$(cm)입니다. ···· ❷

단계	문제 해결 과정
①	변 ㄱㄴ과 변 ㅂㅁ, 변 ㅂㅁ과 변 ㄹㄷ 사이의 거리를 구했나요?
②	변 ㄱㄴ과 변 ㄹㄷ 사이의 거리를 구했나요?

2-3 예 직선 나와 직선 다 사이의 거리는 4 cm이고, 직선 가와 직선 다 사이의 거리는 10 cm입니다. ···· ❶
따라서 직선 가와 직선 나 사이의 거리는
$10-4=6$(cm)입니다. ···· ❷

단계	문제 해결 과정
①	직선 나와 직선 다, 직선 가와 직선 다 사이의 거리를 구했나요?
②	직선 가와 직선 나 사이의 거리를 구했나요?

3-1 예 마름모는 네 변의 길이가 모두 같으므로
(변 ㅂㄷ) = (변 ㄷㄹ) = (변 ㅁㅂ) = 4 cm이고,
평행사변형은 마주 보는 두 변의 길이가 같으므로
(변 ㄱㄴ) = 4 cm, (변 ㄱㅂ) = 6 cm입니다. ···· ❶
따라서 빨간 선의 길이는
$4+6+4+4+4+6=28$(cm)입니다. ···· ❷

단계	문제 해결 과정
①	평행사변형과 마름모의 변의 길이를 구했나요?
②	빨간 선의 길이를 구했나요?

3-2 예 정삼각형은 세 변의 길이가 모두 같으므로
(변 ㅁㄱ) = (변 ㄱㄹ) = 7 cm이고,
마름모는 네 변의 길이가 모두 같으므로
(변 ㄱㄴ) = (변 ㄴㄷ) = (변 ㄷㄹ) = 7 cm입니다. ···· ❶
따라서 빨간 선의 길이는
$7+7+7+7+7=35$(cm)입니다. ···· ❷

단계	문제 해결 과정
①	마름모와 정삼각형의 변의 길이를 구했나요?
②	빨간 선의 길이를 구했나요?

3-3 예 직사각형은 마주 보는 두 변의 길이가 같으므로
(변 ㄱㅂ) = 10 cm입니다. ···· ❶
마름모는 네 변의 길이가 모두 같으므로
(변 ㄷㄹ) = □cm라고 하면
□ + 10 + □ + □ + □ + 10 = 44,
□ + □ + □ + □ + 20 = 44,
□ + □ + □ + □ = 24, □ = 6입니다. ···· ❷

단계	문제 해결 과정
①	변 ㄱㅂ의 길이를 구했나요?
②	변 ㄷㄹ의 길이를 구했나요?

4-1

단계	문제 해결 과정
①	마름모는 정사각형이라고 할 수 있는지 썼나요?
②	그 이유를 설명했나요?

4단원 수행 평가 48~49쪽

1	직선 라	**2**	직선 마
3	5 cm	**4**	(위에서부터) 8, 115
5	4개	**6**	75
7	③, ⑤	**8**	7 cm
9	65°	**10**	60 cm

1 직선 나와 수직으로 만나는 직선은 직선 라입니다.

2 직선 다와 아무리 늘여도 만나지 않는 직선은 직선 마입니다.

3 평행선 사이의 수직인 선분의 길이를 찾습니다.

4 마름모는 네 변의 길이가 모두 같으므로
(변 ㄱㄴ) = 8 cm입니다.
이웃한 두 각의 크기의 합이 180°이므로
(각 ㄴㄷㄹ) = 180° − 65° = 115°입니다.

5 사다리꼴은 평행한 변이 한 쌍이라도 있는 사각형이므로 직사각형 모양의 종이를 잘라 만든 사각형은 모두 사다리꼴입니다.

6
105°
㉠
□°

평행사변형에서 마주 보는 각의 크기는 같으므로
㉠ = 105°입니다.
따라서 □° = 180° − 105° = 75°입니다.

7 ③ 마름모는 네 각이 모두 직각이 아니므로 직사각형이라고 할 수 없습니다.
⑤ 직사각형은 네 변의 길이가 모두 같지 않으므로 정사각형이라고 할 수 없습니다.

8 평행사변형은 마주 보는 두 변의 길이가 같으므로
(변 ㄱㄴ) = (변 ㄹㄷ) = 5 cm입니다.
(변 ㄱㄹ) = (변 ㄴㄷ) = □cm라고 하면
□ + □ + 5 + 5 = 24, □ + □ + 10 = 24,
□ + □ = 14에서 □ = 7입니다.

9 직선 가와 직선 나는 서로 수직이므로 두 직선이 만나서 이루는 각도는 $90°$입니다.
㉠ $+ 90° + 25° = 180°$,
㉠ $= 180° - 25° - 90° = 65°$

서술형
10 ⓔ 직사각형은 마주 보는 두 변의 길이가 같으므로
(변 ㅂㅁ) = 8 cm, (변 ㄴㅁ) = 11 cm입니다.
마름모는 네 변의 길이가 모두 같으므로
(변 ㄴㄷ) = (변 ㄷㄹ) = (변 ㄹㅁ) = 11 cm입니다.
따라서 빨간 선의 길이는
$8 + 11 + 11 + 11 + 8 + 11 = 60$(cm)입니다.

평가 기준	배점
직사각형과 마름모의 변의 길이를 구했나요?	5점
빨간 선의 길이를 구했나요?	5점

5 꺾은선그래프

➕ 개념 적용 50쪽

1 선미의 턱걸이 기록을 조사하여 나타낸 꺾은선그래프입니다. 전날에 비해 기록의 변화가 가장 작은 때는 무슨 요일일까요?

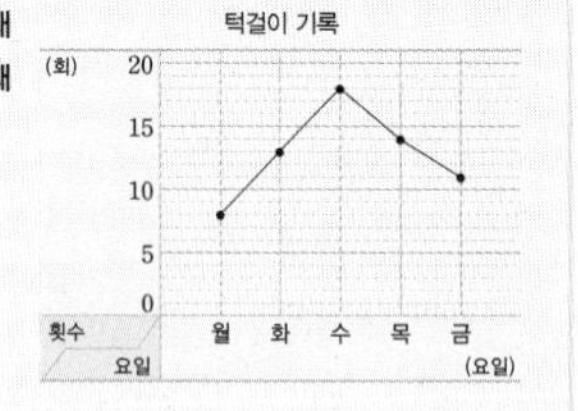

어떻게 풀었니?

꺾은선그래프에서 꺾은선의 방향과 기울어진 정도에 대해 알아보자!

꺾은선그래프는 꺾은선의 모양으로 변화의 정도를 쉽게 알 수 있어.
- 꺾은선이 위로 올라가면(↗) ➡ 자료의 값이 (증가, 감소)
- 꺾은선이 아래로 내려가면(↘) ➡ 자료의 값이 (증가, 감소)
- 꺾은선의 기울어진 정도가 클수록 ➡ 변화가 (큼, 작음)

즉, 변화가 큰지 작은지 알아보려면 꺾은선의 방향과는 상관없이 기울어진 정도만 살펴보면 돼.
전날에 비해 기록의 변화가 가장 작은 때를 찾는 거니까 꺾은선이 가장 (많이, 적게) 기울어진 때를 찾으면 금 요일이야.

아~ 전날에 비해 기록의 변화가 가장 작은 때는 금 요일이구나!

2 수요일

3 꺾은선그래프를 보고 잘못 설명한 것을 찾아 기호를 써 보세요.

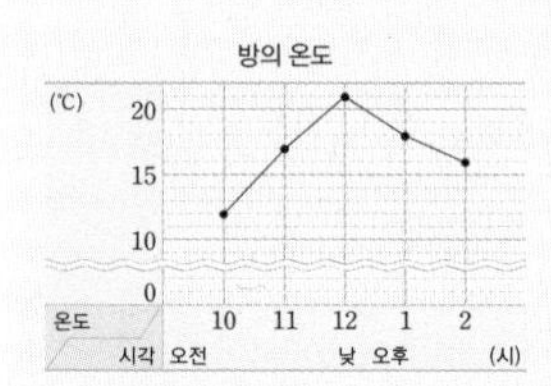

㉠ 온도 변화가 가장 큰 시각은 오전 10시와 오전 11시 사이입니다.
㉡ 오전 10시 30분의 온도는 14 ℃였을 것 같습니다.
㉢ 오후 4시의 방의 온도는 16 ℃보다 높을 것입니다.

어떻게 풀었니?

꺾은선그래프를 보고 알 수 있는 내용을 찾아보자!

㉠ 온도 변화가 가장 큰 시각
꺾은선의 기울어진 정도가 가장 큰 때를 찾으면 (오전, 낮, 오후) 10 시와 (오전, 낮, 오후) 11 시 사이야.

㉡ 오전 10시 30분의 온도
오전 10시의 온도는 12 ℃이고, 오전 11시의 온도는 17 ℃니까 오전 10시 30분의 온도는 그 중간인 ⓔ 14 ℃로 예상할 수 있어.

㉢ 오후 4시의 방의 온도
낮 12시부터 꺾은선이 아래로 내려가니까 낮 12시부터 방의 온도가 (높아진다, 낮아진다)는 걸 알 수 있어. 오후 2시의 방의 온도가 16 ℃니까 오후 4시의 방의 온도는 그보다 (높을, 낮을) 거라고 예상할 수 있지.

아~ 잘못 설명한 것은 ㉢ 이구나!

4 ×, ○

5 피노키오는 거짓말을 한 번 할 때마다 코가 2 cm씩 길어집니다. 피노키오의 코가 한 번도 줄어들지 않았을 때 피노키오가 오후 2시부터 5시까지 한 거짓말은 모두 몇 번일까요?

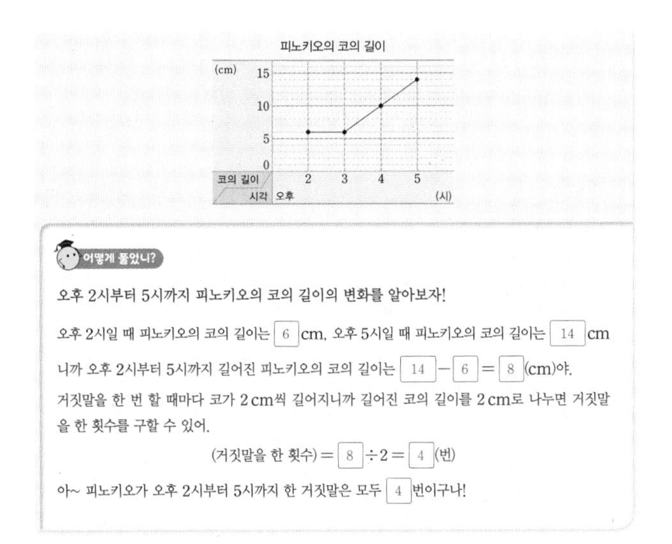

어떻게 풀었니?

오후 2시부터 5시까지 피노키오의 코의 길이의 변화를 알아보자!

오후 2시일 때 피노키오의 코의 길이는 [6]cm, 오후 5시일 때 피노키오의 코의 길이는 [14]cm니까 오후 2시부터 5시까지 길어진 피노키오의 코의 길이는 [14]−[6]=[8](cm)야.

거짓말을 한 번 할 때마다 코가 2 cm씩 길어지니까 길어진 코의 길이를 2 cm로 나누면 거짓말을 한 횟수를 구할 수 있어.

(거짓말을 한 횟수)=[8]÷2=[4](번)

아~ 피노키오가 오후 2시부터 5시까지 한 거짓말은 모두 [4]번이구나!

6 45 cm

7

도서관을 이용한 학생 수를 조사하여 나타낸 표와 꺾은선그래프를 완성해 보세요.

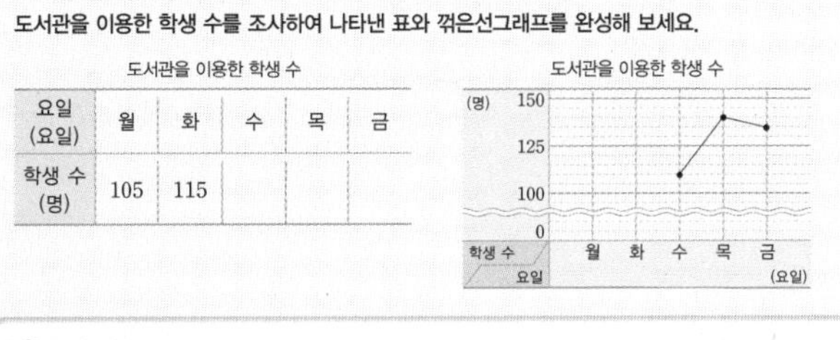

도서관을 이용한 학생 수

요일 (요일)	월	화	수	목	금
학생 수 (명)	105	115			

어떻게 풀었니?

표에서 모르는 값은 꺾은선그래프에서 찾고, 표를 보고 꺾은선그래프로 나타내어 보자!

먼저 표를 완성하기 위해 꺾은선그래프를 살펴보면 세로 눈금 5칸이 [25]명을 나타내니까 세로 눈금 한 칸은 [5]명을 나타낸다는 걸 알 수 있어.

도서관을 이용한 학생 수는 수요일: [110]명, 목요일: [140]명, 금요일: [135]명이지.

이번엔 표를 보고 그래프를 완성해 보면 도서관을 이용한 학생 수가 월요일: 105명, 화요일: 115명이니까 그래프에 점을 찍고 선으로 이어 주면 돼.

아~ 표의 빈칸에 [110], [140], [135]을/를 차례로 써넣고, 그래프를 그리면 오른쪽과 같구나!

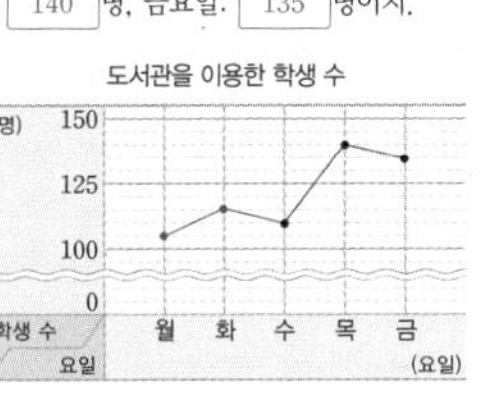

8 220, 230, 210 /

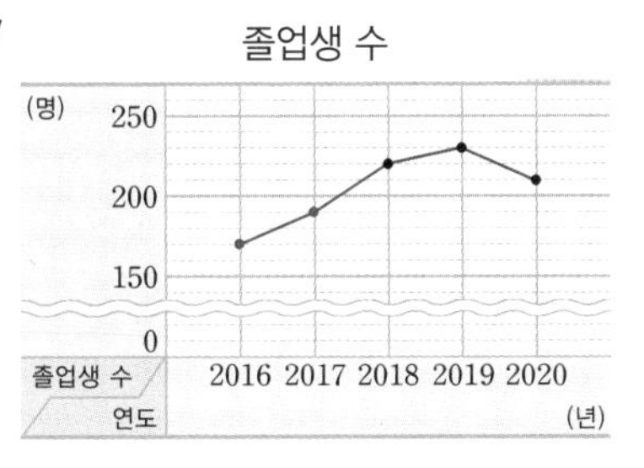

2 꺾은선의 기울어진 정도가 가장 큰 때를 찾으면 수요일입니다.

4 • 키의 변화가 가장 큰 때는 꺾은선의 기울어진 정도가 가장 큰 때이므로 6일과 8일 사이입니다.
• 6일의 키는 19 cm이고, 8일의 키는 23 cm이므로 7일의 키는 그 중간인 21 cm로 예상할 수 있습니다.

6 2초마다 6 cm씩 움직이므로 1초 동안에는 $6 \div 2 = 3$(cm)를 움직입니다.
따라서 15초 동안 움직이는 거리는 모두 $3 \times 15 = 45$(cm)입니다.

8 표에서 2016년, 2017년의 자료 값을 찾아 그래프에 나타내고, 그래프에서 2018년, 2019년, 2020년의 자료 값을 찾아 표에 나타냅니다.

쓰기 쉬운 서술형 54쪽

1 목, 60, 60 / 목요일, 60회
1-1 금요일, 52회
1-2 7 ℃
1-3 6월, 6점
2 142, 144, 143 / 예 143 cm
2-1 예 146 cm
2-2 예 오후 1시, 오후 5시
2-3 예 6 kg
3 4, 100, 4, 400 / 4월, 400개
3-1 6월, 100개
3-2 10월, 40만 대
3-3 5월, 2점

1-1 예 줄넘기 기록이 가장 낮은 때는 점이 가장 낮게 찍힌 때이므로 금요일입니다. ··· ❶
점이 가장 낮게 찍힌 때의 세로 눈금을 읽으면 52이므로 기록이 가장 낮은 때의 줄넘기 횟수는 52회입니다. ··· ❷

단계	문제 해결 과정
①	줄넘기 기록이 가장 낮은 때를 찾았나요?
②	줄넘기 기록이 가장 낮은 때의 줄넘기 횟수를 구했나요?

1-2 예 온도가 가장 높은 때는 오후 1시로 19 ℃이고, 온도가 가장 낮은 때는 오전 10시로 12 ℃입니다. ··· ❶
따라서 온도가 가장 높은 때와 가장 낮은 때의 온도의 차는 $19 - 12 = 7$(℃)입니다. ··· ❷

단계	문제 해결 과정
①	온도가 가장 높은 때와 가장 낮은 때의 온도를 구했나요?
②	온도가 가장 높은 때와 가장 낮은 때의 온도의 차를 구했나요?

1-3 예 전달에 비해 점수의 변화가 가장 큰 때는 꺾은선의 기울어진 정도가 가장 큰 때이므로 6월입니다. ··· ❶

5월의 수학 점수는 90점이고, 6월의 수학 점수는 96점이므로 점수의 차는 $96-90=6$(점)입니다. ---- ❷

단계	문제 해결 과정
①	전달에 비해 점수의 변화가 가장 큰 때를 찾았나요?
②	그때의 점수의 차를 구했나요?

2-1 예 9월 1일에 윤아의 키는 145 cm이고, 10월 1일에 윤아의 키는 147 cm입니다. ---- ❶
따라서 9월 15일에 윤아의 키는 그 중간인 146 cm라고 예상할 수 있습니다. ---- ❷

단계	문제 해결 과정
①	9월 1일과 10월 1일의 윤아의 키를 구했나요?
②	9월 15일의 윤아의 키를 예상했나요?

2-2 예 세로 눈금이 17인 곳과 만나는 곳은 낮 12시와 오후 2시 사이, 오후 4시와 오후 6시 사이입니다. ---- ❶
따라서 운동장의 온도가 17 ℃인 때는 오후 1시와 오후 5시라고 예상할 수 있습니다. ---- ❷

단계	문제 해결 과정
①	세로 눈금이 17인 곳과 만나는 곳을 찾았나요?
②	운동장의 온도가 17 ℃인 때를 예상했나요?

2-3 예 8살 때의 몸무게는 7살 때와 9살 때의 몸무게의 중간인 28 kg이라고 예상할 수 있습니다. ---- ❶
10살 때의 몸무게는 9살 때와 11살 때의 몸무게의 중간인 34 kg이라고 예상할 수 있습니다. ---- ❷
따라서 8살 때와 10살 때의 재성이의 몸무게의 차는 $34-28=6$(kg)이라고 예상할 수 있습니다. ---- ❸

단계	문제 해결 과정
①	8살 때의 재성이의 몸무게를 예상했나요?
②	10살 때의 재성이의 몸무게를 예상했나요?
③	8살 때와 10살 때의 재성이의 몸무게의 차를 예상했나요?

3-1 예 장난감 생산량의 차가 가장 작은 때는 두 공장의 장난감 생산량을 나타내는 점의 사이가 가장 적게 벌어진 때이므로 6월입니다. ---- ❶
세로 눈금 한 칸은 100개를 나타내고, 장난감 생산량의 차가 가장 작은 때의 세로 눈금은 1칸 차이가 나므로 이때의 생산량의 차는 100개입니다. ---- ❷

단계	문제 해결 과정
①	장난감 생산량의 차가 가장 작은 때를 찾았나요?
②	장난감 생산량의 차가 가장 작은 때의 생산량의 차를 구했나요?

3-2 예 휴대전화 판매량의 차가 가장 큰 때는 두 회사의 휴대전화 판매량을 나타내는 점의 사이가 가장 많이 벌어진 때이므로 10월입니다. ---- ❶
세로 눈금 한 칸은 10만 대를 나타내고, 휴대전화 판매량의 차가 가장 큰 때의 세로 눈금은 4칸 차이가 나므로 이때의 판매량의 차는 40만 대입니다. ---- ❷

단계	문제 해결 과정
①	휴대전화 판매량의 차가 가장 큰 때를 찾았나요?
②	휴대전화 판매량의 차가 가장 큰 때의 판매량의 차를 구했나요?

3-3 예 점수의 차가 가장 작은 때는 두 과목 점수를 나타내는 점의 사이가 가장 적게 벌어진 때이므로 5월입니다. ---- ❶
세로 눈금 한 칸은 2점을 나타내고, 점수의 차가 가장 작은 때의 세로 눈금은 1칸 차이가 나므로 이때의 점수의 차는 2점입니다. ---- ❷

단계	문제 해결 과정
①	점수의 차가 가장 작은 때를 찾았나요?
②	점수의 차가 가장 작은 때의 점수의 차를 구했나요?

5단원 수행 평가 60~61쪽

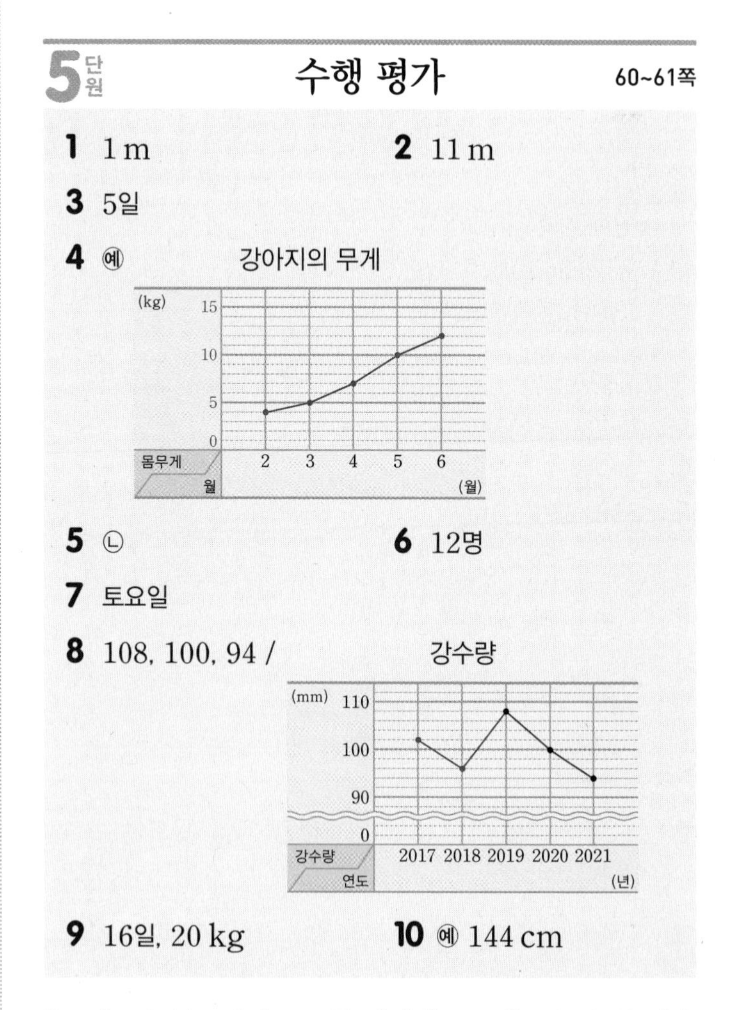

1 세로 눈금 5칸이 5 m를 나타내므로 세로 눈금 한 칸은 1 m를 나타냅니다.

2 3일의 세로 눈금을 읽으면 11 m입니다.

3 멀리 던지기 기록이 가장 높은 때는 점이 가장 높은 곳에 찍힌 때이므로 5일입니다.

4 가로 눈금과 세로 눈금이 만나는 자리에 점을 찍고 점들을 차례로 선분으로 연결합니다.

5 시간에 따라 연속적으로 변화하는 자료는 꺾은선그래프로 나타내는 것이 좋습니다.

6 방문자 수가 가장 많은 날은 금요일로 64명이고, 가장 적은 날은 수요일로 52명입니다.
따라서 방문자 수의 차는 $64-52=12$(명)입니다.

7 방문자 수가 가장 많이 줄어든 때는 꺾은선이 아래로 내려가면서 가장 많이 기울어진 때이므로 토요일입니다.

8 표에서 2017년, 2018년의 자료 값을 찾아 그래프에 나타내고, 그래프에서 2019년, 2020년, 2021년의 자료 값을 찾아 표에 나타냅니다.

9 배출량의 차가 가장 작은 때는 두 배출량을 나타내는 점의 사이가 가장 적게 벌어진 때이므로 16일입니다.
세로 눈금 한 칸은 10 kg을 나타내고, 배출량의 차가 가장 작은 때의 세로 눈금은 2칸 차이가 나므로 이때의 배출량의 차는 20 kg입니다.

서술형
10 예 2018년 1월에 혜빈이의 키는 142 cm이고, 2019년 1월에 혜빈이의 키는 146 cm입니다.
따라서 2018년 7월에 혜빈이의 키는 그 중간인 144 cm라고 예상할 수 있습니다.

평가 기준	배점
2018년 1월과 2019년 1월의 혜빈이의 키를 구했나요?	5점
2018년 7월의 혜빈이의 키를 예상했나요?	5점

6 다각형

⊕ 개념 적용 62쪽

1

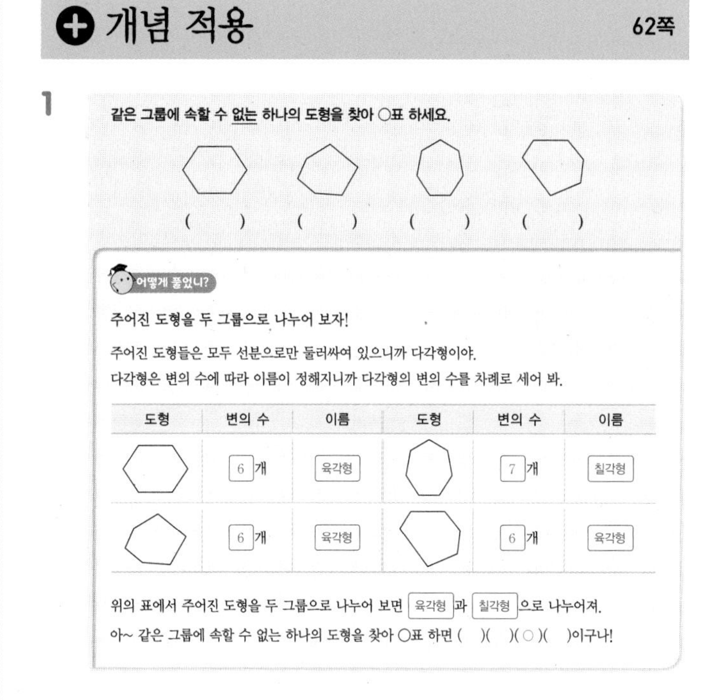

같은 그룹에 속할 수 없는 하나의 도형을 찾아 ○표 하세요.

( ) ( ) ( ) ( )

어떻게 풀었니?

주어진 도형을 두 그룹으로 나누어 보자!

주어진 도형들은 모두 선분으로만 둘러싸여 있으니까 다각형이야.
다각형은 변의 수에 따라 이름이 정해지니까 다각형의 변의 수를 차례로 세어 봐.

도형	변의 수	이름	도형	변의 수	이름
	6개	육각형		7개	칠각형
	6개	육각형		6개	육각형

위의 표에서 주어진 도형을 두 그룹으로 나누어 보면 육각형과 칠각형으로 나누어져.
아~ 같은 그룹에 속할 수 없는 하나의 도형을 찾아 ○표 하면 ( )( )(○)( )이구나!

2 예

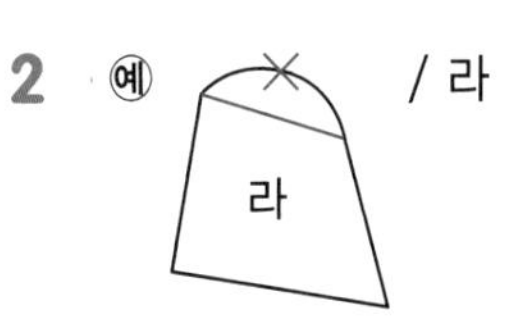

/ 라

3 밧줄로 한 변이 5 cm인 정육각형 모양을 만들려고 합니다. 필요한 밧줄은 몇 cm인지 구해 보세요.

5 cm

어떻게 풀었니?

정육각형의 변의 길이에 대해 알아보자!

육각형은 변이 6개인 다각형이지? 정육각형은 변이 6개인 정다각형이야.
정다각형은 변의 길이가 모두 같고 각의 크기가 모두 같은 다각형이지.
즉, 정육각형의 6개의 변의 길이는 모두 같아.
문제에서 한 변이 5 cm인 정육각형 모양을 만든다고 했으니까 밧줄은 5 cm의 6배만큼 필요해.

(필요한 밧줄의 길이) $=5\times 6=30$(cm)

아~ 필요한 밧줄은 30 cm구나!

4 72 cm

5 63 cm

6 대각선에 대한 설명 중 틀린 것을 찾아 기호를 써 보세요.

㉠ 마름모는 두 대각선이 서로 수직으로 만납니다.
㉡ 평행사변형은 한 대각선이 다른 대각선을 이등분합니다.
㉢ 사각형에서 그을 수 있는 대각선의 수는 4개입니다.
㉣ 정사각형의 두 대각선의 길이는 같습니다.

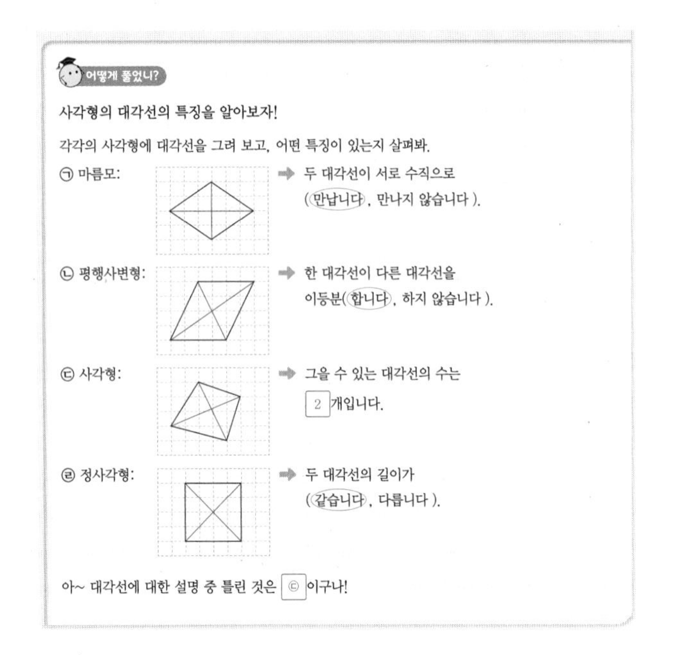
어떻게 풀었니?

사각형의 대각선의 특징을 알아보자!

각각의 사각형에 대각선을 그려 보고, 어떤 특징이 있는지 살펴봐.

㉠ 마름모: ➡ 두 대각선이 서로 수직으로 (만납니다 , 만나지 않습니다).

㉡ 평행사변형: ➡ 한 대각선이 다른 대각선을 이등분(합니다 , 하지 않습니다).

㉢ 사각형: ➡ 그을 수 있는 대각선의 수는 2 개입니다.

㉣ 정사각형: ➡ 두 대각선의 길이가 (같습니다 , 다릅니다).

아~ 대각선에 대한 설명 중 틀린 것은 ㉢ 이구나!

7 정사각형

8

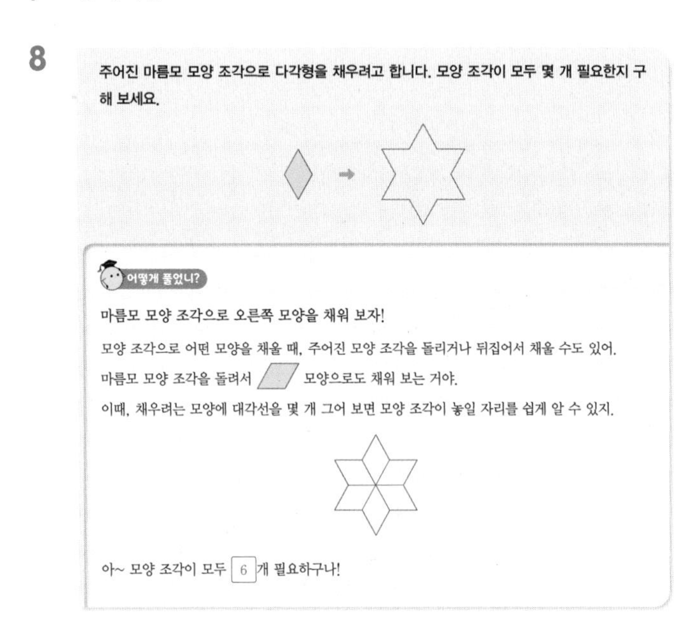
주어진 마름모 모양 조각으로 다각형을 채우려고 합니다. 모양 조각이 모두 몇 개 필요한지 구해 보세요.

어떻게 풀었니?

마름모 모양 조각으로 오른쪽 모양을 채워 보자!

모양 조각으로 어떤 모양을 채울 때, 주어진 모양 조각을 돌리거나 뒤집어서 채울 수도 있어.

마름모 모양 조각을 돌려서 ▱ 모양으로도 채워 보는 거야.

이때, 채우려는 모양에 대각선을 몇 개 그어 보면 모양 조각이 놓일 자리를 쉽게 알 수 있지.

아~ 모양 조각이 모두 6 개 필요하구나!

9 4개　　**10** 7개, 14개

---

2 가, 나, 다, 마는 모두 선분으로만 둘러싸인 도형이므로 다각형입니다.
라는 선분이 아닌 곡선이 포함되어 있으므로 곡선을 선분으로 고쳐서 그립니다.

4 정팔각형은 8개의 변의 길이가 모두 같으므로 필요한 끈은 $9 \times 8 = 72$(cm)입니다.

5 (정오각형을 만드는 데 필요한 철사의 길이)
$= 7 \times 5 = 35$(cm)
(정칠각형을 만드는 데 필요한 철사의 길이)
$= 4 \times 7 = 28$(cm)
➡ $35 + 28 = 63$(cm)

7 두 대각선의 길이가 같은 사각형은 직사각형, 정사각형입니다.
두 대각선이 서로 수직으로 만나는 사각형은 마름모, 정사각형입니다.
따라서 두 조건을 모두 만족하는 사각형은 정사각형입니다.

9 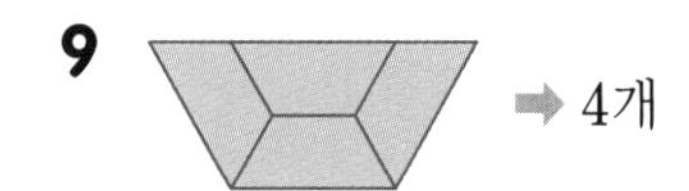 ➡ 4개

10 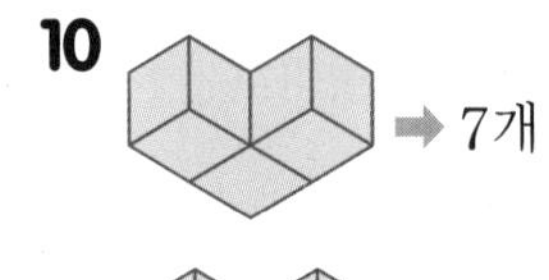 ➡ 7개

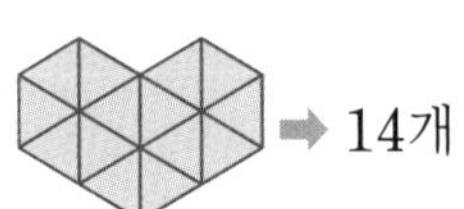 ➡ 14개

쓰기 쉬운 서술형 66쪽

1 2, 2, 10, 10, 5 / 5개
1-1 20개
1-2 36개
1-3 35개
2 5, 12, 5, 12, 30 / 30 cm
2-1 36 cm
3 8, 같습니다에 ○표, 72, 8, 9 / 9 cm
3-1 8 cm
3-2 정구각형
3-3 14 cm
4 3, 3, 3, 540, 540, 5, 108 / 108°
4-1 120°

1-1 예 팔각형의 한 꼭짓점에서 그을 수 있는 대각선은 5개입니다. ··· ❶
꼭짓점이 8개이므로 대각선을 $5 \times 8 = 40$(개) 그을 수 있습니다.
이때 대각선이 두 번씩 서로 겹치므로 대각선은 모두 $40 \div 2 = 20$(개)입니다. ··· ❷

단계	문제 해결 과정
①	한 꼭짓점에서 그을 수 있는 대각선의 수를 구했나요?
②	팔각형의 대각선의 수를 구했나요?

1-2 예 (육각형의 대각선의 수) $= 3 \times 6 \div 2 = 9$(개),
(구각형의 대각선의 수) $= 6 \times 9 \div 2 = 27$(개) ···· ❶
따라서 육각형과 구각형의 대각선의 수의 합은
$9 + 27 = 36$(개)입니다. ···· ❷

단계	문제 해결 과정
①	육각형과 구각형의 대각선의 수를 각각 구했나요?
②	육각형과 구각형의 대각선의 수의 합을 구했나요?

1-3 예 한 꼭짓점에서 그을 수 있는 대각선의 수가 7개인 다각형의 변은 10개이므로 십각형입니다. ···· ❶
따라서 십각형의 대각선의 수는 $7 \times 10 \div 2 = 35$(개)입니다. ···· ❷

단계	문제 해결 과정
①	다각형의 이름을 구했나요?
②	다각형의 대각선의 수를 구했나요?

2-1 예 직사각형은 두 대각선의 길이가 같고, 한 대각선이 다른 대각선을 똑같이 둘로 나누므로
(선분 ㅁㄴ) = (선분 ㅁㄷ) = 10 cm입니다. ···· ❶
따라서 삼각형 ㅁㄴㄷ의 세 변의 길이의 합은
$10 + 16 + 10 = 36$(cm)입니다. ···· ❷

단계	문제 해결 과정
①	선분 ㅁㄴ, 선분 ㅁㄷ의 길이를 구했나요?
②	삼각형 ㅁㄴㄷ의 세 변의 길이의 합을 구했나요?

3-1 예 정육각형의 변은 6개이고, 길이가 모두 같습니다. ···· ❶
따라서 만든 정육각형의 한 변의 길이는 $48 \div 6 = 8$(cm)입니다. ···· ❷

단계	문제 해결 과정
①	정육각형의 변의 길이의 성질을 썼나요?
②	만든 정육각형의 한 변의 길이를 구했나요?

3-2 예 정다각형은 변의 길이가 모두 같으므로 변은
$45 \div 5 = 9$(개)입니다. ❶
따라서 변이 9개인 정다각형이므로 정구각형입니다. ···· ❷

단계	문제 해결 과정
①	정다각형의 변의 수를 구했나요?
②	정다각형의 이름을 구했나요?

3-3 예 (정칠각형의 모든 변의 길이의 합)
$= 10 \times 7 = 70$(cm) ···· ❶
따라서 정오각형의 한 변의 길이는 $70 \div 5 = 14$(cm)입니다. ···· ❷

단계	문제 해결 과정
①	정칠각형의 모든 변의 길이의 합을 구했나요?
②	정오각형의 한 변의 길이를 구했나요?

4-1 예 정육각형은 삼각형 4개로 나눌 수 있으므로
(정육각형의 모든 각의 크기의 합)
= (삼각형의 세 각의 크기의 합) $\times 4$
$= 180° \times 4 = 720°$입니다. ···· ❶
따라서 정육각형의 한 각의 크기는 $720° \div 6 = 120°$입니다. ···· ❷

단계	문제 해결 과정
①	정육각형의 모든 각의 크기의 합을 구했나요?
②	정육각형의 한 각의 크기를 구했나요?

6단원 수행 평가 72~73쪽

1 가, 나, 라, 바
2 나, 바
3 정구각형
4 14개
5 27개
6 ③, ⑤
7 예
8 6개, 12개
9 1080°
10 12 cm

1 선분으로만 둘러싸인 도형을 다각형이라고 합니다.

2 변의 길이가 모두 같고 각의 크기가 모두 같은 다각형을 정다각형이라고 합니다.

3 9개의 선분으로 둘러싸여 있고 변의 길이와 각의 크기가 각각 모두 같으므로 정구각형입니다.

4

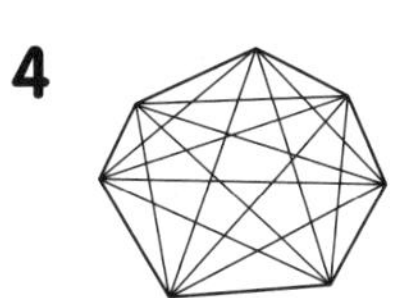

(한 꼭짓점에서 그을 수 있는 대각선의 수) = 4개
(대각선의 수) $= 4 \times 7 \div 2 = 14$(개)

5 ㉠ 12개 ㉡ 15개
➡ ㉠ + ㉡ $= 12 + 15 = 27$(개)

6 ③ ⑤

8 ➡ 6개

➡ 12개

9 정팔각형은 8개의 각의 크기가 모두 같으므로 모든 각의 크기의 합은 $135° \times 8 = 1080°$입니다.

서술형
10 예 정칠각형의 변은 7개이고, 길이가 모두 같습니다. 따라서 정칠각형의 한 변의 길이는 $84 \div 7 = 12$(cm)입니다.

평가 기준	배점
정칠각형의 변의 길이의 성질을 썼나요?	5점
정칠각형의 한 변의 길이를 구했나요?	5점

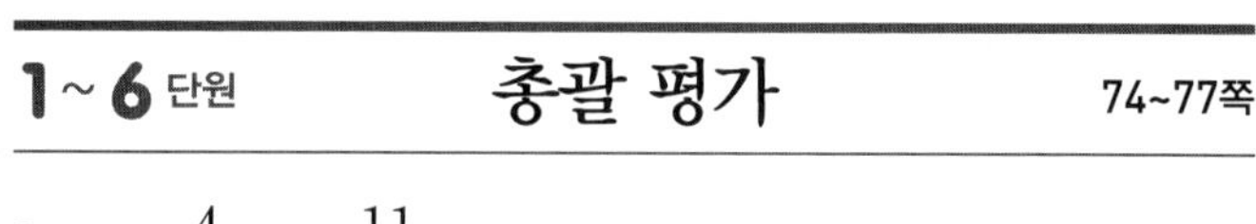

1~6 단원 총괄 평가 74~77쪽

1 (1) $1\frac{4}{8}$ (2) $\frac{11}{13}$

2 ④

3 32 cm

4 예 오래매달리기 기록

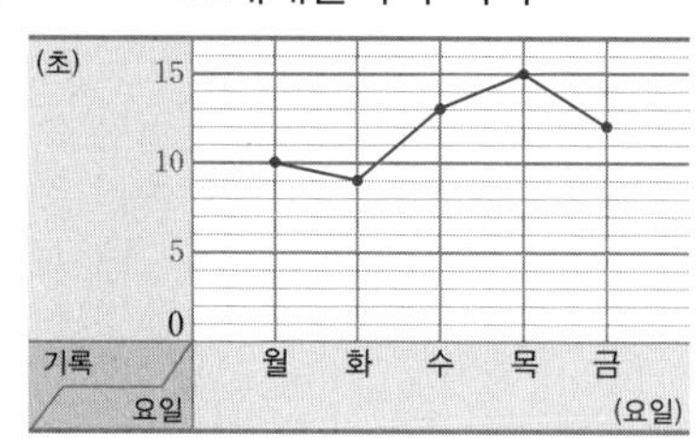

5 ①, ②, ③

6 다, 가, 나

7 ㉠

8 $3\frac{2}{4}$시간

9 예

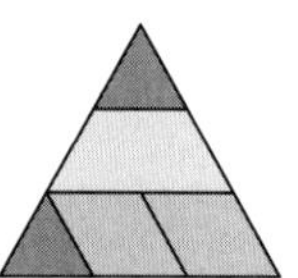

10 ㉢

11 11살

12 예 30 kg

13 정팔각형

14 2

15 감자, 0.35 kg

16 $6\frac{1}{9}$, $1\frac{5}{9}$, $4\frac{5}{9}$

17 70°

18 12 cm

19 2.26

20 7 cm

---

1 (1) $\frac{5}{8}+\frac{7}{8}=\frac{5+7}{8}=\frac{12}{8}=1\frac{4}{8}$

(2) $1\frac{2}{13}-\frac{4}{13}=\frac{15}{13}-\frac{4}{13}=\frac{15-4}{13}=\frac{11}{13}$

2 • 수직인 선분이 있는 도형: ④, ⑤
• 평행한 선분이 있는 도형: ①, ②, ④
➡ 수직인 선분도 있고 평행한 선분도 있는 도형: ④

3 마름모는 네 변의 길이가 모두 같으므로 마름모의 네 변의 길이의 합은 $8 \times 4 = 32$(cm)입니다.

4 가로 눈금과 세로 눈금이 만나는 자리에 점을 찍고 점들을 차례로 선분으로 연결합니다.

5 네 변의 길이가 모두 같은 사각형은 마름모입니다. 마름모는 사다리꼴, 평행사변형입니다.

6 대각선을 그어 보지 않아도 꼭짓점(변)의 수가 많을수록 대각선의 수가 많습니다.
꼭짓점의 수가 가: 7개, 나: 5개, 다: 8개이므로 대각선의 수가 많은 순서대로 기호를 쓰면 다, 가, 나입니다.

7 ㉠ $2.8+3.5=6.3$　㉡ $4.17+1.69=5.86$
㉢ $9.5-3.4=6.1$　㉣ $8.37-2.64=5.73$
➡ $6.3>6.1>5.86>5.73$

8 (이틀 동안 태권도를 한 시간)
$=1\frac{3}{4}+1\frac{3}{4}=2\frac{6}{4}=3\frac{2}{4}$(시간)

10 삼각형에서 나머지 한 각의 크기를 구해 봅니다.
㉠ $180^\circ-50^\circ-30^\circ=100^\circ$ (둔각삼각형)
㉡ $180^\circ-45^\circ-45^\circ=90^\circ$ (직각삼각형)
㉢ $180^\circ-40^\circ-60^\circ=80^\circ$ (예각삼각형)

11 몸무게가 가장 많이 늘어난 때는 꺾은선이 위로 올라가면서 가장 많이 기울어진 때이므로 11살입니다.

12 9살 1월에 현지의 몸무게는 28 kg이고, 10살 1월에 현지의 몸무게는 32 kg입니다.
따라서 9살 7월에 현지의 몸무게는 그 중간인 30 kg이라고 예상할 수 있습니다.

13 정다각형은 변의 길이가 모두 같으므로 변은 $56\div7=8$(개)입니다.
따라서 변이 8개인 정다각형이므로 정팔각형입니다.

14 2.45보다 3.76 큰 수는 $2.45+3.76=6.21$입니다.
따라서 6.21의 소수 첫째 자리 숫자는 2입니다.

15 팔고 남은 고구마의 무게는 $8060\text{ g}=8.06\text{ kg}$입니다.
$8.06<8.41$이므로 감자가 $8.41-8.06=0.35$(kg) 더 많이 남았습니다.

16 계산 결과가 가장 큰 뺄셈식을 만들려면 가장 큰 수에서 가장 작은 수를 빼야 합니다.
가장 큰 수: $6\frac{1}{9}$, 가장 작은 수: $1\frac{5}{9}$
➡ $6\frac{1}{9}-1\frac{5}{9}=5\frac{10}{9}-1\frac{5}{9}=4\frac{5}{9}$

17 이등변삼각형은 두 각의 크기가 같습니다.
㉠ + ㉠ $=180^\circ-40^\circ=140^\circ$이므로
㉠ $=140^\circ\div2=70^\circ$입니다.

18 (이등변삼각형의 세 변의 길이의 합)
$=14+14+8=36$(cm)
정삼각형의 세 변의 길이의 합도 36 cm이고, 정삼각형의 세 변의 길이는 모두 같으므로 한 변의 길이는 $36\div3=12$(cm)입니다.

서술형
19 예 어떤 수를 □라고 하면
□ $+5.62=13.5$이므로 □ $=13.5-5.62=7.88$ 입니다.
따라서 바르게 계산하면 $7.88-5.62=2.26$입니다.

평가 기준	배점
어떤 수를 구했나요?	2점
바르게 계산한 값을 구했나요?	3점

서술형
20 예 평행사변형은 마주 보는 두 변의 길이가 같으므로
(변 ㄱㄴ) = (변 ㄹㄷ) = 9 cm입니다.
(변 ㄱㄹ) = (변 ㄴㄷ) = □cm라고 하면
□ + □ $+9+9=32$, □ + □ $+18=32$,
□ + □ $=14$에서 □ $=7$입니다.

평가 기준	배점
평행사변형의 변의 길이의 성질을 알고 있나요?	2점
변 ㄴㄷ의 길이를 구했나요?	3점